网络空间安全系列教材
普通高等教育"十三五"规划教材

网络空间信息安全

蒋天发　苏永红　主　编

毋世晓　柳　晶　牟群刚　副主编

周迪勋　主审

電子工業出版社
Publishing House of Electronics Industry
北京·BEIJING

内 容 简 介

本书重点阐述网络空间信息安全的基础理论和基础知识，侧重论述网络空间安全技术的选择策略，安全保密的构建方法和实现技能。本书共分 13 章，主要内容包括网络空间信息安全概述、病毒防范技术、远程控制与黑客入侵、网络空间信息密码技术、数字签名与验证技术、网络安全协议、无线网络安全机制、访问控制与防火墙技术、入侵防御系统、网络数据库安全与备份技术、信息隐藏与数字水印技术、网络安全测试工具及其应用、网络信息安全实验及实训指导等。本书配有免费电子教学课件。

本书内容丰富，结构合理，可作为普通高等院校和高等职业技术学校网络空间信息安全、计算机及相关专业课程的教材，也可供从事网络空间信息安全方面工作的工程技术人员参考使用。

未经许可，不得以任何方式复制或抄袭本书的部分或全部内容。
版权所有，侵权必究。

图书在版编目（CIP）数据

网络空间信息安全 / 蒋天发，苏永红主编．—北京：电子工业出版社，2017.2

ISBN 978-7-121-29958-2

Ⅰ．①网⋯ Ⅱ．①蒋⋯ ②苏⋯ Ⅲ．①计算机网络—信息安全 Ⅳ．①TP393.08

中国版本图书馆 CIP 数据核字（2016）第 229078 号

策划编辑：王晓庆
责任编辑：郝黎明
印　　刷：北京七彩京通数码快印有限公司
装　　订：北京七彩京通数码快印有限公司
出版发行：电子工业出版社
　　　　　北京市海淀区万寿路 173 信箱　邮编　100036
开　　本：787×1 092　1/16　印张：24　字数：706 千字
版　　次：2017 年 2 月第 1 版
印　　次：2021 年 7 月第 8 次印刷
定　　价：55.00 元

凡所购买电子工业出版社图书有缺损问题，请向购买书店调换。若书店售缺，请与本社发行部联系，联系及邮购电话：(010) 88254888，88258888。
质量投诉请发邮件至 zlts@phei.com.cn，盗版侵权举报请发邮件至 dbqq@phei.com.cn。
本书咨询联系方式：(010) 88254113，wangxq@phei.com.cn。

前　言

现在人们享受互联网（Internet）以及互联网+带来的便利的同时，也面临着种种网络空间安全危机。然而，或许是互联网以及互联网知识欠缺，或许是过于信任开发厂商，大多数人只是将互联网以及互联网+作为一种学习、娱乐、办公、社交的便捷方式，而忽略了与互联网+如影随形的网络空间安全风险，使个人隐私与利益面临着种种威胁。目前，互联网以及互联网+逐渐暴露出越来越多的安全问题，各种网络空间安全现象日益突出，很多研究机构都在针对网络空间信息安全问题积极展开教研工作。

在计算机系统和互联网以及互联网+这个平台上，许许多多的革新正在不知不觉中上演，人们需要及时更新自己的思维与视角，才能跟上时代的步伐。网络空间信息安全是一个交叉学科，和众多学科一样，在解决问题时有两个经典思路：其一，碰到一个问题，解决一个问题，即可以自下而上一点儿一点儿拼成系统；其二，构想系统应该是什么样子的，自上而下宏观思考构建系统。本书有针对性地介绍了网络空间信息安全问题的产生，以及网络安全威胁的攻击与防范等读者关心的具体问题，并针对这些问题提出了具体的解决方案。

本书是在 2009 年出版的《网络信息安全》的基础上，针对普通高等院校和高等职业技术学校网络空间信息安全、计算机及相关专业课程的教学现有特点，将相关理论、专业知识与工程技术相结合编写而成的。本书力求紧跟国内网络空间信息安全技术的前沿领域，全面、通俗、系统地反映了网络空间信息安全的理论和实践。全书共分 13 章，主要包括网络空间信息安全概论、病毒防范技术、远程控制与黑客入侵、网络空间信息密码技术、数字签名与验证技术、网络安全协议、无线网络安全机制、访问控制与防火墙技术、入侵防御系统、网络数据库安全与备份技术、信息隐藏与数字水印技术、网络安全测试工具及其应用、网络信息安全实验及实训指导。全书由蒋天发教授统稿，蒋天发和苏永红担任主编。其中，苏永红编写第 1、5、9 章，柳晶编写第 2、10 章，蒋天发编写第 3、4、8、13 章，毋世晓编写第 6、7 章，牟群刚编写第 11、12 章。

本书在出版之际，新加坡南洋理工大学马懋德（Maode Ma）教授为本书体系结构调整进行了指导；本书主审武汉理工大学（原网络中心主任、博导）周迪勋教授、中南民族大学计算机科学学院硕士研究生张颖同学对全书进行了整理；电子工业出版社王晓庆（策划编辑）、中国软件评测中心蒋巍和张博（新华保险公司）夫妇对本书出版给了大力支持和帮助，在此表示衷心感谢！

本书配有免费电子教学课件，请登录华信教育资源网（http://www.hxedu.com.cn）注册下载，也可联系本书编辑（wangxq@phei.com.cn）索取。

在本书的策划与编写过程中，编者参阅了国内外有关的大量文献和资料（包括网站），从中得到有益启示；也得到了国家自然科学基金项目（40571128）和武汉华夏理工学院科研项目（16038）与精品共享课程项目（2014105）的全体成员，以及武汉华夏理工学院和中南民族大学的有关领导、同事、朋友及学生的大力支持和帮助，在此表示衷心感谢！

由于网络空间信息安全的技术发展非常快，本书的选材和编写还有一些不尽如人意的地方，加上编者学识水平和时间所限，书中难免存在缺点和谬误，恳请同行专家及读者指正，以便进一步完善提高。

编　者

目 录

第 1 章 网络空间信息安全概论 ... 1
1.1 网络空间信息安全的重要意义 ... 1
1.2 网络空间面临的安全问题 ... 2
1.2.1 Internet 安全问题 ... 2
1.2.2 电子邮件（E-mail）的安全问题 ... 2
1.2.3 域名系统的安全问题 ... 4
1.2.4 IP 地址的安全问题 ... 4
1.2.5 Web 站点的安全问题 ... 5
1.2.6 文件传输的安全问题 ... 6
1.2.7 社会工程学的安全问题 ... 7
1.3 网络空间信息安全的主要内容 ... 8
1.3.1 病毒防治技术 ... 8
1.3.2 远程控制与黑客入侵 ... 10
1.3.3 网络信息密码技术 ... 12
1.3.4 数字签名与验证技术 ... 13
1.3.5 网络安全协议 ... 14
1.3.6 无线网络安全机制 ... 16
1.3.7 访问控制与防火墙技术 ... 17
1.3.8 入侵检测技术 ... 18
1.3.9 网络数据库安全与备份技术 ... 19
1.3.10 信息隐藏与数字水印技术 ... 20
1.3.11 网络安全测试工具及其应用 ... 22
1.4 信息安全、网络安全与网络空间信息安全的区别 ... 23
1.5 网络空间信息安全的七大趋势 ... 25
本章小结 ... 27
习题与思考题 ... 27

第 2 章 病毒防范技术 ... 29
2.1 计算机病毒及病毒防范技术概述 ... 29
2.1.1 计算机病毒的起源 ... 29
2.1.2 计算机病毒的发展 ... 30
2.1.3 计算机病毒的特点 ... 31
2.1.4 计算机病毒的分类 ... 32
2.2 恶意代码 ... 33
2.2.1 常见的恶意代码 ... 33

		2.2.2 木马 ·········· 34
		2.2.3 蠕虫 ·········· 39

2.3 典型计算机病毒的检测与清除 ·········· 41
    2.3.1 常见计算机病毒的系统自检方法 ·········· 41
    2.3.2 U 盘病毒与 autorun.inf 文件分析方法 ·········· 43
    2.3.3 热点聚焦"伪成绩单"病毒的检测与清除 ·········· 45
    2.3.4 杀毒软件工作原理 ·········· 46

2.4 病毒现象与其他故障的判别 ·········· 47
    2.4.1 计算机病毒的现象 ·········· 47
    2.4.2 与病毒现象类似的硬件故障 ·········· 48
    2.4.3 与病毒现象类似的软件故障 ·········· 48

本章小结 ·········· 49
习题与思考题 ·········· 49

第 3 章 远程控制与黑客入侵 ·········· 50

3.1 远程控制技术 ·········· 50
    3.1.1 远程控制概述 ·········· 50
    3.1.2 远程控制软件的原理 ·········· 50
    3.1.3 远程控制技术的应用范畴 ·········· 51
    3.1.4 Windows 远程控制的实现 ·········· 52

3.2 黑客入侵 ·········· 55
    3.2.1 网络空间入侵基本过程 ·········· 55
    3.2.2 入侵网络空间的基本过程 ·········· 57
    3.2.3 黑客入侵的层次与种类 ·········· 61

3.3 黑客攻防案例 ·········· 65

3.4 ARP 欺骗 ·········· 72

3.5 日常网络及网站的安全防范措施 ·········· 73
    3.5.1 黑客攻击、数据篡改防范措施 ·········· 74
    3.5.2 病毒与木马软件防范措施 ·········· 74
    3.5.3 网络设备硬件故障防范措施 ·········· 75

本章小结 ·········· 75
习题与思考题 ·········· 75

第 4 章 网络空间信息密码技术 ·········· 76

4.1 密码技术概述 ·········· 76
    4.1.1 密码学发展历史 ·········· 76
    4.1.2 密码技术基本概念 ·········· 78
    4.1.3 密码体制的分类 ·········· 79

4.2 对称密码体系 ·········· 80
    4.2.1 古典密码体制 ·········· 80
    4.2.2 初等密码分析破译法 ·········· 83
    4.2.3 单钥密码体制 ·········· 84

4.3 非对称密码体系 ·········· 89

  4.3.1 RSA 算法 ……………………………………………………………………… 89
  4.3.2 其他公钥密码体系 ……………………………………………………………… 91
  4.3.3 网络通信中三个层次加密方式 ………………………………………………… 92
 4.4 密码管理 ………………………………………………………………………………… 93
 本章小结 ……………………………………………………………………………………… 95
 习题与思考题 ………………………………………………………………………………… 96

第 5 章 数字签名与验证技术 ……………………………………………………………… 97
 5.1 数字签名 ………………………………………………………………………………… 97
  5.1.1 数字签名的概念 ………………………………………………………………… 97
  5.1.2 数字签名的实现过程 …………………………………………………………… 98
  5.1.3 ElGamal 数字签名算法 ………………………………………………………… 98
  5.1.4 Schnorr 数字签名算法 ………………………………………………………… 99
  5.1.5 数字签名标准 …………………………………………………………………… 100
 5.2 安全散列函数 …………………………………………………………………………… 102
  5.2.1 安全散列函数的应用 …………………………………………………………… 102
  5.2.2 散列函数的安全性要求 ………………………………………………………… 104
  5.2.3 MD5 算法 ……………………………………………………………………… 106
  5.2.4 SHA-1 安全散列算法 …………………………………………………………… 109
 5.3 验证技术 ………………………………………………………………………………… 110
  5.3.1 用户验证原理 …………………………………………………………………… 110
  5.3.2 信息验证技术 …………………………………………………………………… 111
  5.3.3 PKI 技术 ………………………………………………………………………… 113
  5.3.4 基于 PKI 的角色访问控制模型与实现过程 …………………………………… 116
 本章小结 ……………………………………………………………………………………… 117
 习题与思考题 ………………………………………………………………………………… 118

第 6 章 网络安全协议 ……………………………………………………………………… 119
 6.1 概述 ……………………………………………………………………………………… 119
 6.2 网络安全协议的类型 …………………………………………………………………… 120
 6.3 网络层安全协议 IPSec ………………………………………………………………… 124
  6.3.1 安全协议 ………………………………………………………………………… 124
  6.3.2 安全关联 ………………………………………………………………………… 127
  6.3.3 密钥管理 ………………………………………………………………………… 128
  6.3.4 面向用户的 IPSec 安全隧道构建 ……………………………………………… 128
 6.4 传输层安全协议 SSL/TSL ……………………………………………………………… 129
  6.4.1 SSL 握手协议 …………………………………………………………………… 129
  6.4.2 SSL 记录协议 …………………………………………………………………… 130
  6.4.3 TLS 协议 ………………………………………………………………………… 131
 6.5 应用层安全协议 ………………………………………………………………………… 134
  6.5.1 SET 安全协议 …………………………………………………………………… 134
  6.5.2 电子邮件安全协议 ……………………………………………………………… 136
  6.5.3 安全外壳协议 …………………………………………………………………… 139

6.5.4 安全超文本转换协议 ………………………………………………… 140
 6.5.5 网络验证协议 …………………………………………………………… 141
6.6 EPC 的密码机制和安全协议 …………………………………………… 142
 6.6.1 EPC 工作流程 …………………………………………………………… 142
 6.6.2 EPC 信息网络系统 ……………………………………………………… 143
 6.6.3 保护 EPC 标签隐私的安全协议 ……………………………………… 144
本章小结 ……………………………………………………………………… 148
习题与思考题 ………………………………………………………………… 148

第 7 章 无线网络安全机制 ……………………………………………… 150

7.1 无线网络 …………………………………………………………………… 150
 7.1.1 无线网络的概念及特点 ………………………………………………… 150
 7.1.2 无线网络的分类 ………………………………………………………… 151
7.2 短程无线通信 ……………………………………………………………… 152
 7.2.1 蓝牙技术 ………………………………………………………………… 152
 7.2.2 ZigBee 技术 ……………………………………………………………… 156
 7.2.3 RFID 技术 ………………………………………………………………… 159
 7.2.4 Wi-Fi 技术 ………………………………………………………………… 161
7.3 无线移动通信技术 ………………………………………………………… 166
 7.3.1 LTE 网络 ………………………………………………………………… 166
 7.3.2 LTE 网络架构 …………………………………………………………… 167
 7.3.3 LTE 无线接口协议 ……………………………………………………… 167
 7.3.4 LTE 关键技术 …………………………………………………………… 168
 7.3.5 LTE 架构安全 …………………………………………………………… 171
7.4 无线网络结构及实现 ……………………………………………………… 172
7.5 无线网络的安全性 ………………………………………………………… 174
 7.5.1 无线网络的入侵方法 …………………………………………………… 175
 7.5.2 防范无线网络入侵的安全措施 ………………………………………… 177
 7.5.3 攻击无线网的工具及防范措施 ………………………………………… 178
 7.5.4 无线网的安全级别和加密措施 ………………………………………… 179
本章小结 ……………………………………………………………………… 181
习题与思考题 ………………………………………………………………… 182

第 8 章 访问控制与防火墙技术 …………………………………………… 183

8.1 访问控制技术 ……………………………………………………………… 183
 8.1.1 访问控制功能及原理 …………………………………………………… 183
 8.1.2 访问控制策略 …………………………………………………………… 185
 8.1.3 访问控制的实现 ………………………………………………………… 187
 8.1.4 Windows 平台的访问控制手段 ………………………………………… 188
8.2 防火墙技术 ………………………………………………………………… 189
 8.2.1 防火墙的定义与功能 …………………………………………………… 189
 8.2.2 防火墙发展历程与分类 ………………………………………………… 191
 8.2.3 防火墙的体系结构 ……………………………………………………… 197

8.2.4 个人防火墙技术 ··· 200
8.3 第四代防火墙技术实现方法与抗攻击能力分析 ································ 202
8.3.1 第四代防火墙技术实现方法 ·· 202
8.3.2 第四代防火墙的抗攻击能力分析 ··· 203
8.4 防火墙技术的发展新方向 ·· 204
8.4.1 透明接入技术 ··· 204
8.4.2 分布式防火墙技术 ··· 206
8.4.3 智能型防火墙技术 ··· 210
本章小结 ··· 212
习题与思考题 ·· 212

第9章 入侵防御系统 ··· 213

9.1 入侵防御系统概述 ··· 213
9.1.1 入侵手段 ··· 213
9.1.2 防火墙与杀毒软件的局限性 ·· 213
9.1.3 入侵防御系统的功能 ··· 214
9.1.4 入侵防御系统分类 ··· 214
9.1.5 入侵防御系统工作过程 ·· 216
9.1.6 入侵防御系统的不足 ··· 218
9.1.7 入侵防御系统的发展趋势 ··· 219
9.1.8 入侵防御系统的评价指标 ··· 219
9.2 网络入侵防御系统 ··· 220
9.2.1 系统结构 ··· 220
9.2.2 信息捕获机制 ··· 220
9.2.3 入侵检测机制 ··· 221
9.2.4 安全策略 ··· 226
9.3 主机入侵防御系统 ··· 228
本章小结 ··· 232
习题与思考题 ·· 232

第10章 网络数据库安全与备份技术 ··· 233

10.1 网络数据库安全技术 ·· 233
10.1.1 网络数据库安全 ·· 233
10.1.2 网络数据库安全需求 ·· 234
10.1.3 网络数据库安全策略 ·· 234
10.2 网络数据库访问控制模型 ·· 235
10.2.1 自主访问控制 ··· 235
10.2.2 强制访问控制 ··· 236
10.2.3 多级安全模型 ··· 237
10.3 数据库安全技术 ··· 238
10.4 数据库服务器安全 ··· 240
10.4.1 概述 ·· 240
10.4.2 数据库服务器的安全漏洞 ··· 240

10.5 网络数据库安全 ································· 242
   10.5.1 Oracle 安全机制 ······························ 242
   10.5.2 Oracle 用户管理 ······························ 242
   10.5.3 Oracle 数据安全特性 ··························· 243
   10.5.4 Oracle 授权机制 ······························ 244
   10.5.5 Oracle 审计技术 ······························ 244
10.6 SQL Server 安全机制 ···························· 245
   10.6.1 SQL Server 身份验证 ··························· 245
   10.6.2 SQL Server 安全配置 ··························· 246
10.7 网络数据备份技术 ································ 247
   10.7.1 网络数据库备份的类别 ························· 247
   10.7.2 网络数据物理备份与恢复 ······················· 248
   10.7.3 逻辑备份与恢复 ······························ 250
本章小结 ··· 251
习题与思考题 ····································· 251

第 11 章 信息隐藏与数字水印技术 ···················· 252

11.1 信息隐藏技术 ··································· 252
   11.1.1 信息隐藏的基本概念 ··························· 252
   11.1.2 密码技术和信息隐藏技术的关系 ··················· 253
   11.1.3 信息隐藏系统的模型 ··························· 253
   11.1.4 信息隐藏技术的分析与应用 ····················· 259
11.2 数字水印技术 ··································· 276
   11.2.1 数字水印主要应用的领域 ······················· 276
   11.2.2 数字水印技术的分类和基本特征 ··················· 277
   11.2.3 数字水印模型及基本原理 ······················· 278
   11.2.4 数字水印的典型算法 ··························· 279
   11.2.5 基于置乱自适应图像数字水印方案实例 ············· 284
   11.2.6 数字水印研究状况与展望 ······················· 287
本章小结 ··· 287
习题与思考题 ····································· 288

第 12 章 网络安全测试工具及其应用 ···················· 289

12.1 网络扫描测试工具 ······························· 289
   12.1.1 网络扫描技术 ······························· 289
   12.1.2 常用的网络扫描测试工具 ······················· 291
12.2 计算机病毒防范工具 ····························· 299
   12.2.1 瑞星杀毒软件 ······························· 299
   12.2.2 江民杀毒软件 ······························· 301
   12.2.3 其他杀毒软件与病毒防范 ······················· 304
12.3 防火墙 ·· 305
   12.3.1 防火墙概述 ································· 305
   12.3.2 Linux 系统下的 IPtables 防火墙 ··················· 306

- 12.3.3 天网防火墙 309
- 12.3.4 其他的防火墙产品 311
- 12.4 常用入侵检测系统与入侵防御系统 312
  - 12.4.1 Snort 入侵检测系统 312
  - 12.4.2 主机入侵防御系统 Malware Defender 313
  - 12.4.3 入侵防御系统 Comodo 314
  - 12.4.4 其他入侵防御系统 315
- 12.5 其他的网络安全工具 317
  - 12.5.1 360 安全卫士 317
  - 12.5.2 瑞星卡卡上网助手 318
- 本章小结 319
- 习题与思考题 319

第 13 章 网络信息安全实验及实训指导 320

- 13.1 网络 ARP 病毒分析与防治 320
- 13.2 网络蠕虫病毒及防范 323
- 13.3 网络空间端口扫描 324
- 13.4 网络信息加密与解密 326
- 13.5 数字签名算法 331
- 13.6 Windows 平台中 SSL 协议的配置方法 332
- 13.7 熟悉 SET 协议的交易过程 334
- 13.8 安全架设无线网络 335
- 13.9 天网防火墙的基本配置 337
- 13.10 入侵检测系统 Snort 的安装配置与使用 342
- 13.11 网络数据库系统安全性管理 347
- 13.12 信息隐藏 352
- 本章小结 359

附录 英文缩略词英汉对照表 360

参考文献 365

第1章 网络空间信息安全概论

本章提要

本章首先阐述网络空间信息安全的重要意义，指出信息安全是国家安全的重要基础，然后列出一些网络空间面临的安全问题，如电子邮件的安全问题、域名系统的安全威胁、IP 地址的安全问题、Web 站点的安全问题等，简要介绍了本课程的主要内容，即病毒防范技术、远程控制与黑客入侵、网络信息密码技术、数字签名与验证技术、网络安全协议、无线网络安全机制、访问控制与防火墙技术、入侵检测技术、网络数据库安全与备份技术、信息隐藏与数字水印技术、网络安全测试工具及其应用，又介绍了网络空间信息安全与网络信息安全的区别，最后介绍了网络空间信息安全的七大趋势。

1.1 网络空间信息安全的重要意义

进入信息社会，信息已经成为一种非常重要的资源，它的安全与否已经影响到个人、企业甚至国家的根本利益。网络空间信息安全是一个涉及网络技术、通信技术、密码技术、信息安全技术、计算机科学、应用数学、信息论等多种学科的边缘性综合学科。网络空间信息安全是国家安全的重要基础，网络信息在国民经济建设、社会发展、国防和科学研究等领域的作用日益重要。实际上，网络的快速普及与发展、客户端软件多媒体化、协同计算、资源共享、开放、远程管理化、电子商务、金融电子化等已成为网络时代必不可少的产物。确保网络空间信息安全至关重要，没有网络空间信息的安全就谈不上网络信息的应用。当今，由于计算机互联网的迅速发展和广泛应用，它打破了传统的时间和空间的局限性，极大地改变了人们的工作方式和生活方式，促进了经济和社会的发展，提高了人们的工作水平和生活质量。计算机网络和通信是促进信息化社会发展的最活跃的因素。然而，任何事物的发展都具有两重性。由于计算机互联网的国际化、社会化、开放化、个性化的特点，使它在向人们提供网络信息共享、资源共享和技术共享的同时，也带来了不安全的隐患。网络空间信息安全问题已威胁到国家的政治、经济和国防等领域。这是因为对互联网的非法侵入或人为的故意破坏，将会轻而易举地改变互联网上的应用系统或导致网络瘫痪，从而使网络用户在军事、经济、政治上造成无法弥补的巨大损失。因此，很早就有人提出了"信息战"的概念并将信息武器列为继原子武器、生物武器和化学武器之后的第四大武器。网络信息的泄露、篡改、假冒和重传，黑客入侵，非法访问，计算机犯罪，计算机病毒传播等对网络信息安全已构成重大威胁。如果这些问题不解决，国家安全会受到威胁，电子政务、电子商务、网络银行、网络科研、远程教育、远程医疗等都将无法正常开展，个人的隐私信息也得不到保障。

网络空间是一个虚拟的空间，用规则管理起来，我们称之为"网络空间"。虚拟空间包含了三个基本要素：第一个是载体，也就是通信信息系统；第二个是主体，也就是网民、用户；第三个是构造一个集合，用规则管理起来，我们称之为"网络空间"。网络空间是人运用信息通信系统进行交互的空间，其中信息技术通信系统包括各类互联网、电信网、广电网、物联网、在线社交网络、计算系统、通信系统、控制系统、电子或数字信息处理设施等。人间交互指信息通信技术活动。网络空间安全涉及网络空间中的电子设备、电子信息系统、运行数据、系统应用中存在的安全问题，分别对应这四个层面：设备、系统、数据、应用。

网络空间信息安全包括两个部分：防治、保护、处置包括互联网、电信网、广电网、物联网、工控网、在线社交网络、计算系统、通信系统、控制系统在内的各种通信系统及其承载的数据不受损害；防止对这些信息通信技术系统的滥用所引发的政治安全、经济安全、文化安全、国防安全。一个是保护系统本身，另一个是防止利用信息系统带来其他的安全问题。所以针对这些风险，要采取法律、管理、技术、自律等综合手段来应对，而不能像过去一样信息安全主要依靠技术手段。

1.2 网络空间面临的安全问题

网络空间面临的安全问题包括 Internet 安全问题、电子邮件的安全、域名系统的安全问题、IP 地址的安全问题、Web 站点的安全问题、文件传输的安全问题、社会工程学的安全问题。

1.2.1 Internet 安全问题

Internet 是全球最大的信息网络，它的发展促进了国家的政治、军事、文化和人们生活水平的提升，甚至改变了人们的生活、学习和工作方式。Internet 是一个开放系统。窃密与破坏已经从个人、集团的行为上升到国家的信息战行为。其不安全的问题日显突出。据 CERT/CC 统计，在历年的 Internet 网络安全案件中，其安全威胁来自黑客攻击和计算机病毒。Internet 的安全来自内因和外因的各种因源。

（1）站点主机数量的增加，无法估计其安全性能。网络系统很难动态适应站点主机数量的突增，系统网管功能升级困难也难以保证主机的安全性。

（2）主机系统的访问控制配置复杂、软件的复杂等，没有能力在各种环境下进行测试，UNIX 系统从 BSD 获得网络部分代码。而 BSD 源代码可轻易获取，导致攻击者易侵入网络系统。

（3）分布式管理难于预防侵袭，一些数据库用口令文件进行分布式管理，又允许系统共享数据和共享文件，这就带来不安全因素。

（4）验证环节虚弱。Internet 中的许多事故源于虚弱的静态口令，易被破译，且易于解密或通过监视信道窃取口令。TCP/IP 和 UDP 服务也只能对主机地址进行验证，而不能对指定的用户进行验证。

（5）Internet 和 FTP 的用户名及口令的 IP 包易被监视与窃取。使用 Internet 或 FTP 连接到远程主机上的账户时，在 Internet 上传输的口令是没有加密的，攻击者通过获取的用户名和口令的 IP 包登录到系统。

（6）攻击者的主机易冒充成被信任的主机。这种主机的 IP 地址是被 TCP 和 UDP 信任的，导致主机失去安全性。攻击者用客户 IP 地址取代自己的 IP 地址或构造一条攻击的服务器与其主机的直接路径，客户误将数据包传送给攻击者的主机。

一般 Internet 服务安全内容包括 E-mail 安全、文件传输（FTP）服务安全、远程登录（Telnet）安全、Web 浏览服务安全和 DNS 域名安全、设备的物理安全以及社会工程学的安全问题。

1.2.2 电子邮件（E-mail）的安全问题

E-mail 即电子邮件，是一种用电子手段提供信息交换的通信方式，也是全球网上最普及的服务方式，数秒内通过 E-mail 传遍全球，它加速了信息交流。E-mail 除传递信件之外，还可以传送文件（当作附件）、声音、图形等信息。

E-mail 不是"终端到终端"的实时服务,而是"存储转发式"服务,它非实时通信,而发送者可随时随地发送邮件,将邮件存入对方电子邮箱,并不要求对方接收者实时在场收发邮件,其优点是不受时间、空间约束。

E-mail 邮件系统的传输过程包括邮件用户代理(Mail User Agent,MUA)、邮件传输代理(Mail Transfer Agent,MTA)和邮件接收代理(Mail Delivery Agent,MDA)三部分。用户代理是一个用户端发信和收发的程序,负责将信件按一定的标准进行包头,然后送到邮件服务器。传输代理负责信件的交换和传输,将信件传送到邮件主机,再交给接收代理。接收代理按收信人的地址,根据简单邮件传输协议将信件传递到目的地。一般采用 Sendmail 程序来完成此工作。接收代理的 POP(Post Office Protocol)网络邮局协议或网络中转协议能使用户在自己的主机上读取这份邮件。E-mail 服务器是向全体开放的,故有一个"路由表",列出了其他 E-mail 服务器的目的地地址。当服务器读取信头时,如果不是发给自己的,会自动转发到目的地的服务器。

E-mail 的正常服务靠的是 E-mail 服务协议。有以下几种 E-mail 相关协议。

(1) SMTP。

简单邮件传输(Simple Mail Transfer Protocol,SMTP)是邮件传输协议。经过它传递的电子邮件都是以明文形式进行的,但这种明文传输很容易被中途窃取、复制或篡改。

(2) ESMTP。

ESMTP(Extended SMTP)指扩展型 SMTP。其主要有不易被中途截取、复制或篡改的功能。

(3) POP。

POP3 是邮局协议,其在线工作,有邮件保留在邮件服务器上允许用户从邮件服务器收发邮件的功能。POP3 是以用户当前存在邮件服务器上的全部邮件为对象进行操作的,并一次性将它们下载到用户端计算机中。但用户不需要的邮件也下载了。

(4) IMAP4。

Internet 消息访问协议版本 4(Internet Message Access Protocol,IMAP4)为用户提供了有选择地从邮件服务器接收邮件的功能。IMAP4 在用户登录到邮件服务器之后,允许采取多段处理方式,查询邮件,用户只读取电子信箱中的邮件信头,然后下载指定的邮件。

(5) MIME。

MIME(Multipurpose Internet Mail Extensions)协议的功能是将计算机程序、声音和视频等二进制格式信息先转换成 ASCII 文本,然后利用 SMTP 传输这些非文本的电子邮件,也可随同文本电子邮件发出。

E-mail 的安全漏洞有以下几种。

(1) 窃取 E-mail。从浏览器向 Internet 上另一方发送 E-mail 时,要经过许多路径上的网络设备,故入侵者可在路径上窃取 E-mail 或伪造 E-mail。

(2) Morris 内有一种会破坏 Sentmail 的指令。这种指令可使其执行黑客发出的命令,故 Web 提供的浏览器更容易受到侵袭。

(3) E-mail 轰炸,E-mail Spamming 和 E-mail 炸弹。E-mail 炸弹(End Bomb 和 KaBoom)能把攻击目标加到近百个 E-mail 列表中。Up Yours 是最流行的炸弹程序,它使用最少的资源,又隐藏自身攻击者的源头而进行攻击。E-mail 轰炸使同一收件人会不停地接到大量同一内容的 E-mail,使电子信箱挤满而不能工作。E-mail Spamming 是同一条信息被传给成千上万的不断扩大的用户,如果一个人用久了 E-mail Spamming,那么所有用户都会收到这封信。E-mail 服务器如果收到很多 E-mail,服务器会脱网,导致系统崩溃,不能服务。

(4) E-mail 欺骗。E-mail 伪称来自网络系统管理员,要求用户将口令改变为攻击者的特定字符串,并威胁用户,如果不按此处理,将关闭用户的账户。

（5）虚构某人名义发出 E-mail。由于任何人都可以与 SMTP 协议的端口连接，故攻击者可以虚构某人名义利用与 SMTP 协议连接的端口发出 E-mail。

（6）电子邮件病毒。由于 Outlook 存在安全隐患，可让攻击者编制一定的代码使病毒自动执行，病毒多以 E-mail 附件形式传给用户，一旦用户点击该附件，计算机就会中毒。故不要打开不明的邮件，如果要打开附件，应先用防毒软件扫描一下，确保附件无病毒。E-mail 为计算机病毒最主要的传播媒介。

E-mail 的安全措施包括以下几种。

（1）在邮件系统中安装过滤器，在接收任何 E-mail 之前，先检查（过滤）发件人的资料，删去可疑邮件，不让它进入邮件系统。

（2）防止 E-mail 服务器超载，超载会降低传递速度或不能收发 E-mail。

（3）如有 E-mail 轰炸或遇上 E-mail Spamming，就要通过防火墙或路由器过滤来自这个地址的 E-mail 炸弹邮包。

（4）防止 E-mail 炸弹指删除文件或在路由的层次上限制网络的传输。另一种方法是写一个 Script 程序，当 E-mail 连接到自己的邮件服务器时，它就会捕捉到 E-mail 炸弹的地址，对邮件炸弹的每一次连接，它都会自动终止其连接，并回复一个声明指出触犯法律。

（5）严禁打开 E-mail 附件中的可执行文件（.EXE、.COM）及 Word/Excel 文档，因为这些多是病毒"特洛伊木马"的有毒文件。

1.2.3 域名系统的安全问题

域名系统（Domain Name System，DNS）是一种用于 TCP/IP 应用程序的分布式数据库，它的作用是提供主机名称和地址的转换信息。网络用户通过 UDP 协议与 DNS 域名服务器进行通信，而服务器在特定的 53 端口监听，并返回用户所需要的相关信息，这是正向域名解析的过程，而反向域名解析是一个查询 DNS 的过程。当用户向一台服务器请求服务时，服务器会根据用户的 IP 地址反向解析出其对应的域名。

域名系统的安全威胁有以下几种。

（1）DNS 会查漏内部的网络拓扑结构，故 DNS 存在安全隐患。整个网络架构中的主机名、主机 IP 列表、路由器名、路由器 IP 列表、计算机所在位置等可以被轻易窃取。

（2）攻击者控制了 DNS 服务器后，就会篡改 DNS 的记录信息，利用被篡改的记录信息达到入侵整个网络的目的，使到达原目的地的数据包落入攻击者控制的主机。

（3）DNS 服务器有其特殊性，在 UNIX 中，DNS 需要 UDP 53 和 TCP 53 的端口，它们需要使用 root 执行权限，这样防火墙很难控制对这些端口的访问，导致入侵者可窃取 DNS 服务器的管理员权限。

（4）DNS ID 欺骗行为：黑客伪装的 DNS 服务器提前向客户端发送响应数据包，使客户端的 DNS 缓存里域名所对应的 IP 变成黑客自定义的 IP，于是客户端被带到黑客设定的网站。

域名系统的威胁解除办法：遇到 DNS 欺骗，先禁止本地连接，然后启用本地连接即可消除 DNS 缓存。如果在 IE 中使用代理服务器，DNS 欺骗就不能进行，因为这时客户端并不会在本地进行域名请求。如果访问的不是网站主页，而是相关子目录的文件，则在自定义的网站上不会找到相关的文件。所以，禁用本地连接，再启用本地连接就可以清除 DNS 欺骗。

1.2.4 IP 地址的安全问题

IP 地址的安全威胁有以下几种。

（1）盗用本网段的 IP 地址，但会记录下物理地址。在路由器上设置静态 ARP 表，可以防止在本网段盗用 IP。路由器会根据静态 ARP 表检查数据，如果不能对应，则不进行处理。

（2）IP 电子欺骗：IP 欺骗者通过 RAW Socket 编程，发送带有伪造的源 IP 地址的 IP 数据包，让一台机器来扮演另一台机器达到的目的，获得对主机未授权的访问。即使设置了防火墙，如果没有配置对本地区域中资源 IP 包地址的过滤，这种 IP 欺骗仍然奏效。当黑客进入系统后，黑客绕过口令及身份验证，专门等候合法用户连接登录到远程站点，一旦合法用户完成其身份验证，黑客就可控制该连接。这样，远程站点的安全就被破坏了。

IP 欺骗攻击的防备有以下几种办法。

（1）通过对包的监控来检查 IP 欺骗。可用 netlog 或类似的包监控工具来检查外接口上包的情况，如发现包的两个地址——源地址和目的地址都是本地域地址，就意味着有人试图攻击系统。

（2）安装一个过滤路由器，来限制对外部接口的访问，禁止带有内部网资源地址包的通过。当然也应禁止（过滤）带有不同的内部资源地址内部包通过路由器到其他网络中，这就防止内部的用户对其他站点进行 IP 欺骗。

（3）将 Web 服务器放在防火墙外面有时更安全。如果路由器支持内部子网的两个接口，则易引发 IP 欺骗。

（4）在局部网络的对外路由器上加一个限制条件，不允许声称来自内部网络包通过，也能防止 IP 欺骗。

1.2.5　Web 站点的安全问题

Web 服务器有以下安全漏洞。

（1）安全威胁类来源有以下几种。

①外部接口。

②网络外部非授权访问。

③网络内部的非授权访问。

④商业或工业间谍。

⑤移动数据。

（2）入侵者会重点针对访问攻击某个数据库、表、目录，达到破坏数据或攻击数据的目的。

（3）进行地址欺骗、IP 欺骗或协议欺骗。

（4）非法偷袭 Web 数据，如电子商务或金融信息数据。

（5）伪装成 Web 站点管理员，攻击 Web 站点或控制 Web 站点主机。

（6）服务器误认闯入者是合法用户，而允许其访问。

（7）伪装域名，使 Web 服务器向入侵者发送信息，而客户无法获得授权访问的信息。

常用的 Web 站点安全措施有以下几种。

（1）将 Web 服务器当作无权限的用户运行，很不安全，故要设置权限管理。

（2）将敏感文件放在基本系统中，再设置二级系统，所有敏感文件数据都不向 Internet 开放。

（3）要检查 HTTP 服务器使用的 Applet 和脚本，尤其是与客户交互作用的 CGI 脚本，以防止外部用户执行内部指令。

（4）建议在 Windows NT 上运行 Web 服务器，并检查驱动器和共享的权限，将系统设为只读状态。

（5）采用 Macintosh Web 服务器更为安全，但又缺少 Windows NT 的一些设置特性。

（6）要克制 daemons 系统的软件安全漏洞。daemons 会执行不要执行的功能，如控制服务、网络服务、与时间有关的活动及打印服务。

（7）为防止入侵者用电话号码作为口令进入 Web 站点，要配备能阻止和覆盖口令的收取机制及安全策略。

（8）不断更新、重建和改变 Web 站点的连接信息，一般 Web 站点只允许单一种类的文本作为连接资源。

（9）假设 Web 服务器放置在防火墙的后面，就可将"Wusage"统计软件安装在 Web 服务器内，以控制通过代理服务器的信息状况，这种统计工具能列出站点上往返最频繁的用户名单。

（10）安装在公共场所的浏览器，以防被入侵者改变浏览器的配置，并获得站点机要信息、IP 地址、DNS 入口号等，故要做防御措施。

1.2.6 文件传输的安全问题

文件传输协议（File Transfer Protocol，FTP）是为用户在 Internet 上主机之间进行收发文件提供的协议。FTP 使用客户机/服务器模式。当使用客户端程序时，用户的命令要求 FTP 服务器传送一个指定文件，服务器会响应发送命令，并传送这个文件，存入用户机的目录中。FTP 传送条件是用户拥有 FTP 服务器的权限。FTP 可通过 CERN 代理服务器访问该服务器或直接访问该服务器。

目前，FTP 的安全问题是 FTP 自身的安全问题及协议的安全功能如何扩展。即便使用安全防火墙，黑客仍有可能访问 FTP 服务器，故 FTP 存在安全问题。

FTP 的安全漏洞有以下几种。

（1）代理 FTP 中的跳转攻击。代理 FTP 是 FTP 规范 PR85 提供的一种允许客户端建立的控制连接，是在两台 FTP 服务器间传输文件的机制。可以不经过中间设备传给客户端，再由客户端转给另一个服务器，这就减少了网络流量，但攻击者可以发出一个 FTP "PORT"命令给目标 FTP 服务器，其中包括该被攻击主机的网络地址和与命令及服务相对应的端口号。这样，客户端就能命令 FTP 服务器发送数据给被攻击的服务器。由于通过第三方连接的，使跟踪攻击者出现难度。其防范措施有：①禁止使用 PORT 命令，而通过 PASV 命令来实现传输，缺点是损失了使用代理 FTP 的能力；②服务器不打开数据连接到小于 1024 的 TCP 端口号，因为 PR85 规定 TCP 端口从 0～1023 是留给用户服务器的端口号，而 1024 以上的服务才是由用户自定义的服务。

（2）FTP 软件允许用户访问所有系统中的文件，且 FTP 文件系统存在可写区域可供攻击者删改文件。

（3）地址被盗用。基于网络地址的访问，会使 FTP 服务器的地址易被盗用，攻击者冒用组织内的机器地址，从而将文件下载到组织外未授权的机器上，防范措施是加上安全鉴别机制。

（4）用户名和密码被猜测。为了防止用户名和密码被猜测，FTP 服务器要限制大于 5 次的查询尝试，停止设备的 5 次以上尝试的控制连接。此时，应给用户一个响应返回码 421，表示服务器不可用，即将关闭控制连接。

（5）端口盗用。

因为用户要获得一个 TCP 端口号，才能连接上一个 FTP 服务器，故端口号易被盗用。从而使黑客盗取合法用户的文件或从授权用户发出的数据流中伪造文件。为防止端口盗用，可以采取随机性分配端口号。

FTP 的安全措施有以下几种。

（1）未经授权的用户禁止进行 FTP 操作，FTP 使用的账号必须在 password 文件中有记载，并且它的口令不能为空。凡是被 FTP 服务器拒绝访问的账号和口令都记录在 FTP 的保护进程 FTP 的 /ete/FTPuser 文件中，凡在此文件出现的用户将拒绝访问。

（2）保护 FTP 使用的文件和目录。

① FTP\bin 目录的所有者设为 root，此目录主要放置系统文件，设为用户不可访问的文件。

② FTP\exe 目录的所有者设为 root，此目录存放 group 文件和 password 文件，设为只读属性，

并将文件 password 中用户加密过的口令删除,但不删除文件中已加密的口令。

③ FTP\pub 目录的所有者设为 FTP,设为所有用户均可读和可写,以保证 FTP 合法用户的正常访问。

④ FTP 的主目录的所有者设为"FTP",主目录设为所有用户均不可写,以防止用户删除主目录文件。注意,设为 FTP 与设为"FTP"有不同的含义。

1.2.7 社会工程学的安全问题

网络信息保护中采用的技术和最终对安全系统的操作都是人来完成的。所以从网络信息安全对安全策略的依赖性,已经知道保护的信息对象、所要达到的保护目标是人通过安全策略确定的。因此,在网络信息安全系统的设计、实施和验证中也不能离开人,人在网络信息安全管理中占据着中心地位。特别是网络内部客户,不正确地使用系统,其可以轻而易举地跳过技术控制。例如,计算机系统一般是通过口令来识别用户的。如果用户提供正确的口令,则系统自动认为该用户是授权用户。假设一个授权用户把其用户名/口令告诉了其他人,那么非授权用户就可以假冒这个授权用户,而且无法被系统发现。

非授权用户攻击一个机构的网络计算机系统是危险的。而一个授权的网络内部用户攻击一个机构的网络计算机系统将更加危险。因为内部人员对机构的计算机网络系统结构、操作员的操作规程非常清楚,而且通常知道足够的口令跨越安全控制,而这些安全控制已足以把外部攻击者挡在"门"外了。可见,内部用户的越权使用是一个非常难应对的问题。

如果系统管理员在系统安全的相关配置上出现错误,或未能及时查看安全日志,或用户未正确采用安全机制保护信息,都将会使机构的信息系统防御能力大大降低。没有培训的员工通常会给机构的信息安全带来另一种风险。例如,没有培训员工不知道文件数据备份到磁盘上之前需要做一下验证,当系统遭到攻击后,其员工可能才发现其所备份的文件无法读出来。这是由于错误的流程造成了数据的丢失。由此可见,对使用者的技术培训和安全意识教育是非常重要的。网络信息安全一般不会给组织机构带来直接的经济效益。安全虽然能限制损失,但建设初期是需要花费一定的经费的。认识问题比较严重的是,有的组织机构一般认为在安全上投资是一种浪费,而且为系统添加安全特色通常会使原先简单的操作变得复杂而降低处理效率,这种情况通常会延续到安全问题带来的损失已经发生的时候。

组织机构只有建立起网络信息安全责任和权力基础,网络信息安全才能与机构的其他工作一样正常展开。然而,组织机构开展网络信息安全建设,起初可能会面临一系列问题。例如,首先是缺乏专业人才,或仅有的人才不是专职工作的。其次,网络信息安全建设需要资金支持,需要进行安全需求论证、请人设计和实施,需要培训运行人员,需要建立规章制度等。

在一个组织机构中,对任职人员的行为进行适当的记录是一项保障网络信息安全行之有效的方法。因为网络信息安全不仅要求组织和内部人员有安全技术知识、安全意识和领导层对安全的重视,还必须制定一整套明确的责任,明确审批权限的安全管理制度,以及专门的安全管理机构,从根本上保证所有任职人员的规范化使用和操作。

此外,法律会限制网络信息安全保护中可用的技术以及技术的使用范围,因此决定安全策略或选用安全机制的时候需要考虑法律或条例的规定。

例如,中华人民共和国国家密码管理委员会颁布的《商用密码管理条例》(1999 年)规定,在中国,商用密码属于国家密码,国家对商用密码的科研、生产、销售和使用实行专控经营。

也就是说,使用未经国家批准的密码算法,或使用国家批准的算法但未得到国家授权认可的产品都属于违法行为。因此,当采用密码算法保护本单位的商用信息时,需要采用国家授权的产品。

在现代社会里,人们的行为习惯和社会道德都会对网络空间信息安全产生影响。一些技术方法或管理办法在一个国家或区域可能不会有问题,但在另一个地方可能会受到抵制。例如,密钥托管在一些国家实施起来可能不会很艰难,但有些国家曾因为密钥托管技术的使用被认为侵犯了人权而被起诉。信息安全的实施与所处的社会环境有紧密的联系,不能鲁莽照搬他人的经验。

1.3 网络空间信息安全的主要内容

随着信息化进程的深入和网络的飞速发展,我国现在已建设了大量的信息化系统,并成为国家关键基础设施,它们支持着电子政务、电子商务、电子金融、电子投票、网络通信、网络合作研究、网络教育、网络医疗和社会保障等方方面面。网络化、信息化、数字化的特点使这些系统均与保密或敏感网络信息有关,运作方式有别于传统模式,因此,这些设施的安全维护显得格外重要。要保证网络电子信息的安全性和有效性,除了需要根据知识经济的发展,制定出相适应的政策、法规和管理规范外,还需要通过网络空间信息安全技术来提供安全保障。网络空间信息安全是构建整个社会网络化、信息化、数字化的根本保证。

现代网络技术的广泛应用大大提高了人类活动的质量和效率,但如同许多新技术的应用一样,网络技术也是人类为自己锻造的一柄双刃剑,善意的应用将造福于人类,恶意的应用则将给社会带来危害。所以,我们在考虑网络空间信息安全的保障总体规划上,不仅要在网络空间信息安全技术上统筹计划,还要强调网络信息保障研究跨学科的性质。更重要的是加强网络空间信息安全教育与管理,强调其系统规划和责任,重视对网络空间信息系统使用的法律与道德规范问题,将法律、法规和各种规章制度融合到网络空间信息安全解决方案之中。总之,网络空间信息安全保障和网络空间信息安全的本质在于思想观念上的主动防御而不是被动保护。网络空间信息安全保障涉及管理、制度、人员、法律和技术等方面。因此,解决网络信息安全的基本策略是综合治理。网络信息安全研究所涉及的内容相当广泛,包括网络空间信息设施的安全性、网络空间信息传输的完整性(防止信息被未经授权的篡改、插入、删除或重传)、网络空间信息自身的保密性(保证网络空间信息不泄露给未经授权的人)、网络信息的可控性(对网络空间信息和网络空间信息系统实施安全监控管理,防止非法用户利用网络空间信息和网络空间信息系统)、网络空间信息的不可否认性(保证发送和接收网络空间信息的双方不能事后否认他们自己所做的操作行为)、网络空间信息的可用性(保证网络空间信息和网络空间信息系统确实能为授权者所用,防止由于计算机病毒或其他入侵行为造成系统的拒绝服务)、网络信息人员的安全性和网络信息管理的安全性等。本书有侧重地对下列问题予以讨论和介绍。

1.3.1 病毒防治技术

随着计算机的应用与推广,计算机技术已经渗透到社会的各个领域,伴随而来的计算机病毒传播问题也引起人们的关注。网络计算机病毒可以渗透到信息社会的各个领域,对信息社会造成严重威胁。20 世纪 70 年代中叶,计算机病毒开始出现在美国的一些科幻小说中,使生活在信息社会中的人们颇感新奇。然而,曾几何时,这个人们臆想中的"幽灵"已经活生生地活动在世界各地的计算机系统中,并对信息系统的安全构成了严重的威胁。世界上第一个计算机病毒,准确地说应该是第一个"病毒"雏形,源于 20 世纪 60 年代初美国贝尔实验室的 3 个年轻的程序员编写的一个名为"磁芯大战"的游戏,游戏通过复制自身来摆脱对方的控制。

1983 年 11 月,在国际计算机安全学术研讨会上,美国计算机专家首次将病毒程序在 VAX/750 计算机上进行了实验,世界上第一个计算机病毒就这样诞生在实验室中。

20 世纪 80 年代后期,巴基斯坦有一对以编程为生的兄弟,他们为了打击那些盗版软件的使用者，设计出了一个名为"巴基斯坦"的病毒，这就是世界上流行的第一个真正的病毒。

总地来说，计算机病毒的发展经历了以下 5 个阶段。

第一个阶段为原始病毒阶段，产生于 1986—1989 年，由于当时计算机的应用软件少，而且大多单机运行，因此病毒没有大量流行，种类也很有限，病毒的清除工作相对来说较容易。

第二个阶段为混合型病毒阶段，产生于 1989—1991 年，是计算机病毒由简单发展到复杂的阶段。计算机局域网开始应用与普及，给计算机病毒带来了第一次流行高峰。

第三个阶段为多态性病毒阶段。防病毒软件查杀此类病毒非常困难。这个阶段病毒技术开始向多维化方向发展。

第四个阶段为网络病毒阶段。从 20 世纪 90 年代中后期开始，随着国际互联网的发展壮大，依赖互联网传播的邮件病毒和宏病毒等大量涌现，病毒传播速度快、隐蔽性强、破坏性大。

第五个阶段为主动攻击型病毒。这类病毒利用操作系统的漏洞进行进攻型的扩散，并不需要任何媒介或操作，用户只要接入互联网就有可能被感染，此类病毒的危害性更大。

迄今为止，世界上已发现的计算机病毒已有数万种，给全球经济造成的损失每年高达数十亿美元。可以预见，随着计算机、网络运用的不断普及、深入，防范计算机病毒将越来越受到人们的高度重视。

计算机病毒是指编制或者在计算机程序中插入的破坏计算机功能或者破坏数据，影响计算机使用，并能自我复制的一组计算机指令或者程序代码。可见，计算机病毒是一种人为的用计算机高级语言写成的可存储、可执行的计算机非法程序。因为这种非法程序隐蔽在计算机系统可存储的信息资源中，能像微生物学所称的病毒一样，利用计算机信息资源进行生存、繁殖和传播，影响和破坏计算机系统的正常运行，所以人们形象地把这种非法程序称为"计算机病毒"。计算机病毒是一种特殊程序，因此病毒程序的结构决定了病毒的传染能力和破坏能力。从程序结构上来看，计算机病毒通常由 3 部分组成：引导模块，将病毒从外存引入内存，激活传染模块和表现模块；传染模块，负责病毒的传染和扩散，将病毒传染到其他对象上；表现模块，计算机病毒中最关键的部分，实现病毒的破坏作用，如删除文件、格式化硬盘、显示或发声等。计算机病毒主要呈现以下特征：传染性、非授权性、隐蔽性、潜伏性、破坏性、不可预见性、可触发性。

计算机病毒有以下特点：一是攻击隐蔽性强，病毒可以无声无息地感染计算机系统而不被察觉，待发现时，往往已造成严重后果；二是繁殖能力强，计算机一旦染毒，可以很快复制许多病毒文件，目前的三维病毒还会产生很多变种；三是传染途径广，可通过软盘、有线和无线网络、硬件设备等多渠道自动侵入计算机中，并不断蔓延；四是潜伏期长，病毒可以长期潜伏在计算机系统中而不发作，待满足一定的条件后，就激发破坏；五是破坏力大，计算机病毒一旦发作，轻则干扰系统的正常运行，重则破坏磁盘数据、删除文件，导致整个计算机系统的瘫痪；六是针对性强，计算机病毒的效能可以准确地加以设计，满足不同环境和时机的要求。

计算机病毒的广泛传播，推动了反病毒技术的发展，新的反病毒技术的出现，又迫使计算机病毒更新其技术。两者相互激励，螺旋式上升地不断提高各自的水平，在此过程中涌现出许多计算机病毒新技术，采用这些技术的目的是使计算机病毒广泛传播。计算机病毒的发展呈现以下趋势。

（1）病毒传播方式不再以存储介质为主要的传播载体，网络成为计算机病毒传播的主要载体，使用计算机网络逐渐成为计算机病毒发作条件的共同点。

（2）传统病毒日益减少，计算机病毒变形（变种）的速度极快并向混合型、多样化发展，网络蠕虫成为最主要和破坏力最大的病毒类型。

（3）运行方式和传播方式将更加多样化，更具有隐蔽性。

（4）尽管目前 Windows 10 比其他版本的 Windows 系统安全，但随着其日益流行，它将成为黑客的主要攻击目标。

（5）针对OS X和UNIX等其他系统的病毒数量明显增加。

（6）跨操作系统的病毒将会越来越多。

（7）计算机病毒技术与黑客技术将日益融合，出现带有明显病毒特征的木马或者木马特征的病毒。

（8）物质利益将成为推动计算机病毒发展的最大动力。

长期以来，人们设计计算机的目标主要是追求信息处理功能的提高和生产成本的降低，而对于安全问题则重视不够。计算机系统的各个组成部分、接口界面、各个层次的相互转换，都存在着不少漏洞和薄弱环节。全球万维网（WWW）使"地球一村化"，为计算机病毒创造了实施的空间。新的计算机技术在电子系统中不断应用，为计算机病毒的实现提供了客观条件。国外专家认为，分布式数字处理、可重编程嵌入计算机、网络化通信、计算机标准化、软件标准化、标准的信息格式、标准的数据链路等都使计算机病毒侵入成为可能。

现代信息技术的巨大进步已使空间距离不再遥远，"相隔天涯，如在咫尺"，但也为计算机病毒的传播提供了新的"高速公路"。计算机病毒可以附着在正常文件中通过网络进入一个又一个系统，国内计算机感染一种"进口"病毒已不再是什么大惊小怪的事情了。在信息国际化的同时，计算机病毒也在国际化。因此，计算机病毒防范的对策和方法根据计算机病毒的组成、特点和传播途径，可分为以下措施。

（1）给计算机安装防病毒软件，各种防病毒软件对防止病毒的入侵有较好的预防作用。

（2）写保护所有系统盘，不要把用户数据或程序写到系统盘上，对系统的一些重要信息做备份。一般至少做出CMOS、硬盘分区表和引导区记录等参数的备份（可用Debug或Norton Utilities Disk Tool等），有些病毒很猖獗，如CMOS病毒，一旦感染，可能使所有硬盘参数丢失，如果没有这些参数备份，计算机则可能完全崩溃。

（3）尽量使用硬盘引导系统，并且在系统启动时即安装病毒预防或疫苗软件。例如，在系统启动时，在Windows 98的启动栏中装入Vsafe.com、Norton、Scan或LANDesk Virus Protect。

（4）对公用软件和共享软件的使用要谨慎，禁止在机器上运行任何游戏盘，因游戏盘携带病毒的概率很高。禁止将软盘带出或借出使用，必须要借出的软盘归还后一定要进行检测，无毒后才能使用。

（5）对来历不明的软件不要未经检查就上机运行。要尽可能使用多种最新查毒、杀毒软件来检查外来的软件。同时，应经常用查毒软件检查系统、硬盘上有无病毒。

（6）使用套装正版软件，不使用或接收未经许可的软件。

（7）使用规范的公告牌和网络，不要从非正规的公告牌中卸载可执行程序。

（8）对已联网的微机，注意访问控制，不允许任何对微机的未授权访问。

（9）计算机网络上使用的软件要严格检查，加强管理。

（10）不忽视任何病毒征兆，定期用杀毒软件对机器和软盘进行检测。

总之，对于计算机病毒要以预防为主，尽量远离病毒感染源，只有这样才能给计算机一个洁净而安全的生存环境。

1.3.2 远程控制与黑客入侵

一般认为，计算机系统的安全威胁主要来自黑客的攻击，现代黑客从以系统为主的攻击转变为以网络为主的攻击，而且随着攻击工具的完善，攻击者不需要专业的知识就可以完成复杂的攻击过程。首先是远程控制，它只是通过网络来操纵计算机的一种手段而已，只要运用得当，操纵远程的计算机也就如同操纵眼前正在使用的计算机一样。远程控制在网络管理、远程协作、远程办公等计算机领域有着广泛的应用，它进一步克服了由于地域性的差异而带来的操作中的不便性，使网络的效率得到了更大的发挥。其实，远程控制的具体操作过程并不复杂，关键是要选好适合远程控制的软件工具，远程控制就是一把双刃剑，若利用不当，会造成很大的安全隐患。

计算机中的远程控制技术，始于磁盘操作系统时代，只是那个时代由于计算机性能和技术比较低，网络不发达，市场没有更高的要求，所以远程控制技术没有引起更多人的注意。但是，随着网络的高度发展，出于计算机的管理及技术支持的需要，远程操作及控制技术越来越引起人们的关注。远程控制一般支持下面的网络方式：LAN、WAN、拨号方式、互联网方式。此外，有的远程控制软件还支持通过串口、并口、红外端口对远程机的控制。传统的远程控制软件一般使用 NetBEUI、NetBIOS、IPX/SPX、TCP/IP 等协议来实现远程控制。随着网络技术的快速发展与普及，目前很多远程控制软件提供通过 Web 页面以 Java 技术来控制远程网络计算机的服务。

黑客源于英语动词 hack，意为"劈，砍"，引申为"干了一件非常漂亮的工作"。在早期麻省理工学院的校园俚语中，"黑客"则有"恶作剧"之意，尤指手法巧妙、技术高明的恶作剧。在日本《新黑客词典》中，对黑客的定义是"喜欢探索软件程序奥秘，并从中增长了其个人才干的人。他们不像绝大多数计算机使用者那样，只规规矩矩地了解别人指定了解的狭小部分知识。"由这些定义中，还看不出贬义的意味。

在 20 世纪的 60—70 年代，"黑客"也曾经专用来形容那些有独立思考意识的计算机"迷"，如果他们在软件设计上做了一件非常漂亮的工作，或者解决了一个程序难题，同事们经常高呼"hacker"。

他们通常具有硬件和软件的高级知识，并有能力通过创新的方法剖析系统。"黑客"能使更多的网络趋于完善和安全，他们以保护网络为目的，而以不正当侵入为手段找出网络漏洞。于是"黑客"就被定义为"技术娴熟的具有编制操作系统级软件水平的人"。

许多处于 UNIX 时代早期的"黑客"云集在麻省理工学院和斯坦福大学，正是这样一群人建成了今天的"硅谷"。后来某些具有"黑客"水平的人物利用通信软件或者通过网络非法进入他人系统，截获或篡改计算机数据，危害信息安全。于是"黑客"开始有了"计算机入侵者"或"计算机捣乱分子"的恶名。入侵者是那些利用网络漏洞破坏网络的人。他们往往做一些重复的工作（如用暴力法破解口令），也具备广泛的计算机知识，但与黑客不同的是他们以破坏为目的。这些群体成为"骇客"。当然，有一种人介于黑客与入侵者之间。到了 20 世纪的 80、90 年代，计算机越来越重要，大型数据库也越来越多，同时，信息越来越集中在少数人的手里。这样一场新时期的"圈地运动"引起了黑客们的极大反感。黑客认为，信息应共享而不应被少数人垄断，于是将注意力转移到涉及各种机密的信息数据库上。而这时，计算机化空间已私有化，成为个人拥有的财产，社会不能再对黑客行为放任不管，而必须采取行动，利用法律等手段来进行控制。

典型的黑客会使用如下技术隐藏其真实的 IP 地址：利用被侵入的主机作为跳板；在安装 Windows 的计算机内利用 WinGate 软件作为跳板；利用配置不当的 Proxy 作为跳板。黑客总是寻找那些被信任的主机。这些主机可能是管理员使用的机器，或者一台被认为很安全的服务器。黑客会检查所有运行 nfsd 或 mountd 的主机的 NFS 输出。往往这些主机的一些关键目录（如/usr/bin、/etc 和/home）可以被那台被信任的主机侵入。

Finger Daemon 也可以被用来寻找被信任的主机和用户，因为用户经常从某台特定的主机上登录。黑客还会检查其他方式的信任关系。例如，其可以利用 CGI 的漏洞，读取/etc/hosts.allow 文件等。

黑客会选择一台被信任的外部主机进行尝试。一旦成功侵入，黑客将从这里出发，设法进入内部的网络。但这种方法是否成功要看内部主机和外部主机间的过滤策略。攻击外部主机时，黑客一般会运行某个程序，利用外部主机上运行的有漏洞的 daemon 窃取控制权。有漏洞的 daemon 包括 Sendmail、IMAP、POP3 各个漏洞的版本，以及 RPC 服务中的 statd、mountd、PCNFSD 等。有时，攻击程序必须在与被攻击主机相同的平台上进行编译。

一旦计算机被黑客入侵，那么被入侵的计算机将没有任何秘密可言，因此我们要加强网络安全防范意识，学习并掌握一些基本的安全防范措施，尽量使其免受黑客的攻击。

1.3.3 网络信息密码技术

网络信息密码技术是研究计算机信息加密、解密及其变换的科学，是数学和计算机交叉的一门新兴学科。随着计算机网络和计算机通信技术的发展，网络信息密码技术得到了前所未有的重视并迅速地发展和普及起来。密码作为运用于军事和政治斗争的一种技术，历史悠久，无论是在古希腊时代还是在现代都发挥了非常重要的作用。现代密码学不仅用于解决信息的保密性，还用于解决信息的完整性、可用性、可控性和不可抵赖性等。可以说，密码是保护网络信息安全的最有效的手段，密码技术也是保护网络信息安全的关键技术。过去密码的研制、生产、使用和管理都是在封闭的环境下进行的。20 世纪 70 年代以来，随着经济、社会和信息技术的发展，密码应用范围日益扩大，社会对密码的需求愈加迫切，密码研究领域不断拓宽，密码研究也从专门机构扩展到社会和民间，密码技术得到了空前发展。

密码技术是保障信息安全的最基本、最核心的技术措施和理论基础。密码技术不仅在保护国家秘密信息中具有重要的、不可代替的作用，同时，也广泛应用于电子邮件、政府信息上网、网上招生录取、网上购物、网络银行、数字化网络电视、网络远程教育、远程合作诊断等领域。密码通信模型由明文空间、密文空间、密钥空间、加密算法、解密算法 5 个模块组成，安全密码体制根据应用性能对网络信息提供秘密性、鉴别性、完整性、不可否认性等功能。常见密码的破解方法有唯密文攻击法、已知明文攻击法、选择文攻击法。到目前为止，已经公开发表的各种加密算法已有数百种。若以密钥为分类标准，可将密码系统分为对称密码（又称为单钥密码或私钥密码）和非对称密码（又称为双钥密码或公钥密码）。若以密码算法对明文的处理方式为标准，则可将密码系统分为序列密码和分组密码系统。在私钥密码体制中，发送方和接收方使用同一个秘密密钥，即加密密钥和解密密钥是相同或等价的。除了以代换密码和转轮密码为代表的古典密码之外，比较著名的私钥密码系统有美国的 DES 及其各种变形，如 Triple DES、GDES、NewDES，欧洲的 IDEA，日本的 FEAL-N、LOKI-91、Skipjack、RC4、RC5 等。其中数据加密标准（Data Encryption Standard，DES）为美国国家标准局（现美国国家标准与技术研究所）公布的商用数据加密标准，几十年来得到了广泛的应用。

对称密码体系中主要有三大密码标准：数据加密标准、高级加密标准和序列加密算法。数据加密标准是 20 世纪 70 年代由 IBM 公司设计和修改的、经美国国家标准局（NBS）审阅的一种分组加密算法，即对一定大小的明文或密文进行加密或解密工作，其工作模式分为电子密码本、密码分组链和密码反馈，并可以通过多次使用 DES 或要求多于 56 位的密钥增强安全性。高级加密标准是用于替代 DES 的，并要求新算法必须允许 128、192、256 位密钥长度，不仅能够在 128 位输入分组上工作，还能在各种不同硬件上工作，速度和密码强度同样也要被重视。在加密算法上，AES 算法密钥长度限制为 128 位，算法过程由 10 轮循环组成，每一轮循环都有一个来自初始密钥的循环密钥，由 4 个基本步骤组成：字节转换、移动行变换、混合列变换、加循环密钥，而解密算法则是加密的逆过程。

在公钥密码体制中，接收方和发送方使用的密钥互不相同，即加密密钥和解密密钥不相同，加密密钥公开而解密密钥保密，而且几乎不可能由加密密钥推导出解密密钥。比较著名的公钥密码系统有 RSA 密码系统、椭圆曲线密码系统、背包密码系统、McEliece 密码系统、Diffie-Hellman 密码系统、零知识证明的密码体制和 ElGamal 密码等。理论上，最为成熟完善的公钥密码体制是 RSA 算法，以及 Diffie-Hellman、ElGamal 和 Merkle-Hellman 公钥体制。最有影响的公钥密码体制是 RSA 和 ECC，它们能够抵抗到目前为止已知的所有密码攻击。RSA 密码体制的安全性基于大整数素因子分解的困难性。ECC 密码系统的安全性基于求解椭圆曲线离散对数问题的困难性。ECC 被认为是下一代最有前途的密码系统。

在"密码管理"方面主要讨论密码的生成、空间、发送、验证、更新、存储密钥的管理机制。其中，密码的生成是算法安全性的基础；非线性密钥空间可假设能将选择的算法加入到防篡改模块中，要求有特殊保密形式的密钥，从而使能偶然碰到正确密钥的可能性降低；在密钥发送时需要分成许多不同的部分，然后用不同的信道发送，即使截获者能收集到密钥，仍可保证密钥安全性；密钥验证需要根据信道类型判断是发送者传送还是伪装发送者传送；密钥更新可采用从旧密钥中产生新密钥的方法改变加密数据链路的密钥。

1.3.4 数字签名与验证技术

随着Internet的发展与应用的普及，除了需要保护用户通信的私有性和秘密性，使非法用户不能获取、读懂通信双方的私有信息和秘密信息之外，在许多应用中，还需要保证通信双方的不可抵赖性和信息在公共信道上传输的完整性。数字签名（Digital Signatures）、身份验证和信息验证等技术可以解决这些问题。

数字签名的概念最早由Whitfield Diffie和Martin Hellman于1976年提出，其目的是使签名者对电子文件也可以进行签名并且无法否认，验证者无法篡改文件。简单地说，所谓数字签名就是附加在数据单元上的一些数据，或者对数据单元所做的密码变换。这种数据或变换允许数据单元的接收者用以确认数据单元的来源和数据单元的完整性并保护数据，防止被人（如接收者）伪造。它是对电子形式的消息进行签名的一种方法，一个签名消息能在一个通信网络中传输。各种数字签名方案先后被提出：Rivest、Shamir和Adleman于1978年提出了基于RSA公钥密码算法的数字签名方案；Shamir于1985年提出了一种基于身份识别的数字签名方案；ElGamal于1985年提出了一种基于离散对数的公钥密码算法和数字签名方案； Schnorr于1990年提出了适合智能卡应用的有效数字签名方案；Agnew于1990年提出了一种改进的基于离散对数的数字签名方案；NIST于1991年提出了数字签名标准；1992年，Scott Vanstone首先提出椭圆曲线数字签名算法。1993年以来，针对实际应用中大量特殊场合的签名需要，数字签名领域转向对特殊签名和多重数字签名的广泛研究阶段。

基于公钥密码体制和私钥密码体制都可以获得数字签名，目前主要是基于公钥密码体制的数字签名。其包括普通数字签名和特殊数字签名。普通数字签名算法有RSA、ElGamal、Fiat-Shamir、Guillou- Quisquarter、Schnorr、Ong-Schnorr-Shamir、DES/DSA、椭圆曲线数字签名算法和有限自动机数字签名算法等。特殊数字签名有盲签名、代理签名、群签名、不可否认签名、公平盲签名、门限签名、具有消息恢复功能的签名等，它与具体应用环境密切相关。显然，数字签名的应用涉及法律问题，美国基于有限域上的离散对数问题制定了自己的数字签名标准。数字签名技术是不对称加密算法的典型应用。数字签名的应用过程如下：数据源发送方使用自己的私钥对数据校验和其他与数据内容有关的变量进行加密处理，完成对数据的合法"签名"，数据接收方则利用对方的公钥来解读收到的"数字签名"，并将解读结果用于对数据完整性的检验，以确认签名的合法性。数字签名技术是在网络系统虚拟环境中确认身份的重要技术，完全可以代替现实过程中的"亲笔签字"，在技术和法律上有保证。在公钥与私钥管理方面，数字签名应用与加密邮件PGP技术正好相反。在数字签名应用中，发送者的公钥可以很方便地得到，但其私钥需要严格保密。

数字签名主要的功能是保证信息传输的完整性、发送者的身份验证、防止交易中的抵赖发生。数字签名通过一套标准化、规范化的软硬结合的系统，使持章者可以在电子文件上完成签字、盖章，与传统的手写签名、盖章具有完全相同的功能。其主要解决电子文件的签字盖章问题，用于辨识电子文件签署者的身份，保证文件的完整性，确保文件的真实性、可靠性和不可抵赖性。同时，依据《中华人民共和国电子签名法》使用户所签署文档具有法律效力，大大提高了用户在电子商务、电子政务中的办事效率和安全性,同时也为实现无纸化办公扫除了障碍,大大节省了办公耗材等。

在现代生活中,当人们在住宿、求职、银行存款时,通常要出示自己的身份证来证明自己的身份。但是,如果警察要求你出示身份证以证明你的身份,按照规定,警察必须首先出示自己的证件来证明自身的身份。前者是一方向另一方证明身份,而后者则是对等双方相互证明自己的身份。网络信息验证技术是网络信息安全技术的一个重要方面,它用于保证通信双方的不可抵赖性和信息的完整性。在 Internet 深入发展和普遍应用的时代,网络信息验证显得十分重要。例如,在网络银行、电子商务等应用中,对于所发生的业务或交易,人们可能并不需要保密交易的具体内容,但是交易双方应当能够确认是对方发送(接收)了这些信息,同时接收方还能确认接收的信息是完整的,即在通信过程中没有被修改或替换。

一般的,网络身份验证可分为用户与主机间的验证和主机与主机之间的验证。用户与主机之间的验证可以基于如下一个或几个因素来完成。

(1) 用户所知道的东西,如口令、密码等。

(2) 用户拥有的东西,如印章、智能卡(如信用卡等)。

(3) 用户所具有的生物特征,如指纹、声音、视网膜、签字、笔迹等。

下面对这些方法的优劣进行比较。

基于口令的验证方式是一种最常见的技术,但是存在严重的安全问题。它是一种单因素的验证,安全性依赖于口令,口令一旦泄露,用户即可被冒充。

基于智能卡的验证方式,智能卡具有硬盘加密功能,有较高的安全性。每个用户持有一张智能卡,智能卡存储用户个性化的秘密信息,同时在验证服务器中也存放该秘密信息。进行验证时,用户输入 PIN(个人身份识别码),智能卡验证 PIN,成功后,即可读出秘密信息,进而利用该信息与主机之间进行验证。基于智能卡的验证方式是一种双因素的验证方式(PIN+智能卡),即使 PIN 或智能卡被窃取,用户仍不会被冒充。

基于生物特征的验证方式以人体唯一的、可靠的、稳定的生物特征(如指纹、虹膜、脸部、掌纹等)为依据,采用计算机的强大功能和网络技术进行图像处理和模式识别。该技术具有很好的安全性、可靠性和有效性,与传统的身份确认手段相比,无疑产生了质的飞跃。当然,身份验证的工具应该具有不可复制及防伪等功能,使用者应依照自身的安全程度需求选择一种或多种工具进行。但目前这种技术并不成熟,而且需要用户增加成本,以使生物特征测定所需要的设备和计算机网络中的身份识别系统集成起来,同时,这种技术在身份验证的速度、方便性等方面还有很多实际问题需要解决。另外,这种技术也并非能够解决所有问题,攻击者依然可能设法破坏或者绕过计算机网络中的身份识别机制从而获得权限,因此,其他方面的安全措施依然十分重要。

1.3.5 网络安全协议

网络协议是网络上所有设备(网络服务器、计算机及交换机、路由器、防火墙等)之间通信规则的集合,它定义了通信时信息必须采用的格式和这些格式的意义。大多数网络采用分层的体系结构,每一层都建立在它的下层之上,向它的上一层提供一定的服务,而把如何实现这一服务的细节对上一层加以屏蔽。一台设备上的第 n 层与另一台设备上的第 n 层进行通信的规则就是第 n 层协议。在网络的各层中存在着许多协议,接收方和发送方同层的协议必须一致,否则一方将无法识别另一方发出的信息。网络协议使网络上各种设备能够相互交换信息。网络安全协议就是在协议中采用了若干的密码算法协议——加密技术、验证技术、保证信息安全交换的网络协议。它运行在计算机通信网或分布式系统中,为安全需求的各方提供了一系列步骤。

一般的,网络安全协议具有以下 3 种特点。

(1) 保密性:即通信的内容不向他人泄露。为了维护人们的个人权利,必须确定通信内容发给所指定的人，同时必须防止某些怀有特殊目的的人的"窃听"。

（2）完整性：把通信的内容按照某种算法加密，生成密码文件进行传输。在接收端对通信内容进行破译，必须保证破译后的内容与发出前的内容完全一致。

（3）验证性：防止非法的通信者进入。进行通信时，必须先确认通信双方的真实身份。甲乙双方进行通信，必须确认甲乙是真正的通信人，防止除甲、乙以外的人冒充甲或乙的身份进行通信。

为了保证计算机网络环境中信息传递的安全性，促进网络交易的繁荣和发展，各种信息安全标准应运而生。SSL、SET、IPSec 等都是常用的安全协议，为网络信息交换提供了强大的安全保护。

常用的安全协议有 SSH（安全外壳协议）、PKI（公钥基础结构）、SSL（安全套接字层协议）、SET（安全电子交易）、IPSec（网络协议安全）等。

（1）SSH 是 Secure Shell Protocol 的缩写。它是由 Network Working Group 所制定的协议。通过它可以加密所有传输的数据，攻击者想通过 DNS 欺骗和 IP 欺骗的方法是无法入侵系统的。SSH 可以将要传输的数据在传输之前进行压缩，从而加快传输的速度。

（2）PKI 是 Public Key Infrastructure 的缩写，是提供公钥加密和数字签名服务的系统或平台，目的是管理密钥和证书。一个机构通过采用 PKI 框架管理密钥和证书可以建立一个安全的网络环境。

PKI 是一种新的安全技术，它由公开密钥密码技术、数字证书、证书发放机构和关于公开密钥的安全策略等基本成分共同组成。PKI 是利用公钥技术实现电子商务安全的一种体系，是一种基础设施，网络通信、网上交易是利用它来保证安全的。从某种意义上讲，PKI 包含了安全验证系统，即安全验证系统——CA/RA 系统是 PKI 不可缺少的组成部分。

PKI 的主要目的是通过自动管理密钥和证书，为用户建立起一个安全的网络运行环境，使用户可以在多种应用环境下方便地使用加密和数字签名技术，从而保证网上数据的机密性、完整性、有效性，数据的机密性是指数据在传输过程中，不能被非授权者偷看，数据的完整性是指数据在传输过程中不能被非法篡改，数据的有效性是指数据不能被否认。一个有效的 PKI 系统必须是安全的和透明的，用户在获得加密和数字签名服务时，不需要详细地了解 PKI 是怎样管理证书和密钥的。

（3）SSL 是 Secure Sockets Layer 的缩写，是一种安全协议，它为网络（如互联网）的通信提供私密性。SSL 使应用程序在通信时不用担心被窃听和篡改。SSL 实际上是共同工作的两个协议："SSL 记录协议"（SSL Record Protocol）和"SSL 握手协议"（SSL Handshake Protocol）。

SSL 是网景（Netscape）公司提出的基于 Web 应用的安全协议，它包括服务器验证、客户验证（可选）、SSL 链路上的数据完整性和 SSL 链路上的数据保密性。对于电子商务应用来说，使用 SSL 可保证信息的真实性、完整性和保密性。但由于 SSL 不对应用层的消息进行数字签名，因此不能提供交易的不可否认性，这是 SSL 在电子商务中使用的最大不足。鉴于此，网景公司在从 Communicator 4.04 开始的所有浏览器中引入了一种被称作"表单签名"的功能，在电子商务中，可利用这个功能来对包含购买者的订购信息和付款指令的表单进行数字签名，从而保证交易信息的不可否认性。综上所述，在电子商务中采用单一的 SSL 协议来保证交易的安全是不够的，但采用"SSL+表单签名"模式能够为电子商务提供较好的安全性保证。

（4）SET 是 Secure Electronic Transaction 的缩写，即安全电子交易，是由美国 VISA 和 MasterCard 两大信用卡组织提出的应用于 Internet 上的以信用卡为基础的电子支付系统协议。它采用了公钥密码体制和 X.509 数字证书标准，主要在 B to C 模式中保障支付信息的安全性。SET 协议本身比较复杂，设计比较严格，安全性高，它能保证信息传输的机密性、真实性、完整性和不可否认性。SET 协议是 PKI 框架下的一个典型实现，也在不断升级和完善。

由于 SET 提供了消费者、商家和银行之间的验证，确保了交易数据的安全性、完整可靠性和不可否认性，特别是保证不将消费者银行卡号暴露给商家等，因此它成为了目前公认的信用卡/借记卡的网上交易的国际安全标准。

IPSec 是 IP Security 的缩写。由于 Internet 是全球最大的、开放的计算机网络，TCP/IP 协议族是实现网络连接和互操作性的关键，但在最初设计 IP 协议时并没有充分考虑其安全性。为了加强 Internet 的安全性，Internet 安全协议工程任务组研究制定了一套用于保护 IP 层通信的安全协议。

1.3.6 无线网络安全机制

从 20 世纪 90 年代以来，移动通信和 Internet 是信息产业发展最快的两个领域，它们直接影响了亿万人的生活，大大地改变了人类的生活方式。移动通信使人们可以在任何时间、任何地点和任何人进行通信，Internet 使人们可以获得丰富多彩的信息。那么如何把移动通信和 Internet 结合起来，使任何人、任何地方都能联网呢？无线网络的出现解决了这个问题。

所谓无线网络，就是利用无线电波作为信息传输的媒介构成的无线局域网（Wireless LAN，WLAN），与有线网络的用途十分类似，最大的不同在于传输媒介的不同，利用无线电技术取代网线，可以和有线网络互为备份。

目前，无线网络可分为以下几类。

（1）无线个人网：主要用于个人用户工作空间，典型距离覆盖几米，可以与计算机同步传输文件，访问本地外围设备，如打印机等。目前，主要技术包括蓝牙（Bluetooth）和红外（IrDA）。

（2）无线局域网：主要用于宽带家庭、大楼内部及园区内部，典型距离覆盖几十米至上百米。目前，其主要技术为 802.11 系列。

（3）无线 LAN-to-LAN 网桥：主要用于大楼之间的联网通信，典型距离为几千米，许多无线网桥采用 802.11b 技术。

（4）无线城域网和广域网：覆盖城域和广域环境，主要用于 Internet 访问，但提供的带宽比无线网络技术要低很多。

在无线网络领域，常见的是 IEEE 802.11 标准。IEEE 802.11 是 IEEE 最初制定的一个无线网络标准，主要用于解决办公室局域网和校园网、用户与用户终端的无线接入。

IEEE 802.11 是由 IEEE 最初制定的无线局域网标准系列：1999 年 9 月 IEEE 802.11b 出台，其通信速率为 11Mb/s，工作在 2.4GHz 的无线频段；随后推出的 IEEE 802.11a 的工作频段为 5.4GHz，通信速率提高到 54Mb/s；2001 年底 IEEE 802.11g 的推出又旨在解决 IEEE 802.11a 和 IEEE 802.11b 在工作频段上不兼容而不易过渡的问题。无论是在国外还是在国内，IEEE 802.11 无线局域网技术都可以称得上是 IT 业界发展最快的一种技术。常见的无线网络标准有以下 3 种。

（1）IEEE 802.11a：使用 5GHz 频段，传输速率 54Mb/s，与 802.11b 不兼容。

（2）IEEE 802.11b：使用 2.4GHz 频段，传输速率 11Mb/s。

（3）IEEE 802.11g：使用 2.4GHz 频段，传输速率 54Mb/s，可向下兼容 802.11b，目前 IEEE 802.11b 最常用，但 IEEE 802.11g 更具下一代标准的实力。

对不同的无线网络技术，有着不同的安全级别要求。一般的，安全级别可分为四级。第一级，扩频、跳频无线传输技术本身使盗听者难以捕捉到有用的数据。第二级，采取网络隔离及网络验证措施。第三级，设置严密的用户口令及验证措施，防止非法用户入侵。第四级，设置附加的第三方数据加密方案，即使信号被盗听也难以理解其中的内容。

针对无线网络的安全问题，采取的常见措施如下：第一，运用服务区标识符（SSID）；第二，运用扩展服务集标识号（ESSID）；第三，物理地址过滤；第四，连线对等保密（WEP）；第五，使用虚拟专用网络（VPN）；第六，端口访问控制技术（802.1x）。

计算机无线联网方式是有线联网方式的一种补充，它是在有线网的基础上发展起来的，使联网的计算机可以自由移动，能快速、方便地解决以有线方式不易实现的信道连接问题。然而，由于无线网络采用空间传播的电磁波作为信息的载体,因此与有线网络不同,辅以专业设备,任何人都有条件窃听或干扰信息,因此在无线网络中,网络安全是至关重要的。

各种无线网络的运用必将越来越进步与普遍,所以只要有资料信号在无线中传送,安全的保护机制将是首先要面对的问题,唯有确保万无一失的数据传输,才能满足人们在一定的区域内实现不间断移动办公的要求,为用户创造了一个安全自由的空间,这也将为服务商带来无限的商机。

1.3.7　访问控制与防火墙技术

信息安全的门户是访问控制与防火墙技术。访问控制技术过去主要用于单机状态,但如今随着网络技术的发展,该项技术也得到了长足的进步,而防火墙技术则是用于网络安全的关键技术之一。只要网络世界存在着利益之争,那么就必须要"自立门户",即拥有自己的网络防火墙。

访问控制是通过一个参考监视器来进行的。每次用户对系统内目标进行访问时,都由它来进行调节。用户对系统进行访问时,参考监视器查看授权数据库,以确定准备进行操作的用户是否确实得到了可进行此项操作的许可。而数据库的授权则是由一个安全管理器负责管理和维护的,管理器以组织的安全策略为基准来设置这些授权。访问控制策略包括自由访问控制策略、强制性策略、角色策略。强制性和自由访问控制策略都很有用,但它们并不能满足许多实际需要。角色访问策略成功地替代了严格的传统的强制性控制并提供了自由控制中的一些灵活性。有效地分散式授权行政管理还可以使用改进的一些技术。

将计算机和网络安全更紧密地统一起来,发展信息安全是非常必要的。访问控制策略尽管在这方面已取得了很大进步,却还在发展之中。为此,必须引入防火墙技术。

一般而言,安全防范体系具体实施的第一项内容就是在内网和外网之间构筑一道防线,以抵御来自外部的绝大多数攻击,完成这项任务的网络边防产品就是防火墙。下面来看看防火墙的发展现状和发展趋势。

自从 1986 年美国 Digital 公司在 Internet 上安装了全球第一个商用防火墙系统以来,它们就提出了防火墙的概念,防火墙技术得到了飞速的发展。第二代防火墙也称为代理服务器,它用来提供网络服务级的控制,起到外部网络向被保护的内部网络申请服务时中间转接的作用,这种方法可以有效地防止对内部网络的直接攻击,安全性较高。第三代防火墙有效地提高了防火墙的安全性,称为状态监控功能防火墙,它可以对每一层的数据包进行检测和监控。随着网络攻击手段和信息安全技术的发展,新一代的功能更强大、安全性更强的防火墙已经问世,这个阶段的防火墙已超出了原来传统意义上防火墙的范畴,已经演变成一个全方位的安全技术集成系统,被称之为第四代防火墙,它可以抵御目前常见的网络攻击手段,如 IP 地址欺骗、特洛伊木马攻击、Internet 蠕虫、口令探寻攻击、邮件攻击等。

在目前采用的网络安全的防范体系中,防火墙占据着举足轻重的地位,因此市场对防火墙的设备需求和技术要求都在不断提升。

防火墙的发展趋势如下。

(1) 高速化。目前防火墙一个很大的局限性是速度不够。应用 ASIC、FPGA 和网络处理器是实现高速防火墙的主要方法,其中以采用网络处理器最优。实现高速防火墙,算法也是一个关键,因为网络处理器中集成了很多硬件协处理单元,因此比较容易实现高速。对于采用纯 CPU 的防火墙,就必须有算法支撑,如 ACL 算法。

(2) 多功能化。多功能也是防火墙的发展方向之一,鉴于目前路由器和防火墙价格都比较高,组网环境也越来越复杂,一般用户总希望防火墙可以支持更多的功能,以满足组网和节省投资的需要。

(3) 更安全化。未来防火墙的操作系统会更安全。随着算法和芯片技术的发展,防火墙会更多地参与应用层分析,为应用提供更安全的保障。

1.3.8 入侵检测技术

随着网络应用范围的不断扩大,对网络的各类攻击与侵害也与日俱增。无论政府、商务,还是金融、媒体的网站都在不同的程度上受到了入侵与侵害。网络安全已成为国家与国防安全的重要组成部分,同时也是国家网络经济发展的关键。据统计,信息窃贼在过去 5 年中以 250%的速度增长,99%的大公司发生过较大的入侵事件。世界著名的商业网站,如 Yahoo、Buy、EBay、Amazon、CNN 都曾被黑客入侵,造成巨大的经济损失,甚至连专门从事网络安全的 RSA 网站也受到了黑客的攻击。

入侵是指任何企图危及资源的完整性、机密性和可用性的活动。入侵检测(Intrusion Detection),顾名思义,就是对入侵行为的发觉,它通过对计算机网络或计算机系统中的若干关键点收集信息并对收集到的信息进行分析,从中发现网络或系统中是否有违反安全策略的行为和被攻击的迹象。入侵检测系统所采用的技术可分为特征检测与异常检测两种。

特征检测又称为 Misuse Detection,这种检测假设入侵者活动可以用一种模式来表示,系统的目标是检测主体活动是否符合这些模式。它可以将已有的入侵方法检查出来,但对新的入侵方法无能为力。其难点在于如何设计模式既能够表达"入侵"现象又不会将正常的活动包含进来。

异常检测的假设是入侵者活动异常于正常主体的活动。根据这个理念建立主体正常活动的"活动简档",将当前主体的活动状况与"活动简档"相比,当违反其统计规律时,认为该活动可能是"入侵"行为。异常检测的难题在于如何建立"活动简档"以及如何设计统计算法,从而不把正常的操作作为"入侵"或忽略真正的"入侵"行为。

入侵检测系统常用的检测方法有特征检测、统计检测与专家系统。特征检测是对已知的攻击或入侵的方式做出确定性的描述,形成相应的事件模式。统计模型常用异常检测,在统计模型中常用的测量参数包括审计事件的数量、间隔时间、资源消耗情况等。用专家系统对入侵进行检测,经常是针对有特征的入侵行为。据公安部计算机信息系统安全产品质量监督检验中心的报告,国内送检的入侵检测产品中 95%属于使用入侵模板进行模式匹配的特征检测产品,其他是采用概率统计的统计检测产品与基于日志的专家知识库系统产品。

经过几年的发展,入侵检测产品开始步入快速的成长期。一个入侵检测产品通常由两部分组成:传感器与控制台。传感器负责采集数据(网络包、系统日志等)、分析数据并生成安全事件。控制台主要起到中央管理的作用,商品化的产品通常提供图形界面的控制台,这些控制台基本上都支持 Windows NT 平台。从技术上看,这些产品基本上分为以下几类:基于网络的产品和基于主机的产品。混合的入侵检测系统可以弥补一些基于网络与基于主机的片面性缺陷。此外,文件的完整性检查工具也可看作一类入侵检测产品。

随着科学技术的发展,入侵的手段与技术也有了飞速的发展,如入侵的综合化、分布化和主体间接化,入侵攻击的规模夸大、攻击对象的转移等都对入侵检测技术提出了更高的要求。今后,入侵检测技术要朝智能化、分布化等方向发展。入侵检测技术的智能化:所谓的智能化就是利用现阶段常用的神经网络、模糊技术、遗传算法等方法,加强入侵检测的辨识能力。如现有的专家系统,特别是具有自学习能力的专家系统,实现了知识库的不断更新与扩展,使设计的入侵检测系统的防范能力不断增强,具有更广泛的应用前景。应用智能体的概念来进行入侵检测的尝试也已有报道。较为一致的解决方案应为高效常规意义下的入侵检测系统与具有智能检测功能的检测软件或模块的结合使用。

分布式入侵检测技术:它是针对分布式网络攻击的检测方法,通过收集、合并来自多个主机的审计数据和检查网络通信,能够检测出多个主机发起的协同攻击。全面的安全防御方案:使用安全工程风险管理的思想与方法来处理网络安全问题,将网络安全作为一个整体工程来处理。从管理、网络结构、加密通道、防火墙、病毒防护、入侵检测多方位地对所关注的网络做全面的评估,然后提出可行的全面解决方案。

1.3.9 网络数据库安全与备份技术

网络数据库应用是计算机的一个十分重要的应用领域。数据库系统由数据库和数据库管理系统两部分组成。安全数据库的基本要求可归纳为数据库的完整性(物理上的完整性、逻辑上的完整性和库中元素的完整性)、数据库的保密性(用户身份识别、访问控制和可审计性)、数据库的可用性(用户界面友好,在授权范围内用户可以简便地访问数据)。当前,实现数据库安全的方案有用户身份验证、访问控制机制和数据库加密等。在大多数的数据库系统中,第一层安全部件就是用户身份验证。每个需要访问数据库的用户都必须创建一个用户账号。用户账号管理是整个数据库安全的基础,它由数据库管理员(Database Administrator,DBA)创建和维护。在创建账号时,DBA 指定新用户以何种方式进行身份验证以及用户能够使用哪些系统资源。当用户需要连接数据库时,其必须向服务器验证身份,服务器用预先指定的验证方法验证用户的身份。当前的主流商品化数据库管理系统(Oracle、SyBase、Informix 和 Jasmine 等)都支持多种验证方案。其主要有基于密码的验证、基于主机的验证、基于公钥基础设施的验证以及其他基于第三方组件的验证方案(例如,基于 Kerberos、Distributed Computing Environment 和智能卡的验证方案等)。

访问控制策略是所有数据库管理系统实现的主要安全机制,它基于特权的概念。一个主体(例如,一个用户或一个应用)只有在被赋予了相应数据库对象访问权限的时候才能访问该对象。访问控制是许多安全方案实现的基础,可以通过创建特殊视图以及存储过程来限制对数据库表内容的访问。目前,数据库管理系统访问控制具体分为以下 4 类。

(1)任意访问控制模型,它主要采用的身份验证方案有消极验证、基于角色和任务的验证以及基于时间域的验证。

(2)强制访问控制模型,它基于信息分类方法,通过使用复杂的安全方案确保数据库免受非法入侵。

(3)基于高级数据库管理系统(例如,面向对象的数据库管理系统和对象关系数据库管理系统)的验证模型。对象数据模型包括继承、组合对象、版本和方法等概念。因此,基于关系数据库管理系统的自由和强制访问控制模型要经过适当扩展才能处理这类新增加的概念。

(4)基于高级数据库管理系统及应用(如万维网和数字图书馆)的访问控制模型。万维网是一个动态更新、高度分布的巨型网络。基于万维网的访问控制模型带来了一些新的问题,例如用户验证证书、安全数据浏览、匿名访问、分布式授权和验证管理等。基于数字图书馆的访问控制模型不仅需要解决通信保密问题,还要解决基于数据内容的验证和保证数据完整性问题。此外,也必须实现分布式授权访问、验证以及密钥管理。

目前,数据库管理系统提供了对有限的数据库加密的支持。数据库加密、解密的最主要问题是密钥管理。基于密钥管理方案的不同,主要有下列 4 种数据库加密方案。

第一种,基于口令的加密。所有的关系数据库管理系统都能根据口令机制来验证用户。口令机制的一个缺点是当用户改变其口令时,所有使用旧口令加密的数据都需要解密并用新口令来重新加密,这显然是一个很大的计算开销。

第二种是基于公钥的加密。公钥密码和 PKI 机制可以提供更健壮、更有效的安全方案。PKI 是有效使用公钥技术的基础。然而,基于公钥的加密方案保证安全的基础是用户必须保证个人私钥的绝对安全,并且不能保存在传统的数据库中。

第三种是基于用户提供密钥的加密。这是一种最灵活的加密方法,数据库加密的密钥由用户动态提供。这种方法通常是非常安全的，排除了其他人窃取其密钥的可能性。这种加密方案将密钥的管理寄托在用户自己身上，因此加重了用户的负担。

第四种是群加密。它是为满足分布式环境下多个用户共享访问加密数据而使用的方案。群加密方案基于多重公钥加密技术，其安全性依赖于公钥加密技术的安全性。

1.3.10　信息隐藏与数字水印技术

多媒体数据的数字化为多媒体信息的存取提供了极大的便利，同时也极大地提高了信息表达的效率和准确性。随着互联网的日益普及，多媒体信息的交流已达到了前所未有的深度和广度，其发布形式也愈加丰富了。人们如今也可以通过互联网发布自己的作品、重要信息和进行网络贸易等，但是随之而出现的问题也十分严重，如作品侵权更加容易，篡改也更加方便。因此，如何既充分地利用互联网的便利，又能有效地保护知识产权，已受到人们的高度重视。这标志着一门新兴的交叉学科——信息隐藏（Information Hiding）学的正式诞生。如今信息隐藏学作为隐蔽通信和知识产权保护等的主要手段，正得到广泛的研究与应用。

信息隐藏的研究开始于 20 世纪 90 年代，虽然是一个新的领域，但其核心思想——隐写术却由来已久。记录信息隐藏的最早文献可以追溯到 Herodotus（公元前 480—公元前 425 年）编写的《历史》一书。此书中描述了大约在公元前 440 年，Histaieus 为了鼓动奴隶们起来反抗波斯人，他将其最信任的仆人头发剃光并把消息刺在仆人头皮上，等到仆人的头发长出来后，再把仆人送到朋友那里，他的朋友将仆人的头发剃光就获得了秘密信息。20 世纪初，一些德国间谍仍然使用这种最原始的方法。近代人们也用不可见墨水来书写达到隐藏消息的目的。这种墨水是由诸如牛奶、尿等有机物制成的，书写在纸上不留任何可见痕迹，只有通过加热或在该纸上涂上某种化学药品来显影。随着现代科技的发展，"万用显影剂"的出现迫使印刷品安全领域开发出了更加先进的墨水，如在银行支票（如旅行支票）上使用特殊紫外线的荧光墨水。在历史上，隐写术与密码学有着同样重要的作用，只是一段时间后（第一次世界大战后）密码学才迅速发展起来，将隐写术远远地甩在了后面。

信息隐藏不同于传统的密码学技术。密码技术主要是研究如何对机密信息进行特殊的编码，以形成不可识别的密码形式（密文）进行传递。而信息隐藏则主要研究如何将某个机密信息秘密隐藏于另一个公开的信息中，然后通过公开信息的传输来传递机密信息。对加密通信而言，可能的监测者或非法拦截者可通过截取密文，并对其进行破译，或将密文进行破坏后再发送，从而影响机密信息的安全。但对信息隐藏而言，可能的监测者或非法拦截者则难以从公开信息中判断机密信息是否存在，难以截获机密信息，从而能保证机密信息的安全。多媒体技术的广泛应用，为信息隐藏技术的发展提供了更加广阔的领域。

过去几千年的历史已经证明，密码是保护信息机密性的一种最有效的手段。通过使用密码技术，人们将明文加密成敌人看不懂的密文，从而阻止了信息的泄露。但是，在如今开放的网络上，谁也看不懂的密文无疑成了"此地无银三百两"的标签。"黑客"完全可以通过跟踪密文来"稳、准、狠"地破坏合法通信。为了对付这类"黑客"，人们采用以柔克刚的思路重新启用了古老的信息隐藏技术，并对这种技术进行了现代化的改进，从而达到了迷惑"黑客"的目的。

随着网络和多媒体技术的发展，为信息的传输和获取创造了十分方便的条件。然而，多媒体信息版权保护问题也变得更加突出。当数据隐藏技术用于版权保护时常被称为数字水印（Digital Watermarking）技术，称嵌入的信息为水印。当数字产品的版权归属发生疑问时，仲裁人（法院等）可以通过检测水印判定版权归属。数字水印作为一种新兴的防止盗版的技术，日益受到人们的关注。它将数字签名、商标等信息作为水印嵌入到图像中，同时要求不引起原始图像质量的明显下降，而且对于常见的图像处理操作应具有稳健的特性。嵌入的水印信息可以由计算机执行预定的算法提取出来。数字水印技术作为其在多媒体领域的重要应用，已受到人们越来越多的重视，并成为多媒体信息安全研究领域的一个热点，也是信息隐藏技术研究领域的重要分支。

当今，很难相信用过百元大钞的人不知道"水印"为何物。这里要研究的"水印"是在虚拟世界中的对应物——数字水印。数字水印就是永久镶嵌在其他数据（宿主数据）中具有可鉴别性的数字信号或模式，而且并不影响宿主数据的可用性。它可为计算机网络上的多媒体数据（产品）版权保护等问题提供一个潜在的有效解决方法。如果没有稳健性的要求，数字水印与信息隐藏从本质上来说是完全一致的。一般认为数字水印具有如下特点。

第一，安全性。数字水印中的信息应是安全的，难以被篡改或伪造，同时，有较低的虚警概率。

第二，可证明性。水印应能为受到版权保护的信息产品的归属提供完全和可靠的证据。水印算法识别被嵌入到保护对象中的所有者的有关信息（如注册的用户号码、产品标志或有意义的文字等）应能在需要的时候提取出来。水印可以用来判别对象是否受到保护，并能够监视被保护数据的传播、真伪鉴别以及非法复制控制等。

第三，不可感知性。不可感知包含两方面的意思，一方面指视觉上的不可见性，即因嵌入水印导致图像的变化对观察者的视觉系统来讲应该是不可察觉的，数字水印的存在不应明显干扰被保护的数据，不影响被保护数据的正常使用。最理想的情况是水印图像与原始图像在视觉上一模一样，至少是人眼无法区别的，这是绝大多数水印算法所应达到的要求。另一方面，水印用统计方法也是不能恢复的，如对大量的用同样方法和水印处理过的信息产品即使用统计方法也无法提取水印或确定水印的存在。

其四，稳健性。数字水印必须难以（希望不可能）被清除。当然，从理论上讲，只要具有足够的知识，任何水印都可以去掉。但是如果只能得到部分信息，如水印在图像中的精确位置未知，那么破坏水印将导致图像质量的严重下降。特别的，一个实用的水印算法应该对信号进行处理、通常的几何变形（图像或视频数据），以及恶意攻击具有稳健性。

数字水印技术的研究与数字媒体的版权保护紧密相关，其研究成果主要应用于版权保护、图像验证、篡改提示和使用控制等方面。

（1）版权保护。数字作品的所有者可用密钥产生一个水印，并将其嵌入原始数据，然后公开发布其水印版本作品。当该作品被盗版或出现版权纠纷时，所有者即可从盗版作品或水印版作品中获取水印信号作为依据，从而保护所有者的权益。

（2）图像验证。验证的目的是检测对图像数据的修改。可用脆弱性水印来实现图像的验证，图像微小的变动即可使水印不复存在，从而保证了图像不被篡改，保证了图像的完整性。

（3）篡改提示。当数字作品被用于法庭、医学、新闻及商业时，常需确定它们的内容是否被修改、伪造或特殊处理过。为了实现该目的，通常可将原始图像分成多个独立块，再将每个块加入不同的水印。同时可通过检测每个数据块中的水印信号，来确定作品的完整性。与其他水印不同的是，这类水印必须是脆弱的，并且检测水印信号时，不需要原始数据。

（4）使用控制。这种应用的一个典型的例子是 DVD 防复制系统，即将水印信息加入 DVD 数据中，这样 DVD 播放机即可通过检测 DVD 数据中的水印信息而判断其合法性和可复制性，从而保护制造商的商业利益。

数字水印的分类方法很多，下面简单介绍几种。

（1）按水印脆弱性分类：鲁棒性水印，水印不会因宿主变动而被轻易破坏，通常用于版权保护。脆弱水印，对宿主信息的修改敏感，用于判断宿主信息是否完整。

（2）按水印的检测过程分类：盲水印，在水印检测过程中不需要原宿主信息的参与，只用密钥信息即可。明文水印，明文水印的水印信息检测必须有原宿主信息的参与。

（3）按照嵌入位置分类：空间域水印，直接对宿主信息变换嵌入信息，如最低有效位方法（用于图像、音频信息），文档结构微调（文本水印）。变换域水印，基于常用的图像变化（离散余弦变换、小波变换）等。例如，对整个图像或图像的某些分块做离散余弦变换，然后对离散余弦变换系数做改变。

（4）按照可视性可以分为可见水印和非可见水印。

（5）按宿主信息类型可以分为图像水印、音频水印、视频水印和文本水印。

目前，数字水印算法研究存在的主要问题有以下几个。

（1）大多数算法尚未能很充分地利用人类视觉系统（Human Visual System，HVS）的特性。由于被隐藏图像的最终观测者是人，所以结合 HVS 的特性进行处理是值得长期深入研究的。

（2）现在还没有统一的数字水印算法评价标准，因而无法公正地评价和比较当前提出的各种水印算法的性能。尽管已有 StirMark 等测试水印鲁棒性的软件，但要科学地比较算法的优劣还需要做非常深入的研究。为了衡量算法的性能，有必要建立一种与视觉特性相匹配的客观标准。

（3）从理论的角度来讲，目前数字水印算法还缺少非常成功的理论指导，基本理论和基本框架都还处于探讨阶段。对于鲁棒性数字水印算法的研究，尽管现在比较公认是基于通信的思路，然而这些思路仍然有很多不完善的地方。

（4）数字水印软件的通用性不高。虽然已有商业化的水印系统出现，但目前针对各种各样的应用的研究还远未成熟，许多问题如适应多种编码格式等方面仍然需要比较完美的解决方案。

（5）更多的比数字水印算法提出速度还要快的攻击方法的出现，抑制了数字水印技术的实际应用。从目前的研究来讲，还很难找出一个鲁棒性水印算法可以鲁棒地抵抗现有的各种攻击。

1.3.11 网络安全测试工具及其应用

目前，操作系统存在各种漏洞，使网络攻击者能够利用这些漏洞，通过 TCP/UDP 端口对客户端和服务器进行攻击，非法获取各种重要数据，给用户带来了极大的损失。网络安全测试工具帮助网络管理员快速发现存在的安全漏洞，并及时进行修复，以保证网络的安全运行。现在网络安全测试工具的种类比较多。

1. 扫描器

扫描器是一种自动检测远程或本地主机安全性弱点的软件，通过使用扫描器可不留痕迹地发现远程服务器的各种 TCP 端口的分配及提供的服务，以及相关的软件版本。这就能让用户间接地或直观地了解到远程主机所存在的安全问题。扫描器通过选用远程 TCP/IP 不同的端口的服务，并记录目标给予的回答，通过这种方法，可以搜集到很多关于目标主机的各种有用的信息（例如，能否用匿名登录，是否有可写的 FTP 目录，能否用 Telnet，HTTPD 是用 ROOT 还是 nobody）。

2. 嗅探器

嗅探器（Sniffer）具有软件探测功能，能够捕获网络报文。嗅探器的正当用处在于分析网络的流量，以便找出所关心的网络中潜在的问题。例如，假设网络的某一段运行得不是很好，报文的发送比较慢，而我们又不知道问题出现在什么地方，此时就可以用嗅探器来做出精确的问题判断。嗅探器在功能和设计方面有很多不同。有些只能分析一种协议，而有些能够分析几百种协议。不同的场合有不同的用处。

3. Sniffit

它是指网络端口探测器，配置在后台运行可以检测端口（如 TCP/IP 端口上用户的输入/输出信息，主机端口23（Telnet）和110（POP3）端口上的数据传送情况，以便轻松得到登录口令和E-mail账号及密码。Sniffit基本上是被破坏者所利用的工具。为了增强自身站点的安全性，我们必须知道攻击者所使用的各种工具。

4．Tripwire

Tripwire是一个用来检验文件完整性的非常有用的工具，通常的文件检测运行模式如下：数据库生成模式，数据库更新模式，文件完整性检查，互动式数据库更新。当初始化数据库生成的时候，它生成对现有文件的各种信息的数据库文件，万一以后系统文件或者各种配置文件被意外地改变、替换、删除了，它将每天基于原始的数据库与现有文件进行比较，可以发现哪些文件被更改，这样就能根据E-mail的结果判断是否有系统入侵等意外事件发生。

5．Logcheck

Logcheck是用来自动检查系统安全入侵事件和非正常活动记录的工具，它分析各种Lintlxlog文件，如/var/log/messages、/var/log/secure、/var/log/maillog等，然后生成一个可能有安全问题的检查报告并自动发送E-mail给管理员。只要设置它基于每小时，或者每天用crond来自动运行即可。

6．Nmap

Nmap是用来对一个比较大的网络进行端口扫描的工具，它能检测该服务器有哪些TCP/IP端口目前正处于打开状态。运行它可以确保已经禁止的、不该打开的、不安全的端口号。

7．状态监视技术

状态监视技术是第三代网络安全技术。状态监视服务的监视模块在不影响网络正常工作的前提下，采用抽取相关数据的方法对网络通信的各个层次实行监测，并作为安全决策的依据。监视模块支持多种网络协议和应用协议，可以方便地实现应用和服务的扩充。状态监视服务可以监视RPC（远程过程调用）和UDP（用户数据报）端口信息，而包过滤和代理服务都无法做到。

8．PAM

PAM（Pluggable Authentication Modules）是一套共享库，它为系统管理员进行用户确认提供了广泛的控制，它提供一个前端函数库用来确认用户的应用程序。PAM库可以用一个单独的文件来配置，也可以通过一组配置文件来配置。PAM可以配置成提供单一的或完整的登录过程，使用户输入一条口令就能访问多种服务。例如，FTP程序传统上依靠口令机制来确认一个希望开始进行FTP会议的用户。配置了PAM的系统把FTP确认请求发送给PAM API（应用程序接口，后者根据pam.conf或相关文件中的设置规则来回复）。系统管理员可以设置PAM使一个或多个验证机制"插入"到PAM API中。PAM的优点在于其灵活性，系统管理员可以精心调整整个验证方案而不用担心破坏应用程序和计算机病毒攻击。

9．智能卡技术

智能卡就是密钥的一种媒体，它本身含有微处理器，一般就像信用卡一样，由授权用户所持有并由该用户赋予它一个口令或密码。该密码与内部网络服务器上注册的密码一致。当口令与身份特征共同使用时，智能卡的保密性能还是相当有效的。

1.4 信息安全、网络安全与网络空间信息安全的区别

信息安全可泛指各类信息安全问题，网络安全可指网络所带来的各类安全问题，网络空间信息

安全特指与陆地空间、海洋空间、天域空间、太空空间并列的全球五大空间中的网络空间信息安全问题。三者均类属于非传统安全领域，都聚焦于信息安全，可以相互使用，但各有侧重。三者的概念不同，提出的背景不同，所涉及的内涵与外延不同。

信息安全使用范围最广，可以指线下和线上的信息安全，既可以指传统的信息系统安全和计算机安全等类型的信息安全，也可以指网络安全和网络空间安全，但无法完全替代网络安全与网络空间安全的内涵。网络安全可以指信息安全或网络空间安全，但侧重点是线上安全和网络社会安全。网络空间安全可以指信息安全或网络安全，但侧重点是与陆、海、空、太空等并行的空间概念，并一开始就具有军事的性质。网络安全与网络空间安全与信息安全相比，前两者反映的信息安全更立体、更宽域、更多层次，也更多样，更能体现网络和空间的特征，并与其他安全领域有更多的渗透及融合。

信息安全作为非传统安全的重要领域，以往较多地注重信息系统的物理安全和技术安全。随着信息技术的发展，先后出现了物联网、智慧城市、云计算、大数据、移动互联网、智能制造、空间地理信息集成等新一代信息技术和载体，这些新技术和新载体都与网络紧密相连，伴随着这些新技术和新载体的发展而带来了新的信息安全问题，形成了隐蔽关联性、集群风险性、泛在模糊性、跨域渗透性、交叉复杂性、总体综合性等新特点。在网络空间，安全主体易受攻击，安全侵害迅即发生，威胁不可预知，易形成群体极化，安全主体易受攻击，安全侵害迅速发生，威胁不可预知，安全防范具有非技术性特点。例如，大数据在云端汇聚之后，就给网络安全带来了信息大泄露的新威胁。物联网、智慧城市、移动互联网在提供高效、泛在和便捷的同时，也使巨量的个人信息和机构数据在线上不时处于裸露的状态，为网络犯罪提供了可能。随着网络安全的发展，网络武器、网络间谍、网络水军、网络犯罪、网络政治动员等相继产生。不仅如此，网络安全和网络空间安全将安全的范围拓展至网络空间中所形成的一切安全问题，涉及网络政治、网络经济、网络文化、网络社会、网络外交、网络军事等诸多领域，使信息安全形成了综合性和全球性的新特点。以上这些都是以往"信息安全"一词所不具备的内涵或无法完全涵盖的，需要用"网络安全"和"网络空间安全"来表达。网络安全与网络空间安全形成了跨时空、多层次、立体化、广渗透、深融合的新形态，与其他传统安全和非传统安全领域形成了交叉渗透的联系，成为具有总体安全、综合安全、共同安全、合作安全性质的新安全领域。

网络空间安全与网络安全相比较，网络空间安全作为一个相对的概念，具有针对性和专指性，与网络安全有细微的差别。尽管两者都聚焦于网络，但两者所提出的对象有所不同。较之"网络安全"，"网络空间安全"更注重空间和全球的范畴。2011年4月，美国政府正式公布了《网络空间可信身份国家战略》，此战略阐述了美国政府试图在现有技术和标准的基础上建立"身份生态体系"，进而实现相互信任的网络环境，促进网络健康发展。2011年7月，美国国防部发布了《网络空间行动战略》，这个战略明确将网络空间与陆、海、空、太空并列为五大行动领域，将网络空间列为作战区域，提出了变被动防御为主动防御的网络战进攻思想，推动了网络空间军事化的进程。在这个战略中所提出的五大战略倡议，包括确立网络空间的应有军事地位、进行主动防御、保护关键设施、防护集体网络、加强技术创新等，使非传统安全的"网络空间安全"打上了传统军事安全的深刻烙印。这是网络空间安全的例子，具有网络空间安全在特定空间领域的针对性、专指性和相对性，注重网络空间中信息安全的全球治理方案和各类战略举措。可见，美国所推出的系列网络空间战略政策文件，实际上涉及了网络空间安全的生态环境问题，体现了网络空间的专指性，可以帮助我们认识网络安全与网络空间安全两者之间的差异。

1.5 网络空间信息安全的七大趋势

趋势一：安全漏洞不可避免。

尽管漏洞的出现具有不可预知性，但我们可以知道的是它一定会出现。而且，随着安全意识和安全编程标准被人们逐渐接受，新开发的软件和系统中出现重大漏洞的可能性变小。重大漏洞将更多地出现在过去开发出来的，但已经得到普及和广泛流行的软件、系统或协议中。

尤为需要注意的是所谓"长老级"和"功能型"的漏洞，前者是指埋藏在系统中多年未被发现的漏洞，后者是指本来是系统为了方便用户而提供的功能，但由于应用环境的变化和技术的飞速发展，被黑客发现并加以利用因而成了漏洞。

按照这个思路，将有可能出现通信协议和操作系统级别的严重漏洞。同时，那些建立在通信协议和传统操作系统之上的，成熟期较早并在目前得到广泛应用的软件和系统可能性较大，如Java、安卓。至于智能家居或可穿戴设备，虽然生产商缺乏安全考虑，但由于未得到大规模应用，尽管可以预见很多漏洞的发现，但巨大影响力的漏洞无法形成。

操作系统级别的漏洞每年都会有，新的严重漏洞出现的可能性依然很大，但漏洞利用越来越难。

——Keen Team CEO 王琦

趋势二：信息泄露在劫难逃。

人类生活越来越依靠现代科技、互联网、移动互联网和物联网，以及随之而来的大数据和云服务，加上黑客行为的组织化和产业化，下一次重大信息泄露事件的发生可以说是肯定的。

新兴社交网络和电子商务由于与互联网紧密相关，较早的具备一定的安全认识和网络基础，因此发生重大隐私泄露的可能性较小。目前，网上泄露出的个人信息多为用户自行泄露或被黑客利用撞库技术而得到的。

相比而言，医疗行业、物流行业、零售业等传统行业，其数据大多是用户的真实身份，而且这些行业的网络安全意识落后，信息技术基础薄弱，随着线上业务与线下业务的交融，这些行业必将是隐私泄露的重灾区。

此外，云服务的快速普及和应用，越来越受到恶意黑客的关注。而且，其完全依赖在线服务和一套登录口令对应所有信息存储服务的特性，更有可能使其爆发出大规模的恶性信息泄露事件。

信息泄露屡发不止，根源不在于数据安全技术，而在于收集用户信息的服务商不重视保护用户隐私信息，并且法律上对这些服务商没有严肃追究刑责。

——北京明朝万达科技有限公司总裁王志海

趋势三：攻防技术的矛与盾。

攻击者的技术也在不断进化。从自动化工具、边信道攻击和图片密写技术，到零日漏洞、APT攻击和社会工程。

同样，随着网络攻防强度、频率、规模，以及影响力的不断升级，未来的安全技术将逐渐朝自动化、智能化、定制化和整体化等方向发展，在单点防护和检测上越来越深入，同时在整体防护上更加系统和智能。不仅能够防范已知的攻击，还能够感知即将发生的威胁，预先采取措施。

提到社会工程，不得不强调"人"的重要性。人是需要处理事务的，不断发展的事务以及人的思想认识中的"漏洞"永远无法避免，社会工程学的威力正在被发挥到极致。"道高一尺，魔高一丈"的斗争不断上演，这是一个矛与盾的寓言，也是一个永不停息的"猫和老鼠"的故事。

攻防对抗是信息安全最重要的内容，背后是人和人的较量。随着对抗的发展，其中也逐渐呈现出像 SR-71 侦察机和燃料空气炸弹一样或精妙或宏大或优雅或暴力的智慧之美。

——腾讯玄武实验室负责人于旸

趋势四：互联网巨头进军企业市场。

从互联网公司来看，BAT3 全部拥有基于云服务的大数据，自然而然的，云安全和大数据安全是火拼的最为重要的战场。

各家的云服务用户的基础是各自基因的用户，百度是搜索引擎、阿里是淘宝和阿里巴巴，腾讯是 QQ 和微信，360 则是 360 杀毒和安全卫士。各自的用户发展到现在，已经达到基本平衡的状态。如果有大的变化，比较大的可能是从企业级市场入手。这里谈的市场已经超出安全市场，而是以安全市场为入口的互联网市场。

目前，企业市场的基础主要聚拢在传统的安全专业厂商上，如天融信、启明星辰、绿盟、卫士通、北信源等，各种硬件设备、软件工具、解决方案等安全产品和服务掌握在此类企业的手中。但随着互联网服务的无孔不入，四大巨头已经开始侵入到传统安全业务中来。将会有更多的安全公司被更大的企业兼并联合，或投资，或入股，或收购。

企业 IT 正走在云化、移动化、消费化的大路上，企业安全是否将在这几个技术制高点上决战？是传统完成自我颠覆还是被颠覆，让我们拭目以待。

——绿盟科技首席战略官赵粮

趋势五：漏洞奖励、众测服务持续升温。

近年来，几乎所有提供在线服务的大型互联网公司都成立了自己的安全应急响应中心（SRC），而这些 SRC 最重要的作用之一就是给白帽子提供一个漏洞提交的平台。

此外，第三方漏洞平台的作用也不可小觑。首先，第三方漏洞平台的出现以及产生的影响和效果，激起了各大公司争相建立 SRC 的浪潮。其次，第三方漏洞平台相比于厂商自己的 SRC，其优势在于更加公开、中立和大范围。

值得关注的是，始源于漏洞奖励基础之上的众测服务也开始逐渐被行业认可。对新兴服务一向反应谨慎和缓慢的重要行业，也开始逐渐接受众测服务，并收到良好的效果。预期在一些在线服务应用比较广泛的重点行业如金融、支付领域将会有更大的动作。而另一些尚未实施过众测服务的重要行业、央企则可能进行试探性的尝试。

众测的崛起有着重大意义，意味着企业安全观的更加成熟。过去企业与白帽子的关系是正负对抗，结果往往还是负数。现在企业主动与白帽子合作，结果就成了 1+N，这对整个安全行业都是好事儿。

——乌云网创始人方小顿

趋势六：网络安全立法指日可待。

网络安全法规出台的缓慢已经成为我国网络信息发展的重大羁绊，但立法的进程快慢又与公众思想的成熟度密切相关。即使目前已有的一些地区或部门的规章制度，在实践中也难以正常地操作执行。多年来，民间协会、研学机构、人大会议、政府部门一直都在关注和筹委着网络安全立法工作。2016 年 4 月，习近平总书记在主持召开中央网络安全和信息化领导小组工作座谈会时强调："推进网络强国建设，推动我国网信事业发展，让互联网更好地造福国家和人民"。2015 年 6 月，第十二届全国人大常委会第十五次会议初次审议了《中华人民共和国网络安全法（草案）》。

网络安全相关法律法规的出台，将有效推动创建网络法制社会，实现"依法建网、依法用网、依法管网"，有效保障网络社会规范、有序、安全、文明运行。

——公安大学警务信息工程院院长李欣

趋势七：网络空间战争危及国家安全。

2014 年，国家支持的黑客攻击事件频发，其中最大的一起莫过于索尼影业遭攻击，包括员工信息、财务信息、通信邮件及影片剧本等多种数据泄露，此事牵动了朝鲜政府、美国总统、韩国总统及中国外交部。而这种事件正在由一场普通的企业信息泄露事件，演化成国际政治事件。

虚拟世界已经和现实世界密不可分，这也正是"网络空间"（Cyber）一词的含义所在。作为国家安全极为重要的一部分——工控安全，更是极易遭到敌对势力攻击的目标。截止到现在，全世界各地发生的攻击关键基础设施的严重事件至少有数百起，或民间或政府的网络间谍活动遍布互联网，欧美大国情报机关监控全球互联网的行为几近公开，数十个国家纷纷成立了网络部队，网络战争已不再遥远。

由于网络空间的攻击具有更为隐蔽、难以确定来源，以及成本低但影响或收获大等特点，这种攻击形式肯定会被越来越多的国家采用。将来，国家支持的黑客活动将愈演愈烈，很有可能爆发更加严重的网络攻击事件，并进一步造成国与国之间的政治危机。

大国间的相互尊重和规则的达成，取决于相互伤害的能力，网络空间的规则也注定要这样建立起来。中国在网络空间的问题上具有双重特质，在对抗中显示出能力不足的尴尬，但在发展中却有着空前力量和勃勃生机。

——安天实验室首席技术架构师肖新光

本 章 小 结

现代计算机网络与通信是促进信息化社会发展的最活跃的因素，而信息技术的发展为其他高新技术产业的发展起到了十分重要的带动和示范作用。同时，信息技术的发展和应用离不开网络空间信息的安全，网络空间信息安全是构建我国整个社会信息化的根本保证。只有实现了网络空间信息的安全，才能确保电子政务、电子商务、网络科研、网络银行、远程教育、远程医疗等系统的正常运行，真正造福于人类。

我国的政治安全和经济安全越来越依赖网络空间和信息的安全运行。现在一方面我国的经济运行质量渐好，综合国力大大加强，国际声望与日俱增，可以自豪地说，已经是全世界一支不可忽视的力量，但另一方面，我国的网络空间信息安全系统十分脆弱。如今网络技术已经成为应用面最广、渗透性最强的战略性技术，在网络空间安全领域中，知识产权的自主性和国内市场的可控性，直接影响着国家的政治利益和经济利益。

本章首先阐述了网络空间信息安全的重要意义，指出在信息社会中树立和加强网络空间信息安全的必要性和紧迫性，然后介绍了网络空间面临的安全问题，包括Internet安全问题、电子邮件的安全问题、域名系统的安全问题、IP地址的安全问题、Web站点的安全问题、文件传输的安全问题和社会工程学的安全问题。本章介绍了网络空间信息安全的主要内容，包括病毒防治技术、远程控制与黑客入侵、网络信息密码技术、数字签名与验证技术、网络安全协议、无线网络安全机制、访问控制与防火墙技术、入侵检测技术、网络数据库安全与备份技术、信息隐藏与数字水印技术、网络安全测试工具及其应用，然后介绍了信息安全、网络安全、网络空间信息安全的区别，最后介绍了网络空间信息安全的七大趋势。

习题与思考题

1.1 试述网络空间信息安全的重要意义。
1.2 网络空间面临的安全问题有哪些？
1.3 计算机病毒的发展经历了哪几个阶段？
1.4 数字签名的主要功能是什么？
1.5 网络安全协议具有哪几个特点？

1.6 针对无线网络的安全问题，一般采取哪些常见措施？
1.7 未来防火墙的发展趋势怎样？
1.8 现在数字水印怎样进行分类？分为哪几类？
1.9 现在网络安全主要测试工具有哪几种？

第 2 章 病毒防范技术

本 章 提 要

本章阐述了病毒防范技术的背景和发展历史,介绍了主要病毒类型——Windows 病毒、DOS 病毒、蠕虫病毒和木马病毒,提出了病毒现象与软硬件故障关系的辨识方法;介绍了杀毒软件,安全自建和对主要病毒的防治技术。

2.1 计算机病毒及病毒防范技术概述

2.1.1 计算机病毒的起源

目前,关于计算机病毒的起源还没有一个确切的说法。尽管如此,对于计算机病毒的发源地,人们一致认为在美国。

1. 科幻起源说

1977 年,美国科普作家托马斯·丁·雷恩推出轰动一时的《Adolescence of P-1》一书。其中包含世界上第一个幻想出来的计算机病毒,人类社会有许多现行的科学技术,都是在书中构思了一种能够自我复制,利用信息通道传播的计算机程序,并称之为计算机病毒后才成为现实的。因此,不能否认这本书的问世对计算机病毒的产生所起的作用。

2. 恶作剧起源说

恶作剧者大多是那些对计算机知识和技术均有兴趣的人,并且特别热衷于别人认为不可能做成的事情,因为他们认为世上没有做不成的事情。这些人或者要显示自己在计算机方面的天资,或者要报复别人或单位。前者是无恶意的,所编写的病毒也大多不是有意的,只是和对方开玩笑,显示自己的才能以达到炫耀的目的。虽然计算机病毒是否归结于恶作剧还不能确定,但可以肯定的是世界上流行的许多计算机病毒都是恶作剧者的产物。

3. 游戏程序起源说

在 20 世纪 70 年代,计算机在人们的生活中还没有得到普及,美国贝尔实验室的计算机程序员为了娱乐,在自己实验室的计算机上编制了"吃掉"对方程序的程序,有人认为这是世界上第一个计算机病毒,但这只是一个猜测。

4. 软件商保护软件起源说

计算机软件是一种知识密集型的高科技产品,由于人们对于软件资源的保护不尽合理,这就使许多合法的软件被非法复制的现象极为平常,从而使软件制造商的利益受到了严重的侵害。因此,软件制造商为了处罚那些非法复制者,而在软件产品中加入病毒程序条件触发病毒。例如,Pakistani Brain 病毒在一定的程度上证实了这种说法。该病毒是巴基斯坦的俩兄弟为了追踪非法复制其软件的用户而编制的,它只是修改磁盘卷标,把卷标为 Brain 以便识别。也正因为如此,当计算机病毒出现之后，有人认为这是软件制造商为了保护自己的软件不被非法复制而导致的结果。

2.1.2　计算机病毒的发展

计算机病毒是伴随着计算机的发展而不断发展变化的。

对计算机病毒的讨论开始于 20 世纪 40 年代，当时已经有人注意到程序可以编制成自我复制并增加自身大小的形式，但这些讨论只是理论性的。

20 世纪 50 年代，美国电报电话公司贝尔实验室的一些科学家开始用一种称为"核心大战（Core War）"的计算机代码游戏进行实验。这群年轻的研究人员常常在做完工作后留在实验室里饶有兴趣地玩儿一种他们自己创造的计算机游戏——"达尔文"，即每个人编写一小段程序，输入到计算机中运行，互相展开攻击并设法毁灭他人的程序。这种程序就是计算机病毒的雏形，然而当时人们并没有意识到这一点。

20 世纪 60 年代，有人开发了一种称为"生存（Living）"的软件，它可以进行自我复制。由此创造病毒类程序的挑战开始在学术、研究界流行开来，但这些病毒的作者通常只是用它们开一些无关痛痒的小玩笑。

20 世纪 70 年代，计算机黑客们对这类程序的研究有了很大的进展，但很少有真正的病毒攻击报道。1975 年，美国科普作家 John Bruner 在他名为《震荡波骑士》的科幻小说中，第一次使用了"计算机病毒"这个名词。

20 世纪 80 年代，随着 PC 的日益普及，病毒对计算机系统的巨大威胁开始出现在公众面前，真正意义上的"计算机病毒"出现于 1981 年，病毒 Elk Cloner 驻留在磁盘的引导扇区上，通过磁盘进行感染，由于该病毒只是关掉显示器，使显示的文本闪烁或显示一堆无意义的信息，并没有造成较大的破坏，所以当时没有引起足够的关注。

最早被记录下来的病毒之一是美国南加州大学的学生 Fred Cohen 于 1983 年编写的。当该程序安装到硬盘之后，就可以对自己进行复制和扩展，使计算机"自我破坏"。1983 年 11 月 3 日，在 VAX11/750 计算机安全学术讨论会上，美国计算机安全专家科恩（Frederick Cohen）博士首次提出了"计算机病毒"的概念，随后获准进行实验演示。专家们在运行 UNIX 操作系统的 VAX11/750 计算机系统上进行了 5 次病毒试验，结果表明病毒平均 30min 就可使计算机系统瘫痪，从而确认了计算机病毒的存在，使人们认识到计算机病毒对计算机系统的破坏作用。

1986 年底，由巴基斯坦兄弟 Basit 和 Amjad Farooq Alvi 制造的病毒 Brain 开始流行，为迷惑计算机用户，Brain 病毒首次使用了伪装手段。Brain 的蔓延引起了新闻媒体的注意，美国新闻机构于 1987 年 10 月报道了这一例计算机遭病毒入侵引起的破坏事件，从此计算机病毒开始广受民众的关注。

从 20 世纪 90 年代至 21 世纪初，几乎年年都会出现新的病毒品种，其影响的范围越来越广，对计算机的硬件和软件的破坏性也越来越严重。由于篇幅的限制，不在此处一一列举了。

2004 年，为了对抗防病毒工具的追杀，实现更大范围的传播，计算机病毒开始频繁地变种。例如，"网络天空"病毒（I-Worm/NetSky）、"雏鹰"病毒（I-Worm/BBEagle），一经发现就已有数十个变种，在病毒排行榜中长期居高不下。同时，窃取银行账号、信用卡、游戏账号、邮箱账号等偷窃个人信息性质的木马病毒数量增长迅速。同年 4 月，云南一个网吧 80 余台计算机的网络游戏账号一夜之间全部被盗。

紧接着出现了"网银大盗"病毒，它能够轻松绕过某银行网上银行系统的安全插件，盗取用户银行卡账号及密码。随后，在人们庆幸"网银大盗"作者落网的同时，其他病毒、木马开始泛滥，层出不穷。例如，"网银大盗Ⅱ"木马病毒惊现网络，几乎所有网上银行的用户都成为病毒侵害的目标。"证券大盗"木马病毒（Trojan/PSW.Soufan）则可以盗取多家证券交易系统的交易账号和密码,被盗号的股民账户存在着被人恶意操纵的可能性。"蜜蜂大盗"病毒具有强大的信息窃取、远程监控功能,可以窃取几乎所有类型的密码,自动打开用户的摄像头,进行远程监控、远程摄像、遥控QQ,并可中止防火墙等。

2005—2008年是木马流行的年代。2008年上半年,江民反病毒中心截获新病毒206 439种。另据江民病毒预警中心不完全统计,1—6月全国共有9 871 681台计算机感染病毒。其中,感染木马病毒的计算机7 749 269台,占病毒感染计算机总数的78.5%,比前一年同期增长11%;感染广告程序的计算机3 849 955台,占病毒感染计算机总数的38.9%;感染后门程序的计算机4 540 973台,占病毒感染计算机总数的46%;感染蠕虫病毒的计算机2 764 070台,占病毒感染计算机总数的27.9%;监测发现漏洞攻击代码感染的计算机1 184 601台,占病毒感染计算机总数的12%;感染脚本病毒的计算机888 451台,占病毒感染计算机总数的9%。由此可见,木马必将是未来几年病毒的主流。

如今,计算机病毒变得更加活跃,木马、蠕虫、后门等病毒层出不穷,甚至出现流氓软件。随着计算机软硬件的发展和网络技术的普及,计算机病毒的编制技术也在不断地适应新的变化,采用新的技术,扩展新的领域。

2.1.3 计算机病毒的特点

1. 主动性

病毒程序的目的就是侵害他人计算机系统或者网络系统,在计算机运行程序的过程中,病毒始终以功能过程的主体出现,而形式则可能是直接或间接的。病毒的侵害方式代表了设计者的意图,因此,病毒对计算机运行控制权的争夺、对其他程序的侵入、传染和危害,都采取了积极主动的方式。

2. 传染性

这是病毒的基本特征。

病毒的设计者总是希望病毒能够在较大范围内实现蔓延和传播,感染更多的程序、计算机系统或计算机网络系统,以达到最大的侵害目的。

病毒是人为设计的功能程序,所以它必须利用一切可能的途径和方法进行传染。程序之间的传染通常是由病毒的传染模块执行的,它借助于正常的信息处理途径和方法,如磁盘的引导、启动,程序的调用,存储器的驻留,以及程序代码的增加、删除、修改等。而计算机系统之间的病毒传播通常是通过软盘、光盘等信息载体和网络通信等信息传输途径进行的。具体地讲,计算机病毒会通过各种渠道从已被感染的计算机扩散到未被感染的计算机,在某些情况下造成被感染的计算机工作失常甚至瘫痪。它会搜寻其他符合其传染条件的程序或存储介质,确定目标后再将自身代码插入其中,达到自我繁殖的目的。

是否具有传染性,是判别一个程序是否为计算机病毒的最重要条件。

3. 隐蔽性

设计病毒的动机就是要对计算机系统进行非授权的非法活动,对计算机系统进行侵害。

清除病毒是广大计算机用户的一致要求。在侵害和反侵害的对抗中,计算机病毒常常会借助于各种技巧来隐藏自己的行踪,保护自己,从而在被发现及清除之前,能够在更广泛范围内进行传染和传播,期待发作时可以造成更大的破坏。

计算机病毒都是一些可以直接或间接运行的具有较高技巧的程序,它们可以隐藏在操作系统中,也可以隐藏在可执行文件或数据文件中,目的是不让用户发现它的存在。常用的隐藏方法有贴附、取代、隐藏在磁盘的非规范区域的缝隙中,驻留在内存的坏簇中,变异或衍生,加密和反跟踪等。

如果不经过代码分析，病毒程序与正常程序是不容易区分开来的。一般在没有防护措施的情况下，受到感染的计算机系统通常仍能正常运行，用户不会感到任何异常。大部分的病毒代码之所以设计得非常短小，也是为了隐藏。病毒一般只有几百字节或一千字节左右。

4. 表现性

病毒一旦被启动，就会立刻开始进行破坏活动。为了能够在合适的时机开始工作，必须预先设置触发条件并且首先将其设置为不触发状态。最典型的触发方式是那种基于某个特定日期的，例如，是某个星期五同时是 13 日或 3 月 6 日（米开朗基罗的生日）。其他的触发方式可以更巧妙，如当程序运行了多少次之后，或者当某个计算机系统被同一种病毒感染了多少次之后，或者某个特定的用户标识符或文件名或文件扩展名的出现或使用等。

5. 破坏性

任何病毒只要侵入系统，都会对系统及应用程序产生不同程度的影响，轻者会降低计算机运行速度，占用系统内存，重者可能会导致正常的程序无法运行，把计算机内的文件删除或受到不同程度的损坏，甚至可能破坏引导扇区及 BIOS，破坏硬件环境，导致系统瘫痪。

2.1.4 计算机病毒的分类

关于计算机病毒的分类，目前还没有统一的标准，但通常可按照计算机病毒不同的属性方法来进行分类。

1. 按病毒寄生的媒介分类

根据计算机病毒传播依赖的媒介，可将计算机病毒划分为网络病毒、文件病毒和引导型病毒。网络病毒通过计算机网络来传播感染网络中的可执行文件；文件病毒则通过感染计算机中的文件来达到病毒的传播和寄生；而引导型病毒则通过感染计算机的启动扇区 BOOT 和硬盘的系统引导扇区 MBR 来达到感染计算机系统的目的。也有这三种病毒的混合型，如多型病毒（文件和引导型）以感染文件和引导扇区为目标，通常这样的病毒程序由于使用了加密和变形的算法，因此其反病毒的工作也会更加复杂。

2. 按其破坏性分类

按病毒的破坏性分类，病毒可分为良性病毒和恶性病毒。

（1）良性病毒。这类病毒表现较为温和，它仅仅是为了表现自己的存在。例如，显示信息、奏乐、发出声响，对源程序不做修改，也不直接破坏计算机的软硬件，对系统危害较小。但由于要进行自我复制和传染，所以会消耗系统的资源。

（2）恶性病毒。恶性病毒会对计算机的软件或硬件进行恶意攻击，使系统遭到不同程度的破坏。例如，破坏数据、删除文件、加密磁盘、格式化磁盘、破坏主板而导致计算机死机或网络瘫痪等。

3. 按其传染途径分类

按病毒的传染途径分类，病毒可分为驻留内存型病毒和非驻留内存型病毒。

（1）驻留内存型病毒。驻留内存型病毒感染计算机后，会把自身的内存驻留部分放在内存中，始终处于激活状态，一直到关机或重新启动为止。

（2）非驻留内存型病毒。非驻留内存型病毒在得到机会激活时，并不感染计算机内存。另有一些病毒在内存中留有小部分，但是并不通过这一部分进行传染，这类病毒也被划分为非驻留内存型病毒。

4. 按算法分类

（1）伴随型病毒。这类病毒并不改变文件本身，它们根据算法产生.EXE 文件的伴随体，具有同样的名称和不同的扩展名（.COM），例如，XCOPY.EXE 的伴随体是 XCOPY-COM。病毒把自身写入.COM 文件并不改变.EXE 文件，当 DOS 加载文件时，伴随体优先被执行，再由伴随体加载执行原来的.EXE 文件。

（2）"蠕虫"型病毒。这类病毒通过计算机网络传播，不改变文件和资料信息，利用网络从一台机器的内存传播到其他机器的内存，计算机将自身的病毒通过网络发送。有时它们在系统中存在，一般除了内存不占用其他资源。

（3）寄生型病毒。除了伴随型和"蠕虫"型，其他病毒均可称为寄生型病毒，它们依附在系统的引导扇区或文件中，通过系统的功能进行传播，按其算法不同还可细分为以下几类。

① 练习型病毒，病毒自身包含错误，不能很好地传播，如一些病毒在调试阶段就属于练习型病毒。

② 诡秘型病毒，它们一般不直接修改 DOS 中断和扇区数据，而是通过设备技术和文件缓冲区等对 DOS 内部进行修改，不易看到资源，使用比较高级的技术，利用 DOS 空闲的数据区进行工作。

③ 变型病毒（又称为幽灵病毒），这一类病毒使用一个复杂的算法，使自己每传播一份都具有不同的内容和长度。它们一般由一段混有无关指令的解码算法和被变化过的病毒体组成。

5. 按传染对象分类

（1）引导区型病毒，主要通过软盘在操作系统中传播，感染引导区，蔓延到硬盘，并能感染硬盘中的"主引导记录"。

（2）文件型病毒是文件感染者，也称为"寄生病毒"。它运行在计算机存储器中，通常感染.COM、.EXE、.SYS 等类型的文件。

（3）混合型病毒，具有引导区型病毒和文件型病毒两者的特点。

（4）宏病毒，指用 BASIC 语言编写的病毒程序寄存在 Office 文档上的宏代码。宏病毒影响对文档的各种操作。

2.2 恶 意 代 码

2.2.1 常见的恶意代码

恶意代码（Malicious Codes）是一种用来实现某些恶意功能的代码或程序。通常，这些代码在不被用户察觉的情况下寄宿到另一段程序中，从而达到破坏被感染计算机数据、运行具有入侵性或破坏性的程序、破坏被感染的系统数据的安全性和完整性的目的。

恶意代码所指范围比计算机病毒要广，一般可包括病毒、蠕虫、木马、后门和逻辑炸弹等。部分类型的恶意代码如表 2.1 所示。

表 2.1　部分类型恶意代码

恶意代码类型	定义及功能	特点
病毒	能够在计算机程序中插入的破坏计算机功能或数据，影响计算机使用，并能够自我复制的计算机程序代码	传染、破坏、潜伏
蠕虫	能够通过计算机网络进行自我复制，消耗计算机资源和网络资源的程序	扫描、攻击、传播

恶意代码类型	定义及功能	特点
木马	能够与远程计算机建立连接，使远程计算机能够通过网络远程控制本地计算机的程序	欺骗、隐藏、窃取信息
后门	能够避开计算机的安全控制，使远程计算机能够连接本地计算机的程序	潜伏
逻辑炸弹	能够嵌入计算机程序、通过一定的条件触发破坏计算机的程序	潜伏、破坏

虽然各种恶意代码的表现形式各有不同，但其攻击的过程却有相同之处。通常，恶意代码的攻击过程为入侵系统—提高权限—隐藏—潜伏—破坏系统。

一般的，恶意软件具有以下显著的共同特征。

（1）强制安装，指未明确提示用户或未经用户许可，就在用户计算机或其他终端上安装软件的行为。

（2）难以卸载，指未提供通用的卸载方式，或在不受其他软件影响、人为破坏的情况下，卸载后仍然有活动程序的行为。

（3）浏览器劫持，指未经用户许可，修改用户浏览器或其他相关的设置，迫使用户访问特定网站或导致用户无法正常上网的行为。

（4）未经许可的弹出性广告，指未明确提示用户或未经用户许可，利用安装在用户计算机或其他终端上的软件弹出广告的行为。

（5）恶意收集用户信息，指未明确提示用户或未经用户许可，恶意收集用户信息的行为。

（6）恶意卸载，指未明确提示用户，未经用户许可，或误导、欺骗用户卸载其他软件的行为。

（7）恶意捆绑，指在软件中捆绑已被认定为恶意软件的行为。

（8）其他侵害用户的恶意行为，如侵害用户软件安装、使用和卸载知情权、选择权的恶意行为。

2.2.2 木马

1. 木马背景

"木马"一词来自于"特洛伊木马"，英文名称为"Trojan Horse"。据说该名称来源于古希腊传说，特洛伊王子帕里斯访问希腊，诱走了王后海伦，希腊人因此远征特洛伊。围攻9年后仍未攻下，到了第10年，希腊将领奥德修斯出此一计，就是把一批勇士埋伏在一匹巨大的木马腹内，放在城外后，大部队佯装退兵。特洛伊人以为希腊敌兵已退，就把木马作为胜利品搬入城中。全城饮酒狂欢，到了夜间，全城军民进入梦乡，而埋伏在木马中的勇士们跳了出来，打开城门并四处纵火，城外的希腊将士一拥而入，部队里应外合，攻下了特洛伊城池。后世称这匹大木马为"特洛伊木马"。后来，人们在写文章时，常用"特洛伊木马"这个典故来比喻在敌方营垒内埋下伏兵里应外合的活动。而黑客程序也借用其名，有"一经潜入，后患无穷"之意。

2. 木马的定义

木马是一种可以驻留在对方服务器系统中的一种程序。木马程序一般由服务器端程序、客户端程序两部分构成。驻留在对方服务器的称为木马的服务器端，远程的可以连接到木马服务器的程序称为木马客户端。木马的功能是通过客户端操纵服务器，进而操纵对方的计算机。

3. 木马的特点

木马具有隐蔽性和非授权性的特点。所谓隐蔽性，是指木马的设计者为了防止木马被发现，会采用多种手段隐藏木马。这样，被控制端即使发现感染了木马，也不能确定其准确的位置。所谓非授权性，是指一旦控制端与被控制端连接，控制端将享有被控制端的大部分操作权限，包括修改文件、修改注册表、控制鼠标、键盘等,这些权利并不是被控制端赋予的,而是通过木马程序窃取的。

4.木马的分类

木马程序诞生至今,已经产生了多种类型,且大多数木马的功能不是单一的,而是多种功能的集合,甚至有些功能从未公开。因此,给木马程序进行分类、了解木马的危害,对于计算机使用者来说是很必要的。木马主要分为以下几类。

(1)远程控制型

远程控制木马是数量最多、危害最大、知名度最高的一种木马,它可以让攻击者完全控制被感染的计算机,攻击者可以利用它完成一些甚至连计算机使用者本身都不能顺利进行的操作,其危害之大实在不容小觑。由于要达到远程控制的目的,该类型木马往往集成了其他木马的功能。使其在被感染的计算机上为所欲为,可以任意访问文件,得到用户私人信息,甚至包括信用卡、银行卡账号等至关重要的信息。

例如,大名鼎鼎的木马"冰河"就是一个远程访问型特洛伊木马。这类木马使用起来非常简单。只需有人运行服务端,攻击者就可以得到受害人的 IP 地址,就可以访问其计算机。远程访问型木马的普遍特征包括键盘记录、上传和下载功能、注册表操作、限制系统功能等。

(2)密码发送型

在信息安全日益重要的今天。密码无疑是通向重要信息的一把极其有用的钥匙,只要掌握了对方的密码,从很大的程度上说,就可以无所顾忌地得到对方的很多信息。而密码发送型木马正是专门为了盗取被感染计算机上的密码而编写的,木马一旦被执行,就会自动搜索内存、缓存、临时文件夹以及各种敏感密码文件,一旦搜索到有用的密码,木马就会利用免费的电子邮件服务将密码发送到指定的邮箱,从而达到获取密码的目的。

这类木马大多使用 25 端口发送 E-mail。大多数这类的特洛伊木马不会在每次 Windows 重启时启动。这种特洛伊木马的目的是找到所有的隐藏密码并且在受害者不知道的情况下把它们发送到指定的信箱中。

(3)键盘记录型

这种特洛伊木马是非常简单的。它们只做一件事情,就是记录受害者计算机的键盘敲击动作并且在 LOG 文件里查找密码。

另外,这种特洛伊木马会随着 Windows 的启动而启动。它们有在线和离线记录这样的选项,顾名思义,它们分别记录用户在线和离线状态下敲击键盘时的按键情况。也就是说,用户按过什么键,都会通过电子邮件将记录下的信息发送给相应的攻击者,造成用户信息的泄露。

(4)DoS 攻击型

随着 DoS 攻击越来越广泛的应用,被用作 DoS 攻击木马也越来越流行。当攻击者入侵了一台计算机,给它种上 DoS 攻击木马,那么日后这台计算机就会成为攻击者进行 DoS 攻击最得力的助手。攻击者控制的傀儡主机数量越多,它所发动 DoS 攻击取得成功的概率就越大。所以,这种木马的危害不是体现在被感染计算机上,而是体现在攻击者可以利用它来攻击一台又一台的计算机,给网络带来很大的伤害和损失。

还有一种类似 DoS 的木马叫作邮件炸弹木马,一旦计算机被感染,木马就会随机生成各种主题的信件,对特定的邮箱不停地发送邮件,一直到对方计算机瘫痪,不能接收邮件为止。

(5)代理木马

黑客在入侵的同时掩盖自己的足迹,谨防别人发现自己的身份是非常重要的,因此,给被控制的傀儡主机种上代理木马,让其变成攻击者发动攻击的跳板就是代理木马最重要的任务。通过代理木马,攻击者可以在匿名的情况下使用 Telnet、ICQ、IRC(互联网中继聊天)等程序,从而隐蔽自己的踪迹。

（6）FTP 木马

这种木马可能是最简单和最古老的木马了，它的唯一功能就是打开 FTP 端口（21），等待用户连接。现在新 FTP 木马还增加了密码功能，这样，只有攻击者本人才知道正确的密码，从而进入对方计算机。

（7）程序杀手木马

上面的木马功能虽然形形色色，但到了对方计算机上要想发挥自己的作用，还要通过防木马软件检测这一关才行。常见的防木马软件有 Norton Anti-Virus 等。程序杀手木马的功能就是关闭对方计算机上运行的这类防木马软件，让其他的木马更好地发挥作用。

（8）反弹端口型木马

木马开发者在分析了防火墙的特性后发现：防火墙对于连入的连接往往会进行非常严格的过滤，但是对于连出的连接却疏于防范。于是，与一般的木马相反，反弹端口型木马的服务端（被控制端）使用主动端口，客户端（控制端）使用被动端口。木马定时监测控制端的存在，发现控制端上线立即弹出端口主动连接控制端打开的主动端口。

为了隐蔽起见，控制端的被动端口一般位于 80 端口，这样，即使用户使用端口扫描软件检查自己的端口时，发现了类似 TCP User IP:1026 Controller IP:80 ESTABLISHED 的情况，稍微疏忽一点儿，就会以为是自己在浏览网页，因为浏览器就使用 80 端口，如最早的"网络神偷（Nethief）"木马等。

（9）破坏性质的木马

这种木马唯一的功能就是破坏被感染计算机的文件系统，使其遭受系统崩溃或者重要数据丢失的巨大损失。从这一点上来说，它和病毒很像。不过，这种木马的激活是由攻击者控制的，并且传播能力也比病毒逊色很多。

5．木马类程序的检测与清除

可以通过查看系统端口开放的情况、系统服务情况、系统任务运行情况、网卡的工作情况、系统日志及运行速度有无异常等对木马进行检测，检测到计算机感染木马后，就要根据木马的特征来进行清除。此外，也可查看是否有可疑的启动程序、可疑的进程存在，是否修改了 Win.ini、System.ini 系统配置文件和注册表，如果存在可疑的程序和进程，则按照特定的方法进行清除。

（1）查看开放端口

当前最为常见的木马通常是基于 TCP/UDP 协议进行客户端与服务器端之间通信的，因此可以通过查看在本机上开放的端口，查看是否有可疑的程序打开了某个可疑的端口。例如，"冰河"木马使用的监听端口是 7626，Back Orifice 2000 使用的监听端口是 54320 等。假如查看到有可疑的程序在利用可疑端口进行连接，则很有可能就是感染了木马。查看端口的方法通常有以下几种。

① 使用 Windows 本身自带的 netstat 命令。
② 使用 Windows 下的命令行工具 FPort。
③ 使用图形化界面工具 Active Ports。

（2）查看和恢复 Win.ini 和 System.ini 系统配置文件

查看 Win.ini 和 System.ini 文件是否有被修改的地方。例如，有的木马通过修改 Win.ini 文件中 Windows 节下的 "load=file.exe,run=file.exe" 语句进行自动加载，还可能修改 System.ini 中的 boot 节，实现木马加载。例如，"妖之吻"病毒将 Windows 系统的图形界面命令解释器 "shell=explorer.exe" 修改成 "shell=yzw.exe"，在计算机每次启动后就自动运行程序 yzw.exe，此时可以把 System.ini 恢复为原始配置，即将 "shell=yzw.exe" 修改回 "shell=explorer.exe"，再删除掉病毒文件即可。

（3）查看启动程序并删除可疑的启动程序

如果木马自动加载的文件是直接在 Windows 菜单中自定义添加的，一般会放在主菜单的"开始"→"程序"→"启动"处，在 Windows 资源管理器中位于"C：\Windows\startmenu\programs\启动"。通过这种方式使文件自动加载时，一般会将其存放在注册表中下述 4 个位置上。

HKEY_CURRENT_USER\software\microsoft\windows\currentversion\explorer\shellfolders。

HKEY_CURRENT_USER\software\microsoft\windows\Currentversion\explorer\usershellfolders。

HKEY_LOCAL_MACHINE\software\microsoft\windows\currentversion\explorer\usershellfolders。

HKEY_LOCAL_MACHINE\software\microsoft\windows\currentversion\explorer\shellfolders。

检查是否有可疑的启动程序，便很容易查到是否感染了木马。如果查出有木马存在，则除了要查出木马文件并删除之外，还要将木马自动启动程序删除。

（4）查看系统进程并停止可疑的系统进程

木马再狡猾，也只是一个应用程序，需要进程来执行。可以通过查看系统进程来推断木马是否存在。在 Windows NT/XP 系统下，按 Ctrl+Alt+Delete 键进入任务管理器，就可看到系统正在运行的全部进程。在 Windows 下，可以通过 ProcView 和 winproc 工具来查看进程。在查看进程时，如果对系统非常熟悉，对系统运行的每个进程都知道它是做什么的，那么在木马运行时，就能很容易发现哪个是木马程序的活动进程了。

在对木马进行清除时，首先要停止木马程序的系统进程。例如，Hack.Rbot 病毒清除了注册表，以便病毒随时自启动。看到有木马程序在运行时，需要马上停止系统进程，并进行下一步操作，即修改注册表和清除木马文件。

（5）查看和还原注册表

木马一旦被加载，一般都会对注册表进行修改。通常木马在注册表中实现加载文件是在以下几处。

HKEY_LOCAL_MACHINE\software\microsoft\windows\currentversion\run。

HKEY_LOCAL_MACHINE\software\microsoft\windows\currentversion\runonce。

HKEY_LOCAL_MACHINE\software\microsoft\windows\currentversion\runservices。

HKEY_LOCAL_MACHINE\software\microsoft\windows\currentversion\runservicesonce。

HKEY_CURRENT_USER\software\microsoft\windows\currentversion\run\runonce。

HKEY_CURRENT_USER\software\microsoft\windows\currentversion\runservices。

此外，在注册表中的 HKEY_CLASSES_ROOT\exefile\shell\open\command= "%1"%*处，如果其中的"%1"被修改为木马，那么每启动一次该可执行文件木马就会启动一次。查看注册表，将注册表中木马修改的部分还原。例如，Hack.Rbot 病毒已向注册表的有关目录中添加了键值"MicrosoftUpdate=wuamgrd.exe"，以便病毒随机自启动。这就需要先进入注册表，将键值"MicrosoftUpdate=wuamgrd.exe"删除。值得注意的是，可能有些木马会不允许执行 EXE 文件，这时就要先将 regedit.exe 改成系统能够运行的形式，如改成 Regedit.com。

（6）使用杀毒软件和木马查杀工具检测和清除木马

最简单的检测和删除木马的方法是安装木马查杀软件，如 KV 3000、瑞星、木马克星、木马终结者等。此外，McAfee Virus Scan 和 Anti-Trojan Shield 也是不错的木马查杀工具。McAfee Virus Scan 集合了入侵防卫及防火墙技术，为个人计算机和文件服务器提供全面的病毒防护。Anti-Trojan Shield 是一款享誉欧洲的专业木马检测、拦截及清除软件。多数情况下由于杀毒软件和查杀工具的升级慢于木马的出现，因此学会手工查杀也是非常必要的。手工查杀木马的方法如下。

① 检查注册表。

查看 HKEY_LOCAL_MACHINE\software\microsoft\windows\currentversion 和 HKEY_CURRENT

_USER\software\microsoft\windows\currentversion 下所有以 run 开头的键值名下有没有可疑的文件名。如果有，就需要删除相应的键值，再删除相应的应用程序。

② 检查启动组。

虽然启动组不是十分隐蔽，但这里的确是自动加载运行的好场所，因此可能有木马隐藏其中。启动组对应的文件夹为 C:\windows\startmenu\programs\startup，要注意经常对其进行检查，发现木马后及时清除。

③ 查看 Win.ini 和 System.ini。

Win.ini 以及 System.ini 也是木马喜欢的隐蔽场所，要注意这些地方。例如，Win.ini 的 Windows 节下的 load 和 run 后面在正常情况下是没有什么程序的，如果发现有程序就要小心了，它很有可能是木马被控制端程序，应尽快对其进行检查并清除。

④ 查看 C:\Windows\winstart.bat 和 C:\Windows\wininit.ini。

对于文件 C:\Windows\winstart.bat 和 C:\Windows\wininit.ini 也要多加检查，木马也很可能隐藏在这里。

⑤ 查看可执行文件。

如果由.EXE 文件启动，那么运行这个程序，查看木马是否被装入内存，端口是否打开。如果是，则说明要么是该文件启动了木马程序，要么是该文件捆绑了木马程序。最好将其删除，再重新安装一个这样的程序。

6. 木马的预防

目前木马已对计算机用户信息安全构成了极大威胁，做好木马的防范工作刻不容缓，用户必须提高警惕，尤其是网络游戏玩家更应该提高对木马的关注。

网络中流行的木马程序通常传播速度比较快，影响比较严重，因此尽管可以利用一些工具方法来检测、清除木马，但只能是亡羊补牢，比较被动。当然，最好的情况是不出现木马，这就要求我们平时要有对木马的预防意识和措施，做到防患于未然。以下是几种简单适用的木马预防方法和措施。

（1）不随意打开来历不明的电子邮件，阻塞可疑邮件

现在许多木马都是通过电子邮件来传播的，当收到来历不明的邮件时，不要轻易打开，并加强邮件监控系统，拒收垃圾邮件。可通过设置邮件服务器和客户端来阻塞带有可疑附件的邮件，如附件的扩展名与恶意代码有关联（例如.pif、.vbs），或者带有复合扩展名的可疑邮件（如.txt.vbs、.htm.exe 等）。

（2）不随意下载来历不明的软件

最好是在一些知名的网站下载软件，不要下载和运行那些来历不明的软件。在安装软件之前，最好用杀毒软件查看有没有病毒，然后再安装。

（3）及时修补漏洞和关闭可疑的端口

一般木马是通过漏洞在系统上打开端口留下后门的，在修补漏洞的同时要对端口进行检查，把可疑端口关闭。

（4）尽量少用共享文件夹

尽量少用共享文件夹，如果必须使用，则应设置账号和密码保护。千万不要将系统目录设置成共享，最好将系统下默认共享的目录关闭。

注意：Windows 系统在默认情况下将目录设置成共享状态口。

（5）运行实时监控程序

在上网时最好运行反木马实时监控程序和个人防火墙，并定时对系统进行病毒检测。

（6）经常升级系统和更新病毒库

经常关注厂商网站的安全公告，因为这些网站通常会及时地将漏洞、木马和更新公布出来，并在第一时间发布补丁和新的病毒库等。

（7）限制使用不必要的具有传输能力的文件

限制使用诸如点对点传输软件、音乐共享软件、即时通信软件等，因为这些程序经常被用来传播恶意代码。

2.2.3 蠕虫

网络蠕虫作为对互联网危害严重的一种计算机程序，其破坏力和传染性不容忽视。与传统的病毒不同，蠕虫病毒以计算机为载体，以网络为攻击对象。

1. 蠕虫的定义

计算机病毒自出现之日起，就成为计算机系统的一个巨大威胁，而当网络迅速发展的时候，蠕虫病毒引起的危害开始显现。

蠕虫病毒和普通病毒有着很大的区别。普通病毒是需要寄生的，它可以通过自身指令的执行，将自己的指令代码寄宿到其他程序体内，而被感染的文件就被称为"宿主"。宿主程序执行的时候，可先执行病毒程序，病毒程序运行完之后，再把控制权交给宿主原来的程序指令。由此可见，普通病毒主要是感染文件和引导区，而蠕虫则是一种通过网络进行传播的恶性代码。它具有普通病毒的一些共性，如传播性、隐蔽性、破坏性等。同时具有一些自己的特征，如不利用文件寄生、可对网络造成拒绝服务等。

2. 蠕虫的分类

（1）根据使用者情况的不同，可将蠕虫病毒分为两类，即面向企业用户的蠕虫病毒和面向个人用户的蠕虫病毒。面向企业用户的蠕虫病毒利用系统漏洞，主动进行攻击，可以对整个网络造成瘫痪性的后果，以"红色代码""尼姆达""SQL蠕虫王"为代表。面向个人用户的蠕虫病毒通过网络（主要是电子邮件、恶意网页形式等）迅速传播，以"爱虫""求职信"蠕虫为代表。在这两类蠕虫病毒中，第一类具有很大的主动攻击性，而且发作也有一定的突然性，但相对来说，查杀这种蠕虫并不难。第二种蠕虫的传播方式比较复杂和多样，少部分利用了微软的应用程序漏洞，大部分利用社会工程学（Social Engineering）陷阱对用户进行欺骗和诱使，这样的蠕虫造成的损失是非常大的，同时也是很难根除的。例如，"求职信"蠕虫在2001年就已经被各大杀毒厂商发现了，但直到2002年底依然处于蠕虫危害排行榜的首位。

（2）按其传播和攻击特征，可将蠕虫病毒分为3类，即漏洞蠕虫、邮件蠕虫和传统蠕虫病毒。其中，以利用系统漏洞进行破坏的蠕虫病毒最多，占蠕虫病毒总数量的60%～70%；邮件蠕虫居第二位，占蠕虫病毒总数量的27%；其他传统蠕虫病毒占4%。

蠕虫病毒可以造成互联网大面积瘫痪，引起邮件服务器堵塞，最主要的症状表现在用户浏览不了互联网，或者企业用户接收不了邮件。例如，2004年爆发的"震荡波"病毒造成了互联网大面积瘫痪，众多用户无法使用互联网；"五毒虫"蠕虫病毒可以堵塞企业邮件服务器，造成邮件病毒泛滥。

漏洞蠕虫可利用微软的系统漏洞进行传播，主要是SQL漏洞、RPC漏洞和LSASS漏洞，其中RPC漏洞和LSASS漏洞最为严重。漏洞蠕虫极具危害性，大量的攻击数据堵塞网络，并可造成被攻击系统不断重启、系统速度变慢等故障。漏洞蠕虫的特性若被集成为黑客病毒，造成的危害就更大了。

邮件蠕虫主要通过电子邮件进行传播。邮件蠕虫使用自己的SMTP引擎，将病毒邮件发送给搜索到的邮件地址。邮件蠕虫还能利用 IE 漏洞，使用户在没有打开附件的情况下感染病毒。最新的 MyDoom 变种 AH 甚至能利用漏洞，使病毒邮件不再需要附件即可感染用户。

3. 蠕虫的技术特点和发展

蠕虫病毒的特点和发展趋势主要体现在以下几个方面。

（1）利用操作系统和应用程序的漏洞主动进行攻击

例如，"红色代码"、"尼姆达"和"求职信"等病毒都是利用了操作系统和应用程序的漏洞来进行传播的。以"尼姆达"病毒为例，该病毒利用了微软 IE 浏览器的一个漏洞，使感染了"尼姆达"病毒的邮件在不通过手工打开附件的情况下就能激活病毒，而此前很多防病毒专家一直认为只要不打开带有病毒的附件，病毒就不会造成危害。"红色代码"病毒则利用了微软 IIS 服务器软件的一个漏洞（idq.dll 远程缓存区溢出），而"SQL 蠕虫王"病毒则是利用微软数据库系统的一个漏洞来进行攻击的。

（2）传播方式多样化

例如，"尼姆达"病毒和"求职信"病毒可利用的传播途径包括文件、电子邮件、Web 服务器及网络共享等。

（3）病毒制作技术与传统病毒不同

许多新病毒是利用当前最新的编程语言与编程技术实现的，易于修改，从而可以产生新的变种，也可以逃避反病毒软件的搜索。另外，新病毒利用 Java、ActiveX、VBScript 等技术，可以潜伏在 HTML 页面里，在用户上网浏览时触发。

（4）与黑客技术相结合

蠕虫与黑客技术相结合后潜在的威胁和损失更大。例如，"红色代码"病毒感染的机器会在 Web 目录的\scripts 下生成 root.exe，可以远程执行任何命令，从而使黑客再次进入。

一般的蠕虫病毒程序至少具有传播模块、隐藏模块和目的功能模块 3 个部分，其中传播模块负责蠕虫的传播和感染，传播模块又可以分为扫描、攻击和复制 3 个基本模块；隐藏模块负责病毒侵入主机后，隐藏病毒程序；目的功能模块则执行对计算机的控制、监视或破坏等功能。

4. 蠕虫的发作和预防

与普通病毒不同，蠕虫病毒往往能够利用漏洞来入侵、传播。这里的漏洞（或者说缺陷）分为软件缺陷和人为缺陷两类。软件缺陷（如远程溢出、微软 IE 和 Outlook 的自动执行漏洞等）需要软件厂商和用户共同配合，不断地升级软件来解决。人为缺陷主要是指计算机用户的疏忽。当收到一封带有病毒的求职邮件时，大多数人会去点击，这就是所谓的社会工程学。对于企业用户来说，威胁主要集中在服务器和大型应用软件上。而对个人用户而言，主要是防范第二种缺陷。

1) **企业类蠕虫病毒的防范**

2002 年 7 月，微软的安全公告中就对"SQL 蠕虫"病毒利用的漏洞做了详细的说明，而且微软也提供了安全补丁程序，然而在病毒发作时还是有相当多的服务器没有安装最新的补丁，其网络管理员的安全防范意识可见一斑。

当前，企业网络主要应用于文件和打印服务共享、办公自动化系统、企业管理信息系统等领域。网络具有便利的信息交换特性，蠕虫病毒也可以充分利用网络快速传播以达到其阻塞网络的目的。企业在充分利用网络进行业务处理的同时，也要考虑病毒的防范问题，以保证关系企业命运的业务数据的完整性和可用性。

企业防治蠕虫病毒需要考虑病毒的查杀能力、病毒的监控能力和新病毒的反应能力等几个问题。而企业防病毒的一个重要方面就是管理策略，现建议企业防范蠕虫病毒的策略如下。

① 加强网络管理员的安全管理水平，提高安全意识。由于蠕虫病毒利用的是系统漏洞，所以

需要在第一时间保持系统和应用软件的安全性,保持各种操作系统和应用软件的更新。由于各种漏洞的出现,使安全问题不再是一劳永逸的事情,而作为企业用户而言,所经受攻击的危险也越来越大,要求企业的管理水平和安全意识也越来越高。

② 建立病毒检测系统,能够在第一时间内检测到网络的异常和病毒的攻击。

③ 建立应急响应系统,将风险降到最低。由于蠕虫病毒爆发的突然性,可能在发现病毒的时候,病毒已经蔓延到了整个网络,所以建立一个紧急响应系统是很有必要的,在病毒爆发的第一时间即能提供解决方案。

④ 建立备份和容灾系统,对于数据库和数据系统,必须采用定期备份、多机备份和容灾等措施,防止意外灾难下的数据丢失。

2)个人用户蠕虫病毒的分析和防范

对于个人用户而言,威胁大的蠕虫病毒一般采取电子邮件和恶意网页传播方式。这些蠕虫病毒对个人用户的威胁最大,同时也最难以根除,造成的损失也更大。

蠕虫病毒进入系统并且成功运行后,会搜索当前系统中 Outlook 通信簿中存储的邮件地址,每当搜索到一个邮件地址时就会自动生成一个邮件,然后将病毒文件作为邮件的附件,并且将附件的名称更改为一个比较具有诱惑力的名称(如"你的银行密码""美女图片"等)以吸引邮件接收者打开附件。

通过上述的分析可知,病毒并不是非常可怕的,网络蠕虫对个人用户的攻击主要是通过社会工程学完成的,而不是利用系统漏洞,所以防范此类病毒需要注意以下几点。

① 购买主流的网络安全产品,并注意及时更新。

② 不随意查看陌生邮件,尤其是带有附件的邮件。

③ 定期检查计算机内是否具有可写权限的共享文件夹,一旦发现,要及时关闭该权限。

④ 定期检查计算机的账户,查看是否存在不明账户。一旦发现应立即删除该账户,并做清理。

2.3 典型计算机病毒的检测与清除

2.3.1 常见计算机病毒的系统自检方法

近来黑客攻击事件频频发生,也不断有QQ、E-mail和游戏的账号被盗事件发生。现在的黑客技术有朝着大众化方向发展的趋势,能够掌握攻击他人系统技术的人越来越多了,只要网络计算机有系统漏洞或者安装了有问题的应用程序,就有可能成为他人的"肉鸡"。如何给一台上网的机器查漏洞并做出相应的处理呢?

1. 要命的端口

计算机要与外界进行通信,必须通过一些端口。别人要想入侵和控制网络计算机,也要从某些端口连接进来。只要查看一下系统,就会发现其开放了139、445、3389、4899等重要端口,要知道这些端口都可以为黑客入侵提供便利,尤其是4899,可能是入侵者安装的后门工具Radmin打开的,入侵者可以通过这个端口取得系统的完全控制权。

在Windows 环境下,通过"开始"→"运行"选项,打开"运行"窗口,输入"command"(Windows 2000/XP/2003/7下在"运行"中输入"cmd"),进入命令提示窗口,然后输入netstat/an,就可以看到本机端口开放和网络连接情况。

怎么关闭这些端口呢?因为计算机的每个端口都对应着某个服务或者应用程序,因此只要停止该服务或者卸载该程序,这些端口就自动关闭了。例如,可以在"计算机"→"控制面板"→"计算机管理"→"服务"中停止Radmin服务，就可以关闭4899端口了。

如果暂时没有找到打开某端口的服务或者停止该项服务可能会影响计算机的正常使用，也可以利用防火墙来屏蔽端口。以天网个人防火墙关闭4899端口为例。进入天网"自定义IP规则"界面，单击"增加规则"按钮添加一条新的规则，在"数据包方向"中选择"接受"，在"对方IP地址"中选择"任何地址"，在TCP选项卡的本地端口中填写从4899到0，对方端口填写从0到0，在"当满足上面条件时"中选择"拦截"，这样就可以关闭4899端口了。其他的端口关闭方法可以此类推。

2．敌人的"进程"

在 Windows 7 下，可以通过同时按"Ctrl+Alt+Delete"键调出任务管理器来查看和关闭进程；但在 Windows 环境下按"Ctrl+Alt+Delete"键只能看到部分应用程序，有些服务级的进程却被隐藏而无法看到了，但通过系统自带的工具 msinfo32 还是可以看到的。在"开始"→"运行"里输入 msinfo32，进入"Microsoft 系统信息"界面，在"软件环境"的"正在运行任务"下可以看到本机的进程。但是在 Windows 环境下要想终止进程，还要通过第三方的工具来实现。很多系统优化软件带有查看和关闭进程的工具，如春光系统修改器等。

但目前很多木马进程会伪装成系统进程，有些用户很难分辨其真伪，所以这里推荐一款强大的杀木马工具——"木马克星"，它可以查杀8000多种国际木马，1000多种密码偷窃木马，功能十分强大，是安全上网的必备工具。

3．一定小心，远程管理软件带来大麻烦

现在很多人喜欢在自己的机器上安装远程管理软件，如pcAnywhere、Radmin、VNC或者Windows自带的远程桌面，这确实方便了远程管理维护和办公，但同时远程管理软件也带来了很多安全隐患。例如，pcAnywhere 10.0及更早的版本存在着口令文件*.CIF容易被解密（解码而非爆破）的问题，一旦入侵者通过某种途径得到了*.CIF文件，就可以用一款被称为Pcanywherepwd的工具破解出管理员账号和密码。

而Radmin则主要是空口令问题，因为Radmin默认为空口令，所以大多数人安装了Radmin之后，忽略了口令安全设置，因此，任何一个攻击者都可以用Radmin客户端连接上安装了Radmin的机器，并做一切他想做的事情。

Windows系统自带的远程桌面也会给黑客入侵提供方便，当然，这是在其通过一定的手段拿到了一个可以访问的账号之后。

远程管理软件DameWare NT Utilities的工具包中的DameWare Mini Remote Control某些版本也存在着缓冲区溢出漏洞，黑客可以利用这个漏洞在系统上执行任意指令。所以，要安全地远程使用它就要进行IP限制。这里以Windows 7远程桌面为例，介绍6129端口（DameWare Mini Remote Control使用的端口）的IP限制：进入天网"自定义IP规则"界面，单击"增加规则"按钮添加一条新的规则。在"数据包方向"中选择"接受"，在"对方IP地址"中选择"指定地址"，然后填写自己的IP地址，在TCP选项卡的本地端口中填写从6129到0，对方端口填写从0到0，在"当满足上面条件时"中选择"通行"，这样除了自己指定的那个IP地址（这里假设为192.168.1.70）之外，其他人都连接不到此计算机了。

安装最新版的远程控制软件也有利于提高安全性，如最新版的pcAnywhere的密码文件采用了较强的加密方案，如流行的灰鸽子。

4．"专业人士"帮你免费检测

很多安全站点都提供了在线检测，可以帮助人们发现系统的问题，如天网安全在线推出的在线安全检测系统——天网医生，它能够检测用户的计算机存在的一些安全隐患，并且根据检测结果判

断系统的级别，引导用户进一步解决系统中可能存在的安全隐患。

天网医生可以提供木马检测、系统安全性检测、端口扫描检测、信息泄露检测等4个安全检测项目，可能得出4种结果：极度危险、中等危险、相当安全和超时或有防火墙。其他知名的在线安全检测站点还有千禧在线以及蓝盾在线检测。另外，IE的安全性也是非常重要的，一不小心就有可能中毒，这些网站就是专门检测IE是否存在安全漏洞的站点，大家可以根据提示操作。

5．自己扫描自己——按方抓药

天网医生主要针对网络新手，而且是远程检测，速度比不上本地，所以如果用户有一定的基础，最好使用安全检测工具（漏洞扫描工具）手工检测系统漏洞。

黑客在入侵他人系统之前，常常用自动化工具对目标机器进行扫描，也可以借鉴这个思路，在另一台计算机上用漏洞扫描器对自己的机器进行检测。功能强大且容易上手的国产扫描器首推X-Scan。

以X-Scan为例，它有开放端口、CGI漏洞、IIS漏洞、RPC漏洞、SSL漏洞、SQL-Server等多个扫描选项，更为重要的是除了列出系统漏洞之外，它还给出了十分详尽的解决方案，只需要"按方抓药"即可。

例如，用X-Scan对某台计算机进行完全扫描之后，发现了如下漏洞：

[192.168.1.70]： 端口135开放： Location Service
[192.168.1.70]： 端口139开放： Net BIOS Session Service
[192.168.1.70]： 端口445开放： Mi crosoft-DS
[192.168.1.70]： 发现 NT-Server弱口令： user/[空口令]
[192.168.1.70]： 发现 "NetBIOS信息"

从中我们可以发现Windows 7弱口令的问题，这是一个很严重的漏洞。NetBIOS信息暴露也给黑客的进一步进攻提供了方便，解决办法是给User账号设置一个复杂的密码，并在天网防火墙中关闭135~139端口。

6．别小瞧 Windows Update

微软通常会在病毒和攻击工具泛滥之前开发出相应的补丁工具，只要选择"开始"→"Windows Update"选项，即可转到微软的 Windows Update 网站，在这里下载最新的补丁程序。所以每周访问 Windows Update 网站及时更新系统一次，基本上就能把黑客和病毒拒之门外。

2.3.2 U盘病毒与autorun.inf文件分析方法

经常使用U盘的用户可能已经多次遭遇了U盘病毒，U盘病毒是一种新病毒，主要通过U盘、移动硬盘传播。目前，几乎所有这类病毒的最大特征都是利用autorun.inf文件来侵入，而事实上autorun.inf相当于一个传染途径，经过这个途径入侵的病毒，理论上是"任何"病毒。因此，大家可以在网上发现，当搜索到autorun.inf之后，附带的病毒往往有不同的名称。就像身体上有个创口，有可能进入的细菌不止一种一样，在不同环境下进入的细菌可以不同，甚至可能是AIDS病毒。这个autorun.inf就是创口。因此，目前无法单纯说U盘病毒就是具体的什么病毒，也因此导致在查杀上会存在混乱，因为U盘病毒不止一种或几十种。

1．解析 autorun.inf

首先，autorun.inf文件是很早就存在的，在Windows 7以前的其他Windows系统（如Windows 2000等），若需要让光盘、U盘插入到机器中自动运行，就要靠autorun.inf。这个文件是保存在驱动器的根目录下的（是一个隐藏的系统文件），它保存着一些简单的命令，告诉系统这个新插入的光盘或硬件应该自动启动什么程序，也可以告诉系统让系统将它的盘符图标改成某个路径下的icon。所以，这本身是一个常规且合理的文件和技术。

但要注意到，上面反复提到"自动"，这就是关键。病毒作者可以利用这一点，让移动设备在用户系统完全不知情的情况下，"自动"执行任何命令或应用程序。因此，通过autorun.inf文件，可以放置正常的启动程序，如经常使用的各种教学光盘，一插入计算机就自动安装或自动演示。也可以通过此种方式，放置任何可能的恶意内容。

计算机病毒和生物界的状况是一样的，细菌、病毒和人类都是生物体，甚至在大部分情况下，这些微生物也并非完全有害，也会与人体共存。计算机中的病毒和正常程序一样，都是使用基础原理一致的源代码编写、执行的，只是软件执行的是用户需要的、正常的功能，病毒执行的是用户不需要的、不正常的功能。

目前，相关的U盘病毒的隐藏方式如下。

有了启动方法，病毒作者肯定需要将病毒主体放进光盘或者U盘里才能使其运行，但是堂而皇之地放在U盘里肯定会被用户发现而删除，所以，病毒肯定会隐藏起来存放在一般情况下看不到的地方。一种是假回收站方式：病毒通常在U盘中建立一个"RECYCLER"的文件夹，然后把病毒藏在里面很深的目录中，一般人以为这就是回收站，而事实上，回收站的名称是"Recycled"，而且两者的图标是不同的。

另一种是假冒杀毒软件方式，病毒在U盘中放置一个程序，改名"RavMonE.exe"，这很容易让人以为是瑞星的程序，其实是病毒。

通常的系统安装，默认是会隐藏一些文件夹和文件的，病毒就会将自己改造成系统文件夹、隐藏文件等，一般情况下看不到。要让自己能看到隐藏的文件，怎么办呢？此时，应打开"计算机"窗口，选择"工具"→"文件夹选项"选项，弹出一个对话框，选择"查看"选项卡。

如果U盘带有上述病毒，还会出现一个现象，当点击U盘时，会发现多了一些东西。

带病毒的U盘右键多了"自动播放""Open""Browser"等项目，杀毒后则没有这些项目。这里注明一下：凡是带autorun.inf的移动媒体，包括光盘，右键都会出现"自动播放"的项目，这是正常的功能。

2. RavMonE.exe 病毒解决方法

RavMonE.exe病毒运行后，会出现同名的一个进程，该程序貌似并没有显著危害。程序大小为3.5MB，貌似用Python写的，一般会占用19～20MB的资源，在Windows目录内隐藏为系统文件，且自动添加到系统启动项内。其生成的Log文件常含有不同的六位数字，可能有窃取账号、密码之类的危害，由于该疑似病毒文件过于巨大，一般随移动存储器传播。

解决方法：

（1）打开任务管理器，终止所有 RavMonE.exe 进程。

（2）进入 C:\Windows，删除其中的 RavMonE.exe。

（3）进入 C:\Windows，运行 regedit.exe，在左边依次打开 HKEY_LOCAL_MACHINE\SOFTWARE\Microsoft\Windows\CurrentVersion\Run\，在右边可以看到一项数值是 C:\windows\ravmone.exe，将其删除即可。

（4）完成后，病毒就被清除了。

3. 查杀 U 盘中的病毒的方法

对移动存储设备，如果中毒，则在文件夹选项中取消勾选隐藏受保护的操作系统文件，勾选显示所有文件和文件夹，单击"确定"按钮，然后在移动存储设备中会看到如下几个文件——autorun.inf、 msvcr71.dl、RavMonE.exe，都删除即可，还有一个扩展名为.tmp的文件，也可以删除，完成后，病毒就清除了。

但对于上面的处理U盘中的病毒的方法，在删除autorun.inf、msvcr71.dl、RavMonE.exe这3个文件时，直接删除可能会无法删除，要先到进程管理器中结束RavMonE.exe进程，再删除这3个文件。如果还无法删除，可以在安全模式里删除。

不要以为这个是小小的病毒，它是不知不觉地在后台运行的，它长期会占用差不多20MB的内存，它随系统启动。它会莫名奇妙地使用户的计算机在沉默中"死亡"。相信这种病毒在公共的计算机中非常流行，如学校、公司等。

2.3.3 热点聚焦"伪成绩单"病毒的检测与清除

随着智能手机的普及，手机木马病毒日益猖獗，不法分子把它们包装成不同的花样来诱导用户上当受骗。近日，一款名为"伪成绩单"的恶意病毒越来越多地在公众面前曝光。随着假期将至，学生期末考试成绩陆续出炉，许多家长的手机也随即成为病毒短信的重灾区。有不少家长收到了署名"班主任"的陌生号码发来的成绩单短信，其内容为"家长您好，这是××考试成绩单 eqnzav.tk，请下载查阅！成绩明显退步，希望家长假期之间多关心孩子的学习情况【班主任】"。

据了解，这是一条诈骗分子精心设计的病毒短信，家长们一旦点开短信中的网址链接，将会在手机上下载安装一种名为a.privacy.emial.d的病毒，该病毒启动后会拦截手机短信，并将短信转发给指定号码，有可能导致短信中的银行账户或密码泄露，对手机和财产安全造成威胁。

该病毒之所以能够如此猖獗，一方面是抓住了家长关心孩子学习的心理；另一方面，这款"伪成绩单"病毒程序较复杂，病毒作者做了加壳处理，以阻止安全研究人员破解分析，增加了查杀难度，变得极为顽固。

针对此类手机木马病毒，我们应如何防范呢？

一款新的病毒诞生，一个病毒查杀工具也会很快应运而生。针对该名为"伪成绩单"病毒，很快多家手机安全软件就研发出了查杀方案。程序可通过对应用名称进行比对分析的方式，判断真伪，去除病毒的伪装层，找到真正的病毒代码，对其进行查杀。目前，百度手机卫士已对"伪成绩单"病毒进行了全面查杀。6.0版本的百度手机卫士升级了病毒查杀功能和技术，能够及时地发现手机后台运行的"伪成绩单"病毒，并可以直接破解加密程序和"保护壳"，实现彻底查杀。另外，百度手机卫士为用户提供了"快速扫描"和"全面扫描"两种扫描方式，帮助用户随时随地对手机安装包和应用程序进行扫描，及时发现病毒。

作为手机用户，在遇到类似手机木马病毒的时候，到底怎样做才能保护自己的利益呢？

主要有以下两种方式。

1. 手机已存在木马病毒

很多此类手机病毒会伪装为正常软件或者诱惑性名称，存在系统分区中，恢复出厂设置是无法删除的。若怀疑手机中存在木马或者病毒，一般的表现是手机自动下载其他推广软件、手机卡顿发热、出现有遮挡的广告等。可尝试按照以下步骤进行清除。

（1）请尝试安装一款安全软件（如手机管家等）。

（2）（以手机管家为例）打开手机管家，点击主界面上的"一键体检"按钮即可自动检测手机中存在的问题，并且给出处理建议，点击"一键清除"按钮即可删除病毒程序。

（3）若重启手机发现病毒依然存在或者提示无法删除，则可先获取ROOT权限再进行深度查杀，获取ROOT可以使用PC端的一键ROOT工具进行。也可以尝试使用专门的病毒专杀工具进行一键查杀。若发现手机存在问题，应尽快进行处理，防止产生财产损失。

2. 遇到可疑信息或链接

针对教师节、儿童节前夕频发的电话、短信诈骗，当收到此类电话或信息时，要做到遇到"急事"不要急，尤其不要在着急的时候汇钱或者透露与金融相关的信息。在接到来历不明的"老师"、"学校"来电后，家长要保持冷静，最好马上打电话给孩子学校的班主任或任课教师核实情况。而在收到诸如"学生成绩单"等短信时，也不要急于点击短信中的链接或回拨短信中的电话号码，应与班主任取得联系确认后再做操作。总结起来，就是遇到"急事"不着急，提到敏感、私密信息要留心，凡事多确认，诈骗无处藏。

2.3.4 杀毒软件工作原理

网络安全管理员需要审时度势，灵活地依据企业自身的特点来不断调整安全策略，加强与反病毒厂商的密切合作，才能长期确保信息安全。

很多网管都在为病毒犯愁，为什么安装了杀毒软件还不能防毒？这是国内企业网络管理员在管理网络安全中普遍存在的问题。如能解决这个问题，一个企业真正的安全管理方案也就建立起来了。

企业网络的管理员应该选择网络版杀毒软件构建自己的网络安全防御系统。目前的网络版杀毒软件针对不同类型、不同规模的企业产品，在功能上进行了细分。管理员要针对本企业的特性来选择对应的产品才能达到事半功倍的效果。

杀毒软件应用指导与建议：调查显示，80%部署了网络版杀毒软件的用户没有合理运用自己的产品，使企业网络出现了致命的漏洞，被病毒乘虚而入。有哪些工作是网管日常需要注意的？有哪些软件功能和配套服务是我们进行安全工作的好帮手呢？

1. 及时更新软件版本

目前，市场上主流杀毒软件厂商的版本更新频率能达到1次/日以上。瑞星的产品每天要升级500个左右的病毒特征码。而有近30%的网络版产品客户每周只更新一次产品，这意味着一周内有3500种新病毒可以肆意攻击网络，而网络毫无还手之力。用户可以将升级时间定在每日的凌晨，定在这个时间段升级可以躲开白天拥挤的网络，使服务器更为稳定。升级方式可设定为智能升级。

2. 运用好软件的管理工具

在杀毒软件网络版中，内置了大量的安全管理功能。通过这些管理功能可以高效地对网络进行统一的安全管理。

"组策略"功能是目前比较流行和常用的管理功能之一。通过这样的功能可以简单地将一个庞大的管理体系通过"组策略"管理工具将其细化为各个功能组，管理员可以依据各个功能组的特点来定义相应的用户群并实施策略管理。

3. 掌握软件的特性功能

自2001年"红色代码"病毒开始利用微软操作系统漏洞进行传播以来，"冲击波""震荡波"等通过漏洞传播的恶性病毒都对当时的网络安全产生了重大的影响。

显然，利用系统漏洞攻击已经成为病毒传播的一个新型和重要的途径。由于操作系统和应用软件的漏洞层出不穷，修补漏洞已经成为网络管理员重要的日常工作之一。但是，在复杂的企业网络中，由管理员逐一对计算机排查修补几乎是不可能实现的，因为这样不但工作效率低，而且会影响用户的正常工作。

瑞星杀毒软件网络版2006的漏洞扫描和修补功能已经将"全网远程漏洞的发现与修补""漏洞库的升级与自我更新""全网漏洞日志"等功能完全集成。利用该功能，管理员可以定期对全网漏洞进行修补，使病毒通过漏洞攻击的途径被完全封闭，并通过日志发现网络中的薄弱环节。

近年来，杀毒软件网络版的售后服务已经越来越受到关注，很多用户对服务的关注甚至超过了产品本身。其实，软件本身就是服务，由于杀毒软件在企业信息安全中的重要作用，服务显得尤为重要。

（1）对新病毒的快速处理

以一个有上百台PC的网络为例，一个新的蠕虫病毒在一小时内可以使网络明显感觉负载加大，三个小时内使整个网络瘫痪。这样的状况对于承担重要数据的网络而言是危险的。目前处理这样的情况只能依赖于杀毒软件厂商的售后服务响应水平。因此，在准备选购产品时，要向厂商咨询这一响应速度，以最大限度保护自己的安全。

（2）完善的呼叫中心系统

作为特殊的软件，安全软件对于服务的依赖远远超过其他产品。对于整个网络系统的安全部署、特殊情况处理、杀毒操作后处理的细节工作并不是一般人员能够处理的。用户应该考察软件厂商的呼叫中心系统，以获得优良的售后支持服务。

（3）专门的邮件支持系统

邮件系统作为配合解决问题的一个重要通道，可以将用户提交的可疑文件信息、相关问题信息、日志等信息，及时地分级并用服务商的快速通道传递给相关的工程师，标准的邮件支持系统可以大大提高用户请求的响应效率。

总地来说，企业自身信息化、制度化建设是实现网络安全的基础保障，一个适合企业应用的网络版杀毒体系及其他安全软硬件系统是强有力的工具，而配套的售后服务支持给企业安全建设带来的是正确的思路与安全支持。这几个要素构成了一个企业强大的安全网络，网络安全得以实现。

需要指出的是，在信息化飞速发展的时代，网络的安全战役将长期存在。网络安全管理员需要审时度势，灵活地依据企业自身的特点来不断调整安全策略，加强与反病毒厂商的密切合作才能长期确保信息安全。

2.4 病毒现象与其他故障的判别

在清除计算机病毒的过程中，有些类似计算机病毒的现象纯属由计算机硬件或软件故障引起的，同时有些病毒发作现象又与硬件或软件的故障现象类似，如引导型病毒等。这给用户造成了很大的麻烦，许多用户往往在用各种查杀病毒软件查不出病毒时就会格式化硬盘，这不仅影响了硬盘的使用寿命，还无法从根本上解决问题。所以，正确区分计算机的病毒与故障是保障计算机系统安全运行的关键。

2.4.1 计算机病毒的现象

在一般情况下，计算机病毒总是依附某个系统软件或用户程序进行繁殖和扩散的，病毒发作时危及计算机的正常工作，破坏数据与程序，侵犯计算机资源。计算机在感染病毒后，总是有一定规律地出现如下异常现象。

（1）屏幕显示异常，屏幕显示的不是由正常程序产生的画面或字符串，屏幕显示混乱。

（2）程序装入时间增长，文件运行速度下降。

（3）用户没有访问的设备出现工作信号。

（4）磁盘出现莫名其妙的文件和坏块，卷标发生变化。

（5）系统自行引导。

（6）丢失数据或程序，文件字节数发生变化。

（7）内存空间、磁盘空间减小。
（8）异常死机。
（9）磁盘访问时间比平时增长。
（10）系统引导时间增长。

当出现上述现象时，应首先对系统的 BOOT 区、IO.SYS、MSDOS.SYS、COMMAND.COM、.COM、.EXE 文件进行仔细检查，并与正确的文件相比较，如有异常现象则可能感染了病毒。再对其他文件进行检查，有无异常现象，找出异常现象出现的原因。病毒与故障的区别：一般故障只是无规律地偶然发生一次，而病毒的发作总是有规律的。

2.4.2 与病毒现象类似的硬件故障

硬件的故障范围不太广泛，但是很容易被确认。在处理计算机的异常现象时很容易被忽略，只有先排除硬件故障，才是解决问题的根本。

1. 系统的硬件配置

这种故障常在兼容机上发生，由于配件的不完全兼容，导致一些软件不能够正常运行。

2. 电源电压不稳定

由于计算机所使用的电源的电压不稳定，容易导致用户文件在磁盘读写时出现丢失或被破坏的现象，严重时将会引起系统重启。如果用户所用的电源的电压经常性的不稳定，为了使计算机更安全地工作，建议使用电源稳压器或不间断电源（UPS）。

3. 插件接触不良

由于计算机插件接触不良，会使某些设备出现时好时坏的现象。例如，显示器信号线与主机接触不良时可能会使显示器显示不稳定；磁盘线与多功能卡接触不良时会导致磁盘读写时好时坏；打印机电缆与主机接触不良时会造成打印机不工作或工作现象不正常；鼠标线与串口接触不良时会出现鼠标时动时不动的故障等。

4. 软驱故障

用户如果使用质量低劣的磁盘或使用损坏的、发霉的磁盘，将会把软驱磁头弄脏，出现无法读写磁盘或读写出错等故障。遇到这种情况，只需用清洗盘清洗磁头，一般情况下都能排除故障。如果污染特别严重，需要将软驱拆开，用清洗液手工清洗。

5. 关于 CMOS 的问题

众所周知，CMOS 中所存储的信息对计算机系统来说是十分重要的，在微机启动时总是先按 CMOS 中的信息来检测和初始化系统（当然是最基本的初始化）。系统的引导速度和一些程序的运行速度减慢也可能与 CMOS 有关，因为 CMOS 的高级设置中有一些影子内存开关，这也会影响系统的运行速度。

2.4.3 与病毒现象类似的软件故障

软件故障的范围比较广泛，出现的问题也比较多。对软件故障的辨认和解决也是一件很难的事情，它需要用户有相当的软件知识和丰富的上机经验。这里介绍一些常见的症状。

1. 出现"Invalid drive specification"（非法驱动器号）

这个提示说明用户的驱动器丢失，如果用户原来拥有这个驱动器，则可能是这个驱动器的主引导扇区的分区表参数破坏或磁盘标志 50AA 被修改了。遇到这种情况时应用 Debug 或 Norton 等工具软件将正确的主引导扇区信息写入磁盘的主引导扇区。

2. 软件程序已被破坏（非病毒）

由于磁盘质量等问题，文件的数据部分丢失，而程序还能够运行，这时使用就会出现不正常现象，如 Format 程序被破坏后，若继续执行，会格式化出非标准格式的磁盘，这样就会产生一连串的错误，但是这种问题极为罕见。

3. 引导过程故障

系统引导时屏幕显示"Missing operating system"（操作系统丢失），故障原因是硬盘的主引导程序可完成引导，但无法找到 DOS 系统的引导记录。造成这种现象的原因是 C 盘无引导记录及 DOS 系统文件，或 CMOS 中硬盘的类型与硬盘本身的格式化时的类型不同。需要将系统文件传递到 C 盘上或修改 CMOS 配置使系统从软盘上引导。

4. 用不同的编辑软件程序

用户用一些编辑软件编辑源程序，编辑系统会在文件的特殊地方做上一些标记。这样当源程序编译或解释执行时就会出错。例如，用 WPS 的 N 命令编辑的文本文件，在其头部也有版面参数，有的程序编译或解释系统却不能将之与源程序分辨开来，这样就出现了错误。

在学习、使用计算机的过程中，可能还会遇到许许多多与病毒现象相似的软硬件故障，所以用户要多阅读、参考有关资料，了解检测病毒的方法，并注意在学习、工作中积累经验，这样就不难区分病毒与软硬件故障了。

本 章 小 结

本章首先阐述了黑客与病毒防范技术背景，指出在信息社会中树立和加强信息安全的必要性和紧迫性。然后从计算机病毒发展历史及防护常识开始介绍，帮助读者认识病毒和杀毒的基本方法，认识木马及木马的检测与防护，最后介绍了最近非常流行的中毒症状及其凶猛的"伪成绩单"病毒的查杀方法，非常具有实际意义。

习题与思考题

2.1 试述网络安全所面临的主要潜在威胁。
2.2 怎么样合理应用杀毒软件？
2.3 什么是蠕虫病毒？怎样查杀？
2.4 木马有哪些特征？如何防范？
2.5 简述你所知道的系统安全工具。
2.6 怎样用最简单的方法查杀"伪成绩单"病毒？

第 3 章 远程控制与黑客入侵

本 章 提 要

本章介绍了网络空间远程控制概述、软件原理和远程控制技术的应用范畴；介绍了网络空间入侵基本过程、网络空间攻防模型，黑客攻击的主要种类、案例和 ARP 欺骗；最后阐述了日常上网的安全防范措施。

3.1 远程控制技术

3.1.1 远程控制概述

在网络空间中远程控制是指网络管理人员在异地通过计算机网络异地拨号或双方都接入互联网（Internet）等手段，通过网络空间中的一台计算机（主控端 Remote/客户端）远距离去控制另一台计算机（被控端 Host/服务器端）的技术，即利用无线或有线信号对远端的设备进行操作的一种能力，远程控制通常通过网络才能进行。这里的远"程"不等同于远"距离"，一般指通过无线或有线网络控制远端计算机，连通需被控制的计算机，将被控计算机的桌面环境显示到自己的计算机上，通过本地计算机对远方计算机进行配置、软件安装、程序修改等工作。当操作者使用主控端计算机控制被控端计算机时，就如同坐在被控端计算机的屏幕前一样，可以启动被控端计算机的应用程序或软件，可以使用被控端计算机的文件资料，甚至可以利用被控端计算机或终端的外部打印设备和通信设备来进行打印和访问互联网，就像利用遥控器遥控电视的音量、变换频道或者开关电视机一样。不过，有一个技术概念需要明确，那就是主控端计算机只是将键盘和鼠标的指令传送给远程计算机，同时将被控端计算机的屏幕画面通过通信线路回传过来。也就是说，人们控制被控端计算机进行操作似乎是在眼前的计算机上进行的，实际是在远程的计算机中通过软件来实现的，不论打开文件，还是上网浏览、下载等都是存储在远程的被控端计算机中的。

现代的远程控制技术，始于计算机磁盘操作系统时代，随着互联网技术的飞速发展和物联网技术的诞生，远程控制就如同坐在被控端计算机或终端的屏幕前一样，可以启动被控端计算机或终端的应用程序，可以使用或窃取被控端计算机或终端的文件资料，甚至可以利用被控端计算机或终端来进行打印、访问外网和内网内容。远程控制技术一般支持以下网络方式：LAN、WAN、拨号方式、互联网方式和物联网方式等。此外，有的远程控制软件还支持通过串口、并口、红外端口来对远程机进行控制（这里说的远程计算机，是指有限距离范围内的计算机）。传统的远程控制软件一般使用 NetBEUI、NetBIOS、IPX/SPX、TCP/IP 等协议来实现远程控制。随着网络技术的发展，目前很多远程控制软件通过提供 Web 页面以 Java 技术来控制远程计算机，这样可以实现不同操作系统下的远程控制。由此可见，传统的远程控制技术大部分指的是计算机或终端桌面控制，而现在的远程控制可以使用手机、电子仪器或终端控制联网的灯、窗帘、电视、摄像头、投影机、智能家居、远程监控、指挥中心、大型会议室、智慧城市等。

3.1.2 远程控制软件的原理

网络空间远程控制技术分为两个部分来实现，第一，客户端程序或软件；第二，服务器端程序或软件。在使用前需要将客户端程序或软件安装到主控端计算机上,将服务器端程序或软件安装到被控端计算机上。它控制的过程一般是先在主控端计算机上执行客户端程序,像一个普通的客户一样向被控端计算机中的服务器端程序发出信号,建立一个特殊的远程服务,然后通过这个远程服务,使用各种远程控制功能发送远程控制命令,控制被控端计算机中的各种应用程序运行,称这种远程控制方式为基于远程服务的远程控制技术。

现代网络空间远程控制系统一般由三大核心系统构成,包括现成设备检测与控制系统、远距离数据传输系统及远程监控终端系统。在进行实际远程控制技术的实现时,需要注意以下三点:综合考虑整体远程控制系统的安全性及个性化操作需要,建议服务器端开发语言采用 Linux 系统下的 C 语言,客户端采用 Windows 系统下的 C++语言;参照 Socket 技术及流程,并对所有远程控制指令进行加密,服务器及客户端仅识别加密语句;在 Socket 技术与数据库技术基础上,建立远程有效访问和监控机制,隔离并控制异常数据情况。

通过网络空间远程控制应用程序或软件,可以进行很多方面的远程控制,包括获取目的计算机屏幕图像、窗口及进程列表;记录并提取远端键盘事件(击键序列,即监视远端键盘输入的内容);可以打开、关闭目标计算机的任意目录并实现资源共享;提取拨号网络及普通程序的密码;激活、终止远端程序进程;管理远端计算机的文件和文件夹;关闭或者重新启动远端计算机中的操作系统;修改 Windows 注册表;通过远端计算机下载文件和捕获音频、视频信号等。

基于网络空间远程服务的远程控制最适合的模式是一对多,其中也包括一对一模式,即利用远程控制程序或软件,可以使用一台计算机去控制多台计算机,这就使人们不必为办公室的每一台计算机都安装一个调制解调器,而只需要利用办公室局域网的优势即可轻松实现远程多点控制。在进行一台计算机对多台远端计算机的控制时,远程控制软件似乎更像一个局域网的网络管理员,而提供远程控制的远程终端服务,就像办公室局域网的延伸。这种一对多的连接方式在节省了调制解调器的同时,还使网络的接入更加安全可靠,网络管理员也更易于管理局域网上的每一台计算机。

3.1.3 远程控制技术的应用范畴

网络空间远程控制技术在实际生活和工作中的应用广泛,早期应用主要是利用网络远程维护与管理,后发展到远距离的技术支持、远程教育与交流、远程办公、远程监控以及智慧城市等多个方面。

1. 远程维护与管理

网络空间远程维护与管理是管理人员通过远程控制目标维护计算机或所需维护管理的网络系统,进行配置、安装、维护、监控与管理,解决以往服务工程师必须亲临现场才能解决的问题。这可以大大降低计算机应用系统的维护成本,最大限度减少用户损失,实现高效率与低成本运行。也就是网络管理员或者普通用户可以通过远程控制技术为远端的计算机安装和配置软件、下载并安装软件修补程序、配置应用程序和进行系统软件设置。如家中有一台计算机需要安装软件,就可先问问该计算机能支持远程控制吗。

2. 远程技术支持

在通常情况下,网络空间远距离的技术支持必须依赖技术人员和用户之间的电话交流来进行,这种交流既耗时又容易出错。许多用户对计算机知道得很少,然而当遇到问题时,人们必须向无法看到计算机屏幕的技术人员描述问题的症状,并且严格遵守技术人员的指示精确地描述屏幕上的内容,但是由于用户计算机专业知识非常少,描述往往不得要领,说不到点子上,这就给技术人员判断故障制造了非常大的障碍。

即使技术人员明白了用户计算机的问题所在,在尝试解决问题时,技术人员可能会指导用户执行一系列复杂的命令，而这个过程对用户来说是十分困难的，因为技术人员要依靠自己的语言来"操纵"用户的鼠标和键盘简直是太难了。如果用户不能正确地遵照指示去做，问题可能会进一步恶化，计算机很可能会因为错误的操作导致系统的崩溃。

这样，往往是技术人员要为十分简单的一个问题和用户沟通十几分钟，甚至会专程跑到很远的用户那里帮助解决问题，而用户往往因为问题还没有解决，只好将计算机闲置不用，等待技术人员上门来解决问题。有了远程控制技术，技术人员就可以远程控制用户的计算机，就像直接操作本地计算机一样，只需要用户的简单帮助就可以得到该机器存在的问题的第一手材料，很快就可以找到问题的所在，并加以解决。

3. 远程教育与交流

利用网络空间远程控制技术，远程教育机构或商业公司可以实现与用户的远程交流，采用交互式的教学模式，通过实际操作来培训用户，使用户从技术支持专业人员那里学习案例知识变得十分容易。而教师和学生之间也可以利用这种远程控制技术实现教学问题的交流，学生可以不用见到老师，就得到老师手把手的辅导和讲授。学生还可以直接在计算机或终端中进行习题的演算与求解，在此过程中，教师能够轻松看到学生的解题思路和步骤，并加以实时的指导。

4. 远程办公

通过网络空间远程控制技术，用户可以通过互联网随时随地办公，实现办公自动化。这种远程的办公方式不仅大大缓解了城市交通状况，减少了环境污染，还免去了人们上下班路上在奔波的辛劳，更可以提高企业员工的工作效率和工作兴趣。这种远程控制技术可以帮助用户在任意地点通过 Internet 接入办公室的工作计算机，使用计算机中的应用程序、计算机硬盘中存储的各种信息和数据，访问文件、共享资源等。远程办公不仅有利于加强公司内部人员的沟通、提高工作效率和工作兴趣，还对缓解一线城市交通压力、减少环境污染等大有益处。目前，在西方发达国家，如美国、德国、英国、瑞典等，对于远程办公的应用已经非常广泛，但国内在远程办公方面还处于非常初级的阶段，仅少量跨国企业采用了这样的模式。

5. 远程监控

国内企事业单位在网络空间远程监控方面的应用也较为广泛，尤其是在针对企业用户的企业级硬件运维方面的应用。对于银行、制造、电信、互联网等基础架构较为复杂且企业硬件设备种类多样、数量庞大的企业而言，通常会采购由原服务商提供的远程监控软件及服务，通过服务商远程的专业工程师和领先的技术工具，帮助企业实现 7×24 小时的实时监控，并有针对性地找出系统日常运行中的问题，通过远程控制技术来提供相关的软硬件支持服务、日常的故障查询、常规故障修复等问题。远程监控可以大大降低企业的运维成本。此外，远程监控还应用于企业日常生产和工作，如规范监控、网络异常流量监控、员工行为监控、商业机密监控等，避免由于不规范操作或病毒感染等问题导致企业整体系统出现风险，做到实时监控、遇到问题解决问题。

3.1.4　Windows 远程控制的实现

Windows XP 有一个非常人性化的功能就是远程桌面。该功能可以在"开始"→"所有程序"→"附件"→"通信"菜单中找到，利用这个功能，可以实现远程遥控访问所有应用程序、文件、网络资源。现在 Windows 7 系统与 Windows 8 系统应用广泛，Windows XP 系统怎样远程控制 Windows 7 系统？操作方法：在"运行"窗口中输入 MSTSC，再在远程桌面里输入对方的 IP 地址即可。Windows 7 系统怎样远程控制 Windows 8 系统？操作方法：首先在 Windows 8 系统下点击"计算机"图标，选择"属性"选项，选择"高级系统设置"，再选择"远程"，勾选"远程连接到此计算机上"复选框。同时在 Windows 7 系统中打开远程桌面连接,并输入 Windows 8 系统计算机 IP 地址,单击"连接"按钮。输入 Windows 8 计算机的 IP 地址后,会出现类似要求输入用户名和密码的对话框。在 Windows 8 系统的安全窗口中,输入用户名和密码,单击"确定"按钮会弹出警告,直接单击"是"按钮即可,然后就可以远程连接到 Windows 8 系统的桌面了。

现在还是以 Windows 7 系统为例,在家里发出指令遥控单位的计算机完成邮件收发、系统维护、远程协助等工作,如果使用的是宽带,那么与操作本地计算机不会有多大差别。下面介绍实现远程控制的方法。

1. Windows 7 系统"远程协助"的应用

"远程协助"是 Windows 7 系统附带提供的一种简单的远程控制方法。远程协助的发起者通过 MSN Messenger 向 Messenger 中的联系人发出协助要求,在获得对方同意后,即可进行远程协助。远程协助中被协助方的计算机将暂时受协助方(在远程协助程序中被称为专家)的控制,专家可以在被控计算机中进行系统维护、安装软件、处理计算机中的某些问题,或者向被协助者演示某些操作。如果已经安装了 MSN Messenger 6.1,则需要安装 Windows Messenger 4.7 才能够进行"远程协助"。

使用远程协助时,可在 MSN Messenger 的主对话框中选择"操作"→"寻求远程协助"选项,在弹出的"寻求远程协助"对话框中选择要邀请的联系人。当邀请被接受后会弹出"远程协助"程序对话框。被邀人单击"远程协助"对话框中的"接管控制权"按钮就可以操纵邀请人的计算机了。

主控双方还可以在"远程协助"对话框中键入消息、交谈和发送文件,就如同在 MSN Messenger 中一样。被控方如果想终止控制,可按 Esc 键或单击"终止控制"按钮,即可取回对计算机的控制权。

2. Windows 7"远程桌面"的应用

使用"远程协助"进行远程控制实现起来非常简单,但它必须由主控双方协同才能够进行,所以 Windows 7 专业版中又提供了另一种远程控制方式——"远程桌面"。利用"远程桌面",可以在远离办公室的地方通过网络对计算机进行远程控制,即使主机处于无人状况,"远程桌面"仍然可以顺利进行,远程的用户可以通过这种方式使用计算机中的数据、应用程序和网络资源,它也可以让用户的同事访问到用户的计算机的桌面,以便于进行协同工作。

1)配置远程桌面主机

远程桌面的主机必须是安装了 Windows XP 的计算机,主机必须与 Internet 连接,并拥有合法的公网 IP 地址。主机的 Internet 连接方式可以是普通的拨号方式,因为"远程桌面"仅传输少量的数据(如显示器数据和键盘数据)便可实施远程控制。

要启动 Windows XP 的远程桌面功能必须以管理员或 Administrators 组成员的身份登录系统,这样才具有启动 Windows XP"远程桌面"权限。

右击"我的电脑"图标,选择"属性"选项,在弹出的对话框中选择"远程"选项卡,选中"允许用户远程连接到这台计算机"单选按钮。单击"选择远程用户"按钮,然后在"远程桌面用户"对话框中单击"添加"按钮,将弹出"选择用户"对话框。

单击"位置"按钮以指定搜索位置,单击"对象类型"按钮以指定要搜索对象的类型。在"输入对象名称来选择"框中,键入要搜索的对象的名称,并单击"检查名称"按钮,待找到用户名称后,单击"确定"按钮返回到"远程桌面用户"对话框,找到的用户会出现在对话框中的用户列表中。

如果没有可用的用户,可以使用"控制面板"中的"用户账户"来创建,所有列在"远程桌面用户"列表中的用户都可以使用远程桌面连接这台计算机,如果是管理组成员,则即使未在这里列出也拥有连接的权限。

2）客户端软件的安装

Windows 7 的用户可以通过系统自带的"远程桌面连接"程序（在"开始"→"所有程序"→"附件"→"通信"中）来连接远程桌面。如果客户使用的操作系统是 Windows XP，可安装 Windows 7 安装光盘中的"远程桌面连接"客户端软件。

在客户机的光驱中插入 Windows 7 安装光盘，在显示"欢迎"页面中，选择"执行其他任务"选项，然后在打开的页面中选择"设置远程桌面连接"选项，然后根据提示进行安装。

3）访问远程桌面

在客户机上运行"远程桌面连接"程序，会弹出"远程桌面连接"对话框，单击"选项"按钮，展开对话框的全部选项，在"常规"选项卡中分别键入远程主机的 IP 地址或域名、用户名、密码，然后单击"连接"按钮，连接成功后将打开"远程桌面"窗口，就可以看到远程计算机上的桌面设置、文件和程序了，而该计算机会保持为锁定状态，在没有密码的情况下，任何人都无法使用它，也看不到用户对它所进行的操作。

如果注销和结束远程桌面，可在远程桌面连接窗口中，单击"开始"按钮，然后按常规的用户注销方式进行注销。

4）远程桌面的 Web 连接

远程桌面还提供了一个 Web 连接功能，简称"远程桌面 Web 连接"，这样客户端无须安装专用的客户端软件也可以使用"远程桌面"功能，这样对客户端的要求更低，使用也更灵活，几乎任何可运行 IE 浏览器的计算机都可以使用"远程桌面"功能。服务器端的配置情况如下。

由于"远程桌面 Web 连接"是 Internet 信息服务（IIS）中的可选的 WWW 服务组件，因此，要让 Windows 7 主机提供"远程桌面 Web 连接"功能，必须先行安装该组件。方法如下：运行"控制面板"中的"添加或删除程序"选项，然后在"添加或删除程序"对话框中选择"添加/删除 Windows 组件"选项，在"Windows 组件向导"对话框中选择"Internet 信息服务"选项并单击"详细信息"按钮，依次选择"万维网服务"→"远程桌面 Web 连接"选项，确定后返回到"Windows 组件向导"对话框，单击"下一步"按钮，即可开始安装。

运行"管理工具"中的"Internet 信息服务"程序，依次展开文件夹分级结构，找到"tsweb"文件夹并右击，选择"属性"选项。

在弹出的"属性"对话框中选择"目录安全"选项卡，单击"匿名访问和身份验证控制"选项组中的"编辑"按钮，在弹出的"身份验证方法"对话框中选中"匿名访问"单选按钮即可。这样我们就可以用 IE 访问"远程桌面"了。

在客户端运行 IE 浏览器，在地址栏中按"http：//服务器地址（域名）/tsweb"格式键入服务器地址，如服务器地址为 210.42.159.5，则可在地址栏中输入"http：//210.42.159.5/tsweb/"，按 Enter 键之后，"远程桌面 Web 连接"的页面将出现在 IE 窗口中，在网页中的"服务器"栏中键入想要连接的远程计算机的名称，单击"连接"按钮即可连入远程桌面。

除了远程桌面与远程协助外，Windows 7 还提供了程序共享功能，在某种意义上，它也是一种对程序的远程控制，NetMeeting 中也具有程序共享功能。

以上的远程控制方式都必须在 Windows 7 或 Windows Server 2003 中才能进行，而且功能相对简单。要在其他的操作系统中进行远程控制，或者需要远程控制提供更为强大的功能，就需要使用其他第三方远程控制软件。

3. 远程协助的实现

要实现远程协助，需要网络管理员和被协助者同时使用客户端软件连接到终端服务器上，网络管理员通过使用终端服务器上的终端服务器管理工具找到代表被协助者的会话，网络管理员可以通过右击被协助者的会话标签，在弹出的快捷菜单中选择"远程控制"选项即可。

可以在实施控制之前,通过"发送消息"通知客户端做好准备。为了保证协助的可操作性,在实施远程控制之前,系统会询问如何快速终止远程控制会话。与此同时被协助者的屏幕上会显示一个询问是否接受远程用户的协助和控制的提示:"Do you accept the request?"这主要是出于安全的考虑,防止恶意客户端随意远程控制其他用户。

当被协助者接受了远程控制以后,终端服务器就会把被协助者的桌面显示发送给网络管理员,此时网络管理员和被协助的用户都可以控制桌面和应用程序,即此时网络管理员就可以协助客户端了。

3.2 黑客入侵

现在的网络空间是如此的险恶,因为许多双眼睛在暗中窥视着我们的计算机网络系统;各种计算机病毒也在伺机入侵我们的计算机网络系统并盗取数据或者进行恶作剧。这些网络空间中的险恶大多数来自于"黑客"。

3.2.1 网络空间入侵基本过程

1. 网络空间攻击的位置

(1) 远程攻击

远程攻击是指外部攻击者通过各种手段,从该子网以外的地方向该子网或者该子网内的系统发动攻击。远程攻击一般发生在目标系统当地时间的晚上或者凌晨,远程攻击发起者一般不会用自己的计算机直接发动攻击,而是通过踏板方式,对目标进行迂回攻击,以迷惑系统管理员,避免暴露真实身份。

(2) 本地攻击

本地攻击是指本单位的内部人员,通过所在的局域网,向本单位的其他系统发动攻击,在本级上进行非法越权访问。本地攻击也可能使用踏板攻击本地系统。

(3) 伪远程攻击

伪远程攻击是指内部人员为了掩盖攻击者的身份,从本地获取目标的一些必要信息后,攻击从外部远程发起,造成外部入侵的现象,从而使侦查者误以为攻击者来自外单位人员。

2. 网络空间攻防模型

为了研究网络空间攻防手段,首先应该搞清楚现代计算机网络空间的构成特点,再建立合适的网络空间攻防模型,然后得出在此基础上可以采用的网络空间攻防手段及其建设问题。现代计算机网络空间的组成结构及其特点与信息保障(Information Assurance,IA)措施在美国国家安全局提出的《信息保障技术框架》中有详细的论述,现在仅对信息基础设施及其边界与 IA 框架的保护区域等做一些介绍。

现代信息基础设施的要素主要包括网络空间连接设施和各单位内部网络空间的计算机等设施。网络空间连接设施包括由传输服务提供商(TSP)提供的专用网络(包括内部网或企业网)、公众网(互联网)和通过互联网服务提供商(ISP)提供信息服务的公用电话网与移动电话网。现代信息基础设施一般是固定的,其传输信道一般是有线(如光纤、电线等)与无线。IA 框架建筑在上述信息基础设施之上。信息保障把网络空间划分为四类保护区域。

(1) 本地计算环境

典型的包括服务器、客户机以及安装在其中的应用软件。

(2) 飞地边界

指围绕本地计算机环境的边界。对一个飞地内设备的本地和远程访问必须满足该飞地的安全策略。飞地分为与内部网连接的内部飞地、与专用网络连接的专用飞地和与互联网连接的公众飞地。

(3) 网络及其基础设施

提供了飞地之间的连接能力,包括可运作区域网络(Operational Area Networks,OAN)、城域网、校园网和局域网,其中包括专用网、互联网和公用电话网及它们的基础设施。

(4) 基础设施的支撑

提供了能应用信息保障机制的基础设备。支撑基础设施为网络、Web 服务器、文件服务器等提供了安全服务。在 IATF 中,支撑基础设施主要包括两个方面,一是密钥管理基础设施(KMI),包括公开密钥基础设施(PKI);二是检测与响应基础设施等。

根据上面的描述,参照 IATF 中的概念,相互对抗双方(这里标记红方与蓝方区域)的网络之间可能存在关联关系,即现代网络空间攻防基本模型,如图 3.1 所示。该图中把对抗双方的网络空间划分为公众电话网和互联网、专用网、核心网、飞地网域等 4 个层次。在图的最上面的部分是"作战"双方的战场空间,双方都希望能够全面获取"战场"态势信息,并能够准确打击对方的目标。在标注战术互联网的那个层次表示"作战"群及其武器平台依托战术互联网互相对抗,在图中把这个层次画出来是为了突出战术网络间的对抗。由于战术互联网的信道一般是无线的,因此,对抗双方的战术互联网不是物理隔离的,而是可以通过电磁空间互相关联和互相影响的,有可能通过无线链路进入对方的网络空间。在商业领域中,双方也有可能通过互相窃听对方的无线通话(如手机通话)而获取对方的商业秘密。图中的核心飞地、专用飞地和公共飞地分别通过各自的防护设施与核心网、专用网和互联网连接。由于飞地边界有专门的防护机制,进入这些飞地往往是比较困难的,公共飞地的情况则是例外的。

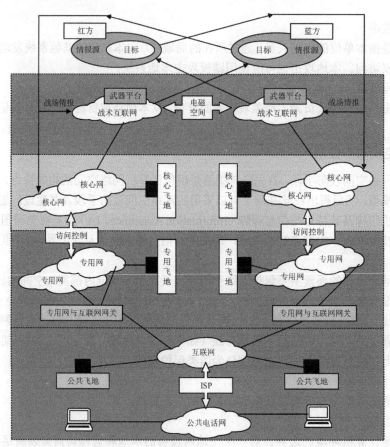

图 3.1 网络空间攻防基本模型

根据纵深防御思想，这4个层次边界的防御能力从外向里是逐层加强的，要想从外层网络空间攻入相邻内层的网络空间，必须突破两层之间的访问控制设施的识别验证与过滤，如网关中的访问控制功能，防火墙或路由器中的过滤规则表，入侵检测系统的入侵识别报警功能等，而且越向内层，这种识别验证与过滤功能就越强，突破防御机制的难度就越大。

3.2.2 入侵网络空间的基本过程

现在黑客入侵网络的手段十分丰富，令人防不胜防。但是，认真分析与研究黑客入侵网络活动的手段与技术，实施必要的技术措施，就能防止黑客入侵网络。下面就来介绍黑客入侵网络的基本过程。

1．探测并确定入侵目标

大多数情况下，网络入侵者会首先对被攻击的目标进行探测与确定。探测是网络入侵者攻击开始前必需的情报搜集工作，入侵者通过这个步骤来尽可能多地了解攻击目标有关安全方面的信息，以便能够集中"火力"进行攻击。探测又常采用踩点儿与扫描的方法进行。踩点是指攻击者利用各种工具与技术主动方式（从ARIN和Whois数据库获得数据与查看网站源代码）或被动方式（嗅探网络数据流与窃听）获取被攻击者信息的情报工作，并对安全情况建立完整的剖析图。常用的办法是通过搜索引擎对开放信息源进行搜索、域名查询、网络勘察等。扫描是指攻击者利用各种工具与技术获取活动主机、开放服务、操作系统、安全漏洞等关键信息的重要技术。这种技术主要用于识别所运行的 ping 命令扫描（确定哪些主机正在活动）、端口（Port）扫描（确定哪些开放服务）、操作系统识别（确定目标主机的操作系统类型与版本）和安全漏洞扫描（获得目标系统上存在着哪些可利用的安全漏洞）。

2．收集信息与周全分析

在获取目标机器所在网络类型后，如目标机的IP地址、系统管理人员的地址、操作系统类型与版本等。根据这些信息进行周全的分析，可得到有关被攻击方系统中可能存在的漏洞。如利用WHOIS查询，可了解技术管理人员的名字信息。若是运行一个host命令，可获取目标网络中有关机器的IP地址信息，还可识别出目标机器的操作系统类型。再运行一些Usernet和Web查询可以知晓有关技术人员是否经常上Usernet等。

收集有关技术人员的信息是很重要的。其收集的方式非常广泛，可以通过常见的网络搜索引擎来收集。如一个系统管理人员经常在安全邮件列表或论坛中讨论各种安全技术和问题，就说明他们有丰富的经验和知识，对网络安全有丰富的了解，并做好了抵御攻击的准备。反之，如一个系统管理人员提出的问题是初级的，甚至没有理解某些网络安全概念，则说明此人经验不丰富。一般来说，系统管理员的职责是维护站点的安全。当他们遇到问题时，有些人将迫不及待地将问题发到Usernet上或邮件列表上寻求解答。而这些邮件中往往有其组织结构、网络拓扑和所面临的问题等信息。此外，每个操作系统都有自己的一套漏洞，有些是已知的，有些则需要仔细研究才能发现。而管理员不可能不停地阅读每个平台的安全报告，因此，极有可能对某个安全特性掌握不够。通过对上述信息的分析，就可能得到对方计算机网络可能存在的漏洞。

3．对端口与漏洞的挖掘

黑客要收集或编写适当的工具，并在对操作系统分析的基础上，对工具进行评估，判断有哪些漏洞和区域没有覆盖到。然后，在尽可能短的时间内对目标进行端口与漏洞扫描。完成扫描后，可对所获数据进行分析，发现安全漏洞，如FTB漏洞、NFS输出到未授权程序中、不受限制的X服务器访问、不受限制的调制解调器、Sendmail的漏洞、NIS口令文件访问等。下面将对有关的端口与漏洞进行分析。

要在网络计算机之间传送数据，必须经过端口。计算机上的端口包括物理端口（如串口、并口和USB等）和软件端口。软件端口也称为"TCP/IP协议中的套接字应用程序接口"。由于每一个Socket接口都对应着一种服务，因此，任何采用TCP/IP协议的计算机都可以用其中的某一个端口向其他同样具有Socket接口的计算机要求或者提供某种服务，即网络计算机通信。一个端口，其实就是一个潜在的通信通道，也就是一个入侵通道。端口按性质来分类，计算机上的软件端口主要有以下3种类型。

（1）公认端口（Well Known Ports）：这类端口也常称为"常用端口"。它们的端口号为0～1023。"常用端口"紧密绑定于一些特定的服务，不允许改变。例如，80端口是HTTP通信协议所专用的，8000端口用于QQ通信等。

（2）注册端口（Registered Ports）：这类端口的端口号为1024～49151，它们松散地绑定于一些服务，用于其他的服务和目的。由于注册端口多数没有明确定义出服务对象，因此常会被木马定义和使用。

（3）动态和/或私有端口（Dynamic and/or Private Ports）：这类端口的端口号为49152～65535。由于这些端口容易隐蔽，也常常不为人所注意，因此也常会被木马定义和使用。

端口还可以按协议类型来划分，可以分为TCP（传输控制协议）、UDP（用户数据报协议）、IP（Internet协议）和ICMP（Internet控制消息协议）等端口。其中"TCP协议端口"和"UDP协议端口"两类用途广泛，采用"TCP协议"进行通信的端口，在发送信息后，可以确认信息是否到达，而采用UDP协议进行通信的端口，在发送信息后，不需要确认信息是否到达。

采用TCP协议的端口需要在客户端和服务器之间建立连接，数据传输安全性较高。常见的TCP协议端口如下。

（1）21号端口，用于文件传输协议。文件传输服务包括上传、下载大容量的文件和数据，如主页。

（2）23号端口，用于远程登录Telnet。远程登录允许用户以自己的身份远程连接到计算机上，通过这种端口可以提供一种基于DOS模式的通信服务，如纯字符界面的BBS。

（3）25号端口，用于简单邮件传输协议。简单邮件传输协议用于发送邮件。

（4）80号端口，用于"超文本传输协议"。这是用得最多的协议，网络上提供网页资源的计算机（"Web服务器"）只有打开80端口，才能够提供"WWW服务"。

（5）110号端口，用于接收邮件协议POP3。它和SMTP相对应，接收邮件协议只用于接收POP3邮件。

（6）139端口，用于为NetBIOS提供服务，如Windows 7的文件和打印机共享服务。NetBIOS是"网络基本输入输出系统"，系统可以利用多种模式将NetBIOS名解析为相应的IP地址，从而实现局域网内的通信，但在Internet上NetBIOS就相当于一个后门，很多攻击者都是通过NetBIOS漏洞发起攻击的。

（7）445号端口，用于为Windows NT/2000/XP/2003/7提供文件与打印机的共享服务。

采用UDP协议的端口无须在客户端和服务器之间建立连接，数据传输的安全性得不到保障。常见的UDP协议的端口如下。

（1）53号端口，用于域名解析服务。由于Internet上的每一台主机都有域名和IP地址，域名和IP地址之间的转换就由开辟了53号端口的DNS服务器来完成。

（2）161号端口，用于简单网络管理协议。

（3）3389端口，Windows 7默认允许远程用户连接到本地计算机端口。

（4）4000/8000号端口，用于QQ和OICQ服务。

（5）137 和 138 号端口，用于网络邻居之间传输文件。

此外，还有一些端口读者可以根据自己的需要到网上查阅它们的作用。

所谓漏洞原本指系统的安全缺陷。漏洞也是在硬件、软件、协议的具体实现或系统安全策略上存在的缺陷，从而可以使攻击者能够在未授权的情况下访问或破坏系统。它形成的原因非常复杂，或者是由于系统设计者的疏忽或其他目的在程序代码的隐蔽处保留的某些端口或者后门；或者是由于要实现某些功能，如网络之间的通信而设计的端口；或者是外来入侵者刻意打开的某些端口。

许多漏洞是系统自身的缺陷所造成的，如在 Intel Pentium 芯片中存在的逻辑错误，在 Send mail 早期版本中的编程错误，在 NFS 协议中验证方式上的弱点，在 UNIX 系统管理员设置匿名 FTP 服务时配置不当的问题都可能被攻击者使用，威胁到系统的安全。Windows 环境中的输入法漏洞，这个漏洞曾经使许多入侵者轻而易举地控制了使用 Windows 环境的计算机；Windows 7 Professional 中的一个允许计算机进行远程交互通信的"远程过程调用协议"（Remote Procedure Call，RPC），又成为了"冲击波"病毒入侵的漏洞。因此这些都可以认为是系统中存在的安全漏洞。微软公司在公告中称："这是一种远程代码执行漏洞，存在于 Windows 浏览器中，它吸引用户打开恶意文件，这样，攻击者就可以在登录用户文件时执行二进制代码攻击。"微软称攻击者可以安装程序、浏览文件，改变或删除数据，或者创建拥有完全用户权限的新的账号等。

4．实施攻击

根据已知的"漏洞"或者"弱口令"，实施入侵。通过猜测程序可对截获的用户账号和口令进行破译。利用破译的口令可对截获的系统密码文件进行破译；利用网络和系统的薄弱环节和安全漏洞可实施电子引诱（如安放特洛伊木马）等。黑客们或修改网页进行恶作剧，或破坏系统程序或放病毒使系统瘫痪，或窃取政治、军事、商业秘密，或进行电子邮件骚扰，转移资金账户、窃取金钱等。下面将对有关的"弱口令"进行解析。

所谓"弱口令"就是"简单的密码"。因为口令就是人们常说的密码，"弱"在网络的术语里就是"简单"的意思。许多网络计算机往往就是因为设置了简单的密码而被黑客入侵成功。因此，应该对"弱口令"问题给予足够的重视。让黑客即使登录到计算机之上，也因为无法破解密码而达不到控制计算机或者窃取数据的目的。

Internet 安全委员会对网络密码被破解的难易程度定义了 5 个级别的强度等级。每个级别的名称和被破解的难易程度如下。

CR-1 级：不利用任何工具，只是进行简单的猜测。

CR-2 级：使用其账号或者与账号相关信息作为密码字典使用工具进行破解。

CR-3 级：利用 6 位以内数字和不超过 10MB 的简单密码字典使用工具进行破解。

CR-4 级：利用辅助工具对密码字典扩展后进行破解。

CR-5 级：采用暴力手段破解，即利用字典生成器生成超级字典或直接利用暴力工具破解。

在以上网络密码的级别中，CR-1 级和 CR-2 级的密码都属于"弱口令"。

采用 CR-1 级和 CR-2 级密码的用户安全意识淡薄，使用了自己名字字符的缩写或者全拼作为密码，或者使用自己的账号及其与账号相关信息作为密码。黑客不利用任何工具，只进行简单的猜测，或者借助于简单的"字典文件"就可以破解。

字典文件一般在用穷举法破解密码时用到，一个字典文件里面包含有数字 1～10、字母 A～Z 及键盘上的各种符号的任意组合，破解软件就会用字典文件中的组合一个一个试着验证，则对于一个简单的密码，使用配置合理的字典文件很快就可以找到相同的组合从而破解其密码，所以好的字典文件可以大大加快解密的速度，但是包含组合越多的字典，体积越大，因此如果对要破解的密码有一些了解，则可以编辑字典文件，留下可能性较高的字段，以减少解密时间。

如果有这样一个文本文件，它包括了中国人和外国人所有人名的拼音或者拼写的字符串，那么可以利用一个程序从这个文件中取出一个字符串去匹配某一台计算机的密码（其实就是做减法），并不停重复这个过程。当某个字符与密码匹配时（两个字符的 ASCII 值的差为 0），这个密码就被破译了。这个文件就是一个最简单的"字典文件"，称为"人名字典文件"，这个匹配字符串的过程就像用一串钥匙去"掏"别人的门锁一样。要"掏"开更复杂的门锁，就要将这个"字典文件"设计得更复杂一些，如文本文件中要包括 0～9、A～Z 以及键盘上许多符号的键码。这样，"字典文件"就会十分庞大，当超过了当前计算机的运算能力的时候，黑客就无能为力了。

现在，许多黑客软件都内嵌了针对性较强的"字典文件"，可以轻而易举地破译普通的弱口令。而对那些破译难度较高的密码，黑客则使用专门的"字典文件"来对付。就像小偷为了"掏"开不同的门锁，要配大小、形状不同的钥匙一样。更令人不安的是，现在网络上出现了许多"字典生成器"软件，可以快速地制作出针对性很强的"字典文件"。这是值得人们高度警惕的。

为了有效地对抗黑客日益提高的破译技术，人们应该在为自己设定密码的时候尽量遵循以下原则。

第一，设置较长的字符密码。例如，7 位以上的密码，可以有效地阻挡一般的破解行为。这是由于"字典文件"和破解软件对字符的长度有所限制，一般对 6 位以下的密码容易破解，而对于超过 6 位的密码，用现在普遍使用的 PC 来破解就相当的困难。

第二，不要用常见的单词作为密码。不用常见的单词作为密码就不会被分类字典文件击破。尤其不要用本人的生日、身份证号码、电话号码等作为密码，将以上的内容加上一点儿简单的变化也是不安全的。

第三，经常更改密码。

从理论上讲，没有任何一个密码是绝对安全的，因此要经常更换密码。

5. 留下"后门"

由于黑客渗透主机系统之后，往往要留下后门以便今后再次入侵。留下后门的技术有多种，包括提升账户权限或者增加管理账号或者安装特洛伊木马等。

所谓"后门"是指后门程序，也是一种"木马"，其用途在于潜伏在计算机网络系统中，从事搜集信息或便于黑客入侵的动作。后门是一种登录系统的方法，它不仅绕过系统已有的安全设置，还能挫败系统上各种增强的安全设置。黑客在入侵了计算机网络系统以后，为了以后能方便地进入该计算机网络系统而安装的一类软件，它的使用者是水平比较高的黑客，他们入侵的机器都是一些性能比较好的服务器，而且这些计算机的管理员水平都比较高，为了不让管理员发现，这就要求后门必须非常隐蔽，因此后门的特征就是它的隐蔽性。木马的隐蔽性也很重要，可是由于被安装了木马的机器的使用者一般水平不高，因此相对来说就没有后门这么重要了。后门和木马的区别就是它更注重隐蔽性但是没有欺骗性，因此它的危害性没有木马大，名声介于"远程控制软件"和"木马"之间。对于黑客来说，获取目标的后门端口是攻击的前提条件。可以被当作"后门"的端口数量很多，在 65535 个端口中，除去 TCP/IP 协议规定的几十个端口之外，许多未定义的端口都可能被入侵者定义为后门。所以说后门是由"后门"程序"挖掘"出来的。也有人把"后门"程序称作"留在计算机网络系统中、供特殊使用的、可以通过某种特殊方式来控制计算机系统的途径和方法"。从技术性质上分类，后门程序有以下几种。

一是网页后门：网页后门是利用服务器上的 Web 服务来构造自己的连接的，如 ASP、CGI 脚本"后门"。

二是线程插入后门：线程插入后门利用系统自身的某个服务或者线程将"后门"程序插入其中。

三是扩展后门：将功能提升、变单一功能为多种功能的后门称为扩展"后门"。

四是客户机/服务器后门：客户机/服务器后门就是传统客户机/服务器的控制方式，通过客户机的访问方式来启动"后门"进而控制服务器。

这些后门程序都会定义一些特殊的端口,其方法是利用一种能够在机器启动时自动加载到内存中的后门程序强行打开某个端口,而这个后门程序事先被植入计算机网络系统。

6．清除日志

黑客对目标机进行一系列的攻击后,通过检查被攻击方的日志,可以了解入侵过程中留下的"痕迹",这样入侵者就知道需要删除哪些文件来毁灭入侵证据。所以,为了达到隐蔽自己入侵行为的目的,清除日志信息对于黑客来讲是必不可少的。在现实生活中,很多内部网络或者企业网络根本没有启动审计机制,这给入侵追踪造成了巨大的困难。

3.2.3 黑客入侵的层次与种类

1．黑客入侵的层次

黑客入侵的方式多种多样,危害程度也不尽相同,按黑客进攻的方法和危害程度可分为以下级别和层次。

（1）简单拒绝服务攻击（第一层）。

（2）本地用户获得非授权读权限（第二层）。

（3）本地用户获得非授权写权限（第三层）。

（4）远程用户获得非授权账户信息（第四层）。

（5）远程用户获得了特权文件的读权限（第五层）。

（6）远程用户获得了特权文件的写权限（第六层）。

（7）远程用户获得了系统管理人员的权限（黑客已经攻克系统）（第七层）。

第一层的攻击包括邮件爆炸攻击和简单服务拒绝攻击。邮件爆炸攻击包括登记列表攻击,攻击者同时将被攻击目标登录到成千上万个邮件列表中,这样目标有可能被巨大数量的邮件列表寄出的邮件淹没。拒绝服务攻击是对系统申请大量的服务请求,而每个服务都要占用系统资源,最后系统的资源用完后就会崩溃。

第二层和第三层的攻击危害性在于那些文件的读和写权限被非法获得。如果这些文件是一些重要的文件,那么危害性就成倍的增加。当黑客获得写的权限后,就能放上"特洛伊木马"或一些 Shell 程序,从而导致系统在以后运行中出现"后门"。出现这类攻击的主要原因是部分配置错误或软件固有的漏洞。一般来说,管理员的疏忽是这类错误的根源。因此,管理员应该注意经常使用安全工具查找一般的配置错误并经常跟踪和了解最新的软件安全漏洞报告,下载补丁或联系供应商。

第四、五、六层的攻击危害程度相当大,只有利用那些不该出现却出现的漏洞,才可能出现这种致命的攻击。一旦黑客拥有了这几层攻击级别中的一种,就不难获得系统的最高权限,这一般是黑客高手才能做到的。

因此,对上网用户来说,除了使用杀毒软件对付黑客攻击、及时修复系统的缺陷之外,还应该了解黑客和黑客攻击的伎俩及流程,以便更好地防范黑客,尽可能减小或者消除其危害。

2．黑客攻击种类

黑客攻击在最高层次,其攻击被分为两大类型。

（1）主动攻击

主动攻击包含攻击者访问其所需信息的故意行为。例如,远程登录到指定机器的端口 25 找出公司运行的邮件服务器的信息;伪造无效 IP 地址去连接服务器,使接收到错误 IP 地址的系统浪费时间去连接非法地址。攻击者是在主动地做一些不利于用户或用户的公司系统的事情。正因为如此,如果要寻找他们是很容易发现的。主动攻击包括拒绝服务攻击、信息篡改、资源使用、欺骗等攻击方法。

（2）被动攻击

攻击者主要是收集信息而不是进行访问，数据的合法用户对这种活动不会觉察到。被动攻击包括嗅探、信息收集等攻击方法。

这里要说明一点：这样分类不是说主动攻击不能收集信息或被动攻击不能被用来访问系统。多数情况下这两种类型被联合用于入侵一个站点。但是，大多数被动攻击不一定包括可被跟踪的行为，因此更难被发现。

从另一个角度来看，主动攻击容易被发现但多数被攻击者没有发现，所以发现被动攻击的机会几乎是零。再往下一个层次来看，当前网络攻击的方法没有规范的分类模式，方法的运用往往非常灵活。从攻击的目的来看，可以有拒绝服务攻击、获取系统权限的攻击、获取敏感信息的攻击。从攻击的切入点来看，有缓冲区溢出攻击、系统设置漏洞的攻击等。从攻击的纵向实施过程来看，又有获取初级权限攻击、提升最高权限的攻击、后门攻击、跳板攻击等。从攻击的物理类型来看，包括对各种操作系统的攻击、对网络设备的攻击、对特定应用系统的攻击等。所以说，现在很难以一个统一的模式对各种攻击手段进行全面的分类。

下面介绍目前黑客常用的几种攻击的手段与技术。

（1）窃听术

窃听的原意是偷听别人之间的谈话。随着科学技术的不断发展，窃听的含义早已超出隔墙偷听、截听电话的概念，它借助于网络技术设备、技术手段，不仅窃取语音信息，还窃取数据、文字、图像与敏感信息（如密码或口令）等。窃听技术是窃听行动所使用的窃听设备和窃听方法的总称，它包括窃听器材，窃听信号的传输、保密、处理，窃听器安装、使用以及与窃听相配合的信号截收等。反窃听技术是指发现、查出窃听器并消除窃听行动的技术。防窃听是指可能被窃听的情况下，使窃听者得不到秘密信息的防范措施。目前，属于窃听技术的常用攻击方法有以下几种。

① 键击记录：窃听者植入操作系统内核的隐蔽软件，通常显示为一个键盘设备驱动程序，能够把每次键击都记录下来，并存放到攻击者指定的隐藏的本地文件中，如 Windows 平台下适用的 IKS 等。

② 网络监听：在网络中，当信息进行传播的时候，可以利用工具，将网络接口设置在监听模式，便可将网络中正在传播的信息截获或者捕获到，从而进行攻击。如 Windows 平台下的 NetXray、Sniffer 等工具，UNIX 平台下的 Libpcap 网络监听工具库。

在 Linux 下监听网络，应先设置网卡状态，使其处于杂混模式以便监听网络上的所有数据帧。再选择用 Linux socket 来截取数据帧，通过设置 socket()函数参数值，可以使 socket 截取未处理的网络数据帧，关键是函数的参数设置，下面就是有关程序的部分内容。

AF_INET=2 表示 internet ip protocol。

SOCK_PACKET=10 表示截取数据帧的层次在物理层，即不做处理。

Htons（0x0003）表示截取的数据帧的类型为不确定，即接收所有的包。

总的设定就是网卡上截取所有的数据帧。这样就可以截取底层数据帧，因为返回的将是一个指向数据的指针，为了分析方便，设置了一个基本的数据帧头结构。

```
Struct etherpacket
{struct ethhdr eth;
struct iphdr ip;
struct tcphdr tcp;
char buff[8192];
} ep;
```

将返回的指针赋值给指向数据帧头结构的指针,然后对其进行分析。

相应的数据结构如下:

```
struct ethhdr
    unsigned char h_dest[ETH_ALEN];
    unsigned char h_source[ETH_ALEN];
    unsigned short h_proto;
```

其中,h_dest[6]是 48 位的目标地址的物理地址,h_source [6] 是 48 位的源地址的物理地址。h_proto 是 16 位的以太网协议,其中主要有 0x0800 ip、0x8035.X25、0x8137 ipx、0x8863-0x8864 pppoe(这是 Linux 的 PPP)、0x0600 ether_loop_back、0x0200-0x0201 pup 等。

③ 非法访问数据:在计算机网络系统中,攻击者或内部人员违反安全策略,对其访问权限之外的数据进行非法访问,即通过非法手段获取被攻击者计算机网络系统中存储、处理或者传输的有关数据或者消息。

(2)欺骗术

在双方平等及信息共享的情况下以虚假的言行掩盖事实真相,并故意施诈使人上当,即指攻击者通过冒充正常用户以获取被攻击者访问权或获取关键信息的攻击方法。目前,属于此类攻击方法的有以下几种。

① 网络欺骗攻击: 就是使入侵者相信信息系统存在有价值的、可利用的安全弱点,并具有一些可攻击窃取的资源,而这些资源是伪造的或不重要的,并将入侵者引向这些错误的资源。它能够显著地增加入侵者的工作量、入侵复杂度以及不确定性,从而使入侵者不知道其进攻是否奏效或成功。而且,它允许防护者跟踪入侵者的行为,在入侵者之前修补系统可能存在的安全漏洞。也就是说,攻击者通过向攻击目标发送冒充其信任主机的网络数据包,达到获取访问权或执行命令的攻击方法。具体的有 IP 欺骗、ARP 重定向、RIP 路由欺骗和会话窃持等。

② 恶意代码攻击:它是"可执行的恶意代码"或称为"恶意程序"。"可执行的恶意代码"是指镶嵌在网页中的一段 JavaScript 文件或 Java 小程序,或者是一种嵌入式 ActiveX 应用程序。这些"可执行的恶意代码"可以修改注册表、运行 DOS 命令。如网络上经常有用户报告自己的磁盘被莫名其妙地格式化了,就是某个可执行的恶意代码调用了本系统中的格式化程序(Format.exe)的危害结果。

"恶意程序"一般可分为计算机病毒、网络蠕虫和特洛伊木马三大类,通常冒充成有用的应用程序或者重要的信息等,引导用户下载运行或者利用邮件客户端和浏览器的自动运行机制,启动后悄悄安装恶意程序,并且这种恶意程序为攻击者给出能够完全控制被攻击者主机的远程连接。

计算机病毒是在计算机之间进行传播并产生破坏和干扰的程序。它们能破坏系统文件,删除或破坏数据,干扰用户程序的正常运行,也常常导致系统死机。

网络蠕虫是通过网络进行传播的恶意程序,它实际上也是一种计算机病毒。随着计算机网络的发展,网络蠕虫更加肆虐。著名网络蠕虫有"冲击波"和"欢乐时光"等。"欢乐时光"是通过电子邮件进行传播和复制的一种网络蠕虫,网络中只要有一台计算机被"欢乐时光"感染,它在发送电子邮件时,"欢乐时光"病毒就会将自己附着在电子邮件上传播到网络的其他计算机中去,因此传播速度极快,危害极大。"冲击波"主要危害是使用 Windows 操作系统的计算机系统,并且它一改网络蠕虫常用的"被动传播"方式来进行主动攻击,因此自从 2003 年 8 月起在全球迅速蔓延,致使数以百万计的计算机系统中毒,使大量网络系统瘫痪。"冲击波"感染计算机系统后,该计算机系统成为一个新的"感染源",经过扫描,找到下一个有安全漏洞的计算机系统进行感染。这样就形成了"多米诺"骨牌效应,危害十分巨大。

特洛伊木马也简称木马,木马是一种秘密潜伏的能够通过远程网络进行控制的恶意程序。控制者可以控制被秘密植入木马的计算机网络的一切动作和资源，是恶意攻击者进行窃取信息等的工具，也是现代黑客攻击计算机网络系统的主要手段之一。它隐藏在被攻击者主机系统中悄悄运行，黑客可以通过它远程控制被攻击者的主机系统，获取被攻击者主机系统上的文件、系统信息、注册表内容、用户密码等重要的内容。其特点是具有隐蔽性和非授权性。隐蔽性是指木马的设计者为了防止木马被发现，往往采用多种手段隐藏木马，这样服务端即使发现被感染了木马，但由于不能确定其具体位置，往往无法清除。非授权性是指控制端对于服务端的连接是不被授权的，即非法的。木马被预先放到服务端即用户的计算机系统之后，除了能执行黑客指定的任务之外还会在计算机系统上开一个"洞"，使黑客可以随时进出并进行远程控制。

木马的发展经历了两个阶段，在以 UNIX 平台为主的阶段，木马程序的功能相对简单。木马的设计者们往往将一段程序嵌入到文件系统中，用跳转指令来执行一些木马的功能，这个时期设计木马必须具备相当的网络和编程知识。但到了 Windows 平台的阶段，由于用户界面的改善，使许多人不用太多的专业知识就可以制造出一些基于图形的木马，因此木马攻击事件就频繁发生了。而由于 Windows 平台下的木马十分强大，因此对服务端的破坏也就更大，服务端一旦被木马控制，其计算机系统将毫无秘密可言。木马的主要功能包括在被攻击者系统中开取"后门"、窃取密码和"拒绝服务"。木马攻击的形式很多，并且都有各自的特色。例如，木马"网络公牛"的服务端程序 newserver.exe 运行后会捆绑在开机时自动运行的第三方软件中，如 realplay.exe、QQ、ICQ 中，因此非常隐蔽。如果它自动捆绑在诸如 notopad.exe、regedit.exe 等系统文件之中，清除和发现就更加困难。"广外女生"也是一个著名的远程监控木马，尤其是后来发展成为了某些高版本木马，其破坏性更大，不仅可以远程上传、下载和删除被攻击者上的文件，还具有修改注册表的功能。"广外女生"令人"谈虎色变"之处在于被攻击者上的服务端一旦被执行，会自动检查系统进程中是否含有查杀木马病毒的软件，如金山毒霸、天网等，如果发现就将该进程终止，使被攻击者计算机系统处于完全不设防的状态后再发动攻击。

③ 口令或密码攻击：黑客攻击目标时常常把破译用户的口令或密码作为攻击的开始。只要攻击者能猜测或者确定用户的口令或密码，其就能获得机器或者网络的访问权，并能访问到用户能访问到的任何资源。黑客一般通过默认口令或密码、口令或密码猜测和口令或密码破解三种途径来实现攻击。口令或密码攻击的前提是必须先得到该主机上的某个合法用户的账号，然后进行合法用户口令或密码的破译。获得普通用户账号的方法很多，如利用目标主机的 Finger 功能，当用 Finger 命令查询时，主机系统会将保存的用户资料（如用户名、登录时间等）显示在终端机或计算机系统上；利用目标主机的 X.500 服务，有些主机没有关闭 X.500 的目录查询服务，也给攻击者提供了获得信息的一条简易途径。从电子邮件地址中收集，有些用户电子邮件地址常会透露其在目标主机上的账号。查看主机是否有习惯性的账号，有经验的用户都知道，很多系统会使用一些习惯性的账号，造成账号的泄露。

（3）数据驱动攻击术

它是通过向某个活动中的服务发送数据，以产生非预期结果来进行的攻击。这里"非预期结果"从攻击者看来结果是所希望的，因为它们给出了访问目标系统的许可权。从编程人员看来，那是他们的程序收到了未曾料到的将导致非预期结果的输入数据。数据驱动攻击术可分为缓冲区溢出攻击法、输入验证攻击法、格式化字符串攻击法和同步漏洞攻击法。

① 缓冲区溢出攻击法：其基本原理是向程序缓冲区写入超出其边界的内容，造成缓冲区的溢出，使程序转而执行其他攻击者指定的代码，通常是为攻击者打开远程连接的 Shell Code，以达到攻击目标。如在 Windows 平台下，比较著名的蠕虫有 Code-Red、SQL.Slammer、Blaster 和 Sasser 等，都是通过缓冲区溢出攻击法获得系统管理员权限后进行传播，达到其攻击目的的。

② 输入验证攻击法：这种方法主要是针对程序未能对输入进行有效的验证的安全漏洞，使攻

击者能够让程序执行的命令。比较著名的是 1996 年的高峰小时系数（Peak Hour Factor，PHF）攻击等。

③ 格式化字符串攻击法：其方法主要是利用由于格式化函数的微妙程序设计错误造成的安全漏洞，通过传递精心编制的含有格式化指令的文本字符串，以使目标程序执行任意命令。输入验证攻击针对程序未能对输入进行有效的验证的安全漏洞，使攻击者能够让程序执行指定的命令。

④ 同步漏洞攻击法：方法主要是利用程序在处理同步操作时的缺陷，如竞争状态、信号处理等问题，以获取更高权限的访问。比较著名的有在 Windows 平台下互为映像的本地和域 Administrator 凭证、LSA 密码和 UNIX 平台下 SUID 权限的滥用和 X Window 系统的 xhost 验证机制等。

（4）拒绝服务攻击术

拒绝服务是当前最流行的 DoS（拒绝服务攻击）与 DDoS 分布式拒绝服务攻击）的方式之一，这是一种利用 TCP 协议缺陷，发送大量伪造的 TCP 连接请求，使被攻击方资源耗尽（CPU 满负荷或内存不足）的攻击方式。拒绝服务攻击（DoS）即攻击者想办法让目标机器停止提供服务，是黑客常用的攻击手段之一。其实对网络带宽进行的消耗性攻击只是拒绝服务攻击的一小部分，只要能够对目标造成麻烦，使某些服务被暂停甚至主机死机，都属于拒绝服务攻击。拒绝服务攻击问题也一直得不到合理的解决，究其原因是因为这是网络协议本身的安全缺陷造成的，从而拒绝服务攻击也成为了攻击者的终极手法。攻击者进行拒绝服务攻击，实际上让服务器实现两种效果：一是迫使服务器的缓冲区满，不接收新的请求；二是使用 IP 欺骗，迫使服务器把非法用户的连接复位，影响合法用户的连接。拒绝服务攻击的类型按其攻击形式可分为以下几种。

① 资源耗尽型：黑客攻击通过大量消耗资源使目标由于资源耗尽不能提供正常的服务。按资源类型的不同可分为带宽耗尽和系统资源耗尽两类。带宽耗尽攻击的本质是攻击者通过放大等技巧消耗掉目标网络的所有带宽，如 Smurf 攻击等。系统资源耗尽攻击是指对系统内存、CPU 或程序中的其他资源进行耗尽，使其无法满足正常提供服务的需求，如 Syn Flood 攻击等。

② 导致异常型：利用软件与硬件现实上的编程缺陷，导致其出现异常，从而使其拒绝服务，如 Ping of Death 攻击等。

3.3 黑客攻防案例

黑客攻击的一般流程是获取目标 IP 地址、扫描目标开放的端口和破解弱口令以及入侵目标。

1．获取远程目标 IP 地址

获取远程目标的 IP 地址的方法很多，有通过具有自动上线功能的扫描工具将存在系统漏洞的目标计算机的 IP 地址捕获；有使用专门的扫描工具进行扫描获得，例如下面要介绍的 X-Scan；有通过某些网络通信工具获得等。此外，也可以通过 Ping 命令直接解析对方的 IP 地址。

1）邮件查询法

使用这种方法查询对方计算机的 IP 地址时，首先要求对方先发送一封电子邮件，然后己方可以通过查看该邮件属性的方法，来获得邮件发送者所在计算机的 IP 地址。下面就是该方法的具体实施步骤。

首先，运行 Outlook 程序，并单击工具栏中的"接收全部邮件"按钮，将朋友发送的邮件接收下来，再打开收件箱页面，找到朋友发送过来的邮件并右击，从弹出的快捷菜单中选择"属性"命令。在其后打开的属性设置窗口中，选择"详细资料"选项卡，并在打开的页面中看到"Received: from xiecaiwen （unknown [11.111.45.25]）"信息，其中的"11.111.45.25"就是对方好友的 IP 地址。

当然，要是对方好友通过 Internet 中的 Web 信箱给己方发送邮件，那么可在这里看到的 IP 地址其实并不是其所在工作站的真实 IP 地址，而是 Web 信箱所在网站的 IP 地址。

当然，如果使用的是其他邮件客户端程序，查看发件人 IP 地址的方法可能与上面不一样。例如，要是使用 Foxmail 来接收好友邮件，那么可以在收件箱中，选中目标邮件，再选择菜单栏中的"邮件"选项，从弹出的下拉菜单中选择"原始信息"选项，就能在其后的界面中看到对方好友的 IP 地址了。

2）利用扫描软件获取远程目标的 IP 地址

能获取远程目标 IP 地址的扫描软件有许多，常见是 SuperScan 和 X-Scan 等。其中 X-Scan 是一款功能非常强大的免费扫描软件，无须注册也无须安装，解压缩后即可运行。

X-Scan 可以采用多线程方式对指定 IP 地址段（或单机）进行扫描，可以实时发现在线的目标主机以及它们的漏洞。其中包括在线目标主机的以下参数：远程服务类型、操作系统类型及版本、各种弱口令、后门。

3）利用 DOS 命令获取本地局域网目标的 IP 地址

获取本地局域网目标的 IP 地址，是指获取与本地计算机在同一个局域网中目标的 IP 地址。

获取与本地计算机在同一个局域网中目标的 IP 地址的方法如下。

先确定自己所在网络的地址范围，然后在命令提示符的窗口里输入命令 ipconfig/all，按 Enter 键之后会返回信息，如图 3.2 所示。

这个命令执行后，能看到本地计算机的 IP 地址是 59.68.29.84，说明本网段的 IP 地址范围是 59.68.29.1—59.68.29.254。

图 3.2　输入命令 ipconfig/all 后返回的信息

4）日志查询法

这种方法通过防火墙来对 QQ 聊天记录进行实时监控，然后打开防火墙的日志记录，找到对方好友的 IP 地址。为方便叙述，以 KV2004 防火墙为例，来向大家介绍一下如何搜查对方好友的 IP 地址。

考虑到与好友进行 QQ 聊天是通过 UDP 协议进行的，因此你首先要设置好 KV2004 防火墙，让其自动监控 UDP 端口，一旦发现有数据从 UDP 端口进入的话，就将它自动记录下来。在设置 KV2004 防火墙时，先单击防火墙界面中的"规则设置"按钮，然后单击"新建规则"按钮，弹出设置对话框。在该对话框的"名称"文本框中输入"搜查 IP 地址"，在"说明"文本框中也输入"搜查 IP 地址"。再在"网络条件"选项组，选中"接收数据包"复选框，同时将"对方 IP 地址"设置为"任何地址"，而在"本地 IP 地址"处不需要进行任何设置。

选择"UDP"选项卡，并在该选项卡的"本地端口"选项组处，选中"端口范围"选项，然后在起始框中输入"0"，在结束框中输入"65535"。同样，在"对方端口"选项组处，也选中"端口范围"选项，然后在起始框中输入"0"，在结束框中输入"65535"。

在"当所有条件满足时"选项组中，选中"通行"，同时将"其他处理"选项组中的"记录"选中，而"规则对象"不需要进行任何设置。完成了上面的所有设置后，单击"确定"按钮，返回到防火墙的主界面，再在主界面中选中刚刚创建好的"搜查 IP 地址"规则，同时单击"保存"按钮，将前面的设置保存下来。

完成上面的设置后，KV2004 防火墙将自动对 QQ 聊天记录进行全程监控，一旦对方好友发来 QQ 信息时，那么对方好友的 IP 地址信息就会自动出现在防火墙的日志文件中，此时可以进入到

KV2004 防火墙的安装目录中，找到并打开"kvfwlog"文件，就能搜查到对方好友的 IP 地址。

2．扫描远程目标漏洞

当需要扫描的 IP 地址范围确定后，入侵者就要获取目标计算机上的漏洞（也称为"开放的端口"）和弱口令等其他信息。

"端口扫描"指主动对目标计算机的选定端口进行扫描，它扫描目标计算机的 TCP 协议或 UDP 协议端口，实时地发现"漏洞"，以便入侵。

本例以 X-Scan 来说明怎样利用扫描软件来扫描端口和破解弱口令。

启动 X-Scan 后进入它的主界面，选择"设置"→"扫描参数"选项，如图 3.3 所示。

打开"扫描参数"窗口。在"指定 IP 范围"文本框中输入需扫描的起始 IP 地址和结束 IP 地址，即"192.168.0.1—192.168.0.254"，如图 3.4 所示。

图 3.3　扫描参数

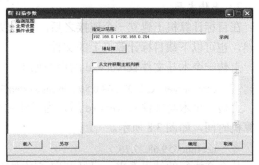

图 3.4　输入需要扫描的起始 IP 地址和结束 IP 地址

单击"扫描参数"窗口中的"确定"按钮，"扫描参数"窗口消失，返回 X-Scan 主界面。

在 X-Scan 的主界面中单击"扫描"按钮，即开始加载攻击测试脚本和进行扫描，如图 3.5 所示。

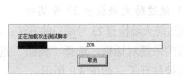

图 3.5　开始加载攻击测试脚本和进行扫描

在主界面中出现 192.168.0.1—192.168.0.254 地址段所有在线主机的"远程服务类型""操作系统类型及版本""弱口令""后门""应用服务网络""网络设备漏洞"和拒绝服务漏洞等信息，如图 3.6 所示。

3．入侵目标计算机

1）与目标计算机建立连接

通过 X-Scan 的扫描，发现有用户使用了"弱口令"，如 IP 地址为 59.68.29.83 的主机上有一个名称为 Administrator 的管理员用户使用了"弱口令"为空，因此很容易造成入侵。黑客如果要利用"弱口令"登录到这台计算机上，只要在本地计算机上发布以下命令即可。

　　　　net use \\59.68.29.83\ipc$ "123456"/user："Administrator"

按 Enter 键后，该命令就会在目标计算机上建立一个连接，如图 3.7 所示。

图 3.6 主机上没有"弱口令"　　　　　　图 3.7 在目标计算机上建立一个连接

2) 上传木马

在目标计算机上建立一个连接之后，就可以利用 DOS 的命令上传一个木马文件：server.exe。当然，也可以下载目标计算机上的文件。

上传一个木马文件 server.exe 的命令如下。

　　copy server.exe\\192.168.0.80\admins\system32

上传一个木马文件 server.exe 后，为了让它在指定的时间自动执行，可用以下命令获取对方的计算机时间，如图 3.8 所示。

　　net time\\59.68.29.76

从命令执行的结果看来，已经获取了对方计算机时间。对方计算机当前的时间是上午 10:15。现在假设让木马文件 server.exe 在 3 分钟之后执行，则命令为：at \\59.68.29.76 10：18 server.exe。

3) 打扫痕迹

上述工作完成后，黑客一般要打扫痕迹，避免对方发现。可用以下命令删除共享：net Share admin$/del。

4. 23 号端口与入侵

Windows 中的 23 号端口是微软提供给用户用于远程（Telnet）登录的通信端口，但是却成为一个公认的系统漏洞。许多入侵都利用了这个端口。

1) 通过防火墙检查 23 号端口

通过防火墙检查 23 号端口的方法：双击"控制面板"中的"Internet 防火墙"图标，弹出 Windows 7 防火墙的常规对话框，选择"高级"选项卡即可检查了。如果 Telnet 服务器被选中了，则说明 23 号端口被打开了。如图 3.9 所示。

图 3.8 获取对方的计算机时间　　　　　图 3.9 "高级设置"中未发现 23 号端口打开

如果取消选中 Telnet 服务器，则可以关闭 23 号端口。

2）通过系统的"服务"检查 23 号端口

通过系统的"服务"检查 23 号端口的方法：以管理员的身份登录。在桌面上选择"开始"→"控制面板"选项。在"控制面板"的窗口中双击"管理工具"图标，再双击"服务"图标。假设木马或者入侵者将 23 号端口打开了，则在"服务"窗口中可发现"Telnet"已经启动，如图 3.10 所示。

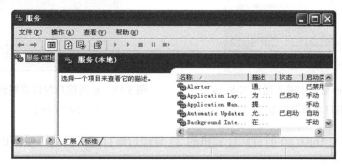

图 3.10　发现"Telnet"已经启动

如果单击"Telnet"并选择窗口中的"停止此服务"选项，则可以关闭 23 号端口。

3）通过 DOS 检查 23 号端口

通过 DOS 命令也可以检查 23 号端口是否被打开。

在 DOS 的窗口中发布 "netstat-an"命令，如图 3.11 所示。

在 DOS 的窗口中发布"netstat-an"命令后，如果发现了 23 号端口，则说明它被打开了。

4）23 号端口关闭导致入侵失败

假如 23 号端口是关闭的，入侵就会失败。

当使用 telnet 192.168.0.80 命令后，会出现"在端口 23：连接失败"的信息。如图 3.12 所示。

图 3.11　用"netstat-an"命令，就可以发现 23 号端口　　图 3.12　出现"在端口 23：连接失败"的信息

5）远程打开目标计算机 23 号端口

要想打开目标计算机的 23 号端口，黑客可以使用某些软件。例如，"Recton"可将对方的 23 号端口打开，使用这个软件的前提是当前目标计算机使用了弱口令，同时这个弱口令已经被黑客获得。

启动 Recton 后，选择"远程"→"远程开/关"选项，如图 3.13 所示。

选择"远程开/关"选项后，在"远程主机"窗口中输入目标计算机的 IP 地址。在"用户名"和"密码"窗口中分别输入通过 X-Scan 获得的用户名的弱口令，并单击窗口中的"开始执行"按钮，如图 3.14 所示。

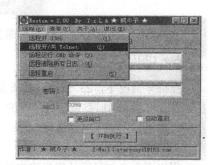

图 3.13　选择"远程开/关"选项

单击"开始执行"按钮后返回的信息窗口中有以下信息:"现在你可以 Telnet 192.168.0.80 来获得一个 shell 了!"这表明目标计算机的 23 号端口已经被打开了,如图 3.15 所示。

图 3.14　在 Recton 窗口中输入通过 X-Scan 获得的用户名和弱口令

图 3.15　返回信息窗口表明计算机的 23 号端口被打开了

当 IP 地址为 192.168.0.80 的目标计算机的 23 号端口被打开后,就可以用远程登录命令 Telnet 登录到这台计算机上了。

命令的格式为 Telnet 192.168.0.80。

命令执行过程如图 3.16 所示。

图 3.16　用远程登录命令登录到 IP 地址为 192.168.0.80 的计算机上

Telnet 192.168.0.80 命令执行后,由于对方计算机的 Administrator 是设置了密码的,因此系统要求输入密码则将获得的弱口令"123456"输入。

输入密码后就以管理员 Administrator 的身份成功登录了对方的计算机。屏幕上的提示符已经是目标计算机的了。在提示符下发布任何命令,都会被执行。

在提示符下发布 DIR 命令,得到目标计算机 C 盘上的目录结构,如图 3.17 所示。

C：>DIR

图 3.17　目标计算机 C 盘上的目录结构

5. 139/445 号端口与入侵

在许多情况下,23 号端口是被关闭的。但是系统为局域网提供网内文件和打印机共享服务的 139 端口和 445 端口都是默认打开的。如果黑客利用扫描的方法发现目标计算机的这两个端口被打开了,也可以用以下方法入侵。

1)建立连接

用以下命令与目标计算机建立连接:

　　net use \\192.168.0.80\ipc$　　"/user: "

2）添加新用户

用以下命令加入一个新用户"charles"并且赋予密码 123456。

    net user charles 123456/add

3）将新用户提升到管理员权限

用以下命令将用户 charles 提升到管理员权限。

    net localgroup administrator charles/add

命令执行过程如图 3.18 所示。

图 3.18 添加新用户 charles 并赋予密码 123456

用以下命令在目标计算机上设置共享。

    net Share admin$

从命令执行的结果来看，新用户"charles"已经获得了管理员的共享名 admin$，并具有远程管理该计算机的权限。这时可以进行任何操作。

上述工作完成后，必须用以下命令删除共享，避免对方发现。

    net Share admin$/del

上述工作完成后，还应该删除用户名 charles，避免对方发现。

    net user   charles/del

至此，一个完整的入侵就不留痕迹地完成了，黑客也就获得了目标计算机的远程控制权。

139 端口是 Windows 为 "NetBIOS Session Service" 提供的用于文件和打印机共享服务的一个端口。如果要在局域网中进行文件和打印机共享，就必须使用该服务。反之，如果没有很强烈的打印机共享服务的需求，或者没有连接局域网，就应该关闭 139 端口。

通过 139 端口入侵的事件多发生在操作系统为 Windows NT 内核（如 Windows 2000）的目标计算机上。通过 139 端口被入侵的现象：有时当要关闭计算机时，系统提示"有其他用户登录这台计算机"的信息，说明有人已经通过 139 端口登录了计算机。

在 Windows 2000 的桌面上选择"开始"→"设置"→"控制面板"选项。

双击"网络和拨号连接"图标，出现"网络和拨号连接"的窗口。

在"网络和拨号连接"窗口中，右击代表内、外网卡"本地连接"的图标，选择快捷菜单中的"属性"选项，弹出"本地连接属性"对话框。如图 3.19 所示。

在"本地连接属性"对话框中，取消勾选"Microsoft 网络的文件和打印共享"复选框，就可以关闭该网卡上的 139 端口。

在 Windows 7 中关闭 139 端口的方法如下。

在 Windows 7 的桌面上单击"开始"→"设置"→"控制面板"选项。

双击"网络连接"图标，打开"网络连接"的窗口。

在"网络连接"窗口中右击代表内、外网卡"本地连接"的图标，选择快捷菜单中的"属性"选项，弹出"本地连接属性"对话框。

在"常规"选项卡中选中"Internet 协议（TCP/IP）"，并单击"属性"按钮。

打开"Internet 协议（TCP/IP）属性"窗口，在此窗口中单击"高级"按钮，弹出"高级 TCP 设置"对话框，选择"WINS"选项卡。

在"WINS"选项卡中有"NetBIOS 设置"选项组。

在此选项组中选择"禁用 TCP/IP 上的 NetBIOS"单选按钮，如图 3.20 所示。

在"NetBIOS 设置"选项组中选中"禁用 TCP/IP 上的 NetBIOS"单选按钮，单击"确定"按钮，就可以关闭该网卡上的 139 端口了。

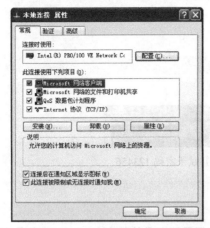

图 3.19 "本地连接属性"对话框

图 3.20 "高级 TCP/IP 设置"对话框

3.4 ARP 欺骗

1. ARP 欺骗的含义

众所周知，IP 地址是不能直接用来进行通信的，这是因为 IP 地址只是主机在抽象的网络层中的地址。如果要将网络层中传送的数据报交给目的主机，还要传到数据链路层转变成硬件地址后才能发送到实际的网络上。由于 IP 地址是 32 位的，而局域网的硬件地址是 48 位的，因此它们之间不存在简单的映射关系。此外，在一个网络上可能经常会有新的主机加入，或撤走一些主机，更换网卡也会使主机的硬件地址改变。可见在主机中应存放一个从 IP 地址到硬件地址的映射表，并且这个映射表必须能够经常更新。将一台计算机的 IP 地址翻译成等价的硬件地址的过程叫作地址解析。地址解析是一个网络内的局部过程，即一台计算机能够解析另一台计算机地址的充要条件是两台计算机都连在同一物理网络中，一台计算机无法解析远程网络上的计算机的地址。地址解析协议（Address Resolution Protocol，ARP）就是用来确定这些映射的协议。

2. ARP 欺骗原理

如果一台计算机 A 要与另一台计算机 B 进行通信，它就会先在自己的列表中搜寻一下被访问的 IP 地址所对应的 MAC 地址，如果找到了就直接进行通信。如果表中没有，主机 A 则会向网内发送一个广播来寻找被访问目标 B 的 MAC 地址，当被访问目标 B 收到广播后就会自动回应一个信息给发送广播的机器 A，其他机器则不会给发广播的机器 A 回应任何信息，这样计算机 A 就可以更新列表并与计算机 B 进行正常通信。由此可见，ARP 协议是在网内所有计算机的高度信任基础上来进行工作的，因此这就为黑客提供了攻击的好机会。

A、B 和 C 的 IP 地址分别为 IPA、IPB 和 IPC，MAC 地址分别为 MACA、MACB、MACC。假如 C 是一个攻击者，想知道 A 和 B 之间的通信信息，它就分别向 A 和 B 发送消息，对 A 说它是 B，通信地址是 IPB 和 MACC，对 B 说它是 A，通信地址是 IPA 和 MACC，A 和 B 主机就把 C 发来的地址存入缓存表，下次通信时直接用这个地址，每次 A 和 B 的通信信息都要经过 C，C 就可以对数据包进行分析，这样 C 就会知道 A 和 B 通信的所有的信息，成功地对 A 和 B 的通信进行监听。

3. ARP 攻击的方式

根据 ARP 欺骗的原理可知攻击的方式有以下两种。

1）中间人攻击

中间人攻击就是攻击者将自己的主机作为被攻击主机间的桥梁，可以查看它们之间的通信，提取重要的信息或者修改通信内容或者不做任何修改原样发送出去，这使被攻击主机间没有任何的秘密可言。

2）拒绝服务攻击

拒绝服务攻击就是使目标主机不能响应外界请求，从而不能对外提供服务的攻击方法。如果攻击者将目标主机缓存表的地址全部改为根本不存在的地址，那么目标主机向外发送的所有以太网数据帧会丢失，使上层应用忙于处理这种异常而无法响应外来请求，即导致目标主机产生拒绝服务。

4. ARP 攻击时的主要现象

（1）一些人为了获取非法利益，利用 ARP 欺骗程序在网内进行非法活动，此类程序的主要目的在于破解账号登录时的加密解密算法，通过截取局域网中的数据包，然后以分析数据通信协议的方法截获用户的信息。运行这类木马病毒，就可以获得整个局域网中上网用户账号的详细信息并盗取。

（2）网速时快时慢，极其不稳定，但单机进行光纤数据测试时一切正常。当局域网内的某台计算机被 ARP 的欺骗程序非法侵入后，它就会持续地向网内所有的计算机及网络设备发送大量的非法 ARP 欺骗数据包，阻塞网络通道，造成网络设备的承载过重，导致网络的通信质量不稳定。

（3）局域网内频繁性区域或整体掉线，重启计算机或网络设备后恢复正常。当带有 ARP 欺骗程序的计算机在网内进行通信时，就会导致频繁掉线，出现此类问题后重启计算机或禁用网卡会暂时解决问题，但掉线情况还会发生。

5. 抵御 ARP 的方法

1）添加静态记录

在目标主机的 ARP 缓存表中设置静态地址映射记录，即使有新的 ARP 应答也不更新缓存表的内容。这可以有效地防止 ARP 欺骗，但有它的局限性，就是通信双方的 IP 地址和 MAC 地址不能变化。

2）设置 ARP 服务器

为了克服上面提到的不足，就要对上述维护静态记录的分散工作进行集中管理。也就是说，指定局域网内部的一台机器作为 ARP 服务器，专门保存并且维护可信范围内的所有主机的 IP 地址和 MAC 地址映射记录。该服务器通过查阅自己的 ARP 缓存记录并以被查询主机的名义响应局域网内部的 ARP 请求。同时，可以设置局域网内部的其他主机只使用来自 ARP 服务器的 ARP 响应。

3）引入硬件屏障

将需要采取保护且互相信任的主机所在的安全子网与攻击者可能访问的不安全子网隔离开来，如采用路由器。这样的子网划分能阻止攻击者关闭目标主机而将自己挂到目标主机所在的子网上以响应来自子网上的 ARP 请求。

3.5 日常网络及网站的安全防范措施

现代网络空间中，为了有效防范黑客攻击、病毒与木马软件入侵和硬件故障等对网络中心各网站及应用系统造成的破坏，以保证网络中心的网络与各网站系统的正常运行，下面介绍网络及网站安全防范措施。

3.5.1 黑客攻击、数据篡改防范措施

1. 服务器端

（1）网站服务器和局域网内计算机之间设置经公安部验证的防火墙，并与专业网络安全公司合作，做好安全策略，拒绝外来的恶意攻击，保障网站正常运行。

（2）在所有网站服务器上安装正版防病毒软件，并做到每日对杀毒软件与木马扫描软件进行升级，及时下载最新系统安全漏洞补丁，开启病毒实时监控，防止有害信息对网站系统的干扰和破坏。

（3）网站服务器提供集中式权限管理，针对不同的应用系统、终端、操作人员，由网站运行管理员设置服务器的访问权限，并设置相应的密码及口令。不同的操作人员设定不同的用户名及口令，严禁操作人员设置弱口令，泄露自己的口令，且要求定期更换口令。对操作人员的权限严格按照岗位职责设定，并由网站运行管理员定期检查操作人员权限。

（4）在服务器上安装设置 IIS 防护软件防止黑客攻击。

（5）网站运行管理员定期做好系统和网站的日常备份工作。

（6）网络管理员做好系统日志的留存。

2. 网站维护终端

（1）网站维护人员要做好网站日常维护用设备的安全管理，每天升级杀毒软件病毒库，及时做好网站日常维护用终端计算机设备的病毒防护、木马查杀、操作系统及应用软件漏洞修复等工作，日常工作时要开启病毒实时监控。

（2）不随便打开来源不明的 Excel、Word 文档及电子邮件，不随便点击来历不明的网站，以免遭到病毒侵害。外界存储设备（包括 U 盘、移动硬盘、存储卡、数码设备等）在维护终端上使用前，应及时查杀病毒，杜绝安全隐患。

（3）切实做好维护终端共享目录设置管理工作，共享文件复制结束后应及时取消相应目录的共享设置，杜绝长期设置共享目录，严禁设置完全共享目录。

（4）严禁将涉密类信息存放于维护终端。重要网站或专栏的后台登录地址不得以文件形式存放于维护终端，不得在浏览器软件的收藏夹中收藏，要用纸介质形式存放，并妥善保存，如发生丢失应及时上报相关的部门主管领导。

（5）网站开发人员在网站交付使用前，应将网站后台发布系统登录文件名设置得尽量复杂，文件名采用字母、数字和特殊符号相结合的方式，长度不得少于 20 个字符。

（6）网站开发人员在网站交付使用前，务必删除后台发布系统中不必要的功能代码，特别是论坛、博客类功能代码。

（7）网站开发人员在网站交付使用前，务必删除后台发布系统中不必要的账户、密码（如原先系统自带的或测试用的账户）。

（8）网站开发人员在网站交付使用前，务必做好后台发布系统的管理员账户、密码的设置与数据库防下载工作，坚决杜绝使用弱口令、弱密码，管理员密码采用字母、数字和特殊符号相结合的方式，长度不得少于 10 个字符，严禁多个网站共用一个管理员密码，消除安全隐患。

3.5.2 病毒与木马软件防范措施

1. 服务器端

（1）在所有网站服务器上安装正版防病毒软件，并做到每日对杀毒软件与木马扫描软件进行升级，及时下载最新系统安全漏洞补丁，开启病毒实时监控，防止有害信息对网站系统的干扰和破坏。

（2）不在服务器上安装与网站运行无关的应用软件。

2. 网站维护终端

（1）网站维护人员要做好网站日常维护用设备的安全管理，每天升级杀毒软件病毒库与木马扫描软件，及时做好网站日常维护用终端计算机设备的病毒防护、木马查杀、操作系统及应用软件漏洞修复等工作，日常工作时要开启病毒实时监控。

（2）不随便打开来源不明的 Excel、Word 文档及电子邮件，不随便点击来历不明的网站，以免遭到病毒侵害。外界存储设备（包括 U 盘、移动硬盘、存储卡、数码设备等）在维护终端上使用前，应及时查杀病毒，杜绝安全隐患。

（3）设置网络共享账号及密码时，尽量不要使用常见字符串，如 guest、user、administrator 等和空密码。密码最好超过 8 位，尽量复杂化。

（4）在运行通过网络共享下载的软件程序之前，先进行病毒查杀，以免导致中毒。

（5）禁用系统的自动播放功能，防止病毒从 U 盘、移动硬盘、MP3 等移动存储设备进入到计算机。禁用 Windows 系统的自动播放功能的方法：在运行中输入 gpedit.msc 后按 Enter 键，打开组策略编辑器，依次选择"计算机配置"→"管理模板"→"系统"→"关闭自动播放"→"已启用"→"所有驱动器"→"确定"。

3.5.3 网络设备硬件故障防范措施

（1）定期对网络设备进行检测维护，检查网络设备状态，及时发现硬件故障。

（2）定期对备份网络设备进行检测维护，在网络设备出现故障时，能够及时更换。

（3）每天要对机房温度、湿度、灰尘情况进行检查，以免因温度、湿度、灰尘等情况导致网络设备损毁。

（4）每天要对机房空调、供电电压等进行检查，以保障网络设备的工作环境良好。

本 章 小 结

Windows 7 是国内流行的，具有人性化功能的操作系统。除学习其功能外，应从远程控制需要出发，掌握在远程桌面上与 Web 的连接，达到与远程对方的协同工作。其常用端口、注册端口和动态端口易被黑客入侵，通过本章学习，重点掌握网络空间远程控制方法、软件原理、远程控制技术的应用范畴和网络空间入侵基本过程，还要了解网络空间攻防基本模型，黑客攻击主要种类、案例与 ARP 欺骗，以及人们日常生活和工作中网络和网站的安全防范措施。

习题与思考题

3.1 远程控制的控制对象是什么？
3.2 Windows 7 如何访问远程桌面及进行与 Web 连接？
3.3 解释名词的物理含义：端口、后门、漏洞、弱口令和字典文件。
3.4 叙述设定防止黑客入侵的密码原则。
3.5 列举黑客攻击的种类。
3.6 叙述木马的特性和危害性。
3.7 列举黑客获取 IP 地址的方法。
3.8 黑客如何远程打开目标计算机？
3.9 何谓 ARP 欺骗？
3.10 ARP 攻击的主要攻击对象是什么？

第 4 章 网络空间信息密码技术

本 章 提 要

本章首先介绍了密码学发展史，其分为 3 个阶段，即古典密码阶段、近代密码阶段和现代密码阶段；介绍了密码技术的基本概念与密码体制的分类，破译密码的基本方法；主要阐述了古典密码体制中的替代密码法与置换密码法和近现代密码体制中的对称密码体系与非对称密码体系，重点讨论了各密码体制的加密算法、工作模式及解密算法；然后介绍了 Diffie-Hellman、Elgamal 和 Merkle-Hellman 三种公钥体制；最后提出了密码的生成、发送、更新、验证、存储密钥的管理机制。

4.1 密码技术概述

密码技术的发展大致分为 3 个阶段：古代加密方法、古典码和近现代密码学。

密码学（Cryptology）一词为希腊字根"隐藏"及"信息"的组合。密码技术是一门古老的技术，自人类社会出现战争便产生了密码，其历史可以追溯到几千年以前，如古埃及人使用象形文字密码技术来传递保密的消息。这种文字由复杂的图形组成，其含义只被为数不多的人掌握着。而最早将密码概念运用于实际的人是凯撒大帝，他不太相信负责他和他手下将领通信的传令官，因此他发明了一种简单的加密算法将其信件加密。此外，古代的一些行帮暗语及文字加密游戏等，实际上也是对信息的加密，这种加密通过一定的约定，把需要表达的信息限定在一定的范围内流通。

历史上的第一件军用密码装置是公元前 5 世纪的斯巴达密码棒（Scytale），即"塞塔式密码"，它采用了密码学上的移位法（Transposition）。移位法是将信息字母的次序调动，而密码棒利用了字条缠绕木棒的方式，对字母进行位移。收信人要使用相同直径的木棒才能得到还原的信息。

密码技术长期被军事、外交等部门用来传递重要信息。密码技术通过对信息的变换或编码，将机密的敏感信息变换成对方难以读懂的乱码型信息，以此达到两个目的：第一，使未授权者不可能由其截获的乱码中得到任何有意义的信息；第二，使未授权者不可能伪造任何乱码型的信息。密码技术包括密码设计、密码分析、密钥管理和验证技术等内容，不仅具有保障信息机密性的信息加密功能，而且具有数字签名、身份验证、秘密分存及系统安全等功能。

随着计算机网络和计算机通信技术的发展，网络空间安全许多问题的解决都依赖于密码技术，密码技术不仅可以解决网络空间信息的保密性，还可以解决信息的完整性、可用性、可控性及抗抵赖性，因此，密码技术是保护网络空间信息安全的最有效手段，也是网络空间信息安全技术的核心和基石。所以，现代计算机密码技术得到了前所未有的重视，并飞速地发展和普及应用。现在网络传输加密常用的方法有链路加密、节点加密和端点加密 3 种。在科学发达国家，密码技术早已成为网络空间安全主要的研究方向之一，也是计算机网络空间安全课程教学中的基础与重要的内容。

4.1.1 密码学发展历史

综观密码发展历史，密码技术的发展大致分为以下阶段。

1. 第一个阶段是古代到 1949 年

这个时期为古典密码阶段,可以看作科学密码学的前夜时期,这个阶段的密码技术可以说是一种艺术,而不是一种科学,密码学专家常常是凭知觉和信念来进行密码的设计和分析,而不是推理和证明。

这个时期还没有形成密码学的系统理论。这时的密码学专家进行密码的设计和分析凭借的往往是直觉,而不是严谨的推理和证明。

这个时期发明的密码算法在现代计算机技术条件下都是不安全的。但是,其中的一些算法思想,如代换、置换,是分组密码算法的基本运算模式。斯巴达密码就属于这个时期的杰作。

2. 第二个阶段是 1949 年到 1975 年

这个时期为近代密码阶段,因为 1949 年,C. E. Shannon(香农)在《贝尔系统技术杂志》上发表了 The Communication Theory of Secrecy System(保密系统的通信理论),为密码技术奠定了坚实的理论基础,使密码学真正成为一门科学,但密码学直到今天仍具有艺术性,是具有艺术的科学。这段时期密码学理论的研究工作进展不大,公开的密码学文献很少。20 世纪 70 年代,在 IBM 沃森公司工作的菲斯特提出了一种被称为菲斯特密码的密码体制,成为当今著名的数据加密标准 DES 的基础。在 1976 年,菲斯特和美国国家安全局一起制定了 DES 标准,这是一个具有深远影响的分组密码算法。

这个时期的美、英、法等很多国家已经意识到了密码的重要性,开始投入大量的人力和物力进行相关的研究,但是,研究成果都是保密的。而另一方面,作为个人,既没有系统的知识,更没有巨大的财力来从事密码学研究。这种状况一直持续到 1967 年 David Kahn 发表了《破译者》一书。这本书中虽然没有任何新颖的思想,但是,它详尽地阐述了密码学的发展和历史,使许许多多的人开始了解和接触密码学。此后,关注密码学的人才逐渐多起来。

3. 第三个阶段是 1976 年至今

这个时期为现代密码阶段,因为在 1976 年 Diffie 和 Hellman 发表的文章《密码学的新动向》导致了密码学的一场革命。他们首先证明了在发送端和接收端无密钥传输的保密通信是可能的,从而开创了公钥密码学的新纪元。从此,密码开始充分发挥它的商用价值和社会价值,普通人才能够接触到前沿的密码学。

1978 年,在 ACM 通信中 Rivest、Shamir 和 Adleman 公布了 RSA 密码体制,这是第一个真正实用的公钥密码体制,可以用于公钥加密和数字签名。由于 RSA 算法对计算机安全和通信的巨大影响,该算法的 3 个发明人因此获得了计算机界的诺贝尔奖——图灵奖。在 1990 年,中国学者来学嘉和 Massey 提出了一种有效的、通用的数据加密算法 IDEA,试图替代日益老化的 DES,成为分组密码发展史上的又一个里程碑。为了对付美国联邦调查局对公民通信的监控,Zimmerman 在 1991 年发布了基于 IDEA 的免费邮件加密软件 PGP。由于该软件提供了具有军用安全强度的算法并得到了广泛传播,因此成为了一种事实标准。

现代密码学的另一个主要标志是基于计算复杂度理论的密码算法安全性证明。清华大学姚期智教授在保密通信计算复杂度理论上有重大的贡献,并因此获得图灵奖,是图灵奖历史上的第一位华人得主。在密码分析领域,王小云教授对经典哈希函数 MD5、SHA-1 等的破解是最近十年密码学的重大进展。随着计算能力的不断增强,现在 DES 已经变得越来越不安全。1997 年,美国国际标准研究所公开征集新一代分组加密算法,并于 2000 年选择 Rijndael 作为高级加密算法 AES 以取代 DES。

总之,在实际应用方面,古典密码算法有替代加密、置换加密;对称加密算法包括 DES 和 AES;

非对称加密算法包括 RSA、背包密码、Rabin、椭圆曲线等。目前，数据通信中最普遍的算法有 DES 算法和 RSA 算法等。

除了以上密码技术以外，一些新的密码技术如辫子密码、量子密码、混沌密码、DNA 密码等也发展起来，但是它们距离真正的实用还有一段距离。

4.1.2 密码技术基本概念

计算机密码学是研究计算机信息加密、解密及其变换的科学，是数学和计算机的交叉学科，也是一门新兴的学科。密码学是研究编制密码和破译密码的科学，也是研究密码变化的客观规律，应用于编制密码以保守通信秘密的，称为密码编码学（Cryptography）；应用于破译密码以获取通信情报的，称为密码分析学（Cryptanalysis），总称密码学。两者彼此目的相反，相互独立，就像矛与盾，在发展中又相互促进。

密码编码学的任务是寻求生成高强度密码的有效算法，以满足信息进行加密或验证的要求。密码分析学的任务是破译密码或伪造验证密码，窃取机密信息进行诈骗破坏活动。对一个保密系统采取截获（或窃取）密文进行分析的方法来进行攻击称为被动攻击。非法入侵者采用删除、更改、添加、重放、伪造等手段向系统注入假信息的攻击称为主动攻击。进攻与反进攻、破译与反破译是密码学中永无止境的矛与盾的竞技。

消息的发送者称为信源，消息的授权目的地称为信宿。采用密码方法隐蔽和保护机要消息，可使未授权者不能提取信息。被隐蔽的原始消息称为明文 M，通过密码可将明文变换成另一种隐蔽形式，称为密文 C。由明文到密文的变换过程 $C=E_k(M)$ 称为加密。由合法接收者从密文恢复出明文的过程 $M=D_k(C) = D_k(E_k(M))$ 称为解密。非法接收者试图从密文分析出明文的过程称为破译。对明文进行加密时采用的一组规则称为加密算法。对密文解密时采用的一组规则称为解密算法。加密算法和解密算法是一组仅有合法用户知道的秘密信息，是在密钥的控制下进行的，加密和解密过程中使用的密钥分别称为加密密钥和解密密钥。密码的传递过程可以通过一个简单的密码通信模型来表达，如图 4.1 所示。

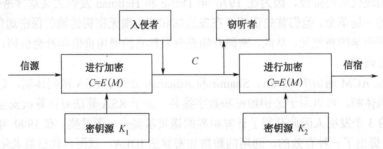

图 4.1 密码通信模型

虽然这是一个简单的加密通信模型，但已涉及密码体制的五个组成部分。

明文的集合 M，称为明文空间。密文的集合 C，称为密文空间。密钥的集合 K，称为密钥空间。由加密密钥控制的加密交换算法 E，即 $E_k: M \to C$。由解密密钥控制的解密交换算法 D，即 $D_k: C \to M$，$D_k(E_k(M))=M$。

人们将五元组（M, C, k, E, D）称为一个密码体制，在此体制中要求加密算法对所有密钥反应迅速并实时有效，体制的安全性不能依赖于算法的保密，只能依赖于密钥的保密。

一个安全的密码体制根据其应用性能对信息提供下列功能。

（1）秘密性：防止非法的接收者发现明文。

（2）鉴别性：确定信息来源的合法性。

（3）完整性：确定信息是否被有意或无意地更改。

（4）不可否认性：发送方在事后，不可否认其传送过的信息。

近代密码学不只注重信息的秘密性，更加重视信息的鉴别性、完整性及不可否认性。密码系统为维持其最高安全性，均假设给予破译者最多的信息。密码体制的安全性必须仅依赖其解密密钥，亦即在一个密码系统中除解密密钥外，其余的加/解密算法等，均应假设为破译者完全知道。

只有在此假设下，破译者仍无法破解密码系统，此系统方有可能被称为安全。破译者在密码系统中所获得的信息，依层次可有下列 3 种可能的破解方式。

（1）唯密文攻击法：破译者只能通过截取到密文 C，并且希望能由密文来破解出明文 M。

（2）已知明文攻击法：破译者拥有一系列"明文-密文"组，并且希望能由这些"明文-密文"组破解出解密密钥或其他密文。在此方法中，假设破译者无法选择或控制其已获取的"明文-密文"组，但当明文超出时限被解密公布时，破译者就可获得这些"明文-密文"组。

（3）选择文攻击法：在假设破译者可以选择或控制其所获取的明文或密文时，破译者可以使用其认为最容易破解的"明文-密文"组，从而对密码系统进行攻击。选择文攻击法又分为以下两种方式。

① 选择明文攻击：破译者选择明文，经密码系统将其加密为密文，传送给破译者。破译者据此进行攻击。

② 选择密文攻击：破译者选择密文，经密码系统将其解密为明文，传送回给破译者。破译者据此进行攻击。

密码体制虽然都希望破译者最多只能通过"唯密文攻击法"来攻击，但现代的密码体制至少要求都能够经得起"选择文攻击"。特别是在公开密钥密码系统中，由于加密密钥的公开性，任何人均可利用加密密钥将任何明文加密以获得密文，以进行选择明文攻击。

现代密码技术普遍依赖于数学理论。一般而言，越是先进的加密算法所涉及的数学理论越高深。而随着计算机科技的进步，加密技术日新月异，原来不能破解的加密技术也可能因为计算机速度的提高和计算机成本的降低而变得容易。所以，每当出现新的加密技术时，破解技术亦尾随而至，加密与解密经常是"道高一尺，魔高一丈"。

4.1.3 密码体制的分类

密码体制分类有多种形式，根据密钥的特点将密码体制分为对称密码体制和非对称密码体制两种。对称密码又称为单密钥密码或私密码。非对称密码又称为双密钥密码或公密钥密码体制。

在对称密码体制下，加密密钥与解密密钥是相同的（即 $k_1=k_2$），密钥 k 在传递过程中需经过安全的密钥信道，由发送方传送到接收方。单钥密码的特点是加密、解密都使用同一个密钥，所以此密码体制的安全性关键在于密钥的安全性，若其密钥泄露，则此密码系统便失去了其应有的作用。

单钥密码的优点是安全性高，加解密速度快。其缺点是巨大的网络规模，使密钥的管理成为难点；难以解决消息传送的确认问题；缺乏能够自动检测密钥是否泄露的能力。

在非对称密码体制下，加密密钥与解密密钥不同，无须安全信道来传送密钥，只需利用本地密钥的发生器产生解密密钥 k 并控制解密操作 D。由于双钥密码体制的加密与解密方法不同，且只需保密解密密钥，所以双钥密码不存在密钥管理问题。但双钥密码算法一般比较复杂，加解密速度慢。

目前，解决网络空间信息传输安全的体制方法如下：在加解密时都采用单钥密码，而在密钥传送时，则采用双钥密码的混合加密体制去解决密钥管理的困难、加解密速度慢的问题。

若以密码算法对明文的处理方式为标准，则可将密码系统分为序列密码和分组密码系统。

序列密码对明文进行逐个比特处理，加密过程是把明文序列与等长的密钥序列进行逐位模 2 相加。解密过程则是把密文序列与等长的密钥序列进行逐位模 2 相加。序列密码的安全性主要依赖于密钥序列。序列密码的优点是处理速度快，实时性好；错误传播小；适用于军事、外交等保密信道。其缺点如下：明文扩散性差，需要密钥同步。

分组密码用一个固定的变换对等长明文分组进行处理，加密过程是将明文序列以固定长度进行分组，每组明文用相同的密钥和加密函数进行运算。为了减少存储量和提高运算速度，加密函数的复杂性成为系统安全的关键。加密函数重复地使用代替和置换两种基本的加密变换。分组密码的优点如下：明文信息具有良好的扩散性；不需要密钥同步；较强的适用性。其缺点如下：加密速度慢；错误易扩散和传播。

现代密码学的一个基本原则：一切秘密存在于密钥之中。其含义如下：在设计加密系统时，总是假设密码算法是公开的，真正需要保密的是密钥。这是因为密码算法相对密钥来说更容易泄露。算法不需要保密的事实意味着制造商能够并已经开发了实现数据加密算法的低成本芯片，这些芯片可广泛使用并能与一些产品融为一体。对于加密算法的使用，主要的安全问题是维护其密钥的安全。

那么，什么样的密码体制是安全的呢？有一种理想的加密方案，叫作一次一密密码（One-Time Pad），它是由 Joseph Mauborgne 和 AT&T 公司的 Gilbert Vernam 在 1917 年发明的。一次一密的密码本是一个大的不重复的真随机密钥字母集，这个密钥字母集被写在几张纸上，并一起粘成一个密码本。发方用密码本中的每一个作为密钥的字母准确地加密一个明文字符。加密使用明文字符和一次一密乱码本密钥字符的模 26 加法。

每个密钥仅对一个消息使用一次。发方对所发的消息加密，然后销毁密码本中用过的一页。收方有一个同样的密码本，并依次使用密码本上的每个密钥去解密密文的每个字符。收方在解密消息后销毁密码本中用过的一页。只要密码本不被泄露，该密码体制是绝对安全的。该体制的主要问题是密码本的安全分配和安全存储。

4.2 对称密码体系

对称密码体系是指采用的解密算法就是加密算法的逆运算，而加密密钥也就是解密密钥的一类加密体制。它常用来加密带有大量数据的报文和文卷通信的信息，因为这两种通信可实现高速加密算法。该体制的主要特点是发送者和接收者之间的密钥必须安全传送，而双方用户通信所用的密钥也必须妥善保管。该体制的主要类型代表包括古典密码体制替代与置换密码法、近现代密码体制中的对称密码体制 DES（数据加密标准）、AEA（高级加密标准）和非对称密码体制的 RSA 算法等。

4.2.1 古典密码体制

古典密码是比较简单的。它们大多采用手工或机械操作来对明文进行加密，并对密文进行解密。当时，有的密码被认为是不可破译的，而在科学技术充分发达的今天，这些密码中的绝大多数已毫无安全性可言了。但古典密码的基本设计思想在现代密码学中还是有一定意义的，而且现代密码的设计离不开简单的基本密码。

1. 替代密码法

替代（Permutation）密码法（或称为代换密码法）有单字母密码法和多字母密码法两种。替代密码就是将明文字母表中的每个字符替换为密文字母表中的字符。这里对应的密文字母可能是一个,也可能是多个。接收者对密文进行逆向替换即可得到明文。

1) 单字符单表代换密码

凯撒密码是单表替代密码的经典算法。设明文为 x,密文为 y,加密变换是 e,解密变换是 d,26 个字母中 a 用数字 0 代替,z 用数字 25 代替,不区分大小写,那么凯撒密码可以表示如下。

加密:$y=e(x) = (x+3) \bmod 26$。

解密:$x=d(Y) = (y+26-3) \bmod 26$。

这种方法就是将明文字母表中的一个字符对应密文表中的一个字符。这是所有加密中最简单的方法。例如,移位映射法:将加密字母表字母向后移动几个字母后,与原字母表对应。例如,(原字母表中)A→(加密字母表中)F,B→G,C→H,D→I,W→B,X→C,Y→D,则原来的字符 A,B,C,D,…,W,X,Y 转换为加密字符 F,G,H,I,…,B,C,D。另外一种是倒映射法:将加密字母表用原字母表的倒排,与原字母表对应,即原来的字符 A,B,C,D,…,W,X,Y 转换为加密字符 Z,Y,X,W,…,D,C,B。

当年凯撒大帝行军打仗时用这种方法进行通信,凯撒密码的主要特征是简单易行。

2) 多字符多表代换密码

这种方法就是以一系列(两个以上)代换表依次对明文消息的字母进行代换的加密方法。该技术使用多个不同的单字母代换来加密明文消息,它具有以下特征:使用一系列相关的单字母代换规则;由一个密钥来选取特定的单字母代换。

例如,使用有 5 个简单代替表的代替密码,明文的第一个字母用第一个代替表,第二个字母用第二个表,第三个字母用第三个表,以此类推,循环使用这 5 张代替表。多表代替密码由莱昂·巴蒂斯塔于 1568 年发明,著名的维吉尼亚密码和博福特密码均是多表代替密码。

最著名、最简单的一种算法是 Vigenere 密码。该密码由 26 个凯撒密码组成,其位移从 0 到 25。每个密码由一个密钥字母表示,该密钥字母是代替明文字母的。因此,一个位移为 3 的凯撒密码由密钥值 d 代表。在使用该密码进行加解密时,通常需要构造一个 Vigenere 表格,如表 4.1 所示。26 个密文表的每一个都是水平排列的(行),每个密文的左侧为其密钥字母;对应明文的一个字母表从顶部向下排列。

其加密过程如下:给定一个密钥字母 x 和一个明文字母 Y,则密文字母位于 x 行和 Y 列的交叉点上,此时密文为 V。当具体加密一个消息时,需要一个与消息同样长的密钥。通常,该密钥为一个重复关键词。例如,如果某某关键词是 deceptive,消息是"we are discovered save yourself",那么

密钥:deceptivedeceptivedeceptive。

明文:wearediscoveredsaveyourself。

密文:ZICVTWQNGRZGVTWAVZHCQYGLMGJ。

解密也同样简单,密文字母所在的行的位置决定列,该明文字母位于该列的顶部。

该密码的强度在于每个明文字母由多个密文字母对应,每个明文字母对应于该关键词的每个独特的字母,因此,该字母的频率信息是模糊的。

2. 置换密码法

置换密码就是明文字母本身不变,根据某种规则改变明文字母在原文中的相应位置,使之成为密文的一种方法,又称为换位密码法。换位一般以字节(一个字母)为单位,有时也以"位"为单位。

表 4.1 Vigenere 表格

	明文字母																									
	a	b	c	d	e	f	g	h	i	j	k	l	m	n	o	p	q	r	s	t	u	v	w	x	y	z
a	A	B	C	D	E	F	G	H	I	J	K	L	M	N	O	P	Q	R	S	T	U	V	W	X	Y	Z
b	B	C	D	E	F	G	H	I	J	K	L	M	N	O	P	Q	R	S	T	U	V	W	X	Y	Z	A
c	C	D	E	F	G	H	I	J	K	L	M	N	O	P	Q	R	S	T	U	V	W	X	Y	Z	A	B
d	D	E	F	G	H	I	J	K	L	M	N	O	P	Q	R	S	T	U	V	W	X	Y	Z	A	B	C
e	E	F	G	H	I	J	K	L	M	N	O	P	Q	R	S	T	U	V	W	X	Y	Z	A	B	C	D
f	F	G	H	I	J	K	L	M	N	O	P	Q	R	S	T	U	V	W	X	Y	Z	A	B	C	D	E
g	G	H	I	J	K	L	M	N	O	P	Q	R	S	T	U	V	W	X	Y	Z	A	B	C	D	E	F
h	H	I	J	K	L	M	N	O	P	Q	R	S	T	U	V	W	X	Y	Z	A	B	C	D	E	F	G
i	I	J	K	L	M	N	O	P	Q	R	S	T	U	V	W	X	Y	Z	A	B	C	D	E	F	G	H
j	J	K	L	M	N	O	P	Q	R	S	T	U	V	W	X	Y	Z	A	B	C	D	E	F	G	H	I
k	K	L	M	N	O	P	Q	R	S	T	U	V	W	X	Y	Z	A	B	C	D	E	F	G	H	I	J
l	L	M	N	O	P	Q	R	S	T	U	V	W	X	Y	Z	A	B	C	D	E	F	G	H	I	J	K
m	M	N	O	P	Q	R	S	T	U	V	W	X	Y	Z	A	B	C	D	E	F	G	H	I	J	K	L
n	N	O	P	Q	R	S	T	U	V	W	X	Y	Z	A	B	C	D	E	F	G	H	I	J	K	L	M
o	O	P	Q	R	S	T	U	V	W	X	Y	Z	A	B	C	D	E	F	G	H	I	J	K	L	M	N
p	P	Q	R	S	T	U	V	W	X	Y	Z	A	B	C	D	E	F	G	H	I	J	K	L	M	N	O
q	Q	R	S	T	U	V	W	X	Y	Z	A	B	C	D	E	F	G	H	I	J	K	L	M	N	O	P
r	R	S	T	U	V	W	X	Y	Z	A	B	C	D	E	F	G	H	I	J	K	L	M	N	O	P	Q
s	S	T	U	V	W	X	Y	Z	A	B	C	D	E	F	G	H	I	J	K	L	M	N	O	P	Q	R
t	T	U	V	W	X	Y	Z	A	B	C	D	E	F	G	H	I	J	K	L	M	N	O	P	Q	R	S
u	U	V	W	X	Y	Z	A	B	C	D	E	F	G	H	I	J	K	L	M	N	O	P	Q	R	S	T
v	V	W	X	Y	Z	A	B	C	D	E	F	G	H	I	J	K	L	M	N	O	P	Q	R	S	T	U
w	W	X	Y	Z	A	B	C	D	E	F	G	H	I	J	K	L	M	N	O	P	Q	R	S	T	U	V
x	X	Y	Z	A	B	C	D	E	F	G	H	I	J	K	L	M	N	O	P	Q	R	S	T	U	V	W
y	Y	Z	A	B	C	D	E	F	G	H	I	J	K	L	M	N	O	P	Q	R	S	T	U	V	W	X
z	Z	A	B	C	D	E	F	G	H	I	J	K	L	M	N	O	P	Q	R	S	T	U	V	W	X	Y

一种应用广泛的置换密码是将明文信息按行的顺序写入，排列成一个 $m×n$ 矩阵，空缺的位用字符 "j" 填充。再逐列读出该消息，并以行的顺序排列。列的读出顺序为密码的密钥。这里给出以下示例。

密钥： 4 3 1 2 5 6 7

明文： a t t a c k p
　　　 o s t p o n e
　　　 d u n t i l t
　　　 w o a m x y z

密文：TTNAAPTMTSUOAODWCOIXKNLYPETZ

一次置换密码容易识别，因为它具有与原明文相同的字母频率，必须进行多次置换，置换过程与第一次相同，经过多次置换后，该密码的安全强度具有较大改善。

以上各种加密方法，单独使用比较简单，但很容易被攻破。在实际加密中，通常将其中的两个或两个以上的方法结合起来，形成综合加密方法。经过综合加密的密文，具有很强的抗分析能力。

在古典密码中，无论是置换密码还是替代密码都是相对简单的密码体制，但其原理与近代密码相似，为近代密码设计奠定了很好的基础。在密码体制设计过程中，一定要遵从 Kerckhoff 假设。

所谓 Kerckhoff 假设即一个密码系统的安全强度只能依赖于密钥的保密，而不是加密算法的保密。如果依赖于攻击者不知道算法的内部机理，则注定会失败。有两点需要注意：第一，一个加密算法是无条件安全的，如果算法产生的密文不能给出唯一决定相应明文的足够信息。此时无论攻击者截获多少密文、花费多少时间，都不能解密密文；第二，Shannon 指出，仅当密钥至少和明文一样长时，才能达到无条件安全。也就是说，除了一次一密方案外，再无其他加密方案是无条件安全的。因此，加密算法只要满足以下两条准则之一即可。

（1）破译密文的代价超过被加密信息的价值。
（2）破译密文所花费的时间超过信息的有用期。

满足以上两个准则的加密算法称为计算上安全的。

安全不是一种可以证明的特性，只能说在某些已知攻击下是安全的，对于将来的新的攻击是否安全就很难预测或断言了。

4.2.2 初等密码分析破译法

在计算机网络空间信息传输和处理过程中，除了正常的接收者外，还有非授权者，其通过各种手段与办法（如电磁侦听、声音窃听、搭线窃听等）来窃取机密信息，并通过各种信息推出密钥和加密算法，从而读懂密文，这种操作称为破译，也称为密码分析。

密码破译是利用计算机硬件和软件工具，从截获的密文中推断出原来明文的一系列行动的总称，又称为密码攻击。密码攻击可分为被动攻击和主动攻击两类。仅对截获的密文进行分析而不对系统进行任何篡改的行为，称为被动攻击，如窃听。当密码破译后，采用删除、更改、增添、重放、伪造等方法向密文中加入假消息的行为，称为主动攻击。被动攻击的隐蔽性更好，难以发现，但主动攻击的破坏性很大。

一般情况下，密码分析是攻击者为了窃取机密信息所做的事情，但这也是密码体制设计者的工作，设计者的目的是根据目前敌方的分析能力，找出自己体制存在的弱点，对体制加以改进，以提高体制的安全性。

1. 破译密码的基本方法

通常情况下密码破译中有一个假设，即假设密码破译者拥有所有使用算法的全部知识，密码体制的安全性仅依赖于对密钥的保护。或者，密码破译者除了不知道密钥之外，其有可能了解整个密码系统。密码攻击的方法有分析破译法和穷举破译法两类。

（1）密码分析破译法：网络空间信息的密码分析破译法有统计性与确定性两种。

密码统计性分析破译法是利用明文的已知统计规律进行破译的方法。密码破译者对截获的密文进行统计分析，总结出其中的统计规律，并与明文的统计规律进行对照比较，从中提取出明文和密文之间的对应或变换信息。密码分析之所以能够破译密码，最根本的是依赖于明文中的冗余度。

密码确定性分析破译法利用一个或几个已知量（如已知密文或明密文对）用数学关系式表示出所求未知量。已知量和未知量的关系视加密和解密算法而定，寻求这种关系是密码确定性分析破译法的关键步骤。

（2）穷举破译法，又称为强力破译法或完全试错破译法，它对截获的密报依次用各种可能的密钥试译，直到得到有意义的明文。或者在不改变密钥的情况下，对所有可能的明文加密直到得到的密文与截获的密文一致时为止。只要有足够多的计算时间和存储容量，原则上讲穷举破译法总是可以成功的。但任何一种能保障安全要求的实用密码都会设计得使这种方法在实际上是不可行的，如破译成本太高或花费时间太长。

攻击者为了减小搜索计算量，可以采用较有效的改进试错破译法。它将密钥空间划分成几个

(如 q 个)等可能的子集,对密钥可能落入哪个子集进行判断,至多需进行 q 次试验。在确定了正确密钥所在的子集后,就对该子集再进行类似的划分并检验正确密钥所在的集。以此类推,最终判断出所用的正确密钥。这种方法的关键在于如何实现密钥空间的等概率子集的划分。

从理论上讲,除了一文一密的密码体制外,没有绝对安全的密码体制。所以,称一个密码体制是安全的,一般是指密码体制在计算上是安全的,即密码分析破译者为了破译其密码,穷尽其时间、存储资源仍不可得,或者破译所耗费的费用已超出了因破译密码而获得的收益。

2. 密码分析破译的等级

根据密码分析破译者对明文与密文掌握的程度,密码攻击者主要分为以下 4 个等级。

(1)唯密文攻击,密码分析破译者仅根据截获的密文进行的密码攻击。

(2)已知明文攻击,密码分析破译者已经掌握了一些相应的明文与密文对,据此对加密系统进行的攻击。

(3)选择明文攻击。密码分析破译者可以选择一些明文,并可取得相应的密文,这就意味着攻击者已经掌握了装有加密密钥的加密装置(但无法获得解密装置里的密钥),并且可使用任意的密文做解密试验,这对密码分析破译者而言是很理想的。例如,在公开密钥密码体制中,分析破译者可以用公开密钥加密其他任意选择的明文。

(4)选择密文攻击。密码分析破译者可以选择一定的密文,并获得对应的明文。例如,在公钥体制中,分析破译者可选择所需的密文,并利用公开密钥对所有可能的明文加密,再与明文对照,最后解密选定的密文。

上述 4 个等级的攻击强度是依次增大的。密码分析破译者的成功除了靠掌握的数学演绎和归纳法外,还要利用大胆猜测和对一些特殊或异常情况的敏感性。

4.2.3 单钥密码体制

单钥密码体制是加密和解密使用单一的相同密钥的加密制度。即使不相同,也可以由一个推导出另一个。通信时 A、B 双方必须相互间交换密钥,当 A 需要发送信息给 B 时,A 用自己的加密密钥进行加密,而 B 在接收到数据后,用 A 的密钥进行解密。这样,在双方交换数据的时候,还需要有一种非常安全的方法来传输密钥。

常见的单钥密码体制有两种加密法:一是分组密码,即把明文消息分组(含有多个字符),逐组进行加密;二是流密码,即明文按字符(如二元数字)逐位加密。单钥密码体制不仅可用于数据加密,也可用于消息的验证。

1. 数据加密标准

1)概述

在 1973 年,美国国家标准局(NBS)发布了一个公开请求,寻找一个能够成为美国国家标准的加密算法。IBM 公司的沃尔特·塔奇曼和卡尔·迈歇尔于 1971—1972 年研制成功一个算法——LUCIFER。NBS 后来将该算法提交给国家安全代理机构,它们重新审阅并对算法做了一些修改,提出了一个版本,即最初的数据加密标准(Data Encryption Standard,DES)算法。1975 年 NBS 公开了 DES,即可以自由地使用它,并于 1977 年 1 月 5 日正式确定将它作为美国的统一数据加密标准,并设计推出 DES 芯片。自此,DES 开始在政府、银行、金融界广泛应用。尽管有许多攻击方法试图攻破该体制,但在已知的公开文献中,还是无法完全、彻底地破解 DES。

自 1975 年以来,围绕 DES 有相当激烈的争论,一些人认为这个密钥太短,担心有"陷门"。1990 年,Eli Biham 和 Adi Shamir 提出了如何用微分密码分析法来破译 DES。DES 算法有 16 个循环,微分分析法在算法至多有 15 个循环的情况下,比使用穷尽法搜索所有可能的密钥有更高的效率。几年后,IBM 公开了一些设计标准,表明实际上它们已建立了阻止微分密码分析的体制。

尽管 DES 已历经了 40 余个年头,但在已知的公开文献中还是无法完全地、彻底地把 DES 破解。DES 这套加密方法至今仍被公认是安全的。

2) DES 的工作原理

DES 算法属于分组加密算法,即对一定大小的明文或密文进行加密或解密工作。在 DES 加密系统中,其每次加密或解密的分组大小均为 64 位,所以 DES 无须考虑密文扩充问题。无论明文或密文,一般的数据大小通常大于 64 位,此时只要将明文或密文中的每 64 位当一个分组进行分割,再对每个分组做加密或解密即可。当切割后的最后一个分组小于 64 位时,便在此分组之后附加"0"位,直到此分组大小为 64 位为止。DES 所用的加密或解密密钥也是 64 位,但因其中有 8 位用来做奇偶校验,所以 64 位中真正起到密钥作用的只有 56 位。而 DES 加密与解密所用的算法除了子密钥的顺序不同外,其他的部分都是相同的。

DES 全部 16 轮的加/解密结构如图 4.2 所示,其上方的 64 位输入分组数据可能是明文,也可能是密文,由使用者做加密或解密而定。加密与解密的不同只在于最右边的 16 个子密钥的使用顺序不同,加密的子密钥顺序为 $K_1, K_2, K_3, \cdots, K_{16}$,而解密的子密钥顺序正好相反,为 $K_{16}, K_{15}, K_{14}, \cdots, K_1$。其运算过程如下。

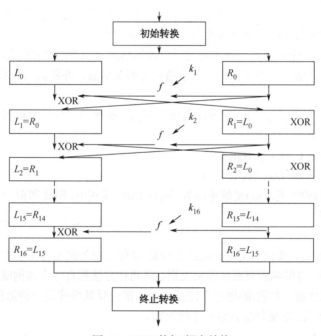

图 4.2　DES 的加/解密结构

① 加/解密输入分组依表 4.2 重新排列,通过初始置换来打乱数据原来的顺序,再分为 L_0 与 R_0 两个 32 位的分组。

② R_0 与第一子密钥 K_1 经函数 f 运算后,得到的 32 位输出再与 L_0 逐位异或(XOR)运算。

③ 其结果成为下一轮的 R_1,R_0 则成为下一轮的 L_1,如此连续运行 16 轮。

也可用下列两个式子来表示其运算过程:

$R_i = L_{i-1} \text{ XOR } f(R_{i-1}, K_i)$　　　$L_i = R_{i-1}$,$i = 1, 2, \cdots, 16$

最后所得的 R_{16} 与 L_{16} 不再互换,直接连接成 64 位的分组,再根据表 4.3 重新排列次序做终结置换动作,得到 64 位的输出。

表 4.2　加解密输入分组与重排值

58	50	42	34	26	18	10	2
60	52	44	36	28	20	12	4
62	54	46	38	30	22	14	6
64	56	48	40	32	24	16	8
57	49	41	33	25	17	9	1
59	51	43	35	27	19	11	3
61	53	45	37	29	21	13	5
63	55	47	39	31	23	15	7

表 4.3　终结置换输出值

40	8	48	16	56	24	64	32
39	7	47	15	55	23	63	31
38	6	46	14	54	22	62	30
37	5	45	13	53	21	61	29
36	4	44	12	52	20	60	28
35	3	43	11	51	19	59	27
34	2	42	10	50	18	58	26
33	1	41	9	49	17	57	25

3）工作模式

① 电子密码本

使用分组密码方式将一长串明文分解成为适当的分组，对每个分组用加密 $E()$ 函数分别加密，即电子密码本（ECB）操作方式。明文 P 被分解为 $P=[P_1, P_2, P_3, \cdots, P_j]$，其对应的密文是 $C=[C_1, C_2, C_3, \cdots, C_i]$，$C_i=E(P_j)$ 是明文 P_j 使用密钥 k 加密的结果。

ECB 操作模式固有的缺点在明文很长的情况下变得更明显了，当攻击者长时间地一直观察发送者和接收者之间的通信时，如果攻击者想方设法获得了一些所观察到的明文及相应的密文，攻击者即可开始建立电子密码本，译出发送者和接收者后续的通信。攻击者不必计算密钥 k，只要查看其电子密码本上的密文信息，并用对应的明文破解信息即可。

ECB 模式的另外一个问题是当攻击者尝试修改发送给接收者的加密信息时，它能够抽取信息的重要部分，并使用其电子密码本去产生一个错误的密文信息，并将其插入数据流通信。

② 密码分组链

减少 EBC 模式存在的问题的一种方法是使用链接。链接是一种反馈机制，一块分组的加密依赖于其前面分组的加密。

其加密过程如下：$C_j=E_k(P_j \text{ XOR } C_{j-1})$

而解密过程如下：$P_j=D_k(C_j \text{ XOR } C_{j-1})$

C_n 是某个选定的初始值，$D_k()$ 是解密函数，则在 CBC 模式中，明文和前一分组的密文异或后，再对其结果进行加密。

③ 密码反馈

CBC 模式的问题是，即使明文错一位或在计算/存储以前的密文分组中有一点错误，都可能导致密文组的计算错误，将影响所有后续的密文组。前两种方法都有一个共同缺点，即在完整的 8 字节的数据分组未到来之前，加密/解密是不能开始的。密码反馈模式是一种流操作模式，一组 8 位信息并不需要等待全部的数据分组到达后才能加密。

4）DES 的安全性

随着技术不断发展，人们使用两种方法来进一步增加了 DES 的安全性。一是多次使用 DES，称之为三重 DES；二是寻找新的体制，要求远多于 56 位的密钥。

三重 DES 的设计思想是使用同样的算法，用不同的密钥加密二次相同的密文。双重加密是第一次用一个密钥加密明文，然后使用不同的密钥加密一次。虽然已证明双重加密设计事实上具有 57 位密钥等级的安全性，但使用中间相遇攻击，密钥空间会从 2112 减少到 257。

因为双重 DES 的固有弱点，常用的是三重 DES，它具有近似等于 112 位密钥的加密级别的安全性。至少有两种方式来实现三重 DES，一种是选择 3 个密钥 k_1, k_2, k_3 并执行 $E_{k1}(E_{k2}(E_{k3}(m)))$；另一种是选择两个密钥 k_1 和 k_2 并执行 $E_{k1}(D_{k2}(E_{k1}(m)))$ 当 $k_1=k_2$ 时，减少为简单的 DES。两种版本的三重 DES 都能抵抗来自中间相遇攻击，但也有其他针对双重密钥版本的攻击。

2. 高级加密标准

1）概述

在 1997 年 4 月 15 日，美国国家标准和技术委员会发起征集高级加密标准（Advanced Encryption Standards，AES）算法的活动，并专门成立了 AES 工作组，以寻找 DES 的替代品，条件是新的加密算法必须允许 128、192、256 位密钥长度，它不仅能够在 128 位输入分组上工作，还能够在各种不同的硬件上工作，速度和密码强度同样也要被重视。1998 年，加密委员会对 15 种候选算法进行评定，最后选择出 5 种，分别是 IBM 的 MARS 算法、RSA 实验室的 RC6 算法、Joan Daemen 和 Vincent Rijmen 的 Rijndael 算法、Ross Anderson、Eli Biham 和 Lars Knudsen 的 Serpent 算法，以及 Bruce Schneier、John Kelsey、Doug Whiting 和 David Wagner 的 Twofish 算法。

最后，Rijndael 被选作取代 DES 的新加密标准，这就是高级加密标准。余下的 4 种候选算法很有可能在未来的加密体制中得到广泛的应用。

2）加密算法

首先将 Rijndael 算法密钥长度限制为 128 位，算法过程由 10 轮循环组成，每一轮循环都有一个来自于初始密钥的循环密钥。每一轮循环输入的是 128 位，产生的输出也是 128 位。

每个循环由 4 个基本步骤组成，称之为层。

① 字节转换（The ByteSub Transformation）：一个非线性层，目的是防止微分和线性密码体制的攻击。

② 移动行变换（The ShiftRow Transformation）：这一步是线性组合，可以导致多轮循环各个位间的扩散。

③ 混合列变换（The MixColumn Transformation）：与行变换目的是相同的。

④ 加循环密钥（Add Round Key）：循环密钥与上层结果进行异或运算。

循环后就是

→字节（BS）→移动行（SR）→混合列（MC）→加循环密钥（ARK）→

其中，ARK 使用的是初始密钥；BS、SR、MC、ARK 共循环 9 次，分别使用 1～9 个循环密钥。但最后一个即第 10 个循环用到 BS、SR、ARK，但未用到 MC，其 128 位的输出是一个密文分组。

3）解密算法

解密的每个步骤是加密过程中字节转换、移动行、混合列和加循环密钥的相反过程。

① 字节转换的逆是另一种查找表，我们称之为逆字节转换（InvByteSub）。

② 其逆过程是用循环右移代替循环左移，得到逆移动行（InvShiftRow）。

③ 混合列的逆的存在，因为混合列中所用的 4×4 矩阵是可逆的，即逆混合列（InvMixColumn）。

④ 加循环密钥就是它自身的反序。

所以，解密本质上和加密有相同的结构，但除了第一步和最后一步之外，字节转换、移动行和混合列被它们的逆替换，加循环密钥被逆加循环密钥替换。循环密钥使用起来应该颠倒顺序，所以第一个加循环密钥使用第 10 个循环的密钥，最后一个加循环密钥（ARK）使用第 0 个循环的密钥。

接下来解释一下为什么在最后的循环中不用混合列。若循环中使用，那么数据加密将从 ARK、BS、SR、MC、ARK…开始，以 ARK、BS、SR、MC、ARK 结束，因此解密将以 IMC、IARK、IBS、ISR…开始，这意味着解密不必以 IMC 开始，否则，会降低算法的速度。

4）算法应用

例 4.1 考虑一个数据块长度为 256 位且密钥长度为 128 位的 AES 加密算法。请问该密码算法的一个数据块中字的个数 N_b 是多少？密钥中字的个数 N_k 是多少？算法轮数 N_r 是多少？请详细描述（N_r+1）个子密钥的产生过程。

解：对该 AES 算法而言，$N_b=8$，$N_k=4$，$N_r=14$。该算法所需要的 15 个子密钥的生成过程可分为主密钥扩展和子密钥选取两个步骤。

主密钥的扩展：当 $i=0$，1，2，3 时，定义 $\vec{w}_i = \vec{k}_i$。当 $4 \leq i \leq 8 \times (14+1)-1=119$ 时，若 $i \bmod N_k \neq 0$，定义 $\vec{w}_i = \vec{w}_{i-N_k} \oplus \vec{w}_{i-1}$；若 $i \bmod N_k = 0$，令 $RC[i] = x^{i-1} \in GF(2^8)$，$R\text{con}[i] = (RC[i], '00', '00', '00') \in GF(2^8)[x]/(x^4+1)$，

定义 $\vec{w}_i = \vec{w}_{i-N_k} \oplus \text{ByteSub}(\text{Rotate}(\vec{w}_{i-1})) \oplus R\text{con}[i/N_k]$，其中 Rotate($a$，$b$，$c$，$d$)是左移位，即 Rotate($a$，$b$，$c$，$d$)=($b$，$c$，$d$，$a$)。

子密钥的选取：对于 $i = 0$，1，…，14，AES 加密算法的第 i 个子密钥就是 $\vec{w}_{8i}\vec{w}_{8i+1}\cdots\vec{w}_{8(i+1)-1}$。

3. 序列密码

1) 概述

序列加密算法，即明文的位串（Bit Stream）与伪随机数产生器（Pseudo Random Number Generator）产生的伪随机序列经过适当运算得到密文。序列密码也称为流密码，它是对称密码算法的一种。人们认为序列加密算法为 1 个位的分组加密算法（Block Cipher）。其主要缺点在于若一个伪随机序列发生错误便会使整个密文发生错误，致使解密过程无法还原为明文。但也可视其为优点，即相同的明文位串可有不同的密文位串。由此可知，序列加密算法是一种记忆性组件（Memory Device），即前后的伪随机序列可互相影响。其加密系统的简单结构如图 4.3 所示。

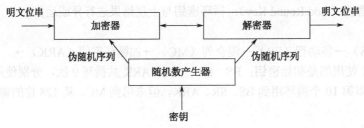

图 4.3 序列加密算法的结构

序列加密算法的安全性在于随机数产生器产生的密钥位串的顺序是否够"混乱"，以及产生位串的周期是否够"长"。对于作为加密系统随机数产生器的要求是非常苛刻的，最佳的随机数产生器是让破译者无法找出伪随机序列的前后相关性，但好的随机数产生器并不容易产生。

2) 自同步序列密码

自同步序列密码——密钥流的每一位是前面固定数量密文位的函数，也称为密文自动密钥。该算法的密码复杂性在于输出函数，它收到内部状态后生成密钥序列位。因为内部状态完全依赖前面 n 个密文位，所以解密密钥流发生器在收到 n 个密文位后自动与加密密钥流发生器同步。

在该模式的智能化应用中，每个消息都以随机的 n 位报头开始。这个报头被加密、传输、解密，在 n 位密文之前整个解密是不正确的，直到之后两个密钥流发生器同步。

自同步密码的缺点是错误扩散。传输中有一个密文位被篡改，解密密钥流发生器就有 n 位密钥流位不能正确生成。因此，一位密文错误就会导致 n 位相应的明文错误，直到内部状态里面不再有该错误位。

3) 同步序列密码

在同步序列密码中密钥流是独立于消息流而产生的，也称之为密钥自动密钥。加密端密钥流

发生器一位接一位地"吐"出密钥,在解密端的另一个发生器上产生完全相同的密钥。若其中一个发生器跳过一个周期或者一个密文位在传输过程中丢失了,那么错误后面的每一个密文字符都不能正确解密。

如果错误发生了,发方和收方就必须在继续进行之前使两个密钥发生器重新同步,以保证密钥流的任意部分不会重复,重新设置发生器回到前一个状态。其优点是同步密码并不扩散传输错误。如果有一位在传输中改变了(比丢失一位可能性大得多),那么只有该位不能正确解密,所有进程和结果都不会受影响。

由于在加解密两端密钥流发生器上必须产生同样的输出,密钥序列终会重复,所以它必须是确定的。这些密钥流发生器被称为周期性的。发生器的周期必须非常长,要比密钥更换之前发生器所能输出的位的长度长得多。如果其周期比明文还要短,那么明文的不同部分将采用同样的加密——这是一个严重的弱点。如果密码分析者熟悉这样的一批明文,就可以恢复出密钥流,然后恢复出更多的明文。即使分析者仅有密文,也可以用同一密钥流加密的不同部分密文相异或得到明文和明文的异或值。

4. 分组密码

传统的密码体制中,明文中所改变一个字母对应在密文中也改变了一个字母,密文中给定的一个字母恰好来自于明文中的同一个字母,通过频率分析就非常容易发现密钥。使用字母的分组体制,对应了密钥的长度,利用频率分析要困难些,但仍然是可能的,毕竟每组中的各个字母没有相互作用。分组密码避免了这些问题,因为它同时加密几个字母或数字的分组。改变明文分组的一个字符,就可能改变与之相对应的密文分组潜在的所有字符。

现代密码体制的很多方法都属于分组密码的范畴,如 DES 方法是基于 64 比特的分组,AES 使用 128 比特的分组,RSA 使用几百比特长的分组,取决于模数的使用,所有这些分组的长度都足够长,能有效地防止类似频率分析这样的攻击。

使用分组密码的标准方法就是一次性地、独立地把明文中的一块分组转换成密文的一块分组,这称为电子电报密码本模式,但是使用后续明文分组的加密分组,从密文的分组中再使用反馈机制,这就导致了密文分组的连锁模式和密文反馈操作模式。

4.3 非对称密码体系

4.3.1 RSA 算法

1. 概述

RSA 体制是 1978 年由美国麻省理工学院 Rivest、Shamir 和 Adleman 三位教授首先提出的一种基于因子分解的指数函数的单向陷门函数,也是迄今为止理论上最为成熟完善的一种公钥密码体制。而最初由 Diffie 和 Hellman 在其论文中所提出的这种公开密钥密码体制(Public Key CryptoAsystem),并没有在实际中应用。

2. 密钥生成

(1)用户任意选择两个大素数 p 及 q,并求出其乘积 $N=p*q$。

(2)任选一个整数 e,使 e 与 N 互素,即 $GCD(e, \Phi(N))=1$ 为加密密钥,并求出 e 在阶 T 中的乘法逆元 d,即 $e*d =1 \bmod T$。根据欧拉定理,指数函数在模 N 中所有元素阶的最小公倍数 $T=\ln(p-1, q-1)$,即 T 等于 $p-1$ 与 $q-1$ 的最小公倍数,一般均使用 $T=(p-1)(q-1)=\Phi(N)$。

（3）将（e，N）公布为公开密钥，并将 d 秘密保存为私有密钥。p 与 q 可以毁去，以增加其安全性。

例 4.2 若 $p=13$ 而 $q=31$，而 $e=7$，d 是多少？公钥是多少？私钥是多少？

解： $N = p * q = 403$

$T = (p-1) * (q-1) = 360$

因为 $e * d = 1 \bmod T$，

所以 $7 * d = 1 \bmod 360$

则 $d = 103$

公钥是（e，N）=（7,403）

私钥是（d，N）=（103,403）

要想从公开密钥 n 和 e 算出未知的 d，只有分解大整数 n 的因子，但大数分解是一个十分困难的问题。Rivest、Shamir 和 Adleman 用已知最好的算法去估计分解 n 的时间与 n 的位数之间的关系，即使用运算速度为 100 万次/秒的计算机分解 500 bit 的 n，得出分解操作数是 1.3×10^{39}，分解时间是 4.2×10^{25} 年。由此可认为 RSA 保密性能良好。

但由于 RSA 涉及高次幂运算，特别是在加密大量数据时，一般用硬件来代替速度较慢的软件来实现 RSA。

3. 参数选择

RSA 体制是将安全性基于因子分解的第一个系统。在公开密钥（e，N）中，若 N 能被因子分解，则在模 N 中所有元素阶的最小公倍数（即陷门）即可被破解。使解密密钥 d 无法保密，整个 RSA 系统失去安全性。虽无法证明因子分解等于破解 RSA 系统，但若能分解因子 N，即能破解 RSA 系统。若能破解 RSA 系统，即能分解因子 N。

RSA 系统对于公开密钥 N 的选择是非常关键的，需要保证任何人在公开 N 后无法从 N 得到 T。对于公开密钥 e 与解密密钥 d，也需要有所限制，否则会导致 RSA 系统被攻破或在密码协议上不安全。选择参数直接影响到整个系统的安全，常用的参数选择的注意要求如下。

（1）p 及 q 应大到使因子分解 N 在计算上不可能

若能因子分解 N，则 RSA 能被破解。因此 p 及 q 的长度必须大到使因子分解 N 为计算上不可能，由于因子分解问题为密码学最基本的难题之一，但其算法已有较快的进步。

（2）p 和 q 的差需很大（差几个位以上）

例 4.3 当 p 和 q 差很小时，在已知 $N = p*q$ 情况下，估计 p 和 q 的平均值，然后利用 $\left(\dfrac{p+q}{2}\right)^2 - N = \left(\dfrac{p-q}{2}\right)^2$ 若式右的数值可开根号，则可因子分解 N。

解： 令 $N=164009$，估计为 $\dfrac{p+q}{2} = 405$，则 $405^2 - N = 16 = 4^2$。

$$\dfrac{p+q}{2} = 405, \quad \dfrac{p-q}{2} = 4$$

故得 $p=409$，$q=401$。

（3）$p-1$ 与 $q-1$ 的最大公因子应很大

若 $p-1$ 及 $q-1$ 的最大公因子很小，Simmons 及 Norris 证明 RSA 可能在不需要因子分解 N 的情况下即被攻破。

（4）e 不可以太小

在 RSA 的系统中，每人的公开密钥 e，只要满足 GCD（e，$\Phi(N)$）=t，即 e 可任意选择。为了加速加密运算时间，建议 e 尽可能小（如选择 e=3），以加速加密运算及降低存储公开密钥的空间。但当 e 太小时，有以下的缺点。

密文 $C=M^3 \bmod N$，若 $M^3<N$，则在加密中无模 N 的动作，因此 C 仅为立方数，便可轻易将 C 开立方得到 M。

低指数攻击法（Low-Exponent Attack）使网络中有三个人的公开密钥 e 均为 3，而其模分别为 N_1、N_2、N_3。若有一人欲传送相同明文 M 给此三人将其加密后的密文分别为 $C_1=M^3 \bmod N_1$，$C_2=M^3 \bmod N_2$，$C_3=M^3 \bmod N_3$。

若 N_1、N_2、N_3 为两两互素，则依据中国剩余定理（Chinese Remainder Theorem），破译者由 C_1、C_2 及 C_3 求出 $C=M^3 \bmod (N_1, N_2, N_3)$。由于 M 分别小于 N_1、N_2、N_3，所以，$C=M^3$ 亦小于 N_1、N_2、N_3 的乘积。因此由 C 开立方即可求出 M。

（5）秘密密钥 d 应大于 $N/4$

一般使用位数较短的秘密密钥 d 来降低解密的时间，但解密密钥 d 的长度减少后会使 RSA 变得不安全。若 d 长度太小，可利用已知明文 M 加密后得 $C=M^e \bmod N$ 再直接猜出 d，求出 $C^d \bmod N$ 是否等于 M。若是，则 d 正确，否则继续猜测 d。若 d 的长度很小，则此猜测 d 的空间变小，猜对的概率相对增大。所以 d 的长度不能太小。1990 年，Wiener 提出一种针对 d 长度较小的攻击法。其证明若 d 的长度小于 N 长度的 1/4，则利用连分数算法可在多项式时间内求出正确的 d。

4.3.2 其他公钥密码体系

1. Diffie-Hellman 公钥体制

Diffie-Hellman 公钥分配密码体制是斯坦福大学的 W. Diffie 与 M. E. Hellman 教授于 1976 年设计的：令 P 是大素数，且 $P-1$ 有大素数因子，选 g 为模 P 的一个原根。使用过程如下：A 欲与 B 通信，首先用明文形式与 B 接通，然后 A 任选正整数 $x_A \leq p-2$ 作为密钥，计算 g^{x_A} 发送给 B，B 将 g^{x_B} 发送给 A。A 和 B 分别得到 $g^{x_{AB}}$，A 和 B 拥有共同的密钥。这种公钥分配体制的安全性是基于有限域上的离散对数问题的困难性，所以具有很高的安全性。

2. ElGamal 公钥体制

ElGamal 是一种基于离散对数的公钥密码体制。由于 ElGamal 公钥密码体制的密文不仅依赖于待加密的明文，还依赖于随机数 k，所以用户选择的随机参数不同，便能够使加密相同的明文时得出不同的密文。由于这种概率加密体制是非确定性的，所以在确定性加密算法中，若破译者对某些关键信息感兴趣，则可事先将这些信息加密后存储起来，一旦以后截获密文，就可以直接在存储的密文中查找，从而得到相应的明文。概率加密体制弥补了其不足，提高了安全性。为了抵抗已知明文攻击，P 至少需要 150 位，而且 $P-1$ 必须至少有一个大素数因子。

3. Merkle-Hellman 公钥体制

大多数公钥密码体制会涉及高次幂运算，不仅加密速度慢，还会占用大量的存储空间。1978 年，Merkle 和 Hellman 提出第一个背包体制，背包体制的特性是其加解密的速度非常快（可高达 700kb/s 以上），因此引起许多研究学者的兴趣。但背包系统的安全度始终为人所怀疑，因为其易解背包的结构似乎可提供某些信息给破译者，所有 KPKC 均为线性保密系统。因此，MH KPKC 从未被实际考虑应用过。

4.3.3 网络通信中三个层次加密方式

在网络空间信息传输中，一般的数据加密可以在网络通信的三个层次来实现：链路加密、节点加密和端到端加密。

1. 链路加密

链路加密又称为在线加密（位于 OSI 网络层以下的加密）。在采用链路加密的网络中，每条通信链路上的加密是独立实现的。通常对每条链路使用不同的加密密钥。当某条链路受到破坏时，就不会导致其他链路上传送的信息被分析出。加密算法常采用序列密码。链路加密的最大缺点是在中间节点暴露了信息的内容。在网络互连的情况下，仅采用链路加密是不能实现通信安全的。

因为，对于链路加密所有消息在被传输之前进行加密，在每一个节点对接收到的消息进行解密，然后先使用下一个链路的密钥对消息进行加密，再进行传输。在到达目的地之前，一条消息可能要经过许多通信链路的传输。由于在每一个中间传输节点消息均被解密后重新进行加密，因此，包括路由信息在内的链路上的所有数据均以密文形式出现。这样，链路加密就掩盖了被传输消息的源点与终点。由于填充技术的使用以及填充字符在不需要传输数据的情况下进行，这使消息的频率和长度特性得以掩盖，从而可以防止对通信业务进行分析。尽管链路加密在计算机网络环境中使用得相当普遍，但它并非没有问题。链路加密通常用在点对点的同步或异步线路上，它要求先对链路两端的加密设备进行同步，然后使用一种链模式对链路上传输的数据进行加密。这就给网络的性能和可管理性带来了副作用。

在质量不好的线路中传输，或者信号经常不通的海外或卫星网络中，链路上的加密设备需要频繁地进行同步，带来的后果是数据丢失或重传。另一方面，即使仅一小部分数据需要进行加密，也会使所有传输数据被加密。在一个网络节点，链路加密仅在通信链路上提供安全性，消息以明文形式存在，因此所有节点在物理上必须是安全的，否则就会泄露明文内容。然而保证每一个节点的安全性需要较高的费用，为每一个节点提供加密硬件设备和一个安全的物理环境所需要的费用由以下几部分组成：保护节点物理安全的雇员开销，为确保安全策略和程序的正确执行而进行审计时的费用，以及为防止安全性被破坏时带来的损失而参与保险的费用。

在传统的加密算法中，用于解密消息的密钥与用于加密的密钥是相同的，该密钥必须被秘密保存，并按一定的规则进行变化。这样，密钥分配在链路加密系统中就成了一个问题，因为每一个节点必须存储与其相连接的所有链路的加密密钥，这就需要对密钥进行物理传送或者建立专用网络设施。而网络节点地理分布的广阔性使这个过程变得复杂，同时增加了密钥连续分配时的费用。

2. 节点加密

网络空间节点加密在网络的节点处采用一个与节点机相连的密码装置，密文在该装置中被解密并重新加密。

在网络空间中，节点加密能给网络数据提供较高的安全性，但它在操作方式上与链路加密是类似的，两者均在通信链路上为传输的消息提供安全性。都在中间节点先对消息进行解密，然后进行加密。因为要对所有传输的数据进行加密，所以加密过程对用户是透明的。然而，与链路加密不同，节点加密不允许消息在网络节点以明文形式存在，它先把收到的消息进行解密，然后采用另一个不同的密钥进行加密，这个过程是在节点上的一个安全模块中进行的。

网络空间节点加密要求报头和路由信息以明文形式传输，以便中间节点能得到如何处理消息的信息。因此，这种方法对于防止攻击者分析通信业务是脆弱的。

网络空间链路加密与节点加密比较：链路加密是传输数据仅在物理层前的数据链路上进行加密的，接收方是传送路径上的各台节点机，信息在每台节点机内都要被加密和再加密，依次进行，直至到达目的地。节点加密能给网络数据提供较高的安全性，但是，它在操作方式上与链路加密是类似的，两者均在通信链路上为传输的消息提供安全性，都在中间节点上先对信息进行解密，然后进行加密，因为要对所有的传输数据进行加密，所以加密过程对用户是透明的。然而，与链路加密不同，节点加密不允许信息在网络节点上以明文形式存在，它先把收到的消息进行解密，然后采用另一个不同的密钥进行加密，这个过程是在节点上的一个安全模块中进行的。节点加密要求报文和路由信息以明文形式传输，以便中间节点得到如何处理消息的信息。因此，这种方法对于防止攻击者分析通信业务是脆弱的。

3. 端到端加密

网络空间端到端加密又称为脱线加密，位于 OSI 网络层以上的加密，它允许数据在从源点到终点的传输过程中始终以密文形式存在。端到端加密的主要特点是消息在被传输时到达终点之前不进行解密，因为消息在整个传输过程中均受到保护，所以即使有节点被损坏也不会使消息泄露。端到端加密系统的价格便宜一些，并且与链路加密和节点加密相比更可靠，更容易设计、实现和维护。端到端加密还避免了其他加密系统所固有的同步问题，因为每个报文包均是独立被加密的，所以一个报文包所发生的传输错误不会影响后续的报文包。此外，从用户对安全需求的直觉上讲，端到端加密更自然。单个用户可能会选用这种加密方法，以便不影响网络上的其他用户，此方法只需要源和目的节点是保密的。

端到端加密的层次选择有一定的灵活性。端到端加密更容易适合不同用户的要求。端到端加密不仅适用于互联网环境，还适用于广播网。

端到端加密系统通常不允许对消息的目的地址进行加密，这是因为每一个消息所经过的节点都要用此地址来确定如何传输消息。由于这种加密方法不能掩盖被传输消息的源点与终点，因此它对于防止攻击者分析通信业务是脆弱的。

4.4 密码管理

1. 密钥生成

算法的安全性依赖于密钥，若使用一个弱的密钥生成方法，那么整个体制都是弱的。有 56 比特的密钥的 DES 正常情况下任何一个 56 比特的数据串都能成为密钥，所以共有 2^{56} 种可能的密钥。现实中仅允许 ASCII 码的密钥，并强制每一个字节的最高位为零，将小写字母转换成大写字母的这个程序忽略每个字节的最低位。这样就导致该程序只能产生 2^{40} 个可能的密钥。这些密钥生成程序使 DES 的攻击难度比正常情况低了万倍。

人们选择密钥时，通常选择一个弱密钥，即喜欢选择最更容易记忆的密码。最安全的密码体制也帮不了那些习惯用名字作为密钥或者把密钥写下来的人，一个聪明的穷举攻击并不按照数字顺序去试所有可能的密钥，它们首先尝试最可能的密钥。这就是所谓的"字典攻击"，当字典攻击被用作破译密钥文件而不是单个密钥时就显得更加有力。

2. 非线性密钥空间

所谓的非线性密钥空间，即假设能将选择的算法加入到一个防篡改模块中，要求有特殊保密形式的密钥，则其他的密钥都会引起模块使用非常弱的算法来加解密，即便可使那些不知道这个特殊形式的人不可能偶然碰到正确的密钥。所有密钥的强壮程度并不相等。

非线性密钥空间可按照密钥本身和用该密钥加密的某个固定字符串来实现。模块用这个密钥对字符串进行解密。若它收到该固定的字符串，便能正常地解密，否则用另一个非常弱的算法来进行解密。若该算法有一个 128 比特的密钥和一个 64 比特的字符块，即总密钥长度为 192 比特，则共有有效密钥 2 128 个，且随机选择好密钥的概率为 1/264。

3. 发送密钥

当采用对称加密算法进行保密通信时需要同一密钥。发送者使用随机密钥发生器生成一个密钥，必须安全地送给接收者。发送者必须通过安全信道将密钥副本交给接收者，否则就会出现问题。系统使用被公认安全的备用信道，发送者可以通过一个可靠的信道把密钥传送给接收者，或者与接收者一起建立另一个希望无人窃听的通信信道。

发送者可通过其加密的通信信道把对称密钥送给接收者。但因为如果信道能够保证加密，那么在同一个信道上明文发送加密密钥就会导致在该信道上的窃听者都能破解全部通信。

其解决方法是将密钥分成许多不同的部分，然后用不同的信道发送。即使截获者能收集到密钥，但由于不够完整，截获者仍不知密钥，所以此方法可用于除个别特殊情况外的任何场合。

发送者用密钥拆分技术将加密密钥传送给接收者，当同时拥有该密钥时，发送者就可先对数据密钥进行加密，然后在同一信道上把它传送给接收者。用密钥对大量的数据进行加密，其速度会非常慢，所以无须经常改动密钥。然而，当加密密钥遭到损害时，使用它本身密钥加密的所有信息便会受到破坏，所以必须对其密钥进行安全的存储。

4. 验证密钥

当接收者收到密钥时，需要判断是发送者传送还是其他人伪装发送者传送的，判断规则如下：
（1）如果发送者通过可靠的信道传送密钥，接收者必须相信信道。
（2）如果密钥由加密密钥加密，接收者必须相信只有发送者才拥有的加密密钥。
（3）如果发送者运用数字签名协议来给密钥签名，那么当接收者验证签名时就必须相信公开密钥数据库。
（4）如果某个密钥分配中心（KDC）在发送者的公钥上签名了，则接收者必须相信 KDC 的公开密钥副本不曾被更改。

密钥在传输过程中会发生错误，大量的密文无法解密，所以密钥都必须含有检错和纠错位。密钥在传输过程中的错误就会很容易地被检查出来，若需要密钥还可被重传。

密钥在解密过程中可以附加一个验证分组来进行错误检测：加密前给明文加一个已知的报头，在接收端接收解密报头，并验证其正确性。对每个密钥的校验和预计算，即可确定之后所截取到的任何信息密钥。校验和的特性不包含随机的数据，至少在每一个校验和中没有随机数据。

5. 更新密钥

若要定期改变加密数据链路的密钥，可采用从旧密钥中产生新密钥的方法，即密钥更新。更新密钥使用单向函数，若发送者和接收者共同使用同一密钥，并用同一个单向函数进行操作，会得到相同的结果，则可以从结果中得到其需要的数据来产生新密钥。

密钥更新需要记住新密钥只是与旧密钥同样安全。若攻击者能够得到旧密钥，则可以完成密钥更新功能。若攻击者得不到旧密钥，并试图对加密的数据流进行唯密文攻击，则密钥更新对发送者和接收者是很好的保护数据的方法。

6. 存储密钥

单用户的密钥存储是最简单的密钥存储问题，发送者加密文件以备以后使用，因此只涉及一人，且只有一人对密钥负责。

可采用类似于加密密钥的方法对难以记忆的密钥进行加密保存。例如，一个 RSA 私钥可用 DES

密钥加密后存在磁盘上，要恢复密钥时，用户只需把 DES 密钥输入到解密程序中即可。如果密钥是确定性地产生的（使用密码上安全的伪随机序列发生器），每次需要时从一个容易记住的口令产生出密钥会更加简单。理想的情况是密钥永远也不会以未加密的形式暴露在加密设施以外。

算法仅在密钥保密的情况下才能保证安全，若发送者的密钥丢失、被盗，或以其他方式泄露，则所有的保密性都失去了。

如果对称密码体制泄露了密钥，则发送者必须更换密钥。如果是一个私钥，则其公钥或许暴露在其网络上。私钥泄露的消息通过网络迅速蔓延是最致命的，任何公钥数据库必须立即声明一个特定私钥被泄露，以免有人用该泄露的密钥加密消息。

7．密钥有效期

加密密钥不能无限期使用，应当在一定的期限内自动失效，因为密钥使用时间越长，它泄露的机会就越大。若密钥已泄露，那么密钥使用越久，损失就越大。密钥使用越久，人们花费精力破译它的动力和机会就越多。对用同一密钥加密的多个密文进行密码分析一般比较容易。

对任何密码应用，必须有一个策略能够检测密钥的有效期，不同密钥应有不同的有效期。密钥应当有相对较短的有效期，这主要依赖数据的价值和给定时间里加密数据的数量。

密钥加密密钥无须频繁更换，因为它们只是偶尔地用作密钥交换。这只给密钥破译者提供很少的密文分析，且相应的明文没有特殊的形式。但如果加密密钥泄露，因为通信密钥都经其加密，则其潜在损失将是巨大的。用来加密保存数据文件的加密密钥不能经常变换。解决方法是每个文件用唯一的密钥加密，然后用加密密钥把所有密钥加密，但是丢失该密钥意味着丢失所有的文件加密密钥。

如果密钥必须定期替换，旧的密钥就必须安全地销毁。旧密钥是有价值的，即使不再使用，攻击者仍能读到由它加密的一些旧的消息。

8．公钥密码管理

公钥密码使密钥较易管理，网络上的每个人都只有一个公开密钥。如果发送者想传送一段信息给接收者，则必须知道接收者的公开密钥，可以从接收者、中央数据库、自己的私人数据库处获得。

攻击者可以用自己的密钥代替接收者密钥引起的针对公钥算法的多种可能的攻击。该攻击是发送者想给接收者发送信息，进入公开密钥数据库获得了接收者的公开密钥。但是攻击者用自己的密钥代替了接收者的，发送者使用攻击者的密钥加密攻击者的消息并传给接收者，自己则截获、破译并阅读该消息，再重新用接收者的密钥加密，并传给接收者。

本 章 小 结

加密技术是保护网络空间信息安全的重要手段之一。密码学发展分为 3 个阶段，即古典密码阶段、近代密码阶段和现代密码阶段。古典密码是比较简单的，主要有替代密码法和置换密码法。替代密码法有单字母密码法和多字母密码法两种。置换密码法重新安排原文字的顺序。密码破译是利用计算机硬件和软件工具，从截获的密文中推断出明文的一系列行动的总称，又称为密码攻击。密码攻击可分为被动攻击和主动攻击两类。

加密技术在当代信息化社会中起到了重要的网络空间信息安全与保密作用。密码体系是一切加密技术的核心，密码体制从特点上可分为两大类，即对称密码体系和非对称密码体系。传统密码体制所用的加密密钥和解密密钥相同或实质上等同，称为单钥密码体制，也称为对称密码体系，其典型算法是 DES。若加密密钥和解密密钥不相同，则称为双钥密码体制，也称为非对称密码体系，其典型算法是 RSA。

单钥密码体制是加密和解密使用相同密钥的加密体制。常见的单钥密码体制有两种加密方法：一是流密码，即明文按字符逐位的加密；二是分组密码，即把明文消息分组，逐组进行加密。单钥密码体制不仅可用于数据加密，还可用于消息的验证。

DES 对二元数据进行加密的算法，数据分组长度为 64bit，密文分组长度也为 64bit，没有数据扩展。RSA 公钥加密体制可用一对密钥对多个用户的信息进行加密，而由一个密钥接收解读。反之，以用户专用私钥作为加密密钥，而以公钥作为解密密钥，则可使一个用户加密的消息被多个用户解读。前者可用于保密通信，后者可用于数字签名。由于双钥体制的加密算法是公开的，使任何人都可以选择明文来攻击双钥体制。多数双钥体制对于选择密文攻击特别敏感。与单钥密码体制加密相比，双钥密码体制加密有许多优点：它没有特殊的发布要求；所需的密钥组合数量很小；可用于数字签名。双钥密码体制的缺点是加密/解密的速度慢得多，且加密/解密累积的时间很长。现代密码体制中常用的还有 Diffie-Hellman、ElGamal 和 Merkle-Hellman 公钥体制。密码管理机制的常见步骤有生成密钥、发送密钥、更新密钥、验证密钥、存储密钥。

习题与思考题

4.1　叙述以下密码术语的含义：密码学、密码破译、信源、信宿、明文、密文、加密、解密、密钥、密码体制。

4.2　古典密码体制中有哪些具体密码法？现代密码的设计还离不开它们的基本思想。

4.3　明文为 China，用凯撒密码求密文。

4.4　比较单钥密码体制与双钥密码体制，试述其本质区别及其优缺点。

4.5　说明序列密码体制与分组密码体制的区别。

4.6　假设明文 M=encryption，考虑两字母组合的最大值为 2525，选取参数 p=43，q=59，e=12，试用 RSA 算法对其进行加密。

4.7　在 DES 算法中，密钥的生成主要分为哪几步？

4.8　简述 DES 算法和 RSA 算法保密的关键所在。

4.9　在 RSA 算法中，令公钥 N=164 009，估计 $(p+q)/2$=405，求 p 和 q 的值。

4.10　为什么 Diffie-Hellman 公钥体制具有很高的安全性？

第 5 章 数字签名与验证技术

> **本 章 提 要**
>
> 在现代计算机网络传输过程中数字信息可以被窃听或篡改，数据可以被任意复制，无法确认与自己通信的对方到底是谁，甚至还要提防对方篡改和否认通信的内容。这些内容就是本章要讨论的问题。本章将主要讨论数字签名的概念、数字签名的实现过程、ElGamal 数字签名算法、Schnorr 数字签名算法、数字签名标准、安全散列函数、MD5 报文摘要算法、SHA-1 安全散列算法、信息验证技术和 PKI 技术。

5.1 数 字 签 名

5.1.1 数字签名的概念

数字签名是网络中进行安全交易的基础，数字签名不仅可以保证信息的完整性和信息源的可靠性，还可以防止通信双方的欺骗和抵赖行为。虽然报文验证能够保证通信双方免受任何第三方的攻击，然而不能保护通信双方中的一方防止另一方的欺骗和伪造。

通信双方之间可能有多种形式的欺骗，例如，当用户 A 和用户 B 进行通信时，若未使用数字签名，则用户 A 可以随意地伪造报文，并声称该报文是来自用户 B 的。同时，用户 B 也可以否认曾经真正发送给用户 A 的报文。因此，在收发双方未建立起完全信任的关系时，单纯的报文验证就显得不够充分，因此需要数字签名技术。

数字签名应具有以下性质。

（1）必须能够验证签名生成者的身份以及生成签名的时间。

（2）能够用于证实被签名消息的内容。

（3）数字签名必须能被第三方验证，从而解决通信双方的争议。

因此，数字签名具有验证功能。在这些性质的基础上，可以归纳出数字签名应满足以下安全要求。

（1）签名的产生必须使用对方发送的唯一的信息，以防止伪造和抵赖。

（2）签名的产生必须相对简单。

（3）数字签名的识别和验证必须相对简单。

（4）对已有的数字签名伪造一个新的报文或对已知的报文伪造一个虚假的数字签名，在计算上是不可行的。

在现实生活中，使用传统方式的手写签名与印章，其目的是签署双方已经签署该文件，从而该文件能得到法律的验证、核查，可以在法律上生效，签署双方必须履行该文件上规定的条款。

在网络环境下数字签名，使用公钥加密算法，以模拟手写签名与印章，其目的是验证、核准、有效和负责，防止相互欺骗和抵赖。

数字签名有直接数字签名和需仲裁的数字签名两种方式。

直接数字签名方式是在数字签名的使用过程中只有通信双方参与，并假设通信双方有共享的私钥或接收端知道发送端的公钥。在直接的数字签名中，数字签名可以通过使用发送端的私钥对整个报文进行加密，或者通过使用发送端的私钥对报文的散列值进行加密来形成。

然而，所有的直接数字签名方案都具有共同的弱点，即方案的有效性依赖于发送端私钥的安全性。例如，发送端在用私钥对报文签名后，想否认发送过该报文，此时发送端可以声称该私钥丢失，签名被伪造了。另一种可能的情况是，私钥确实在时刻 T 在 X 处被盗，攻击者可以发送带有 X 的签名报文并附加小于等于 T 的时间戳。

为了解决直接数字签名存在的问题，广泛采用的方法是使用数字证书的证书权威机构等可信的第三方，即使用需仲裁的数字签名方案。

5.1.2 数字签名的实现过程

公开密钥算法中公钥和私钥一一对应。私钥具有私密性，只有用户本身知道。如果公钥和用户之间的绑定关系能够被权威机构证明，就具有不可否认性。数字签名的实现过程如图 5.1 所示，用户 A 用私钥 SKA 对明文 P 经过报文摘要算法后得到的摘要 MD（P）进行解密运算，产生数字签名（D_{SKA}（MD（P））），将明文 P 和数字签名一同发送给用户 B。用户 B 认定明文 P 是用户 A 发送的前提是：用与用户 A 绑定的公钥 PKA 对数字签名进行加密运算后得到的结果和对明文 P 进行报文摘要运算后得到的结果相同，即 E_{PKA}（数字签名）=MD（P）。

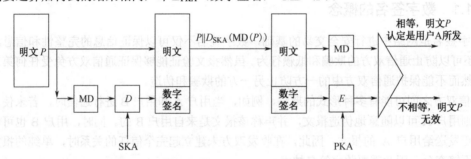

图 5.1 数字签名的实现过程

D_{SKA}（MD（P））能够作为发送端用户 A 对报文 P 的数字签名的依据如下。

（1）私钥 SKA 只有用户 A 知道，因此，只有用户 A 才能实现 D_{SKA}（MD（P））运算过程，保证了数字签名的唯一性。

（2）根据报文摘要算法的特性，即从计算可行性上讲，其他用户无法生成某个报文 P'，$P \neq P'$，但 MD（P）=MD（P'），因此，MD（P）只能是针对报文 P 的报文摘要算法的计算结果，保证了数字签名和报文 P 之间的关联性。

（3）数字签名能够被核实。公钥 PKA 和私钥 SKA 一一对应，如果公钥 PKA 和用户 A 之间的绑定关系得到了权威机构证明，那么一旦证明用公钥 PKA 对数字签名进行加密运算后还原的结果（E_{PKA}（数字签名））等于报文 P 的报文摘要（MD（P）），就可以证明数字签名是 D_{SKA}（MD（P））。

用公开密钥算法实现数字签名的前提是由权威机构出具证明用户和公钥之间绑定关系的证书，只有公钥和用户之间的绑定关系得到有公信力的权威机构的证实，才能核定该用户的数字签名。

5.1.3 ElGamal 数字签名算法

ElGamal 密码体制能够使用用户的公钥进行加密，使用私钥进行解密，从而提供机密性。ElGamal 数字签名算法则使用私钥进行加密，使用公钥进行解密。

ElGamal 数字签名算法描述如下。

假设用户 A 与用户 B 通信，A 与 B 共享大素数 q，α 是 q 的一个原根，其中 $\gcd(q, \alpha)=1$，$\alpha<q$。

(1) 用户 A：

① 随机生成整数 X_A，$1<X_A<q-1$。

② 计算 $Y_A=\alpha^{X_A} \bmod q$。

③ A 的公钥为 $\{q, \alpha, Y_A\}$，私钥为 X_A。

(2) 为了对报文 M 进行签名，用户 A 首先计算散列值 $h=H(M)$，其中 h 是满足 $0 \leq h \leq q-1$ 的整数。然后用户 A 生成数字签名。

① 秘密地随机选择一个整数 K，其中 $1 \leq K \leq q-1$，且 $\gcd(K, q-1)=1$。

② 计算 $S_1=\alpha^K \bmod q$。

③ 计算 K 模 $(q-1)$ 的逆 $K^{-1} \bmod (q-1)$。

④ 计算 $S_2=K^{-1}(h-X_A S_1) \bmod (q-1)$。

⑤ 生成数字签名 (S_1, S_2) 对。

(3) 用户 B 验证数字签名：

① 计算 $V_1=\alpha^h \bmod q$。

② 计算 $V_2=(Y_A)^{S_1}(S_1)^{S_2} \bmod q$。

③ 若 $V_1=V_2$，则签名合法。

下面是 ElGamal 数字签名算法正确性的证明。

证明：假设 $V_1=V_2$，则有

$\alpha^h \bmod q=(Y_A)^{S_1}(S_1)^{S_2} \bmod q$

$\alpha^h \bmod q=\alpha^{X_A S_1}\alpha^{KS_2} \bmod q$

$\alpha^{h-X_A S_1} \bmod q=\alpha^{KS_2} \bmod q$

由于 q 是素数，α 是 q 的原根，则有

(1) 对于任意整数 m，$\alpha^m \equiv 1 \bmod q$ 当且仅当 $m \equiv 0 \bmod (q-1)$。

(2) 对于任意整数 i、j，$\alpha^i \equiv \alpha^j \bmod q$ 当且仅当 $i \equiv j \bmod (q-1)$。

因此，根据原根的性质可以得到

$h-X_A S_1 \equiv KS_2 \bmod (q-1)$

$h-X_A S_1 \equiv KK^{-1}(h-X_A S_1) \bmod (q-1)$

等式成立，证毕。

5.1.4 Schnorr 数字签名算法

Schnorr 数字签名算法的目标是将生成签名所需的报文计算量最小化，其生成签名的主要工作不依赖于报文，而是可以在空闲时执行，与报文相关的部分需要使 $2n$ bit 长度的整数与 n bit 长度的整数相乘。与 ElGamal 数字签名算法相同，Schnorr 数字签名算法的安全性同样依赖于计算有限域上离散对数的难度。

Schnorr 数字签名算法描述如下。

(1) 选择素数 p 和 q，使得 q 是 $p-1$ 的素因子，一般地，取 $p \approx 2^{1024}$ 和 $q \approx 2^{160}$，即 p 为 1024bit 整数，而 q 是 160bit 整数。

(2) 选择整数 α，使 $\alpha^q=1 \bmod p$。

(3) 全局公钥参数为 $\{\alpha, p, q\}$，用户组内的所有用户均可使用该参数。

(4) 随机选择整数 s 作为私钥，$0<s<q$。

(5) 计算 $v=\alpha^{-s} \bmod p$，作为公钥。
(6) 生成公钥/私钥对（v,s）。
(7) 用户生成签名。
① 随机选择整数 r，$0<r<q$，并计算 $x=\alpha^r \bmod p$（预处理过程，与待签名的报文无关）。
② 将报文 M 与 x 连接在一起计算散列值 $h=H(M\|x)$。
③ 计算 $y=(r+sh) \bmod q$。
④ 生成签名对（h,y）。
(8) 其他用户验证签名（h,y）。
① 计算 $x'=\alpha^y v^h \bmod p$。
② 验证 $h=H(M\|x')$ 是否成立。
对于该验证过程，有
$$x' \equiv \alpha^y v^h \equiv \alpha^y \alpha^{-sh} \equiv \alpha^{y-sh} \equiv \alpha^r \equiv x \bmod p$$
于是，$H(M\|x')=H(M\|x)$ 成立。

5.1.5 数字签名标准

在现实社会中，特别是在 IT 行业内，标准化可以降低成本，还具有兼容性等优点。密码与信息安全技术大量应用于网络通信中，标准化必然是其中一项重要工作，数字签名的标准制定就是其必备部分之一。影响较大的制定信息安全相关标准的组织有 ISO 和国际电子技术委员会（IEC）、美国国家标准协会（ANSI）、美国国家标准与技术委员会（NIST）制定的美国联邦信息处理标准（FIPS）系列，Internet 研究和发展共同体制定的标准，IEEE 微处理器标准委员会制定的标准，RSA 公司制定的 PKCS 系列标准等。

1994 年 12 月，由美国国家标准与技术委员会正式发布了数字签名标准（Digital Signature Standard，DSS），即联邦信息处理标准 FIPS PUB 186。它是在 ElGamal 和 Schnorr 数字签名体制的基础上设计的，其安全性基于有限域上离散对数问题求解的困难性。DSS 最早发表于 1991 年 8 月，该标准中提出了数字签名算法（DSA）和安全散列算法（SHA），它使用公开密钥，为接收者提供数据完整性和数据发送者身份的验证，也可由第三方来验证签名和所签数据的完整性。人们对 DSS 提出了很多意见，主要包括以下几方面。

(1) DSA 不能用于加密和密钥分配。
(2) DSA 是由美国国家安全局研制的，因为有人对其不信任，怀疑其中可能存在陷门，特别是 NIST 一开始声称 DSA 是他们设计的，后来表示得到了 NSA 的帮助，最后承认该算法的确是由 NSA 设计的。DSA 算法未经公开选择阶段，未公开足够长的时间以便人们分析其完全强度和弱点。
(3) DSA 与 RSA 在签名时的速度相同，但验证签名时，DSA 的速度要慢 10~40 倍。
(4) 密钥长度只有 512 位，由于 DSA 的安全性取决于计算离散对数的难度，因此有很多密码学家对此表示担心。NIST 于 1994 年 5 月 19 日正式颁布了该标准，并将密钥长度的规定改为在 512 位至 1024 位之间。

1. 数字签名标准主体部分条目

下面介绍的内容以 2000 年修订标准为基础。
(1) 对数字签名标准做了简单的介绍和说明。
(2) 规定使用数字签名算法，消息散列值使用 SHA-1。
(3) 描述数字签名算法使用的参数。
(4) 数字签名算法的产生。

（5）数字签名算法的验证。
（6）RSA 数字签名算法。
（7）椭圆曲线数字签名算法（ECDSA）的介绍。

2．数字签名标准附录部分条目

为了介绍完整，下面给出标准 DSS 附录部分的内容条目。
（1）证明数字签名算法成立。
（2）如何产生数字签名算法需要的素数。
（3）如何产生数字签名算法需要的随机数。
（4）产生数字签名算法的其他参数。
（5）一个产生数字签名算法的例子。
（6）推荐使用的椭圆曲线数字签名算法（ECDSA）的说明。

通过上面的介绍可以看到，数字签名标准非常简单明确。其中，RSA 数字签名算法、椭圆曲线数字签名算法（ECDSA）、SHA-1 在其他标准性文件中有详细定义。这与最初的版本不同的是本修订版本允许使用 RSA 和 ECDSA 作为数字签名算法。

3．DSA 数字签名算法

在数字签名算法 DSA 中，有 3 个参数（全局公开密钥分量）对于一组用户是公开的和公用的：素数 p，其中 $2^{L-1}<p<2^L$，$512\leqslant L\leqslant 1024$，且 L 是 64 的倍数；素数 q，其中 q 是 $(p-1)$ 的因数，$2^{159}<q<2^{160}$；常数 $g=h^{(p-1)/q}\bmod p$，其中整数 h 满足条件 $1<h<p-1$ 且使 $g>1$。每个用户的私有密钥 x 是随机或伪随机整数，且 $0<x<q$ 以及公开密钥 $y=g^x\bmod p$。

现在利用上述 5 个参数以及安全散列算法 SHA，可以实现数字签名。

假设发送方 A 对消息 M 进行签名。

第一步，发送方 A 产生一个随机整数 k，其中 $0<k<q$。

第二步，利用 k 和 SHA 散列算法计算 $r=(g^k\bmod p)\bmod q$ 和 $s=(k^{-1}(H(m)+xr))\bmod q$，然后发送方 A 将 r 和 s 作为自己对信息 M 的签名，把它们发送给接收方 B。

第三步，接收方 B 收到发送方 A 的消息 M_1 和签名 (r_1,s_1) 后，计算 $w=(s_1)^{-1}\bmod q$，$u_1=[H(M_1)w]\bmod q$，$u_2=r_1 w\bmod q$，$v=[(g^{u_1}y^{u_2})\bmod p]\bmod q$。

第四步，如果 $v=r_1$，则接收方 B 认为发送方 A 对消息 M 的签名有效。

由于 DSA 中的素数 p 和 q 是公用的，它们必须公开，因此人们关心它们的产生方法。国际密码学家 Lenstra 和 Haber 指出，如果使用某些特定的素数，那么可以很容易地伪造签名。于是美国国家标准与技术委员会在 DSS 中特别推荐了一种公开的产生素数的方法。该方法中的变量 S 称为"种子"，C 称为"计数"，N 称为"偏差"，同时将安全散列算法 SHA 用于素数的产生中，以防止有人在背后做手脚。下面给出的就是产生素数的算法（其中 $L-1=160n+b$，$0<b<160$）。

（1）产生一个长度至少为 160 位的称为种子 S 的随机二进制序列，其长度 $|S|=g\geqslant 160$。

（2）计算 $U=\text{SHA}(S)\oplus\text{SHA}((S+1)\bmod 2^g)$。

（3）将 U 的最高位和最低位设置为 1，得到 q。

（4）检测 q 是否为素数，如果 q 不是素数，则返回（2）。

（5）设 $C=0$，$N=2$。

（6）对 $k=0,1,\cdots,n$，计算 $V_k=\text{SHA}((S+N+k)\bmod 2^g)$。

（7）计算 $W=V_0+2^{160}V_1+\cdots+2^{160(n-1)}V_{n-1}+2^{160n}(V_n\bmod 2^b)$，令 $X=W+2^{L-1}$，则 X 是长度为 L 的整数。

（8）令 $p=X-((X \bmod 2q)-1)$，则 p 同余 1 模 $2q$。

（9）若 $p<2^{L-1}$，则令 $C=C+1$，$N=N+n+1$，若 $C=4096$，返回（1），否则转到（6）。

（10）检测 p 是否为素数，如果 p 是素数，则保存 p、q、S 和 C，算法结束。

上述算法保留 S 和 C 的目的是让使用者相信素数 p 和 q 的产生确实是随机的和安全的，系统未做任何手脚。下面来看一个用 DSS 数字签名的例子。

设 $q=101$，$p=78\times101+1=7879$，3 为 F_{7879} 的一个本原元，所以能取 $\alpha=3^{78}$（mod 7879）=170 为模 p 的 q 的单位根。假设 $a=75$，那么 $\beta=\alpha^a$（mod 7879）=4567。现在，假设 Bob 要签名一个消息为 $x=1234$，而且已经选择了随机值 $k=50$，可算出 k^{-1}（mod 101）=99，则计算签名如下：

$\gamma=\alpha^k$（mod p）（mod q）=170^{50}（mod 7879）（mod 101）=2518（mod 101）=94

$\delta=(x+\alpha\gamma)k^{-1}$（mod q）=（1234+75×94）×99（mod 101）=97

所以签名为（1234,94,97）。签名的验证过程如下：

$\gamma^{-1}=97^{-1}$（mod 101）=2

$e_1=x\delta^{-1}$（mod q）=1234×25（mod 101）=45

$e_2=\gamma\delta^{-1}$（mod p）=94×25（mod 101）=27

$(\alpha^{e_1}\beta^{e_2}$（mod p））（mod q）=（$170^{45}\times4567^{27}$（mod 7879））（mod 101）=2518（mod 101）=94

因此该签名是有效的。

5.2 安全散列函数

散列函数又称为 Hash 函数或杂凑函数，散列函数 H 以变长的报文 M 作为输入，产生一个定长的散列码 $H(M)$ 作为输出。在安全应用中使用的散列函数称为密码学散列函数或安全散列函数。

安全散列函数可以实现报文验证和数字签名，因此被广泛应用于不同的安全应用和网络协议中。

5.2.1 安全散列函数的应用

散列函数对报文的所有比特进行计算产生散列函数值，因此具有差错检查能力，即报文中任意一比特或若干比特发生变化都将导致散列值发生变化。安全散列函数可用于消息验证和数字签名。

1．报文验证

报文验证是用来验证消息完整性的安全服务或安全机制，报文验证确保收到的报文来自可信的源点且在传输过程中未被篡改。当散列函数应用于报文验证时，散列值 $H(M)$ 又称为报文摘要（Message Digest，MD）。

散列函数能够通过不同的方式提供报文验证功能，如图 5.2 所示。散列函数用于报文验证的方法可以分为以下几种。

（1）使用对称加密方法对附加散列值的报文进行加密。

假设源端 A 向目的端 B 发送报文 $E_k[M\|H(M)]$，由于仅有 A 和 B 共享密钥 K，所以，可以确定该报文必定来自 A 且未被篡改，其中的散列值提供了实现验证所需要的结构。

另外，由于对报文和散列值整体进行了加密，因此也提供了机密性。

（2）使用对称加密方法仅对散列值进行加密。

源端 A 向目的端 B 发送报文 $M\|E_k[H(M)]$，由于只对散列值进行加密，因此无法提供机密性，仅提供验证功能，但减少了加解密操作的开销。

（3）使用散列值、公共秘密值的明文方案。

该方案使用了公共的秘密值 S，假设通信双方共享该秘密值 S。源端 A 对报文 M 和公共秘密值 S 的连接计算散列值 $H(M\|S)$，并将得到的散列值附加在报文 M 之后得到 $M\|H(M\|S)$，并向目的端 B 发送该报文。由于目的端 B 知道该秘密值 S，因此能够重新计算该散列值 H 并进行验证。另外，因为秘密值本身并不被发送，所以攻击者无法更改中途截获的报文，也就无法产生假报文。

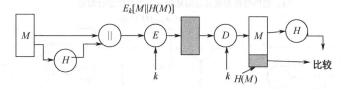

（a）使用常规加密方法对附加散列值的报文进行加密

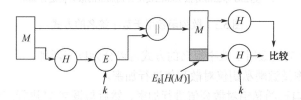

（b）使用常规加密方法仅对散列值进行加密

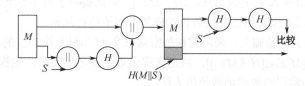

（c）使用散列值、公共秘密值的明文方案

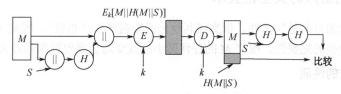

（d）使用散列值、公共秘密值的密文方案

图 5.2　散列函数用于报文验证的方式

该方案并未对明文 M 进行加密，因此无法提供机密性，仅提供报文验证功能。

（4）使用散列值、公共秘密值的密文方案。

该方案与前一个方案相似，但对明文 M 和散列值整体进行加密，因此可以同时提供机密性和报文验证功能。

2．数字签名

散列函数的另外一个重要应用是数字签名。数字签名是一种防止源点或终点抵赖的技术，在进行数字签名过程中使用用户的私钥对报文的散列值进行加密，其他任何知道该用户公钥的用户均能通过数字签名来验证报文的完整性。因此，攻击者若想篡改报文，则需要知道用户的私钥。与报文验证相比，数字签名的应用更为广泛。

散列函数用于数字签名的方式如图 5.3 所示。

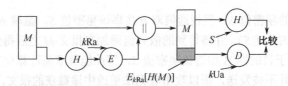

(a)使用公钥加密及源端私钥仅对散列值进行加密

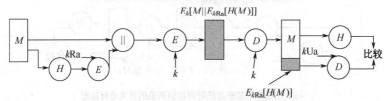

(b)使用对称加密对报文和已使用公钥加密的散列值进行加密

图 5.3　散列函数用于数字签名的方式

由图 5.3 可见，散列函数用于数字签名的方式可以分为以下两种。

(1) 使用公钥加密及源端私钥仅对散列值进行加密。

源端 A 首先使用自己的私钥对散列值进行加密，然后与报文 M 进行连接形成 $M\|E_{kRa}[H(M)]$ 发送给目的端 B。该方案可提供验证功能，但不能提供机密性。

另外，由于仅有源端 A 能生成 $M\|E_{kRa}[H(M)]$，因此提供了数字签名。

(2) 使用对称加密对报文和已使用公钥加密的散列值进行加密。

该方案在方案(1)的基础上，采用对称加密对报文 M 和以私钥加密的散列值 $E_{kRa}[H(M)]$ 再次进行加密，形成 $E_k[M\|E_{kRa}[H(M)]]$，从而在提供数字签名的同时，也提供了机密性。

方案(2)是较为常用的散列函数使用方法。

5.2.2　散列函数的安全性要求

使用散列函数的目的是为文件、报文或其他分组数据产生"指纹"。因此可以说，散列函数的首要目标是保证数据的完整性，报文 M 的任何微小的改变均会导致散列函数值 $H(M)$ 的变化。

1. 散列函数的性质

若期望在安全应用中使用散列函数，则散列函数 M 必须具有如下性质。

(1) H 能用于任意大小的数据分组。

(2) H 产生定长的输出。

(3) 对任意给定的 x，$H(x)$ 要相对易于计算，使硬件和软件实现成为可能。

(4) H 应具有单向性，或称为抗原像攻击性，即对任意给定的散列值 h，寻找 x 使 $H(x)=h$ 在计算上是不可行的。

(5) H 应具有抗弱碰撞性，或称为抗第二原像攻击性，即对任意给定的分组 x，寻找 $y\neq x$，使 $H(y)=H(x)$ 在计算上是不可行的。

(6) H 应具有抗强碰撞性，即寻找任意的 (x,y) 对，使 $H(x)=H(y)$ 在计算上是不可行的。

前 3 个性质是散列函数应用于报文验证和数据签名的实际应用需求，而后 3 个性质则是散列函数的安全性需求。

性质(4)表明，给定任意报文，计算其散列值应是容易的，但给定散列值试图计算相应的报文则是不可行的。例如，在图 5.2(c) 中，共享的秘密值 S 本身不被传输，但如果散列函数不是单向的，攻击者就能够轻易地找到该秘密值。也就是说，攻击者可以截获传输的报文 M 和散列值

$h=H(M\|S)$，然后攻击者求散列函数的逆得到 $H^{-1}(h)=M\|S$，从而，攻击者拥有了 M 和 $M\|S$，因此能够恢复秘密值 S。

性质（5）可以保证，攻击者无法找到一个替代报文，使其散列值与给定报文产生的散列值相等。例如，在图 5.2（b）中，对散列值进行加密可以防止伪造。此时，攻击者虽然能够截获报文生成的散列码，但由于没有密钥，因此不能够篡改报文而不被发现。若性质（5）不真，则攻击者在截获报文及其加密的散列值后，通过散列函数生成未加密的散列值，最后用相同的散列值生成一个替代报文。

性质（6）可以确保免受如下攻击：通信双方中的一方生成报文，而另一方对报文进行签名。例如，攻击者事先找到两个报文 $M\ne N$，但满足 $H(M)=H(N)$，并获得其他人的合法签名 $E_{kRa}[H(M)]$，然后使用 N 来替代 M，从而可以生成一个有效的伪造。

满足性质（1）～性质（5）的散列函数称为单向散列函数或弱单向散列函数。

若散列函数也满足性质（6），则称该散列函数为强单向散列函数。

2. 针对具有抗弱碰撞性散列函数的攻击

此类攻击问题可以描述如下：散列函数 H 有 n 个可能的散列值，给定 x 和散列值 $H(x)$，则在散列函数 H 随机生成的 k 个散列值中，至少存在一个 y 使 $H(y)=H(x)$ 的概率为 0.5 时，k 的取值是多少？

首先，对于特定的 y 值，使 $H(x)=H(y)$ 的概率为 $1/n$，相应地，$H(x)\ne H(y)$ 的概率为 $1-\dfrac{1}{n}$。那么，若 y 取 k 个随机值，使函数的 k 个散列值 $H(y)$ 没有任何一个等于 $H(x)$ 的概率则为 $\left(1-\dfrac{1}{n}\right)^k$，因此 k 个散列值中至少有一个等于 $H(x)$ 的概率为 $1-\left(1-\dfrac{1}{n}\right)^k$。

根据二项式定理

$$(1-\alpha)^k = 1 - k\alpha + \frac{k(k-1)}{2!}\alpha^2 - \frac{k(k-1)(k-2)}{3!}\alpha^3 + \cdots$$

对于非常小的 α，$(1-\alpha)^k$ 近似等于 $(1-k\alpha)$，因此

$$1-\left(1-\frac{1}{n}\right)^k \approx 1-\left(1-\frac{k}{n}\right)=\frac{k}{n}$$

因此，在散列函数 H 随机生成的 k 个散列值中，至少存在一个 y 使 $H(y)=H(x)$ 的概率约为 k/n。若使概率为 0.5，则 $k=n/2$。

特别的，如果散列函数 H 生成的散列值长度为 m bit，可能存在 2^m 个散列值，则 k 个值 $H(y_1)$，$H(y_2)$，…，$H(y_k)$ 中至少有一个等于 $H(x)$ 的概率为 $1/2$ 的 k 值是 2^{m-1}。

3. 生日攻击

生日攻击是建立在生日悖论基础上的，具有抗强碰撞性的散列函数对"生日攻击"具有抵抗能力。

所谓生日悖论是指 k 个人中至少有两个人生日相同的概率大于 0.5 的最小 k 值是多少。

首先可以定义：

$P(n,k)=P_r[k$ 个元素中至少有一个元素重复出现，其中每个元素出现的概率均为 $1/n]$，因此，需要找到使 $P(365,k)\ge 0.5$ 的最小值。

令 $Q(365,k)$ 表示没有重复的概率，设 k 个元素均不重复且共有 N 种取值方法，则

$$N = 365 \times 364 \times \cdots \times (365-k+1) = \frac{365!}{(365-k)!}$$

那么，如果允许重复，则共有 365^k 种取值方法，所以不重复的概率为

$$Q(365,k) = \frac{365!/(365-k)!}{365^k} = \frac{365!}{(365-k)!365^k}$$

则

$$P(365,k) = 1 - Q(365,k) = 1 - \frac{365!}{(365-k)!365^k}$$

事实上，因为 $P(365,23)=0.5037$，当人数为 23 时，两个人生日相同的概率即可超过 50%，可见，生日相同的概率是较大的。

由生日悖论可以推广为一般情形下的元素重复，即随机变量 X 服从 1 到 n 之间的均匀分布 $X \sim U(1,n)$，则取 k 个这样的随机变量，使至少有一个重复的概率 $P(n,k)$ 是多少。

由生日悖论可知

$$P(n,k) = 1 - \frac{n!}{(n-k)!n^k}$$

则

$$P(n,k) = 1 - \frac{n \times (n-1) \times \cdots \times (n-k+1)}{n^k} = 1 - \left[\left(1-\frac{1}{n}\right)\left(1-\frac{2}{n}\right)\cdots\left(1-\frac{k-1}{n}\right)\right]$$

对于所有 $x \geq 0$，有不等式 $1-x \leq e^{-x}$ 成立，则

$$P(n,k) > 1 - \left(e^{-\frac{1}{n}}e^{-\frac{2}{n}}\cdots e^{-\frac{k-1}{n}}\right) > 1 - e^{-\left(\frac{1}{n}+\frac{2}{n}+\cdots+\frac{k-1}{n}\right)} > 1 - e^{-\frac{k(k-1)}{2n}}$$

计算 k 值，使 $P(n,k) > 1/2$，则

$$1 - e^{-\frac{k(k-1)}{2n}} = \frac{1}{2}$$

$$\ln 2 = \frac{k(k-1)}{2n}$$

对于较大的 k 值，可以使用 k^2 代替 $k(k-1)$，有

$$\frac{k^2}{2n} \approx \ln 2$$

$$k \approx \sqrt{2n \ln 2} = 1.18\sqrt{n} \approx \sqrt{n}$$

即在散列函数 H 随机生成的 k 个散列值中，至少有一个重复的概率 $P(n,k) > 1/2$ 时，k 的取值约为 $\sqrt{n}$。

特别地，如果散列函数 H 生成的散列值长度为 m bit，可能存在 2^m 个散列值，则 k 个值 $H(y_1)$，$H(y_2)$，$\cdots$，$H(y_k)$ 中至少有两个相同的概率为 1/2 的 k 值为 $2^{m/2}$。

5.2.3 MD5 算法

报文摘要版本 5（Message Digest Version5，MD5）报文摘要算法是经过 MD2、MD3 和 MD4 发展而来的，它将任意长度的报文转变为 128 位的报文摘要，即假设 P 为任意长度的报文，h=MD5(P)，则 h 的长度为 128 位，其本质是将大容量信息在数字签名前"压缩"成一种保密的格式。

1. 添加填充位

假设报文的长度为 X,首先要添加首位为 1、其余位为 0 的填充位,填充位的长度 Y 由下式确定。

$$(X+Y) \bmod 512 = 448$$

由于填充位是不可缺少的,因此,填充位的长度 Y 为 1~512。填充位后面是 64 位的报文长度,报文长度 X 是任意的,当报文长度无法用 64 位二进制数表示时,取报文长度的最低 64 位。添加填充位和报文长度后的数据序列如图 5.4 所示,它的长度是 512 位的整数倍。

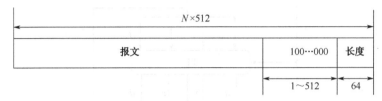

图 5.4　添加填充位和报文长度后的数据序列

2. 分组操作

分组操作过程如图 5.5 所示。MD5 将添加填充位和报文长度后的数据序列分割成长度为 512 位的数据段,每一组数据段单独进行报文摘要运算,报文摘要运算的输入是 512 位的数据段和前一段数据段进行报文摘要运算后的 128 位结果,第一段数据段进行报文摘要运算时,需要输入第一段数据段和初始向量 IV,初始向量 IV 和中间结果分别为 4 个 32 位的字,分别称为 A、B、C 和 D。初始向量的 4 个字的初始值如下。

A=67452301H
B=EFCDAB89H
C=98BADCFEH
D=10325476H

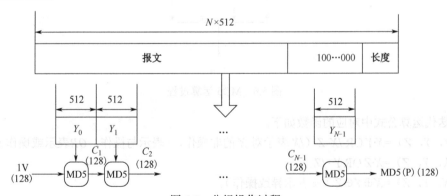

图 5.5　分组操作过程

3. MD5 运算过程

MD5 运算过程(图 5.6)包含 4 级运算,每一级运算过程的输入是 512 位的数据段和上一级的运算的结果,输出是 4 个 32 位的字。第 1 级运算过程输入的 4 个 32 位的字是对前一段数据段进行 MD5 运算得到的结果或者初始向量 IV。512 位数据段被分成 16 个 32 位的字,分别是 $M[k]$,$0 \leqslant k \leqslant 15$。同时 MD5 也产生 64 个 32 位的常数,分别是 $T[i]$,$1 \leqslant i \leqslant 64$。每一级运算过程进行 16 次迭代运算,每一次迭代运算都有构成数据段的其中一个字和其中一个常数参加,构成数据段的 16

个字参加每一级的 16 次迭代运算,但参加每一级 16 次迭代运算的常数是不同的,参加第 i 级 16 次迭代运算的常数是 $T[j]$（$(i-1)×16+1≤j≤i×16$）。每一级 16 次迭代运算的公式如下:

FF（a,b, c,d, $M[k]$, s,i）; $a=b+((a+F(b,c,d)+M[k]+T[i])≪s)$
GG（a,b, c,d, $M[k]$, s,i）; $a=b+((a+G(b,c,d)+M[k]+T[i])≪s)$
HH（a,b, c,d, $M[k]$, s,i）; $a=b+((a+H(b,c,d)+M[k]+T[i])≪s)$
II（a,b, c,d, $M[k]$, s,i）; $a=b+((a+I(b,c,d)+M[k]+T[i])≪s)$

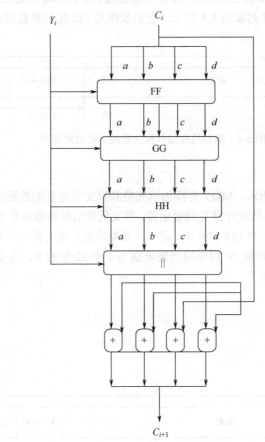

图 5.6 MD5 运算过程

4 级迭代运算公式中对应的函数如下。
$F(X, Y, Z)=X·Y$ OR $/X·Z$（$/X$ 表示对 X 的非操作, · 表示与操作, OR 表示或操作）。
$G(X, Y, Z)=X·Z$ OR $Y·/Z$。
$H(X, Y, Z)=X⊕Y⊕Z$（⊕表示异或操作）。
$I(X, Y, Z)=Y⊕(X$ OR $Z)$。
这 4 个函数的输入是 3 个 32 位的字,输出是 1 个 32 位的字。
每一次迭代运算产生一个 32 位的字,公式中的"+"表示逐字相加,即只取运算结果的低 32 位,≪s 表示对运算符前面括号内的结果循环左移 s 位。公式中给出的参数是虚参,表 5.1 中给出的是每一级 16 次迭代运算时给出的实参。以第一级为例,前面 4 次迭代运算分别改变了作为这一级运算过程输入的 4 个 32 位字,如迭代运算 FF（a,b, c,d, $M[0]$, 7,1）的结果是参数 A 的新值,其新值不仅和 a,b,c,d 有关,还与数据段的其中一个字 $M[0]$ 和 MD5 中的一个常数 $T[1]$ 有关。虽然每一次迭代运算只有数据段的其中一个字参与,但每一次迭代运算中参与的参数 a、b、c、d 是前面迭代运算的结果。因此，作为经过每一级运算过程 16 次迭代运算后输出的 4 个 32 位的字（a,b,c,d）和数据段中的每一个字相关。这也是保证改变数据段（即改变报文摘要）的原因。

最后一级输出的 4 个 32 位字和作为这次 MD5 运算输入的前一段数据段的 MD5 运算结果逐字相加，而产生的这一段数据段的 MD5 运算结果。最后一段数据段的 MD5 结果为报文的摘要。

表 5.1 MD5 的运算过程

第一级运算过程的 16 次迭代运算			
FF(a,b,c,d,M[0],7,1)	FF(d,a,b,c,M[1],12,2)	FF(c,d,a,b,M[2],17,3)	FF(b,c,d,a,M[3],22,4)
FF(a,b,c,d,M[4],7,5)	FF(d,a,b,c,M[5],12,6)	FF(c,d,a,b,M[6],17,7)	FF(b,c,d,a,M[7],22,8)
FF(a,b,c,d,M[8],7,9)	FF(d,a,b,c,M[9],12,10)	FF(c,d,a,b,M[10],17,11)	FF(b,c,d,a,M[11],22,12)
FF(a,b,c,d,M[12],7,13)	FF(d,a,b,c,M[13],12,14)	FF(c,d,a,b,M[14],17,15)	FF(b,c,d,a,M[15],22,16)
第二级运算过程的 16 次迭代运算			
GG(a,b,c,d,M[1],5,17)	GG(d,a,b,c,M[6],9,18)	GG(c,d,a,b,M[11],14,19)	GG(b,c,d,a,M[0],20,20)
GG(a,b,c,d,M[5],5,21)	GG(d,a,b,c,M[10],9,22)	GG(c,d,a,b,M[15],14,23)	GG(b,c,d,a,M[4],20,24)
GG(a,b,c,d,M[9],5,25)	GG(d,a,b,c,M[14],9,26)	GG(c,d,a,b,M[3],14,27)	GG(b,c,d,a,M[8],20,28)
GG(a,b,c,d,M[13],5,29)	GG(d,a,b,c,M[2],9,30)	GG(c,d,a,b,M[7],14,31)	GG(b,c,d,a,M[12],20,32)
第三级运算过程的 16 次迭代运算			
HH(a,b,c,d,M[5],4,33)	HH(d,a,b,c,M[8],11,34)	HH(c,d,a,b,M[11],16,35)	HH(b,c,d,a,M[14],23,36)
HH(a,b,c,d,M[1],4,37)	HH(d,a,b,c,M[4],11,38)	HH(c,d,a,b,M[7],16,39)	HH(b,c,d,a,M[10],23,40)
HH(a,b,c,d,M[13],4,41)	HH(d,a,b,c,M[0],11,42)	HH(c,d,a,b,M[3],16,43)	HH(b,c,d,a,M[6],23,44)
HH(a,b,c,d,M[9],4,45)	HH(d,a,b,c,M[12],11,46)	HH(c,d,a,b,M[15],16,47)	HH(b,c,d,a,M[2],23,48)
第四级运算过程的 16 次迭代运算			
II(a,b,c,d,M[0],6,49)	II(d,a,b,c,M[7],10,50)	II(c,d,a,b,M[14],15,51)	II(b,c,d,a,M[5],21,52)
II(a,b,c,d,M[12],6,53)	II(d,a,b,c,M[3],10,54)	II(c,d,a,b,M[10],15,55)	II(b,c,d,a,M[1],21,56)
II(a,b,c,d,M[8],6,57)	II(d,a,b,c,M[15],10,58)	II(c,d,a,b,M[6],15,59)	II(b,c,d,a,M[13],21,60)
II(a,b,c,d,M[4],6,61)	II(d,a,b,c,M[11],10,62)	II(c,d,a,b,M[2],15,63)	II(b,c,d,a,M[9],21,64)

5.2.4 SHA-1 安全散列算法

安全散列算法第 1 版（Secure Hash Algorithm 1，SHA-1）和 MD5 非常相似，主要有以下两点不同。

（1）初始向量 IV 和每一段数据段经过 SHA-1 运算后的结果为 5 个 32 位的字，即 160 位，而不是 128 位。这样，对于任何报文 X，找出另一个报文 Y，$X \neq Y$，但 MD（X）=MD（Y）的可能性更低。SHA-1 初始向量的前 4 个字的值和 MD5 相同，第 5 个字的值为 E=C3D2E1F0H。

（2）每一级的运算过程不同，SHA-1 将 16 个 32 位字数据段 $M[k]$（$0 \leq k \leq 15$）扩展为 80 个 32 位的字 $W[i]$（$0 \leq i \leq 79$）。每一级运算使用的函数如下。

$F_1(X,Y,Z) = X \cdot Y \text{ OR}/X \cdot Z$

$F_2(X,Y,Z) = X \oplus Y \oplus Z$

$F_3(X,Y,Z) = X \cdot Y \text{ OR } X \cdot Z \text{ OR } Y \cdot Z$

$F_4(X,Y,Z) = X \oplus Y \oplus Z$

完成每一级运算过程需要 20 次迭代运算，第 i 级运算进行的 20 次迭代运算如下。

FOR j=(i–1)×20 to (i–1)×20+19

```
{
    TEMP=S^5(A)+F_i(B,C,D)+E+W[j]+K_i;
    E=D; D=C; C=S^30(B); B=A; A=TEMP;
}
```

$S^5(A)$ 表示对字 A 循环左移 5 位。

每一级运算时使用的常数 K_i 如下。

K_1=5A827999H

K_2=6ED9EBA1H

K_3=8F1BBCDCH

K_4=CA62C1D6H

5.3 验证技术

当人们在住宿、求职、登机、银行存款等时，通常要出示自己的身份证（如果出国，则出示护照）来证明自己的身份。但是，如果警察要求某人出示身份证以证明身份，按照规定，警察必须首先出示自己的证件来证明自身的身份。前者是一方向另一方证明身份，而后者则是对等双方相互证明自己的身份。

5.3.1 用户验证原理

如果 A 要登录某服务器（ATM、计算机或其他类型的终端），服务器怎么知道登录的人就是 A 而不是其他的人呢？传统的方法（现在大多数情况下仍然是这样的）是用口令来解决这个问题。A 必须输入其用户名（或 ID）和口令，服务器将它们与保存在主机数据库中的口令表进行匹配，如果匹配成功，表明登录的人就是 A。这里存在着一个明显的安全隐患，如果口令表被偷窥（黑客或者系统管理员都有可能），就会产生严重的后果。使用单向函数可以解决这个问题，假设服务器保存了每个用户口令的单向函数值，则验证协议如下。

（1）A 将自己的用户名和口令传送给服务器。

（2）服务器计算出口令的单向函数值。

（3）服务器将用户名和单向函数值与口令表中的值进行匹配。

这个协议从理论上讲是可行的，可惜它很脆弱，很难经受字典攻击，主要原因是口令一般较短，只有 8 个字节。对该协议最简单的改进，就是将口令与一个称为 salt 的随机字符串连接在一起，再用单向函数对其进行运算，而服务器保存用户名、salt 值和对应的单向函数值。例如，大多数 UNIX 系统使用 12 位的 salt。不幸的是，Daniel Klein 开发了一个猜测口令的程序，在大约一个星期的时间里，经常能破译出一个给定系统中的 40% 的口令。而 David Fedmerier 和 Philip Karn 编辑了一份包含 732 000 个口令的口令表，表中的口令与 4 096 个可能的 salt 值中的每一个值都有关联。估计利用这张表可以破译出一个给定系统口令表中的 30% 的口令。这表明，增加 salt 的位数不能解决所有的问题，它可以防止对口令表实施字典攻击，但不能防止对单个口令的攻击。

有一种称为 S/KEY 的一次使用口令的方法，它基于单向函数的安全性。用户 A 预先产生一串口令：A 首先输入随机数 R，服务器使用单向函数 f 和 R，计算出 N（如 N=100）个口令 P_k（$1 \leq k \leq N$），其中 $P_0=R$，$P_k=f(P_{k-1})$，服务器将 P_{N+1} 和 A 的用户名一起保存在口令表中，并将 P_k 依次打印出来交由 A 保存。A 在第一次登录时使用 P_N 作为自己的口令，服务器则根据用户名和 $f(P_N)$ 在口令表中寻找匹配，如果匹配成功，那么证明 A 的身份是真的，同时服务器用 P_N 代替口令表中

的 P_{N+1}，用户 A 则将 P_N 从自己的口令串中划掉。A 在每一次登录时总是使用下标最大的那个口令，并在使用后把它从自己的口令串中划掉。服务器在每一次验证时总是计算 $f(P_k)$，再在口令表中寻找匹配，并用当前的口令 P_k 替换掉先前的 P_{k+1}。当 A 的口令串用完时，A 必须请求服务器为自己再产生一串口令。该协议的优点是，服务器中的口令表以及通信线路中传输的口令对于攻击者来说毫无意义。其缺点是异地使用起来不方便。

另一种方法是使用非对称密钥系统，登录系统时，按如下协议进行验证。

（1）服务器发送一个随机数 R 给 A。
（2）A 用自己的私钥对 R 加密，得到 R_1 并将它和用户名一起回传给服务器。
（3）服务器根据用户名在数据库中找到 A 的公钥，用它解密 R_1，得到 R_2。
（4）如果 $R_2 = R$，则 A 登录成功。

该协议可以有效地对付窃听或偷窥，但 A 所使用的终端必须具有计算的能力。

5.3.2 信息验证技术

信息验证技术是网络信息安全技术的一个重要方面，它用于保证通信双方的不可抵赖性和信息的完整性。在 Internet 深入发展和普遍应用的时代，信息验证显得十分重要。例如，在网络银行、电子商务等应用中，对于所发生的业务或交易，我们可能并不需要保密交易的具体内容，但是交易双方应当能够确认是对方发送（接收）了这些信息，同时接收方还能确认接收的信息是完整的，即在通信过程中没有被修改或替换。再如，在电子政务应用中，通过网络发送（传输）信息（数字文件），此时接收方主要关心的是信息真实性和信息来源的可靠性。

1. 基于私钥密码体制的信息验证

假设通信双方为 A 和 B。A、B 共享的密钥为 K_{AB}，M 为 A 发送给 B 的信息。为了防止信息 M 在传输信道中窃听，A 将 M 加密后再传送，如图 5.7 所示。

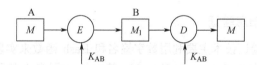

图 5.7　基于私钥的基本信息验证机制

由于 K_{AB} 为用户 A 和 B 的共享密钥，所以用户 B 可以确定信息 M 是由用户 A 所发出的。因此，这种验证方法可以对信息来源进行验证，而且它在验证的同时对信息 M 也进行了加密。这种方法的缺点是不能提供信息完整性的鉴别。

通过引入单向 Hash 函数，可以解决信息完整性的鉴别检测问题，如图 5.8 所示。

在图 5.8（a）的信息验证机制中，用户 A 首先对信息 M 求 Hash 值 $H(M)$，然后将 $M \| H(M)$ 加密后传送给用户 B。用户 B 通过解密并验证附于信息 M 之后的 Hash 值是否正确。图 5.8（b）的信息验证机制和图 5.8（a）的信息验证机制唯一不同的地方是对 Hash 值加密。而在图 5.8（c）的信息验证机制中，则使用一种带密钥的 Hash 函数 H（H 可取为 ANSI X9.9 标准中规定的 DES CBC 模式，K_{AB} 为 DES 的加密密钥），函数 H 以 M 和 K_{AB} 为参数。图 5.8（c）的信息验证机制与图 5.8（b）的信息验证机制主要区别在于产生信息验证码（MAC）的方式不同。图 5.8 给出的三种信息验证方案均可实现信息来源和完整性的验证。

基于私钥的信息验证机制的优点是速度较快，缺点是通信双方 A 和 B 需要事先约定共享密钥 K_{AB}，而且如果用户 A 需要与其他 n 个用户进行秘密通信，那么用户 A 需要事先与这些用户约定

和妥善保存 $n-1$ 个共享密钥，这本身就存在安全问题。

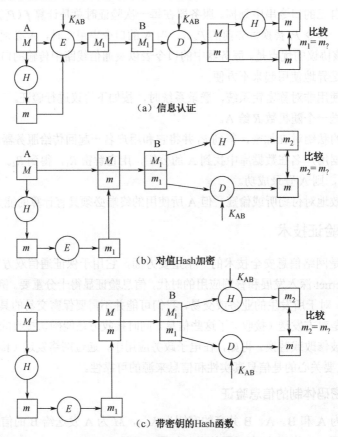

图 5.8 基于私钥的信息验证机制

2. 基于公钥体制的信息验证

基于公钥体制的信息验证技术主要利用数字签名和 Hash 函数来实现。假设用户 A 对信息 M 的 Hash 值 $H(M)$ 的签名为 SigSA$(d_A, (H(m)))$，其中 d_A 为用户 A 的私钥。用户 A 将 $M \parallel$ SigSA$(d_A, H(m))$ 发送给用户 B，用户 B 通过 A 的公钥来确认信息是否由 A 发出，并且通过计算 Hash 值来对信息 M 进行完整性鉴别。如果传输的信息需要保密，那么用户 A 和 B 可以通过密钥分配中心（KDC）获得一个共享密钥 K_{AB}，A 将信息签名和加密后再传送给 B，如图 5.9 所示。

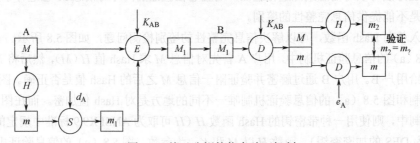

图 5.9 基于公钥的信息验证机制

从图 5.9 可知，因为只有用户 A 和 B 拥有共享密钥 K_{AB}，所以 B 能够确认信息来源的可靠性和完整性。

公开密钥算法大多基于计算复杂度上的难题，通常来自于数论。例如，RSA 源于整数因子分解问题。DSA 源于离散对数问题，作为算法的 DES 已与作为标准的 DES 区分开来。近年发展快速的椭圆曲线密码学则基于和椭圆曲线相关的数学难题，与离散对数相当。由于这些底层的问题多涉及模数乘法或指数运算，相对于分组密码需要更多计算资源，因此，公开密钥系统通常是复合式的，内含一个高效率的对称密钥算法，用以加密信息，再以公开密钥加密对称密钥系统所使用的密钥，以增进效率。

其缺点是对大容量的信息加密速度慢，优点是可以作为身份验证，而且密钥发送方式比较简单安全。常见的公开密钥加密算法有 RSA、DSA、ECA 等。

5.3.3 PKI 技术

网络中的信息一方面要允许值得信赖的用户访问，另一方面要防止非法用户以及黑客的破坏和入侵。因此，验证与授权一直是现代网络信息系统中需要解决的很重要的问题。在过去的几年中，公钥基础设施（Public Key Infrastructure，PKI）已经成为网络信息系统中不可或缺的验证系统。PKI 通过公钥加密手段，以公钥证书为核心，提供了在线身份验证的有效手段。

PKI 是网络中的身份验证技术。1976 年，Diffie 和 Hellman 提出了公钥密码的思想：试图寻找一种密码系统，使在公钥公开的情况下仍然无法推算出私钥，这样公钥便可以安全发布出去。为此公钥证书将用户的身份与其公钥绑定在一起，作为用户在网络中的身份证明。证书权威中心负责公钥证书的签发、撤销与维护。PKI 实现了信息交换的保密性、抗抵赖性、完整性和有效性等安全准则。总之，PKI 在网络应用中解决了"他是谁"的问题。

1. PKI 概述

公开密钥体制早期主要是针对开放式大型互联网的应用环境而设计的，在这种网络环境中需要有一个协调的公开密钥管理机制，来保证公开密钥的可用性和可靠性。公开密钥的管理一般是基于证书机构（Certificate Authority，CA），即建立一个通信双方都信任的第三方机构来管理通信双方的公开密钥。在现代网络环境中，这种基于证书的机构可能有许多个，这些证书机构可以存在信任关系，用户可通过一个签名链去设法验证任一个证书机构颁发的证书。特别是随着电子商务安全技术和企业网络的高速发展，PKI 就是利用公共密钥理论与技术来实施和提供安全服务的具有普遍适用性的基础设施。这些基础服务主要用来支持以公钥密码体制为基础的加密和数字签名技术。

PKI 的核心是对信任关系的管理。第三方信任与直接信任是所有网络信息安全实现的基础。所谓第三方信任，是指两个人或实体之间可以通过第三方间接达到彼此信任。例如，当两个陌生人都与同一个第三方彼此信任并且第三方也担保他们的可信度，这两个陌生人就可以做到彼此信任。当在很多人或实体中建立第三方信任时，就需要有一个权威机构来确保信任度。现在国外 PKI 应用已经开始，开发 PKI 的厂商已有不少，如 Baltimore、Entrust 等推出了可以应用的 PKI 产品；VeriSign（www.veris.gn.com）已经开始提供 PKI 服务，包括称为 OnSite 的证书颁发服务，这项服务充当了本地 CA，而且连接到了 VeriSign 的公共 CA。现在许多应用正在使用 PKI 技术来保证现代网络的验证、不可否认、加解密和密钥管理等。

数字证书又称为电子证书，起着标志证书持有者身份的作用。证书持有者可以通过它进行安全的通信、事务处理及贸易等活动。目前有关部门可以提供如下类型的数字证书。

一是用来进行各种网上事务处理活动的事务型数字证书。

二是用来进行网上安全电子交易的交易型数字证书。

另外，为了使广大的网络用户以及电子商务爱好者熟悉数字证书的使用，还提供免费型数字证书。PKI 通过使用公开密钥技术和数字证书来保证网络系统信息安全并负责验证数字证书持有者身份。例如，如某企业可以建立 PKI 体系来控制对其计算机网络的访问。PKI 让个人或企业用户安全地从事其商业行为。企业员工以及网络用户可以在互联网上安全地发送电子邮件而不必担心其发送的信息被非法的第三方（竞争对手等）截获。当然，企业也可建立其内部网络站点，只对其信任的客户发送信息。

注册机构（Registration Authority，RA）是网络用户和 CA 的接口，它所获得的网络用户标识的准确性是 CA 颁发证书的基础。RA 不仅要支持面对面的登记，还要支持网络远程登记，如通过电子邮件、浏览器等方式登记。要确保整个 PKI 系统的安全、灵活，就必须设计和实现网络化的、安全的且易于操作的 RA 系统。PKI 采用各参与方都信任同一 CA（验证中心），由 CA 来验证各参与方身份的这种信任机制。在 PKI 中，制定并实现科学的安全策略是非常重要的，这些安全策略必须适应不同的需求，并且能够通过 CA 和 RA 技术融入到 CA 和 RA 系统的实现中。同时，这些策略应该符合密码学和网络信息系统安全的要求，科学地应用密码学与网络安全的理论，具有良好的可扩展性和互用性。为了确保网络数据的安全性，定期更新密钥、恢复意外损坏的密钥（如硬盘等物理介质突然损坏）非常重要。设计和实现健全的密钥管理方案，保证安全的密钥备份、更新、恢复，也是关系到整个 PKI 系统健壮性、安全性、可用性的重要因素。

PKI 还需要构建一个安全有效的网络用户证书撤销系统。网络用户证书是用来证明证书持有者身份的电子介质，它用来绑定证书持有者身份和其相应的公钥。在通常情况下，这种绑定在已颁发证书的整个生命周期里都是有效的。但是，有时也会出现一个已颁发证书不再有效的情况，如果这个证书还没有到期，就需要进行证书撤销。证书撤销的理由各种各样，可能包括从工作变动到对密钥的怀疑等一系列原因。因此，需要采取一种有效和可信的方法，能在证书自然过期之前撤销它。证书撤销的实现方法有多种，一种方法是周期性地发布机制撤销证书；另一种方法是采用在线查询机制，随时查询被撤销的证书。

2. PKI 的目的和特点

当前人们认可 PKI 是国际上较为成熟的解决开放式互联网信息安全需求的一套体系，而且还在发展之中。PKI 体系支持以下功能。

（1）身份验证。

（2）信息传输、存储的完整性。

（3）信息传输、存储的机密性。

（4）操作的不可否认性。

"PKI 基础设施"的目的就是，只要遵循必要的原则，对于不同的实体就可以方便地使用基础设施提供的服务。PKI 就是为整个组织提供安全的基本框架，可以被组织中任何需要安全的应用和对象使用。网络安全设施的"接入点"是统一的，便于使用（就像 TCP/IP 栈和墙上的电源插座一样）。PKI 适用于多种环境的框架。这个框架避免了零碎的、点对点的，特别是没有互操作性的解决方案，引入了可管理的机制以及跨越多个应用和计算平台的一致安全性。

PKI 具有同样的特性。与 PKI 安全基础设施对应的应用是指需要安全服务而使用安全基础设施的模块，如浏览器、电子邮件客户端程序、支持的设备等。PKI 能够让应用程序增强自己的数据和资源的安全，以及与其他数据和资源交换中的安全。人们使用 PKI 像将电器插入墙上的插座一样简单。它必须具有以下特点。

（1）具有易用的、众所周知的界面。

（2）基础设施提供的服务是可预知的且一致有效的。

（3）应用设施无须了解基础设施是如何提供服务的。

遵循 PKI 的方法来获得网络安全的好处有很多。单个应用程序可以随时从基础设施得到安全服务，增强并简化了登录过程，对终端用户透明，在整个环境中提供全面的安全。实施 PKI 的商业驱动包括节省费用、互操作性、简化管理、真正安全的可能性。

3．PKI 的功能

一个完整的 PKI 系统应具备以下主要功能：根据 X.509 标准发放证书，证书与 CA 产生密钥对，密钥备份及恢复，证书、密钥对的自动更换，加密密钥及签名密钥的分隔，管理密钥和证书，支持对数字签名的不可抵赖性，密钥历史的管理，为用户提供 PKI 服务，如网络用户安全登录、增加和删除用户、恢复密钥、检验证书等。

其他相关功能还包括交叉验证、支持 LDAP 协议、支持用于验证的智能卡等。此外，PKI 中融入各种应用（如防火墙、浏览器、电子邮件、网络操作系统）也正在成为趋势。

4．PKI 的基本组成

一个典型的 PKI 系统由 5 个基本的部分组成：证书申请者、注册机构、验证中心、证书库和证书信任方。其中，验证中心、注册机构和证书库三部分是 PKI 的核心，证书申请者和证书信任方则是利用 PKI 进行网上交易的参与者。PKI 在实际应用上是一套软件、硬件系统和安全策略的集合，它提供了一整套安全机制，使网络用户在不知道对方身份或者分布很广的情况下，以证书为基础，通过一系列的信任关系进行网络通信和电子商务交易。

完整的 PKI 系统必须具有权威验证机构、数字证书库、密钥备份及恢复系统、证书作废系统、应用程序编程接口（Application Programming Interface，API）等基本构成部分，构建 PKI 也将围绕着这五大部分来着手构建。

（1）验证机构：数字证书的申请及签发机关，CA 必须具备权威性的特征，它是 PKI 的核心，也是 PKI 的信任基础，它管理公钥的整个生命周期。其主要作用包括发放证书、规定证书的有效期与通过发布证书废除列表（Certificate Revocation List，CRL）确保必要情况下可以废除证书。

（2）数字证书库：用于存储已签发的数字证书及公钥，用户可由此获得所需的其他用户的证书及公钥。构造证书的最佳方法是采用支持 LDAP（Lightweight Directory Access Protocol，轻量目录访问协议，是 DAP 协议的简便版）的目录系统，网络用户或者相关的应用通过 LDAP 来访问证书库。系统必须确保证书库的完整性，以防止伪造和篡改证书。

（3）密钥备份及恢复系统：如果用户丢失了用于解密数据的密钥，则数据将无法被解密，这将造成合法数据丢失。为了避免这种情况，PKI 提供了备份与恢复密钥的机制。但必须注意，密钥的备份与恢复必须由可信的机构来完成。并且，密钥备份与恢复只能针对解密密钥，签名私钥为确保其唯一性而不能够备份。

（4）证书作废系统：证书作废系统是 PKI 的一个必备的组件。与日常生活中的各种身份证件一样，证书有效期以内也可能需要作废，原因可能是密钥介质丢失或用户身份变更等。为了实现这一点，PKI 必须提供作废证书的一系列机制。

（5）应用程序编程接口：PKI 的价值在于使用户能够方便地使用加密、数字签名等安全服务，因此一个完整的 PKI 必须提供良好的应用接口系统，使各种各样的应用能够以安全、一致、可信的方式与 PKI 交互，确保安全网络环境的完整性和易用性。

通常来说，CA 是证书的签发机构，它是 PKI 的核心。众所周知，构建密码服务系统的核心内容是如何实现密钥管理。公钥体制涉及一对密钥（即私钥和公钥），私钥只由用户独立掌握，无须在网上传输，而公钥则是公开的，需要在网上传送，故公钥体制的密钥管理主要针对公钥的管理问题，目前较好的解决方案是数字证书机制。

5.3.4 基于 PKI 的角色访问控制模型与实现过程

1. 基于角色访问控制模型

基于角色访问控制（RBAC）的核心思想是权限并不直接分配给用户，而是分配给角色，角色是分配权限的一种间接手段。在 RBAC 模型下，首先定义出若干个角色，这些角色代表着企业中不同的职务，如经理、秘书、职员等，角色与一定的权限相对应。然后将角色分配给用户，用户可以属于一个或者多个角色，这样用户就继承了该角色所具有的权限。

将 PKI 引入企业网络，可以解决企业网络的验证问题。在 PKI 模式下，用户申请证书后，只需记住一个密钥（保护私钥的密钥）就可以访问系统中的不同资源，真正实现了"一次验证全局通用"的访问模式。

后来人们提出了基于应用的企业网络信息系统访问控制模型，该模型集成了 PKI，采用了基于角色的访问控制模式，主要由两大部分组成，即验证授权子系统和访问控制子系统。验证授权子系统实现了用户的验证和授权，是整个系统的安全核心。访问控制子系统主要对用户的身份和权限进行验证，控制用户对系统资源的访问。模型由客户端、验证服务器、应用服务器、资源数据库和 LDAP 目录服务器等实体组成，模型的具体结构如图 5.10 所示。

图 5.10 中有关实体说明如下。

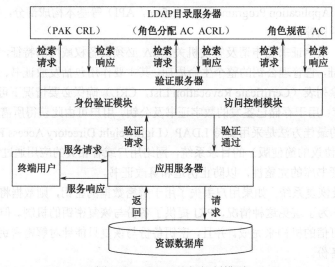

图 5.10 RBAC 访问控制模型

（1）终端用户：向应用服务器提交服务请求，并获得应用服务器的服务响应。

（2）验证服务器：由身份验证模块和访问控制模块组成，提供身份验证和访问控制，是安全模型的关键部分。

（3）应用服务器：与资源数据库连接，根据验证通过的用户请求，对资源数据库的数据进行处理，然后把处理结果返回给用户以响应用户请求。

（4）LDAP 目录服务器：LDAP 目录服务器包含两个部分，一个存放公钥证书（PKC）和公钥证书吊销列表，另一个存放角色指派 AC 和角色规范 AC 以及属性证书吊销列表。

2. 实现过程

终端用户发送访问请求之前要向 CA、AA 申请公钥证书和角色指派属性证书。

实现过程分为 3 个阶段：身份验证阶段、访问控制阶段和服务提供阶段，具体过程如下。

第一个阶段：身份验证阶段。

（1）用户将服务请求与其公钥证书 PKC 签名后提交给应用服务器，应用服务器将它们以验证请求的方式转交给验证服务器。

（2）验证服务器收到上述信息后，身份验证模块通过 PKC 库验证用户公钥证书的真实性（库中是否存在该证书），再通过 CRL 库验证证书的有效性（该证书是否被吊销），然后利用用户公钥证书中的公钥对用户数字签名进行验证。

（3）以上三项验证如果有一项未通过，则向应用服务器发送验证通不过的拒绝服务消息，否则身份验证模块通过用户的身份验证。

第二个阶段：访问控制阶段。

身份验证通过后，系统进入访问控制阶段，访问控制阶段由验证服务器的访问控制模块来完成，其过程如下。

（1）访问控制模块根据终端用户公钥证书 PKC 中的证书唯一标识（即证书 ID），从 LDAP 目录服务器中检索该用户的角色指派属性证书。

（2）访问控制模块对该角色指派 AC 进行真实性和有效性的验证，具体包括证书是否在有效期内，是否被 AA 签名（以防篡改证书内容），是否在属性证书吊销列表中，如果上述内容有一项未通过，那么就向应用服务器返回验证不通过的响应信息，否则从角色指派 AC 中获取角色属性值。

（3）访问控制模块利用该角色属性值从 LDAP 目录服务器中检索角色规范 AC 库，获取与该角色对应的角色规范证书，然后对该证书进行相关验证，验证通过后，从该证书中获取权限集合，并检查权限集中每个权限是否在授权验证列表中。

（4）访问控制模块将用户请求与权限集合相比较，判定该用户请求是否在权限允许的范围之内，不在权限范围之内，就向应用服务器返回拒绝服务的响应信息，否则通过应用服务器响应用户请求。

第三个阶段：服务提供阶段。

该阶段的工作主要由应用服务器和资源数据库来完成，应用服务器在收到验证服务器的通知后，根据用户访问请求，对资源数据库进行处理，并将处理结果集返回给该终端用户。

在企业网络信息系统中引入 PKI 机制，以 PKI 作为身份验证，并采用基于角色的访问控制策略，实现安全访问控制，具有灵活、方便等特点。企业中人员的调动和其他变动，以及人员职务的升迁，职权的变动非常容易在本方案中得到体现，只需要在身份证书和属性证书上做少许改动就可以，所以适应性很强，也非常符合一般企业的管理模式和管理习惯。

随着网络信息安全市场的成熟，人们对访问控制产品的兴趣和认识日益增长，显示出 PKI 系统良好的应用前景。例如，在国家电子政务中应用和基于 PKI 的 IP 宽带城域网安全应用等。PKII 应用能够有效地增强网络系统的安全性，改变了现有的多种权限管理模型带来的权限管理混乱，降低了网络应用系统的开发成本，提高了企业的效率。

本 章 小 结

随着 Internet 的发展与应用的普及，除了需要保护用户通信的私有性和秘密性，使得非法用户不能获取、读懂通信双方的私有信息和秘密信息之外，在许多应用中，还需要保证通信双方的不可抵赖性和信息在公共信道上传输的完整性。数字签名、身份验证和信息验证等技术可以解决这些问题。

本章主要介绍了数字签名的概念、数字签名的实现过程、ElGamal 数字签名算法、Schnorr 数字签名算法、数字签名标准、安全散列函数的应用和其安全性要求、MD5 算法、SHA-1 算法、用户验证原理、信息验证技术和 PKI 技术。

习题与思考题

5.1 数字签名应该具有哪些性质？
5.2 数字签名的目的是什么？
5.3 直接数字签名方案存在哪些共同的弱点？
5.4 现在数字签名有哪些相关标准？
5.5 什么是安全散列函数？安全散列函数有哪些应用？
5.6 散列函数有哪些安全性要求？
5.7 什么是 MD5 算法？
5.8 使用非对称秘钥系统登录系统时，其协议怎样进行验证？
5.9 比较基于私钥和公钥的信息验证机制的优缺点。
5.10 PKI 的组成分为哪几大部分？它们的主要功能各是什么？

第 6 章 网络安全协议

本 章 提 要

本章阐述了网络安全协议的分类,重点介绍了各层的安全协议:网络层的安全协议有 IPSec,传输层的安全协议有 SSL/TLS,应用层的安全协议有 SET(信用卡支付安全协议)、SHTTP(Web 安全协议)、PGP(电子邮件安全协议)、S/MIME(电子邮件安全协议)、PEM(电子邮件安全协议)、SSH(远程登录安全协议)、Kerberos(网络验证协议)等。

本章还介绍了产品电子代码(EPC)的密码机制与安全协议,基于 RFID 的 EPC 系统是信息化和物联网在传统物流业应用的产物和具体实现。

国际标准化组织/国际标准化委员会 27032 文对网络安全/网络空间安全的官方定义如下:维护网络空间信息的机密性、完整性、可用性。其对网络空间安全的定义如下:网络空间不以任何物理形式存在,由人、软件、网络服务(由科技设备和互联网提供)共同构成。由此可见,网络的安全直接关系着网络空间的安全。

近年来,我国互联网市场规模和用户高速增长,截至 2015 年 12 月底,中国网站总量达到 426.7 万余个,网站所使用的独立域名共计 561.7 万余个,中国网站安全面临更加复杂严峻的安全态势。而且,目前的互联网或者下一代互联网是物联网和云计算的核心载体,多数的信息流量要经过互联网传递,如何保证互联网的安全是一个重要的问题。而互联网的标准通信协议本身也可以提供一些安全服务,如 IPSec、SSL/TLS 等,网络安全协议是营造网络安全环境的基础,是构建安全网络的关键技术。

6.1 概 述

所谓协议是指通信双方关于如何进行通信而做的一个约定。举例:两个从未见过面的人,在见面前,会商定通过何种方式正确地找到对方,也许是拿本杂志作为见面标识物。再如,两国政要会面时,一般会以英语为通用语言。如果一方用英语,另一方用法语或其他语言,则双方的交流就成了问题。所以如果违反了协议,通信会变得非常困难。

网络安全协议就在协议中采用了若干密码算法协议——加密技术、验证技术,以及保证信息安全交换的网络协议。它运行在计算机通信网或分布式通信系统中,为有安全需求的各方提供一系列保障。

安全协议具有以下 3 种特点。

(1)保密性:通信的内容不向他人泄露。为了维护个人权利,必须确保通信内容发给所指定的人,同时必须防止某些怀有特殊目的的人的"窃听"。

(2)完整性:把通信的内容按照某种算法加密,生成密码文件,即使用密文进行传输。在接收端对通信内容进行破译,必须保证破译后的内容与发出前的内容完全一致。

(3)验证性:防止非法的通信者进入。进行通信时,必须先确认通信双方的真实身份。甲、乙双方进行通信,必须确认甲、乙是真正的通信双方,防止除甲、乙以外的人冒充甲或乙的身份进行通信。

网络安全协议按照其完成的功能可以分为以下几种。

（1）密钥建立协议：一般情况下在参与协议的两个或者多个实体之间建立共享的秘密，通常用于建立一次通信中使用的会话密钥。密钥建立协议有 Diffie-Hellman 协议、Blom 协议、MQV 协议、端-端协议、MTI 协议等。

（2）验证协议：验证协议中包括实体验证（身份验证）协议、消息验证协议、数据源验证和数据目的验证协议等，用来防止假冒、篡改、否认等攻击。

最具代表性的身份验证协议有两类：一类是 1984 年 Shamir 提出的基于身份的身份验证协议；另一类是 1986 年 Fiat 等人提出的零知识身份验证协议。随后，人们在这两类协议的基础上又提出了新的身份验证协议：Schnorr 协议、Okamoto 协议、Guillou-Quisquater 协议和 Feige-Fiat-Shamir 协议等。

数字签名协议主要有两类：一类是普通数字签名协议，通常称为数字签名算法，如 RSA、DSA 等；另一类是特殊数字签名协议，如不可否认的数字签名协议、Fail-Stop 数字签名协议、群数字签名协议等。

（3）验证和密钥交换协议：将验证和密钥交换协议结合在一起，是网络通信中最普遍应用的安全协议。该类协议首先对通信实体的身份进行验证，如果验证成功，进一步进行密钥交换，以建立通信中的工作密钥，也称密钥确认协议。

常见的验证密钥交换协议有：互联网密钥交换（IKE）协议、分布式验证安全服务（DASS）协议、Kerberos 协议、X.509 协议。

（4）电子商务协议：这类协议用于电子商务系统中以确保电子支付和电子交易的安全性、可靠性、公平性。常见的协议有：SET 协议和电子现金等。

（5）安全通信协议：这类协议用于在计算机通信网络中保证信息的安全交换。常见的协议有：PPTP/L2PP 协议、IPSec 协议、SSL/TLS 协议、PGP 协议、SIME 协议、S-HTTP 协议等。

随着计算机网络技术的广泛应用，信息之间的交互不断增加，人们对网络的依赖性越来越大。而现有的网络都采用了 TCP/IP 协议，但是 TCP/IP 协议在设计时为了达到高效率，在安全通信这一方面的考虑较少，因此它成为网络不安全的主要因素。

常见的不安全因素有：利用系统漏洞与其他个体通信，窃取信息；窃听网络上的通信内容，对他人的隐私造成威胁；某一资源被他人非法使用（如使用他人信用卡密码、卡号等）；对正在传输的数据进行恶意修改，造成接收方的"误解"；为了获得非法的特权，攻击者会发掘系统漏洞并侵入到系统内部等。

为了保证计算机网络环境中信息传递的安全性，促进网络交易的繁荣和发展，各种信息安全协议应运而生。SSL/TLS、SET、IPSec 等都是常用的安全协议，为网络信息交换提供了强大的安全保护。

6.2 网络安全协议的类型

我国的网络真正遵循的是 TCP/IP 模型，而根据 TCP/IP 模型的网络分层，每一层都有各自对应的一种或几种网络安全协议。这里有针对性地介绍以下几种类型。

网络层的安全协议——IPSec，传输层的安全协议——SSL/TLS，应用层的安全协议——SHTTP（Web 安全协议）、PGP（电子邮件安全协议）、S/MIME（电子邮件安全协议）、MOSS（电子邮件安全协议）、PEM（电子邮件安全协议）、SSH（远程登录安全协议）、Kerberos（网络验证协议）等。

IPSec 是 IP Security 的缩写。由于 Internet 是全球最大的、开放的计算机网络，TCP/IP 协议族是实现网络连接和互操作性的关键,但在最初设计 IP 协议时并没有充分考虑其安全性。为了加强 Internet 的安全性,Internet 安全协议工程任务组研究制定了 IPSec 协议,以保护 IP 层通信的安全。它通过端对端的安全性来提供主动的保护以防止专用网络与 Internet 的攻击,是安全联网的长期方向。

IPSec 协议工作在 OSI 模型的第三层,与传输层或更高层的协议相比,IPSec 协议必须处理可靠性和分片的问题,这同时也增加了它的复杂性和处理开销。相对而言,SSL/TLS 依靠更高层的 TCP(OSI 的第四层)来管理可靠性和分片。IPSec 基于端对端的安全模式,在源 IP 和目的 IP 地址之间建立信任和安全性。只有发送和接收的计算机需要知道通信是安全的。该模式允许为下列企业方案成功部署 IPSec。

局域网:客户端/服务器和对等网络。

广域网:路由器到路由器和网关到网关。

远程访问:拨号客户机和从专用网络访问 Internet。

IPSec 协议不是一个单独的协议,它给出了应用于 IP 层上网络数据安全的一整套体系结构,包括网络验证(Authentication Header,AH)协议、封装安全载荷(Encapsulating Security Payload,ESP)协议、互联网密钥管理(Internet Key Exchange,IKE)协议和用于网络验证及加密的一些算法等。这些协议用于提供数据验证、数据完整性和加密性三种保护形式。AH 和 ESP 都可以提供验证服务,但 AH 提供的验证服务强于 ESP。而 IKE 主要对密钥进行交换管理,对算法、协议和密钥 3 个方面进行协商。

IPSec 规定了如何在对等层之间选择安全协议、确定安全算法和密钥交换,向上提供了访问控制、数据源验证、数据加密等网络安全服务。

SSL 是由 Netscape Communication 公司推出的,工作在网络传输层之上。SSL 使客户服务器应用之间的通信不被攻击者窃听,并且始终对服务器进行验证,并有选择地对客户进行验证。目前,SSL 协议已被广泛用于 Web 浏览器与服务器之间的身份验证和加密数据传输上,成为 Internet 上保密通信的工业标准。现行的 Web 浏览器将 HTTP 和 SSL 相结合,从而实现了安全通信。

SSL 协议由 SSL 握手协议和 SSL 记录协议组成,底层是建立在可靠的传输协议(如 TCP)上的,是 SSL 的记录层,用来封装高层的协议,记录协议在握手协议的下端。SSL 握手协议准许服务器端与客户端在开始传输数据前,通过特定的加密算法相互鉴别。SSL 的先进之处在于它是一个独立的应用协议,其他更高层协议能够建立在 SSL 协议上。

目前大部分的 Web Server 及 Browser 支持 SSL 的资料加密传输协定。因此,可以利用这个功能,将部分具有机密性质的网页设定为加密的传输模式,如此即可避免资料在网络上传送时被其他人窃听。它利用公开密钥的加密技术来作为用户端与主机端在传送机密资料时的加密通信协定。

然而,2014 年 10 月 15 日,Google 发布了一份关于 SSLv3(SSL3.0)漏洞的简要分析报告。该报告认为 SSLv3 漏洞贯穿于 SSLv3 协议,利用该漏洞,黑客可以通过中间人攻击等类似的方式(只要劫持到的数据加密两端均使用 SSL3.0 即可)成功地获取到传输数据(如 cookies)。BEAST 就是此种攻击,攻击者可获取 SSL 通信中的部分信息的明文,对明文内容进行完全控制。而 POODLE 攻击针对 SSLv3 中 CBC 模式加密算法,和 BEAST 不同的是,它不需要对明文内容的完全控制。这是因为 SSL 先进行验证,再进行加密,SSL 的加密和验证过程是反的。

在 SSLv3 之后,TLS 1.0 开始出现,安全传输层协议(Transport Layer Security,TLS)是 SSLv3 发展的新阶段,TLS 1.0 等于 SSLv3.1。

在涉及多方的电子交易中,SSL 协议并不能协调各方间的安全传输和信任关系。在这种情况下,IBM 与 Visa、MasterCard 两大信用卡公司组织制定了 SET 协议,为网上信用卡支付提供了全球性的标准,SET 1.0 于 1997 年 6 月正式问世。SET 即安全电子交易,它可以保证消费者信用卡数据不会被泄露或窃取。

　　SET 协议中，支付环境的信息保密性是通过公钥加密法和私钥加密法相结合的算法来加密支付信息而获得的。消息首先以 56 位的 DES 密钥加密，然后装入使用 1024 位 RSA 公钥加密的数字信封在交易双方传输。这两种加密方式的结合被形象地称之为数字信封。SET 协议是通过数字签名方案来保证消息的完整性和进行消息源的验证的，数字签名通过 RSA 加密算法生成信息摘要（消息通过 Hash 函数处理后得到的唯一对应于该消息的数值），信息摘要的特征保证了信息的完整性。另外，SET 协议采用了双重签名技术来保证顾客的隐私不被侵犯。

　　网上银行使用已经存在的程序和设备通过确认信用卡、清算客户银行户头完成交易，SET 协议则通过隐藏信用卡号来保证整个支付过程的安全。因此，SET 必须保证信用卡持有者与银行在现存系统和网络上能够保持持续的联系。

　　SET 是由 Electronic Wallet（电子钱包）、Merchant Server（商店端服务器）、Payment Gateway（付款转接站）和 Certification Authority（验证中心）组成的，它们构成了 Internet 上符合 SET 标准的信用卡授权交易。

　　SET 协议是由美国的公司发起并联合开发的，信用卡支付这一支付方式比较符合欧美各国的使用情况。在现实情况中，SET 要求持卡人在客户端安装电子钱包，增加了顾客交易成本，交易过程相对复杂，因此顾客不太接受这种网上即时支付方式。中国的信用卡支付方式还没有普及，因此 SET 协议在我国的使用也相对较少。

　　安全超文本传输协议（Secure HyperText Transfer Protocol，S-HTTP）是 EIT 公司结合 HTTP 而设计的一种消息安全通信协议。S-HTTP 协议处于应用层，它是 HTTP 协议的扩展，它仅适用于 HTTP 连接上，S-HTTP 可提供通信保密、身份识别、可信赖的信息传输服务及数字签名等。S-HTTP 提供了完整且灵活的加密算法及相关参数。选项协商用来确定客户机和服务器在安全事务处理模式、加密算法（如用于签名的非对称算法 RSA 和 DSA 等，用于对称加解密的 DES 和 RC2 等）及证书选择等方面达成一致。

　　S-HTTP 支持端对端安全传输，客户机可能"首先"启动安全传输（使用报头的信息），如它可以用来支持加密技术。S-HTTP 是通过在 S-HTTP 所交换包的特殊头标志来建立安全通信的。当使用 S-HTTP 时，敏感的数据信息不会在网络上明文传输。

　　电子邮件是互联网上主要的信息传输手段，目前，通过开放的网络传输，网络上的其他人都可以监听或者截取邮件来获得邮件的内容，电子邮件本身并不具备很强的安全防范措施。为此，互联网工程任务组（IEFT）为扩充电子邮件的安全性能已起草了相关的规范。

　　PGP 是英文 Pretty Good Privacy（更好地保护隐私）的简称，是一个基于 RSA 公钥和私钥及 AES 等加密算法的加密软件系统，常用的版本是 PGP 专业桌面版。PGP 使用加密以及校验的方式，提供了多种功能和工具，除了保证用户的电子邮件安全之外，还能保证文件、磁盘及网络通信的安全。

　　RSA 公钥系统可提供验证和加密问题，它采用数字签名的技术让收信人确认发信内容没有被更改，又通过加密信息保证信息不被第三者获得。该算法是一种基于大数不可能质因数分解假设的公钥体系。简单地说就是找两个很大的质数，一个公开（即公钥），另一个保密（即私钥）。这两个密钥互补，用公钥加密的密文可以用私钥解密，反过来也一样。

　　PGP 是用一个 128 位的二进制数作为"邮件文摘（对一封邮件用某种算法算出一个最能体现这封邮件特征的数字，一旦邮件有任何改变这个数字都会变化，那么这个数字加上作者的名字（实际上在作者的密钥里）和日期等，就可以作为一个签名了。用来产生它的算法是 MD5。MD5 是一种单向散列算法，很难找到一份替代的邮件与原件具有同样的 MD5 特征值。

　　PEM（Privacy Enhanced Mail）是增强电子邮件隐秘性的标准草案，它在互联网电子邮件的标准格式上增加了加密、鉴别和密钥管理的功能，允许使用公开密钥和专用密钥的加密方式，并能够支持多种加密工具。1993 年初，IETF 以及 IRTF 已提出四份 RFC 作为建议的标准，其编号为 1421～1424。

PEM 提供以下四种安全服务：数据隐蔽——使数据免遭非授权的泄露，防止有人半路截取和窃听；数据完整性——提供通信期间数据的完整性，可用于侦查和防止数据的伪造和篡改；对发送方的鉴别——用来证明发送方的身份，防止有人冒名顶替；防发送方否认，结合上述功能，防止发送方事后不承认发送过此文件。

PEM 安全功能使用了多种密码工具，包括非对称加密算法 RSA，对称加密算法 DES 以及报文完整性。对 RSA 来说，通信双方均需 2 个密钥，DES 要求通信双方共享一个密钥。DES 的优点是软件实现比较快（比 RSA 快 100 倍），缺点是不能用作鉴别。然而 RSA 有数字签名，管理相对简单，但缺点是实现需要占用较多的 CPU 时间。PEM 的加密过程通常包括四个步骤：报文生成——一般使用用户常用的格式；规范化——转换成 SMTP 的内部表示形式；加密——执行选用的密码算法；编码——对加密后的报文进行编码以便传输。

Internet 电子邮件由一个邮件头部和一个可选的邮件主体组成，其中邮件头部含有邮件的发送方和接收方的有关信息。IETF 在 RFC 2045～RFC 2049 中定义了 MIME 规定，邮件主体除了 ASCII 字符类型之外，还可以包含各种数据类型。用户可以使用 MIME 增加非文本对象，如把图像、音频、格式化的文本或微软的 Word 文件加到邮件主体中。MIME 中的数据类型一般是复合型的，也称为复合数据。S/MIME 是多功能电子邮件扩充报文基础上添加数字签名和加密技术的一种协议，是在 MIME 上定义安全服务措施的实施方式。目前，S/MIME 已成为产业界广泛认可的协议。

多用途网际邮件扩充协议（Secure Multipurpose Internet Mail Extensions，S/MIME）只保护邮件的邮件主体，对头部信息不进行加密。S/MIME 增加了新的 MIME 数据类型，如"应用/pkcs7-MIME"、"复合/已签名"和"应用 /pkcs7-签名"等，这些复合数据用于提供数据保密、完整性保护、验证和鉴定服务等功能。邮件如果包含了上述 MIME 复合数据，则有关的 MIME 附件也会在邮件中存在。接收者在客户端阅读邮件之前，S/MIME 应用处理这些附件。它是 MIME 的安全版本。

安全外壳协议（Secure Shell，SSH）由 IETF 的网络小组（Network Working Group）制定，专为远程登录会话和其他网络服务提供安全性的协议。传统的网络服务程序，如 FTP、POP 和 Telnet 在本质上都是不安全的，因为它们在网络上用明文传送口令和数据，别有用心的人非常容易就可以截获这些口令和数据。这些别有用心的人就是"中间人"，他们冒充真正的服务器接你发送的数据，还冒充用户发送数据给服务器。SSH 使得这种"中间人"攻击不复存在，它对所传输的数据加密，还可以防止 DNS 和 IP 欺骗。此外，它传输的数据速度很快，因为这些数据都是经过压缩的。

SSH 提供两种级别的验证——基于口令的验证（需传送口令，可能受到"中间人"攻击）和基于密钥的验证（不需要传送口令，但是必须知道自己的密钥，登录过程需要 10 秒）。SSH 共分为 3 层：传输层协议（SSH-TRANS），提供强力的加密技术、密码主机验证及完整性保护；用户验证协议 [SSH-USERAUTH]，用于向服务器提供客户端用户鉴别功能；连接协议[SSH-CONNECT]，将多个加密隧道分成逻辑通道，它提供了交互式登录话路、远程命令执行、转发 TCP/IP 连接和转发 X11 连接。

Kerberos 是网络验证协议。苹果的 Mac OS X，Red Hat Enterprise Linux 4 和后续的操作系统，Windows 2000 和后续的操作系统都默认 Kerberos 为其验证方法。它采用客户端/服务器结构与 DES 加密技术，客户端和服务器端能够相互验证，可用于防止窃听、防止 Replay 攻击、保护数据完整性等场合，是一种应用对称密钥体制进行密钥管理的系统。

Kerberos 的验证过程：客户机向验证服务器（AS）发送请求，要求得到某服务器的证书，然后 AS 的响应包含这些用客户端密钥加密的证书。证书的构成如下：服务器"ticket"；一个临时加密密钥(又称为会话密钥)。客户机将 ticket(包括用服务器密钥加密的客户机身份和一份会话密钥的副本)传送到服务器上。

6.3 网络层安全协议 IPSec

IPSec 是 IETF 的 IPSec 小组建立的一组 IP 安全协议集,是一种开放标准的框架结构,是安全联网的长期方向。在通信中,只有发送方和接收方才是唯一必须了解 IPSec 保护的计算机。IPSec 工作在网络层,其功能包括数据加密、对网络单元的访问控制、数据源地址验证、数据完整性检查和防止重放攻击。

目前,在 Internet 上使用的 IP 协议均未对安全选项进行处理,而广泛使用的 IPv4 不仅缺乏对通信双方真实身份的验证能力,还缺乏对网上传输的数据完整性和机密性的保护。IP 地址在 IP 层存在着网络业务流易被监听、捕获、IP 地址欺骗、信息泄露和数据项被篡改等攻击,在这种背景下,Internet 制定和推动了一套称为 IPSec 的安全协议标准。其体系结构如图 6.1 所示。

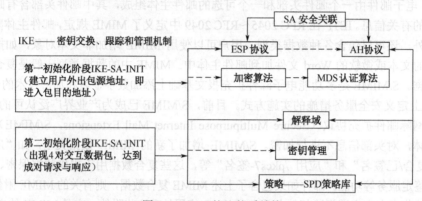

图 6.1 IPSec 协议体系结构

IPSec 协议由 4 个主要部分组成:安全载荷协议(Encapsulating Security Payload,ESP)、验证头协议(Authentication Header,AH)、安全关联(Security Associations,SA)和密钥管理(Internet Key Exchange,IKE)。其中,AH 和 ESP 都可以提供验证服务,但 AH 提供的验证服务要强于 ESP。而 IKE 主要是对密钥进行交换管理,对算法、协议和密钥 3 个方面进行协商。IPSec 协议不是一个单独的协议,它给出了应用于 IP 层上网络数据安全的一整套体系结构。

IPSec 协议工作在 OSI 模型的第三层,使其在单独使用时适于保护基于 TCP 或 UDP 的协议(如安全套接字层就不能保护 UDP 层的通信流)。与传输层或更高层的协议相比,IPSec 协议必须处理可靠性和分片的问题,这同时也增加了它的复杂性和处理开销。而 SSL/TLS 依靠更高层的 TCP(OSI 的第四层)来管理可靠性和分片。

IPSec 是在 IP(IPv4 和 IPv6)基础上提供的一种可互操作的、基于高质量密码的安全服务,借此保证 IP 及上层协议安全地交换数据。由于这些安全服务是在 IP 层提供的,所以可为任何高层协议,如 TCP、UDP、ICMP 等使用。它在 IPv6 中是必须存在的,在 IPv4 中则是可选的。最重要的应用是作为第三层隧道协议实现 VPN 通信,为 IP 网络通信提供透明的安全服务。

6.3.1 安全协议

IPSec 提供了两种安全协议:验证头和封装安全有效载荷,这两个协议以 IP 扩展头的方式增加到 IP 包中,可以对 IP 数据包或上层协议数据包进行安全保护,增加了对 IP 数据项的安全性。

其中，AH 只提供了数据完整性验证机制，用来证明数据源端点，保证数据完整性，防止数据篡改和重播。ESP 同时提供数据完整性验证和数据加密传输机制。

AH 和 ESP 可以单独使用，也可以联合使用。每个协议都支持两种应用模式，即传输模式和隧道模式。这两种模式的区别是其所保护的内容不相同：一个是 IP 包，一个是 IP 载荷。

（1）传输模式：为上层协议数据和选择的 IP 头字段提供验证保护，且仅适用于主机实现。在这种模式中，AH 和 ESP 会拦截从传输层到网络层的数据包，并根据具体的配置提供安全保护。

（2）隧道模式：对整个 IP 数据项提供验证保护，除了用于主机之外还可用于安全网关。如果安全性是由一个设备来提供的，而该设备并非数据包的始发点，或者数据包需要保密传输到与实际目的地不同的另一个目的地，则需要采用隧道模式。

1．ESP 协议

IP 协议号是 50。ESP 将需要保护的数据进行加密后再封装到 IP 包中，为 IP 数据包提供数据机密性、数据完整性、抗重播以及数据源验证等安全服务。另外，ESP 也可提供验证服务。ESP 还使用一个加密器提供数据机密性，使用一个验证器提供数据完整性验证。

1）ESP 的格式

ESP 头紧跟在 IP 头后。在 IPv4 中，这个 IP 头的协议字段是 50，以表明 IP 头之后是一个 ESP 头。在 IPv6 中，ESP 头的放置与扩展头有关。ESP 的常用格式如图 6.2 所示。

图 6.2　ESP 格式

安全参数索引（SPI）：它是一个 32 位的随机数。通过目的地址和安全协议来标识这个数据所属的安全关联。接收方通过这个字段对收到的 IP 数据包进行相应的处理。通常，在密钥交换过程中由目的主机来选定 SPI。SPI 是经过验证的，但并没有加密，因为 SPI 是一种状态标识，由它来指定所采用的加密算法和密钥，以及对数据包进行解密。

序列号（SN）：它是一个单向递增的 32 位无符号整数。使用序列号可以使 ESP 具有抗重播攻击的能力，因为通过它，可以区分使用同一组加密策略处理不同数据包。加密数据部分包含原 IP 数据包的有效负载和填充域。

有效负载数据：被 ESP 保护的数据包包含在载荷数据字段中，其字段长度由数据长度来决定，因此是可变长的数据。可通过下一负载头来指明其数据类型。

填充：0～255 个字节，填充内容可以由密码算法来指定。

填充长度：该字段为 8 位，指出添加多少填充字段的长度，接收端利用它恢复载荷数据的实际长度。该字段必须存在，因此，即使没有填充项，其值也必须表示出来（为 0）。

下一负载头：该字段为 8 位，用来指出有效负载所使用的类型。在隧道模式下使用 ESP，则该值为 4。如果在传输模式下使用，则这个值表示它上一级协议的类型，如 TCP 对应的值为 6。

验证数据：ESP 数据的完整性校验值，该字段是可变长的。通常是由验证算法对 ESP 数据包进行密钥处理的散列函数。该字段是可选的，只有对 ESP 数据包进行处理的 SA 提供了完整性验证服务时，才会有该字段。

2）**ESP 的工作模式**

前面已经提到 ESP 协议有两种工作模式（以应用于 IPv4 的数据包为例）：传输模式和隧道模式，分别如图 6.6 和图 6.7 所示。

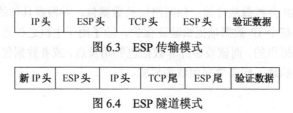

IP 头	ESP 头	TCP 头	ESP 头	验证数据

图 6.3　ESP 传输模式

新 IP 头	ESP 头	IP 头	TCP 尾	ESP 尾	验证数据

图 6.4　ESP 隧道模式

2．AH 协议的格式

AH 位于 IP 报头和传输层协议报头之间。AH 由 IP 协议号 51 标识，该值包含在 AH 报头之前的协议报头中，如 IP 报头。AH 格式如图 6.5 所示。

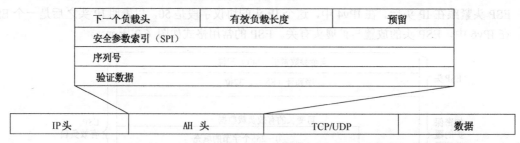

图 6.5　AH 格式

下一个负载头：8 位，表示 AH 头之后下一个有效负载的类型。在传输模式下，其是处于保护的上层协议的值，如 UDP 或 TCP 协议的值。在隧道模式下，该值是 4，表示 IPv4 封装；该值为 41 时，表示 IPv6 封装。

有效负载长度：8 位，其值是 AH 头的实际长度减 2。

预留：16 位，保留为以后使用。其值为 0。该字段值包含在验证数据计算中，但被接收者忽略。

安全参数索引：32 位，它与目的地址、安全协议结合在一起，对该 IP 包进行身份验证的安全关联。

序列号：从 1 开始的 32 位单增序列号，不允许重复，与 ESP 中使用的序列号意义相同，可用于 IP 数据包的重放检查。

验证数据：可变长字段，但其长度必须为 32 位的整数倍。它是验证算法对 AH 数据包进行完整性计算所得到的完整性检查值。

AH 协议也有两种工作模式：传输模式和隧道模式。在传输模式下，AH 头插在 IP 头和上层协议头之间；在隧道模式下，整个 IP 数据包都封装在一个 AH 头中进行保护，并增加一个新的 IP 头，以应用于 IPv4 和 IPv6 数据包为例，协议格式如图 6.6～图 6.9 所示。AH 在这两种传输模式下都要对外部 IP 头的固定不变字段进行验证。

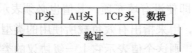

图 6.6　传输模式的 AH 头格式（应用于 IPv4 数据包）

IP 头	逐跳点、目的地、路由、分段	AH 头	TCP 头	数据

←————验证————→

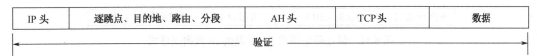

图 6.7　传输模式的 AH 头格式（应用于 IPv6 数据包）

新 IP 头	AH 头	原IP 头	TCP头	数据

←————验证————→

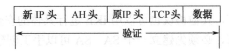

图 6.8　隧道模式的 AH 头格式（应用于 IPv4 数据包）

新 IP 头	扩展项头（如果有）	AH 头	扩展项头（如果有）	TCP 头	数据

←————验证————→

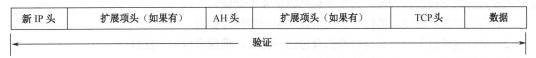

图 6.9　隧道模式的 AH 头格式（应用于 IPv6 数据包）

6.3.2　安全关联

SA 是 IP 验证和保密机制中最关键的安全关联。AH 和 ESP 协议都必须使用 SA。一个 SA 是发送者与接收者之间的一个单向关系，它为其承载的通信提供安全服务。如果一个通信流需要同时使用 AH 和 ESP 进行保护，则要创建多个 SA 来提供所需的保护。因此，为了保证两个主机或两个安全网关之间双向通信的安全，需要建立两个 SA，各自负责一个方向。任何 IP 包中，SA 是由 IPv4 中的目的地址或 IPv6 头和内部扩展头（AH 或 ESP）中的 SPI 所唯一标识的。其中，SA 由以下 3 个参数确定。

（1）SPI：安全参数索引，它是分配给这个 SA 的一个位串并且只在本地有效。SPI 在 AH 和 ESP 报头中出现，以使得接收系统选择 SA 并处理一个收到的报文。

（2）IP 目的地址：这是 SA 的目标终点的地址，它可以是用户系统或网络系统的目的地址。

（3）安全协议标识符：通过它可以表明是 AH 还是 ESP。

IPSec 进行加密有两种工作模式，这意味着 SA 也有两种工作模式，即传输模式和隧道模式。

1. 传输模式的 SA

在该模式下，经过 IPSec 处理的 IP 数据包格式如图 6.10 所示。

如果安全协议为 ESP，则 SA 只为高层协议提供安全服务；如果选择了 AH，则可将安全服务范围扩展到 IP 头的某些在传输过程中不变的字段上。

IP 头	安全协议头（AH/ESP）	高层协议头	数据

图 6.10　经过传输模式 SA 处理的 IP 数据包格式

2. 隧道模式的 SA

隧道模式的 SA 将在两个安全网关之间或者主机与安全网关之间建立一个 IP 隧道。在这种模式下，IP 数据包有两个 IP 头：一个是用来指明 IPSec 数据包源地址的外部 IP 头；另一个是用于指明 IP 数据包的目的地址的内部 IP 头。安全协议头位于外部 IP 头与内部 IP 头之间，如图 6.11 所示。

如果选择的安全协议为 ESP，则 SA 只为内部 IP 头、高层协议头和数据提供安全服务；如果选择使用 AH，则可将安全范围扩大到外部 IP 头中某些在传输过程中不变的字段上。

| 外部 IP 头 | 安全协议头（AH/ESP） | 内部 IP 头 | 高层协议头 | 数据 |

图 6.11 经过隧道模式 SA 处理的 IP 数据报格式

6.3.3 密钥管理

密钥管理并非 IPSec 专有，其他协议也可以用 IKE 进行具体的安全服务。在 IPSec 模型中，使用 IPSec 保护一个数据包之前，必须先建立一个 SA，SA 可以手工创建，也可以自动建立。在自动建立 SA 时，要使用 IKE 协议。IKE 代表 IPSec 与 SA 进行协商，并将协商好的 SA 填入 SAD。IKE 协议主要对密钥交换进行管理，它主要包括以下 4 个功能。

（1）协商服务：对使用的协议、加密算法和密钥进行协商。
（2）身份验证服务：对参与协商的身份进行验证，确保身份的合法性。
（3）密钥的管理：对协商的结果进行管理。
（4）安全交换：产生和交换所有密钥的信息。

IKE 是一种混合型协议，它建立在以下 3 个协议基础上。

（1）ISAKMP：它是一种密钥交换框架，独立于具体的密钥交换协议。在这个框架上，可以支持不同的密钥交换协议。
（2）OAKLEY：描述了一系列的密钥交换模式，以及每种模式所提供服务的细节，如身份保护和验证等。
（3）SKEME：描述了一种通用的密钥交换技术。这种技术提供了基于公钥的身份验证和快速密钥刷新。

6.3.4 面向用户的 IPSec 安全隧道构建

用户在使用图 6.12 所示的 VPN-IPSec 拓扑结构中的 IPSec 安全隧道时，应按以下步骤进行。

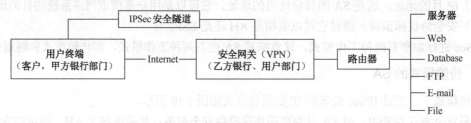

图 6.12 VPN-IPSec 拓扑结构

（1）用户终端与虚拟专用网上的安全网关进行物理连接。
（2）用户终端通过 DHCP 动态获取一个专用的 IP 地址。注意：此 IP 地址在通过安全隧道通信之前要做动态变动。此 IP 地址在未变动前，先作为用户外出包的源地址和进入用户的进入包的目的地址。
（3）进入 IKE 的初始化阶段，一个部门和输入数据的信息，首先通过 IPSec 的安全性参考索引，自动选择 AH 协议或者 ESP 协议，选择加密算法、密钥和密钥的相应生存周期，进行了以上初始化定义后，用以上自定义的 IP 地址来加密整个发送的分组数据，以达到数据的机密性，验证了该部门的数据源，并保证数据的完整性，封装了有足够路由信息的 IP 头，以保证识别传输的中间节点，论证了部门请求和响应方的交换数据包。IPSec 安全隧道采用了 MDS 验证算法，它给偷盗者窃取部门的报文报表票据造成难度，保证了信息的安全性。
（4）进行安全关联处理。在 IKE 第一阶段，终端与网关之间只有一对交互数据包，在 IKE 的第二阶段会生成满足双方请求响应的四对交互数据包。

(5) 经过 IKE 的两个阶段后,可建成动态的专用安全隧道,此后进入和输出的数据包都要通过不同的 SPI 进行标识。

(6) 安全隧道建成后,安全网关又通过 DHCP 为用户终端分配一个防窃取的 IP 地址,供用户及对方使用。

例如,世界著名的 Netcheque 电子支票支付系统,具体用户和对方加密的电子支票要附上以下内容:

用户签名: {(AuThc) K_{CB}, T_{CB}}

对方签名: {(AuThc) K_{MB}, T_{MB}}

K_{CB}、T_{CB} 分别为用户与银行及收款方与银行共享的一个会话层的密钥。用 K_{CB} 来加密一个 AuThc 验证证明,记为(AuThc)K_{CB}。T_{CB} 是从 Kerberos 服务器获得的一个标签。T_{CB} 用来向银行证实自己用户的身份。收款方收到支付后,认出支票明文后,也从 Kerberos 服务器获取甲方用户存款银行的一个标签 T_{MB},于是组成上列的标签附在背面的支票上。通过安全隧道线路,将背后的支票发给乙方银行,达到电子支票支付的目的。

6.4 传输层安全协议 SSL/TSL

SSL 及其继任者传输层安全(Transport Layer Security,TLS)是为网络通信提供安全及数据完整性的一种安全协议。TLS 与 SSL 在传输层对网络连接进行加密。SSL 协议建立在运输层和应用层之间,是提供客户和服务器双方网络应用安全通信的开放式协议。SSL 协议是一个分层协议,由两层组成:SSL 握手协议和 SSL 记录协议。其中,记录协议在握手协议的下端。其基本结构如图 6.13 所示。

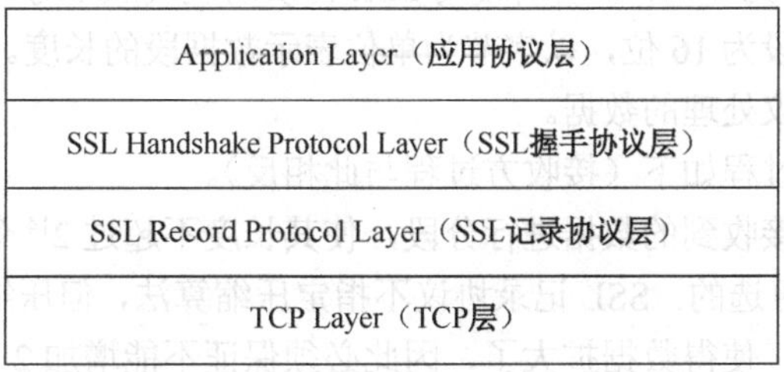

| Application Layer(应用协议层) |
| SSL Handshake Protocol Layer(SSL 握手协议层) |
| SSL Record Protocol Layer(SSL 记录协议层) |
| TCP Layer(TCP 层) |

图 6.13 SSL 协议的基本结构

其中,Handshake Protocol 用来协商密钥,协议的大部分内容就是通信双方如何利用它来安全地协商出一份密钥;Record Protocol 则定义了传输的格式。

SSL/TLS 可提供 3 种基本的安全功能服务。

(1) 信息加密。加密技术既有对称加密技术 DES、IDEA,又有非对称加密技术 RSA。加密数据可防止数据中途被窃取。

(2) 身份验证。验证的算法包括 RSA、DSA、ECDSA。SSL 协议要求在握手交换数据前进行验证,以确保用户的合法性。验证用户和服务器从而确保数据发送到正确的客户机和服务器端。

(3) 信息完整性校验。发送方通过散列函数产生消息验证码(MAC),接收方验证 MAC 来保证信息的完整性,维护数据的完整性,以确保数据在传输过程中不被改变。

6.4.1 SSL 握手协议

SSL 握手协议是位于 SSL 记录协议之上的主要子协议,包含两个阶段。

第一阶段用于交换密钥等信息，通信双方通过相互发送 Hello 消息进行初始化。通过 Hello 消息，就有足够的信息确定是否需要一个新的密钥。如果本次会话建立在一个已有的连接上，双方则进入握手协议的第二阶段；如果本次会话是一个新会话，则需要产生新的密钥，双方需要进入密钥交换过程。此时服务器方的 Server—Hello 消息将包含足够的信息使客户方产生一个新的密钥。

第二阶段用于用户身份验证。通常服务器方向客户方发出验证请求消息，客户方在收到该请求后，发出自己的证书，并等待服务器的应答。服务器如果收到客户的证书，则返回成功的消息，否则返回错误的消息。至此，握手协议结束。

6.4.2 SSL 记录协议

在 SSL 协议中，所有要传输的数据都被封装在记录中，记录协议规定了数据传输格式，它包括应用程序提供的信息的压缩、数据验证等。记录由记录头和长度不为 0 的记录数据组成。所有的 SSL 通信，包括握手消息、安全记录和应用数据，都要通过 SSL 记录层传送。在 SSL 记录层，主要提供机密性和报文完整性服务。每个上层应用数据被分成 2^{14} 字节或更小的数据块，封装在一个 SSL 记录中。多个同种类型的客户信息可能被连接成一个单一的 SSL 明文记录。记录格式如图 6.14 所示。

| 信息类型 | 次要版本 | 主要版本 | 压缩长度 | 数据段 |

图 6.14 SSL 记录格式

（1）信息类型：该字段为 8 位，指示封装在数据段中的信息类型。
（2）主要版本：该字段为 8 位，表明所使用 SSL 协议的主要版本号。
（3）次要版本：该字段为 8 位，表明所使用 SSL 协议的次要版本号。对于 SSLv3.0，该值为 0。
（4）压缩长度：该字段为 16 位，以字节为单位表示数据段的长度。
（5）数据段：上层协议处理的数据。

发送方记录层的工作过程如下（接收方过程与此相反）。

（1）分段：把从高层接收到的数据进行分段，使其长度不超过 2^{14} 个字节。
（2）压缩：该操作是可选的。SSL 记录协议不指定压缩算法，但压缩必须是无损的。实际情况中，有时使用压缩算法后，使得数据扩大了，因此必须保证不能增加 2^{10} 字节以上的长度。对压缩后的数据计算 SSL 记录验证码。记录可使用专用公式进行计算。
（3）用当前握手协议协商的一套加密参数中指定的 MAC 算法计算压缩后数据的 MAC；用加密算法加密压缩数据和记录验证的 MAC，形成密文结构。加密不能增加 2^{10} 字节以上的内容长度。

SSL 是面向连接的协议，只能用于 TCP，不能用于 UDP。谈到这里我们不得不谈论一下 HTTPS。HTTPS（Hypertext Transfer Protocol over Secure Socket Layer）是超文本传输协议和 SSL/TLS 的组合，是以安全为目标的 HTTP 通道，简单地讲就是 HTTP 的安全版。HTTPS 在 HTTP 下加入 SSL 层，安全基础是 SSL。它是一个 URI scheme（抽象标识符体系），句法类同"http：体系"。"https：URL"表明它使用了 HTTP，但 HTTPS 存在不同于 HTTP 的默认端口及一个加密/身份验证层（在 HTTP 与 TCP 之间）。这个系统的最初研发由网景公司进行，提供了身份验证与加密通信方法，现在它被广泛用于万维网上安全敏感的通信，如交易支付方面。简单的 HTTPS 通信过程如图 6.15 所示。

HTTPS 由 Netscape 开发并内置于其浏览器中，主要用于对数据进行压缩和解压操作并返回网络上传送回的结果。HTTPS 使用端口 443，HTTP 使用端口 80。HTTPS 实际上应用了 Netscape 的完全套接字层作为 HTTP 应用层的子层。SSL 使用 40 位关键字作为 RC4 流加密算法，HTTPS 和 SSL 支持使用 X.509 数字验证，如果需要的话用户可以确认发送者是谁。

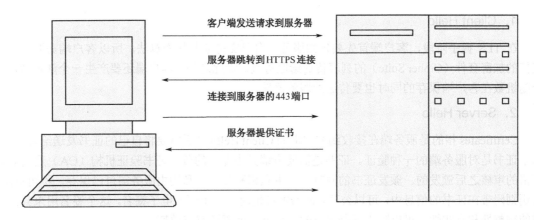

图 6.15　HTTPS 通信过程

常见的一种误解是"银行用户在线使用 HTTPS 就能充分彻底地保障他们的银行卡号不被偷窃。"实际上，与服务器的加密连接中能保护银行卡号的部分，并不能绝对确保服务器自己是安全的，这点甚至已被攻击者利用，常见例子是模仿银行域名的钓鱼攻击。少数罕见攻击在网站传输客户数据时发生，攻击者尝试在传输中窃听数据。

另外，SSL 协议存在一定的信息泄露问题。只有商家承诺对其客户的资料保密，SSL 才能运行。显然，SSL 有利于商家而不利于客户，因为它可能使客户的资料受到威胁。在整个过程中只有商家对客户的验证，这个验证是单方面的，缺少客户对商家的验证，而这样对客户不公平。

6.4.3　TLS 协议

SSL 最初的几个版本（SSL 1.0、SSL 2.0、SSL 3.0）由网景公司设计和维护，从 3.1 开始，SSL 协议由 IETF 正式接管，并更名为 TLS，发展至今已有 TLS 1.0、TLS 1.1、TLS 1.2 几个版本。新版本的 TLS 是 IETF 制定的一种新的协议，它建立在 SSL 3.0 协议规范之上，是 SSL 3.0 的后续版本。目前，市面上所有的 HTTPS 都使用的是 TLS，而不是 SSL。

该协议由两层组成：TLS 记录协议（TLS Record）和 TLS 握手协议（TLS Handshake）。一个典型的 TLS 1.0 协议交互流程如图 6.16 所示。

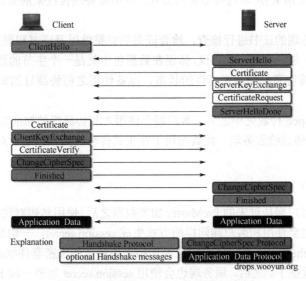

图 6.16　典型的 TLS 1.0 协议交互流程

1. Client Hello

在 TLS 握手阶段，客户端首先要告知服务端自己支持哪些加密算法，所以客户端需要将本地支持的加密套件（Cipher Suite）的列表传送给服务端。除此之外，客户端还要产生一个随机数，这个随机数在客户端保存的同时也要传送给服务器端。

2. Server Hello

Certificates 指的是服务端在接收到客户端的 Client Hello 之后需要将自己的证书发送给客户端。这个证书是对服务端的一种验证。证书是需要申请并由专门的数字证书验证机构（CA）通过非常严格的审核之后颁发的。颁发证书的同时会产生私钥和公钥。私钥由服务端自己保存，不可泄露。公钥则附带在证书的信息中，可以公开。证书本身也附带一个证书电子签名，这个签名用来验证证书的完整性和真实性，可以防止证书被篡改。另外，证书还有有效期。

在服务端向客户端发送的证书中没有提供足够的信息的时候，还可以向客户端发送 Server Key Exchange。

服务端可以向客户端发出 Certificate Request 消息，要求客户端发送证书对客户端的合法性进行验证。对于非常重要的保密数据，服务端还需要对客户端进行验证，以保证数据传送给了安全的合法的客户端。

服务端也需要产生一个随机数发送给客户端。客户端和服务端都需要使用这两个随机数来产生 Master Secret。

最后服务端会发送一个 Server Hello Done 消息给客户端，表示 Server Hello 消息结束了。

3. Client Key Exchange

在客户端收到服务端的 Server Hello 消息之后，首先需要向服务端发送客户端的证书，让服务端来验证客户端的合法性。

在此之前的所有 TLS 握手信息都是明文传送的。在收到服务端的证书等信息之后，客户端会使用一些加密算法产生一个 48 个字节的 Key，这个 Key 叫作 PreMaster Secret，最终通过 Master Secret 生成 session secret，session secret 就是用来对应用数据进行加解密的。PreMaster Secret 属于一个保密的 Key，只要截获 PreMaster Secret，就可以通过之前明文传送的随机数计算出 session secret，所以 PreMaster Secret 使用 RSA 非对称加密的方式，使用服务端传过来的公钥进行加密，然后传给服务端。

客户端需要对服务端的证书进行检查，检查证书的完整性以及证书和服务端域名是否吻合。

ChangeCipherSpec 是一个独立的协议，体现在数据包中就是一个字节的数据，用于告知服务端，客户端已经切换到之前协商好的加密套件的状态，准备使用之前协商好的加密套件加密数据并传输了。

在 ChangeCipherSpec 传输完毕之后，客户端会使用之前协商好的加密套件和 session secret 加密一段 Finish 的数据传送给服务端，此数据用于在正式传输应用数据之前对刚刚握手建立起来的加解密通道进行验证。

4. Server Finish

服务端在接收到客户端传过来的 PreMaster 加密数据之后，使用私钥对这段加密数据进行解密，并对数据进行验证，也会使用和客户端同样的方式生成 session secret，一切准备好之后，会给客户端发送一个 ChangeCipherSpec，告知客户端已经切换到协商过的加密套件状态，准备使用加密套件和 session secret 加密数据了。之后，服务端也会使用 session secret 加密一段 Finish 消息发送给客户端，以验证之前通过握手建立起来的加解密通道是否成功。

根据之前的握手信息，如果客户端和服务端都能对 Finish 信息进行正常加解密且消息正确的被验证，则说明握手通道已经建立成功，然后双方可以使用上面产生的 session secret 对数据进行加密传输。

每一个 SSL/TLS 连接都是从握手开始的，握手过程包含一个消息序列，用以协商安全参数、密码套件，进行身份验证以及密钥交换。握手过程中的消息必须严格按照预先定义的顺序发生，否则会带来潜在的安全威胁。

5. TLS 与 SSL 的差异

（1）版本号：TLS 记录格式与 SSL 记录格式相同，但版本号的值不同，TLS 1.0 使用的版本号为 SSLv3.1。

（2）报文鉴别码：SSLv3.0 和 TLS 的 MAC 算法及 MAC 计算的范围不同。TLS 使用了 RFC-2104 定义的 HMAC 算法，SSLv3.0 使用了相似的算法，两者差别在于 SSLv3.0 中，填充字节与密钥之间采用的是连接运算，而 HMAC 算法采用的是异或运算。但是两者的安全程度是相同的。

（3）伪随机函数：TLS 使用了称为 PRF 的伪随机函数来将密钥扩展成数据块，是更安全的方式。

（4）报警代码：TLS 支持几乎所有的 SSLv3.0 报警代码，而且 TLS 还补充定义了很多报警代码，如解密失败（decryption_failed）、记录溢出（record_overflow）、未知 CA（unknown_ca）、拒绝访问（access_denied）等。

（5）密文族和客户证书：SSLv3.0 和 TLS 存在少量差别，即 TLS 不支持 Fortezza 密钥交换、加密算法和客户证书。

（6）certificate_verify 和 finished 消息：SSLv3.0 和 TLS 在用 certificate_verify 和 finished 消息计算 MD5 和 SHA-1 散列码时，计算的输入有少许差别，但安全性相当。

（7）加密计算：TLS 与 SSLv3.0 在计算主密值时采用的方式不同。对称加密用于数据加密（DES、RC4 等）。当然，现在很多人准备放弃 RC4 数据加密算法。对称加密所产生的密钥对每个连接都是唯一的，且此密钥基于另一个协议（如握手协议）协商。

（8）填充：用户数据加密之前需要增加的填充字节。在 SSL 中，填充后的数据长度要达到密文块长度的最小整数倍。而在 TLS 中，填充后的数据长度可以是密文块长度的任意整数倍（但填充的最大长度为 255 字节），这种方式可以防止基于对报文长度进行分析的攻击。

TLS 的最大优势就在于：TLS 是独立于应用协议的。高层协议可以透明地分布在 TLS 协议上面。然而，TLS 标准并没有规定应用程序如何在 TLS 上增加安全性；它把如何启动 TLS 握手协议以及如何解释交换的验证证书的决定权留给协议的设计者和实施者来判断。

在安全性的改进方面，TLS 有以下优点。

（1）对于消息验证使用密钥散列法 HMAC：当记录在开放的网络上传送时，该代码确保记录不会被变更。SSLv3.0 还提供键控消息验证，但 HMAC 比 SSLv3.0 使用的（消息验证代码）MAC 更安全。

（2）增强的伪随机功能：PRF 生成密钥数据。HMAC 定义 PRF，PRF 使用两种散列算法保证其安全性。若任一算法暴露，只要第二种算法未暴露，则数据仍然是安全的。

（3）改进的已完成消息验证：TLS 将已完成消息基于 PRF 和 HMAC 值之上，比 SSLv3.0 更安全。

（4）一致证书处理：TLS 试图指定必须在 TLS 之间实现交换的证书类型。

（5）特定警报消息：TLS 提供更多的特定和附加警报，还对何时应该发送某些警报进行了记录。

常见的 SSL/TLS 实现有 OpenSSL、OpenSSLim、SSE、Bouncy Castle、GnuTLS（主要在 UNIX

操作系统中使用)等。

6.5 应用层安全协议

6.5.1 SET 安全协议

SET 主要用于保障 Internet 上信用卡交易的安全性，利用 SET 给出的整套安全电子交易的过程规范，保护消费者信用卡不暴露给商家，它是公认的信用卡/借记卡的网上交易的国际标准，解决了电子商务的安全难题。

SET 1.0 于 1997 年 5 月 31 日正式推出。它是 VISA 与 MasterCard 两大国际信用卡组织研发的。其主要目标是保证银行卡电子支付的安全。其数字证书验证及业务流程，也可以为其他电子支付方式所采用。

SET 协议要达到以下主要目标。

(1) 机密性：保护有关支付信息在 Internet 中的安全传输，数据不被黑客窃取。

(2) 保护隐私：消费者给商家的订单中包含支付信用卡账号、密码及隐私信息，但收到订单的商家只能看到订货信息，看不到账户、密码及隐私信息，银行只能看到支付信息，看不到订货信息。

(3) 完整性：采用密钥加密算法和 Hash 函数及数字信封技术，保证传输信息的完整性。

(4) 多方验证性：参与交易的交易者通过第三方权威机构进行身份验证。第三方权威机构还可提供在线交易方的信用担保。

(5) 标准性：为保证在线交易各方的不同操作平台和操作软件的相互兼容，SET 要求各方遵循统一的协议和报文格式，包括加密算法、数字证书信息及其对象格式、订货信息及其对象格式、认可信息及其对象格式、资金划账信息及其对象格式。

信用卡电子支付的 SET 应用系统框架如图 6.17 所示。要完成一次基于 SET 协议机制的信用卡安全电子支付流程，参与的各方要涉及图 6.17 所示的 6 个实体。

1. 持卡客户

持卡客户（Card Holder）到发卡银行申请取得 SET 交易专用的持卡客户端软件（电子钱包软件），在自己的计算机上安装，然后向 CA 申请一些持卡客户的数字证书。这样，客户可用信用卡进行安全支付。

2. 网上商家

网上商家（Merchant）也先到银行申请在线接收电子支付业务的接收订单银行设立账户，并安装运行 SET 交易的商家服务器软件，然后也向 CA 申请一些商家服务器的数字证书，才能实现网上购物、商家服务和电子软件服务。

3. 支付网关

支付网关（Payment Gateway）是银行专用金融网与 Internet 之间建立的专用系统。它保证交易的安全。银行一般委托第三方担保网上交易的支付网关，网关也向 CA 验证中心申请数字证书。例如，北京首信网上支付平台支持北京所有类型的银行卡。

4. 收单银行

收单银行（Acquirer）为参加 SET 交易的网上商家建立账户，商家收到持卡客户支付请求后，要将支付请求转交给收单银行，银行进行支付处理工作，收单银行是完成电子支付的必要参与方。

5. 发卡银行

支付请求转发到发卡银行（Issuer）后，进行授权及扣款，持卡客户申请数字证书，必须先由发卡银行审核批准，才能从验证中心得到数字证书。

6. 验证中心

验证中心发给交易参与方数字证书并安装，以便向其他各方验证自己的真实身份，还负责证书的更新和废除。

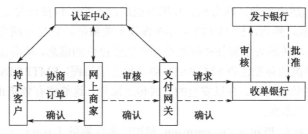

图 6.17　SET 协议的应用框架

SET 交易分成以下 3 个阶段进行。

（1）购买请求阶段：客户选择商品；客户发送初始请求；商家产生初始应答；客户对商家进行验证；客户提出购物请求。

（2）支付的认定阶段：商家产生支付请求；支付网关验证双方信息；银行产生支付应答。

（3）收款阶段：商家发出售物应答；验证商家证书；完成支付；商家收款。

从加密机制来看，SET 中采用的公钥加密算法是 RSA，私钥加密算法是 DES。

SET 工作原理：持卡人将消息摘要用私钥加密得到数字签名，随机产生一对称密钥，用它对消息摘要、数字签名与证书（含客户的公钥）进行加密，组成加密信息，接着将这个对称密钥用商家的公钥加密得到数字信封；当商家收到客户传来的加密信息与数字信封后，用私钥解密数字信封得到对称密钥，再用它对加密信息进行解密，接着验证数字签名；用客户的公钥对数字签名解密，得到消息摘要，再与消息摘要对照；验证完毕，商家与客户即可用对称密钥对信息进行加密传送。

SSL 与 SET 的区别表现在以下几方面。

（1）SSL 是面向连接的网络安全协议，它的卡支付系统仅能与浏览器捆绑在一起。SET 仅适用于信用卡支付，它允许非实时的报文交换，能在银行内部网或其他网上传输。

（2）SSL 只占电子商务体系中的一部分，位于运输层和应用层之间。而 SET 位于应用层，对网络上其他各层均有涉及。SET 规范了整个商务活动的流程。

（3）SET 的安全性比 SSL 高。SSL 具有保密性、身份验证性、消息完整性等特点，而 SET 除此之外，还具有不可抵赖性。

（4）SET 协议交易过程复杂、负载重、处理速度慢，而 SSL 交易过程相对来说容易，也有轻负载的优点。

（5）SET 比 SSL 贵，对参与各方有软件要求，而 SSL 普及广、费用低、实现容易。

而 SSL 与 IPSec 的区别表现在以下几方面。

（1）SSL 保护在传输层上通信的数据的安全。IPSec 保护在 IP 层上数据包的安全（如 UDP 包），这和协议位于不同的层有关。

（2）在一个应用系统中，IPSec 不需要改变应用层但是需要改动协议栈，SSL 相反。

（3）SSL 可单向验证服务器，但 IPSec 需要双方验证，涉及应用层节点时，IPSec 只能提供连接保护，而 SSL 提供端到端保护。

(4) SSL 可穿过 NAT 且毫无影响，但是 IPSec 不能。

(5) SSL 每次通信都要握手，IPSec 端到端只需一次握手。

6.5.2 电子邮件安全协议

2016 年 3 月，谷歌、微软以及雅虎等主要科技巨头联合提交了名为 SMTP STS（基于严格安全传输）的电子邮件传送协议。

STMP 面世于 1982 年，由于彼时互联网内仅有数千台计算机，设计者没有考虑太多安全问题。网络的发展使得计算机越来越多，网络犯罪及黑客也层出不穷，科技开发者又提出了 STARTTLS 协议作为 SMTP 的扩展。然而，STARTTLS 存在设计上的缺陷，它允许网络攻击者欺骗对方邮件服务器，并向邮件发送端传递关于邮件接收端不支持加密协议的信息，从而使邮件发送端发送未加密的明文数据。这一漏洞的存在使得 SMTP STS 协议提上了日程。SMTP STS 允许参与电邮传输的双方服务器以加密方式验证对方，并以安全的方式传送邮件，这能够有效防止外部篡改。目前，该协议仅仅是 IEEE 的一项草案。

2015 年，PGP 发明人 Phillip Zimmermann 和加密邮件服务 Lavabit 的创始人 Ladar Levison 等人宣布了替代 SMTP 协议的 Darkmail Internet Mail Environment。Dark Internet Mail Environment（DIME）通过多层密钥管理和多层信息加密的核心模式使得元数据信息被限制泄露，邮件处理代理仅能访问它们需要看到的信息。

目前比较常用的是 PGP 技术，还有已经成为 Internet 标准的 PEM 技术。前者虽然被广泛使用，但还不是 Internet 的正式标准。

1. PGP 技术

PGP 是 Zimmermann 于 1995 年开发出来的。它是一个完整的电子邮件安全软件包，包括加密、鉴别、电子签名和压缩等技术。PGP 并没有使用新的概念，它只是将现有的一些算法如 MD5、RSA 以及 IDEA 等综合在一起。由于包括源程序的整个软件包可从 Internet 免费下载，因此 PGP 在 MS DOS/Windows 以及 UNIX 等平台上得到了广泛的应用。

PGP 安全电子邮件系统作为安全通信的加密标准，具有很高的安全性。一旦加密，信息看起来是一堆无意义的乱码。PGP 提供了极强的保护功能，即使是最先进的解码分析技术也无法解读加密后的文字。

PGP 是一个基于 RSA 公钥加密体系的邮件加密软件。可以用它对邮件保密以防止非授权者阅读，它还能对用户的邮件加上数字签名，从而使收信人可以确信发信人的身份。它让用户可以安全地和从未见过的人们通信，事先并不需要任何保密措施的来传递密钥，因为它采用了非对称的"公钥"和"私钥"加密体系。

PGP 把 RSA 公钥体系的方便和传统加密体系高度结合起来。PGP 不是一种完全的非对称加密体系，它是混合加密算法，它是由一个对称加密算法（IDEA）、一个非对称加密算法（RSA）、一个单向散列算法（MD5）以及一个随机数产生器（从用户击键频率产生伪随机数序列的种子）组成的，每种算法都是 PGP 不可分割的组成部分，PGP 集中了算法的优点，并且在数字签名和密钥验证管理机制上有巧妙的设计。

传统加密方法如 DES 是用一个密钥加密明文，然后用同样的密钥解密。而 PGP 是以一个随机生成的密钥，用 IDEA 算法对明文加密，然后用 RSA 算法对该密钥加密。收件人同样用 RSA 解出这个随机密钥，再用 IDEA 解密邮件本身。这样的链式加密就做到了既有 RSA 体系的保密性，又有 IDEA 算法的快捷性。创始人 Philip Zimmermann 找到了公钥和对称加密算法的均衡点。

PGP 给邮件加密和签名的过程是这样的：首先发送者用自己的私钥将 128 位值（二进制数，由

MD5 算法产生）加密，附加在邮件后，再用接收者的公钥将整个邮件加密。这份密文被接收者收到以后，接收者用自己的私钥将邮件解密，得到发送者的原文和签名，接收者的 PGP 也从原文计算出一个 128 位的特征值来和用发送者的公钥解密签名所得到的数进行比较，如果符合就说明这份邮件确实是发送者寄来的。这样两个安全性要求都得到了满足。

对于 Windows 系统来说，电子邮件客户端一般为 Outlook，PGP 可以无缝地集成在 Outlook 里面，自动根据用户的配置和文件信息，对接收和发送的邮件实现加密、解密、签名、验证等。另外，PGP 也提供了对即时信息（IM）软件（如 ICQ）、磁盘文件的加解密等。PGP 的主要提供商是美国 NAI 的子公司 PGP，在中国，由于 PGP 的加密超过 128 位，受到美国出口限制，所以商用的比较少。

2. PEM 技术

到 1993 年初，IETF 以及 IRTF 已提出四份 RFC 作为建议的标准，其编号为 1421～1424。这些 RFC 定义了 PEM 的保密功能以及相关的管理问题。PEM 的基本原理如下。

各用户的用户代理（User Agent-CA）配有 PEM 软件。CA 提出 PEM 用户证件的注册申请（按照 X.509 协议申请）。用户的证件被存储在一个可公开访问的数据库之中，该数据库提供一种基于 X.500 的目录服务。密钥等机密信息则存储在用户的个人安全环境（Personal Secure Environment，PSE）中。用户使用本地 PEM 软件以及 PSE 信息生成 PEM 邮件，然后通过基于 SMTP 的报文传递代理（MTA）发给对方。接收方在自身的 PSE 中将报文解密，并通过目录检索其证件，查阅证件注销表以核实证件的有效性。

PEM 提供以下 4 种安全服务：数据隐蔽，数据完整性，对发送方的鉴别，防发送方否认。以使用非对称密码为例，安全服务的具体实现如下。

数据隐蔽：首先随机生成一个 DES 密钥，然后用接收方的公开密钥对 DES 密钥采用非对称加密算法加密后，存放在 PEM 报文的头部。接收方收到此报文后，用其密钥对 DES 密钥解密，再用此 DES 密钥对报文解密即可。

数据完整性和对发送方的鉴别：用数字签名完成。首先，对准备传送的报文用 MD2 或 MD5 算法生成一个 MIC。然后，MIC 可以用发送者的密钥"解密"，并存放在 PEM 邮件的头部。接收方可用发送方的公开密钥译出报文的 MIC。最后，用此 MIC 与接收方收到的报文实时生成的 MIC 比较后，即可断定报文的完整性，并完成对发送方的鉴别。

防发送方否认：此项功能亦在上述过程中自动实现。只有用发送方的密钥加过密的 MIC，才能经接收方解密后与当时生成的 MIC 相匹配。发送方发送此报文是不容抵赖的。

PEM 安全功能使用了多种密码工具，包括非对称加密算法、对称加密算法以及报文完整性。PEM 在具体实现上，通常把 RSA 和 DES 结合起来，DES 的特点是软件实现快，但是不能鉴别，而 RSA 的特点刚好相反，它管理简单，可以鉴别，但是消耗掉很多的 CPU 时间。

PEM 的加密过程通常包括以下 4 个步骤。

报文生成：一般使用用户常用的格式。

规范化：转换成 SMTP 的内部表示形式。

加密：执行选用的密码算法。

编码：对加密后的报文进行编码以便传输。

用户的证件是用户在网上使用 PEM 的通行证。每个证件除包含公钥外，还含有用户的唯一名、证件的有效期、证件编号以及证件管理机构的签名等。证件的管理由证明机构完成。证件的结构和管理均在 X.509 的"The Directory-Authentication Framework"文件中定义。网上用户想使用 PEM，要先行注册。用户应向本地 CA 发"证明申请"，填写证件内容并签名。本地 CA 审查同意后赋予证件有效期和流水编号，同时用 CA 的密钥签名，之后证件生效。存放证件的数据库，其分布式结构由 X.500 协议定义。其他网上用户可从中取用发送方的公钥以及核实邮件发送证件的有效期。而注销后的证件存放在证件注销表中，供查对使用。核实工作由 PEM 软件自动进行，其结果通知接收方。

PEM 的应用在不少方面都存在一些安全问题。其一是 CA 本身的安全；其二是各用户的证件和 CRL 的存储安全，即数据库安全；其三，用户密钥的存储也是一个不可忽视的环节。

3. S/MIME 协议

用户可以使用 MIME 增加非文本对象，如把图像、音频、格式化的文本或微软的 Word 文件加到邮件主体中。MIME 中的数据类型一般是复合型的，也称为复合数据。与 MIME 相比，S/MIME 在安全方面的功能又进行了扩展，它可以把 MIME 实体（数字签名、加密信息等）封装成安全对象。

S/MIME 提供两种安全服务：数字签名和邮件加密。数字签名和邮件加密并不是相互排斥的服务。数字签名解决身份验证和认可问题，而邮件加密则解决保密性问题。邮件安全策略通常同时需要这两个服务。这两个服务被设计为一起使用，因为它们分别针对发件人和收件人关系的某一方。图 6.18 显示了对电子邮件进行签名和加密的顺序。

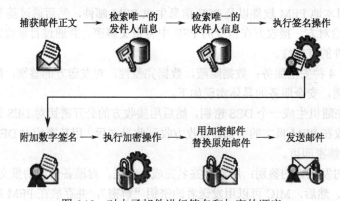

图 6.18 对电子邮件进行签名和加密的顺序

图 6.19 是数字签名进行解密和验证的顺序。

图 6.19 数字签名进行解密和验证的顺序

数字证书和邮件加密是 S/MIME 的核心功能。在邮件安全领域，最重要的支持性概念是公钥加密。公钥加密在 S/MIME 可见范围内产生数字签名，并对邮件进行加密。添加了公钥加密支持元素的情况下进行签名和加密的顺序如图 6.20 所示。

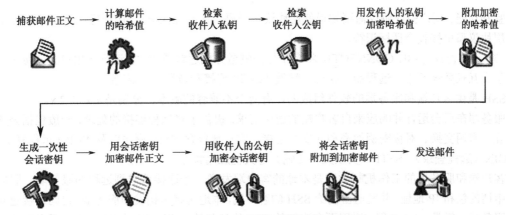

图 6.20　公钥加密下进行签名和加密的顺序

S/MIME 版本 3 的一个值得注意的增强功能是"三层包装"。三层包装的 S/MIME 邮件是指经过签名、加密、而后再次签名的邮件。这个额外的加密层为邮件提供了更高一层的安全性。当用户使用带有 S/MIME 控件的 Outlook Web Access 对邮件进行签名和加密时,邮件将自动进行三层包装。

对于邮件的保密性而言,端到端的加密要比加密链路更有效。所以当前应用最广泛的还是在客户端提供邮件的安全性,其中最重要的有 PGP 协议和 S/MIME 协议。

PGP 和 S/MIME 两个协议都采用了现代密码学技术,并且在不用改变现有的电子邮件协议的条件下为用户提供安全电子邮件服务。它们的不同之处在以下几方面。

1）证书的管理

PGP 协议使用的是分布式的密钥证书管理,S/MIME 协议使用的是集中的证书管理,PGP 中每个用户都可以被看作一个"CA",每个 PGP 协议的使用者对这个"CA"信任与否由用户决定,在 S/MIME 协议的使用中,需要一个验证中心负责证书的签发、吊销、证书有效性的验证等事务,它被所有使用它的用户所信任。

2）信任模型

PGP 使用网状信任模型,而 S/MIME 协议使用严格的层次信任模型。

3）源程序的公开与否

S/MIME 源程序是不公开的,不能得到更多的安全性验证。由于受出口的限制,在我国只能使用 40 位以下的加密强度。PGP 的源程序是公开的且开发上不受出口限制。此外,用户也可以在集中密钥证书管理的体制下工作。

6.5.3　安全外壳协议

SSH 由 IETF 的网络工作小组制定,是专为远程登录会话和其他网络服务提供安全性的协议。利用 SSH 协议可以有效防止远程管理过程中的信息泄露问题。SSH 最初是 UNIX 系统上的一个程序,后来又迅速扩展到其他操作平台:几乎所有 UNIX 平台,包括 HP-UX、Linux、AIX、Solaris、DigitalUNIX、Irix,以及其他平台,都可运行 SSH。

SSH 主要由以下 3 部分组成。

（1）传输层协议[SSH-TRANS],该协议提供了服务器验证、保密性及完整性,有时还提供压缩功能。SSH-TRANS 通常运行在 TCP/IP 连接上,也可能用于其他可靠数据流上。该协议中的验证基于主机,不执行用户验证。

（2）用户验证协议 [SSH-USERAUTH],其运行在传输层协议上面,用于向服务器提供客户端用户鉴别功能。用户验证协议需要知道低层协议是否提供保密性保护,当用户验证协议开始后,它从低层协议那里接收会话标识符。

(3)连接协议 [SSH-CONNECT],将多个加密隧道分成逻辑通道。它运行在用户验证协议上,提供了交互式登录话路、远程命令执行、转发 TCP/IP 连接和转发 X11 连接。

SSH 是由客户端和服务端的软件组成的,有两个不兼容的版本,分别是 1.x 和 2.x。

服务端在后台运行并响应来自客户端的连接请求,提供了对远程连接的处理,一般包括公共密钥验证、密钥交换、对称密钥加密和非安全连接。客户端包含 SSH 程序以及 SCP(远程复制)、SLOGIN(远程登录)、SFTP(安全文件传输)等其他应用程序。

客户端和服务器的工作机制大致是本地的客户端发送一个连接请求到远程的服务端,服务端检查申请的包和 IP 地址,并发送密钥给 SSH 的客户端,本地再将密钥发回服务端,自此连接建立。

服务端一般是 sshd 进程,采用面向连接的 TCP 协议传输,应用 22 号端口,安全系数较高。启动 SSH 服务器后,sshd 运行起来并在默认的 22 端口进行监听(可以用 #ps -waux|grep sshd 来查看 sshd 是否已经被正确地运行了)。如果不是通过 inetd 启动的 SSH,那么 SSH 将一直等待连接请求。当请求到来的时候,SSH 守护进程会产生一个子进程,该子进程进行这次的连接处理。

SSH 的启动方法如下。

方法一:使用批处理文件。

在服务器端安装目录下有两个批处理文件"start-ssh.bat"(启动 SSH 服务)和"stop-ssh.bat"(停止 SSH 服务)。

方法二:使用 SSH 服务配置程序。

在安装目录下,运行"fsshconf.exe"程序,在弹出的"F-Secure SSH Server Configuration"窗口中,选中左面列表框中的"Server Settings"后,在右边的"Service Status"栏中会显示服务器状态按钮,如果服务器是停止状态,则按钮显示为"Start service",单击该按钮即可启动 SSH 服务,再次单击可停止 SSH 服务。

方法三:使用 NET 命令。

在服务器端的"命令提示符"窗口中,输入 net start "F-Secure SSH Server" 命令,就可以启动 SSH 服务,要停止该服务,输入 net stop "F-Secure SSH Server" 命令即可。其中,"F-Secure SSH Server"为 SSH 服务器名,"net start"和"net stop"为 Windows 系统启动和停止系统服务所使用的命令。

6.5.4 安全超文本转换协议

SHTTP 由 EIT 公司开发,主要目的是保证商业贸易的传输安全,是一种面向安全信息通信的协议,它可以和 HTTP 结合起来使用。SHTTP 能与 HTTP 信息模型共存并易于与 HTTP 应用程序相整合。

SHTTP 还为客户机和服务器提供了对称能力(及时处理请求和恢复,以及两者的参数选择),维持 HTTP 的通信模型和实施特征。SHTTP 客户机和服务器是与某些加密消息格式标准相结合的。

SHTTP 支持多种兼容方案并且与 HTTP 相兼容。有 SHTTP 性能的客户机能够与没有 SHTTP 的服务器连接,但是这样的通信明显不会利用 SHTTP 安全特征。

SHTTP 不需要客户端公用密钥验证(或公用密钥),但它支持对称密钥的操作模式。这意味着即使没有要求用户拥有公用密钥,私人交易也会发生。SHTTP 支持端对端安全事务通信。客户机可能"首先"启动安全传输(使用报头的信息),它可以用来支持已填表单的加密。使用 SHTTP,敏感的数据信息不会以明文形式在网络上发送。

SHTTP 提供了完整且灵活的加密算法、模态及相关参数。它通过以下 4 个方面来提供安全服务。

（1）签名。应用了数字签名后，消息附上适当的验证信息，接收者能进行验证。签名使用 CMS 中的 signeddata 类型。

（2）加密和密钥交换。一种是公钥封装（CMS 和 MOSS）；另一种是预先准备好的密钥（密钥加密是以 CMS 信封的方式实现；预先准备好的密钥使用 CMS 的 encrypterdata 数据类型）。

（3）消息完整性和发送者的身份验证，通过计算消息码来验证。

（4）实时性，简单的竞争响应机制，保证事务的实时性。

在语法上，SHTTP 报文与 HTTP 相同，由请求或状态行组成，后面是信头和主体。显然信头各不相同并且主体密码设置更为精密。和 HTTP 报文一样，SHTTP 报文由从客户机到服务器的请求和从服务器到客户机的响应组成。请求报文的格式如下：

请求行　通用信息头　请求头　实体头　信息主体

为了和 HTTP 报文区分开来，SHTTP 需要特殊处理，请求行使用特殊的"安全"途径和指定协议"SHTTP/1.4"。SHTTP 响应采用指定协议"SHTTP/1.4"。响应报文的格式如下：

状态行　通用信息头　响应头　实体头　信息主体

SHTTP 响应行中的状态并不表明展开的 HTTP 请求的成功或失败。如果 SHTTP 处理成功，服务器会一直显示 200OK。这就阻止了所有请求的成功或失败分析。接收器由压缩数据对其中正确的数据做出判断，并接收所有的异常情形。

6.5.5　网络验证协议

Kerberos 是一种网络验证协议。其设计目标是通过密钥系统 DES 为客户机/服务器应用程序提供强大的验证服务。该验证过程的实现不依赖于主机操作系统的验证，无需基于主机地址的信任，不要求网络上所有主机的物理安全，并假定网络上传送的数据包可以被任意地读取、修改和插入数据。可以用于防止窃听、防止 Replay 攻击、保护数据完整性等场合，是一种应用对称密钥体制进行密钥管理的系统。

Kerberos 验证过程具体如下：客户机向验证服务器（AS）发送请求，要求得到某服务器的证书，然后 AS 的响应包含这些用客户端密钥加密的证书。

Kerberos 协议结构如图 6.21～图 6.23 所示。

信息方向	信息类型
客户机向 Kerberos	KRB_AS_REQ
Kerberos 向客户机	KRB_AS_REP 或 KRB_ERROR

图 6.21　客户机/服务器验证交换（1）

信息方向	信息类型
客户机向应用服务器	KRB_AP_REQ
[可选项] 应用服务器向客户机	KRB_AP_REP 或 KRB_ERRORR

图 6.22　客户机/服务器验证交换（2）

信息方向	信息类型
客户机向 Kerberos	KRB_TGS_REQ
Kerberos 向客户机	KRB_TGS_REP 或 KRB_ERROR

图 6.23　票证授予服务（TGS）交换

Windows 2000 和后续的操作系统都默认 Kerberos 为其验证方法。RFC 3244 记录整理了微软的一些对 Kerberos 协议软件包的添加。

Kerberos 由以下部分组成。

（1）Kerberos 应用程序库：应用程序接口，包括创建和读取验证请求、创建 safe message 和 private message 的子程序。

（2）加密/解密库：DES 等。

（3）Kerberos 数据库：记载了每个 Kerberos 用户的名字、私有密钥、截止信息（记录的有效时间，通常为几年）等信息。

（4）数据库管理程序：管理 Kerberos 数据库。

（5）KDBM 服务器（数据库管理服务器）：接收客户端的请求并对数据库进行操作。

（6）验证服务器（AS）：存放一个 Kerberos 数据库的只读副本，用来完成 principle 的验证，并生成会话密钥。

（7）数据库复制软件：管理从 KDBM 服务所在的机器，到验证服务器所在的机器的数据库复制工作，为了保持数据库的一致性，每隔一段时间就需要进行复制工作。

（8）用户程序：登录 Kerberos，改变 Kerberos 密码，显示和破坏 Kerberos 标签等工作。

6.6 EPC 的密码机制和安全协议

物联网被定义为当下几乎所有技术与计算机、互联网技术的结合，实现物体与物体之间、环境及状态信息实时的共享以及智能化的收集、传递、处理、执行。广义上说，当下涉及信息技术的应用，都可以纳入物联网的范畴。EPC 技术也紧密涉及在其中，电子标签、产品电子码、互联网三个元素的有效组合，孕育出正在改变世界产品生产和销售管理的新网。中国物联网校企联盟认为 EPC 在物联网推广和加快物联化进程中起到了催化剂的作用。

产品电子代码（EPC 编码）是国际条码组织推出的新一代产品编码体系。原来的产品条码仅是对产品分类的编码，EPC 码是为每个单品都赋予一个全球唯一编码，EPC 编码 96 位（二进制）的编码体系。96 位的 EPC 码，可以为 2.68 亿公司赋码，每个公司可以有 1600 万产品分类，每类产品有 680 亿的独立产品编码，可以为地球上的每一粒大米赋一个唯一的编码。

EPC 的载体是电子标签，并借助互联网来实现信息的传递。EPC 旨在为每一件单品建立全球的、开放的标识标准，实现全球范围内对单件产品的跟踪与追溯，从而有效提高供应链管理水平、降低物流成本。EPC 是一个完整的、复杂的、综合的系统。

6.6.1 EPC 工作流程

在由 EPC 标签、读写器、EPC 中间件、Internet、ONS 服务器、EPC 信息服务（EPC IS）以及众多数据库组成的实物互联网中，读写器读出的 EPC 只是一个信息参考（指针），由这个信息参考从 Internet 找到 IP 地址并获取该地址中存放的相关的物品信息，采用分布式的 EPC 中间件处理由读写器读取的一连串 EPC 信息。由于在标签上只有一个 EPC 代码，计算机需要知道与该 EPC 匹配的其他信息，这就需要 ONS 来提供一种自动化的网络数据库服务，EPC 中间件将 EPC 代码传给 ONS，ONS 指示 EPC 中间件到一个保存着产品文件的服务器（EPC IS）查找，该文件可由 EPC 中间件复制，因而文件中的产品信息能传到供应链上，EPC 系统的工作流程如图 6-24 所示。

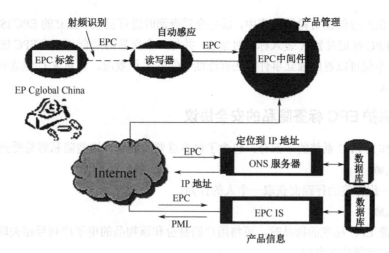

图 6-24 EPC 系统的工作流程

6.6.2 EPC 信息网络系统

信息网络系统由本地网络和全球互联网组成,是实现信息管理、信息流通的功能模块。EPC 系统的信息网络系统是在全球互联网的基础上,通过 EPC 中间件、对象名称解析服务(Object Name Service, ONS)和 EPC 信息服务(Electronic Product Code Information Services, EPC IS)来实现全球"实物互联"的。

1. EPC 中间件

EPC 中间件具有一系列特定属性的"程序模块"或"服务",并被用户集成以满足其特定需求, EPC 中间件以前被称为 SAVANT。

EPC 中间件是加工和处理来自读写器的所有信息和事件流的软件,是连接读写器和企业应用程序的纽带,主要任务是在将数据送往企业应用程序之前进行标签数据校对、读写器协调、数据传送、数据存储和任务管理。

2. 对象名称解析服务

对象名称解析服务是一个自动的网络服务系统,类似于域名解析系统(Domain Name System, DNS), ONS 给 EPC 中间件指明了存储产品相关信息的服务器。

ONS 服务是联系 EPC 中间件和 EPC 信息服务的网络枢纽,并且 ONS 设计与架构都以互联网域名解析服务为基础,因此,可以使整个 EPC 网络以互联网为依托,迅速架构并顺利延伸到世界各地。

3. EPC 信息服务

EPC IS 提供了一个模块化、可扩展的数据和服务的接口,使得 EPC 的相关数据可以在企业内部或者企业之间共享。它处理与 EPC 相关的各种信息,包括以下信息。

EPC 的观测值:What/When/Where/Why,通俗地说,就是观测对象、时间、地点以及原因, 它应该是 EPC IS 步骤与商业流程步骤之间的一个关联,如订单号、制造商编号等商业交易信息。

包装状态:例如,物品是在托盘上的包装箱内的。

信息源:例如,位于 Z 仓库的 Y 通道的 X 识读器。

EPC IS 有两种运行模式,一种是 EPC IS 信息被已经激活的 EPC IS 应用程序直接应用;另一种是将 EPC IS 信息存储在资料档案库中，以备今后查询时进行检索。独立的 EPC IS 事件通常代表独立步骤，如 EPC 标记对象 A 装入标记对象 B，并与一个交易码结合。对于 EPC IS 资料档案库的 EPC IS 查询，不仅可以返回独立事件，还有连续事件的累积效应，如对象 C 包含对象 B，对象 B 本身包含对象 A。

6.6.3　保护 EPC 标签隐私的安全协议

EPC 标签作为 EPC 系统的一部分，包含了很多重要的信息，这些隐私容易受到威胁。

1）行为威胁

容易根据一组标签的行踪而获取一个人的行为。

2）关联威胁

在购买携带 EPC 标签的物品时，可将用户的身份和该物品的电子序列号相关联，这类关联可能是秘密的，也可能是无意的。

3）位置威胁

携带标签的位置易于未经授权地被暴露，携带标签的个人行踪可能被监控。

4）喜好威胁

利用 EPC 网络，物品上的标签可以唯一地识别生产者、产品类型和物品的唯一身份。竞争者可以以非常低廉的成本获得宝贵的用户喜好信息。

5）事务威胁

当携带标签的对象从一个星座转移到另一个星座时，在与这些星座关联的个人之间可以很容易地推导出正在发生的事务。

6）星座威胁

多个标签可在一个人的周围形成一个唯一的星座，对手可使用这个特殊的星座实施跟踪。

7）面包屑威胁

从个人收集携带标签的物品，在公司信息系统中建立一个与其身份关联的物品数据库。丢弃标签不会丢失这种关联，使用这些丢失的"面包屑"可实施犯罪或某些恶意行为。

基于密码技术的软件安全机制受到人们更多的青睐：其主要研究内容是利用各种成熟的密码方案和机制来设计和实现 RFID 安全需求的密码协议。这已经成为当前 RFID 研究的热点。目前，已经提出了多种 RFID 安全协议。

多个安全协议都是基于密码学中的 Hash 函数来展开的，Hash 函数通过相应的算法可以将任意长度的消息或者明文映射成一个固定长度的输出摘要。Hash 函数常常被应用于消息验证和数字签名中，最常用的 hash 函数有 MD5 与 SHA-1。

1. Hash-Lock 协议

RFID 系统中的电子标签内存储了两个标签 ID：metaID 与真实标签 ID。metaID 与真实 ID 一一对应，由 Hash 函数计算标签的密钥 Key 而来，即 metaID=Hash（key），后台应用系统中的数据库也对应存储了标签的 metaID、真实 ID、key。当阅读器向标签发送验证请求时，标签先用 metaID 代替真实 ID 发送给阅读器，然后标签进入锁定状态，当阅读器收到 metaID 后发送到后台应用系统，后台应用系统查找相应的 key 和真实 ID 并返还给标签，标签将接收到的 key 值进行 Hash 函数取值，然后判定与自身存储的 meta 值是否一致。如果一致，标签就将真实 ID 发送给阅读器开始验证，如果不一致，则验证失败，如图 6.25 所示。

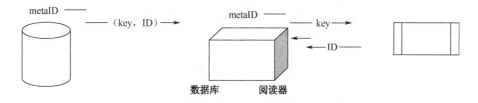

图 6.25 Hash-Lock 协议

（1）当电子标签进入阅读器的识别范围内时，阅读器向其发送消息请求验证。

（2）电子标签接收到阅读器的请求命令后，将 metaID 代替真实的标签 ID 发送给阅读器，metaID 由 Hash 函数映射标签密钥得来，metaID=Hash（key），与真实 ID 对应存储在标签中。

（3）当阅读器收到 metaID 后通过计算机网络传输给后台应用系统。

（4）因为后台应用系统的数据库存储了合法标签的 ID、metaID、key，metaID 也是由 Hash（key）得来的。当后台应用系统收到阅读器传输过来的 metaID 时，查询数据库有没有与之对应的标签 ID 和 key，如果有就将对应的标签 ID 和 key 发给阅读器，如果没有就发送验证失败的消息给阅读器。

（5）阅读器收到后台应用系统发送过来的标签 ID 与 key 后，自己保留标签 ID 并将 key 发送给电子标签。

（6）电子标签收到阅读器发送过来的 key 后利用 Hash 函数运算该值，对比是否与自身存储的 metaID 值相同，如果相同就将标签 ID 发送给阅读器，如果不同就验证失败。

（7）阅读器收到标签发送过来的 ID 与后台应用系统传输过来的 ID 进行对比，相同则验证成功，否则验证失败。

通过对 Hash-Lock 协议过程的分析，不难看出该协议没有实现对标签 ID 和 metaID 的动态刷新，并且标签 ID 是以明文的形式进行发送传输的，还是不能防止假冒攻击、重放攻击及跟踪攻击，此协议在数据库中搜索的复杂度是成 $O(n)$ 线性增长的，还需要 $O(n)$ 次的加密操作，在大规模 RFID 系统中应用不理想，所以 Hash-Lock 并没有达到预想的安全效果，但是提供了一种很好的安全思想。

2. 随机化的 Hash-Lock 协议

由于 Hash-Lock 协议的缺陷导致其没有达到预想的安全目标，所以 Weiss 等人对 Hash-Lock 协议进行了改进，提出了基于随机数的询问-应答方式。电子标签内存储了标签 ID 与一个随机数产生程序，电子标签接到阅读器的验证请求后将（Hash（IDi||R），R）一起发给阅读器，R 由随机数程序生成。

该协议相对于 Hash-Lock 协议有所改进，但是标签 IDi 与 IDj 仍然以明文的方式传输，依然不能预防重放攻击和记录跟踪，当攻击者获取标签的 ID 后还能进行假冒攻击，在数据库中搜索的复杂度是呈 $O(n)$ 线性增长的，也需要 $O(n)$ 次的加密操作，在大规模 RFID 系统中应用不理想，所以随机化的 Hash-Lock 协议也没有达到预想的安全效果，但是促使 RFID 的安全协议越来越趋于成熟。

3. Hash 链协议

由于以上两种协议的不安全性，Okubo 等人又提出了基于密钥共享的询问-应答安全协议——Hash 链协议，该协议具有完美的前向安全性。与以上两个协议不同的是该协议通过两个 Hash 函数 H 与 G 来实现，H 的作用是更新密钥和产生秘密值链，G 用来产生响应。每次验证时，标签会自动更新密钥。

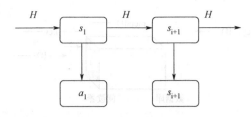

图 6.26　Hash 链协议

每一次标签验证时，都要对标签的 ID 进行更新，增加了安全性，但是这样也增加了协议的计算量，成本也相应地增加了。同时 Hash 链协议是一个单向验证协议，还是不能避免重放和假冒的攻击。例如，攻击者截获 $H(kt,1)$ 后就可以进行重放攻击。所以 Hash 链协议也不算一个完美的安全协议。

4. 基于 Hash 的 ID 变化协议

基于 Hash 的 ID 变化协议的原理和 Hash 链协议有相似的地方，每次验证时 RFID 系统利用随机数生成程序生成一个随机数 R 对电子标签 ID 进行动态更新，并且对 TID（最后一次回话号）和 LST（最后一次成功的回话号）的信息进行更新，该协议可以抗重放攻击。

该协议有一个弊端就是后台应用系统更新标签 ID、LST 与标签更新的时间不同步，后台应用系统更新在第 4 步，而标签的更新在第 5 步，而此刻后台应用系统已经更新完毕，此刻如果攻击者在第 5 步进行数据阻塞或者干扰，导致电子标签收不到（$R, H(R*TID*ID)$），就会造成后台存储标签数据与电子标签数据不同步，导致下次验证的失败，所以该协议不适用于分布式 RFID 系统环境。

5. David 的数字图书馆 RFID 协议

David 的数字图书馆 RFID 协议是由 David 等人提出基于预共享秘密的伪随机数来实现的，是一个双向验证协议。在 RFID 系统应用之前，电子标签和后台应用系统需要预先共享一个秘密值 k。

David 的数字图书馆 RFID 协议还没有出现比较明显的安全漏洞，唯一不足的是为了实现该协议，电子标签内必须内嵌伪随机数生成程序和加解密程序，增加了标签设计的复杂度，故而设计成本也相应提高了，不适合小成本的 RFID 系统。

6. 分布式 RFID 询问-应答验证协议

该协议是 Rhee 等人基于分布式数据库环境提出的询问-应答的双向验证 RFID 系统协议。和上一协议一样，目前为止还没有发现该协议明显的安全缺陷和漏洞，不足之处一样是成本太高，因为一次验证过程需要两次 Hash 运算，阅读器和电子标签都需要内嵌随机数生成函数和模块，不适合小成本 RFID 系统。

7. LCAP

低成本鉴析协议（LowCost Authenticcation Protocol，LCAP）是基于标签 ID 动态刷新的询问-应答双向验证协议，过程如下。

（1）当电子标签进入阅读器的识别范围内时，阅读器向其发送 query 消息以及阅读器产生的秘密随机数 R，请求验证。

（2）电子标签收到阅读器发送过来的数据后，利用 Hash 计算出 haID=H(ID) 以及 HL(ID||R)，其中 ID 为电子标签的 ID，HL 表示的 Hash 函数映射值的左半部分，即 H(ID||R) 的左半部分，之后电子标签将（haID(ID)，HL(ID||R)）一起发送给阅读器。

（3）阅读器收到（haID，HL（ID‖R））后添加之前发送给电子标签的随机数 R，整理后将（haID，HL（ID‖R），R）发送给后台应用系统。

（4）后台应用系统收到阅读器发送过来的数据后，检查数据库存储的 haID 是否与阅读器发送过来的一致，若一致，利用 Hash 函数计算 R 和数据库存储的 haID 的 HR（ID‖R），HR 表示的是 Hash 函数映射值的右半部分，即 H（ID‖R）的右半部分，同时后台应用系统更新 haID 为 H（ID⊕R），ID 为 ID⊕R，之前存储的数据中的 TD 数据域设置为 haID=H（ID⊕R），然后将 HR（ID‖R）发送给阅读器。

（5）阅读器收到 HR（ID‖R）后转发给电子标签。

（6）电子标签收到 HR（ID‖R）后，验证其有效性，若有效，则验证成功。

通过以上流程的分析，不难看出 LCAP 存在与基于 Hash 的 ID 变化协议一样的通病，就是标签 ID 更新不同步，后台应用系统完成更新在第 4 步，而电子标签更新在第 5 步，如果攻击者攻击导致第 5 步不能成功，就会造成标签数据不一致，导致验证失败以及下一次验证的失败，不适用于分布式数据库 RFID 系统。

以上几种安全协议可分为两种：单项验证和双向验证。单项验证只对标签的合法性进行验证，假设阅读器和后台应用系统是安全的，主要代表有 Hash-Lock 协议和随机化 Hash-Lock 协议，验证速度快，成本低，但是安全性也低。双向验证是在阅读器、后台应用系统对标签验证的同时，标签也要对阅读器、后台应用系统进行验证，这类协议成本高，安全性强。

8．改进型 Hash 安全验证协议

1）协议的验证过程

以上的 7 种安全协议，不是以明文形式传输数据就是计算复杂，有的不能抵御窃听攻击、重放攻击、中间人攻击。基于以上 7 种协议的优点，给出一种改进型的安全协议，在初始状态下，因为标签存储量有限，只存放标签标识 ID，即 IDT，阅读器存放自身的标识 ID，即 IDR，后台应用系统的数据库中则存放所有标签和阅读器的（IDT，h（IDT））、（IDR，h（IDR））数据对应值，h 为 RFID 系统共享的 Hash 加密函数。

协议的验证过程如下。

（1）当电子标签进入阅读器的识别范围内时，阅读器向其发送 query 消息以及阅读器产生的秘密随机数 R，请求验证。

（2）电子标签收到请求消息 query 和阅读器产生的随机数 R 后，利用 Hash 函数对 IDT‖R 和 IDT 分别加密，得到 h（IDT‖R）、h（IDT），然后将这两个加密结果发给阅读器。

（3）阅读器收到电子标签发送过来的数据后，利用 Hash 函数对自身的标识 IDR 进行加密，得到 h（IDR），然后将这个值与 h（IDT‖R）进行异或，得到 h（IDT‖R）⊕h（IDR），之后将 h（IDT）、R，h（IDT‖R）⊕h（IDR）这三项数据打包传给后台应用系统。

（4）后台应用系统收到阅读器传输过来的数据后，将 h（IDT）与自身数据库存储的 h（IDT）进行对比，查看标签是否合法。利用 h（IDT‖R）⊕h（IDR）与 R 计算出 h（IDR），然后在数据库中查找到 IDR，随后后台应用系统将 IDT⊕IDR⊕R 传给阅读器。

（5）阅读器收到 IDT⊕IDR⊕R 后利用 Hash 函数得到 h（IDT⊕R），然后传给电子标签。

（6）电子标签收到 h（IDT⊕R），利用 Hash 函数计算（IDT⊕R）是否与收到的 h（IDT⊕R）相等，相等则验证通过，否则失败。

2）安全性分析

改进型的 Hash 安全协议，具有多项优势，可以防止非法读取，因为先进行身份验证才能进行数据交换，所以可以有效防止非法读取；可以防止窃听攻击，电子标签和阅读器之间传输的数据是

经由 Hash 加密的，并且在第 5、6 步中传输的数据是异或之后再进行加密的；可以防止推理攻击，因为每次验证过程产生的随机数 R 都不相同，截取这次的信息也没法推理出上次的信息；防止欺骗攻击和重放攻击，因为每次验证过程产生的随机数 R 都不相同，欺骗或者重放都会被识别到；可以防位置跟踪，因为每次的随机数 R 都不同，所以标签在每次通信中所传输的消息都是不同的，因此非法者无法根据固定输出来进行位置跟踪，此协议可有效防止因固定输出而引发的位置跟踪问题；可以防止拒绝服务攻击，电子标签在收到阅读器的请求信息时，不需要为它们存储随机数作为一次性密钥，并且标签也没有设置读取标签的上限值，因此本协议可以有效防止标签被大量阅读器访问而造成标签停止工作。

3）性能分析

安全协议不仅要能解决 RFID 系统所面临的安全问题，还要考虑安全协议所带来的成本和计算量问题，如果安全成本和计算量太大，已经超过了 RFID 系统承受的范围，那么这个安全协议也就没有多大的意义。因为电子标签存储容量小，计算量不能太复杂，所以必须选取综合性能最好的安全协议应用于 RFID 系统中。RFID 安全协议性能一般由计算标签、阅读器和后台应用系统在完成整个验证过程中所需计算时间和存储空间来进行评估。

改进型 Hash 安全协议比其他 7 种安全协议更具优势，改进型协议的标签只需 1LB 的存储空间容量，而其他安全协议需要几倍或者更高的存储容量，这大大降低了成本，也减少了后台应用系统存储的容量，适用于标签数量巨大的 RFID 系统中，在抵御安全攻击方面也比其他安全协议更具优势，综上，改进型 Hash 安全协议拥有更好的综合性能。

本章小结

本章阐述了网络安全协议的概念、分类和类型：网络层的安全协议 IPSec，传输层的安全协议 SSL/TLS，应用层的安全协议 SHTTP（Web 安全协议）、PGP（电子邮件安全协议）、S/MIME（电子邮件安全协议）、PEM（电子邮件安全协议）、SSH（远程登录安全协议），Kerberos（网络验证协议）等。

本章重点论述了 IPSec、SSL/TLS 和应用层的相关安全协议，并介绍了面向用户的 IPSec 安全隧道的构建技术、电子交易中 SET 协议的应用框架和 SET 电子支付流程。IPSec 是 IPv4 网络系统可任选的一种组件，但在 IPv6 网络系统中是必备组件，这种基于 IPv6 和 IPSec 安全协议构建的安全隧道，不但适用于虚拟专用网，还适用于基站之间、主机之间和路由安全结构中。安全电子交易 SET 协议为信用卡交易提供了安全，可以实现电子商务交易中的机密性、验证性、数据完整性等安全功能。同时，本章介绍了电子邮件的 3 种安全协议——PGP、PEM、S/MIME，比较了它们的相同和不同之处，而且这三种技术有的是行业内的标准，有些是比较流行的邮件加密技术。SSH 远程登录安全协议有可能代替 Telnet，因为它弥补了 Telnet 的漏洞，采取了加密的方式，登录更为安全。Kerberos 是目前 RetHat Linux、Windows、苹果系统采用的默认的验证方式。

习题与思考题

6.1 网络安全协议的应用领域是什么？
6.2 安全协议一般使用哪些基础技术？
6.3 阐述目前网络上使用了哪几种网络安全协议？
6.4 SSL 协议有什么优缺点？

6.5 SET 协议可否取代 SSL 协议？为什么？

6.6 IPSec 协议在 IPv4 和 IPv6 使用中有什么不同？

6.7 IPSec 的主要组成组件有哪几部分？各有什么功能？

6.8 叙述 IPSec 安全隧道的构建步骤。

6.9 SET 交易涉及哪 6 个实体？各起什么作用？

6.10 网络安全协议的分类有哪些？

6.11 电子邮件安全协议有哪些？

6.12 SSH 协议可以解决哪些问题？

第 7 章 无线网络安全机制

本章提要

本章选取了目前最热门最典型的短距离无线通信技术——Wi-Fi、蓝牙、ZigBee、RFID 进行介绍，并详细阐述了 LTE（准 4G 技术）网络，同时给出了上述技术的安全解决方案。介绍了无线网络的结构、黑客入侵无线网络的方法及应对措施。从寻找无线网、连接无线网、抓取无线网信息的工具角度，介绍了防范这些工具的措施。在最后，给出了常见的无线网络加密方法。

7.1 无线网络

20 世纪 90 年代以来，移动通信和 Internet 是信息产业发展最快的两个领域，直接影响了人类的生活方式。移动通信使人们可以在任何时间、任何地点和任何人进行通信，Internet 可以使人们获得丰富多彩的外界信息。那么如何把移动通信和 Internet 结合起来，使人类在任何地方都能联网呢？无线网络的出现解决了这个问题。

计算机无线联网方式是有线联网方式的一种补充，它是在有线网的基础上发展起来的，使联网的计算机可以自由移动，能快速、方便地解决以有线方式不易实现的信道连接问题。然而，由于无线网络采用空间传播的电磁波作为信息的载体，因此与有线网络不同，若辅以专业设备，任何人都有条件窃听或干扰信息，可见在无线网络中，网络安全是至关重要的。

7.1.1 无线网络的概念及特点

通常计算机组网的传输媒介是铜缆和光缆，但有线网络在某些场合中会受到布线的限制：布线、改线工程量大；线路容易损坏；网中的各节点不可移动。特别是当要把相距较远的节点联系起来时，铺设专用通信线路的布线施工难度大、费用高、耗时长，和正在迅速扩大的联网需求形成了严重的矛盾。

解决这一难题迅速和有效的方法是采用新型计算机无线通信和无线计算机网络系统。无线局域网是指以无线信号作为传输媒介的计算机局域网。计算机无线通信和计算机无线联网不是一个概念，其功能和实现技术有相当大的差异。计算机无线通信只要求两台计算机之间能传输数据即可。而计算机无线联网则进一步要求以无线方式相连的计算机之间实现资源共享，具有现有网络操作系统所支持的各种服务功能。

计算机无线联网常见的形式是把一个（远程）计算机以无线方式接入一个计算机网络中，作为网络中的一个节点，使之具有网上工作站所应该具有的功能，获得网络上的所有服务，或者把数个（有线或无线）局域网连接成一个区域网，如图 7.1 所示。

整套的计算机无线网络产品是遵照 IEEE 802.3 以太网协议开发的，它采用以微波频段为媒介的直序扩展频谱或跳频方式发射的传输技术，其通信方面的主要技术特点如下：用 900MHz、2.45GHz 或 5.85GHz 微波作为传输媒介，以先进的直序扩展频谱或跳频方式发射信号，其射频带宽为 26MHz。与传统的无线电窄带调制发射方式不同，它采用的是宽带调制发射，因此，它具有传输速率高（可达 11Mb/s）、发射功率小（只有 60～250mW）、保密性和抗干扰能力很强、不会与其他无线电设备及用户发生互相干扰等特点。

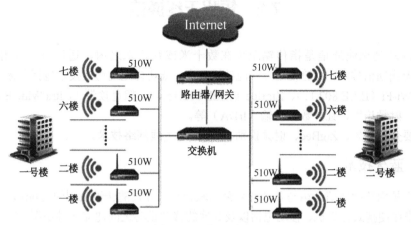

图 7.1　无线局域网

7.1.2　无线网络的分类

借助无线网络技术，人们终于可以摆脱那些烦琐的电缆和网络线路。无论何时何地，都可以轻松地接入互联网。就目前来看，无线网络包括以下几类。

（1）无线个域网：主要用于个人用户工作空间，典型距离只有几米，可以与计算机同步传输文件，访问本地外围设备，如打印机等。无线个域网的通信技术有很多，如蓝牙、红外、HomeRF 等。

（2）低速率无线个域网：最重要的技术标准是 IEEE 802.15.4 协议，它是为了满足低功耗、低成本的无线传感器网络要求而专门开发的低速率无线个域网标准。ZigBee 协议就是基于这个标准而设立的，它的应用目标主要是工业控制（如自动控制设备、无线传感器网络）、医护（如监视和传感）、家庭智能控制（如照明、水电气计量及报警）、消费类电子设备的遥控装置、PC 外设的无线连接等。

其他的低速率无线个域网通信技术还有 Z-Wave、Insteon、HomePlug 等。

（3）无线局域网：主要用于宽带家庭、大楼内部及园区内部，典型距离覆盖几十米至上百米。目前，其主要技术标准为 802.11 系列。无线局域网利用射频（Radio Frequency，RF）技术，允许在局域网络环境中使用可以不必授权的 ISM 频段中的 2.4GHz 或 5GHz 射频波段，使用电磁波在空中进行通信连接，是非常便利的数据传输系统。WLAN 的实现协议有很多，其中最为著名也是应用最为广泛的是无线保真技术——Wi-Fi。

（4）无线 LAN-to-LAN 网桥：即无线网络的桥接，从通信意义上来说包括电路型网桥和数据型网桥，主要用于大楼之间的联网通信，无线网桥功率大，传输距离远（最远可达 50km），抗干扰能力强，常采用 802.11b 或 802.11g、802.11a 和 802.11n 标准。

（5）无线城域网：IEEE 1999 年设立了 IEEE 802.16 工作组，其主要工作是建立和推进全球统一的无线城域网技术标准。相关的无线城域网技术在市场上又被称为"WiMAX 技术"。WiMAX 利用无线发射塔或天线，能提供面向互联网的高速连接。其接入速率最高达 75 Mb/s，最远距离可达 50km，覆盖半径达 1.6km，它可以替代现有的有线和 DSL 连接方式，来提供最后 1km 的无线宽带接入。

（6）无线广域网：主要是为了满足超出一个城市范围的信息交流和网际接入需求而设计的，一般要用到 GSM、GPRS、GPS、CDMA 和 3G 等通信技术。3G 推荐的主流技术标准有三种——

WCDMA、CDMA2000 及中国提出来的 TD-SCDMA，这三种系统所使用的无线电核心频段都在 2000Hz 左右。

7.2 短程无线通信

短距离低功耗无线通信是指传输距离在数十米或数百米之内，适用较低发射功率（小于 100mW）的无线通信技术。目前使用较广泛的短距离、低功耗无线通信技术包括蓝牙（Bluetooth）、无线局域网 Wi-Fi（IEEE 802.11）、ZigBee（IEEE 802.15.4）、超宽频带（Ultra Wide Band，UWB）、近距离通信、射频识别、红外数据传输（IrDA）等。

以下主要介绍蓝牙、ZigBee、射频识别、Wi-Fi 等无线网络技术。

7.2.1 蓝牙技术

蓝牙技术是由移动通信公司与移动计算公司联合起来开发的传输范围约为6m的短距离无线通信技术，用来在便携式计算机、移动电话以及其他的移动设备之间建立一种小型、经济、短距离的无线链路，使得包括移动电话、PDA、无线耳机、笔记本式计算机、相关外设等众多设备之间能够进行无线信息交换。目前，IEEE 将蓝牙列为 IEEE 802.15.1 标准但不做限制。其工作在 2.4～2.485GHz，带宽为 1Mb/s。

蓝牙使用跳频技术，将传输的数据分割成数据包，通过 79 个指定的蓝牙频道分别传输数据包。每个频道的频宽为 1MHz。蓝牙 4.0 使用 2MHz 间距，可容纳 40 个频道。第一个频道始于 2402MHz，每 1MHz 一个频道，至 2480MHz。有适配跳频功能，通常每秒跳 1600 次。

蓝牙是基于数据包、有主从架构的协议。一个主设备至多可和同一微微网中的 7 个从设备通信。所有设备共享主设备的时钟。

蓝牙已经经过 8 个版本的更新，分别为 1.1、1.2、2.0、2.1、3.0、4.0、4.1、4.2。

2014 年 12 月 4 日，蓝牙 4.2 标准颁布，改善了数据传输速度和隐私保护程度，该设备将可直接通过 IPv6 和 6LoWPAN 接入互联网。在新的标准下，蓝牙信号想要连接或者追踪用户设备必须经过用户许可，否则蓝牙信号将无法连接和追踪用户设备。

2016 年 6 月，蓝牙技术联盟执行董事马克·鲍威尔透露，蓝牙技术联盟近期将在伦敦正式发布蓝牙 5.0 标准，该标准将实现颠覆性技术提升，支持室内定位，传输速率大幅提高。现在使用的蓝牙 4.x 设备理论覆盖范围可达 100m，无线传输速率可达 1Mb/s。而"蓝牙 5"的覆盖范围将增大一倍，传输速率可提升至原来的 4 倍。"蓝牙 5"还拥有室内定位和导航功能。

1. 蓝牙协议栈

完整的蓝牙协议栈如图 7.2 所示。

蓝牙的核心协议由基带、链路管理、逻辑链路控制与适应协议和服务搜索协议等 4 部分组成。

1）基带

基带协议确保各个蓝牙设备之间的射频连接，以形成微网络。

2）链路管理协议

链路管理协议（LMP）负责蓝牙各设备间连接的建立和设置。LMP 通过连接的发起、交换和核实进行身份验证和加密，通过协商确定基带数据分组大小，控制无线设备的节能模式和工作周期，以及微微网络内设备单元的连接状态。

3）逻辑链路控制和适配协议

逻辑链路控制和适配协议（L2CAP）是基带的上层协议，可以认为 L2CAP 与 LMP 并行工作。

L2CAP 与 LMP 的区别在于当业务数据不经过 LMP 时，L2CAP 为上层提供服务。

4）服务搜索协议（SDP）

使用服务搜索协议（SDP），可以查询到设备信息和服务类型，从而在蓝牙设备间建立相应的连接。

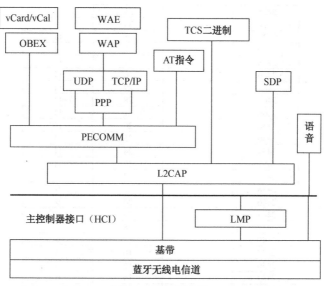

图 7.2　蓝牙协议栈

2．蓝牙低能耗技术

从蓝牙 4.0 开始引入蓝牙低能耗（BLE）技术。BLE 技术是低成本、短距离、可互操作的鲁棒性无线技术，工作在免许可的 2.4GHz ISM 射频频段。它从一开始就设计为超低功耗 ULP 无线技术，利用许多智能手段最大限度地降低功耗。

蓝牙低能耗技术采用可变连接时间间隔，这个间隔根据具体应用可以设置为几毫秒到几秒不等。BLE 技术采用非常快速的连接方式，平时可以处于"非连接"状态（节省能源），此时链路两端相互间只是知晓对方，只有在必要时才开启链路，从而在尽可能短的时间内关闭链路。

BLE 技术的工作模式非常适用于从微型无线传感器（每半秒交换一次数据）或使用完全异步通信的遥控器等外设上传送数据。这些设备发送的数据量非常少（通常只有几个字节），而且发送次数也很少（如每秒几次到每分钟一次，甚至更少）。

蓝牙低能耗技术的三大特性——最大化的待机时间、快速连接和低峰值的发送/接收功耗成就了超低功耗性能。

蓝牙低能耗技术用来最小化无线开启时间：仅用 3 个"广告"信道搜索其他设备或向寻求建立连接的设备宣告自身存在。相比之下，标准蓝牙技术使用了 32 个信道。换句话说，蓝牙低能耗技术扫描其他设备只需"开启"0.6～1.2ms 时间，而标准蓝牙技术需要 22.5ms 时间来扫描它的 32 个信道。蓝牙低能耗技术定位其他无线设备所需的功耗是标准蓝牙技术的 1/20～1/10。

该规范的设计师选择的广告信道不会与 Wi-Fi 默认信道发生冲突，如图 7.3 所示。

一旦连接成功，蓝牙低能耗技术就会切换到 37 个数据信道之一。在短暂的数据传送期间，无线信号将使用标准蓝牙技术倡导的自适应跳频技术以伪随机的方式在信道间切换（虽然标准蓝牙技术使用 79 个数据信道）。

Frequency (MHz)	Bluetooth low energy Advertising channel	Bluetooth low energy Data channel	Wi-Fi channel
2480	39		
2478		36	
2476		35	
2474		34	
2472		33	11
2470		32	11
2468		31	11
2466		30	11
2464		29	11
2462		28	11
2460		27	11
2458		26	11
2456		25	11
2454		24	11
2452		23	11
2450		22	
2448		21	6
2446		20	6
2444		19	6
2442		18	6
2440		17	6
2438		16	6
2436		15	6
2434		14	6
2432		13	6
2430		12	6
2428		11	6
2426	38		
2424		10	
2422		9	1
2420		8	1
2418		7	1
2416		6	1
2414		5	1
2412		4	1
2410		3	1
2408		2	1
2406		1	1
2404		0	1
2402	37		1

图 7.3 蓝牙低能耗技术的广告信道

要求蓝牙低能耗技术无线开启时间最短的另一个原因是它具有 1Mb/s 的原始数据带宽——更大的带宽允许在更短的时间内发送更多的信息。举例来说，具有 250kb/s 带宽的另一种无线技术发送相同信息需要开启的时间是其时间的 8 倍。

蓝牙低能耗技术"完成"一次连接（即扫描其他设备、建立链路、发送数据、验证和适当结束）只需 3ms。而标准蓝牙技术完成相同的连接周期需要数百毫秒。无线开启时间越长，消耗的电池能量就越多。

蓝牙低能耗技术还能通过两种方式限制峰值功耗：采用更加"宽松的"射频参数以及发送很短的数据包。这两种技术都使用高斯频移键控（GFSK）调制，但蓝牙低能耗技术使用的调制指数是 0.5，而标准蓝牙技术是 0.35。0.5 的指数接近高斯最小频移键控（GMSK）方案，可以降低无线设备的功耗要求（这方面的原因比较复杂，本文暂不赘述）。更低的调制指数还有两个好处，即提高覆盖范围和增强鲁棒性。

标准蓝牙技术使用的数据包长度较长。在发送这些较长的数据包时，无线设备必须在相对较高的功耗状态下保持更长的时间，从而容易使硅片发热。这种发热将改变材料的物理特性，进而改变传送频率（中断链路），除非频繁地对无线设备进行再次校准。再次校准将消耗更多的功率（并且要求闭环架构，使得无线设备更加复杂，从而提高设备价格）。

与之相反，蓝牙低能耗技术使用非常短的数据包——这能使硅片保持在低温状态。蓝牙低能耗收发器不需要较高耗能的再次校准和闭环架构。

蓝牙低能耗架构共由两种芯片构成：单模芯片和双模芯片。蓝牙单模器件是蓝牙规范中新出现的一种只支持蓝牙低能耗技术的芯片——专门针对 ULP 操作优化技术的一部分。蓝牙单模芯片可以和其他单模芯片及双模芯片通信，此时后者需要使用自身架构中的蓝牙低能耗技术部分进行收发数据。双模芯片也能与标准蓝牙技术及使用传统蓝牙架构的其他双模芯片通信。

双模芯片可以在目前使用标准蓝牙芯片的任何场合使用。这样，安装有双模芯片的手机、PC、个人导航设备或其他应用就可以和市场上已经在用的所有传统标准蓝牙设备以及所有未来的蓝牙低能耗设备通信。然而，由于这些设备要求执行标准蓝牙和蓝牙低能耗任务，因此双模芯片针对 ULP 操作的优化程度不像单模芯片那么高。

单模芯片可以用单节纽扣电池（如 3V、220mAh 的 CR2032）工作很长时间（几个月甚至几年）。相反，标准蓝牙技术（和蓝牙低能耗双模器件）通常要求使用至少两节 AAA 电池（电量是纽扣电池的 10～12 倍，可以容忍高得多的峰值电流），并且更多情况下最多只能工作几天或几周的时间（取决于具体应用）。注意，也有一些高度专业化的标准蓝牙设备，它们可以使用容量比 AAA 电池低的电池工作。

现阶段的智能硬件大多采用蓝牙 4.0 BLE，这个版本相对蓝牙 2.1 标准有质的飞跃。从 2011 年苹果 iPhone 4S 发布开始，"蓝牙"派智能硬件几年间已经发展为业内公认的智能硬件和物联网连接标准之一。各种炫酷的新硬件，如运动手环、智能手表、智能秤、防丢贴片等通常以手机作为控制终端，安装 App 连接蓝牙来操作。

苹果利用技术 BLE 实现了 Apple TV 的自动化设置。只要用一款运行 iOS 7 的设备轻轻触碰第三代 Apple TV，就能让它自动设置 Wi-Fi 网络、地区设置和 Apple Store 账户。这使得设备不需要在同一 Wi-Fi 下，甚至不需要和目标设备配对，就能实现复杂的交互。要实现这一功能，需要把 iPhone 4S、iPad 3、iPad Mini、iPod Touch 5 或更新款的设备中的蓝牙打开，在第三代 Apple TV 的设置界面中把 iOS 设备轻触上去。设备会进行配对，提示在 iOS 设备上输入苹果 ID。之后可以选择是否记住账户信息，以及可让 Apple TV 购买的内容。

蓝牙 4.0 BLE 的缺点在于 Android 手机终端支持度极差。原因如下：一是虽然 Google 在 Android 4.3 开始支持 BLE，但这款系统普及率不高，尤其在中国；二是标准不统一，Google 和现有存量机型对 BLE 的诠释不同。假设一款智能硬件支持连接蓝牙 4.0 BLE 的 Android 手机，那么它需要既兼容博通蓝牙芯片及蓝牙 BLE SDK（主要是 HTC、小米两家手机厂商采用），又要兼容三星手机厂商的蓝牙 BLE SDK，Android 原生 BLE SDK 支持也不能少。如果不做兼容适配，这款硬件蓝牙连接三星、HTC 等手机时就会出问题。

3. 蓝牙与 Wi-Fi 相比

蓝牙和 Wi-Fi（使用 IEEE 802.11 标准的产品的品牌名称）有些类似的应用：设置网络、打印、传输文件。Wi-Fi 主要用于替代工作场所一般局域网接入中使用的高速线缆。这类应用有时也称无线局域网。蓝牙主要用于便携式设备及其应用。

Wi-Fi 和蓝牙的应用在某种程度上是互补的。Wi-Fi 通常以接入点为中心，通过接入点与路由网络形成非对称的客户机-服务器连接。而蓝牙通常是两个蓝牙设备间的对称连接。蓝牙适用于两个设备通过最简单的配置进行连接的应用，如耳机和遥控器的按钮，而 Wi-Fi 更适用于一些能够进行稍复杂的客户端设置和需要高速的应用，尤其是通过存取节点接入网络。

4．蓝牙的安全

蓝牙在应用层和链路层上都采取了保密措施以保证通信的安全性，所有蓝牙设备都采用相同的验证和加密方式。在链路层，使用 4 个参数来加强通信的安全性，即蓝牙设备地址 BD_ADDR、验证私钥、加密私钥和随机码。

蓝牙设备地址是一个 48 位的 IEEE 地址，它唯一地识别蓝牙设备，对所有蓝牙设备都是公开的；验证私钥在设备初始化期间生成，其长度为 128 比特；加密私钥通常在验证期间由验证私钥生成，其长度根据算法要求选择 8~128 比特之间的数（8 的整数倍），对于目前的绝大多数应用，采用 64 比特的加密私钥就可保证其安全性；随机码由蓝牙设备的伪随机程序产生，其长度为 128 比特。

7.2.2 ZigBee 技术

ZigBee 来源于 ZigZag，是一种蜜蜂的肢体语言。当蜜蜂新发现一片花丛后会用特殊"舞蹈"来告知同伴发现的食物种类及位置等信息，是蜜蜂群体间一种简单、高效的传递信息的方式，因此 ZigBee 也被称为"紫蜂协议"。

ZigBee 协议从下到上分别为物理层、媒体访问控制层、传输层、网络层、应用层等。其中，物理层和媒体访问控制层遵循 IEEE 802.15.4 标准的规定。它是一种低速短距离传输的无线网络协议。ZigBee 协议在 2003 年正式问世。它使用了在它之前所研究过的面向家庭网络的通信协议 Home RF Lite。ZigBee 在数千个微小的传感器之间相互协调实现通信，需要的能量很少，以接力的方式通过无线电波将数据从一个网络节点传到另一个节点。

ZigBee 具有低功耗、低成本、低速率、近距离、短时延等优点。在低耗电待机模式下，2 节 5 号干电池可支持 1 个节点工作 6~24 个月，甚至更长。它工作在 20~250kb/s 的速率，传输范围一般为 10~100m，在增加发射功率后，亦可增加到 1~3km。ZigBee 的响应速度较快，一般从睡眠转入工作状态只需 15ms，节点连接进入网络只需 30ms，进一步节省了电能。相比较而言，蓝牙需要 3~10s、Wi-Fi 需要 3s。ZigBee 网络主要是为工业现场自动化控制数据传输而建立的。

因为 ZigBee 协议的低速率（工作在 20~250 kb/s 较低速率上）、优秀的自组网能力（与蓝牙的点对点传输方式相比，最多支持 65000 个设备组网）、较高的安全性（至今全球尚未出现一起破解先例），可以很方便地应用于智能家居上。

1．小米智能家居

小米多功能网关（图 7.4）是整套智能家庭套装的核心组件，用于各个组件的串联，并连接移动智能终端设备，实现远程监测。也就是说，可把小米多功能网关看作人体传感器、门窗传感器、无线开关等小米智能家居其他硬件的连接器，所有的硬件都是通过小米多功能开关连接网络的。

小米多功能网关表面布满许多小孔，主要是智能提示音的出音孔，在密密麻麻的小孔外围，设计了两个光照度感应区，在圆的侧边设了一个开关键，长按可恢复出厂设置；多功能网关采用标准的三脚插连接，简单的连接方式对家居的装修没有影响。

小米多功能网关的周边是一个由多个 LED 灯组成的小夜灯，通过 App 端可调节 LED 灯的亮度以及显示的不同色彩。它通过最新的无线传输协议 ZigBee（基于 IEEE 802.15.4 标准的低功耗局域网协议）将其他智能设备接入小米云和智能家居网络。

选择 ZigBee 协议的原因之一：低功耗。在小米智能家庭套装中，除了多功能网关之外，其他三个产品都是靠内置电池供电的，可以持续使用 2 年以上。如此长的续航时间，离不开低功耗的传感器和传输协议。

选择 ZigBee 协议的原因之二：物联网设备体积小、安装位置不固定，要想获得长久的续航时间，需要 ZigBee 协议的加入。

选择 ZigBee 协议的原因之三：安全性较高。

选择 ZigBee 协议的原因之四：良好的自组网能力。小米致力于构建智能家居生态链（大量智能设备同时工作），当然不能使用蓝牙（最多连接 7 个设备）。

图 7.4　小米智能家庭套装之多功能网关

多功能网关存在的意义：ZigBee 协议也存在一些不足，它虽然可以方便地组网但不能接入互联网，在 ZigBee 网络中必须有一个类似路由器的角色。例如，小米智能家庭套装中的多功能网关就承担了这个角色，它是一个能够接入 Wi-Fi 的控制中心，通过这种方式来打通物联网和互联网的世界。

ZigBee 协议的意义在于其低功耗和自组网的特点可以将分布在家中的各类物联网设备连接起来，但不论是接入互联网还是与手机的连接，仍需要其他通信技术的帮助。未来的智能家居中，仅靠一种通信技术是解决不了所有问题的，一定会需要将多种技术融合起来使用。

2．ZigBee 协议栈体系结构安全

ZigBee 联盟于 2004 年 12 月中旬推出了基于 IEEE 802.15.4 的 ZigBee 协议栈。ZigBee 设备应该包括 IEEE 802.15.4（该标准定义了射频以及与相邻设备之间的通信）的物理层和媒体访问控制层，以及 ZigBee 堆栈层（ZigBee Stack）。图 7.5 为 ZigBee 协议栈结构框图。

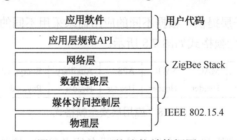

图 7.5　ZigBee 协议栈结构框图

ZigBee 协议栈由物理层、数据链路层、网络层和应用层组成。物理层负责基本的无线通信，由调制、传输、数据加密和接收构成。链路层提供设备之间单跳通信、可靠传输和通信安全。网络层主要提供通用的网络层功能（如拓扑结构的搭建和维护、寻址和安全路由）。应用层包括应用支持子层、ZigBee 设备对象和各种应用对象。应用支持子层提供安全和映射管理服务，ZDO 负责设备管理，包括安全策略和安全配置的管理，应用层提供对 ZDO 和 ZigBee 应用的服务。

1) 数据链路层安全

数据链路层通过建立有效的机制来保护信息安全。

MAC 层有 4 种类型的帧，分别是命令帧、信标帧、确认帧和数据帧。安全帧格式如图 7.6 所示。

SYNC	PHY Header	MAC Header	Auxiliary Header	Encrypted MAC Payload	MIC

图 7.6　数据链路层安全帧格式

其中，Auxiliary Header 是携带的安全信息，MIC 提供数据完整性检查，有 0、32、64、128 位可供选择。对于数据帧，MAC 层只能保证单条通信安全，为了提供多条通信的安全保证，必须依靠上层提供的安全服务。在 MAC 层上使用的是 AES 加密算法，根据上层提供的密钥的级别，可以保障不同水平的安全性。

IEEE 802.15.4 标准 MAC 层使用的是 CCM 模式，CCM 是一种通用的验证和加密模式，被定义使用在类似于 AES 的 128 位大小的数据库上，它由 CTR 模式和 CBC-MAC 模式组成。CCM 主要包括验证和加解密，验证使用 CBC-MAC 模式，而加解密使用的是 CTR 模式。ZigBee 使用一种改进的模式对数据进行保护，即 CMM*模式，它是通过执行 AES－128 加密算法对数据进行保密的。

2) 网络层安全

网络层对帧采取的保护机制同上面一样，为了保证帧正确传输，帧格式中也有 Auxiliary Header 和 MIC。网络层的安全帧格式如图 7.7 所示。

SYNC	PHY Header	MAC Header	NWK Header	Auxiliary Header	Encrypted MAC Payload	MIC

图 7.7　网络层安全帧格式

网络层主要思想是先广播路由信息，再处理接收到的路由信息，如判断数据帧来源，然后根据数据帧中的目的地址采取相应机制将数据帧传送出去。在传送的过程中一般利用链接密钥对数据进行加密处理，如果链接密钥不可用，则网络层将利用网络密钥进行保护，网络密钥在多个设备中使用，可能带来内部攻击，但是它的存储开销代价更小。网络层对安全管理有责任，但其上一层控制着安全管理。

3) 应用层安全

应用层安全通过 APS 子层提供，根据不同的应用需求采用不同的密钥，主要使用的是链接密钥和网络密钥。应用层的安全帧格式如图 7.8 所示。

SYNC	PHY Header	MAC Header	NWK Header	APS Header	Auxiliary Header	Encrypted MAC Payload	MIC

图 7.8　应用层安全帧格式

APS 提供的安全服务由密钥建立、密钥传输和设备服务管理。密钥建立在两个设备间进行，包括 4 个步骤：交换暂时数据，生成共享密钥，获得链接密钥，确认链接密钥。密钥传输服务在设备间安全传输密钥。设备服务管理包括更新设备和移除设备，更新设备服务提供了一种安全的方式通知其他设备有第三方设备需要更新，移除设备则是通知有设备不满足安全需要，要被删除。

值得注意的是，系统的整体安全性是在模板级定义的，这意味着模板应该定义某一特定网络中应该实现何种类型的安全。每一层（MAC 层、网络层或应用层）都能被保护，为了降低存储要求，它们可以分享安全钥匙。SSP 是通过 ZD0 进行初始化和配置的，要求实现高级加密标准。ZigBee 规范定义了信任中心的用途。信任中心是在网络中分配安全钥匙的一种令人信任的设备。

ZigBee 采用了 3 种基本密钥，即网络密钥，链接密钥，主密钥。网络密钥可以在数据链路层、网络层和应用层中应用，主密钥和链接密钥则使用在应用层及子层。网络密钥可以在设备制造时安装，也可以在密钥传输中得到。主密钥可以在信任中心设置或者在制造中安装，还可以是基于用户访问的数据，如个人识别码、密码和口令等。为了保证传输过程中主密钥不被窃听，需要确保主密钥的保密性和正确性。链接密钥在两个端设备通信时共享，可以由主密钥建立，也可以在设备制造时安装。链接密钥和网络密钥要不断更新。当两个设备同时拥有两种密钥时，应采用链接密钥来通信。尽管存储网络密钥开销小，但是降低了系统安全。

为了满足安全性需要，商业模式下，ZigBee 标准提供不同的方法来确保安全。

（1）加密技术。ZigBee 适用 AES－128 加密算法。网络层加密通过网络密钥来完成，设备层通过唯一链接密钥在两端设备同时完成加密。加密技术的有无不影响帧序更新、完整性和鉴权。

（2）鉴权技术。鉴权可以保证信息的原始性，使信息不被第三方攻击。鉴权有网络层和设备层两种，网络层鉴权可以组织外部攻击，但增加了内存开销，它通过共享网络密钥完成。设备层鉴权通过设备间唯一链接密钥完成。

（3）完整性保护。对信息的完整性可选择四种：0、32、64、128 位，默认采用 64 位。

（4）帧序更新。通过使用设置计数器来保证数据更新，通过使用一个有序编号来避免帧重发攻击。在接收到一个数据帧以后，将新的编号和最后一个编号对比，如果新的编号更新，则校验通过，编号更新，反之校验失败。

7.2.3 RFID 技术

射频识别（Radio Frequency Identification，RFID）称为感应式电子芯片或近接卡、感应卡、非接触卡、电子卷标、电子条形码等，可通过无线电信号识别特定目标并读写相关数据，而无需在识别系统与特定目标之间建立机械或光学接触。

从概念上来讲，RFID 类似于条码扫描，对于条码技术而言，它是将已编码的条形码附着于目标物并使用专用的扫描读写器利用光信号将信息由条形磁传送到扫描读写器中；而 RFID 使用专用的 RFID 读写器及专门的可附着于目标物的 RFID 标签，利用频率信号将信息由 RFID 标签传送至 RFID 读写器中。

从结构上讲，RFID 是一种简单的无线系统（图 7.9），它只有两个基本器件，该系统用于控制、检测和跟踪物体。系统由一个询问器和很多应答器组成。

最基本的 RFID 系统由以下 3 部分组成。

应答器：由天线、耦合元件及芯片组成，一般来说是用标签作为应答器的，每个标签具有唯一的电子编码，附着在物体上标识目标对象。

阅读器：由天线、耦合元件、芯片组成，读取（有时还可以写入）标签信息的设备，可设计为手持式 RFID 读写器（如 C5000W）或固定式读写器。

应用软件系统：应用层软件，主要用于对收集的数据进行进一步处理，并为人们所使用。

RFID 系统至少包含电子卷标和阅读器两部分。依据供电方式的不同，电子卷标可以分为有源电子卷标、无源电子卷标和半无源电子卷标。有源电子卷标内装有电池，无源电子卷标没有内装电池，半无源电子卷标部分依靠电池工作。

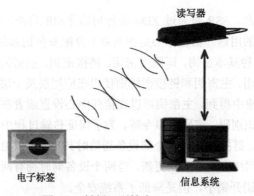

图7.9 射频识别技术

电子卷标依据封装形式的不同可分为信用卡卷标、线形卷标、纸状卷标、玻璃管卷标、圆形卷标及特殊用途的异形标签等。RFID 阅读器（读写器）通过天线与 RFID 电子卷标进行无线通信，可以实现对卷标识别码和内存数据的读出或写入操作。典型的阅读器包含高频模块（发送器和接收器）、控制单元以及阅读器天线。

RFID 技术中所衍生的产品大概有三大类：无源 RFID 产品、有源 RFID 产品、半有源 RFID 产品。

（1）无源 RFID 产品，例如，公交卡、食堂餐卡、银行卡、宾馆门禁卡、二代身份证等，属于近距离接触式识别类。其产品的主要工作频率有低频 125kHz、高频 13.56MHz、超高频 433MHz、超高频 915MHz。

（2）有源 RFID 产品，其远距离自动识别的特性，决定了其巨大的应用空间和市场潜质。在远距离自动识别领域，如智能监狱、智能医院、智能停车场、智能交通、智慧城市、智慧地球及物联网等领域有重大应用。其产品主要工作频率有超高频 433MHz，微波 2.45GHz 和 5.8GHz。

（3）半有源 RFID 产品，结合有源 RFID 产品及无源 RFID 产品的优势，在低频 125kHz 频率的触发下，让微波 2.45GHz 发挥优势。半有源 RFID 技术利用低频近距离精确定位，微波远距离识别和上传数据，来解决单纯的有源 RFID 和无源 RFID 没有办法实现的功能。简单地说，就是近距离激活定位，远距离识别及上传数据。

半有源 RFID 是一项易于操控、简单实用且特别适用于自动化控制的灵活性应用技术，识别工作无需人工干预，它既可支持只读工作模式也可支持读写工作模式，且无需接触或瞄准；可在各种恶劣环境下自由工作，短距离射频产品不怕油渍、灰尘污染等恶劣环境，可以替代条码，如用在工厂的流水线上跟踪物体；长距射频产品多用于交通上，识别距离可达几十米，如自动收费或识别车辆身份等。

RFID 的优势表现在以下方面。

（1）读取方便快捷：数据的读取无需光源，甚至可以透过外包装来进行，有效识别距离更大，采用自带电池的主动标签时，有效识别距离可达到 30m 以上。

（2）识别速度快：标签一进入磁场，解读器就可以即时读取其中的信息，而且能够同时处理多个标签，实现批量识别。

（3）数据容量大：数据容量最大的二维条形码（PDF417）最多也只能存储 2725 个数字；若包含字母，存储量则会更少；RFID 标签可以根据用户的需要扩充到数十千字节；

（4）使用寿命长，应用范围广：其无线电通信方式，使其可以应用于粉尘、油污等高污染环境和放射性环境，而且其封闭式包装使得其使用寿命大大超过印刷的条形码。

（5）标签数据可动态更改：利用编程器可以向其写入数据，从而赋予 RFID 标签交互式便携数据文件的功能,而且写入时间比打印条形码更少。

(6) 更好的安全性:不仅可以嵌入或附着在不同形状、类型的产品上,还可以为标签数据的读写设置密码保护,从而具有更高的安全性。

(7) 动态实时通信:标签以每秒 50~100 次的频率与解读器进行通信,所以只要 RFID 标签所附着的物体出现在解读器的有效识别范围内,就可以对其位置进行动态的追踪和监控。

RFID 技术的基本工作原理并不复杂:标签进入磁场后,接收解读器发出的射频信号,凭借感应电流所获得的能量发送出存储在芯片中的产品信息(Passive Tag,无源标签或被动标签),或者由标签主动发送某一频率的信号(Active Tag,有源标签或主动标签),解读器读取信息并解码后,送至中央信息系统进行有关数据处理。

在 RFID 的安全性方面,可以从以下几个方面进行防御。

(1) 采用更强加密算法的芯片卡,如 CPU 卡。
(2) 敏感数据应进行加密处理。
(3) 读卡器与后端主机数据库实行线上作业,采用即时连线的方式进行系统核查。
(4) 结合 UID 进行加密,并设置 UID 白名单。
(5) 对全扇区采用非默认密码加密。

RFID 应用前景广阔,据前瞻网《2013—2017 年中国 RFID 行业市场前瞻与投资战略规划分析报告》调查数据显示,2010 年,全球 RFID 标签的生产数量将达到 330 亿,是 2005 年 13 亿产量的 25 倍以上,RFID 在未来几年的应用会随着产业不同而有很大差异。从 1991 年至今,已经有超过 15000 万台汽车在使用 RFID 标签。而根据分析师的预测,未来 RFID 将主要应用在供应链管理等物流领域。

7.2.4 Wi-Fi 技术

2015 年 9 月,Skyhook 与 Mapbox 两家公司收录的 Wi-Fi 信号数据表示,全球 Wi-Fi 信号多达 9 亿。使用 IEEE 802.11 系列协议的局域网称为 Wi-Fi。它是一种能够将 PC、手持设备(如 Pad、手机)等终端以无线方式互相连接的技术。Wi-Fi 是一个无线网络通信技术的品牌,由 Wi-Fi 联盟所持有。

Wi-Fi 其实并不存在英文全称,Wireless Fidelity 是错误的解读,无线网络在无线局域网的范畴是指"无线相容性验证"。通过无线电波来联网;常见的就是一个无线路由器,在这个无线路由器的电波覆盖的有效范围内都可以采用无线保真连接方式进行联网,如果无线路由器连接了一条 ADSL 线路或者其他上网线路,则又被称为热点。

1996 年,美国网络通信设备大厂朗讯(Lucent)率先发起成立无线以太兼容性联盟(Wireless Ethernet Compatibility Alliance,WECA),着手创立无线网络协议,1999 年,WECA 更名为 Wi-Fi 联盟,再度架构了一套验证标准,提出通信业界的无线网络技术——802.11 一系列规格,包括 802.11b、802.11a、802.11g 等。

1. IEEE 802.11 标准

1997 年 6 月 26 日,IEEE 802.11 标准制定完成,1997 年 11 月 26 日正式发布。IEEE 802.11 无线局域网标准的制定是无线网络技术发展的一个里程碑。802.11 规范了无线局域网络的媒体访问控制层及物理层,使得各种不同厂商的无线产品得以互连。IEEE 802.11 标准的颁布,使得无线局域网在各种有移动要求的环境中被广泛接受。我们耳熟能详的 IEEE 802.11a/b/g 主要以物理层的不同作为区分,区别直接表现在工作频段及数据传输率、最大传输距离上。

2000 年 8 月,IEEE 802.11 标准得到了进一步的完善和修订,并成为 IEEE/ANSI 和 ISO/IEC 的一个联合标准，ISO/IEC 将该标准定为 ISO 8802.11。IEEE 802.11 标准的修订内容包括用一个基于 SNMP（Simple Network Management Protocol）的 MIB 来取代原来基于 OSI 协议的 MIB。另外，还增加了两项新内容。

（1）IEEE 802.11a——它扩充了标准的物理层，规定该层使用 5GHz 的频带。该标准采用正交频分调制数据，传输速率为 6～54Mb/s。这样的速率既能满足室内的应用，又能满足室外的应用。

（2）IEEE 802.11b——它是 IEEE 802.11 标准的另一个扩充，它规定采用 2.4GHz 频带，调制方法采用补偿码键控（Compensation Code Keying，CKK）。CKK 来源于直序扩频技术，多速率机制的介质访问控制确保当工作站之间的距离过长或干扰太大、信噪比低于某个门限值时，传输速率能够从 11Mb/s 自动降到 5.5Mb/s，或者根据直序扩频技术调整到 2Mb/s 和 1Mb/s。IEEE 802.11b 对无线局域网通信的最大贡献是可以支持两种速率——5.5Mb/s 和 11Mb/s。要做到这一点，就需要选择 DSSS（Direct Sequence Spread Spectrum）作为该标准的唯一物理层技术，因为，目前在不违反 FCC 规定的前提下，采用跳频技术无法支持更高的速率。这意味着 IEEE 802.11b 系统可以与速率为 1Mbps 和 2Mbps 的 IEEE 802.11DSSS 系统交互操作，但是无法与 1Mb/s 和 2Mb/s 的 IEEE 802.11 的 FHSS（Frequency Hopping Spread Spectrum）系统交互操作。

2003 年完成草案的 IEEE 802.11g 是作为使用 2.4GHz 频带无线电波的 IEEE 802.11b 的高速版而制定的标准。但是为了实现 54Mb/s 的传输速度，11g 采用了与 11b 不同的 OFDM（Orthogonal Frequency Division Multiplexing，正交频分复用）调制方式。因此，为了兼容 802.11b、802.11g 除本身特有的调制方式以外，还具备使用与 802.11b 相同的调制方式进行通信的功能，可以根据不同的通信对象切换调制方式。在 802.11g 和 802.11b 终端混用的场合，802.11g 接入点可以为每个数据包根据不同的对象单独切换不同的调制方式。也就是说，以 802.11g 调制方式与 802.11g 终端通信，以 802.11b 调制方式与 802.11b 终端通信。

2. IEEE802.11a 标准

1999 年，IEEE 802.11a 标准制定完成，该标准规定无线局域网工作频段为 5.15～5.825GHz，数据传输速率达到 54～72Mb/s（Turbo），传输距离控制在 6～60m。802.11a 采用提高频率信道利用率的正交频分复用的独特扩频技术；可提供 25Mb/s 的无线 ATM 接口和 6Mb/s 的以太网无线帧结构接口，以及 TDD/TDMA 的空中接口；支持语音、数据、图像业务；一个扇区可接入多个用户，每个用户可带多个用户终端。

直到 2001 年 12 月市场上才出现第一款兼容 802.11a 的产品。802.11a 标准最高可以提供 54Mb/s 的数据传输速率和 8 个不重叠的频率通道，从而增加网络容量，提高可扩展性，并能够在不干扰相邻单元的情况下创建微型单元式结构。802.11a 工作在不需申请的 5GHz 频段，它不会受到来自于工作在 2.4GHz 频段的设备的干扰，如微波炉、无线电话和蓝牙设备。但是，802.11a 标准并不能与现有的支持 802.11b 的设备兼容。已经采用了 802.11b 的设备，并希望获得 802.11a 技术所提供的更高通道数和网络速度的企业必须安装一整套全新的 802.11a 基础设施，以及 802.11a 接入点和客户端适配器。需要指出的是，2.4GHz 和 5GHz 设备可以在互不干扰的情况下在同一个物理环境下工作。

到目前为止，802.11a 还未在欧洲获得批准；但是，IEEE 和欧洲通信标准委员会（ETSI）目前正在设法通过 IEEE 802.11h 任务小组达成一项协议，解决 802.11a 的电源问题和通道设置问题。

推广 802.11a 的另外一个障碍是缺乏对互操作性的验证。目前，各个厂商的产品之间的互操作性还没有保障。WECA 将为 802.11a 产品提供互操作性测试，并致力于进一步推广该技术。但是，只有在两家芯片厂商开始制造相应的芯片，并至少有三家厂商在这些芯片的基础上制造产品以后，WECA 才会开始进行这样的测试。

3. IEEE 802.11b 标准

1999 年 9 月 IEEE 802.11b 被正式批准,该标准规定无线局域网工作频段为 2.4～2.4835GHz,数据传输速率达到 11Mb/s,比 IEEE 802.11 标准快 5 倍,扩大了无线局域网的应用领域。该标准是对 IEEE 802.11 的一个补充,采用点对点模式和基本模式两种运作模式,在数据传输速率方面可以根据实际情况在 11Mb/s、5.5Mb/s、2Mb/s、1Mb/s 的不同速率间自动切换,而且在 2Mb/s、1Mb/s 速率时与 802.11 兼容。802.11b 使用直接序列作为协议。802.11b 和工作在 5GHz 频率上的 802.11a 标准不兼容。由于价格低廉,IEEE 802.11b 的优点可参考表 7.1。802.11b 产品已经被广泛地投入市场,并在许多实际工作场所运行。

表 7.1 IEEE 802.11b 的优点

功能	优点
速度	2.4GHz 直接序列扩频,提供最大为 11Mb/s 的数据传输速率,无需直线传播
动态速率转换	当射频情况变差时,降低数据传输速率为 5.5Mb/s、2Mb/s 或 1Mb/s
使用范围	IEEE 802.11b 支持以百米为单位的范围(在室外为 300m,在办公环境中最长为 60m)
可靠性	与以太网类似的连接协议,为数据包确认提供可靠的数据传送和网络带宽的有效使用
互用性	与以前标准不同的是,802.11b 只允许一种标准的信号发送技术。WECA 将验证产品的兼容性
电源管理	网络接口卡可转到休眠模式,访问点将信息缓冲到客户,延长了笔记本式计算机的电池使用寿命
漫游支持	允许在访问点之间进行无缝连接
加载平衡	信号拥塞或信号质量差时,无线网卡可更改与之连接的访问点,以提高性能
可伸缩性	最多 3 个访问点可以同时定位于有效使用范围中,以支持上百个用户
安全性	内置式鉴定和加密

802.11b 运作模式基本分为两种:点对点模式(Ad-Hoc Mode)和基本模式(Infrastructure Mode),这与无线局域网的两种拓扑结构相对应。点对点模式指无线网卡和无线网卡之间的通信方式。只要 PC 插上无线网卡即可与另一具有无线网卡的 PC 连接,对于小型的无线网络来说,是一种方便的连接方式,最多可连接 256 台 PC。而基本模式是指无线网络规模扩充或无线和有线网络并存的通信方式,这是 802.11b 最常用的方式。此时,插上无线网卡的 PC 需要由接入点与另一台 PC 连接。接入点负责频段管理及漫游等指挥工作,一个接入点最多可连接 624 台 PC(无线网卡)。当无线网络节点扩增时,网络存取速度会随着范围扩大和节点的增加而变慢,此时添加接入点可以有效控制和管理频宽与频段。无线网络需要与有线网络互连,或无线网络节点需要连接和存取有线网络的资源和服务器时,接入点可以作为无线网和有线网之间的桥梁。

4. IEEE 802.11g 标准

IEEE 的 802.11g 标准是对流行的 IEEE 802.11b(即 Wi-Fi 标准)的提速(速度从 IEEE 802.11b 的 11Mb/s 提高到 54Mb/s)。IEEE 802.11g 接入点支持 IEEE 802.11b 和 IEEE 802.11g 客户设备。同样,采用 IEEE 802.11g 网卡的笔记本式计算机也能访问现有的 IEEE 802.11b 接入点和新的 IEEE 802.11g 接入点。不过,基于 IEEE 802.11g 标准的产品目前还不多见。如果需要高速度,已经推出的 IEEE 802.11a 产品可以提供 54Mb/s 的最高速度。IEEE 802.11a 的主要缺点是不能和 IEEE 802.11b 设备互操作,而且与 IEEE 802.11b 相比,IEEE 802.11a 网卡和接入点较贵。

IEEE 802.11g 可以提供与 IEEE 802.11a 相同的 54Mb/s 数据传输速率,还可以对 IEEE 802.11b 设备向后兼容。这意味着 IEEE 802.11b 客户端卡可以与 IEEE 802.11g 接入点配合使用,而 IEEE 802.11g 客户端卡也可以与 IEEE 802.11b 接入点配合使用。因为 IEEE 802.11g 和 IEEE 802.11b 都工作在不需许可的 2.4GHz 频段,所以对于那些已经采用了 IEEE 802.11b 无线基础设施的企业来说,移植 IEEE 到 IEEE 802.11g 是一种合理的选择。需要指出的是，IEEE 802.11b 产品无法"软件升级"到 IEEE 802.11g，这是因为 IEEE 802.11g 无线收发装置采用了一种与 IEEE 802.11b 不同的芯片组，以提供更高的数据传输速率。但是，就像以太网和快速以太网的关系一样，IEEE 802.11g 产品可以在同一个网络中与 IEEE 802.11b 产品结合使用。由于 IEEE 802.11g 与 IEEE 802.11b 工作在同一个无需申请的频段，所以它需要共享 3 个相同的频段，这将会限制无线容量和可扩展性。

5. IEEE 802.11a、11b、11g、11n 的对比

IEEE 802.11b 和 IEEE 802.11a 的提出是 WLAN 发展的一个里程碑，它们分别为 2.4GHz 和 5GHz 频段做定义，IEEE 802.11b 物理层最大数据传输率为 11Mb/s，而 IEEE 802.11a 可达到 54Mb/s，这样的速率对于无线网络而言无疑是相当有吸引力的。虽然 IEEE 802.11a 具有明显的速率优势，但成本问题成为制约其发展的绊脚石，因为想要在目前的市场上占据主导地位就必须具有价格优势。从表 7.2 可见，技术更成熟的是 IEEE 802.11b。

表 7.2　IEEE 802.11a、11b、11g、11n 的对比

无线标准	802.11b	802.11a	802.11g	802.11n
工作频段	2.4GHz	5GHz	2.4GHz	2.4GHz 和 5GHz
最大数据率	11Mb/s	54Mb/s	54Mb/s	600Mb/s
调制技术	DSSS/CCK	OFDM	OFDM	OFDM
覆盖范围	较大	较大	较小	较大

6. IEEE 802.11n 标准

IEEE 802.11n 是在 802.11g 和 802.11a 之上发展起来的一项技术，与之前的技术标准相比，具有以下特点。

（1）速率更高，最高可达 600Mb/s。

（2）采用智能天线技术，通过多组独立天线组成的天线阵列，可以动态调整波束，保证信号的稳定性，同时减少其他信号的干扰。

（3）覆盖范围可以扩大到几平方千米，移动性极大地提高了。

（4）采用软件无线电技术，兼容性大大增强。

（5）传输速率从之前的 54Mb/s 可增加到 300~600Mb/s。

（6）设计更精密，物理层涉及的主要技术有 MIMO、MIMO-OFDM、40MHz、Short GI 等。802.11n 对 MAC 采用了 Block 确认、帧聚合等技术，大大提高了 MAC 层的效率。

（7）功耗更低。802.11n 在功耗和管理方面进行了重大创新，不仅能够延长 Wi-Fi 智能手机的电池使用寿命，还可以嵌入到其他设备中，如医疗监控设备、楼宇控制系统、实时定位跟踪标签和消费电子产品，可以不断地监测和收集数据，可基于用户的身份和位置进行个性化。

2011 年发布的 IEEE 802.11k 无线资源管理标准通过智能 RF 管理并改善移动性。同时，Wi-Fi 联盟使用 11k 的某些特性构思它的语音企业验证，目标是优化大规模的、企业级的 Wi-Fi 语音环境通话质量。

另外，还有 802.11u 标准。802.11u 是 802.11 工作组定义的 WLAN 与外部网络的互操作协议。它定义了不同种类的无线网络之间的网络安全互连功能，使 802.11a/b/g/n 网络能够访问蜂窝网络或者其他未来的无线网络。它也能让 Wi-Fi 设备搜寻到更多的外部网络信息，如该网络是否收费。

802.11v 标准在 Wi-Fi 管理方面将会有许多增强特性，它将为统计收集增加一个计数器阵列，

增加电源管理，提高电池使用寿命，并改善位置数据支持。想象一下上网本 Wi-Fi 适配器，或 Wi-Fi VoIP 电话在未发送和接收无线信号，或仅共享位置数据时，可以节省电力，访问点可以将 Wi-Fi 语音会议重定向到一个更理想的相邻访问点上，或者重定向到一个负载较低的访问点上。Wi-Fi 网络可以定位一个客户端的位置，例如，在建筑物外，或在大街上，可以基于这些数据授予客户端连接操作。

IEEE 已经批准了 802.11w 标准，它保护无线管理帧，使无线链路可以更好地工作。

Wi-Fi 访问点通过 802.11z 标准（定于 2010 年 7 月完成）也可以变成点到点连接引擎，它将为直接连接配置提供扩展，客户端设备从一个访问点请求许可直接连接到另一个附近的客户端设备，但数据不通过访问点，客户端仍然与访问点连接，由访问点提供全套安全和管理服务。

Wi-Fi 目前的验证有 WEP、WPA/WPA2、WPS 等。但是无线网络存在巨大的安全隐患。

1）Wi-Fi 钓鱼陷阱

许多商家为招揽客户，会提供 Wi-Fi 接入服务，客人发现 Wi-Fi 热点，一般会找服务员索要连接密码。黑客就提供一个名称与商家类似的免费 Wi-Fi 接入点，吸引网民接入。一旦连接到黑客设定的 Wi-Fi 热点，上网的所有数据包都会经过黑客设备转发，这些信息都可以被截留下来分析，一些没有加密的通信可以直接被查看。

2）Wi-Fi 接入点被"偷梁换柱"

除了伪装一个和正常 Wi-Fi 接入点雷同的 Wi-Fi 陷阱之外，攻击者还可以创建一个和正常 WiFi 名称完全一样的接入点。如果无线路由器信号覆盖不够稳定，手机会自动连接到攻击者创建的 WiFi 热点。在完全没有察觉的情况下，会又一次掉落陷阱。

3）黑客主动攻击

黑客可以使用黑客工具，攻击正在提供服务的无线路由器，干扰连接，家用型路由器抗攻击的能力较弱，网络连接就这样断线了，继而连接到黑客设置的无线接入点。

4）攻击家用路由器

攻击者首先会使用各种黑客工具破解家用无线路由器的连接密码，如果破解成功，黑客就会成功连接家用路由器，共享一个局域网。攻击者并不甘心免费享用网络带宽，有些人还会进行下一步，尝试登录无线路由器管理后台。由于市面上存在安全隐患的无线路由器相当常见，黑客很可能破解用户的家用路由器登录密码。

5）劫机风险

一名黑客可以使用飞机上的 Wi-Fi 信号或机上娱乐系统来侵入其航空电子设备，以破坏或修改卫星通信，从而干扰飞机的导航和安全系统。因此，利用飞机 Wi-Fi 来劫机在理论上是有可能发生的。

金山毒霸安全工程师为此提供了五大安全使用建议。

第一，谨慎使用公共场合的 Wi-Fi 热点。官方机构提供的而且有验证机制的 Wi-Fi，可以找工作人员确认后连接使用。其他可以直接连接且不需要验证或密码的公共 Wi-Fi 风险较高，背后有可能是钓鱼陷阱，尽量不使用。

第二，使用公共场合的 Wi-Fi 热点时，尽量不要进行网络购物和网银的操作，避免重要的个人敏感信息遭到泄露，甚至被黑客银行进行转账。

第三，养成良好的 Wi-Fi 使用习惯。进入公共区域后，尽量不要打开 Wi-Fi 开关，或者把 Wi-Fi 调成锁屏后不再自动连接，避免在自己不知道的情况下连接上恶意 Wi-Fi。

第四，家用路由器管理后台的登录账户、密码，不要使用默认的 admin，可改为字母加数字的高强度密码；设置的 Wi-Fi 密码选择 WPA2 加密验证方式，相对复杂的密码可大大提高黑客破解的难度。

第五，不管在手机端还是 PC 端都应安装安全软件。对于黑客常用的钓鱼网站等攻击手法，安全软件可以及时拦截提醒。

7.3　无线移动通信技术

7.3.1　LTE 网络

长期演进（Long Term Evolution，LTE）是由第 3 代合作伙伴计划（The 3rd Generation Partnership Project，3GPP）组织制定的通用移动通信系统（Universal Mobile Telecommunications System，UMTS）技术标准的长期演进，于 2004 年 12 月在 3GPP 多伦多会议上正式立项并启动。

目前 4G 的标准只有两个，分别为 LTE Advanced 与 WiMAX-Advanced。其中，LTE-Advanced 就是 LTE 技术的升级版，在特性方面，LTE-Advanced 可以向后兼容技术，并完全兼容 LTE，其原理类似 HSPA 升级至 WCDMA。而 WiMAX-Advanced（全球互通微波存取升级版）：即 IEEE 802.16m，是 WiMAX 的升级版，由 Intel 主导，接收下行与上行最高速率可达到 300Mb/s，在静止定点接收可高达 1Gb/s，也是电信联盟承认的 4G 标准。

实际上，目前接触的 LTE 并非 4G 网络，虽然上百兆的速度远超 3G 网络，但与 ITU 提出的 1Gb/s 的 4G 技术要求还有很大距离，因此，目前的 LTE 也经常被称为 3.9G。但就目前来说，现在的 4G 网络其实指的就是 LTE 网络。

从移动通信技术的发展来看：

1G 网络：使用蜂窝组网，采用模拟技术和频分多址（FDMA）等技术。

2G 网络：目前使用广泛的通信系统，主要使用技术是时分多址（TDMA）技术，如 GSM 网络。

3G 网络：国际标准有 WCDMA、CDMA 2000、TD-SCDMA。技术指标：室内速率 2Mb/s，室外 384kb/s，行车速率 144kb/s。能够实现语音业务、高速传输及无线接入 Internet 等服务。

LTE 网络：采用 OFDM 及 MIMO 技术，在 20MHz 的系统带宽下，下行峰值速率 100Mb/s，上行 50Mb/s（现有 UE 能力支持），提供 VoIP 及 IMS 等高速数据传输服务。

LTE 系统引入了正交频分复用（Orthogonal Frequency Division Multiplexing，OFDM）和多输入多输出（Multi-Input & Multi-Output，MIMO）等关键技术，根据实际组网以及终端能力限制，一般认为下行峰值速率为 100Mb/s，上行为 50Mb/s。它支持多种带宽分配，如 1.4MHz、3MHz、5MHz、10MHz、15MHz 和 20MHz 等，且支持全球主流 2G/3G 频段和一些新增频段，因而频谱分配更加灵活，系统容量和覆盖也显著提升了。LTE 系统支持与其他 3GPP 系统互操作。

LTE 网络由用户设备（UE）、接入网及核心网组成。其针对空中接口和核心网络的演进技术分别被称为演进的通用陆地无线接入网（Evolved Universal Terrestrial Radio Access Network，E-UTRAN）和演进的分组核心系统（Evolved Packet Core，EPC）。因此，LTE 网络有时也被称为演进的分组系统（Evolved Packet System，EPS）。

根据双工方式不同，LTE 系统分为 FDD-LTE（Frequency Division Duplexing）和 TDD-LTE（Time Division Duplexing），二者技术的主要区别在于空口的物理层上（如帧结构、时分设计、同步等）。而中国移动采用的 TD-LTE 就是 LTE-TDD 版本，同时也是由中国主导研制推广的版本。TD-LTE 与 TD-SCDMA 实际上没有关系，TD-SCDMA 是 CDMA（码分多址）技术，TD-LTE 是 OFDM 技术。两者从编解码、帧格式、空口、信令，到网络架构，都不一样。

TD-LTE 的工作频段在 R8 中，TDD 可用的频段为 33~40，有 8 个。其中，B38 工作于 2.57~2.62GHz，可全球漫游；B39 工作于 1.88~1.92GHz，是国内 TD-SCDMA 的频段；B40 工作于 2.3~2.4GHz，可全球漫游。B 是 Band 的缩写，代表频段。

在这些频段中，中国移动采用 B38 以及 B39 来实施室外覆盖，采用 B40 来实施室内覆盖。B38、B39、B40 在中国被称为 D 频段、F 频段和 E 频段。

到了 R10，3GPP 又引入了新的 TDD 频段，其中 B41 工作于 2500~2690MHz，非常重要。因为中国政府已经宣布，将 B41 的全部频段用于 TD-LTE。

7.3.2 LTE 网络架构

LTE 系统只存在分组域。其分为两个网元，演进分组核心网（Evolved Packet Core，EPC）和演进 Node B（evolved Node B，eNode B）。EPC 负责核心网部分，信令处理部分为移动管理实体（Mobility Management Entity，MME），数据处理部分为服务网关（Serving Gateway，S-GW）。eNode B 负责接入网部分，也称 E-UTRAN（Evolved UTRAN，演进的 UTRAN），如图 7.10 所示。

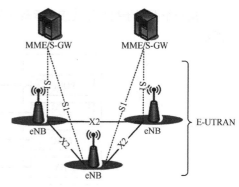

图 7.10 LTE 系统

eNode B 与 EPC 通过 S1 接口连接；eNode B 之间通过 X2 接口连接；eNode B 与 UE 之间通过 Uu 接口连接。

MME 的功能主要包括：寻呼消息发送；安全控制；Idle 状态的移动性管理；SAE 承载管理；以及 NAS 信令的加密与完整性保护等。

S-GW 的功能主要包括：数据的路由和传输，以及用户数据的加密。

7.3.3 LTE 无线接口协议

空中接口是指终端和接入网之间的接口，简称 Uu 口，通常也称之为无线接口。无线接口协议主要用来建立、重配置和释放各种无线承载业务。无线接口协议栈根据用途分为用户平面协议栈和控制平面协议栈。

1. 控制平面协议

控制平面负责用户无线资源的管理、无线连接的建立、业务的 QoS 保证和最终的资源释放，如图 7.11 所示。

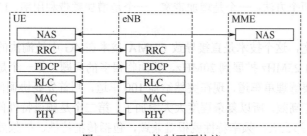

图 7.11 LTE 控制平面协议

控制平面协议栈主要包括非接入（Non-Access Stratum，NAS）层、无线资源控制（Radio Resource Control，RRC）子层、分组数据汇聚协议（Packet Date Convergence Protocol，PDCP）子层、无线链路控制（Radio Link Control，RLC）子层及媒体接入控制（Media Access Control，MAC）子层。

控制平面的主要功能由上层的 RRC 层和非接入子层实现。

NAS 控制协议实体位于终端（UE）和移动管理实体（MME）内，主要负责非接入层的管理和控制。其实现的功能包括：EPC 承载管理，鉴权，产生 LTE-IDLE 状态下的寻呼消息，移动性管理，安全控制等。

RRC 协议实体位于 UE 和 eNode B 网络实体内，主要负责接入层的管理和控制，实现的功能包括：系统消息广播，寻呼建立、管理、释放，RRC 连接管理，无线承载（Radio Bearer，RB）管理，移动性功能，终端的测量和测量上报控制。

2. 用户平面协议

用户平面用于执行无线接入承载业务，主要负责用户发送和接收的所有信息的处理，如图 7.12 所示。

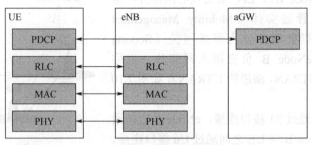

图 7.12　用户平面协议栈

用户平面协议栈主要由 MAC、RLC、PDCP 三个子层构成。

PDCP 的主要任务是头压缩、用户数据加密。

MAC 子层实现与数据处理相关的功能，包括信道管理与映射、数据包的封装与解封装、HARQ 功能、数据调度、逻辑信道的优先级管理等。

RLC 子层实现的功能包括数据包的封装和解封装、ARQ 过程、数据的重排序和重复检测、协议错误检测和恢复等。

另外，LTE 还有 S1 接口协议和 X2 接口协议。

7.3.4　LTE 关键技术

以公示 $C = B \times V$ 为例，C 表示速率，B 是带宽，V 是每赫兹的速率，通过公式可以发现，想提高网络的速度有两个方法：一个是增加带宽，一个是增加频带利用率。LTE 提高网络速度也使用这两个方法。

首先介绍增加带宽，这个技术是直接导致 CDMA 技术在 4G 中被淘汰的原因之一。如果将一个通信技术的频谱从 1.25MHz 扩展到 20MHz，要面临很多的问题，第一个是多载波的聚合，举个例子，某人原来只需要管理单车道，现在突然给他 100 车道，则首先要协调问题，要保证不乱，其次是调度问题，要保证高效，所以复杂程度大大增加了。第二个是频谱特性问题，如果真的用一个 20MHz 的载波，跨度那么大，频率特性就很难兼顾，包括传播特性、扩频效率等，包太大，调度的精度也会受影响，因此 LTE 选择含正交子载波技术的 OFDM 技术来实现多增加的带宽。

其次是增加频带利用率，信源要最终发射必须经过编码和调制，编码的作用是对前后的信息位建立联系并最终保证纠错，相当于一种冗余，而调制的方式则通过相位来区别更多的符号，相当于一种压缩，那么高效的编码和高阶的调制无疑会增加频带利用率，LTE 支持 MIMO 也是一种增加频谱利用率的方式。

1. OFDM 技术

OFDM 的原理就是将大的频谱分为若干小的子载波，各相邻子载波相互重叠，相邻子载波互相正交（通过傅里叶变换实现），从而使其重叠但不干扰。之后将串行数据映射到子载波上传输，实现统一调度，如图 7.13 所示。

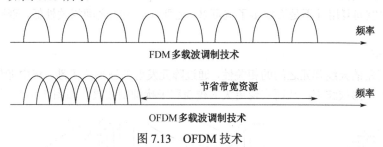

图 7.13　OFDM 技术

和传统的 FDM 多载波调制技术的区别：传统的多载波是分开的，载波之间要有保护间隔，OFDM 则是重叠在一起的，最大的一个好处就是节省了带宽。同时，OFDM 是统一调度的，而传统的 FDM 是子载波分别调度，效率是不一样的。

OFDM 的子载波也不同于传统的载波，它非常小，小于信道相干带宽，这样的好处是可以克服频率选择性衰落，例如，1Hz 和 1.1Hz 之间的无线特性几乎一样，而 1Hz 和 101Hz 之间的无线特性差别很大，带宽越小，衰落越一致，同理，一个 OFDM 符号的时间也是很小的，小于相干时间可以克服时间选择性衰落，等效为一个线性时不变系统。

而对于 OFDM 来说，最难的还是如何保证各个子载波间的正交，其重要的一点就是利用了快速傅里叶变换，还有就是近代芯片运算能力的增强。

OFDM 有很多优点，但是也有其不可克服的缺点，如由于一个 OFDM 符号时间和频率都很小，所以对频偏比较敏感，由于信号重叠厉害，因此会需要克服较大的峰均比。

2．MIMO 技术

MIMO 技术可以说是 4G 必备的技术，无论哪种 4G 制式都会使用它，原理是通过收发端的多天线技术来实现多路数据的传输，从而增加速率。

MIMO 大致可以分为 3 类：空间分集、空间复用和波束赋形。有的资料加了多用户 MIMO，其实就是单用户的一个引申。

1）空间分集（发射分集、传输分集）

利用较大间距的天线阵元之间或赋形波束之间的不相关性，发射或接收一个数据流，避免单个信道衰落对整个链路的影响。

其实就是两根天线传输同一个数据，但是两根天线上的数据互为共轭，一个数据传两遍，有分集增益，可保证数据的准确传输。

2）空间复用（空分复用）

利用较大间距的天线阵元之间或赋形波束之间的不相关性，向一个终端/基站并行发射多个数据流，以提高链路容量（峰值速率），如图 7.15 所示。

图 7.14　空间分集　　　　　　　图 7.15　空间复用

如果上一个技术是增加可靠性,这个技术就是增加峰值速率,两根天线传输两个不同的数据流,相当于速率是原来的两倍,当然,必须在无线环境好的情况下才可以。

另外,采用空间复用并不是天线多了就可以,还要保证天线之间相关性低,否则会导致无法解出。

3) 波束赋形

利用较小间距的天线阵元之间的相关性,通过阵元发射的波形成干涉,集中能量于某个(或某些)特定方向上,形成波束,从而实现更大的覆盖和干扰抑制效果,如图 7.16 所示。

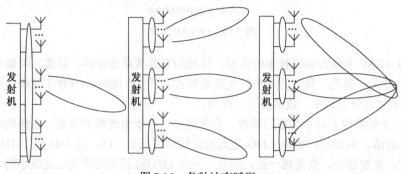

图 7.16　各种波束赋形

图 7.16 所示为单播波束赋形、波束赋形多址和多播波束赋形,通过判断 UE 的位置进行定向发射,提高传输可靠性。这在 TD-SCDMA 上已经得到了很好的应用。

而多用户 MU-MIMO,实际上是将两个 UE 看作一个逻辑终端的不同天线,其原理和单用户的差不多,但是采用 MU-MIMO 有一个很重要的限制条件,就是这 2 个 UE 信道必须正交,否则解不出来。这在用户较多的场景还可以,用户少时很难找到。

4) LTE R8 中的 MIMO 分类

目前的 R8 主要有 7 类 MIMO,具体实现需要工作人员结合实际情况去设置相关的门限和条件。下面列出这 7 类 MIMO 并分别讲解原理和适用场景,如图 7.17 所示。

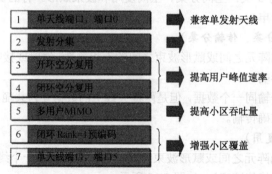

图 7.17　7 类 MIMO

(1) 单天线端口,端口 0:基础模式,兼容单天线 UE。

(2) 发射分集:不同模式在不同天线上传输同一个数据,适用于覆盖边缘。

(3) 开环空分复用:无需用户反馈,不同天线传输不同的数据,相当于速率增大一倍,适用于覆盖较好区域。

(4) 闭环空分复用:同上,只不过增加了用户反馈,对无线环境的变化更敏感。

(5) 多用户 MIMO:多个天线传输给多个用户,当用户较多且每个用户数据量不大时可以采用,增加了小区吞吐量。

（6）闭环 Rank=1 预编码：闭环波束赋形的一种，基于码本（预先设置好的），预编码矩阵是在接收端终端获得的，并反馈 PMI，由于有反馈所以可以形成闭环。

（7）单天线端口，端口 5：无需码本的波束赋形，适用于 TDD，由于 TDD 上下行在同一频点，所以可以根据上行推断出下行，无需码本和反馈，FDD 由于上下行在不同频点，所以不能使用。

7.3.5 LTE 架构安全

LTE 的网络从空口无线侧开始就是 IP 网络，同时智能终端只要开启电源就会附着 IP 地址，因而智能终端、LTE 无线接入侧、传输网侧和 EPC(核心网)都面临着原来 IP 网络固有的安全威胁，这些安全威胁如下。

（1）无线侧智能终端面临恶意代码等攻击。

（2）无线智能侧终端成为 DDoS 攻击源，进而对整个 LTE EPS 网络发起 DDoS 攻击。

（3）EPC 网元面临信令风暴问题。

（4）智能终端通过 LTE EPC、Internet 等非信任网络进行明文传输敏感数据时，面临泄露数据的问题。例如，企业 A 员工利用智能终端通过 LTE EPS 访问互联网的企业 A 内部的关键数据库时，通过的开放的 Internet 网络时面临敏感数据被窃听的问题。

（5）LTE EPS 综合业务平台面临攻击的威胁。

（6）EPC Pi 口(P GW<->Internet)面临来自 Internet 攻击的威胁。

（7）目前 IPv4 地址早已分配完，如何在 4G 移动互联网中应对持续发展的数据业务。

（8）综合业务平台如何更好地进行流量经营、如何构建有价值的管道。

通过在不同的位置部署不同功能的网络设备可以从网络层面有效解决 LTE EPS 上述的网络安全及业务问题。

针对第一个问题，可通过在 EPC 中部署手机恶意代码检测及分析系统，类似在 3G 网络中应对该问题一样，但在 4G 网络中，由于带宽的大幅提升，因而该检测分析系统必须有足够性能及容量来应对 4G 网络中恶意代码检测的要求。

针对流量攻击及信令风暴的问题，可通过在传输接入侧部署流量采集分析设备，结合运营商本身的网络安全管理平台来进行基于流量、信令等安全事件的分析，及时发现和防范该类型的攻击，保障移动网的正常运营。

针对第四个问题，可通过根据不同的应用场景来部署不同的 IPSec 网关来解决。如果传输回送网络对移动运营商来说是非自建网络（例如，移动运营商可以向固网运营商租用相关的传输网络，以进行数据业务的传输），为了保障客户敏感数据及语音在非信任的第三方网络上进行安全传输，可以在 EPC 网络中加入大容量 IPSec 网关，针对不同 eNodeB，该 IPSec 网关启用 IPSec 隧道进行数据加密传输；而传输网和 EPC 为运营商自建的网络，为保障客户关键敏感的数据在非信任的 Internet 上进行传输，可在 P-GW 侧增加高性能 IPSec 网关，与对端企业机构互联网出口的 IPSec 网关进行加密传输，为客户提供数据加密传输的安全服务。

针对第五个~第八个问题，可在 P-GW 侧增加高性能设备来解决网络安全及数据业务问题。在 Pi 口部署安全智能设备能将 Internet 与 EPC 间、Internet 与业务平台间进行安全隔离，对 EPC 网元进行安全保护，该设备具备相应的 CGN 及智能分流功能，能对 IPv4 地址进行高效复用，在 IPv6 未正式商用前能应对运营商数据业务的急速发展，同时该设备针对数据流的应用层做深度分析及后续引流、重定向，对发往运营商非流量经营平台的流量直接转发到 Internet 上，节省流量经营平台的压力，提升客户上网的体验。由于 Pi 口部署的设备具备解决上述问题的能力，因而该设备不单单是安全设备或者应用交付设备或 DPI，而是一个高性能的综合承载网元设备。

上述均是在网络层面提供的解决安全及业务的方案，而针对智能终端的安全防御策略，运营商可考虑与第三方合作,在预发售的终端中安装相应的安全 App,作为安全增值业务或默认为客户提供安全防御能力,从终端层面解决部分安全问题。

7.4 无线网络结构

无线局域网可以在普通局域网基础上通过无线 Hub、无线接入点(Access Point,AP)、无线网桥、无线 Modem 及无线网卡等来实现,以无线网卡最为普遍、使用最多。与有线网络一样,无线局域网同样也需要传送介质。但它不是使用双绞线或者光纤,而是使用红外或者射频波段,无线局域网一般采用扩频微波技术。

一般来讲,无线局域网有两种拓扑结构:有中心拓扑和无中心拓扑。无中心拓扑也称没有基础设施的无线局域网,有中心拓扑也称有基础设施的无线局域网。详细来看,主要包括以下几种结构:点对点模式、基础结构模式、多 AP 模式、中继模式、Mesh 结构。

(1)点对点模式,无中心拓扑的无线局域网的典型组网方式为点对点模式,也称对等结构模式或者自组织网络/移动自组网。

它覆盖的服务区被称为独立基本服务区。对等网络用于一台无线工作站与另一台或多台其他无线工作站直接通信,该网络无法接入有线网络,只能独立使用。对等网络中的一个节点必须同时"看"到网络中的其他节点,否则就认为网络中断了。因此,对等网络只能用于少数用户的组网环境,如 4~8 个用户,并且它们离得足够近。

这种拓扑的网络无法接入到有线网络中,只能独立使用,无需 AP,安全等功能由各个客户端自行维护。

Ad-Hoc 采用非集中式的 MAC 协议。

基本服务区由一个无线访问点以及与其关联的无线工作站构成,在任何时候,任何无线工作站都与该无线访问点关联。换句话说,一个无线访问点所覆盖的微蜂窝区域就是基本服务区。无线工作站与无线访问点关联采用 AP 的基本服务区标识符(BSSID),在 802.11 中,BSSID 是 AP 的 MAC 地址。图 7.18 为对等网络拓扑结构。

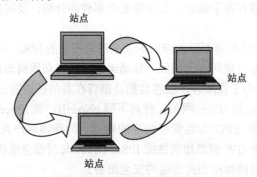

图 7.18 对等网络拓扑结构

对等网络拓扑结构的优点是建网容易、费用低、可移动性强。其缺点主要有 3 个:一是用户数过多,即站点过多,容易引起信道竞争;二是用户数增加时路由信息也会增加,严重时会占据有效通信;三是站点布局受环境和覆盖范围限制。

(2)基础结构模式,由无线访问点、无线工作站以及分布式系统构成,覆盖的区域分为基本服务区和扩展服务区。无线访问点,用于在无线工作站和有线网络之间接收、缓存和转发数据。无线访问点能够覆盖几十至几百用户,覆盖半径达上百米。基础结构模式的拓扑结构如图 7.19 所示。

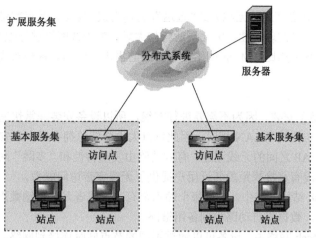

图 7.19　基础结构模式

扩展服务区是指由多个 AP 以及连接它们的分布式系统组成的结构化网络，所有 AP 必须共享同一个扩展服务区标示符（Extended Service Set Identifier，ESSID），也可以说扩展服务区中包含多个基本服务区。分布式系统在 IEEE 802.11 标准中并没有定义，但是目前大都是指以太网。扩展服务区是一个 Layer 2 网络结构，对于高层协议来说，它是一个子网。

从应用角度出发，绝大多数无线局域网属于有中心网络拓扑结构。

基础结构网络也使用非集中式 MAC 协议。但有中心网络拓扑的抗摧毁性差，AP 的故障容易导致整个网络瘫痪。

（3）多 AP 模式，多 AP 模式指由多个 AP 以及连接它们的分布式系统组成的基础结构模式。

每个 AP 都是一个独立的基本服务区，多个基本服务区组成一个扩展服务集（Extended Service Set，ESS）。ESS 内所有 AP 共享同一个扩展服务器标示符。

DSS 在 802.11 中并没有定义，目前多指以太网。相同 ESSID 之间可以漫游，不同 ESSID 的无线网络形成不同的逻辑子网。

多 AP 模式也称为"多蜂窝结构"。各个蜂窝之间建议有 15%的重叠范围，便于无线工作站的漫游。漫游时必须进行不同接入点之间的切换。切换可以通过交换机以集中的方式控制，也可以通过移动节点、监测节点的信号强度来控制（非集中控制方式）。

在有线网络不能到达的环境，可以采用多蜂窝无线中继结构。但这种结构中要求蜂窝之间有 50%的信号重叠，同时，客户端的使用效率会下降 50%。

（4）无线网桥模式，利用一对无线网桥连接两个有线或者无线局域网网段。使用放大器和定向天线可以使覆盖距离增大到 50km。

（5）AP 客户端模式，将部分 AP 设置为 AP 客户端模式，远端 AP 作为终端访问中心。

其应用在室外，相当于点对多点的连接方式。区别在于：中心接入点把远端局域网看作一个无线终端的接入，不限制接入远端 AP 客户端模式的无线接入点连接的局域网络数量和网络连接方式。

（6）Mesh 结构，IEEE 802.16—2004 标准定义了两种网络拓扑：一种是点到多点（Point to Multi-Point，PMP）的蜂窝网结构；另一种是 Mesh 结构。

Mesh 结构也称无线网状网。网络中的每个节点都可以发送和接收信号。无线 Mesh 网络也称为"多跳"网络。

其由一组呈网状分布的无线 AP 构成，AP 之间均采用点对点方式通过无线中继链路互连，将传统的无线"热点"扩展为真正的、大面积覆盖的无线"热区"。

Mesh 网络中的 AP 之间通过无线方式"直达",无需有线中转。它具有宽带无线汇聚连接功能,也具有有效的路由和故障发现特性,因此更适合与大规模的无线网络进行配置。

与传统的交换式网络相比,Mesh 网络没有布线的需求,但仍具备分布式网络提供的冗余机制和重新路由的能力。

它的优点如下。

① 快速部署和易于安装。因为不需要进行布线,所以设备安装非常快速简单。而设备的配置和其他网络管理功能与传统 WLAN 相同,因此可以大大降低总拥有成本和安装时间。

② 非视距传输。AP 之间的无线互连、有效的路由发现特性和"多跳"网络的本质使具有直接视距的用户实际上为没有直接视距的邻近用户提供了无线宽带访问能力。

③ 健壮性。Mesh 结构网络中,由于每个站点都有一条或者几条传输数据的路径,某个节点出现故障或者被干扰时,数据将自动路由到备用链路。

④ 结构灵活。Mesh 网络中,设备可以通过不同的节点同时连接到网络,因此不会降低系统性能。

⑤ 更大的冗余机制和通信负载平衡功能。每个设备都有多个传输路径可用,网络可以根据每个节点的负载动态分配路由,避免节点拥塞。

⑥ 高带宽。节点之间存在中继,使相邻节点之间的通信距离变短了,对于无线通信来讲,带宽会更高。

⑦ 功能消耗小。因为相邻节点之间的距离短,因此所需的信号功率也小。相应的,节点之间的无线信号干扰也较小。

Mesh 结构的缺点如下。

① 兼容性问题。当前的 Mesh 网络产品没有统一的技术标准,用户选择产品时必须考虑兼容性问题。

② 通信延迟。由于网络数据传输的多跳特性,较远距离的通信数据传输延迟较大。

③ 数据安全问题。网络的多跳特性使数据过多地暴露在公共环境中,对于数据的安全提出了更高的要求。

对于不同局域网的应用环境与需求,无线局域网可采取以下不同的网络结构来实现互连。

① 网桥连接型:不同的局域网之间互连时,由于物理上的原因,若采取有线方式不方便,则可利用无线网桥的方式实现二者的点对点连接,无线网桥不仅提供二者的物理与数据链路层的连接,还为两个网的用户提供了较高层的路由与协议转换。

② 基站接入型:当采用移动蜂窝通信网接入方式组建无线局域网时,各个站点之间的通信是通过基站接入、数据交换方式来实现互连的。各移动站不仅可以通过交换中心站点自行组网,还可以通过广域网与远地站点组建自己的工作网络。

③ Hub 接入型:利用无线 Hub 可以组建星形结构的无线局域网,具有与有线 Hub 组网方式相类似的优点。在该结构基础上的无线局域网,可采用类似于交换型以太网的工作方式,但要求 Hub 具有简单的网内交换功能。

④ 无中心结构:网络中任意两个站点可直接通信。此结构一般使用公用广播信道,MAC 层采用 CSMA 类型的协议。

7.5 无线网络的安全性

本节主要讨论黑客入侵无线网络的手法,给出了防范黑客入侵的安全措施,列出了寻找、连接无线网络及抓取无线网络信息的工具,对工具的防范措施做出了详细解释,指出了无线网络的安全级别,描述了无线网络的加密措施。

7.5.1 无线网络的入侵方法

对无线网络进行入侵首先可以采用射频干扰的方法在信号级切断信息传播的通道。不管是有意还是无意的,只要噪声的功率大于信号功率,在接收端信噪比差到一定程度时,就会出现误码,甚至导致无线传输链路彻底中断。黑客入侵无线网络的手法如下。

方法一:利用现在的开放网络。

黑客扫描所有开放型的无线接入点(无线路由器和无线 AP),其中,部分网络的确是专供大众使用的,但多数是因为使用者没有做好安全设置。入侵者的企图是免费上网、透过网络攻击第三方或探索他人的网络。

方法二:无线伪装。

伪造 AP 基站的攻击主要有以下目的。

(1)伪装成正常的工作基站,使得合法客户端连接到此基站,达到转发客户端网络连接请求,以便截获其中内容的目的。

(2)恶意创建大量虚假 AP 基站,干扰正常无线通信。

(3)由间谍或被收买的内部成员在内部有线网络设备上偷偷搭建非法 AP,从外部可以轻松渗透高强度安全环境,如采用内外网隔离的机构。

攻击者会通过搭建非法 AP 基站的方法来进行无线网络攻击,如图 7.20 所示。

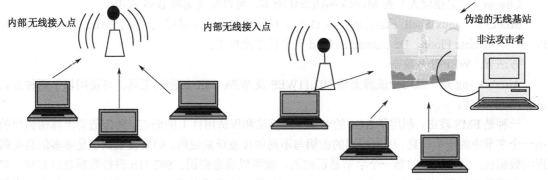

图 7.20 伪造 AP 示意图

方法三:加密破解。

(1)WEP 破解。

过程:黑客侦测 WEP 安全协议漏洞,破解无线存取设备与客户之间的通信。若黑客只是采取监视方式的被动式攻击,可能要花几天的时间才能破解,但有些主动式的攻击手法只需数小时便可破解。入侵者的企图是非法侦测入侵、盗取密码或身份,取得网络权限。

BackTrack 是一套专业的计算机安全检测软件,简称 BT。目前最新版本是 BT5,可以用来破解 WEP,也可破解 WPA/WPA2 加密的无线网络,前提是需要足够强大的密码字典软件。BT5 在以往版本工具的基础上又加入了基于 GPU 的破解工具 oclhashcat,破解速度理论上可以达到 CPU 破解的百倍。

在 VMware 中成功安装 BackTrack5 系统后,在 BT5 系统中通过 ifconfig 命令可以连接无线网卡。

(2)WPA 破解。

由于 WEP 的不安全性,在 IEEE 802.11i 协议完善前,采用 WPA 为用户提供临时的解决方案。

WPA的数据加密采用TKIP协议，验证模式有两种：一是利用802.11x协议，二是PSK（Pre-Shared Key）模式。802.11x验证服务器散布不同的钥匙给各客户，PSK模式让每个用户都使用同一个密码，有些不太安全。WPA是用一把128位的钥匙和一个48位元初向量的RC4流密码来加密。TKIP加上更长的初向量，可以击败对WEP的金钥匙攻击。

WPA在验证上也有改进，采用了MIC（信息完整性检查，采用Michael算法），这是一种更安全的信息验证码，它包含了帧计数器，以避免WEP回访攻击。

在WPA2中，Michael算法由CCMP信息验证码取代，RC4由AES取代。WPA2符合802.11i标准。

然而，WPA技术可以被以下工具破解。

① DIY暴力破解专用字典，如易优超级字典生成器。
② Fern工具，连接外置无线网卡后，打开fern-wifi-craker进行设置，即可破解密码。
③ Gerix工具，打开gerix-wifi-craker-ng软件，进行操作即可破解密码。
④ wifite工具，连接外置无线网卡后，打开wifite工具，进行破解。
⑤ Aircrack-ng工具包及相关命令进行WPA/WPA2 deauth攻击，破解WPA/WPA2网络。

方法四：无线DoS攻击。

拒绝服务（Deny of Service，DoS）通过故意攻击网络协议的缺陷或通过某种手段耗尽被攻击对象的资源，目的是让目标计算机或网络无法提供正常的服务或资源访问，使得目标系统服务停止响应甚至崩溃。这些服务资源包括网络宽带、系统堆栈、开放的进程、允许的连接等。无线DoS攻击就是把DoS攻击延伸到无线网络上。

Charon（亡灵摆渡人）是MDK3的图形化版本，可以发动无线DoS攻击。

MDK3是Linux Shell下运行的无线DoS工具，它的功能非常强大，支持Auth Flood、Deauth Flood、Associate Flood、De-associate Flood等多种主流攻击。

方法五：WEP注入攻击。

Aircrack-ng是一款用于破解无线802.11WEP及WPA-PSK加密的工具。可使用以下两种方式进行WEP破解。

一种是FMS攻击，利用了RC4的密钥排列算法和Ⅳ适用性上的弱点。弱Ⅳ值会泄露密钥流的第一个字节中的密钥信息。因为相同的密钥与不同的Ⅳ被反复使用，如果收集到了足够多的具有弱Ⅳ的数据包，且密钥流的第一个字节是已知的，就可以确定密钥。802.11b进行数据包封装时，第一个字节是SNAP（Sub Network Access Protocol）头，它几乎总是0xAA。通过0xAA与密文中第一个加密字节进行异或，就会轻松地得到密钥流的第一个字节。

另一种是KoreK攻击。这种攻击的效率远远高于FMS攻击。KoreK攻击用了更多的弱Ⅳ，在计算中用到了密钥流的第一个字节和第二个字节，发现总结了额外的16种RC4密钥前i个字节，中间生产的密钥流的前两个字节和下一个密钥$K[i]$之间的关系。这样使得捕获包的利用率被大大提高了，攻击效率也就大大提高了。

Aircrack-ng工具破解WEP的思路是通过监听抓包，生成IVS文件，对IVS文件进行分析破解。

方法六：WEP ARP注入攻击。

这种攻击模式是一种抓包后分析重发的过程。既可以利用合法客户端，又可以利用虚拟连接的伪装客户端。如果有合法客户端，则一般需要等几分钟，让合法客户端和AP之间通信，少量数据就可产生有效ARP request，才可利用交互模式注入成功。如果长时间没有ARP request，可以尝试利用冲突模式攻击。如果没有合法客户端，则可以建立虚拟连接的伪装客户端，连接过程中获得验证数据包，从而产生有效ARP request，再通过交互模式注入。

方法七：WEP 高级攻击。

chop chop 攻击实现：主要是获得一个可利用包含密钥数据的 XOR 文件，不能用来解密数据包，用它来产生一个新的数据包以便进行注入。

fragmentation 攻击实现：fragmentation 碎片包攻击模式主要是获得一个可利用 PRGA，这里的 PRGA 并不是 WEP 密码数据，不能用来解密数据包，也使用它来产生一个新的数据包以便进行注入。其工作原理就是使目标 AP 重新广播包，但 AP 重广播时，一个新的 IVS 产生了。

很多用户没有开启安全功能，把自己主动暴露在黑客的面前，这是十分危险的。其实用户只要通过改变用户的路由器默认管理员密码、禁止 SSID 广播、使用 WEP 和 WPA 等加密、使用 MAC 地址过滤，就能够获得相对安全的无线网络环境。不论在公共场所，还是在公司或家里，我们应该将无线安全设置变成一种日常的行为规范，养成良好的习惯，这样才能最大限度地保护无线网络安全。

7.5.2 防范黑客入侵的十项安全措施

无线网络以其便利的安装、使用，高速的接入速度，可移动的接入方式赢得了用户的青睐。但无线网络中，由于传送的数据是利用无线电波在空中辐射传播的，无线电波可以穿透天花板、地板和墙壁，发射的数据可能到达预期之外的、安装在不同楼层，甚至是发射机所在的大楼之外的接收设备上，因此，数据安全也就成为最重要的问题。

防止无线网络受到黑客入侵的十项措施如下。

（1）正确放置网络的接入点设备。在网络配置中，要确保无线接入点放置在防火墙范围之外。

（2）利用 MAC 阻止黑客入侵。利用基于 MAC 地址的 ACL（访问控制列表）确保只有经过注册的设备才能进入网络。MAC 过滤技术就如同给系统的门加一把锁，设置的障碍越多，越会使黑客知难而退。

（3）有效管理无线网络的 ID。所有无线局域网都有一个默认 SSID 或网络名，应更改这个名称，用文字和数字符号来表示。如果企业具有网络管理功能，应该定期更改 SSID，要取消 SSID 自动播放功能。

（4）保证 WEP 协议的重要性。WEP 是 802.11b 无线局域网的标准网络安全协议。在传输信息时，WEP 可以通过加密无线传输数据来提供类似有线传输的保护。在简便的安装和启动之后，应立即更改 WEP 密钥的默认值。最理想的方式是 WEP 的密码能够在用户登录后进行动态改变，这样，黑客要想获得无线网络的数据就需要不断跟踪这种变化。基于会话和用户的 WEP 密码管理技术能够实现最优保护，为网络增加另外一层防范。

（5）要清楚地认识到 WEP 协议不是万能的，不能将加密保障都寄希望于 WEP 协议。WEP 只是多层网络安全措施中的一层，虽然这项技术在数据加密中具有相当重要的作用，但整个网络的安全不应该只依赖这一层的安全性能。

（6）采用 VPN 技术。VPN 是最好的网络技术之一，如果每一项安全措施都是阻挡黑客进入网络前门的门锁，那么，VPN 就是保护网络后门安全的关键。VPN 具有比 WEP 协议更高层的网络安全性（第三层），能够支持用户和网络间端到端的安全隧道连接。

（7）提高已有的 RADIUS 服务能力。大公司的远程用户常常通过 RADIUS（远程用户拨号验证服务）实现网络验证登录。企业的网络管理员能够将无线局域网集成到已经存在的 RADIUS 架构上来简化对用户的管理。这样不仅能实现无线网络的验证，还能保证无线用户与远程用户使用同样的验证方法和账号。

（8）简化网络安全管理，集成无线和有线网络安全策略。无线网络安全不是单独的网络架构，它需要各种程序和协议。制定结合有线和无线网络安全的策略能够提高管理水平，降低管理成本。

例如，不论用户是通过有线还是无线方式进入网络的，都采用集成化的单一用户 ID 和密码。

（9）认识到 WLAN 设备不全都一样。尽管 802.11b 是一个标准协议，所有获得 Wi-Fi 标志验证的设备都可以进行基本功能的通信，但不是所有这样的无线设备都完全对等。虽然 Wi-Fi 验证保证了设备间的互操作能力，但许多生产商的设备都不包括增强的网络安全功能。

（10）不能让非专业人员构建无线网络。尽管现在的无线局域网的构建已经相当方便，非专业人员可以在自己的办公室安装无线路由器和接入点设备，但是，他们在安装过程中很少考虑到网络的安全性，只要通过网络探测工具扫描网络就能够给黑客留下入侵的后门。因而，在没有专业系统管理员同意和参与的情况下，要限制无线网络的构建，这样才能够保证无线网络的安全。

7.5.3 攻击无线网的工具及应对方案

对无线网安全攻防应该需要一套工具，Internet 上有很多免费的工具。

1. 寻找无线网络的工具

找到无线网络是攻击的第一步，有两种寻找无线网络的工具。

（1）NetStumbler。这个基于 Windows 的工具可以非常容易地发现一定范围内广播出来的无线信号，还可以判断哪些信号或噪声信息可以用来做站点测量。

（2）Kismet。NetStumbler 缺乏的一个关键功能就是显示那些没有广播 SSID 的无线网络。访问点会常规性地广播这个信息。Kismet 会发现并显示没有被广播的那些 SSID，而这些信息对于发现无线网络是非常关键的。

2. 连接无线网络的工具

发现了一个无线网络后，下一步就是连接它。如果该网络没有采用任何验证或加密安全措施，可以很轻松地连接它的 SSID。如果 SSID 没有被广播，可以用这个 SSID 的名称创建一个文件。如果无线网络采用了验证和/或加密措施，需要以下工具中的一个来连接。

（1）Airsnort。这个工具非常好用，可以用来嗅探并破解 WEP 密钥。在用这个工具时就会发现它捕获了大量抓来的数据包，以破解 WEP 密钥。还有其他的工具和方法，可以用来强制无线网络上产生的流量以缩短破解密钥所需时间，但 Airsnort 并不具有这个功能。

（2）CowPatty。这个工具被用作暴力破解 WPA-PSK，因为家庭无线网络很少用 WEP。这个程序非常简单地尝试一个文章中不同的选项，来查看是否某一个刚好和预共享的密钥相符。

（3）ASLeap。如果某无线网络用的是 LEAP，则可以搜集通过网络传输的验证信息，并且这些抓取的验证信息可能会被破解。LEAP 不对验证信息提供保护，这也正是 LEAP 可以被攻击的主要原因。

3. 抓取无线网络信息的工具

不管是不是直接连到了无线网络，只要所在的范围内有无线网络存在，就会有信息传递。要看到这些信息，需要一个工具。这就是 Ethereal，这个工具非常有价值，Ethereal 可以扫描无线网和以太网信息，还具备非常强的过滤能力。它还可以嗅探 802.11 管理信息，也可被用于嗅探非广播 SSID。

前面提出的工具，都是无线网络安全工具包中所必需的。熟悉这些工具最简单的办法就是在一个可控的实验环境下使用它们。这些工具都可以在互联网上免费下载。

4. 攻击工具的应对方案

知道怎样使用上述工具是非常重要的，但知道怎样防范这些工具、保护自己的无线网络安全更为重要。

防范 NetStumbler：不要广播自己的 SSID，保证自己的 WLAN 受高级验证和加密措施的保护。

防范 Kismet：没有办法让 Kismet 找不到自己的 WLAN，所以一定要保证 WLAN 有高级验证和加密措施。

防范 Airsnort：使用 128 比特的而不是 40 比特的 WEP 加密密钥，这样可以使破解需要更长时间。如果自己的设备支持，可使用 WPA 或 WPA2，不要使用 WEP。

防范 Cow Patty：选用一个长的、复杂的 WPA 共享密钥。密钥的类型要不太可能存在于黑客归纳的文件列表中，这样破坏者猜测用户的密钥就需要更长的时间。如果是在交互场合中，则不要使共享密钥使用 WPA，用一个好的 EAP 类型保护验证，限制账号退出之前不正确猜测的数目。

防范 ASLeap：使用长的、复杂的验证，或者转向 EAP-FAST 或其他 EAP 类型。

防范 Ethereal：使用加密，这样任何被嗅探出的信息很难或几乎不可能被破解。WPA2 使用了 AES 算法，普通黑客是不可能破解的。WEP 也会加密数据。在一般不提供加密的公共无线网络区域，使用应用层的加密，如 Simplite 来加密 IM 会话，或使用 SSL。对于需要交互的用户，使用 IPSec VPN，并关闭分隧道功能，这就强制所有的流量必须通过加密隧道，并通过 DES、3DES 或 AES 加密。

7.5.4 无线网的安全级别和加密措施

1. 无线网技术的安全性级别定义

第一级，扩频、跳频无线传输技术本身使盗听者难以捕捉到有用的数据。

第二级，采取网络隔离及网络验证措施。

第三级，设置严密的用户口令及验证措施，防止非法用户入侵。

第四级，设置附加的第三方数据加密方案，即使信号被盗听也难以理解其中的内容。

无线扩频通信本身起源于军事上的防窃听技术，扩展频谱技术在 50 多年前第一次被军方公开介绍，用来进行保密传输。近几年来，扩展频谱技术发展很快，不仅在军事通信中发挥出了不可取代的优势，还广泛地渗透到了通信的各个方面，如卫星通信、移动通信、微波通信、无线定位系统、无线局域网、全球个人通信等。从一开始它就被设计成抗噪声、抗干扰、抗阻塞和抗未授权检测的无线网络。在扩展频谱方式中，信号可以跨越很宽的频段，数据基带信号的频谱被扩展至几倍到几十倍再被搬移至射频发射出去。这一做法虽然牺牲了频带带宽，但由于其功率密度随频谱的拓宽而降低，甚至可以将通信信号淹没在自然背景噪声中，因此其保密性很强。要截获或窃听、侦察这样的信号是非常困难的，除非采用与发送端相同的扩频码与之同步后再进行相关的检测，否则对扩频信号是无能为力的。由于扩频信号功率谱密度很低，在许多国家和地区，如美、日、欧洲等的专用频段，只要功率谱密度满足一定的要求，就可以不经批准地使用该频段。

无线网的站点上应使用口令控制，口令应处于严格的控制之下并经常予以变更。由于无线局域网的用户包括移动用户，而移动用户倾向于把其笔记本式计算机移来移去，因此，严格的口令策略等于增加了一个安全级别，它有助于确认网站是否正被合法的用户使用。

"加密"也是无线网络必备的一环，能有效提高其安全性。所有无线网络都可加设安全密码，窃听者即使千方百计地接收到数据，若无密码，想打开信息系统亦无计可施。假如用户的数据要求极高的安全性，譬如商用网或军用网上的数据，那么需要采取一些特殊的措施。最高级别的安全措施就是在网络上整体使用加密产品。数据包中的数据在发送到局域网之前要用软件或硬件的方法进行加密。只有那些拥有正确密钥的站点才可以恢复、读取这些数据。另外，如果需要全面的安全保障，加密也是最好的方法。

无线局域网还有其他好的安全特性。首先，无线接入点会过滤那些对相关无线站点而言毫无用处的网络数据,这就意味着大部分有线网络数据根本不会以电波的形式发射出去;其次,无线网络的节点和接入点有与环境有关的转发范围限制,这个范围一般很小,这使得窃听者必须在节点或接入点的附近;最后,无线用户具有流动性,可能在一次上网时间内由一个接入点移动到另一个接入点,与之对应,进行网络通信所使用的跳频序列也会发生变化,这使得窃听几乎毫无可能。

无论是否有无线网段,大多数的局域网必须要有一定级别的安全措施。在内部好奇人士、外部入侵者和电线窃听者面前,有线网都显得脆弱。没有人愿意冒险将局域网上的数据暴露于不速之客和恶意入侵者面前。如果用户的数据相当机密,如银行网和军用网上的数据,那么,为了确保机密,必须采取特殊措施。

2. 常见的无线网络的安全加密措施

这里介绍几种常用的加密技术,如 WEP、WPA、WPA2、VPN、硬件安全交换机、ESSID,并指出在日常生活中配置 Wi-Fi 时需要注意的事项。

(1) WEP 采用了 RSA 数据安全性公司开发的 RC4 PRNG 算法。在链路层采用 RC4 对称加密技术,所有客户端与无线接入点的数据都会以一个共享的密钥进行加密,密钥长 40~256 位,从而防止非授权用户的监听以及非法用户的访问,密钥长度越长,破解时间也就越长。用户的加密钥匙必须与 AP 的钥匙相同,并且一个服务区内的所有用户都共享同一把钥匙,WEP 的加密如图 7.21 所示。

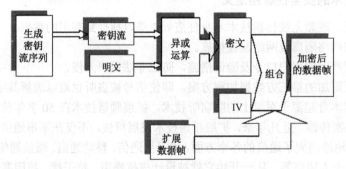

图 7.21 WEP 加密过程

WEP 加密、解密的过程如下。

① WEP 协议工作在 MAC 层,从上层获得需要传输的明文数据后,首先利用循环冗余校验序列进行计算,利用 CRC 算法将生成 32 位的完整性校验值(ICV),将明文和 ICV 结合起来作为将要被加密的数据。

② WEP 协议利用 RC4 的算法产生伪随机序列流,用伪随机序列流和要传输的明文进行异或运算,产生密文。RC4 加密密钥分成两部分,一部分是 24 位的初始化向量,另一部分就是用户密钥。

③ 将初始化向量和密文一起传输给接收方。

④ 进行帧的完整性校验,然后从中取出IV和使用的密码编号,将IV和对应的密钥组合成解密密钥流,再通过 RC4 计算出伪随机序列流,进行异或运算,计算出载荷以及 ICV 内容。对解密的内容再用步骤①的方法生成 ICV′,比较 ICV′和 ICV,如果相同则为正确。WEP 协议解密的过程如图 7.22 所示。

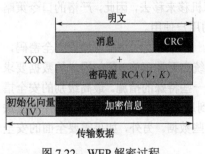

图 7.22 WEP 解密过程

WEP 使用 RC4 串流加密技术达到机密性,并使用 CRC-32 校验和达到资料正确性。标准的 64 位 WEP 使用 40 位的钥匙加上 24 位的初向量成为 RC4 用的钥匙。

WEP 有两种验证方式：开放式系统验证（Open System Authentication）和共有键验证（Shared Key Authentication）。

WEP 的破解其实就利用了加密体制缺陷，通过收集足够的IV数据包，使用分析密钥算法还原出密码。而 WPA 目前没有加密体制的缺陷可被利用，破解它的方法是常规的字典攻击法。

（2）WPA 实现了 IEEE 802.11i 标准的大部分，是在 802.11i 完备之前替代 WEP 的过渡方案。WPA 包括两种模式：WPA-PSK 共享密钥模式和 WPA-RADIUS 证书模式。针对这两种模式的 WPA 的验证也有两种：一种是 WPA-PSK 采用静态的共享密钥为验证方式，这种方式相对来说较易破解；另一种是通过 RADIUS 服务器进行可扩展性验证的 802.1x+EAP 验证。WPA 采用的加密方式是 TKIP，即临时密钥完整性协议，这种加密模式只针对于 WPA-RADIUS 模式，而且必须在 Enterprise 模式下，对 WPA-PSK 无用。TKIP 的密钥头长度有 48 位，但是加密方式仍然是 RC4，存在破解的威胁。

（3）WPA2。Wi-Fi 联盟在 2002 年 10 月发表了率先采用 IEEE 802.11i 功能的 WPA，在 2004 年的 6 月，推出了 WPA2，除了支持 TKIP 加密方式外，还支持"AES"加密方式。截止到 2006 年 03 月，WPA2 已经成为一种强制性的标准。WPA 采用的加密算法是 TKIP，并用 MIC 算法来计算校验和。在 WPA2 中，AES 取代了 WPA 的 TKIP，WCCMP 取代了 WPA 的 MIC，加密算法更为安全。WPA2 解决了 WPA 存在的一些弊端：初始向量太短、不能保证数据完整性、使用主密钥而非派生密钥、不重新生成密钥、无重播保护等。目前有黑客通过字典及 PIN 来破解 WPA2，所以 WPA2 不存在 100%的安全。给出的应对策略是设置复杂的密码，关闭 WPS/QSS。

（4）VPN。当无线局域网中的用户使用 VPN 通道的时候，在到达 VPN 网关之前，通信数据是经过加密的，是一种点到点的安全措施。在企业网络核心中，VPN 加密从计算机到 VPN 网关的整个链路，在计算机到无线访问点之间的无线网络部分也是被加密的。VPN 可防止入侵者重入截取网络通信数据。

（5）硬件安全交换机。CNVD（国家信息安全漏洞共享平台）收录了与基础电信企业软硬件资产相关的漏洞 825 个，其中与路由器、交换机等网络设备相关的漏洞占比达 66.2%，主要包括内置后门、远程代码执行等。如果将原先的企业级 AP，诸如安全、QoS、接入控制和负载均衡等功能集成到交换机中，原先的企业级 AP 只充当天线的功能，把 AP 中存放的 IP 地址、密码、安全验证、ACL、QoS 等集成到交换机中，在一定程度上可解决无线安全设置问题。

（6）ESSID。有了 32 位字符的 SSID 和 3 位字符的跳频序列，想要通过推断出确切的 SSID 和跳频序列经由局域网的无线网段进入局域网将变得困难。

本 章 小 结

本章指出了无线网络技术的概念和特点，列出了无线网络的分类，对无线网络的短程通信技术——ZigBee、蓝牙、Wi-Fi、RFID 等都做了介绍，并指出它们在安全方面采取的措施。介绍了长期演进 LTE，这是一种准 4G 技术，给出了 LTE 架构安全的解决方案。介绍了黑客入侵无线网络的手法及防范措施，介绍了查找、连接、抓取无线网的工具以及防范工具的应对方案。没有一种网络是绝对安全的，技术总是在进步，算法总是在进步，就像 WEP 出现的漏洞，WPA/WPA2 采用更加高级复杂的算法去弥补。每一个加密工具出现的时候，解密的工具也会相继出现。在本章中，介绍了一些破解工具，其具体实现请读者参考其他的书籍和资料去实践。

习题与思考题

7.1 短程无线通信网络的关键技术有哪些？

7.2 无线网络入侵方法有哪些？

7.3 无线个域网、无线局域网、无线 LAN-to-LAN 网、无线城域网和无线广域网在本质上有何异同？各种类型应用于何种场合？

7.4 叙述蓝牙技术和 Wi-Fi 技术的不同。

7.5 常见无线网络的验证/加密措施有哪些？

7.6 对比 IEEE 802.11a、IEEE 802.11b、IEEE 802.11g 的特点，哪一种较优？

7.7 对 WEP 的攻击方式有哪些？WEP 是如何加密的？

7.8 WPA 如何破解？WPA 和 WPA2 有何不同？

第 8 章 访问控制与防火墙技术

本 章 提 要

访问控制是针对越权使用资源的防御措施，是网络空间安全防范和保护的主要策略，它的主要任务是保证网络资源不被非法使用和非法访问。本章首先介绍了访问控制的基本功能和原理及访问控制策略实施原则，然后重点介绍Windows平台中的访问控制手段以及实施方法。

防火墙是一种隔离控制技术，在某个机构的网络和不安全的网络之间设置障碍，阻止对信息资源的非法访问，也可以使用防火墙阻止专用信息从公司的网络中被非法输出。本章介绍了防火墙的定义与功能、发展历程与分类情况；还讨论了防火墙的体系结构、第四代防火墙技术实现方法与抗攻击能力分析，以及个人防火墙技术；最后讨论了防火墙技术发展的新方向。

8.1 访问控制技术

8.1.1 访问控制功能及原理

访问控制（Access Control）即为判断使用者是否有权限使用，并防止对任何资源进行未授权的访问，从而使计算机网络系统资源在合法的范围内使用。访问控制是网络安全防范和保护的主要策略，它也是维护网络空间系统安全、保护网络空间资源的重要手段。各种安全策略必须相互配合才能真正起到保护作用，但访问控制是系统保证安全最重要的核心策略之一。访问控制的基本任务是保证对客体的所有直接访问都是被认可的。它通过对程序与数据的读、写、更改和删除的控制，保证系统的安全性和有效性，以免受偶然的和蓄意的侵犯。因此，访问控制的主要内容包括验证、安全审计和控制策略的实现。

这里的验证一般是指验证服务器对用户的识别以及用户对服务器的检验确认。访问控制是通过网络空间系统一个参考监视器来进行的；每一次用户对系统（或者服务器）内目标进行访问时，都由它来进行调节。用户对其系统进行访问时，参考监视器便能查看授权数据库，以确定准备进行操作的用户是否确实得到了可进行此项操作的许可。而数据库的授权则是由一个安全管理器负责管理和维护，管理器以组织的安全策略为基准来设置这些授权。用户还能够修改该授权数据库的一部分，例如，为访问者个人的文件设置授权，安全审计对系统中的相关行为进行管理并做下记录。

这里要严格区分鉴别服务和访问控制是很重要的。正确建立用户的身份是鉴别服务的责任；而访问控制则假定，在通过参考监视器实施访问控制前，用户的身份就已经得到了验证；所以，访问控制的有效性取决于对用户的正确识别，同时也取决于参考监视器正确的授权管理。

但是访问控制并不能完全解决网络空间系统的安全问题，它还必须与安全审计结合起来。安全审计是指系统可以自动根据用户的访问权限，对网络空间环境下的有关活动或行为进行系统的、独立的检查验证，并做出相应评价与审计。访问控制一般对网络空间系统中所有的用户需求和行为进行检验分析，以确保系统安全运行。它要求所有的用户需求和行为都必须登记并保存，以便今后对它们进行分析。安全审计既是一种强有力的威慑力量（用户如果知道它们的行为正被监视，就会收敛违法行为），也可作为一种有效的手段，分析用户的行为、发现可能进行或已经实施的违法行为。而且，安全审计对于确定安全系统中可能存在的缺陷也很重要。除此之外，它还能确保被授权的用户不滥用其特权。

这里控制策略是通过合理地设定控制规则集合，确保用户对网络空间信息资源在授权范围内的合法使用的。其既要确保授权用户的合理使用，又要防止非法用户侵权进入系统，使重要或者敏感信息资源泄露。同时，其对合法用户，也不能越权行使权限以外的功能及访问范围。在网络空间系统中，访问控制策略与机制有着一定的区别；控制策略是高层次的，它决定着如何对访问进行控制；而机制则具体到完成某一个策略的低层软件与硬件的功能。网络空间安全研究人员开发了访问控制机制，它基本上独立于使用的控制策略。这便使访问控制机制可以在安全保密服务中重复使用。通常，可在实现机密性、完整性或可用性上使用同一访问控制机制。而安全控制策略则五花八门、多种多样，令网络系统实施者不知何去何从。

访问控制机制可以分为两个层次，即物理访问控制与逻辑访问控制。物理访问控制如符合标准规定的用户、设备、门与锁和安全环境等方面的要求，而逻辑访问控制则是在数据、应用、网络系统和权限等层面进行实现的。例如，对银行、证券等重要金融机构的网站，网络空间信息安全重点关注的是二者兼顾，物理访问控制则主要由其他类型的安全部门来负责。

但是，并不是所有的网络空间系统都有着同样的受保护的要求，适合这个网络系统的安全访问控制策略并不一定适合其他的系统。例如，极为严格的访问控制策略，它对某些系统可能至关重要，但对于用户更大与更灵活的环境要求也许就不合适了。对访问控制的选择取决于其保护环境的独有特性。

网络空间系统访问控制包括 3 个要素，即主体、客体和访问控制策略。

其一是主体 S（Subject），它是指一个提出请求或要求的实体，是动作的发起者，但不一定是动作的执行者。主体可以是某个用户，也可以是用户启动的进程、服务和 I/O 设备。例如，一个执行两种方案的用户可以以任何一个方案的名义登记。这样，与此用户对应的主体就有两个，它取决于用户正在执行哪一个方案。

其二是客体 O（Object），它是接受其他实体访问的被动实体。客体的概念也很广泛，凡是可以被操作的信息、资源、对象都可以被认为是客体。在信息社会中，客体可以是信息、文件、记录、共享内存和管道等的集合体，也可以是网络上的硬件设施、无线通信中的终端，甚至一个客体可以包含另外一个客体。

其实在某些环境下，主体自身也可以成为客体，主体还可创造许多"子主体"来完成任务。"子主体"可以在网络空间中的不同计算机上执行，而"母主体"则用来中止或结束其"子主体"。某一操作的始发者可以成为另一操作的目标，这种现象正符合主体可以成为客体的事实。在网络系统中，主体有时叫作始发者，而客体有时叫作目标。主客体的区别是访问控制的基本问题。主体产生对客体的行为或操作。这些行为根据系统中的授权而得到允许或拒绝。这种许可是以访问权或访问方式的形式表示的。访问权的含义取决于上述的客体。对文件来说，典型的访问就是读、写、执行和所有。而所有权则是指谁能改变文件的访问权。客体，如银行账目，可根据对账目的基本操作拥有相应的访问权，如询问、信贷和记账等。这些操作应由应用程序来执行。但对于文件来说，这些操作一般由操作系统来执行。

其三是访问控制策略（Access Control Policy，ACP），主体对客体的操作行为集和约束条件集，如访问矩阵、访问控制表等。控制策略实际上体现了一种授权行为，也就是客体对主体的权限允许。下面将详细地讨论访问控制策略。

8.1.2 访问控制策略

在网络空间访问控制策略是在系统安全策略级上表示授权，是对用户访问来如何控制、如何做出访问决策的高层指南。一个系统安全策略建立的需要与目的是安全领域中非常广泛而繁杂的内容，在构建一个可以抵御风险的安全框架要涉及很多具体细节。系统安全策略的具体含义是在其前提下，具有一般性和普遍性，如何使安全策略的这种普遍性和人们所要分析的实际问题的特殊性相结合，即使安全策略与当前的具体应用紧密结合是人们面临的最主要的问题。访问控制策略的制定是一个按照网络空间系统安全需求、依照实例不断精确细化的求解过程。

1．安全策略的实施原则

在网络空间系统中，访问控制一般要完成两种任务：一是识别和确认访问系统的用户；二是决定该用户可以对某一系统资源进行何种类型的访问。因此，系统安全策略的实施要坚持 3 个基本原则，即系统安全策略的制定实施也是围绕主体、客体和安全控制规则集三者之间的关系展开的。

（1）最小特权原则：最小特权原则是指主体执行操作时，按照主体所需权利的最小化原则分配给主体权力。最小特权原则的优点是最大限度地限制了主体实施授权行为，可以避免来自突发事件、错误和未授权主体的危险。也就是说，为了达到一定目的，主体必须执行一定操作，但它只能做它所被允许做的，其他除外。

（2）最小泄露原则：最小泄露原则是指主体执行任务时，按照主体所需要知道的信息最小化的原则分配给主体权力。

（3）多级安全策略：多级安全策略是指主体和客体间的数据流向与权限控制，按照安全级别的绝密（TS）、秘密（S）、机密（C）、限制（RS）和无级别（U）五级来划分。多级安全策略的优点是避免敏感信息的扩散。具有安全级别的信息资源，只有安全级别比其高的主体才能够访问。

2．自主访问控制策略

自主访问控制（Discretionary Access Control，DAC）又称为基于身份的安全策略（Identification-based Access Control Policies，IDBACP）是一种最普遍的访问控制安全策略。它最早出现在 20 世纪 70 年代初期的分时系统中，基本思想如下：随着访问矩阵被提出，在目前流行的操作系统（如 AIX、HP-UX、Solaris、Windows Server、Linux Server 等）中被广泛使用，是由客体的属主对自己的客体进行管理的一种控制方式。这种控制方式是自由的，也就是讲，由属主自己决定是否将自己的客体访问权或部分访问权授予其他主体。在自主访问控制下，用户可以按自己的意愿，有选择地与其他用户共享其文件。自主访问控制的实现方式通常包括目录式访问控制模式、访问控制列表、访问控制矩阵和面向过程的访问控制等方式。

自主访问控制是基于对主体的识别来限制对客体访问的一种方式，在自主访问控制下，一个用户可以自主选择哪些用户能共享其文件。其基本特征是用户所创建的文件的访问权限由用户自己来控制，系统通过设置的自主访问控制策略为用户提供这种支持。也就是讲，用户在创建了一个文件以后，其自身首先就具有了对该文件的一切访问操作权限，同时创建者还可以通过"授权"操作将这些访问操作权限有选择地授予其他用户，而且这种"授权"的权限也可以通过称为"权限转移"的操作授予其他用户，使具有使用"授权"操作的用户授予对该文件进行访问操作权限的能力。

自主访问控制策略目的是过滤对数据或资源的访问，只有能通过验证的那些主体才有可能正常使用客体的资源。其策略包括基于个人的策略和基于组的策略。

1）基于个人的策略

基于个人的策略（Individual-based Access Control Policies，IDLBACP）是指根据哪些用户可对一个目标实施哪一种行为的列表来表示，等价于用一个目标的访问矩阵的列表来描述。

2）基于组的策略

基于组的策略（Group-based Access Control Policies，GBACP）是基于个人的策略的扩充，指一组用户对于一个目标具有同样的访问许可，是基于身份策略的另一种情形。其相当于把访问矩阵中的多个行压缩为一个行。实际使用时，先定义组的成员，对用户组授权，同一个组可以被重复使用，组的成员可以改变。

上述两种策略存在的问题是配置的粒度小，配置的工作量大，效率低。

3．强制访问控制策略

强制访问控制（Mandatory Access Control，MAC）也称为基于规则的安全策略，在基于身份的访问控制的基础上，增加了对资源的属性（安全属性）划分，规定不同属性下的访问权限，即系统强制主体服从访问控制政策。强制访问控制的主要特征是对所有主体及其所控制的客体（如进程、文件、设备等）实施强制访问控制。为这些主体及客体指定敏感标记，这些标记是等级分类与非等级类别的组合，它们是实施强制访问控制的依据。系统通过比较主体和客体的敏感标记来决定一个主体是否能够访问某个客体。用户的程序不能改变自己及任何其他客体的敏感标记，从而系统可以防止特洛伊木马的攻击。

在一个安全系统中，数据或资源应该标注安全标记。代表用户进行活动的进程可以得到与其原发者相应的安全标记。强制访问策略将每个用户及文件赋予一个访问级别，如最高秘密级、秘密级、机密级及无级别。其级别为 T>S>C>U，系统根据主体和客体的敏感标记来决定访问模式。访问模式包括以下几种。

（1）下读（Read Down）：用户级别大于文件级别的读操作。

（2）上写（Write Up）：用户级别等于文件级别的写操作。

（3）下写（Write Down）：用户级别等于文件级别的写操作。

（4）上读（Read Up）：用户级别小于文件级别的读操作。

强制访问控制策略的安全性比自主访问控制策略的安全性有了很大提高，但灵活性要差一些，在大型、复杂的系统中很难采用。现在在强制访问控制策略上实现强制访问控制的有好几种产品，其中比较典型的包括Selinux、RSBAC、MAC等，采用的策略也各不相同。

4．基于角色的访问控制策略

基于角色的访问控制（Role Based Access Control，RBAC）是指在网络空间访问控制系统中，按照用户所承担的角色的不同而给予不同的操作集。其核心思想是将访问权限与角色相联系，通过给用户分配合适的角色，让用户与访问权限相联系。角色是根据系统内为完成各种不同的任务需要而设置的，根据用户在系统中的职权和责任来设定其角色。用户可以在角色间进行转换。系统可以添加、删除角色，还可以对角色的权限进行添加、删除。通过应用 RBAC，将安全性放在一个接近组织结构的自然层面上进行管理。

基于角色的访问控制是 20 世纪 90 年代发展起来的一种访问控制技术，这种技术将对访问者的控制转换为对角色的控制，从而使授权管理更为方便实用，效率更高。

RBAC 是一种特殊的强制访问控制，在特定的条件下它又可构造出自主访问控制类型的系统。RBAC 根据安全策略划分出不同的角色，对每个角色分配不同的权限，并为用户指派不同的角色，用户通过角色间接地对数据信息资源进行许可的相应操作，角色是指一个组织或任务中的工作或位置，它代表一种资格、权利和责任，角色是由用户委派的，它们之间存在着一个二元关系，用来表示用户委派一个角色；角色与访问权限之间也存在着一个二元关系，用来表示角色拥有一个权限。这些策略是依据系统安全的最小特权原则制定的，其目的如下：一方面，给予主体"必不可少"的特权，保证所有的主体能在所赋予的特权下完成任务或操作；另一方面，合理地限制每个主体不必要的访问权利，从而堵截了许多攻击与泄露数据信息的途径。

基于角色的访问控制是目前国际上流行的、先进的安全管理控制方法，它具有以下特点。

（1）RBAC 将若干特定的用户集合和访问权限连接在一起，即与某种业务分工（如岗位、工种）相关的授权连接在一起，这样的授权管理相对于针对个体的授权来说，可操作性和可管理性都要强得多。因为角色的变动远远低于个体的变动，所以 RBAC 的主要优点就是管理简单。

（2）在许多存取控制型系统中，是以用户组作为存取控制单位的。用户组与角色最主要的区别是，用户组是作为用户的一个集合来对待的，并不涉及它的授权许可；而角色既是一个用户的集合，又是一个授权的集合，而且这种集合具有继承性，新的角色可以在已有的角色的基础上进行扩展，并可以继承多个父角色。

（3）与基于安全级别和类别纵向划分的安全控制机制相比，RBAC 显示了较多的机动灵活的优点。特别显著的优点是，RBAC 在不同的系统配置下可以显示不同的安全控制功能，既可以构造具备自主存取控制类型的系统，又可以构造具备强制存取控制类型的系统，甚至可以构造同时兼备这两种类型的系统。

同时，角色与角色之间可继承权限，使各个角色的权限划分更为清晰、明确，降低了权限管理的复杂性，正因为如此，所以近年来发展很快，其应用也逐渐广泛。

8.1.3 访问控制的实现

建立访问控制模型和实现访问控制都是抽象和复杂的行为，实现访问的控制不仅要保证授权用户使用的权限与其所拥有的权限对应，制止非授权用户的非授权行为；还要保证敏感信息的交叉感染。为了便于讨论这一问题，我们以文件的访问控制为例对访问控制的实现做具体说明。通常用户访问信息资源（文件或数据库），可能的行为有读、写和管理。为方便起见，用 Read 或 R 表示读操作，Write 或 W 表示写操作，Own 或 O 表示管理操作。将管理操作从读写中分离出来，是因为管理员也许会对控制规则本身或文件的属性等做修改，也就是修改下面提到的访问控制列表。

1．访问控制列表

访问控制列表（Access Control Lists，ACLs）是以文件为中心建立的访问权限表。目前，大多数 PC、服务器和主机都使用 ACL 作为访问控制的实现机制。访问控制表的优点在于实现简单，任何得到授权的主体都可以有一个访问表，如授权用户 A1 的访问控制规则存储在文件 File1 中，A1 的访问规则可以由 A1 下面的权限表 ACLsA1 来确定，权限表限定了用户 A1 的访问权限。

其优点是控制粒度比较小，适用于被区分的用户数比较少、且这些用户的授权情况比较稳定的情形。

2．访问控制矩阵

访问控制矩阵（Access Control Matrix，ACM）是通过矩阵形式表示访问控制规则和授权用户权限的方法；也就是说，对每个主体而言，其拥有对哪些客体的哪些访问权限；而对客体而言，又有哪些主体对客体可以实施访问；将这种关联关系加以阐述，就形成了控制矩阵。其中，特权用户或特权用户组可以修改主体的访问控制权限。访问控制矩阵的实现很易于理解，但是查找和实现起来有一定的难度，而且，如果用户和文件系统要管理的文件很多，那么控制矩阵将会成几何级数增长，这样对于增长的矩阵而言，会有大量的空余空间。

3．访问控制能力列表

能力是访问控制中的一个重要概念，它是指请求访问的发起者所拥有的一个有效标签，它授权标签表明的持有者可以按照何种访问方式访问特定的客体。访问控制能力表（Access Control Capabilities Lists，ACCLs）是以用户为中心建立的访问权限表。例如，访问控制权限表 ACCLsF1 表明了授权用户 UserA 对文件 File1 的访问权限，UserAF 表明了 UserA 对文件系统的访问控制规则集。因此，ACCLs 的实现与 ACLs 正好相反。定义能力的重要作用在于能力的特殊性，如果赋予哪个主体具有一种能力，事实上是说明了这个主体具有了一定对应的权限。能力的实现有两种方式，可传递的和不可传递的。一些能力可以由主体传递给其他主体使用，另一些则不能。能力的传递牵扯到了授权的实现，后面会具体阐述访问控制的授权管理。

4. 访问控制安全标签列表

安全标签是限制和附属在主体或客体上的一组安全属性信息。安全标签的含义比能力更为广泛和严格，因为它实际上还建立了一个严格的安全等级集合。访问控制标签列表（Access Control Security Labels Lists，ACSLLs）是限定一个用户对一个客体目标访问的安全属性集合。安全标签能对敏感信息加以区分，这样就可以对用户和客体资源强制执行安全策略了，因此，强制访问控制经常会用到这种实现机制。

5. 基于口令的机制

基于口令的机制主要有以下几点。
（1）与目标的内容相关的访问控制：动态访问控制。
（2）多用户访问控制：当多个用户同时提出请求时，如何做出授权决定。
（3）基于上下文的控制：在做出对一个目标的授权决定时依赖于外界的因素，如时间、用户的位置等。

8.1.4 Windows 平台的访问控制手段

网络空间的 Windows 平台分为服务器版和工作站版，其核心特性、安全系统和网络设计都非常相似。Windows 平台通过一系列的管理工具，以及用户账号、口令的管理，对文件、数据授权访问，执行动作的限制，以及对事件的审核达到 C2 级安全（系统审计保护级）。其主要特点就是自主访问控制，要求资源的所有必须能够控制对资源的访问。

1. Windows 平台的安全模型

Windows 平台采用的是微内核（Microkernel）结构和模块化的系统设计。有的模块运行在底层的内核模式上，有的模块则运行在受内核保护的用户模式上。

Windows 平台的安全模式由 4 部分构成：
（1）登录过程（Login Process，LP）：接收本地用户或者远程用户的登录请求，处理用户信息，为用户做一些初始化工作。
（2）本地安全授权机构（Local Security Authority，LSA）：根据安全账号管理器中的数据处理本地或者远程用户的登录信息，并控制审计和日志。
（3）安全账号管理器（Security Account Manager，SAM）：维护账号的安全性管理的数据库。
（4）安全引用监视器（Security Reference Monitor，SRM）：检查存取合法性，防止非法存取和修改。

2. Windows 平台的访问控制过程

1）创建账号

当一个账号被创建时，Windows 平台系统为它分配一个安全标识（SID）。安全标识和账号唯一对应,在账号创建时创建、删除时删除,而且永不再用。安全标识与对应的用户和组的账号信息一起存储在 SAM 数据库中。

2）登录过程控制

每次登录时,用户应输入用户名、口令和希望登录的服务器/域等信息,登录主机把这些信息传送给系统的安全账号管理器,由安全账号管理器将这些信息与 SAM 数据库中的信息进行比较,如果匹配,服务器发给客户机或工作站允许访问的信息,记录用户账号的特权、主目录位置、工作站参数等信息,并返回用户的安全标识和用户所在组的安全标识。工作站为用户生成一个进程。

3）创建访问令牌

当用户登录成功后,本地安全授权机构（LSA）为用户创建一个访问令牌,包括用户名、所在组、安全标识等信息。以后用户每新建一个进程,都将访问令牌复制作为该进程的访问令牌。

4）访问对象控制

当用户或者用户生成的进程要访问某个对象时,安全引用监视器（SRM）将用户/进程的访问令牌中的安全标识（SID）与对象安全描述符（NT 为共享资源创建的一组安全属性,包括所有者安全标识、组安全标识、自主访问控制表、系统访问控制表和访问控制项）中的自主访问控制表进行比较,从而决定用户是否有权访问该对象。

在这个过程中应该注意:安全标识对应账号的整个有效期,而访问令牌只对应某一次账号登录。

综上所述,对于用户而言,Windows 平台有以下几种管理手段:用户账号和用户管理、域名管理、用户组权限和共享资源权限。

8.2 防火墙技术

8.2.1 防火墙的定义与功能

防火墙的本义原是指古代人们房屋之间修建的一道墙,这道墙可以防止火灾发生的时候蔓延到其他的房屋。在现代网络空间系统中防火墙指的是一种由软件和硬件设备组合而成、在内部网（Intranet）与外部网（Internet）之间、专用网与公共网之间的界面上构造的保护屏障;或者由两个信任程度不同的网络之间（如企业内部网与互联网之间）的软件与硬件设备组合的网关;它对两个网络之间的通信进行控制,通过强制实施统一的安全策略,限制外界用户对内部网络的访问以及管理内部用户访问外部网络的权限的系统,防止对重要信息资源的非法存取和访问,以达到保护网络系统安全的目的。防火墙主要由服务访问规则、验证工具、包过滤和应用网关 4 部分组成。防火墙的结构示意图如图 8.1 所示。网络空间流入与流出的所有网络通信信息均要经过此防火墙。

图 8.1 防火墙示意图

为了加深对防火墙含义的理解，可以从3个方面来讲。

首先，防火墙是保护计算机网络安全的最成熟、最早产品化的网络技术措施。事实上，有些人把凡是能保护网络不受外部侵犯而采取的应对措施都称为防火墙。

其次，防火墙是一种访问控制技术，用于加强两个网络之间的访问控制。防火墙在需要保护的内部网络与有攻击性的外部网络之间设置一道隔离墙，并要求所有进出的数据流都应该通过它监测。其工作原理如下：按照事先规定好的配置和规则，监测并过滤所有从外部网络传来的信息和通向外部网络的信息，保护网络内部敏感数据不被偷窃和破坏。

最后，防火墙作为内部网络和外部网络之间的隔离设备，它是由一组能够提供网络安全保障的硬件、软件构成的系统。一个防火墙系统可以是一个路由器、一台主机或主机群或者软硬并用，放置在两个网络的边界上，也可能是一套纯软件产品，安装在主机或网关中。防火墙系统主要功能可以归纳为如下几个方面。

1. 防火墙是网络安全的屏障

一个防火墙（作为阻塞点、控制点）能极大地提高一个内部网络的安全性，并通过过滤不安全的服务而降低风险。由于只有经过精心选择的应用协议才能通过防火墙，因此网络环境变得更安全。如防火墙可以禁止诸如众所周知的不安全的 NFS 协议进出受保护网络，这样外部的攻击者就不可能利用这些脆弱的协议来攻击内部网络。防火墙同时可以保护网络免受基于路由的攻击，如 IP 选项中的源路由攻击和 ICMP 重定向中的重定向路径。防火墙应该可以拒绝所有以上类型攻击的报文并通知防火墙管理员。

2. 防火墙可以强化网络安全的策略

通过以防火墙为中心的安全方案配置，能将所有安全软件（如口令、加密、身份验证、审计等）配置在防火墙上。与将网络安全问题分散到各个主机上相比，防火墙的集中安全管理更经济。例如，在网络访问时，动态口令系统和其他的身份验证系统完全可以不必分散在各个主机上，而是集中在防火墙身上。

3. 对网络存取和访问进行监控审计

如果所有的访问都经过防火墙，那么防火墙就能记录下这些访问并做出日志记录，同时能提供网络使用情况的统计数据。当发生可疑动作时，防火墙能进行适当的报警，并提供网络是否受到监测和攻击的详细信息。另外，收集一个网络的使用和误用情况也是非常重要的。这可以清楚防火墙是否能够抵挡攻击者的探测和攻击，并且清楚防火墙的控制是否充足。而网络使用情况的统计对网络需求分析和威胁分析等而言也是非常重要的。

4. 防止内部信息的外泄

通过利用防火墙对内部网络的划分，可实现内部网重点网段的隔离，从而限制了局部重点或敏感网络安全问题对全局网络造成的影响。再者，隐私是内部网络非常关心的问题，一个内部网络中不引人注意的细节可能包含了有关安全的线索而引起外部攻击者的兴趣，甚至因此暴露了内部网络的某些安全漏洞。使用防火墙就可以隐蔽那些透漏内部细节，如 Finger、DNS 服务。Finger 显示了主机的所有用户的注册名、真名、最后登录时间和使用 Shell 类型等，但是 Finger 显示的信息非常容易被攻击者所获悉。攻击者可以知道一个系统使用的频繁程度，这个系统是否有用户正在连线上网，这个系统是否在被攻击时引起注意等。防火墙可以阻塞有关内部网络中的 DNS 信息，这样一台主机的域名和 IP 地址就不会被外界所了解。

除了安全作用外，防火墙还具有 VPN（虚拟专用网）、NAT（网络地址转换）等功能。

8.2.2 防火墙发展历程与分类

1．防火墙发展历程

自 20 世纪 80 年代防火墙诞生以来，防火墙技术发展得非常迅速。从产品角度划分，防火墙大致经过了四代。

1）第一代：基于路由器的防火墙

1983 年第一代防火墙技术出现，它几乎是与路由器同时问世的。它采用了包过滤技术，被称为简单包过滤（静态包过滤）防火墙。这时的防火墙是利用路由器本身对分组的解析能力，以访问控制列表作为依据对网络分组进行过滤的。过滤的依据通常包括地址、端口号、IP 标志及其他的网络数据包的包头字段。

这类防火墙的主要特点：一是防火墙和路由器合为一体，利用路由器本身对分组的解析，以访问控制列表方式实现对分组过滤；二是过滤判决的依据只有地址、端口号、IP 标志及其他网络特性；三是对网络安全要求较低网络可以采用路由器附带防火墙功能的方法，而对网络安全性要求较高的网络可单独利用一台路由器来作为防火墙。

由上述可见，第一代防火墙产品的不足之处也十分明显。第一，当时的路由协议十分灵活，其本身就具有网络安全漏洞，外部网络要探寻内部网络也十分容易。例如，在使用 FTP 协议时，外部服务器很容易从 20 端口与内部网相连接。即使在路由器上设置了过滤规则，内部网络的 20 号端口仍可由外部寻到。第二，路由器上分组过滤规则的设置和配置存在着网络安全隐患，而对路由器中过滤规则的设置和配置也十分复杂，它涉及规则的逻辑一致性、作用端口的有效性和规则集的正确性。一般的网络系统管理员难以胜任，加之一旦出现新的协议，管理员就加上更多的规则去限制，而这往往会带来很多错误。第三，路由器防火墙的最大隐患是攻击者可以"假冒"地址。由于信息在网络上是以明文传送的，因此黑客可以在网络上伪造假的路由器信息来欺骗防火墙。第四，路由器防火墙的本质性缺陷是，由于路由器的主要功能是为网络访问提供动态的、灵活的路由，而防火墙则要对访问行为实施静态的、固定的控制，这是一对难以调和的矛盾，因此防火墙的规则设置必然会大大降低路由器的性能。可以说：基于路由器的防火墙只是网络安全的一种应急措施，而只用这种方法对付黑客的攻击是十分危险的。

2）第二代：用户化防火墙

1991 年，贝尔实验室提出了第二代防火墙，即应用型防火墙（代理防火墙）的初步结构。在 20 世纪 80 年代后期，为了加强防火墙的安全能力，安全厂商在后续的防火墙开发中逐步将过滤功能从路由器中独立出来，将防火墙构建在通用的操作系统上。由于通用操作系统功能强大，在其上增加功能非常方便，因此，这类防火墙已经开始具备审计和告警功能，并针对用户需求，提供模块化的软件包，如专用的代理系统。用户还可根据需要构造防火墙，从而使防火墙的安全能力得到增强，网络安全得到提高。第二代防火墙具有以下特点与功能。

（1）将过滤功能从路由器中独立出来，并加上审计和告警功能。
（2）针对用户的需求，提供模块化的软件包。
（3）软件可通过网络发送，用户可自己动手构造防火墙。
（4）与第一代防火墙相比，安全性提高了，价格降低了。

由于是纯软件产品，因此第二代防火墙产品无论在实现上还是在维护上都对系统管理员提出了相当复杂的要求，并带来以下问题：一是配置和维护过程复杂、费时；二是对用户的技术要求高；三是全软件实现，安全性和处理速度均有局限。实践表明，这种防火墙使用中出现差错的情况也很多。

3）第三代：建立在通用 OS 上的防火墙

1992 年，USC 信息科学院开发出了基于动态包过滤（Dynamic Packet Filter）技术的第三代防火墙，后来演变为目前所说的状态检测防火墙。1994年，以色列的CheckPoint公司开发出了第一个采用状态检测技术的商业化产品，即商用防火墙。

第三防火墙具有以下特点：一是批量上市的专用防火墙产品；二是包括分组过滤或者借用路由器的分组过滤功能；三是装有专用的代理系统，监控所有协议的数据和指令；四是保护用户编程空间和用户可配置内核参数的设置；五是安全性和速度大为提高了。

商用防火墙产品有以纯软件实现的，也有以硬件方式实现的，这些产品都已得到广大用户的认同，但随着安全需求的变化和使用时间的推延，仍表现出了不少问题与缺点：第一，作为基础的操作系统及其内核往往不为防火墙管理所知，由于原码的保密，所以其安全性也无从保证；第二，由于大多数防火墙厂商并非通用操作系统的厂商，因此通用操作系统厂商不会对系统的安全性负责；第三，从本质上来看，第三代防火墙既要防止来自外部网络的攻击，又要防止来自操作系统厂商的攻击；第四，用户必须依赖两方面的安全支持，一是防火墙厂商，二是操作系统厂商。上述问题在基于Windows开发的防火墙产品中表现得十分明显。

4）第四代：具有安全OS的防火墙

防火墙技术及其产品随着网络攻击技术和安全防护手段的发展而演进，到1997年初，具有安全操作系统的防火墙产品的面世，使防火墙技术步入了第四代。具有安全操作系统的防火墙本身就是一个操作系统，因而在网络安全性上较之以前的防火墙有了质的提高。第四代防火墙产品将网关与网络安全系统合二为一，具有以下技术特点与功能。

① 双端口或三端口的结构：新一代防火墙产品具有两个或三个独立的网卡。内外两个网卡可不作为IP转化而直接串接于内部网与外部网之间，而另一个网卡则可专用于对服务器的安全保护。

② 灵活的代理系统：它是一种将信息从防火墙的一侧传送到另一侧的软件模块。这种防火墙采用了两种代理机制：一种用于代理从内部网络到外部网络的连接；另一种用于代理从外部网络到内部网络的连接。前者采用了网络地址转换技术来解决，而后者则采用非保密的用户定制代理或保密的代理系统技术来解决。

③ 透明的访问方式：以前的防火墙在访问方式上要么要求用户进行系统登录，要么需要SOCKS等库路径修改客户机的应用，而第四代防火墙利用了透明的代理系统，从而降低了系统登录固有的安全风险和出错概率。

④ 多级的过滤技术：为保证系统的安全性和防护水平，第四代防火墙采用了三级过滤措施，并辅以鉴别手段。在分组过滤一级，能过滤掉所有的源路由分组和假冒的IP源地址；在应用级网关一级，能利用FTP和SMTP各种网关，控制和检测互联网提供的所有通用服务；而在电路网关一级，可实现内部主机与外部站点的透明连接，并对服务的通行实施严格控制。

⑤ 网络地址转换技术：第四代防火墙利用NAT技术能透明地对所有地址进行转换，使外部网络无法了解内部网络的结构，同时也允许内部网络使用自己编写的IP地址和专用网络。防火墙能详尽地记录每一个主机的通信，以确保每个分组送往正确的地址。

⑥ Internet网关技术：由于直接串连在网络之中，因此第四代防火墙必须支持用户在Internet上互连的所有服务，同时还要防止与Internet服务有关的安全漏洞。故它要能以多种安全的应用服务器来实现网关功能。为确保服务器的安全性，对所有的文件和命令均要利用"改变根系统调用"进行物理上的隔离。

⑦ 安全服务器网络：为适应越来越多的用户向Internet提供服务时对服务器保护的需要，第四代防火墙采用分别保护的策略来对用户上网的外部服务器实施保护。它利用一块网卡将对外服务器作为一个独立的网络来处理。对外服务器既是内部网的一部分，又与内部网关完全隔离。这就是安全服务器网络（SSN）技术，对SSN上的主机既可单独管理，又可设置通过FTP和Telnet等方式从内部网上进行管理。

⑧ 用户鉴别与加密：为了降低防火墙产品在 Telnet 和 FTP 等服务和远程管理上的安全风险，鉴别功能是必不可少的。第四代防火墙采用一次性使用口令字系统来作为用户的鉴别手段，并实现了对邮件的加密。

⑨ 用户定制服务：为满足特定用户的特定需求，第四代防火墙在提供众多服务的同时，还为用户定制提供支持，这类选项有通用 TCP、UDP、FTP 和 SMTP 等。如果某一用户需要建立一个数据库的代理，便可利用这些支持进行设置。

⑩ 审计和告警：第四代防火墙产品的审计和告警功能十分健全，其中日志文件包括一般信息、内核信息、核心信息、接收邮件、邮件路径、发送邮件、已收消息、已发消息、连接需求、已鉴别的访问、告警条件、管理日志、进站代理、FTP代理、出站代理、邮件服务器和域名服务器等。而告警功能则会守住每一个 TCP 或 UDP 探寻，并能以发出邮件、声响等多种方式进行报警。此外，第四代防火墙还在网络诊断、数据备份与保全等方面具有一定的特色。

上述阶段的划分主要以产品为对象，目的在于对防火墙的发展有一个总体勾画。目前，人工智能技术已引入到防火墙中，防火墙将要进入智能化发展阶段。

2．防火墙的分类

如果从防火墙的软、硬件形式来分，防火墙可以分为软件防火墙与硬件防火墙。通常，防火墙服务于多个目的：制止他人进入 Internet，过滤掉不安全服务和非法用户；防止入侵者接近防御设施；限定人们访问特殊站点；为监视 Internet 提供方便。

防火墙根据防范的方式和侧重点的不同来进行分类，可分为三种类型：信息包过滤型防火墙（IP Filtering Firewall）、代理服务（Proxy Server）型防火墙和电路级网关防火墙。

1）硬件防火墙

最初的防火墙与平时所见到的集线器、交换机一样，都属于硬件产品，如 3Com 公司的一款 3Com SuperStack 3 防火墙。它在外观上与网络中使用的集线器和交换机类似，只是只有少数几个接口，分别用于连接内、外部网络，这一特点由防火墙的基本作用决定。另外，从防火墙的硬件性能上来分，还可将其分为低端硬件防火墙、高端硬件防火墙和高端服务器防火墙 3 种类型。

硬件防火墙市场中的低端产品是一些需要进行一定配置的即插即用设备，就像普通的桌面交换机一样。它适合在小型公司和较大企业的内部使用。它们一般提供静态筛选功能和基本的远程管理功能。它的优点在于成本低及配置简单，即几乎不需要进行配置，即插即用。也正是这类防火墙的优点决定了它存在的缺点，低端硬件防火墙只提供基本的防火墙功能，无法以并行的方式进行冗余，所以处理高吞吐量连接有限，可能会出现瓶颈。

在高端硬件防火墙市场中，有适合企业或服务提供商的高性能、高适应性产品。它提供最好的保护，而不会降低网络的性能，还可以通过添加第二个作为运行的备份防火墙，以获得可用性的提高。它还提供较高级别的入侵防护，同时对性能造成的影响最低，并将高端硬件防火墙连接在一起，以实现最佳的可用性和负载平衡。另外，防火墙的硬件与软件均可以升级，以满足更高的防护要求。这其在硬件升级可能包括附加的以太网端口，而软件升级可能包括新入侵方法的检测。它比低端硬件防火墙提供了更佳的远程管理功能等。

高端服务器防火墙是将防火墙功能添加到高端服务器中，在标准软件和系统上提供可靠快速的保护。此方法的好处是使用熟悉的硬件或软件，可以减少库存项目，简化培训和管理，提供可靠性和扩展性。许多高端硬件防火墙产品是在运行行业标准操作系统和行业标准硬件平台上实现的，因此在技术上和性能上与服务器防火墙有一点差异。但是，因为操作系统仍然是可见的，所以服务器防火墙功能可以进行升级并且通过特殊技术使其具有更高的可用性和更高的性能。服务器防火墙适用于特殊的硬件或软件平台，因为防火墙使用相同的平台可以使管理任务更简单，并且缓存功能还非常有效。它的优点是具有高性能,即在一个性能合适的服务器上运行时,这些服务器可以提供较高级别的性能;可用性、适应性和可扩展性好,因为这种防火墙运行在标准个人计算机硬件上。但是,服务器防火墙对硬件要求较高,如高端中央处理单元、内存和网络接口。并且,服务器防火墙在服务器操作系统上运行,可能会给该操作系统的其他软件带来安全隐患。

2)软件防火墙

随着防火墙应用的逐步普及和计算机软件技术飞速的发展,为了满足不同层次用户对防火墙技术的需求,许多网络安全软件厂商开发出了基于纯软件的防火墙。软件防火墙运行于特定的计算机上,它需要用户预先安装好的计算机操作系统的支持,一般来说这台计算机系统就是整个网络空间的网关。软件防火墙就像其他的软件产品一样需要先在计算机系统上安装并做好配置才可以使用。使用这类防火墙,需要用户对所工作的操作系统平台比较熟悉。

个人防火墙是软件防火墙中比较常见的一种,可为个人计算机系统提供简单的防火墙功能。目前常用的个人防火墙有 360 防火墙、天网个人防火墙、瑞星个人防火墙等。个人防火墙是安装在个人计算机系统上,而不是放置在网络边界的,因此个人防火墙关心的不是一个网络到另外一个网络的安全,而是单个主机和与之相连接的主机或网络之间的安全。个人防火墙使用方便,配置简单,但也具有一定的局限性,其应用范围较小,且只支持 Windows 平台系统,功能相对来说要弱很多,并且安全性和并发连接处理能力较差。

作为网络空间防火墙的软件防火墙具有比个人防火墙更强的控制功能和更高的性能。它不仅支持 Windows 平台系统,而且多数支持 UNIX 平台系统或 Linux 平台系统,如十分著名的 Check Point FireWall、Microsoft ISA Server 等。

软件防火墙与硬件防火墙相比,在性能上和抗攻击能力上都比较弱,如果所在的网络环境中攻击频度不是很高,用软件防火墙就能满足要求。但如果是较大型的网络,就需要硬件防火墙来进行保护了。

3)包过滤型防火墙

包过滤型防火墙位于网络级与逻辑层的网络层(IP 层),它一般由包检查模块实现,此模块工作在网络层和数据链路层之间,即 TCP 层和 IP 层之间,它要抢在操作系统和 TCP 层之前对 IP 包进行处理,即根据系统事先设定好的过滤逻辑,检查数据流中的每个数据包,再根据数据包的源地址、目标地址、包使用端口来决定整个包的命运。它可能会决定丢弃这个包,可能会接收这个包,即让这个包通过口确定是否允许该数据包通过。它是用一个软件查看所流经的数据包的包头,也能执行其他复杂的动作。所以,包过滤型防火墙是基于数据包过滤的防火墙。

包过滤型防火墙主要优点:一是它对于用户来说是透明的,也就是说,它不需要用户名和密码来登录,这种防火墙速度快且易于维护,通常作为第一道防线;二是实现包过滤几乎不再需要费用(或只需极少的费用),因为这些特点都包含在标准的路由器软件中。

包过滤型防火墙主要缺点:一是防火墙的维护比较困难,定义数据包过滤器会比较复杂,因为网络管理员需要对各种互联网服务、包头格式及每个域的意义有非常深入的理解,才能将过滤规则集尽量定义完善;二是只能阻止一种类型的 IP 欺骗,即外部主机伪装内部主机的 IP,对于外部主机伪装其他可信任外部主机的 IP 却不可阻止;三是不能提供有用的日志,日志功能被局限在第 3 层和第 4 层的信息,如不能记录封装在 HTTP 传输报文中的应用层数据,这使用户发觉网络受攻击的难度加大,也就谈不上根据日志进行网络的优化、完善及追查责任了;四是任何直接经过路由器的数据包都有被用作数据驱动攻击的潜在危险;五是允许外部网络直接连接到内部网络的主机上,易造成敏感数据的泄露。此外,一些包过滤网关不支持有效的用户验证;随着过滤器数目的增加,路由器的吞吐量会下降;并且 IP 包过滤器无法对网络上流动的信息提供全面的控制。

虽然包过滤型防火墙有上述缺点,但是在管理良好的小规模网络上,它能够正常地发挥其作用。它通常适用于以下几个方面:作为第一线防御(边界路由器);当用包过滤就能完全实现安全策略并且验证不是一个问题的时候；在要求最低安全性并要考虑成本的 SOHO 网络中。动态包过滤防火墙又称为状态检测防火墙，它是传统包过滤防火墙的功能扩展。状态检测防火墙在网络层有一个检查引擎截获数据包并抽取出应用层状态的信息，并以此为依据决定对该连接是接收还是拒绝。这种技术提供了高度安全的解决方案，同时具有较好的适应性和扩展性。状态检测防火墙一般也包括一些代理级的服务，它们提供附加的对特定应用程序数据内容的支持。状态检测技术最适合提供对 UDP 协议的有限支持。它通常用在以下方面：一是作为防御的主要方式；二是作为防御第一线的智能设备，即带状态能力的边界路由器；三是在需要比包过滤更严格的安全机制，而不用增加太多成本的情况下。

4）应用网关（代理）型防火墙

应用网关型防火墙通常也称为代理型防火墙，它源于人们对越来越牢不可靠的网络空间安全方法的需求。包过滤防火墙可以按照 IP 地址禁止未授权者的访问，但是它不适合 Internet 用来控制内部人员访问外界的网络，对于这样的 Internet 来说应用代理服务是更好的选择。所谓应用代理服务，即防火墙外的计算机系统应用层的连接是在两个终止于应用代理服务的访问者任何时候都不能与服务器建立直接的连接来实现的。这样便成功地实现了防火墙内外计算机系统的隔离，即代理防火墙彻底隔断内网与外网的直接通信，内网用户对外网的访问变成防火墙对外网的访问，然后由防火墙转发给内网用户。所有通信都必须经应用层代理软件转发、TCP 连接，应用层的协议会话过程必须符合代理的安全策略要求。

代理服务设置在 Internet 防火墙网关上的应用是在网络管理员允许或拒绝的特定的应用程序或者特定服务，同时，还可应用实施较强的数据流监控、过滤、记录和报告等功能。应用代理服务通常由单独的计算机和专有应用程序承担。所以应用网关类型防火墙的主要功能是常对连接请求验证，然后允许流量到达内外资源。应用代理服务可提供更为安全的选项。其在功能上作为网络与外部世界的连接者，它对于客户来说就像一台真的服务器一样，而对外界的服务器来说，它又是一台客户机。当应用代理服务器接收到用户的请求后会检查用户请求的站点是否符合设定要求，如果允许用户访问该站点，应用代理服务器会像一个客户一样去那个站点取回所需信息再转发给用户。应用代理服务器通常拥有高速缓存，缓存中存有用户经常访问站点的内容，在下一个用户要访问同样站点时，其服务器就不用重复地去取同样的内容了，既节约了时间也节约了网络资源。同包过滤型防火墙相比，应用网关型防火墙具有下列优点：一是验证个人，而不是设备，有能力支持可靠的用户验证并提供详细的注册信息；二是应用层代理工作在客户机和真实服务器之间，可以完全控制网络会话，所以可以提供很详细的日志和安全审计功能，而黑客几乎没有时间来进行欺骗和实施 DoS 攻击；三是能监控和过滤应用层数据；四是提供代理服务的防火墙可以被配置成唯一的可被外部看见的主机，这样可以隐藏内部网的 IP 址，可以保护内部主机免受外部主机的进攻；五是通过代理访问 Internet，可以解决合法的 IP 地址不够用的问题，因为 Internet 所见到的只是代理服务器的地址，内部 IP 通过代理可以访问 Internet。

随着媒体服务的增多，应用代理服务的各种不便显得越来越明显，若增加一种新的媒体服务，必须对应用代理服务器进行设置，这说明应用代理的防火墙不够灵活。应用代理的防火墙另一个显著缺点是在处理通信量方面有瓶颈，因此它比包过滤型防火墙慢得多。应用网关防火墙具有下列缺点：一是应用层实现的防火墙会造成明显的性能下降，并且难以配置；二是每个应用程序都必须有一个代理服务程序来进行安全控制，每一种应用升级时，相应代理服务程序也要升级，维护相对复杂，处理速度非常慢；三是不能支持大规模的并发连接，因为代理服务器一般具有解释应用层的命令的功能，如解释 FTP 命令、Telnet 命令等，那么这种代理服务器就只能用于某一种服务；因此，可能需要提供多种不同的代理服务器，如 FTP 代理服务器、Telnet 代理服务器等，所以能提供的服务和可伸缩性是有限的；四是应用层代理要求用户改变自己的行为，或者在访问代理服务的每个系统上安装特殊的软件。例如，通过应用层代理 Telnet 的访问，要求用户通过两步而不是一步来建立连接。此外，应用层代理对操作系统和应用层的漏洞也是脆弱的，不能有效检查底层的信息，传统的代理也很少是透明的。

与包过滤型防火墙相比，应用网关型防火墙增加了智能功能，所以通常用在以下地方：一是作为主要的过滤功能设备；二是作为边界防御设备；三是一台应用代理用来日志过载，以及监控和记录其他类型的流量。

在 IT 领域中，新应用、新技术、新协议层出不穷，应用网关型防火墙很难适应这种局面。因此，在一些重要的领域和行业的核心业务应用中，应用网关型防火墙正被逐渐疏远。

5) 复合型与电路级网关型防火墙

复合型防火墙设计思路：代理技术造成性能下降的主要原因在于，在指定的应用服务中，其传输的每一个报文都需代理主机转发，应用层的处理量过于繁重，改变这一状况的最理想方案是，让应用层仅处理用户身份鉴别工作，而网络报文的转发由 TCP 层或 IP 层来完成。此外，包过滤技术仅仅根据 IP 包中源/目的地址来判定一个包是否可以通过，而这两个地址是很容易被篡改和伪造的，一旦网络结构暴露给外界，就很难抵御 IP 层的攻击行为。

集中访问控制技术是在服务请求时由网关负责鉴别的，一旦鉴别成功，其后的报文交互都可直接通过 TCP/IP 层的过滤规则，不用像应用层代理那样逐个报文转发，这就实现了与代理方式同样的安全水平而使处理量大幅下降，性能随即得到大大提高。此外，出现了基于网络地址转换技术，通过在网关上对进出 IP 在源/目的地址的转换，实现过滤规则的动态化。这样，由于 IP 层将内部网与外部网隔离开，使内部网的拓扑结构、域名及地址信息对外成为不可见或不确定信息，从而保证了内部网中主机的隐蔽性，使绝大多数攻击性的试探失去了所需的网络条件。

如图 8.2 所示，给出了基于 NAT 的复合型防火墙系统的总体结构模型，它由五大模块组成。

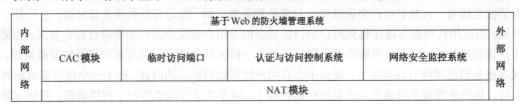

图 8.2　基于 NAT 的复合型防火墙系统总体结构模型

NAT 模块依据一定的规则，对所有出入的数据包进行源/目的地址识别，并将由内向外的数据包中源地址替换成一个真实地址，而将由外向内的数据包中的目的地址替换成相应的虚拟地址。

集中访问控制（CAC）模块负责响应所有指定的由外向内的服务访问，通知验证访问控制系统实施安全鉴别，为合法用户建立相应的连接，并将这一连接的相关信息传递给 NAT 模块，保证后续报文传输时直接转发而无需控制模块干预。

临时访问端口表及连接控制（TLTC）模块通过监视外向型连接的端口数据，动态维护一张临时访问端口表，记录所有由内向外连接的源/目的端口信息，根据此表及预先配置好的协议集由连接控制模块决定哪些连接是允许的，而哪些是不允许的，即根据所制定的规则（安全策略）禁止相应的由外向内发起的连接，以防止攻击者利用网关允许的由内向外的访问协议类型做反向的连接访问。

验证与访问控制系统是防火墙系统的关键环节，它按照网络安全策略负责对通过防火墙的用户实施用户身份鉴别和对网络信息资源的访问控制，保证合法用户正常访问和禁止非法用户访问。

上述几种技术都属于网络安全的被动防范技术，为了更有效地遏止黑客的恶意攻击行为，该防火墙系统采用主动防范技术——网络安全监控系统。网络安全监控系统负责截取到达防火墙网关的所有数据包，对信息包报头和内容进行分析，检测是否有攻击行为，并实时通知系统管理员。基于 Web 的防火墙管理系统负责对防火墙系统进行远程管理和配置，管理员可在任何一台主机上控制防火墙系统，增加了系统使用的灵活性。

应用层代理为一种特定的服务（如 FTP 和 Telnet 等）提供代理服务，代理服务器不但转发流量，而且对应用层协议做出解释。电路级网关（Circuit Level Gateway）也是一种代理，但是只能建立起一个回路，对数据包只起转发的作用。电路级网关只依赖于 TCP 连接，并不进行附加的包处理或过滤。

电路级网关防火墙的特点是其为一个通用代理服务器，它工作于 OSI 模型的会话层或 TCP/IP 协议的 TCP 层。它适用于多个协议，但它不能识别在同一个协议栈上运行的不同的应用，当然也不需要对不同的应用设置不同的代理模块，但这种代理需要在客户端做适当的修改。

这种代理的优点是它可以对各种不同的协议提供服务，但这种代理需要改进客户程序。这种网关对外像一个代理，而对内是一个过滤路由器。

8.2.3 防火墙的体系结构

1．双宿主机防火墙体系结构

双宿主机（Dual-Homed Host）结构是围绕着至少具有两个网络接口的双宿主机而构成的。双宿主机内外的网络均可与双宿主机实施通信，但内外网络之间不可直接通信，内外部网络之间的 IP 数据流被双宿主机完全切断。双宿主机可以通过代理或让用户直接注册到其上来提供很高程度的网络控制。

双宿主机的结构采用主机替代路由器执行安全控制功能，故类似于包过滤防火墙。双宿主机即一台配有多个网络接口的主机，它可以用来在内部网络和外部网络之间进行寻径。如果在一台双宿主机中寻径功能被禁止了，则这个主机可以隔离与它相连的内部网络和外部网络之间的通信，而与它相连的内部和外部网络都可以执行由它提供的网络应用，如果这个应用允许，它们就可以共享数据。这样就保证了内部网络和外部网络的某些节点之间可以通过双宿主机上的共享数据传递信息，但内部网络与外部网络之间不能传递信息，从而达到保护内部网络的作用。它是外部网络用户进入内部网络的唯一通道，因此双宿主机的安全至关重要，它的用户口令控制安全是关键。

双宿网关防火墙（Dual-homed Gateway Firewall）的结构是一个具有两个网络适配器的主机系统，并且主机系统中的寻径功能被禁止了，而对外部网络的服务和访问由网关上的代理服务器提供。它是一种结构非常简单，但安全性很高的防火墙系统，是对双宿主机防火墙的一个改进。另外，可以把包过滤路由器和双宿网关集成在一起。把包过滤路由器放在外部网络和一个屏蔽子网之间。屏蔽子网用来为外部网络用户提供一些特定的服务，如 WWW、Gopher、FTP 等。这样可以利用包过滤路由器的过滤保护双宿网关免受外部的攻击，例如，如果禁止外部访问远程登录到双宿网关，就可以减少外部攻击的危险。这种防火墙拒绝所有的网络服务，包括 DNS 等，除非应用网关有代理模块的网络服务可以允许。不灵活性是这种防火墙技术的最大缺点。另外，网关主机系统的安全是双宿网关安全的关键。

2．被屏蔽主机体系结构

双宿主机体系结构提供来自多个网络相连的主机的服务，被屏蔽主机体系结构使用一个单独的路由器来提供来自仅仅与内部网络相连的主机的服务。另外，被屏蔽主机结构还有一台单独的过滤路由器。这一台路由器的意义就在于强迫所有到达路由器的数据包被发送到被屏蔽主机中。这种体系结构中，主要的安全由数据包过滤提供。

堡垒主机位于内部网络上。在屏蔽的路由器上的数据包过滤是按这样的方法设置的：堡垒主机是互联网上的主机能连接到的唯一的内部网络上的系统。即使这样，也仅有某些确定的连接被允许。任何外部的系统试图访问内部的系统或者服务将必须连接到这台主机。因此，堡垒主机需保持更高等级的主机安全。

被屏蔽主机结构数据包过滤也允许堡垒主机连接到外部世界。在屏蔽的路由器中数据包过滤配置可以按下列之一执行。

（1）允许其他的内部主机为了某些服务开放到互联网上的主机的连接。

（2）不允许来自内部主机的所有连接。

用户可以混合使用以上两种配置。某些服务可以被允许直接经由数据包过滤，其他服务可以被允许仅仅间接地经由代理。

被屏蔽主机防火墙的配置：被屏蔽主机向外部或内部的客户程序提供网络服务。例如，它可能是邮件服务器、Usenet 新闻服务器和本站点的 DNS 服务器等，它还有可能是打印服务器或文件服务器等。正是因为被屏蔽主机担当着如此众多的重要角色，因此，它的安全配置尤其重要，关系到整个防火墙的安全。

下面介绍不同的 Internet 服务中被屏蔽主机的以下配置。

1) Telnet 服务

通常对 Telnet 服务的过滤应该通过包过滤器来实现。通过被屏蔽主机上的代理来实现对 Telnet 服务的过滤虽然也可以，但是代价昂贵。尤其是在被屏蔽主机上提供 Telnet 登录服务简直就是给黑客的攻击敞开了大门，是非常不可取的。

2) FTP 服务

如果内部网的用户支持 FTP 的被动模式，则可以通过包过滤器方便、安全地提供 FTP 服务。如果想要支持普通的 FTP 服务，就必须在被屏蔽主机上建立代理。这里应该注意的是，最好禁止到被屏蔽主机上的匿名 FTP 登录。

3) SMTP 服务

进入的邮件应当通过 DNS MX 记录被引导到被屏蔽主机上，发出的邮件也应该通过被屏蔽主机发出，使进入的邮件直接到达内部主机是不合适的。

4) NNTP 服务

可以把另一台内部主机当作新闻服务器，并允许 NNTP 直接指向它，或把被屏蔽主机作为新闻服务器。这取决于用户基于新闻服务的负载需求及重要性考虑。

5) HTTP 服务

HTTP 服务可以通过包过滤来提供或通过代理服务器间接实现。性能更好的实现方式是通过带缓冲的代理服务器来间接地提供服务。

6) DNS 服务

主 DNS 服务器应当位于被屏蔽主机上，而且内部网所在域应有一个外部的次 DNS 服务器，这里不需要任何 DNS 信息隐藏。如果被屏蔽主机是内部和外部的主 DNS 服务器，则不能隐藏任何信息。

一般来说，路由器只提供非常有限的服务，所以保卫路由器比保卫主机更容易实现，从这一点可以看出，被屏蔽主机结构能提供比双宿主机更好的安全性和可用性。

但是，如果侵袭者设法侵入堡垒主机，则在堡垒主机和其余内部主机之间没有任何保护网络安全的措施。路由器同样会出现这样的问题，如果路由器被损害，则整个网络对侵袭者是开放的。因此，被屏蔽子网体系结构变得日益普及。

3. 被屏蔽子网体系结构

在被屏蔽主机结构中，堡垒主机最容易受到攻击。而且内部网对堡垒主机是完全公开的，入侵者只要破坏了这一层的保护，那么入侵也就大功告成了。被屏蔽子网结构就是在被屏蔽主机结构中再增加一台路由器的安全机制，这台路由器的意义就在于它能够在内部网和外部网之间构筑出一个安全子网，从而使得内部网与外部网之间有两层隔断。要想侵入用这种体系结构构筑的内部网络，侵袭者必须通过两个路由器，即使侵袭者已设法侵入堡垒主机，则仍然必须通过内部路由器。

一些站点还可以在外部与内部网络之间建立分层系列的周边网。信任度低的和易受侵袭的服务被放置在外层的周边网上，远离内部网络，在周边网络中设置堡垒主机，堡垒主机是运行代理服务的一台安全性很高的计算机，它是内部网络和外部网络的连接点。这样增加了内部网络的安全性，即使侵袭者侵入外层周边网的机器，由于在外层周边网和内部网络之间有了附加安全层，也将难以成功地侵袭内部的机器。而且由于外部网络和内部网络不能直接通信，防火墙系统管理方便，系统安全性高，但是对子网中堡垒主机安全性要求更高。

被屏蔽子网防火墙系统使用了两个包过滤路由器和一个堡垒主机。这个防火墙系统建立的是最安全的防火墙系统，因为在定义了被屏蔽子网防火墙系统网络后，它支持网络层和应用层安全功能。网络管理员将堡垒主机、信息服务器、Modem 组，以及其他公用服务器放在周边网中。周边网很小，处于 Internet 和内部网络之间。通过被屏蔽子网防火墙系统网络直接进行信息传输是严格禁止的。

对于进来的信息，外面的路由器用于防范通常的外部攻击（如源地址欺骗和源路由攻击），并管理 Internet 到周边网的访问。它只允许外部系统访问堡垒主机（还可能有信息服务器）。其中的路由器提供第二层防御，只接收源于堡垒主机的数据包，负责的是管理周边网到内部网络的访问。

对于去往 Internet 的数据包，里面的路由器管理内部网络到周边网络的访问。它允许内部系统只访问堡垒主机（还可能访问信息服务器）。外面的路由器上的过滤规则要求使用代理服务（只接收来自堡垒主机的去往 Internet 的数据包）。

如果入侵者仅仅侵入到周边网络中的堡垒主机，则其只能偷看到周边的信息流，而看不到内部网的信息流，因此即使堡垒主机受到损害也不会危及内部网的安全。

内部路由器（又称阻塞路由器）位于内部网和周边网之间，用于保护内部网不受周边互联网的侵害。它完成防火墙的大部分的过滤工作，在包过滤规则认为安全的前提下，它允许某些站点的服务在内外网之间互相传送。

被屏蔽子网防火墙系统外部路由器的一个主要功能是保护周边网的主机，但这种保护不是很必要的，因为这主要是通过堡垒主机来进行安全保护的。外部路由器还可以防止部分 IP 欺骗，因为内部路由器分辨不出一个声称从非军事区来的数据包是否真的从非军事区而来，而外部路由器很容易分辨出真伪。在堡垒主机上，可以运行各种各样的代理服务器。

采用了屏蔽子网体系结构的堡垒主机很坚固，不易被入侵者控制，万一堡垒主机被控制，入侵者仍然不能直接侵袭内部网络，内部网络仍受到内部过滤路由器的保护。

如果没有周边网，那么入侵者控制了堡垒主机后就可以监听整个内部网络的对话了。把堡垒主机放在周边网络上，即使入侵者控制了堡垒主机，其所能侦听到的内容是有限的，即只能侦听到周边网络的数据，而不能侦听到内部网上的数据。内部网络上的数据包虽然在内部网上是广播式的，但内部过滤路由器会阻止这些数据包流入周边网络。

4．防火墙体系结构的其他形式

（1）将屏蔽子网结构中的内部路由器和外部路由器合并。

只有用户拥有功能强大并且很灵活的路由器时才能将一个网络的内部路由器和外部路由器合并。此时，用户仍由周边网连接在路由器的一个接口上，而内部网络连接在路由器的另一个接口上。

（2）合并屏蔽子网结构中堡垒主机与外部路由器。

这种结构由双宿堡垒主机来执行原来的外部路由器的功能。双宿主机进行路由会缺乏专用路由器的灵活性及性能，但是在网速不高的情况下，双宿主机可以胜任路由的工作。所以这种结构同屏蔽子网结构相比没有明显的新弱点。但堡垒主机完全暴露在互联网上，因此要更加小心地保护它。

（3）使用多台堡垒主机。

出于对堡垒主机性能、冗余和分离数据或者分离服务的考虑，用户可以用多台堡垒主机构筑防火墙，如可以让一台堡垒主机提供一些比较重要的服务（SMTP 服务、代理服务等），而让另一台堡垒主机提供由内部网向外部网提供的服务（如匿名 FTP 服务）等。这样，外部网用户对内部网的操作就不会影响内部网用户的操作。即使在不向外部网提供服务的情况下，也可以使用多台堡垒主机以实现负载平衡，提高系统效能。

（4）使用多台外部路由器。

连接多个外部路由器到这样的外部网路上不会带来明显的安全问题。外部路由器受损害的机会增加了，但在一个外部路由器上受损害不会带来特别的威胁。

（5）使用多个周边网络。

用户还可以使用多个周边网络来提供冗余，设置两个（或两个以上）的外部路由器，两个周边网络，以及两个内部路由器可以保证用户与互联网之间没有单点失效的情况，加强了网络的安全和可用性。

总的说来，一个好的防火墙系统应具有以下 5 方面的特性。

（1）所有在内部网络和外部网络之间传输的数据都必须能够通过防火墙。

（2）只有被授权的合法数据，即防火墙系统中安全策略允许的数据，可以通过防火墙。

（3）防火墙本身不受各种攻击的影响。

（4）使用目前新的信息安全技术，比如现代密码技术、一次口令系统、智能卡。

（5）人机界面良好，用户配置使用方便，易管理。系统管理员可以方便地对防火墙进行设置，对 Internet 的访问者、被访问者、访问协议及访问方式进行控制。

但是，即使具备这些特性，防火墙还是有它不可避免的缺陷。

（1）不能防范恶意的知情者。防火墙可以禁止系统用户通过网络连接发送专有的信息，但用户可以将数据复制到磁盘、磁带上带出去。如果入侵者已经在防火墙内部，那么防火墙是无能为力的。

（2）防火墙不能防范不通过它的连接。防火墙能够有效防止通过它进行传输信息，然而不能防止不通过它而传输的信息。例如，如果站点允许对防火墙后面的内部系统进行拨号访问，那么防火墙没有办法阻止入侵者进行拨号入侵。

（3）防火墙几乎不能防范病毒。普通防火墙虽然扫描通过它的信息，但一般只扫描源地址、目的地址和端口号，而不扫描数据的确切内容。

（4）防火墙不能防备全部的威胁。防火墙被用来防备已知的威胁，但它一般不能防备新的未知的威胁。

8.2.4 个人防火墙技术

使用深度防御（或者分层安全）方法，本地网络可以通过企业防火墙、家庭办公室防火墙或者一组具有限制的路由器 ACLL 过滤器，从 Internet 中保护起来。然而，这并不能保护主机不受内部网络攻击。公司职员或者在校生可能在该组织的安全范围内，在任何媒介中引入安全威胁，这些媒介包括下载的光盘映像、软盘及来自其家庭的 ZIP 磁盘。将威胁引入组织中的另一个可能是通过笔记本式计算机。随着移动计算的便携性和功能性的提高，以及宽带连接的广泛出现，笔记本式计算机经常在公司防火墙的保护之外被使用。通过这两种情况中的任一种，网络安全威胁都会被带入到安全范围内。这些威胁可以通过个人防火墙来解决。

个人防火墙是一种个人行为的防范措施，是基于主机的软件防火墙；这种防火墙不需要特定的网络设备，只要在用户所使用的计算机上安装软件即可。由于网络管理者可以远距离地进行设置和管理，终端用户在使用时不必特别在意防火墙的存在，极为适合小企业和个人等的使用。个人防火墙把用户的计算机和公共网络分隔开，它检查到达防火墙两端的所有数据包，无论是进入还是发出，从而决定该拦截这个包还是将其放行，是保护个人计算机接入互联网的有效措施。

常见的个人防火墙有天网防火墙个人版、瑞星个人防火墙、360木马防火墙、费尔个人防火墙、江民黑客防火墙和金山网镖等。这些个人防火墙都帮助用户对系统进行监控及管理，防止计算机病毒、流氓软件等程序通过网络进入用户的计算机或在用户未知情况下向外部扩散。这些软件都能够独立运行于整个系统中或针对个别程序、项目，所以在使用时十分方便及实用。

1. 个人防火墙的主要功能

1）网络数据包处理

个人防火墙会检查所有通过的信息包中的包头信息，并按照用户所设定的安全过滤规则过滤信息包。如果防火墙设定某一 IP 为危险，则从这个地址而来的信息都会被防火墙屏蔽掉。由此可见，个人防火墙核心技术是实现在 Windows 操作系统下的网络数据包的拦截。

2）系统的日志

网络系统的日志是每个防火墙软件必不可少的主要功能，它记录着防火墙软件监听到发生的一切事件，如入侵者的来源、协议、端口、时间等。网络系统日志的实现比较简单，将网络监听到的事件信息写入文件即可。

3）安全规则设置

个人防火墙的安全规则就是对用户终端所使用的局域网、互联网的内制协议进行设置，使网络数据包处理模块可以根据设置对网络数据包进行处理，从而达到系统的最佳安全状态。个人防火墙软件的安全规则方式可分为两种：一种是定义好的安全规则，就是把安全规则定义成几种方案，一般分为低、中、高三种，这样不懂网络协议的用户也可以根据自己的需要灵活地设置不同的安全方案；另一种就是用户自定义的安全规则，这需要用户在了解了网络协议的情况下，根据自己的安全需要对某个协议进行单独设置。

2. 个人防火墙的设置

个人防火墙一般提供了普通设置和高级设置两种。前者主要提供给普通用户使用，而后者则提供给对于网络安全有着相当了解的专业级用户使用。究竟选择哪一种取决于用户对自己的定位。

在普通设置中，个人防火墙提供了几个档次选项。在最高选项的时候，个人防火墙将关闭所有端口的服务，其他人无法通过端口的漏洞来入侵用户的计算机，而且就算是计算机中已经存在了木马的客户端程序，也不会受到入侵者的控制。用户可以用浏览器访问 WWW，但无法使用 QQ 等软件。如果需要使用聊天类服务，或者安装了 FTP Server HTTP，则不要选择此选项。在选择中档选项的时候，个人防火墙将关闭所有 TCP 端口服务，但 UDP 端口服务开放，别人无法通过端口的漏洞来入侵计算机系统。这个选项阻挡了几乎所有的蓝屏攻击和信息泄露问题，而且不会影响普通网络软件的使用。在选择低档选项的时候，个人防火墙阻挡了某些常用的蓝屏攻击和信息泄露问题，但不能够阻挡后门、木马软件，所以不推荐使用。如果是高级用户，需要自定义配置，则需进入高级设置进行配置。

在高级设置中，个人防火墙一般会提供许多具体的选项。考虑到复杂性问题，只对简单的选项进行介绍，其他选项可参考相应软件的使用说明来进行配置。

1）禁止 ICMP 服务

关闭时无法进行 PING 的操作，即别人无法用 PING 的方法来确定用户计算机系统的存在。当有 ICMP 数据流进入计算机系统时，除了正常情况外，一般是有人利用专门软件进攻用户计算机系统，这是一种在 Internet 上比较常见的攻击方式之一，主要分为 Flood 攻击和 Nuke 攻击两类。ICMP Flood 攻击通过产生大量的 ICMP 数据流来消耗计算机的 CPU 资源和网络的有效带宽，使得计算机系统的服务不能正常处理数据，进行正常运作。ICMP Nuke 攻击通过 Windows 平台的内部安全漏洞，使得连接到互联网络的计算机系统在遭受攻击的时候出现系统崩溃的情况，不能再正常运作，也就是常说的蓝屏炸弹。该协议对于普通用户来说是很少使用的，建议禁用此功能。

2）禁止 IGMP 服务

IGMP 和 ICMP 差不多的协议，除了可以利用该协议发送蓝屏炸弹外，还会被后门软件利用。当有 IGMP 数据流进入计算机系统时，有可能是 DDoS 的宿主向计算机系统发送 IGMP 控制的信息，如果计算机系统上有 DDoS 的 Slave 软件，这个软件在接收到这个信息后将会对指定的网站发动攻击，此时计算机系统就成了黑客的帮凶。

3）禁止 UDP 监听服务

UDP 监听服务关闭时，计算机系统上所有的 UDP 服务功能都将失效。但通过 UDP 方式进行蓝屏攻击比较少见，有可能会被用来激活木马客户端程序。注意，如果用户使用了 ICQ，就不可以关闭此功能。

4）禁止 TCP 监听服务

TCP 监听服务关闭时，计算机系统上所有的 TCP 端口服务功能都将失效。这是一种对付木马客户端程序的有效方法，因为这些程序也是一种服务程序，由于关闭了 TCP 端口的服务功能，外部几乎不可能与这些程序进行通信。而且，对于普通用户来说，在互联网上只是用于 WWW 浏览，关闭此功能不会影响用户的操作。但要注意，当计算机系统要执行一些服务程序，如 FTP、HTTP 服务时，一定要使该功能正常。而且，如果用户用 ICQ 来接收文件，也一定要将该功能恢复正常，否则将无法收到别人的 ICQ 信息。另外，关闭了此功能后，也可以防止大部分的端口扫描。

5）禁用 NetBIOS 协议

当有人在尝试使用微软公司网络共享服务端口（139 端口）连接计算机系统时，如果没有做好安全措施，可能会使该用户在自身不知道和未被允许的情况下，计算机系统里的私人文件在网络上被任何人在任何地方控制，如进行打开、修改或删除等操作。将 NetBIOS 设置为失效时，计算机系统上所有共享服务功能都将关闭，其他用户在资源管理器中将看不到该用户计算机系统的共享资源。注意：如果在失效前，其他连接用户已经打开了该用户计算机系统上的资源，那么其仍然可以访问那些资源，直到断开这次连接为止。建议：在局域网中打开该功能，在互联网中关闭该功能。

3．个人防火墙的安全记录

当运行了个人防火墙并且想检测它的效果时，可以查看个人防火墙的安全。在安全记录中，个人防火墙会提供它所发现的所有进入计算机系统的数据流的来源 IP 地址、使用的协议、端口、针对数据进行的操作、时间等基本信息。如果需要更为详尽的解释，还可以双击相应的记录来查看，从中可以获得大量的网络安全信息。

8.3 第四代防火墙技术实现方法与抗攻击能力分析

8.3.1 第四代防火墙技术实现方法

在第四代防火墙产品的设计与开发中，安全内核、代理系统、多级过滤、安全服务器和鉴别与加密是关键所在。

1. 安全内核的实现

第四代防火墙是建立在安全操作系统之上的,安全的操作系统来自对专用操作系统的安全加固和改造,从现有的诸多产品看,对安全操作系统内核的固化与改造主要从以下几方面进行:取消危险的系统调用;限制命令的执行权限;取消 IP 的转发功能;检查每个分组的接口;采用随机连接序号;驻留分组过滤模块;取消动态路由功能;采用多个安全内核。

2. 代理系统的建立

防火墙不允许任何信息直接穿过它,对所有的内外连接均要通过代理系统来实现,为保证整个防火墙的安全,所有的代理都应采用改变根目录的方式存在一个相对独立的区域以进行安全隔离。在所有的连接通过防火墙前,所有的代理要检查已定义的访问规则,这些规则控制代理的服务,并根据以下内容处理分组:源地址、目的地址、时间、同类服务器的最大数量。所有外部网络到防火墙内部或 SSN 的连接由进站代理处理,进站代理要保证内部主机了解外部主机的所有信息,而外部主机只能看到防火墙之外或 SSN 的地址。所有从内部网络或 SSN 通过防火墙与外部网络建立的连接由出站代理处理,出站代理必须确保由它代表的内部网络与外部地址相连,防止内部网址与外部网址的直接连接,同时要处理内部网络到 SSN 的连接。

3. 分组过滤器的设计

作为防火墙的核心部件之一,过滤器的设计要尽量做到减少对防火墙的访问。过滤器在调用时将被下载到内核中执行,服务终止时,过滤规则会从内核中消除,所有的分组过滤功能都在内核中 IP 堆栈的深层运行,极为安全。分组过滤器包括以下参数:进站接口、出站接口、IP 协议特征、允许的连接、源端口范围、源地址、目的地址、目的端口的范围。对每一种参数的处理都要充分体现设计原则和安全政策。

4. 安全服务器的设计

安全服务器的设计有两个要点:第一,所有 SSN 的流量都要隔离处理,即从内部网和外部网而来的路由信息流在机制上是分离的;第二,SSN 的作用类似于两个网络,它看上去像是内部网络,因为它对外透明,又像是外部网络,因为它从内部网络对外访问的方式十分有限。SSN 上的每一个服务器都是隐蔽在 Internet 中的,SSN 提供的服务对外部网络而言像防火墙的功能,由于地址转换是透明的,因此对各种网络应用没有限制。实现 SSN 的关键在于:解决分组过滤器与 SSN 的连接、支持通用防火墙对 SSN 的访问、支持代理服务。

5. 鉴别与加密的考虑

鉴别与加密是防火墙识别用户、验证访问和保护信息的有效手段,鉴别机制除了提供安全保护之外,还有安全管理功能。目前,国外防火墙产品中广泛使用令牌鉴别方式,具体方法有两种:一种是加密卡;另一种是 Secure ID,这都是一次性口令的生成工具。对信息内容的加密与鉴别则涉及加密算法和数字签名技术,除 PEM、PGP 和 Kerberos 外,国外防火墙产品中尚没有更好的机制出现。由于加密算法涉及国家网络空间安全和主权,因此各国有不同的要求。

8.3.2 第四代防火墙的抗攻击能力分析

作为一种安全防护设备,防火墙在网络中自然是众多攻击者的目标,故抗攻击能力也是防火墙的必备功能。在 Internet 环境中针对防火墙的攻击方法很多,下面从几种主要的攻击方法来评估第四代防火墙的抗攻击能力。

1. IP 假冒攻击

IP 假冒是指一个非法的主机假冒内部的主机地址，骗取服务器的"信任"，从而达到对网络的攻击目的。由于第四代防火墙知道网络内外的 IP 地址，它会丢弃所有来自网络外部但有内部地址的分组。另外，防火墙已将网络的实际地址隐蔽起来，外部用户很难知道内部的 IP 地址，因而难以攻击。

2. 抗特洛伊木马攻击

第四代防火墙是建立在安全的操作系统之上的，其安全内核中不能执行下载的程序，故而可防止特洛伊木马的发生。必须指出的是，防火墙能抗特洛伊木马的攻击并不表明受其保护的某个主机也能防止这类攻击。事实上，内部用户可通过防火墙下载程序，并执行下载的程序。

3. 抗口令字探寻攻击

在网络中探寻口令字的方法很多，最常见的是口令字嗅探和口令字解密。嗅探指监测网络通信、截获用户传给服务器的口令字，记录下来后使用；解密指采用强力攻击，猜测或截获含有加密口令字的文件，并设法解密。此外，攻击者还常常利用一些常用口令字直接登录。第四代防火墙采用了一次性口令字和禁止直接登录防火墙的措施，能有效防止对口令字的攻击。

4. 抗网络安全性分析

网络安全性分析工具本是供管理人员分析网络安全性之用的，一旦这类工具用作攻击网络的手段，则能较方便地探测到内部网络的安全缺陷和弱点所在。目前，SATAN 软件可以从网上免费获得，Internet Scanner 可从市面上购买，这些分析工具给网络安全构成了直接威胁。第四代防火墙采用了地址转换技术，将内部网络隐蔽了起来，使网络安全分析工具无法从外部对内部网做分析。

5. 抗邮件诈骗攻击

邮件诈骗也是越来越突出的攻击方式，第四代防火墙不接收任何邮件，故难以采用这种方式对它进行攻击。值得一提的是，防火墙不接收邮件，并不表示它不让邮件通过，实际上用户仍可收发邮件，内部用户要防邮件诈骗，最终的解决办法是对邮件进行加密。

8.4 防火墙技术的发展新方向

8.4.1 透明接入技术

随着防火墙技术的发展，安全性高、操作简便、界面友好的防火墙逐渐成为市场热点，简化防火墙设置，提高安全性能的透明模式和透明代理成为衡量产品性能的重要指标。

透明模式首要的特点就是对用户是透明的，即用户意识不到防火墙的存在。要想实现透明模式，防火墙必须在没有 IP 地址的情况下工作，不需要对其设置 IP 地址，用户也不知道防火墙的 IP 地址。防火墙采用了透明模式，用户就不必重新设定和修改路由，防火墙就可以直接安装和放置到网络中使用，如交换机一样不需要设置 IP 地址。

透明模式防火墙就好比一台网桥（非透明的防火墙就好比一台路由器），网络设备（包括主机、路由器、工作站等）和所有计算机的设置（包括 IP 地址和网关）无需改变，同时解析所有通过它的数据包，既增加了网络的安全性，又降低了用户管理的复杂程度。

透明模式的原理是这样的：假设 A 为内部网络客户机，B 为外部网络服务器，C 为防火墙。当 A 对 B 有连接请求时，TCP 连接请求被防火墙截取并加以监控。截取后当发现连接需要使用代理服务器时，A 和 C 之间首先建立连接，然后防火墙建立相应的代理服务通道与目标 B 建立连接，由此通过代理服务器建立 A 和目标地址 B 的数据传输途径。从用户的角度看，A 和 B 的连接是直接的，而实际上 A 是通过代理服务器 C 和 B 建立连接的。反之，当 B 对 A 有连接请求时原理相同。由于这些连接过程是自动的，不需要客户端手工配置代理服务器，甚至用户根本不知道代理服务器的存在，因而对用户来说是透明的。

下面介绍一种通过分析 ARP 代理和路由技术的原理，在假设堡垒主机已经具有了透明代理功能的基础上研究的一种透明接入技术及其实现。

地址解析协议（Address Resolution Protocol，ARP）即用于把网络层地址映射到数据链路层地址。通常，当系统传递一个数据包时，它传递给对应的物理层，所以它必须知道物理地址。

每个计算机内都有一个 ARP 表，用来维护 IP 地址和物理地址的对应。ARP 代理（ARP Proxy）在路由器和内部子网主机之间起着传递 ARP 包的作用。由于堡垒主机位于路由器和内部子网主机之间，正常情况下，路由器和内部子网主机的 ARP 包无法相互到达，需要先将 ARP 包发到防火墙上。ARP 代理所要做的就是当路由器发送 ARP 广播包询问子网内的某一主机的硬件地址时，它用堡垒主机的一个 MAC 地址回送 ARP 单播包；当子网内的某一主机发送 ARP 广播包询问路由器的硬件地址时，ARP 代理也用堡垒主机的另一个 MAC 地址回送 ARP 单播包，因此路由器和子网主机都认为将 IP 包发给了对方，而实际上是发给了堡垒主机后又进行了转发，从而隐藏了堡垒主机的存在。

堡垒主机在路由器与内部子网之间要实现 IP 转发，所以在完成 ARP 代理的工作之后还需要设置路由，使其透明地将 IP 数据包转发到目标主机上。通常堡垒主机上至少装有两块网卡，一块负责与外部网络通信，一块负责与内部网络通信。透明接入与非透明接入在网络拓扑结构上的最大区别就是，非透明接入堡垒主机的两块网卡分别位于两个网段，而透明接入堡垒主机的两块网卡和子网在同一个网段。

假如堡垒主机有两块网卡，分别是 eth0 和 eth1，内部子网的 IP 为 120.0.0.*，则堡垒主机上的路由设置规则如下：所有来自路由器的 IP 数据包，由 eth0 上传至应用层交应用代理处理后再下传到 eth1，发往子网中的目标主机；所有来自子网去往外网的 IP 数据包，由 eth1 上传至应用层交应用代理处理后再下传到 eth0，发往路由器。同 ARP 代理的道理一样，路由器和内部子网的 IP 包都是直接发给对方的，所以堡垒主机的路由对它们而言也是完全透明的。

由上可见，透明接入的关键技术包括 ARP 代理和路由转发，具体的实现分为以下 3 步。

1. 用 ARP 代理在网络接口层实现路由器和子网的透明连接

在堡垒主机的 ARP 表中添加两个条目：一是将路由器的 IP 和本机 eth1 的 MAC 地址绑定（当子网发送 ARP 广播包询问路由器所在时，本机用 eth1 的 MAC 地址响应，从而子网机器将 IP 数据包发往本机）；二是将子网的 IP 和本机 eth0 的 MAC 地址绑定（当路由器发送 ARP 广播包询问子网某一主机所在时，本机用 eth0 的 MAC 地址响应，从而路由器将 IP 数据包发往本机）。ARP 表如下所示：

```
Internet Address  Physical Address    Netmask          Type
120.0.0.0         00-90-b1-35-10-00   255.255.255.0    dynamic
120.0.0.5         00-50-ba-b2-e4-f0   255.255.255.255  dynamic
```

2. 用路由转发在 IP 层实现 IP 数据包的传递

在堡垒主机的 Route 表中添加两个条目：一是将目标主机是路由器的 IP 数据包交给本机 eth0 转发（当子网发送 IP 数据包给路由器时，IP 数据包先到达堡垒主机和子网相连的 eth1，必须由 eth0

转发给路由器);二是将目标主机是子网主机的 IP 数据包交本机 eth1 转发(当路由器发 IP 数据包给子网主机时,IP 数据包先到达堡垒主机和路由器相连的 eth0,必须由 eth1 转发给子网主机)。

3. 用端口重定向实现 IP 包上传到应用层

结合堡垒主机的代理服务器功能,有些 IP 数据包需要经由应用代理程序检查后才能决定是否转发,所以利用 IPchains 的端口重定向功能将 IP 数据包上传到应用层。在堡垒主机的 IPchains 规则表中添加相应的代理服务条目,如需要将 IP 数据包提交 Telnet 代理服务程序处理,则 IPchains 表如下所示:

```
/sbin/ipchains -A input -p tcp -s 120.0.0.0/24 -d 120.0.0.0/24 23 -j REDIRECT 4444
```

透明接入技术是新一代防火墙的技术发展趋势之一,对防火墙的实际应用具有一定的参考和实用价值。

8.4.2 分布式防火墙技术

1 分布式防火墙产生的背景

传统防火墙由于被部署在网络边界而被称为边界防火墙。边界防火墙在企业内部网和外部互联网之间构成了一道屏障,负责进行网络存取控制。随着网络安全技术的深入发展,边界防火墙逐渐暴露出一些弱点,具体表现在以下几个方面。

(1)网络应用受到结构性限制

随着像 VPN 等网络技术的应用和普及,企业网边界逐步成为一个逻辑的边界,物理的边界日趋模糊,传统边界防火墙在此类网络环境的应用受到了结构性限制。因为传统的边界式防火墙依赖于物理上的拓扑结构,它从物理上将网络划分为内部网络和外部网络,这一点影响了防火墙在 VPN 上的应用,因为今天的企业电子商务要求员工、远程办公人员、设备供应商、临时雇员以及商业合作伙伴都能够自由访问企业网络,而重要的客户数据与财务记录往往也存储在这些网络上。根据 VPN 的概念,它对内部网络和外部网络的划分是基于逻辑上的,而逻辑上同处内部网络的主机可能在物理上分处内部和外部两个网络。

基于以上原因,这种传统防火墙不能在有两个内部网络之间通信需求的 VPN 网络中使用,否则 VPN 通信将被中断。虽然目前有一种 SSL VPN 技术可以绕过企业边界的防火墙进入内部网络 VPN 通信,但是应用更广泛的传统 IPSec VPN 通信中还是不能使用,除非使用专门的 VPN 防火墙。目前,许多网络设备开发、生产商都能提供 VPN 防火墙,如 Cisco、3Com 和我国的华为公司等。

2. 内部安全隐患仍存在

传统的边缘防火墙只对企业网络的周边提供保护。这些边缘防火墙会对从外部网络进入企业内部局域网的流量进行过滤和审查,但是,它们并不能确保企业内部用户之间的安全访问。这就好比给一座办公楼的大门加上一把锁,但办公楼内的每个房间却未锁一样,一旦有人通过了办公楼的大门,便可以随意出入办公楼内任何一个房间。改进这种安全性隐患的最简单的办法便是为楼内每个房间都配置一把钥匙和一把锁。边界式防火墙的作用就相当于整个企业网络大门的那把锁,但它并没有为每个客户端配备相应的安全"大锁",与上述所举示例是一样的。

另据统计,80%的攻击和越权访问来自于内部,边界防火墙在对付网络内部威胁时束手无策。因为传统的边界式防火墙设置一般都基于 IP 地址,因而一些内部主机和服务器的 IP 地址的变化将导致设置文件中的规则改变,也就是说这些规则的设定受到网络拓扑的制约。随着 IP 安全协议(如 IPSec、SSH、SSL 等)的逐渐实现,如果分处内部网络和外部网络的两台主机采用 IP 安全协议进行端到端的通信（其实以上所介绍的 SSL VPN 就是这样一种端到端通信的应用），防火墙将因为没有相应的密钥而无法看到 IP 包的内容，因而也就无法对其进行过滤。由于防火墙假设内部网络的用户可信任，所以一旦有内部主机被侵入，通常可以很容易地扩展该次攻击。对于这些问题，传统意义上的防火墙是很难解决的。

（3）效率较低和故障率高

由于边界式防火墙把检查机制集中在网络边界处的单点上，产成了网络的瓶颈和单点故障隐患。从性能的角度来说，防火墙极易成为网络流量的瓶颈。从网络可达性的角度来说，由于其带宽的限制，防火墙并不能保证所有请求都能及时响应，所以在可达性方面，防火墙也是整个网络中的一个脆弱点。边界防火墙难以平衡网络效率与安全性设定之间的矛盾，无法为网络中的每台服务器制定规则，它只能使用一个折中的规则来近似满足所有被保护的服务器的需要，因此或者损失效率，或者损失安全性。

以上介绍了传统防火墙的几个主要不足之处，当然边界式防火墙作为一种网络安全机制，不可否认它具有许多优点，其中最重要的是它能够提供外部的安全策略控制，目前仍在整个网络安全中广泛应用，起到了不可替代的作用。本章不是否定防火墙技术本身，而是想介绍一种全新的防火墙概念——分布式防火墙（Distributed Firewalls），它不仅能够保留传统边界式防火墙的所有优点，还能克服前面所说的那些缺点，在目前来说它是最为完善的一种防火墙技术。

2. 分布式防火墙的主要特点

分布式防火墙负责对网络边界、各子网和网络内部各节点之间的安全防护，所以"分布式防火墙"是一个完整的系统，而不是单一的产品。根据其所需完成的功能，新的防火墙体系结构包含如下部分。

（1）网络防火墙（Network Firewall）：这一部分有的公司采用的是纯软件方式，而有的公司提供相应的硬件支持。它用于内部网与外部网之间，以及内部网各子网之间的防护。与传统边界式防火墙相比，它多了用于内部子网之间的安全防护层，这样整个网络的安全防护体系就显得更加全面、更加可靠。其在功能上与传统的边界式防火墙类似。

（2）主机防火墙（Host Firewall）：同样也有纯软件和硬件两种产品，适用于对网络中的服务器和桌面机进行防护。这也是传统边界式防火墙所不具有的，也算是对传统边界式防火墙在安全体系方面的一个完善。它作用在同一内部子网之间的工作站与服务器之间，以确保内部网络服务器的安全。这种防火墙不仅用于内部与外部网之间的防护，还可应用于内部网各子网之间、同一内部子网工作站与服务器之间，可以说达到了应用层的安全防护，比起网络层更加彻底。

（3）中心管理（Central Management）：这是一个服务器软件，负责总体安全策略的策划、管理、分发及日志的汇总。这是新的防火墙的管理功能，也是以前传统边界防火墙所不具有的。这样的防火墙可进行智能管理，提高了防火墙的安全防护灵活性，具备可管理性。

总之，这种新的防火墙技术具有以下几个主要特点。

① 主机驻留：分布式防火墙的最主要特点就是采用主机驻留方式，所以称之为"主机防火墙"，它的重要特征是驻留在被保护的主机上，该主机以外的网络不管是处在网络内部还是网络外部都认为是不可信任的，因此可以针对该主机上运行的具体应用和对外提供的服务设定针对性很强的安全策略。主机防火墙对分布式防火墙体系结构的突出贡献是，使安全策略不仅仅停留在网络与网络之间，还能把安全策略推广延伸到每个网络末端。

② 嵌入操作系统内核：这主要是针对目前的纯软件式分布式防火墙来说的，操作系统自身存在许多安全漏洞目前是众所周知的，运行在其上的应用软件无一不受到威胁。分布式主机防火墙也运行在该主机上，所以其运行机制是主机防火墙的关键技术之一。为自身的安全和彻底堵住操作系

统的漏洞，主机防火墙的安全监测核心引擎要以嵌入操作系统内核的形态运行，直接接管网卡，在对所有数据包进行检查后提交给操作系统。为实现这样的运行机制，除防火墙厂商自身的开发技术外，与操作系统厂商的技术合作也是必要的条件，因为这需要一些操作系统不公开内部技术接口。不能实现这种分布式运行模式的主机防火墙由于受到操作系统安全性的制约，存在着明显的安全隐患。

③ 类似于个人防火墙：个人防火墙是一种软件防火墙产品，它是在分布式防火墙之前出现的一类防火墙产品，它是用来保护单一主机系统的。分布式针对桌面应用的主机防火墙与个人防火墙有相似之处，如它们都对应个人系统，但其差别又是本质性的。首先它们的管理方式迥然不同，个人防火墙的安全策略由系统使用者自己设置，目标是防外部攻击，而针对桌面应用的主机防火墙的安全策略由整个系统的管理员统一安排和设置，除了对该桌面机起到保护作用之外，也可以对该桌面机的对外访问加以控制，并且这种安全机制是桌面机的使用者不可见和不可改动的。其次，不同于个人防火墙面向个人用户，针对桌面应用的主机防火墙是面向企业级客户的，它与分布式防火墙其他产品共同构成一个企业级应用方案，形成一个安全策略中心统一管理，安全检查机制分散布置的分布式防火墙体系结构。

④ 适用于服务器托管：互联网和电子商务的发展促进了互联网数据中心的迅速崛起，其主要业务之一就是服务器托管服务。对服务器托管用户而言，该服务器逻辑上是其企业网的一部分，只不过物理上不在企业内部，对于这种应用，边界防火墙解决方案就显得比较牵强了，而针对服务器的主机防火墙解决方案则是其一个典型应用。对于纯软件式的分布式防火墙，用户只需在该服务器上安装主机防火墙软件，并根据该服务器的应用设置安全策略即可，并可以利用中心管理软件对该服务器进行远程监控，不需额外租用新的空间放置边界防火墙。对于硬件式的分布式防火墙因其通常采用 PCI 卡式，通常兼顾网卡作用，所以可以直接插在服务器机箱里面，也就无需单独的空间托管费了，对于企业来说更加实惠。

3. 分布式防火墙的主要优势

在新的安全体系结构下，分布式防火墙代表新一代防火墙技术的潮流，它可以在网络的任何交界和节点处设置屏障，从而形成了一个多层次、多协议，内外皆防的全方位安全体系。其主要优势如下。

（1）增强的系统安全性：增加了针对主机的入侵检测和防护功能，加强了对来自内部的攻击的防范，可以实施全方位的安全策略。

在传统边界式防火墙应用中，企业内部网络非常容易受到有目的的攻击，一旦已经接入了企业局域网的某台计算机，并获得这台计算机的控制权，便可以利用这台机器作为入侵其他系统的跳板。而最新的分布式防火墙将防火墙功能分布到网络的各个子网、桌面系统、笔记本式计算机以及服务器上。分布于整个公司内的分布式防火墙使用户可以方便地访问信息，而不会将网络的其他部分暴露在潜在非法入侵者面前。凭借这种端到端的安全性能，用户通过内部网、外联网、虚拟专用网，以及远程访问实现与企业的互连不再有任何区别。分布式防火墙还可以使企业避免发生由于某一台端点系统的入侵而导致向整个网络蔓延的情况发生，同时也使通过公共账号登录网络的用户无法进入那些限制访问的计算机系统。另外，由于分布式防火墙使用了 IP 安全协议，能够很好地识别在各种安全协议下的内部主机之间的端到端网络通信，使各主机之间的通信得到了很好的保护。所以分布式防火墙有能力防止各种类型的被动和主动攻击。特别在当我们使用 IP 安全协议中的密码凭证来标志内部主机时，基于这些标志的策略对主机来说无疑更具可信性。

（2）提高了系统性能：消除了结构性瓶颈问题，提高了系统性能。

传统防火墙由于拥有单一的接入控制点，无论对网络的性能还是对网络的可靠性都有不利的影响。虽然目前也有这方面的研究并提供了一些相应的解决方案，从网络性能角度来说，自适应防火墙是一种在性能和安全之间寻求平衡的方案；但是从网络可靠性角度来说，采用多个防火墙冗余也是一种可行的方案，但是它们不仅引入了很多复杂性，而且并没有从根本上解决该问题。分布式防火墙则从根本上去除了单一的接入点，而使这一问题迎刃而解。另一方面，分布式防火墙可以针对各个服务器及终端计算机的不同需要，对防火墙进行最佳配置，配置时能够充分考虑到这些主机上运行的应用，如此便可在保障网络安全的前提下大大提高网络运转效率。

（3）系统的扩展性：分布式防火墙随系统扩充提供了安全防护无限扩充的能力。

因为分布式防火墙分布在整个企业的网络或服务器中，所以它具有无限制的扩展能力。随着网络的增长，它们的处理负荷也在网络中进一步分布，因此它们的高性能可以持续保持，而不会像边界式防火墙一样随着网络规模的增大而不堪重负。

（4）实施主机策略：对网络中的各节点可以起到更安全的防护。

现在防火墙大多缺乏对主机意图的了解，通常只能根据数据包的外在特性来进行过滤控制。虽然代理型防火墙能够解决该问题，但它需要对每一种协议单独地编写代码，其局限性也显而易见。在没有上下文的情况下，防火墙是很难将攻击包从合法的数据包中区分出来的，因而也就无法实施过滤。事实上，攻击者很容易伪装成合法包发动攻击，攻击包除了内容以外的部分可以完全与合法包一样。分布式防火墙由主机来实施策略控制，毫无疑问，主机对自己的意图有足够的了解，所以分布式防火墙依赖主机做出合适的决定就能很自然地解决这一问题。

（5）应用更为广泛并支持 VPN 通信。

其实分布式防火墙最重要的优势在于，它能够保护在物理拓扑上不属于内部网络，但位于逻辑上的内部网络的那些主机，这种需求随着 VPN 的发展越来越多。对这个问题的传统处理方法是将远程内部主机和外部主机的通信通过防火墙隔离来控制接入，而远程"内部"主机和防火墙之间采用"隧道"技术保证安全性，这种方法使原本可以直接通信的双方必须绕经防火墙，不仅效率低而且增加了防火墙过滤规则设置的难度。与之相反，分布式防火墙的建立本身就是基本逻辑网络的概念，因此对它而言，远程"内部"主机与物理上的内部主机没有任何区别，它从根本上防止了这种情况的发生。

4．分布式防火墙的基本原理

分布式防火墙仍然由中心定义策略，但由各个分布在网络中的端点实施这些制定的策略。它依赖于3个主要概念：说明哪一类连接可以被允许禁止的策略语言、一种系统管理工具和 IP 安全协议。

策略语言：策略语言有很多种，如 KeyNote 就是一种通用的策略语言。其实只要选用的语言能够方便地表达需要的策略，具体采用哪种语言并不重要，真正重要的是如何标志内部的主机，显然，不应该再采用传统防火墙所用的对物理上的端口进行标志。以 IP 地址来标志内部主机是一种可供选择的方法，但它的安全性不高，所以更倾向于使用 IP 安全协议中的密码凭证来标志各台主机，它为主机提供了可靠的、唯一的标志，并且与网络的物理拓扑无关。

系统管理工具：分布式防火墙服务器系统管理工具用于将形成的策略文件分发给被防火墙保护的所有主机。应该注意的是，这里所指的防火墙并不是传统意义上的物理防火墙，而是逻辑上的分布式防火墙。

IP 安全协议：IP 安全协议是一种对 TCP/IP 协议族的网络层进行加密保护的机制，包括 AH 和 ESP，分别对 IP 包头和整个 IP 包进行验证，可以防止各类主机攻击。

现在来看一下分布式防火墙是如何工作的：首先由制定防火墙接入控制策略的中心通过编译器将策略语言转换成内部格式，形成策略文件；然后中心采用系统管理工具把策略文件分发给各台

"内部"主机;"内部"主机将从两方面来判定是否接收收到的包,一方面是根据 IP 安全协议,另一方面是根据服务器端的策略文件。

5. 分布式防火墙的主要功能

上面介绍了分布式防火墙的特点和优势,那么到底这种防火墙具备哪些功能呢?因为采用了软件形式(有的采用了软件+硬件的形式),所以其功能配置更加灵活,具备充分的智能管理能力,可以体现在以下几个方面。

1) **Internet 访问控制**

依据工作站名称、设备指纹等属性,使用"Internet 访问规则",控制该工作站或工作站组在指定的时间段内是否允许/禁止访问模板或网址列表中所规定的 Internet Web 服务器,某个用户可否基于某工作站访问 Web 服务器,当某个工作站/用户达到规定流量后确定是否断网。

2) **应用访问控制**

通过对网络通信从链路层、网络层、传输层、应用层基于源地址、目标地址、端口、协议的逐层包过滤与入侵监测,控制来自局域网/Internet 的应用服务请求,如 SQL 数据库访问、IPX 协议访问等。

3) **网络状态监控**

实时动态报告当前网络中所有的用户登录、Internet 访问、内网访问、网络入侵事件等信息。

4) **黑客攻击的防御**

抵御包括 Smurf 拒绝服务攻击、ARP 欺骗式攻击、PING 攻击、Trojan 木马攻击等在内的近百种来自网络内部以及来自 Internet 的黑客攻击手段。

5) **日志管理**

对工作站协议规则日志、用户登录事件日志、用户 Internet 访问日志、指纹验证规则日志、入侵检测规则日志的记录与查询分析。

6) **系统工具**

其包括系统层参数的设定、规则等配置信息的备份与恢复、流量统计、模板设置、工作站管理等。

8.4.3 智能型防火墙技术

1. 智能型防火墙的结构

通过上述分析可知,传统的包过滤型防火墙与应用代理服务防火墙形式单一,若是被外来黑客突破,整个 Intranet 网络就会完全暴露给黑客,而智能防火墙采用了一种组合结构,其结构由内外路由器、智能验证服务器、智能主机和堡垒主机组成。内外路由器在 Intranet 和 Internet 之间构筑出一个安全子网,称为非军事区(DMZ)。信息服务器、堡垒主机、Modern 组,以及其他公用服务器布置在 DMZ 中,智能验证服务器安放在 Intranet 中。

2. 智能型防火墙中的内外路由器

目前,Intranet 采用的 TCP/IP 协议族潜在着安全漏洞以及安全机制不健全等问题,Internet 上的黑客会趁机而入。为此,必须采用一系列的安全技术,进行网络安全性管理与建设。外部路由器用于防范通常的外部攻击,例如,源路由攻击、源地址欺骗等,并管理 Internet 到 DMZ 的访问。在默认情况下,它只允许外部合法系统访问堡垒主机指定端口。网络地址转换器也称为地址共享器或地址映射器,初衷是为了解决 IP 地址不足,现多用于网络安全。而内部路由器则用于 DMZ 与 Intranet 之间的 IP 包过滤等,保护 Intranet 不受 DMZ 和 Internet 的侵害,防止在 Intranet 上广播的数据包流入 DMZ 的网络。在默认情况下，内部路由器允许任意主机的请求到达堡垒主机，不允许未经验证的外部主机的访问到达 Intranet。

3．智能型防火墙的工作原理及其实现方法

前面描述了智能型防火墙中的内外路由器的工作过程，并由此可知，Intranet 主机向 Internet 主机连接时，使用同一个 IP 地址；相反的，Internet 主机向 Intranet 主机连接时，必须通过网关映射到 Intranet 主机上。它使 Internet 看不到 Intranet，从而隐藏了 Intranet。无论何时，DMZ 上堡垒主机中的应用过滤管理程序可通过安全隧道与 Intranet 中的智能验证服务器进行双向保密通信，智能验证服务器可以通过保密通信修改内外路由器的路由表及过滤规则。整个防火墙系统的协调工作主要由专门设计的应用过滤管理程序和智能验证服务程序来控制执行，其分别运行在堡垒主机和智能服务器上。

4．智能型防火墙的堡垒主机及其实现方法

堡垒主机是 Internet 与 Intranet 的连接点。这个连接点的地位不但重要，而且易受攻击，应用保证较高的系统安全性，我们对源代码公开的 Linux 操作系统做了严格的安全化处理，选用安全化的 Linux 系统作为堡垒主机的操作系统。具体安全化的做法：对保留的一些基本网络服务，如 SMTP、FTP、WAIS、HTTP、Gopher 等，对其代码进行了改写，把其中的过滤功能从这些服务中分离出来；专门建立了一个称为应用过滤管理器的模块，该模块运行在堡垒主机上，对净化后的所有网络应用代理服务进行统一调度管理。应用过滤管理器主要的工作是对到达堡垒主机的信息包在协议最低层完全截取，其后从低层协议到高层协议逐层分析信息包，从中提取与安全策略相关的信息，并且保密地传送到智能验证服务器中进行分析；同时，负责接收智能验证服务器保密回传的应用代理过滤信息。而应用过滤管理器负责对相关应用代理过滤功能进行配置，同时激活相应代理进行工作。

5．智能型防火墙的智能验证服务器及其实现方法

智能验证服务器是智能型防火墙的安全决策控制中心。该服务器上应该保存有多个与安全决策有关的数据库，即过滤策略数据库、网络安全知识库与网络安全数据库等。各个数据库可以通过统一的人机接口由具有相应权限的网络管理员查阅与修改。各网络数据库功能如下。

其一，过滤策略数据库是存放推理机产生过滤策略的内部形式，供过滤原文发生器对照前后的过滤策略，产生过滤指令。

其二，网络安全知识库中保存了网络专家判断和处理各类网络攻击的经验性知识，如口令探询攻击、IP 地址欺骗、邮件攻击、Internet 蠕虫攻击等的判断处理方法，也储存了一些用于处理当前通信状态异常但不能肯定是攻击的策略性知识。

其三，安全数据库中除存有用户权限数据外，主要保存了应用过滤管理器收集的与数据有关的通信状态、应用状态和通信信息等方面的数据，供推理机比较前后数据包状态，获取更充分、更可靠的网络信息，以用于安全过滤决策。

智能验证服务器的核心是智能验证服务程序及网络数据库，也是一种专家系统，该系统主要通过堡垒主机中的应用过滤管理保密传送的信息驱动运行。若外部主机要访问 Intranet，其数据包必须得到外部路由器的放行，方能进入 DMZ；而内部路由器保证 Intranet 网络上的任何请求都能进入 DMZ；然后到达堡垒主机指定端口。其次，要看数据包的前方路由器是否有针对该数据包的过滤规则，若有规则不允许传输，该数据包就被弃掉；如果有规则允许传输，该数据包就直接通过防火墙。若是数据包不满足路由器上的任何规则，其堡垒主机上的应用过滤管理器就对该数据包在协议最低层完全截取，然后从低层协议到高层协议逐层分析数据包，再从中提取与安全策略相关的各种信息，并把提取的信息保密送给智能验证服务器分析。

在实施上述分析基础上，智能验证服务器上的通信数据接收器把接收到的信息存入网络安全数据库，网络安全数据库中数据的变化激活推理机进程工作；推理机运用安全知识库中安全专家的经验和知识，对刚刚进入网络安全数据库的信息进行分析，找出与它相关的各种数据，再比较、分析与推断，从而得出过滤策略，如有必要还可通过人机接口向网络管理员报警。网络管理员接到报警后，会做适当处理。这时过滤器的原文发生器对刚刚产生的过滤策略内部代码进行形式转换，再根据具体情况做出相应决定：或者由路由列表分配器通过保密通道修改指定路由器路由表和过滤规则，让内外主机进行直接通信；或者由代理过滤配置分配器将过滤规则通过安全隧道保密送往DMZ上的堡垒主机，由应用过滤管理器负责对相关应用代理的过滤功能进行配置，同时激活相应应用代理进行工作。由此可见，智能型防火墙中的内外路由器可以根据具体情况自动让Intranet和Internet主机进行直接通信，也可以让应用代理服务程序进行代理服务。因此采用此方案，既可发挥包过滤的高效率，又可进行应用代理更严格、更全面的安全控制。

本 章 小 结

本章首先介绍了访问控制的基本功能、原理，以及访问控制策略实施原则与控制手段，然后重点介绍了防火墙的相关技术。在计算机网络安全技术性保护措施中，访问控制是针对越权使用资源的防御措施，是网络空间安全防范和保护的主要策略，它的主要任务是保证网络资源不被非法使用和非法访问。

作为近年来新兴的保护计算机网络空间安全的技术性措施，防火墙是一种隔离控制技术，在某个机构的网络和不安全的网络之间设置障碍，阻止对信息资源的非法访问，也可以使用防火墙阻止专用信息从公司的网络上被非法输出。换言之，防火墙是一道门槛，控制进出两个方向的通信。通过限制与网络或某一特定区域的通信，以达到防止非法用户侵犯Internet和公司网络的目的。防火墙是一种被动防卫技术，由于它假设了网络的边界和服务，因此对内部的非法访问难以有效控制。所以，防火墙最适用于相对独立且外部网络互连途径有限及网络服务种类相对集中的单一网络。本章介绍了防火墙定义与功能、发展历程与分类情况；还讨论了防火墙的体系结构，以及第四代防火墙技术实现方法、抗攻击能力分析，并介绍了个人防火墙技术；最后讨论了防火墙技术发展的新方向。

习题与思考题

8.1 为什么要进行访问控制？访问控制的含义是什么？其基本任务有哪些？
8.2 访问控制包括哪些要素？
8.3 什么是自主访问控制？其方法有哪些？
8.4 防火墙技术发展有哪几代？
8.5 防火墙有哪些主要的技术类型，各有什么特点？
8.6 防火墙的体系结构有哪些？
8.7 为什么屏蔽子网体系结构能日益普及应用？
8.8 个人防火墙有哪些主要功能？
8.9 个人防火墙应怎样进行合理配置？
8.10 第四代防火墙技术有哪些特点和功能？
8.11 第四代防火墙有哪些抗攻击能力？
8.12 分布式防火墙技术有哪些特点和优势？

第 9 章 入侵防御系统

> **本 章 提 要**
>
> 网络中的一切资源都是黑客攻击的目标，蠕虫、木马等恶意代码的传播使得任何终端都可能成为黑客控制的攻击源，实施攻击的信息流无处不在，这就要求对流经网络传输的一切信息流进行检测和控制，前面讨论的网络空间安全技术无法做到这一点，入侵防御系统就是对这些网络安全技术的补充。本章主要讨论入侵手段、防火墙与杀毒软件的局限性、入侵防御系统的功能、入侵防御系统的分类、入侵防御系统的工作流程、入侵防御系统的不足、入侵防御系统的发展趋势、入侵防御系统的评价指标、网络入侵防御系统、主机入侵防御系统。

9.1 入侵防御系统概述

9.1.1 入侵手段

所有破坏网络可用性、保密性和完整性的行为都是入侵，目前黑客的入侵手段主要有恶意代码、非法访问和拒绝服务攻击。

1. 恶意代码

一是可以破坏主机系统，如删除文件；二是可以为黑客非法访问主机信息资源提供通道，如设置后门、提高黑客的访问权限；三是可以泄露主机系统的重要信息资源，如检索含有特点关键词的文件，将其压缩打包，发送给特定接收端。

2. 非法访问

一是利用操作系统或应用程序的漏洞实现信息资源的访问；二是通过穷举法破解管理员口令，从而实施对主机系统的访问；三是利用恶意代码设置的后门或为黑客建立的具有管理员权限的账号实施对主机系统的访问。

3. 拒绝服务攻击

一是利用操纵系统或应用程序的漏洞使主机系统崩溃，如发送长度超过 64KB 的 IP 分组；二是利用协议的固有缺陷耗尽主机系统资源，从而使主机系统无法提供正常服务，如 SYN 泛洪攻击；三是通过植入恶意代码而被黑客控制的主机系统（俗称僵尸）向某个主机系统（黑客攻击目标）发送大量信息流，导致该主机系统连接网络的链路阻塞，从而使该主机系统无法和其他主机系统通信，如大量僵尸同时向某个主机系统发送 UDP 报文。

9.1.2 防火墙与杀毒软件的局限性

1. 防火墙的局限性

防火墙是一种设置在网络边界、有效控制内网和外网之间信息交换的设备。例如，通过配置访问控制策略,防火墙可以将外网对非军事区中的资源的访问权限设置为只允许读取 Web 服务器中的 Web 页面和下载 FTP 服务器中的文件。但是外网对内网中终端实施的攻击往往是通过防火墙访问控制策略允许的信息交换过程完成的,如通过内网终端访问外网 Web 服务器时,或通过内网终端接收的邮件植入恶意代码,因此,在网络威胁多样化的今天,防火墙已经无法阻止来自外网的全部攻击。另外,除了来自外网的攻击,内网中植入了恶意代码的终端或内网中不怀好意的用户也有可能发起对内网中其他终端或服务器的攻击,由于这种攻击涉及的信息交换过程不需要经过防火墙,因此无法由防火墙对这类攻击进行有效防护。

2. 杀毒软件的局限性

杀毒软件可以检测出感染病毒的文件,删除或隔离病毒,防止病毒发作危害主机系统,但是杀毒软件无法对黑客利用操作系统或应用程序的漏洞实施的攻击予以防范,并且大多数杀毒软件只能检测出已知病毒,即病毒特征包含在病毒库中的病毒,无法检测出未知病毒。另外,杀毒软件无法防范拒绝服务攻击。

9.1.3 入侵防御系统的功能

入侵防御系统(Intrusion Prevision System,IPS)是一种能够对流经某个网段的信息流或发生在主机系统上的操作进行监测、分析和关联,在确定存在用于实施攻击的信息流或操作时进行反制的系统,具有如下功能。

(1)获取流经某个网段的信息流或拦截发送给操纵系统内核的操作请求的能力。
(2)检测获取的信息流或拦截到的操作请求是否具有攻击性的能力。
(3)将多个点的检测结果综合分析和关联的能力。
(4)记录入侵过程,提供审计和调查取证需要的信息能力。
(5)追踪入侵源,反制入侵行为的能力。

9.1.4 入侵防御系统分类

入侵防御系统分为两大类:主机入侵防御系统(Host Intrusion Prevention,HIPS)和网络入侵防御系统(Network Intrusion Prevention,NIPS),如图 9.1 所示。主机入侵防御系统主要用于检测到达某台主机的信息流、监测对主机资源的访问操作;网络入侵防御系统主要用于检测流经网络某段链路的信息流。

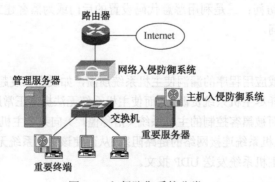

图 9.1 入侵防御系统分类

1. 主机入侵防御系统

通过网络入侵防御系统实现对主机的保护是困难的。这是因为:网络入侵防御系统只能捕获单段链路的信息流，无法对流经网络各段链路的所有信息流进行检测；网络入侵防御系统无法检测出所有已知或未知的攻击；不同的主机配置，如不同的操作系统、应用服务平台，对攻击的定义不同；当主机攻击目标时，攻击动作在主机中展开，主机是判别接收到的信息是否是攻击信息的合适之处。因此，对主机的有效保护主要是通过主机入侵防御系统实现的。主机入侵防御系统对所有进入主机的信息进行检测，对所有和主机建立的 TCP 连接进行监控，对所有发生在主机上的操作进行管制，具有如下特有的功能。

（1）有效抵御恶意代码攻击

抵御恶意代码攻击一是检测并删除恶意代码，二是阻止恶意代码对主机系统造成伤害。第一种功能和杀毒软件相似，通过在接收到的信息中检测病毒特征来发现恶意代码。由于黑客通常将恶意代码分散在多个 TCP 报文中，因此，网络入侵防御系统必须将属于同一个 TCP 连接的多个 TCP 报文的净荷拼装后才能检测出包含在信息中的病毒特征，这种处理过程非常费时，会降低网络入侵防御系统的转发速率，因此，由主机入侵防御系统完成恶意代码检测是比较合适的。第二种功能要阻止已知和未知的恶意代码对主机系统实施的攻击。网络入侵防御系统对未知攻击是很难防御的，但主机入侵防御系统由于可以监管到最终在主机上展开的操作，因此，可以通过判别操作的合理性来确定是否是攻击行为，如通过网络下载某个软件运行时，企图使用其他进程的存储空间，可以确定该软件带有存储器溢出攻击的恶意代码，主机入侵防御系统通过终止该软件的运行来阻止恶意代码可能对主机系统造成的伤害。当主机入侵防御系统监控到 Outlook 进程企图生成另一个子进程时，可以确定用户运行了邮件附件中的恶意代码，可以立即终止该子进程来防止恶意代码的传播。

（2）有效管制信息传输

主机入侵防御系统一方面可以对主机发起建立或主机响应建立的 TCP 连接的合法性监控，另一方面可以对通过这些 TCP 连接传输的信息进行检测，如果发现通过某个 TCP 连接传输的信息是主机入侵防御系统定义为敏感信息的文件内容，就可以确定主机中存在后门或间谍软件，主机入侵防御系统将立即释放该 TCP 连接并记录下该 TCP 连接的发起或响应进程，包含敏感信息文件的路径、属性和名称等相关信息，以便使网络安全管理员追踪、分析可能发生的攻击。

（3）强化对主机资源的保护

主机资源主要有 CPU、内存、连接网络的链路和文件系统等。主机入侵防御系统可以为这些资源建立访问控制阵列，访问控制阵列给出每一个用户和进程允许访问的资源、资源访问属性等，根据访问控制阵列对主机资源的访问过程进行严格控制，以此实现对主机资源的保护。

2．网络入侵防御系统

1）保护网络资源

主机入侵防御系统只能保护主机免受攻击，需要网络入侵防御系统保护节点和链路免遭攻击，如一些拒绝服务攻击就通过阻塞链路达到正常用户无法正常访问网络资源的目的。

2）大规模保护主机

主机入侵防御系统只能保护单台主机免遭攻击，如果一个系统中有成千上万台主机，那么每一台主机都安装主机入侵防御系统是不现实的。一是成本太高，二是所有主机入侵防御系统的安全策略一致也很困难。单个网络入侵防御系统可以保护一大批主机免遭攻击，如图 9.1 所示的网络入侵防御系统可以保护内网中的终端免遭外网黑客的攻击。

3）和主机入侵防御系统相辅相成

主机入侵防御系统由于能够监管发生在主机上的所有操作，而且可以通过配置列出非法或不合理的操作，从而通过最终操作的合理和合法性来判别主机是否遭到攻击，这是主机入侵防御系统能够检测出未知攻击的主要原因，有些攻击是主机入侵防御系统无法检测的，如黑客进行的主机扫描,主机入侵防御系统无法根据单个被响应或被拒绝的 TCP 连接建立请求确定黑客正在进行主机或端口扫描,但网络入侵防御系统可以根据规定时间内由同一主机发出的超量 TCP 连接建立请求确定网络正在遭受黑客的主机扫描侦察。

9.1.5 入侵防御系统工作过程

1. 网络入侵防御系统工作过程

1) 捕获信息

网络入侵防御系统是一种对经过网络传输的信息进行异常检测的设备,因此,首先必须具有捕获信息的功能。捕获信息是指获取需要检测的信息。

在网络入侵防御系统捕获内网和外网之间传输的信息的过程中,这种捕获方式要求内网和外网间传输的信息必须经过网络入侵防御系统转发,增加了网络入侵防御系统反制异常信息的能力。在网络入侵防御系统捕获终端和服务器间传输的信息的过程中,终端服务器间交换的信息不需要经过网络入侵防御系统转发,因此,网络入侵防御系统无法过滤掉异常信息。网络入侵防御系统可以捕获到的信息和网络入侵防御系统在网络中的位置有关,如捕获内网和外网之间传输的信息中的网络入侵防御系统就无法捕获内网终端间传输的信息,因此,必须根据网络拓扑结构和信息传输模式精心选择网络入侵防御系统在网络中的位置,这样才能真正起到监测网络中信息的目的。

2) 检测异常信息

第一种异常信息是包含恶意代码的信息,如一个包含病毒的网页,检测这种异常信息的方法和杀毒软件相似,需要提供病毒特征库,网络入侵防御系统通过检测信息中是否包含病毒特征库中的一种或几种特征来确定信息是否异常。第二种异常信息是信息内容和指定应用不符的信息,如目的端口号为 80,但信息内容并不是 HTTP 报文,或者,虽然是 HTTP 报文,但是报文中的一些字段的取值和 HTTP 要求不符。检测这种类型的异常信息先通过报文的目的端口字段值确定对应的应用层协议,然后通过分析报文内容是否符合协议规范来确定信息是否异常。第三种异常信息是实施攻击的信息,如指针炸弹。指针炸弹利用了服务器中的指针守护程序转发服务请求的功能,指针守护程序将符号@前面的服务请求转发给紧接在符号@后面的服务器,如果符号@后面紧接着符号@,就意味着再次转发服务请求,这样,如果某个服务请求和服务器之间有着一连串的符号@,如下列服务请求格式:

> jdoe@@@@@@@@@@NETSERVER

那么服务请求将被重复转发给服务器,导致服务器资源耗尽,因此,包含上述服务请求格式的信息就是实施攻击的信息。这种用于鉴别是否是攻击信息的字符串模式称为攻击特征,与病毒特征相似。为了鉴别攻击信息,需要建立攻击特征库,库中给出已知攻击的所有特征。对于一些攻击而言,匹配到单个攻击特征就可以确定为攻击信息,这样的攻击特征称为元攻击特征。对于其他攻击,可能需要匹配到分散在信息流中的多个攻击特征才能确定为攻击信息,这样的攻击特征称为有状态攻击特征。

3) 反制异常信息

监测到异常信息时,网络入侵防御系统可以对异常信息采取反制动作。

(1) 丢弃 IP 分组:丢弃 IP 分组分为丢弃单个 IP 分组、丢弃所有和异常信息源 IP 地址相同的 IP 分组、丢弃所有和异常信息目的 IP 地址相同的 IP 分组、丢弃所有源和目的 IP 地址都和异常信息相同的 IP 分组。

在单个 IP 分组中检测到元攻击特征,可以选择只丢弃单个包含元攻击特征的 IP 分组,以此防御黑客攻击。这种反制动作的好处是当黑客冒用有效 IP 地址实施攻击时,既有效地防御了攻击,又不对正常拥有该 IP 地址的用户造成伤害。

如果黑客攻击过程是一个包含侦察、攻击目标选择和实施攻击的漫长过程，那么应该及时阻断黑客和网络之间的联系。这种情况下，选择在一定时间范围内丢弃全部和异常信息源 IP 地址相同的 IP 分组是切断黑客和网络入侵防御系统所保护资源之间联系的有效手段，但对黑客冒用有效 IP 地址实施攻击的情况，有可能影响了正常拥有该 IP 地址的用户访问入侵防御系统所保护资源的过程。

现在的攻击过程往往是分布式攻击过程，黑客控制多个傀儡终端同时发起对某个目标的攻击。这种情况下，切断单个傀儡终端和所攻击的目标资源之间的联系并不能有效遏制攻击过程，因此，一旦检测到异常信息，就选择在一定时间范围内丢弃所有和异常信息目的 IP 地址相同的 IP 分组，这是切断所有傀儡终端和攻击目标之间联系的最简单方法，但问题是可能影响了许多正常用户访问网络入侵防御系统所保护的资源的过程。

在检测到异常信息的情况下，选择在一定时间范围内丢弃所有源和目的 IP 地址都和异常信息相同的 IP 分组是一种折中方案，将有效防御特定黑客对特定资源的攻击。

后 3 种丢弃 IP 分组的方式显得很粗糙，采用这样的丢弃方式的原因是某些资源很重要，一旦有攻击信息到达重要资源所在的服务器并成功实施攻击，后果将不堪设想，而网络入侵防御系统又无法检测出所有已知或未知的攻击，因此，在发现可能存在攻击的情况下，采取极端手段来保证重要资源的安全。这就有点像发现有人企图破坏某个重要军事设施，但又无法百分之百地检测出所有破坏者，为了确保安全，只好封锁该重要军事设施，严禁所有人靠近。

丢弃 IP 分组的反制动作只有捕获内网和外网间传输的信息时才能进行，由于捕获访问服务器的信息，这种捕获信息的方式没有转发信息的功能，因此无法实现丢弃 IP 分组的反制动作。

（2）释放 TCP 连接：一旦检测到异常信息，而该异常信息又属于某个 TCP 连接，网络入侵防御系统就通过向该 TCP 连接的发起端或响应端发送 RST 位置 1 的 TCP 控制报文来释放该 TCP 连接。前面讲的两种信息捕获方式都可以实现这种反制动作。

4）报警

由于网络入侵防御系统无法检测出所有已知或未知的攻击，而且网络入侵防御系统只能对捕获到的信息进行检测，因此，不能通过网络入侵防御系统解决整个网络的安全问题。但是每一段链路的信息流模式都是不独立的，通过对某一段链路的检测，可以分析出整个网络的信息流模式和状态，如某段链路检测出攻击信息，很可能整个网络都处于被攻击状态，因此，需要网络安全管理员对整个网络的安全进行检测，并对遭受到的攻击进行处理。当网络入侵防御系统检测到攻击信息时，不仅需要进行反制动作，还需要向控制中心报警，提醒网络安全管理员应对可能存在的攻击。

5）登记和分析

网络安全涉及多种网络安全设备，如防火墙和入侵防御系统，这些设备的布置和配置是一个复杂的工程，需要根据网络安全状态加以调整，这就需要及时了解网络遭受攻击的情况，如黑客位置、攻击类型、攻击目标及攻击造成的损失等。网络入侵防御系统在检测到攻击信息后，需要及时记录下攻击信息的源和目的 IP 地址、源和目的端口号以及攻击特征等，并由管理软件对这些信息进行分类、统计和分析，以简单明了的方式为网络安全管理员提供网络安全状态，以便网络安全管理员及时调整网络安全设备的布置和配置。

2. 主机入侵防御系统工作过程

1）拦截主机资源访问操作请求和网络信息流

恶意代码激活、感染和破坏主机资源的过程都涉及对主机资源的操作，这种操作最终通过调用操作系统内核的文件系统、内存管理系统、I/O 系统的服务功能来实现，因此，主机入侵防御系统必须能够拦截所有调用操作系统内核服务功能的操作请求，并对操作请求的合法性进行检测。黑客攻击主机的操作通过网络实现，黑客发送的攻击信息和恶意代码以信息流方式进入主机，因此，主机入侵防御系统必须能够拦截所有进入主机的信息流，并加以检测，确定是否包含攻击信息或恶意代码。

2）采集相应数据

为判别调用操作系统内核服务功能的操作请求的合法性，需要获得一些数据，如发出调用请求的应用进程及进程所属的用户、操作类型、操作对象、用户状态、主机位置、主机系统状态等，主机入侵防御系统根据这些数据来确定操作请求的合法性。

3）确定操作请求或网络信息流的合法性

必须根据正常访问规则和主机系统的安全要求设置安全策略，如除用户认可的安装操作外，不允许其他应用进程修改注册表，不允许属于某个用户的应用进程访问其他用户的私有目录等。主机入侵防御系统根据采集到的数据和安全策略确定操作是否合法。

4）反制动作

（1）终止应用进程：一旦检测到非法操作请求，立即终止发出该非法操作请求的应用进程，并释放为该应用进程分配的所有主机资源。

（2）拒绝操作请求：操作请求虽然非法，但是非法操作请求的操作结果对主机系统的破坏性不大。这种情况下，可以只拒绝该操作请求，但是不终止发出该非法操作请求的应用进程。

5）登记和分析

同样，对某台主机的攻击可能是对网络攻击的一个组成部分，因此，必须将主机遭受攻击的情况报告给网络安全管理员，以便其调整整个网络的安全策略。

9.1.6 入侵防御系统的不足

1. 主机入侵防御系统的不足

主机入侵防御系统只是一个应用程序，所监管的发生在主机上的操作往往由操作系统实现，因此，需要多个和操作系统对应的主机入侵防御系统，同时必须具有拦截用户应用程序和操作系统之间交换的服务请求和响应的能力。这样一方面会影响一些应用程序的运行，另一方面也存在监管漏洞，而且操作系统无法对主机入侵防御系统提供额外的安全保护，容易发生卸载主机入侵防御系统、修改主机入侵防御系统配置的事件。

2. 网络入侵防御系统的不足

入侵防御系统检测异常信息的机制主要有两类：一类针对已知攻击，另一类针对未知攻击。对于已知攻击，通过分析攻击过程和用于攻击的信息流模式，提取出攻击特征，建立攻击特征库。通过对捕获的信息进行攻击特征匹配来确定是否是攻击信息。只要攻击特征能够真实反映攻击信息不同于其他正常信息的特点，就有可能通过建立完整的攻击特征库来检测出已知攻击。对于未知攻击，首先建立正常操作情况下的一些统计值，如单位时间内访问的文件数、登录用户数、建立的TCP连接数和通过特定链路传输的信息流量等，然后在相同单位时间内实时统计上述参数，并将统计结果和已建立的统计值比较，如果多个参数出现比较大的偏差，就说明网络的信息流模式或主机的资源访问过程出现了异常。由于建立正常操作情况下的一些统计值时，很难保证主机和网络未受到任何攻击，因此，正常统计值的可靠性并不能保证。对于正常的网络资源访问过程，随着用户的不同，用户访问的网络资源的不同，实时统计的参数值的变化很大，因此，很容易将正常的网络资源访问过程误认为是攻击，而真正的攻击却可能因为和建立统计值时的网络操作过程相似而被认为是正常操作。

9.1.7 入侵防御系统的发展趋势

1. 融合到操作系统中

主机入侵防御系统应该成为操作系统的一部分，因为操作系统对主机资源的访问过程进行监管。用户在访问网络资源前，需要到验证中心申请证书，并在证书中列出对网络资源的访问权限，在以后进行的网络资源访问过程中，都必须在访问请求中携带证书。每当有用户访问主机资源时，操作系统必须核对用户身份和访问权限。只有拥有对该主机资源访问权限的用户才能进行访问过程，这样可以有效防止黑客攻击和内部用户的非法访问。

2. 集成到网络转发设备中

独立的网络入侵防御系统无法对流经所有网段的信息进行检测，因此存在安全漏洞。由于网络中的信息必须经过交换机、路由器等转发设备转发，因此，将网络入侵防御系统集成到网络转发设备中是实现对网络中所有信息进行检测的最佳选择。目前，因为链路带宽的提高，转发设备已成为网络性能的瓶颈，如果再由转发设备完成需要大量处理时间的入侵检测功能，势必更加影响转发设备的转发性能，因此，需要在转发设备的系统结构上进行改革，尽量采用并行处理方式和模块化结构，但是可能增加转发设备的制造成本。

9.1.8 入侵防御系统的评价指标

评价入侵防御系统的指标主要有正确性、性能和全面性。

1. 正确性

正确性要求入侵防御系统减少误报。误报是把正常的信息交换过程或网络资源访问过程作为攻击过程予以反制和报警的情况。误报一方面浪费了网络安全管理员的时间，另一方面因为网络安全管理员丧失对入侵防御系统的信任，而使入侵防御系统失去作用。入侵防御系统基于统计和规则来检测未知攻击行为，因此误报是无法避免的。减少误报的途径是建立能够正确区分正常信息（或操作）与攻击行为的统计值和规则集，由于正常访问过程对应的统计值和规则集随着应用方式、时间段的不同而不同，因而，必须随时监测、甄别正常的用户访问过程，并将监测结果实时反馈到统计值和规则集中。

2. 性能

性能是捕获和检测信息流的能力。网络入侵防御系统必须具有线速捕获、检测流经网段信息流的能力。当关键网段的信息传输速率达到 10Gb/s 时，必须相应提高实现关键网段入侵防御的网络入侵防御系统的性能，同样，主机入侵防御系统不能降低主机系统，尤其是服务器的响应服务请求的能力。

3. 全面性

全面性要求入侵防御系统减少漏报。漏报与误报相反，把攻击过程当作正常的信息交换过程或对网络资源访问过程不予干涉，从而使黑客入侵成功。同样，漏报过多将使入侵防御系统失去作用。漏报主要发生在对未知攻击的检测中，减少漏报的关键同样在于用于区分正常信息交换过程（或资源访问过程）与攻击过程的统计值和规则集，但是建立能够检测出所有未知攻击，又不会发生误报的统计值和规则集是非常困难的。

9.2 网络入侵防御系统

9.2.1 系统结构

图 9.2 所示是网络入侵防御系统的应用方式。探测器是核心设备，负责信息流捕获、分析、异常检测、反制动作执行及报警和登记等操作，通过管理端和安全管理器相连。为了安全起见，互连探测器和安全管理器的网络与信息传输网络是两个独立的网络。安全管理器负责探测器安全策略的配置，报警信息的处理，登记信息的分析、归类，最终形成有关网络安全状态的报告，并提供给网络安全管理员。

探测器可以工作在两种模式：转发和探测。转发模式从一个端口接收信息流，对其进行异常检测，在确定为正常信息的情况下，从另一个端口转发出去，图 9.2 中的探测器 2 就工作在转发模式。探测模式被动地接收信息流，对其进行处理，发现异常时，向安全管理器报警，并视需要向异常信息流的源和目的终端发送复位 TCP 连接的控制报文，图 9.2 中的探测器 1 就工作在探测模式。

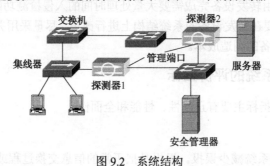

图 9.2　系统结构

9.2.2 信息捕获机制

探测器工作在转发模式时，信息流需要经过探测器进行转发，不存在捕获信息流的问题。捕获信息流机制主要讨论探测器工作在探测模式时的信息流捕获方式。

1. 集线器

图 9.3　使用集线器捕获信息流机制

集线器的所有端口构成一个冲突域，从任何一个端口进入的 MAC 帧都将从除接收到 MAC 帧端口以外的所有其他端口转发出去，因此，连接在集线器上的探测器能够采集到所有经过集线器转发的 MAC 帧，图 9.3 给出了工作在探测模式的探测器捕获终端 A 经过集线器发送给终端 B 的 MAC 帧的过程。

2. 交换机端口镜像

交换机和集线器不同，从一个端口接收到 MAC 帧后，用 MAC 帧的目的 MAC 地址检索转发表，只从转发表中和目的 MAC 地址匹配的端口转发该 MAC 帧，因此，图 9.4 中终端 A 发送给终端 B 的 MAC 帧通常只从连接终端 B 的端口转发出去，探测器是无法捕获到该 MAC 帧的。交换机提供了一种称为端口镜像的功能。某个端口配置为另一个端口的镜像后，从该端口输出的所有 MAC 帧都被复制到镜像端口。图 9.4 中，如果将交换机端口 2 配置成端口 1 的镜像，那么所有从端口 1 发送出去的 MAC 帧将复制到端口 2，从而被探测器捕获。端口之间的镜像是可以随时改变的，因此，通过将端口 2 配置为不同端口的镜像，探测器可以捕获从不同端口输出的 MAC 帧。

一般交换机支持的端口镜像功能只能实现属于同一个交换机的两个端口之间的镜像功能，这将限制端口镜像功能的信息流捕获能力，为此，有些厂家的交换机（如 Cisco 公司的交换机）支持跨交换机端口镜像功能。

图 9.5 中的探测器需要捕获所有从交换机 1 端口 1 输入的信息流，那么需要将交换机 1 端口 1、端口 2 和交换机 2 端口 1、端口 2 构成一个特定的 VLAN，所有从交换机 1 端口 1 进入的 MAC 帧，除了正常转发操作之外，还需要在特定的 VLAN 中广播，这样，终端 A 发送给终端 B 的 MAC 帧除了从交换机 1 端口 3 的正常输出外，还需要从构成特定 VLAN 的端口中广播出去，最终得到工作在探测模式的探测器。

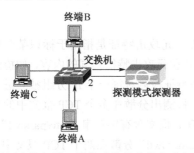
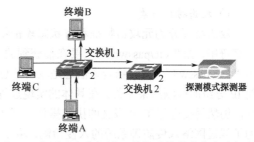

图 9.4　使用交换机端口镜像功能捕获信息流机制　　图 9.5　使用跨交换机端口镜像功能捕获信息流机制

3. 虚拟策略路由

交换机机制具有策略路由功能，可以为特定的信息流指定传输路径。特定的信息流往往通过源和目的 IP 地址、源和目的端口等用于标识信息流的属性参数确定。例如，可以在图 9.6 中的交换机端口 1 设置策略路由项，其由两部分组成，一部分是标识信息流的属性参数组合，另一部分是为符合属性参数组合条件的信息流指定的传输路径。为端口 1 设置的策略路由项如下。

属性参数组合如下。

① 源 IP 地址：192.1.1.0/24。
② 目的 IP 地址：192.1.2.0/24。
③ 协议类型：TCP。
④ 源端口号：任意。
⑤ 目的端口号：80。

传输路径：端口 2。

在端口 1 中设置了上述策略路由项后，所有符合上述属性参数组合条件的信息流都将从端口 2 转发出去。

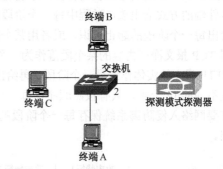

图 9.6　使用虚拟策略路由功能捕获信息流机制

虚拟策略路由中的策略路由项的作用有所改变，符合属性参数组合条件的信息流除了从指定的传输路径转发出去之外，还需要根据有无该策略路由项的情况正常进行转发操作。如果为图 9.6 中的交换机端口 1 设置上述策略路由项，那么所有经过端口 1 的符合上述组合条件的信息流除了正常转发操作外，还需要从端口 2 转发出去，工作在探测模式的探测器因而捕获这些信息流。虚拟策略路由可以使探测器捕获特定的信息流，这将为探测器的入侵检测操作带来方便。

9.2.3　入侵检测机制

目前，网络入侵防御系统的入侵检测机制主要可以分为 3 类：攻击特征检测/协议译码和异常检测。攻击特征检测和杀毒软件检测病毒的机制相同,从已发现的攻击中,提取出能够标识这一攻击的特征信息,构成攻击特征库,然后在捕获到的信息中进行攻击特征匹配操作。如果匹配到某个攻击特征,则说明捕获到的信息就是攻击信息。协议译码对 IP 分组格式、TCP 报文格式进行检测,并根据 TCP 报文的目的端口字段值或 IP 报文的协议字段值确定报文净荷对应的应用层协议,然后根据协议要求对净荷格式、净荷中各字段内容及请求和响应过程进行检测,发现和协议要求不一致的地方,就表明该信息可能是攻击信息。异常检测是建立正常网络访问下的信息流模式或正常网络访问规则,然后实时分析捕获到的信息所反映的信息流模式或对网络资源的操作,并对分析结果和已经建立的信息流模式库或操作规则库相比。如果发现较大偏差,就说明发现异常信息。

1. 攻击特征检测

1)攻击特征分类

攻击特征分为元攻击特征和有状态攻击特征库两类。元攻击特征是指用于标识某个攻击的单一字符串,如"/etc/passwd"。只要在捕获到的信息中发现和元攻击特征相同的内容,如检测到字符串"/etc/passwd",就意味着该信息是攻击信息。元攻击特征检测对每一个 IP 分组独立进行,与其他 IP 分组的检测结果无关。在具体的实现过程中,为了检测出分散在多个 TCP 报文中的元攻击特征,仍然需要进行 TCP 报文的拼装操作。例如,某个 TCP 报文含有字符串"/etc/passwd",攻击者为了躲过网络入侵防御系统的入侵检测,将字符串"/etc/passwd"分散在两个 TCP 报文中,前一个 TCP 报文末尾包含字符串"/etc/p",后一个 TCP 报文开头包含字符串"asswd"。这两个 TCP 报文封装为两个独立的 IP 分组,当网络入侵防御系统单独检测这两个 IP 分组时,都没有找到元攻击特征——字符串"/etc/passwd"。拼装操作通常基于完整的信息行,即拼装后的 TCP 报文必须包含两组行结束符之间的全部信息,这样使得网络入侵防御系统可以逐行检测字符串"/etc/passwd"。

有状态攻击特征不是由单一攻击特征标识某个攻击,而是由分散在整个攻击过程中的多个攻击特征标识某个攻击,且这些攻击特征的出现位置和顺序都有着严格的限制。只有在规定位置,按照规定顺序检测到全部攻击特征,才能确定发现攻击。图 9.7 所示是有状态攻击特征的示意图,用事件轴的方式给出攻击过程中每一个阶段的攻击特征,因此,有状态攻击特征首先需要划分阶段,给出每一个阶段的起止标识,或者用某个操作过程,如建立 TCP 连接过程,作为一个阶段;或者用 TCP 报文净荷内容的某个段落作为一个阶段,如 HTTP 报文的开始行和首部行作为一个阶段,HTTP 报文的实体作为另一个阶段,再给出每一个阶段需要匹配的攻击特征。由于不同阶段往往涉及不同的 IP 分组,只有按照顺序在每一个阶段检测到对应的攻击特征时才确定发现攻击,因此,需要网络入侵防御系统保存每一个阶段的检测状态。这是称这种检测机制为有状态攻击特征的原因。

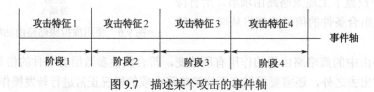

图 9.7 描述某个攻击的事件轴

在 HTTP URL 中检测字符串"/etc/passwd"是有状态攻击特征,指定 3 个阶段:TCP 连接建立、应用层协议标识和 HTTP 开始行。TCP 连接建立阶段的攻击特征是有效 TCP 连接,意味着只对经过有效 TCP 连接传输的信息进行检测。应用层协议标识阶段的攻击特征是服务器端口号必须为 80,即 TCP 连接建立时,响应端的端口号必须是 80,表明是用于传输 HTTP 报文的 TCP 连接。HTTP 开始行的攻击特征是 URL 中包含字符串"/etc/passwd"。入侵防御系统只有按照顺序在 3 个阶段同时检测到攻击特征(① 检测到成功建立的 TCP 连接;② TCP 连接响应端的端口号为 80;

③ 在属于该有效 TCP 连接的 TCP 报文中，在 HTTP 开始行 URL 内容中发现字符串"/etc/passwd"）时，确定发现攻击。

通常情况下，提取出来的攻击具有唯一标识某个攻击的特性，利用攻击特征检测攻击的准确率是很高的，就像用病毒特征库检测病毒一样。由于攻击特征库不是保密的，因此攻击者很可能用大量包含某个攻击特征的信息来触发防御操作，以此影响网络入侵防御系统的正常操作。

2) 攻击特征表示

需要用规范的表示方法表示出攻击特征。例如，攻击特征 1——包含在任意位置的字符串 "/etc/passwd"，攻击特征 2——URL 内容中包含字符串 "/etc/passwd"。下面是 NETSCREEN 入侵防御设备用于表示攻击特征的方法，语法和说明如表 9.1 所示。

表 9.1 攻击特征表示方法

语法	说明
\0<八进制数字>	直接用八进制数字表示攻击特征
\X<十六进制数字>\X	直接用十六进制数字表示攻击特征
\[<字符集>\]	大小写无关字符集
.	任意一个字符
*	0 次或重复多次前面的字符
+	1 次或重复多次前面的字符
|	多项并列
[<开始字符>-<结束字符>]	字符范围

根据表 9.1 给出的攻击特征表示方法，可以给出表 9.2 所示的攻击特征表示实例。

表 9.2 攻击特征表示实例

表示实例	含义	匹配实例
\X01 86 A5 00 00\X	5 个十六进制表示的字节	01 86 A5 00 00
\[hello\]	大小写无关字符串	hEILo HEllO heLLO
[c-e]a（d|t)	以 c、d 或 e 开头，第 2 字符为 a，以字符 d 或 t 结尾	cad cat dad dat ead eat
a*b+c	任意个数的字符 a，紧跟 1 个或多个字符 b，最后以字符 c 结束	bc abc aaaabbbbc
.*@@.*	包含@@的任意字符串	jdeo@@@@@@@@@NETSERVER
.*/etc/passwd.*	包含/etc/passwd 的任意字符串	HTTP：//WWW.ABC.COM/etc/passwd
（GET|HEAD).*/etc/passwd	以 GET 或 HEAD 开始，包含 /etc/passwd 的字符串	GET HTTP：//WWW.ABC.COM/etc/passwd HEAD HTTP：//WWW.ABC.COM/etc/passwd

2. 协议译码

协议译码可以在 3 个层次对捕获的信息进行检测：一是对 IP 分组格式和各个字段值进行检测；二是对 TCP 报文格式和各个字段值进行检测；三是根据 TCP 报文的目的端口字段值或 IP 报文的

协议字段值确定报文净荷对应的应用层协议，然后根据协议要求对净荷格式、净荷中各字段内容，以及请求和响应过程进行检测。

1) IP 分组检测

IP 分组检测主要检测 IP 分组各个字段值是否符合协议要求，重点检测分片是否正确。因为一些攻击是将 TCP 报文首部分散在多片数据中，以此绕过对 TCP 首部字段值的检测，所以，单个 IP 分组的分片必须完整包含整个 TCP 报文首部。另一种攻击是超大 IP 分组，即所有分片拼装后的总长度超过 64KB。由于每一个 IP 分组的总长限制在 64KB，一些 IP 接收进程对缓冲器长度的默认限制是 64KB，因此，当 IP 接收进程拼装成一个总长大于 64KB 的 IP 分组时可能导致缓冲器溢出，并使系统崩溃。

2) TCP 报文检测

建立 TCP 连接时由双方确定初始序号，数据交换过程中接收端通过确认序号和窗口字段值确定发送端的发送窗口。可以通过跟踪双方发送、接收的 TCP 报文确定任何时刻两端的发送窗口，由此确定经过该 TCP 连接传输的 TCP 报文的序号范围。通过检测经过该 TCP 连接传输的 TCP 报文的序号来确定是否为攻击者盗用该 TCP 连接传输攻击信息。

TCP 进程将应用层数据分段后进行传输，各段数据的序号应该连续且没有重叠。TCP 接收进程接收到相邻且序号重叠的 TCP 报文时，可能出错，并使系统崩溃，因此，TCP 报文检测的另一个任务是对序号在接收端接收窗口内的 TCP 报文进行虚拟拼装操作，以此发现序号重叠的相邻数据段，并予以丢弃，预防接收端 TCP 进程因为序号重叠错误而崩溃。

3) 应用层协议检测

应用层协议检测首先判定 TCP 报文服务器端端口号字段值和 TCP 报文净荷内容是否一致，一旦发现不一致，就丢弃这些 TCP 报文。大部分防火墙会允许访问 Web 服务器的信息流在内外网之间传输，因此，可以将实现 P2P 的 TCP 连接的服务器端端口号设定为 80，以此绕过防火墙的检测。另外，一些黑客也有可能冒用一些常用的著名端口（如 80）来伪装用于传输攻击信息的 TCP 报文。

应用层检测在确定 TCP 报文净荷内容和服务器端端口号字段一致的情况下，根据应用层协议规范检查各个字段值是否在合理范围内，丢弃包含不合理字段值的应用层数据。

应用层检测还需要监控应用层协议的操作过程，如 HTTP 的正常操作过程如图 9.8 所示。应用层协议检测将监测 HTTP 请求、响应过程是否如图 9.8 所示，响应内容和请求内容是否一致，一旦发现异常，即可确定为攻击信息。

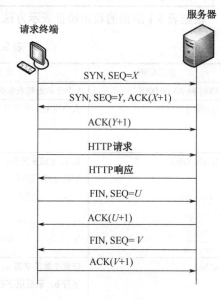

图 9.8 HTTP 正常操作过程

3. 异常检测

异常检测的前提是正常访问网络资源的信息流模式或操作模式和入侵者用于攻击网络或非法访问网络资源的信息流模式或操作模式之间存在较大区别。首先需要确定正常访问网络资源的信息流模式或操作模式，然后实时分析捕获到的信息所反映的信息流模式或操作模式。如果通过此比较发现后者和前者之间存在较大偏差，就确定捕获到的信息异常。因此，实现异常检测的第一步是建立正常访问网络资源的信息流模式和操作模式。目前，存在两种用于建立正常访问网络资源的信息流模式和操作模式的机制，分别是基于统计机制和基于规则机制。

1）基于统计机制

网络入侵防御系统在确保网络处于正常访问状态下，对捕获到的信息进行登记，对于流经网络入侵防御系统的每一个 IP 分组，主要登记源和目的 IP 地址、源和目的端口号、IP 首部协议字段值、TCP 首部控制标志、报文字节数、捕获时间等。

通过分析登记信息，网络入侵防御系统可以生成两类基准信息：一类是阈值，如单位时间内建立的 TCP 连接数，传输的 IP 分组数、字节数，特定终端发送的 TCP 连接建立请求报文数，发送给特定服务器的 TCP 连接建立请求数等；另一类是描述特定终端行为或特定终端和服务器之间行为的一组参数，如特定终端建立 TCP 连接的平均间隔、平均传输速率、平均传输间隔、持续传输时间分布、特定应用层数据分布、TCP 报文净荷长度分布、与特定服务器之间具有交互特性的 TCP 连接比例等。

生成基准信息后，网络入侵防御系统可以通过实时分析捕获到的信息，找出和基准信息之间的偏差，如果偏差超过设定的范围，就意味着检测到异常信息。例如，基准信息表明：IP 地址为 192.1.1.1 的终端每秒发送的 TCP 连接建立请求报文数为 500，通过实时分析捕获到的信息，发现 IP 地址为 193.1.1.1 的终端目前每秒发送的 TCP 连接请求报文数为 1000，可以断定该终端正在实施主机扫描或端口扫描，必须予以防范。又如，基准信息表明：IP 地址为 193.1.1.1 的终端的平均传输速率为 3Mb/s，超过 100ms 连续成组传输 IP 分组（成组传输是指相邻 IP 分组的时间间隔小于 5μs 的情况）的概率为 1%，电子邮件在所有发送的信息中所占的比例是 10%，通过实时分析捕获到的信息得出 IP 地址为 193.1.1.1 的终端连续 30min 成组传输 IP 分组，30min 内实际传输速率达到 16Mb/s，而且电子邮件所占比例高达 60%，可以断定 IP 地址为 193.1.1.1 的终端已经感染蠕虫病毒，并且正在实施攻击。

2）基于规则机制

基于规则机制通过分析正常网络访问状态下登记的信息和用户，总结出限制特定用户操作的规则，如为了防止感染了木马病毒的服务器被黑客控制，禁止位于子网 193.1.1.0/24 的用户和位于子网 12.3.4.0/24 中的服务器建立具有交互特性的 TCP 连接。定义具有交互特性的 TCP 连接的规则如下。

① 相邻 TCP 报文的最小间隔：500ms。
② 相邻 TCP 报文的最大间隔：30s。
③ TCP 报文包含的最小字节数：20B。
④ TCP 报文包含的最大字节数：100B。
⑤ 背靠背 TCP 报文的最小比例：50%。
⑥ TCP 小报文的最小比例：80%

交互特性是指反复处于这样的一种循环状态：终端向服务器发送一个命令，服务器执行命令后，回送执行结果，因此，终端在发送一个命令后，等待服务器回送执行结果，在接收到服务器回送的执行结果后，再发送下一条命令，如图 9.9 所示，由此可以得出终端发送的 TCP 报文的特性。

① 相邻 TCP 报文的间隔不能太小，否则可能是成组传输；也不能太大，否则没有了交互性。

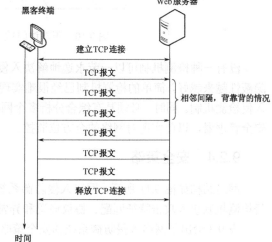

图 9.9 具有交互特性的 TCP 连接

② TCP 报文一般是小报文，只需包含单个命令行。
③ 往往采用背靠背传输方式，即发送一个 TCP 报文，接收到响应报文后再发送下一个 TCP

报文。

如果网络入侵防御系统定义了上述规则，那么在检测到下述情况时确定黑客正通过服务器感染的木马病毒对服务器实施控制。

① 成功建立由位于子网 193.1.1.0/24 中的终端发起的、和位于子网 12.3.4.0/24 中服务器之间的 TCP 连接。

② 终端发送的 TCP 报文都是小报文（20B≤包含的数据字节数≤100B）。

③ 终端发送的 TCP 报文大部分采用背靠背传输方式（比例超过 70%）。

④ 900ms≤终端发送的相邻 TCP 报文之间间隔≤21s。

3）异常检测的误报和漏报

前面已经提到异常检测的前提是正常访问网络资源的信息流模式或操作模式和入侵者用于攻击网络或非法访问网络资源的信息流模式或操作模式之间存在较大区别。实际上，两者虽然存在一定区别，但是并没有清晰的分界。图 9.10 给出了正常访问过程和攻击过程的行为分布，可以发现，正常访问网络的行为和攻击网络的行为之间存在重叠。这样就给异常的阈值设置或行为规则的制定带来了一定的困难。如果只将 A 点左边的行为设定为攻击行为，异常检测的准确性为 100%，但将位于 A 点和 B 点之间原本是攻击过程发生的行为确认为正常访问过程的行为，则存在漏报的问题。同样，如果将 B 点左边的行为设定为攻击行为，漏报的问题不复存在，但将位于 A 点和 B 点之间原本是正常访问过程发生的行为误认为是攻击过程的行为，就会产生误报的问题。因此，异常检测虽然能够发现一些未知的攻击，但阈值或行为规则的设定过程比较复杂，需要反复调整，而且需要根据所保护资源的重要性在误报和漏报之间权衡利弊。

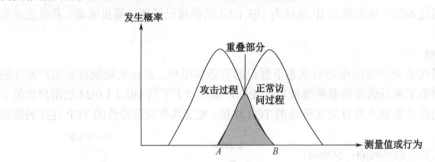

图 9.10 正常访问过程和攻击过程的行为分布

没有一种检测机制可以一劳永逸地解决入侵检测问题。随着攻击过程越来越复杂，黑客攻击的隐蔽性越来越好，简单的检测机制已经很难实现入侵检测，必须研究跟踪能力更强、智能性更高的入侵检测机制。同时，必须具有综合分析多个网段、多种检测机制登记的入侵事件的能力的集中式安全管理器，以此实现对网络的全方位监控。

9.2.4 安全策略

网络结构如图 9.11 所示，网络入侵防御系统用于防御对 Web 和 FTP 服务器的攻击，采用的入侵检测机制包含攻击特征匹配、协议译码和异常检测。

表 9.3 给出了网络入侵防御系统的安全策略，其中源 IP 地址、目的 IP 地址和服务字段确定了允许发出指定服务请求的源 IP 地址范围、响应服务的目的 IP 地址范围。例如，规则 1 表明任意终端可以对地址为 192.1.1.1 的 Web 服务器发出 HTTP 服务请求，并启动 HTTP 服务过程。这 3 个字段主要用于定义协议译码需要的参数。攻击特征库/类型字段给出用于攻击特征匹配的攻击特征库、标识信息异常的阈值和规则。动作字段给出检测出指定攻击和异常时采取的措施。例如，规则 1 表

明只有符合下述全部条件的 IP 分组才能继续转发：属于目的 IP 地址 192.1.1.1/32 的 TCP 连接，且 IP 首部字段值符合协议规范要求；TCP 首部字段值符合协议规范要求，支持的应用层协议是 HTTP，且应用层数据格式和各字段值符合 HTTP 规范；HTTP 报文中不包含攻击特征，用于检测攻击特征的攻击特征库名为"HTTP-严重"；单位时间内接收到的 TCP 连接建立请求报文数小于阈值；信息流不具备交互式特性。

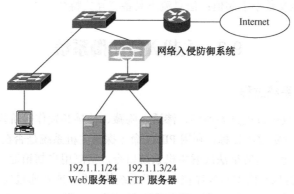

图 9.11 网络结构

表 9.3 安全策略

规则编号	源 IP 地址	目的 IP 地址	服务	攻击特征库/类型	动作
1	任意	192.1.1.1/32	HTTP	HTTP-严重 SYN 泛洪 交互式信息	源 IP 阻塞 丢弃 IP 分组 源 IP 阻塞
2	任意	192.1.1.3/32	FTP	FTP-严重 SYN 泛洪 交互式信息	源 IP 阻塞 丢弃 IP 分组 源 IP 阻塞

前两条是协议译码的结果，表明 IP 分组是完成任意终端与地址为 192.1.1.1 的 Web 服务器的 HTTP 服务过程所要求交换的 IP 分组。后三条是攻击特征匹配和异常检测的结果。

由于针对不同应用层协议的攻击机制不同，攻击特征也不同，而且针对同一应用层协议的不同攻击，其危害程度也不相同，因此，常将针对同一应用层协议且危害程度相似的攻击的攻击特征组成一个攻击特征库，如名为"HTTP-严重"的攻击特征库中包含针对 HTTP 且危害程度严重的攻击的攻击特征。一旦信息流和名为"HTTP-严重"的攻击特征库中的某个攻击特征匹配（包含元攻击特征和有状态攻击特征），探测器就将复位传输该信息流的 TCP 连接，并在访问控制列表中添加该信息流的源 IP 地址，执行动作为拒绝传输。当然，可以为这种阻塞操作设置时间范围，规则 1 动作字段中用源 IP 阻塞表示检测到包含攻击特征的信息流时采取的措施。根据网络正常情况下统计的信息流模式设置阈值，如每秒允许建立 500 个与 Web 服务器之间的 TCP 连接，如果某个单位时间内接收到超过 500 的 TCP 连接建立请求报文，就丢弃第 501 个及以后的 TCP 连接建立请求报文。

规则 1 动作字段中用丢弃 IP 分组表示检测到流量达到标识 SYN 洪泛攻击阈值时采取的措施。如果在规定的时间内，经过某个 TCP 连接传输的信息流具有交互式特性，譬如满足条件：相邻 TCP 报文的最小间隔>500ms，相邻 TCP 报文的最大间隔<30s，背靠背 TCP 报文的比例>50%，TCP 小报文（20B<TCP 报文包含的字节数<100B）的比例>80%，那么探测器将复位传输该信息流的 TCP 连接，并在访问控制列表中添加该信息流的源 IP 地址，执行动作为拒绝传输，并为这种阻塞操作设置时间范围。规则 1 动作字段中用源 IP 阻塞表示检测到经过某个 TCP 连接交换的信息流模式符合交互式特性时采取的措施。

表 9.3 中规则 2 表明只有符合下述全部条件的信息流才能继续转发:属于目的 IP 地址为 192.1.1.3/32 的 TCP 连接,且 IP 首部字段值符合协议规范要求;TCP 首部字段值符合协议规范要求,支持的应用层协议是 FTP,且应用层数据格式和各字段值符合 FTP 规范;FTP 控制报文和数据报文中不包含攻击特征,用于检测攻击特征的攻击特征库名为"FTP-严重";单位时间内接收到的 TCP 连接建立请求报文数小于阈值;信息流不具备交互式特性。

9.3 主机入侵防御系统

1. 黑客攻击主机系统过程

黑客对主机系统的攻击过程分为侦察、渗透、隐藏、传播和发作等阶段。

(1)侦察阶段用于确定攻击目标,利用 PING 命令探测主机系统是否在线,通过端口扫描确定主机系统开放的服务,尝试用穷举法破解主机系统口令,猜测用户邮箱地址。

(2)渗透阶段完成将病毒或木马程序植入主机系统的过程,或者通过发送携带含义病毒的附件的邮件,将病毒植入主机系统;或者通过操作系统和应用程序漏洞,如缓冲器溢出漏洞,将病毒或木马程序植入主机系统。

(3)隐藏阶段完成在主机系统中隐藏植入的病毒或木马程序,创建黑客攻击主机系统通道的过程,如将病毒或木马程序嵌入合法的文件中,并通过压缩文件使文件长度不发生变化;修改注册表,创建激活病毒或木马程序的途径;安装新的服务,便于黑客远程控制主机系统;创建具有管理员权限的账号,便于黑客登录等。

(4)传播阶段完成以攻陷的主机系统为跳板,对其他主机系统实施攻击的过程,如转发携带含有病毒附件的邮件;将嵌入病毒或木马程序的文件作为共享文件;如果是 Web 服务器,就将病毒或木马程序嵌入 Web 页面中等。

(5)发作阶段完成对网络或主机系统的攻击,如删除主机系统中的重要文件;对网络关键链路或核心服务器发起拒绝服务攻击;窃取主机系统中的机密信息等。

2. 主机入侵防御系统功能

检测主机系统是否遭受黑客的攻击需要从两方面着手:一是检测接收到的信息流中是否包含恶意代码与利用操作系统和应用程序漏洞实施攻击的攻击特征,如 URL 包含 Unicode 编码的 HTTP 请求消息;二是检测系统调用的合理性和合法性,黑客实施攻击过程的每一阶段都需要通过系统调用对主机系统资源进行操作,如生成子进程,修改注册表,创建、修改和删除文件,分配内存空间等。因此,主机入侵防御系统的关键功能就是拦截系统调用,根据安全策略和主机系统状态检测系统调用的合理性和合法性,拒绝执行可疑的系统调用,并对发出可疑系统调用的进程和进程所属的用户进行反制。

3. 主机入侵防御系统工作流程

图 9.12 给出了主机入侵防御系统的工作流程。

首先,它必须能够截获所有对主机资源的操作请求,如调用其他应用进程、读写文件、修改注册表

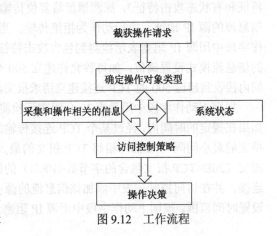

图 9.12 工作流程

等操作请求。其次,根据操作对象、系统状态、发出操作请求的应用进程和配置的安全策略确定是否允许该操作进行,必要时可能需要由用户确定该操作是否进行。在允许操作继续进行的情况下,完成该操作请求。安全策略给出允许或禁止某个操作的条件,如发出操作请求的应用进程和当前的系统状态,禁止 Outlook 调用 CMD.exe,禁止在非安装程序阶段修改注册表就是两项安全策略。如果发生违背安全策略的操作请求,就可以确定是攻击行为,必须予以制止,并实施反制。

4. 截获机制

实现主机入侵防御系统功能的前提是能够截获对主机资源的操作请求,收集和操作相关的参数。这些操作包括对文件系统的访问、对类似注册表的系统资源的访问、TCP 连接建立及其他 I/O 操作等。与操作相关的参数有操作对象、操作发起者、操作发起者状态等。目前,用于截获操作请求的机制有修改操作系统内核、系统调用拦截和网络信息流监测等。

1)修改操作系统内核

操作系统的功能是对主机资源进行管理,提供友好的用户接口。对主机资源的操作(如进程调度、内存分配、文件管理、I/O 设备控制等)都由操作系统内核完成,因此,由操作系统内核实施入侵防御功能是最直接、最彻底的主机资源保护机制。这种机制下,当操作系统内核接收到操作请求时,先根据操作请求中携带的信息和配置的如表 9.4 所示的访问控制阵列确定是否为正常访问操作。操作系统内核只实施正常访问操作,表 9.4 中给出的是指定用户所启动的某个进程允许访问的主机资源。

表 9.5 访问控制阵列

主机资源	用户	进程
资源 A	用户 A	进程 A
资源 A	用户 A	进程 B
资源 A	用户 B	进程 A
资源 B	用户 B	进程 A

如果由操作系统厂家完成对操作系统内核的修改,主机入侵防御系统就成为操作系统的有机组成部分。这是主机入侵防御系统的发展趋势。如果由其他人完成操作系统内核的修改,就有可能影响第三方软件的兼容性。

2)系统调用拦截

图 9.13 给出了系统调用拦截过程。由于通常由操作系统内核实现对主机资源的操作,因此,应用程序通过系统调用请求操作系统内核完成对主机资源的操作。系统调用拦截程序能够拦截应用程序发出的系统调用,并根据发出系统调用的应用程序、需要访问的主机资源、访问操作类型等数据和配置的安全策略确定是否允许该访问操作进行,将允许操作进行的系统调用发送给操作系统内核。由于系统调用拦截程序很容易被屏蔽,因此,采用这种拦截机制的主机入侵防御系统有可能因被黑客绕过而不起作用,但实施比较容易,仍是目前比较常用的拦截机制。

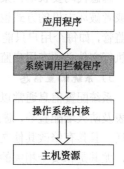

图 9.13 系统调用拦截过程

3)网络信息流监测

网络信息流在主机内部的传输过程如图 9.14 所示。来自 Internet 的网络信息流被网卡驱动程序接收后首先传输给属于操作系统内核一部分的 TCP/IP 组件(Windows 中的名称),经过 TCP/IP 组件处理后,传输给信息流的接收进程,如浏览器或 Web 服务器(IIS/Apache)。一些攻击的对象并不是网络应用程序，而是 TCP/IP 组件。对于这种攻击，系统调用拦截程序并不能监测到，必须在网卡驱动程序和 TCP/IP 组件之间设置监测程序，即网络信息流监测器。由网络信息流监测器对传输给 TCP/IP 组件的信息流进行监测，确定信息流的发起者、信息流中是否包含已知攻击特征、拼装后的 IP 分组的长度是否超过 64KB、TCP 报文段的序号是否重叠等。

5．主机资源

主机资源是攻击目标，也是主机防御系统的保护对象，主要包含网络、内存、进程、文件和系统配置信息。

1）网络

网络资源是指主机连接网络的通道，通常指 TCP 连接，也包含其他用于实现和 Internet 数据交换的连接方式，如 VPN 等。黑客发起攻击的第一步是建立黑客终端和被攻击主机之间的传输路径，因此，首先需要占用主机的网络资源。对网络资源的保护是防止黑客攻击的关键步骤，必须对网络资源的使用者、使用过程

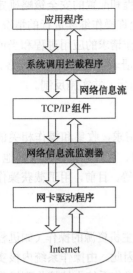

图 9.14　网络信息流传输过程

进行严格控制。

2）内存

恶意代码必须被激活才能实施攻击，激活恶意代码意味着需要为恶意代码分配内存空间，并将恶意代码加载到内存中，缓冲器溢出是恶意代码加载到内存并被执行的主要手段，因此，必须对分配给每一个进程的内存空间进行严格监管，杜绝任何非法使用分配给某个进程的存储空间的情况发生。

3）进程

恶意代码一旦激活，或者单独成为一个进程，或者嵌入某个合法的进程中，因此，进程是恶意代码最终实施感染和攻击的形式。进程不是自动产生的，而是由其他进程产生的，所以必须对生成子进程的过程进行严格监管，防止激活恶意代码。

4）文件

恶意代码要长期在某个主机中存在，或者单独作为一个文件，或者嵌入到某个文件中，最终感染或者破坏主机的方式也是修改或删除主机中的文件，因此，必须对主机中文件的操作过程实施严格监管，如每个用户只能访问自己的私有文件夹，不允许访问其他用户的私有文件夹，生成或修改可执行文件必须在用户监护下进行。

5）系统配置信息

系统配置信息通常以系统配置文件形式存在，如 Windows 的注册表、开机后自动启动的程序列表及防火墙配置等，恶意代码成功入侵某个主机的前提是成功修改了相关配置信息，使其能够被激活，且具有修改其他文件、与其他主机建立 TCP 连接的权限。因此，必须严格管制系统配置信息，尤其是和安全相关的系统配置信息的修改过程。

6．用户和系统状态

1）主机位置信息

主机位置与主机入侵防御系统的安全要求有关。当主机位于受防火墙和网络入侵防御系统保护的内部网络时，大量的安全功能由防火墙和网络入侵防御系统完成，必须由主机入侵防御系统实现所有的访问控制功能。用于确定主机位置的信息如下。

(1) IP 地址。
(2) 域名前缀。
(3) VPN 客户信息。
(4) 网络接口类型（无线网卡还是以太网卡）。
(5) 其他用于管理该主机的服务器的 IP 地址。

2) 用户状态信息

对于多用户操作系统，可以设置多组具有不同主机资源访问权限的用户，同时为每一个用户设置用户名和口令。当某个用户用对应的用户名和口令登录时，就具有了相应的访问权限，因此，主机入侵防御系统对不同用户的主机资源访问控制过程是不一样的，必须为不同类型的用户设置相应的访问控制策略。

3) 系统状态信息

系统状态指主机系统状态，同样直接影响着主机入侵防御系统的安全功能。常用的系统状态如下。

(1) 为主机设置的安全等级。可以为主机系统设置低、中、高三级安全等级，不同安全等级对应不同的访问控制策略。

(2) 防火墙功能设置。防火墙设置的安全功能越强，系统的安全性越好，对主机入侵防御系统的依赖越小。

(3) 主机系统是否遭受攻击。如果监测到端口扫描这样的攻击前的侦察行为，主机入侵防御系统的安全功能就必须加强。

(4) 主机工作状态。如果在用户允许的程序安装阶段，则安全策略对配置信息、文件系统的访问和控制应该做相应调整。

(5) 操作系统状态。若检测到漏洞，则必须有针对性地加强主机入侵防御系统的安全功能。

7．访问控制策略

访问控制策略根据操作请求的发起者、操作类型、操作对象及用户和系统状态确定操作是否进行。通常情况下，先制定不同安全等级的安全策略，然后将安全策略和用户系统状态绑定在一起构成访问控制策略。安全策略确定操作规则，通常由以下几部分组成。安全策略实例如表 9.5 所示。

表 9.5 安全策略实例

名称	类型	动作	操作请求发起者	操作	对象
A1	文件访问控制	拒绝	Web Servers（inetinfo.exe, apache.exe）	写	HTML 文件（*.html）
A2	注册表访问控制	允许	安装程序（setup.exe, install.exe）	写	Windows run keys（HKLM\software\microsoft\windows\current-version\run,runonce,runonceex）
A3	网络访问控制	登记	Web Browsers（iexplore.exe, Mozilla.exe, netscape.exe, firefox.exe）	请求建立 TCP 连接	HTTP（TCP/80, TCP/443）
A4	应用进程访问控制	拒绝	所有可执行程序（*.exe）	调用	Command shells（cmd.exe, command.exe）
A5	网络访问控制	允许	SSH Telnet NFS	响应 TCP 连接建立请求	TCP/22 TCP/23 TCP/2049
A6	网络访问控制	拒绝	SSH Telnet NFS	响应 TCP 连接建立请求	TCP/22 TCP/23 TCP/2049

（1）名称，用于唯一标识该安全策略。

（2）类型，用于指明该安全策略保护的资源类型，如文件访问控制、注册表访问控制等。

（3）动作，操作过程符合规则时触发的动作，如拒绝、登记等。

（4）操作请求发起者，用于指明发起操作请求的应用进程类别，如 Web 浏览器，在 Windows 中，该应用进程类别包含 ieexplore.exe、netscape.exe、opera.exe、mozilla.exe 等可执行程序。

（5）操作，操作请求对操作对象的访问操作，如对某个文件的读、写。

（6）对象，操作请求的操作对象，如某个文件或注册表等。

表 9.6 结合系统状态给出了访问控制策略，表明允许位于内部网络且未遭受攻击的主机开启 SSH、Telnet、NFS 的端口侦听功能，关闭位于家庭且检测到遭受端口扫描的主机的 SSH、Telnet、NFS 的端口侦听功能。

表 9.6 访问控制策略

位置	系统状态	安全策略
192.1.1.0/24（单位内部网络）	未遭受攻击	A5
非 192.1.1.0/24（家庭）	端口扫描	A6

本章小结

入侵防御系统采用的是一种较为主动的技术，可以有效地弥补防火墙的不足，能及时发现入侵行为和合法用户滥用特权的行为并予以追踪入侵源，反制入侵行为。

主机入侵防御系统主要用于检测到达某台主机的信息流、监测对主机资源的访问操作，网络入侵防御系统主要用于检测流经网络某段链路的信息流。

网络入侵防御系统主要从系统结构、信息捕获机制、入侵检测机制、安全策略 4 个方面进行了介绍。主机入侵防御系统主要从黑客攻击主机过程、主机入侵防御系统功能、主机入侵防御系统工作流程、截获机制、主机资源、用户和系统状态、访问控制策略几方面进行了介绍。

习题与思考题

9.1 产生入侵防御系统的原因是什么？

9.2 网络入侵防御系统和防火墙的区别是什么？

9.3 主机入侵防御系统和网络入侵防御系统的区别是什么？

9.4 网络入侵防御系统的实现机制是什么？

9.5 入侵防御系统防黑客攻击的机制是什么？

9.6 何为异常信息流？检测异常信息流的机制有哪些？

9.7 主机入侵防御系统如何发现终端感染了蠕虫病毒，正在实施病毒传播操作？

第10章 网络数据库安全与备份技术

> **本 章 提 要**
>
> 本章讨论了网络数据库的安全技术与备份技术、自主访问控制与强制访问控制,重点订座了 Web 的访问控制、Oracle 网络数据库的安全机制、SQL、Server 的安全机制及网络数据备份技术。
>
> 本章最重要的技术如下。
> (1) 网络数据库的安全需求与安全策略。
> (2) 网络数据库的自主与强制访问控制。
> (3) 网络数据的监视追踪、安全审计、病毒防范。
> (4) 数据库服务器的安全。
> (5) Oracle 网络数据库的安全机制。
> (6) SQL Server 的安全机制。
> (7) 网络数据库的备份技术。

10.1 网络数据库安全技术

20 世纪 90 年代以来,以 Web 技术和数据库技术相结合,产生了网络数据库(也称 Web 数据库)这一新兴的数据库应用领域。所谓网络数据库就是以数据库为基础,配以一定的前台应用程序,通过浏览器完成数据存储、查询等操作的系统。网络数据库可以实行方便的资源共享,网络数据信息是资源的主体,因此网络数据库技术自然而然地成为互联网络的核心技术。时至今日,网络数据库的重要地位已不言而语,尤其是网络数据库中的数据的安全与否直接关系到人们的利益、企业的效益、社会的稳定,甚至国家的安危。随着网络的高度普及和广泛应用,人们对数据库的安全性提出了更为严格的要求。针对日益严峻的网络安全问题,人们已经提出许多可以增强网络系统和网络数据库安全的技术,以努力确保网络资源得到合理、高效而又充分的应用。

10.1.1 网络数据库安全

数据库技术发展到现在已成为一个引人注目的重要学科。以网络数据库为基础的信息系统正成为信息设施建设的基础,网络数据库中信息的价值也越来越高,而针对网络数据库系统的攻击方式也越来越多,所以网络数据库系统的安全问题也变得越来越重要。

从信息安全和数据库系统的角度出发,数据库安全可以广义地定义为数据库系统运行安全和数据安全,包括支持数据库系统的运行环境安全(即计算机硬件、网络和操作系统安全)、数据库管理系统安全、数据库应用系统安全和数据库的数据安全。

除运行环境安全之外,数据库安全可以狭义地定义为数据库管理系统安全、数据库应用系统安全和数据库的数据安全,其中三者联系紧密。DBMS 安全指数据库管理上保证数据库的安全运行,DBAS 安全是从应用上保证数据库的安全,数据库的数据安全指保证敏感或机密数据或信息不泄露。

保护数据是大多数安全系统的核心，许多用户依靠 DBMS 来管理并保护数据。数据库系统安全对于 DBAS 安全的实施具有决定、支撑和限制性作用，DBAS 安全对于数据库安全的发展和更新具有互补、推动和促进作用。数据库保护主要是指数据库的安全性、完整性、并发控制和数据库恢复。

10.1.2　网络数据库安全需求

数据库系统是特殊的软件系统，其基本安全要求是一些基本性的问题，如访问控制、伪装排除、用户的验证和可靠性。

DBS 作为一种专门的软件系统，其安全特性、安全服务、安全机制、安全原则、潜在威胁和攻击都与一般软件系统面临的相关问题在本质上保持一致，可以采取的对策和解决方案也存在类似之处。可将数据库安全问题定义为以下内容。

（1）物理数据库的完整性。数据库系统及其数据不被各种自然或者意外灾难破坏，如地震、水灾、火灾、盗窃、电力问题和设备故障等。

（2）逻辑数据库的完整性。数据库系统结构、数据库模式、数据库数据不被非法修改，事务及操作符合数据库的各种完整性约束。

（3）元素安全性。数据库各种存储元素满足机密性、完整性和可用性等限制。元素控制比文本控制复杂，拥有更多的粒度层次和更灵活的安全策略。

（4）可审计性。记录所有事务和操作记录，保留详细的审计和日志记录，提供有效的威慑和事后追查、分析工具。审计和日志的粒度直接决定了审计的时间和代价。

（5）访问控制。确保只有授权用户和程序可以访问数据元素，不同用户访问控制策略，允许灵活设置。

（6）身份验证。为审计、访问控制提供标识和依据。

（7）可用性。数据库系统能够随时对授权用户提供高质量的数据库服务。

下面还有几个安全问题在数据库及其应用系统中受到了高度关注，可以看作对上述数据库安全问题定义的有效补充内容。

（1）数据推理。推理是指用户通过合谋、拼凑等方式，从合法获得的低安全等级信息及数据中推导出受高安全等级保护的内容，也可以进一步估计数据推理的准确程度。

（2）多级保护。根据现实应用的要求，可以将数据划分为不同保密等级的集合，也可以将同一记录中的不同字段划分为不同的保密等级，还可以将同一字段的不同值划分为不同的安全等级。

（3）密封限界。密封限界的目的是防止程序或者用户通过非法授权进行信息传递，需要发现各种隐蔽通道、存储通道和授权通道。

人们有时把实现数据库安全的技术按功能划分为存储管理技术、安全管理技术和数据库加密技术，实际上这是对各种安全机制、安全技术的功能性泛指。

10.1.3　网络数据库安全策略

从数据库系统的存在性、可用性、机密性和完整性几个方面着重考虑，数据库系统至少具有以下安全策略。

（1）保证数据库的存在安全。数据库系统是建立在主机硬件、操作系统和网络上的系统，预防因主机掉电等原因引起的死机，杜绝操作系统内存泄露和网络攻击等不安全因素是保证数据库安全不受威胁的基础。

（2）保证数据库的可用性。数据库管理系统的可用性表现在两个方面：一是需要阻止发布某些非保护数据,以防止敏感数据的泄露;二是当两个用户同时请求同一记录时进行仲裁。数据库的可用性包括数据库的可靠性、访问的可接受性和用户验证的时间性。

(3)保障数据库系统的机密性。由于攻击的存在使得数据库的机密性变成数据库系统的一个大问题。其主要包括用户身份验证、访问控制和可审计性等。

(4)保证数据库的完整性。数据库的完整性包括物理完整性、逻辑完整性和元素完整性。其中,物理完整性指存储介质和运行环境的完整性;逻辑完整性主要有实体完整性和引用完整性;元素完整性指数据库元素的正确性和准确性。

10.2 网络数据库访问控制模型

访问控制(Access Control)是数据库安全最基本、最核心的技术,是指通过某种途径显式地准许或限制访问能力及范围,以防止非法用户的侵入或合法用户的不慎操作所造成的破坏。访问控制可被看作访问控制策略、访问控制模型和访问控制机制等抽象概念。访问控制策略定义了信息系统安全性的最高层次的指导原则,是根据用户的需求、单位章程和法律约束等要求选定的,据其检验主体对客体的请求是否被允许。访问控制模型也称访问控制策略表达模型,用于精确地形式化地描述系统的访问控制策略。

访问控制策略是访问控制模型的核心,其通过访问控制机制得以实施。传统的访问控制技术主要根据访问控制策略来进行划分,分为自主访问控制、强制访问控制和基于角色的访问控制。但是由于在开放网络环境中,许多实体之间彼此并不认识,而且通常没有每个实体都信赖的权威,因此,传统的基于资源请求者的身份做出授权决定的访问控制机制不再适用于开放网络环境的安全问题。为了适应这一新的需求,人们提出了许多新的概念,如信任管理、数字版权管理等,为了统一这些概念,J. Park 和 R. Sandh 于 2002 年提出了一种新的访问控制模型。称为使用控制(Usage Control, UCON)模型,形成了新一代的访问控制技术。它包含了传统的访问控制、信任管理和数字权限管理,并且在定义的适用范围方面对传统模型进行了扩展。UCON 模型通过将各种规则集成到一个统一的框架中,为分布式系统的安全访问控制问题提供了新的解决思路。

本章首先介绍传统访问控制技术,在分析传统访问控制的基础上,总结了传统访问控制的不足;其次,介绍了基于信任管理和数字版权管理访问控制思想及方法;最后,着重介绍了新一代的访问控制技术(UCON)及其适用范围,核心 ABC(Authorizations, oBligations, Conditions)模型、应用及其有待完善的工作。

10.2.1 自主访问控制

自主访问控制(Discretionary Access Control, DAC)最早出现在 20 世纪 60 年代末的分时系统中,是一种基于客体-主体所属关系的访问控制,它规定用户必须获取了某种权限后才能进行相应的操作,并允许主体把其对客体的访问权授予其他用户或从其他用户那里回收其所授予的访问权。通常利用访问控制矩阵模型实现系统的 DAC,访问控制矩阵中的每行表示一个主体,每列表示一个受保护的客体,矩阵中的元素表示主体可对客体进行的访问模式。

访问控制矩阵可以用一个三元组(S,D,M)表示,即主体 S 可以对客体 O 进行 M 操作,其中 M 表示访问模式,它可以是读(Read)、写(Write)、添加(Append)、拥有(Own)等,也可以是它们的组合。但是,由于访问控制矩阵既不能满足与客体内容有关的访问控制,又不能表示主体对客体访问的授权和主体对授权的转移,因此必须扩展该模型。目前,DAC 系统已发展为支持以下特征的系统。

1. 条件

为了确保授权的精确性，目前 DAC 系统增加了与授权相关的约束条件。例如，为了表示与客体内容有关的访问控制规则，增加一个断言 P（Predicate），将访问控制矩阵扩展为四元组（S，O，M，P），它表明只有断言 P 为真时，主体 S 才能对相应的客体 O 进行访问模式为 M 的操作。Janes 等人于 1976 年提出取予（Take-Crant）模型，该模型是存取矩阵模型的扩展，其主要特点是增加图结构来表示系统的授权。

2. 抽象

为了简化授权界定过程，DAC 同样支持进行过等级划分的用户组和客体类。一般的，将授权指定给用户组和客体类，再根据不同的传播策略将授权传播给其所有成员。

3. 例外

抽象的定义要求系统提供对例外情况的处理。例如，假定一个用户组中除了用户 u 之外，其他用户都能访问资源 r。如果系统不支持例外情况，此时，必须针对用户组中除 u 之外的其他用户一一授权，而不能利用指定给组的授权。系统可通过提供肯定和否定两种授权机制解决该类问题，即肯定授权指定给组，否定授权指定给用户。但是引入肯定否定授权机制又产生了以下两个问题：不一致性，冲突的授权同时指定给上述层次图中同一元素；不完全性，一些访问请求既不被允许，又不被拒绝。

为了解决不一致性问题，目前已经提出了一些解决冲突的策略，例如：
（1）无冲突，将所有相冲突的授权视为错误。
（2）否定优先否定授权优先。
（3）肯定优先肯定授权优先。
（4）最具体优先。

如果针对元素 N 的授权与祖先传播给其的授权相冲突，则元素 N 的授权优先，其子孙节点也如此。例如，在上述层次图中，正授权表示操作被允许的授权，负授权表示操作被拒绝的授权，若授权相冲突，则按最具体优先策略。

为了提高效率，在实现 DAC 时，系统一般不保存整个访问控制矩阵，而通过基本矩阵的行或列来实现访问控制策略。通常采用权限表和访问控制列表等机制来实现访问控制策略。DAC 被用在大部分商业 DBMS 产品中，一般以数据库视图的概念为基础。

虽然 DAC 的粒度是单个用户，能够在一定程度上实现权限隔离和资源保护，但也存在不足，首先，自主访问控制模型需要访问控制列表来实现，当用户数量非常多且人员权限变化较大时，访问控制列表就不易维护；其次，由于 DAC 仅通过对数据的存取权限来进行安全控制，而数据本身并无安全性标记，就使得 DAC 易受特洛伊木马的攻击，利用强制访问控制可以解决这类问题。

10.2.2 强制访问控制

强制访问控制最早出现在 20 世纪 70 年代，是美国政府和军方源于对信息机密性的要求以及防止特洛伊木马之类的攻击而研发的。MAC 是一种基于安全级标记的访问控制方法，它是多级安全的标志。

MAC 策略可分为基于保密性的强制策略和基于完整性的强制策略两类。

1. 基于保密性的强制策略

基于保密性的强制策略的主要目标是保护数据的机密性。因此客体安全的级别表示其内容的敏感性，而主体安全级的级别（也称许可证）表示主体不泄露敏感信息的信任度。主体和客体的范畴集合分别定义了主体所能访问范围及客体包含的数据范围。

基于保密性的强制策略原则上制止了信息由高级别的主/客体流向低（或不可比）级别的主/客体，因此保证了信息的机密性。然而，这两个原则限制过于严格。随着应用环境的变化，有些数据可能需要降级，为了解决该类问题，强制访问控制模型允许一些可信进程来处理。

2．基于完整性的强制策略

基于完整性的强制策略目的是防止主体间接更改其不能写的信息。

用户完整性级别反映了用户进行插入和修改敏感信息的可信度。客体的完整性级别表示客体中存储信息的可信度以及由未授权的信息修改所导致的危害程度。主体和客体的范畴集合分别定义了主体所能访问集合及客体包含的数据集合。

基于完整性的强制控制策略依据以下两条原则控制主体对客体的访问请求。

（1）不能向下读（No-Read-Down）。主体 S 可读客体 O，当且仅当客体的完整性级支配主体的完整性级时。

（2）不能向上写（No-Write-Up）。主体 S 可读客体 D，当且仅当主体完整性级支配客体的完整性级时。

基于完整性的强制策略模型阻止信息从低级别的客体流向高级别的客体。但是，该模型最大的局限性在于仅解决了由不正确的信息流导致信息完整性破坏的问题。然而，信息完整性是一个宽泛的概念，还有许多其他问题需要考虑。

10.2.3 多级安全模型

在关系型数据库中应用了 MAC 策略需要扩展关系模型自身的定义，人们因此提出了多级关系模型。

多级关系数据库模型（Multilevel Relational Model）是传统关系数据模型的自然扩展，通过元素级安全等级标签表示多级关系。同时，多级关系数据模型也重新定义了许多已有概念，如多实例、引用完整性、数据操作，并引入了一些新的概念。多级关系的本质特性是不同的元组具有不同的访问等级（Access Class）。关系被分割成不同的安全区，每个安全区对应一个访问等级。一个访问等级为 C 的主体能读取所有访问等级小于或等于 C 的安全区中的所有元组，这样的元组集合构成访问等级为 C 的多级关系的视图。

在关系数据库管理系统中，表、行、列、元素都可以由主体对其进行操作，都可能作为安全客体而进行标记。通常，每个元组中的属性有一个属性标签，用于标记元组中属性的访问等级；还有一个元组标签，是与元组中的属性相关的访问等级中的最小元素。

引入安全等级后，会导致多实例问题，主要表现在以下 3 个方面。

（1）多实例关系：指具有相同关系名和模式，但安全等级不同的多个关系。

（2）多实例元组：指具有相同主码，但其主码的安全等级不同的多个元组。

（3）多实例元素：指一个属性具有不同的安全等级但却与相同主码和次码的安全等级相联系的多个元素。

分离分区是一个大的数据库被分成几个分离开的数据库，每个数据库都有自己的敏感级别。这种方法失去了数据库的基本优点：消除冗余数据以及提高数据的正确性。

完整性锁的目的是能够让用户使用任何数据库管理器，实施或授权对敏感数据的访问。完整性锁的数据项由 3 个部分组成：实际的数据本身、敏感性标签和校验和。其缺点是系统必须扩大数据存储空间，对敏感性标签解码增加了处理数据时间，不可信的数据库管理器可能泄露数据。

视图在过滤原始数据库的内容之后,把用户应获得的数据呈现给用户。除非用户有权访问至少一个元素,否则所有属性(列)或行都不能提供给用户。保留用户无权访问的所有元素,元素值由 UNDEFINED 替代。用户只能在视图定义的数据库子集上操作,而且只能执行视图中授权的操作。

多 TC 安全数据库体系结构是多级安全数据库管理系统的基础。这些体系结构主要分为 3 类:TCB 子集结构、可信主体结构和外部封装 TCB 结构。

出于安全和效率的综合考虑,目前多数商业多级安全关系模型数据库只解决多实例元组问题。多级安全数据库主要用于研究并且只具有历史意义。

10.3 数据库安全技术

1. Web 的访问控制

当用客户端通过浏览器对其数据库进行访问操作时,客户端程序先将自身信息传送给 Web 服务器,等服务器经解析获得 IP 地址和客户域名后,便开始验证决定该客户能否有权访问。但当服务器端无法确定其真正客户域名时,可能会误将信息发送给其他用户,就可能出现安全漏洞。所以应尽可能地以非特权用户配置、运行服务器,合理利用访问控制机制;使用服务器镜像,不把敏感的文件放在对外开放的辅助系统上;检查 HTTP 服务器所用的脚本、Applet、CGI 程序,以防外部客户有机会触发内部执行命令。

2. 用户身份验证

网络数据库系统为保证数据在网络传输时不被未授权用户访问,常利用用户验证机制来控制用户的登录、访问等权限。通常包含以下两个方面。

(1)进行用户的用户名、口令、账号信息的识别和检验。对所传送的用户名和口令进行一定的加密,保证客户和服务器之间的安全性,防止用户信息被窃听、干扰。当出现非法用户通过用户口令进行入侵时,验证系统应当及时反应、发出警报信息,对此用户的相关信息加以记录存档。

(2)由于在互联网环境下用户容易绕过登录界面和用户口令验证,来对数据库安全直接构成威胁,所以一般会利用 ASP Session 和 HTTP Headers 信息来进行更深层的身份验证。

3. 授权管理

只有经过身份验证的用户才能在其权限范围内访问网络数据库,授权管理控制的严密重要性直接影响着整个数据库系统的安全性。以下两种方式是较常用的权限控制。

(1)目录级安全访问控制:允许控制用户对目录、文件等信息的访问。在目录一级指定的权限范围内,用户对文件和子目录及以下的文件和子目录权限享有同样权限。访问权限常分为系统管理员、读权限、写权限、创建权限、删除权限、修改权限、文件查找权限、存取控制权限。多种访问权限的有效搭配能够有效地控制用户对服务器的资源访问,增强了网络及服务器的安全性。

(2)属性安全访问控制:允许用户给予目录、文件等指定访问属性的权限控制。在结合访问范围权限的基础上设置更深层具体操作的属性控制,加强了访问权限的整体安全性。例如,对指定文件的读/写、删除、查看、执行、共享等权限,属性安全访问控制对避免目录文件的误操作起到了良好作用。

4. 监视追踪及安全审计

日志系统是网络数据监视追踪的主要手段之一,完整的日志系统具有综合性数据记录功能和自动分类检索能力，还包括用户的操作信息及网络中数据接发的正确性、有效性的检测结果，以便用于网络的安全分析、预防入侵，提高网络的安全性。

安全审计是指通过一定的策略，利用分析记录和历史操作时间发现系统的漏洞，来改进系统性能和安全。通过完善的安全审计制度，即可及时提供系统运行中发生的可疑现象，帮助系统管理员分析发现入侵行为或系统的隐患和漏洞。

5．网络数据库加密

数据加密技术是网络安全中十分有效的技术之一，加密数据库中的重要数据可以保护数据库系统内的数据、文件和控制信息，以实现数据网上传输和存储的安全，防止数据的泄露。

加密常用方法：链路加密，其目的是保护网络节点间的链路信息安全；端点加密，其目的是保护源端用户到目的端用户的数据；节点加密，其目的是保护源节点到目的节点间的传输链路。数据加密是将明文加密成密文，在查询时将密文取出解密得到明文信息。但是在数据库系统中检索出符合要求的记录时，要求能够尽快地解密使用，由于不可能为了一次查询就将整个数据库全部解密一次，所以数据库的加密要求具有它自身的特殊性。目前主要的数据库系统的安全加密系统常将对称密码算法和非对称密码算法结合起来使用，对称密码算法负责信息加密，非对称密码算法负责身份鉴别、数字签名、密钥分发。

6．备份与故障恢复

数据库中最宝贵的自然是数据信息，当系统出现故障无法正常运行甚至瘫痪时，尽快恢复数据是至关重要的任务。数据库系统无论是出现物理故障还是逻辑故障，都需要根据其程度采取不同的恢复措施，对其备份要求也不相同。一般结合软硬件方案采用两种备份方式：逻辑备份，将数据库的记录读取、写入到一个文件中；物理备份，通过脱机和联机对数据库中的内容进行完整性的转储复制。

7．病毒防范技术

病毒的特性使其成为影响数据库安全的重要因素之一。常见的有计算机病毒（Compute Virus）、计算机蠕虫（Computer Worm）、特洛伊木马（Trojan Horse）、逻辑炸弹（Logic Bomb），一般可通过系统内存中的监控程序预防判断病毒是否存在，利用杀毒软件对服务器的文件进行扫描检测，设置网络目录和文件的访问权限等手段对数据库进行保护。

8．推理控制

网络数据库安全推理指用户根据低密级的数据和模式的完整性约束推导出高密级的数据，可防止信息泄露。近年来随着外包数据库模式及数据挖掘技术的发展，对数据库推理控制、隐私保护的要求也越来越高。

推理通道问题仍处于理论探索阶段，这是由推理通道问题本身的多样性与不确定性所决定的。目前常用的推理控制方法可以分为两类：一是在数据库中找出推理通道，主要包括利用语义数据模型的方法和形式化的方法，采用分析数据库的模式，修改数据库设计或提高一些数据项的安全级别来消除推理通道；二是在数据库运行时找出推理通道，主要包括多实例方法和查询修改方法。

网络数据库的安全性与计算机的安全性是紧密相关的，涉及计算机系统及网络本身的技术、管理问题。其主要包括计算机安全理论策略、计算机安全管理评价、计算机安全产品、计算机犯罪与侦查、计算机安全法律、计算机安全监察等方面。

10.4 数据库服务器安全

数据库作为非常重要的存储工具，里面往往会存放着大量有价值或敏感的信息，这些信息包括金融财政、知识产权、企业数据等内容。因此，数据库往往会成为黑客的主要攻击对象。网络黑客会利用各种途径来获取其想要的信息，因此，保证数据库安全变得尤为重要。

10.4.1 概述

数据库服务器实际上是网络应用系统的基础，它存储商业伙伴和客户的敏感信息。尽管系统的数据完整性和安全性相当重要，但对数据库采取的安全检查措施的级别还比不上操作系统和网络的安全检查措施的级别。很多因素都能破坏数据完整性而导致非法访问，包括复杂程度、密码安全性较差、误配置、系统后门等。

数据库服务器的应用相当复杂。Oracle、Sybase、Microsoft SQL 服务器都具有用户账号及密码、校验系统、优先级模型和控制数据库目标的特别许可、内置式命令、唯一的脚本和编程语言、网络协议等特征，由于其自身的任务繁重，很可能无法检查出严重的安全隐患和不当的配置，甚至根本没有进行检测。所以，正是由于传统的安全体系在很大程度上忽略了数据库服务器安全这一主题，使数据库专业人员通常没有把安全问题当作其首要任务。

保障数据库服务器上的网络和操作系统数据安全是至关重要的，但这些措施对于保护数据库服务器的安全还不够。目前普遍存在着一个错误概念：一旦访问并锁定了关键的网络服务和操作系统的漏洞，服务器上的所有应用程序就得到了安全保障。现代网络数据库系统具有多种特征和性能配置方式，在使用时可能会误用，或危及数据的保密性、有效性和完整性。

网络数据库安全保障设施不仅关系到网络数据库的安全，还会影响服务器的操作系统和其他信用系统。数据库系统自身可能会提供危及整个网络体系的机制。例如，某公司可能会用数据库服务器保存所有技术手册、文档和白皮书的库存清单。数据库里的这些信息并不是特别重要的，所以它的安全优先级别不高。即使运行在安全状况良好的操作系统中，入侵者也可通过"扩展入驻程序"等强有力的内置数据库特征，利用对数据库的访问，获取对本地操作系统的访问权限。这些程序可以发出管理员级的命令，访问基本的操作系统及其全部的资源。如果此特定的数据库系统与其他服务器有信用关系，那么入侵者会危及整个网络域的安全。

10.4.2 数据库服务器的安全漏洞

数据库漏洞的种类繁多和危害性严重是数据库系统受到攻击的主要原因。数据库安全漏洞从来源上大致可以分为 4 类：默认安装漏洞、人为使用上的漏洞、数据库设计缺陷和数据库产品的漏洞。

1. 默认安装漏洞

1) **默认用户名和密码**

在主流数据库中，数据库安装后往往存在若干默认数据库用户，并且默认密码都是公开的，攻击者完全可以利用这些默认用户登录数据库。

例如，Oracle 中有 sys、system、sysman 和 scott 等 700 多个默认用户；MySQL 本机的 root 用户可以没有口令；网络上主机名为 build 的 root 和用户可以没有口令。

2) **默认端口号**

在主流数据库中，数据库安装后的默认端口号是固定的，如 Oracle 是 1521，SQL Server 是 1433，MySQL 是 3306 等。

3）默认低安全级别设置

数据库安装后的默认设置，安全级别一般较低。例如，MySQL 中本地用户登录和远程主机登录不校验用户名和密码，Oracle 中不强制修改密码，密码的复杂度设置较低，不限定远程连接范围，通信为明文等。

4）默认启用不必要的功能

在数据库的默认安装中为了便于使用和学习，提供了过量的功能和配置。例如 Oracle 安装后无用的示例库、有威胁的存储过程；MySQL 的自定义函数功能。

5）典型数据库泄密案例

2011 年 5 月，Korea 会展中心数据库被入侵，黑客在网上爆出了大量的客户资料数据，并展示了数据库操作过程。

黑客首先通过端口扫描技术检测出该服务器上开放了 1521 端口（Oracle 数据库的默认端口），然后探明该主机便是数据库服务器，再利用扫描程序检测到默认系统用户 dbsnmp 并未被锁定，且保留着数据库安装时的默认密码，黑客利用权限提升的漏洞，将 dbsnmp 用户的权限提升至 DBA，开始访问数据库。

2．人为使用漏洞

1）过于宽泛的权限授予

在很多系统维护中，数据库管理员并未细致地按照最小授权原则给予数据库用户授权，而是根据最为方便的原则给了较为宽泛的授权。

例如，一个普通的数据库维护人员被授予了任意表的创建和删除、访问权限，甚至给予了 DBA 角色。

2）口令复杂度不高

（1）弱口令。数据库口令安全强度不高，可通过暴力破解、猜想或枚举可能的用户名/密码组合来解密。

（2）密码曝光。一些公众权限的存储过程、表的调用会导致密码曝光。

建议 DBA 细致地按照最小授权原则给予数据库用户授权。数据库用户口令长度应大于等于 10，并且应该包括字母和数字，通过口令检验函数来检验。

3．数据库设计缺陷

1）明文存储引起的数据泄密

数据库的数据大都以明文形式存储在设备中，存储设备的丢失或者非法使用者可以通过网络、操作系统接触到这些文件，通过 UE 等文本工具即可得到部分明文信息，通过 DUL/MyDUL 工具能够完全将数据文件格式化并导出。将引起数据泄密。

2）SYSDBA、DBA 等超级用户的存在

以 SYS 和 SA 为代表的系统管理员，可以访问到数据库的任何数据；以用户数据分析人员、程序员、开发方维护人员为代表的特权用户，有时也需要访问敏感数据，从而获得了权限。

3）无法鉴别应用程序的访问是否合法

数据库的一个缺陷在于无法鉴别应用程序的合法性，只要使用程序的用户名及口令正确。但在系统维护或开发过程中，应用系统后台的用户名和口令很容易泄露给第三方，造成他人合法访问数据库。

4．数据库产品漏洞

1）缓冲区溢出

由于不严谨的编码,使数据库内核中存在对于过长的连接串、函数参数、SQL 语句、返回数据不能严谨的处理,造成代码段被覆盖,产生缓冲区溢出攻击。通过覆盖的代码段,黑客可以入侵数据库服务器。

2)拒绝服务攻击漏洞

数据库中存在多种漏洞,可以导致服务拒绝访问,如命名管道拒绝服务、拒绝登录、RPC 请求、拒绝服务等。

3)权限提升漏洞

黑客可以利用数据库平台软件的漏洞将普通用户的权限转换为管理员权限。漏洞可以在存储过程、内置函数、协议实现甚至 SQL 语句中找到。在 SQL Server 中,通过进程输出文件覆盖,没有权限的用户可以创建进程并通过 SQL Server 代理的权限提升执行该进程。

10.5 网络数据库安全

10.5.1 Oracle 安全机制

Oracle 数据库是世界上使用最广泛的数据库,以保证分布式信息的安全性、完整性、一致性,具有并发控制和恢复、管理超大规模数据库的能力而著称于世。它在面向对象、基于 Wed 的 Browser/Server 应用、Client/Server 应用方面独树一帜。只要硬件允许,Oracle 数据库能够在单台主机上支持 1 万个以上的用户,管理数百吉字节的数据库。Oracle 数据库可以运行在大、中、小型的计算机上。

随着网络和信息化的飞速发展,企业对信息系统的依赖性日益加深,对信息安全的重视也在日益增强。数据库的安全性管理是信息系统安全性防范的重中之重。Oracle 数据库的安全尤为重要。Oracle 数据库的安全性管理指的是,使只用于相应权限的用户才能访问数据库中的相应对象,执行相关对象的相应合法操作。在建立应用系统的各种对象前,应先确定各个对象与用户的关系。数据的系统安全管理主要是围绕用户及用户权限管理、审计等进行对应设置的过程。

10.5.2 Oracle 用户管理

1. 修改用户

对创建好的用户可以使用 ALTER USER 语句进行修改,包括口令字、默认表空间、临时表空间、表空间限量、profile 和默认角色等。

2. 删除用户

对于不再需要的用户,可以用 DROP USER 来将不要的用户从数据库系统中删除,以释放出磁盘空间。DROP USER 语句的语法如下:

DROP USER user [CASCADE]

如果加 CASCADE 选项,则连同用户的对象一起删除;若不使用 CASCADE 选项,则必须在该用户的所有实体都删除之后,才能删除该用户。使用 CASCADE 后,则不论用户实体有多大,都一并删除。

3. 管理用户会话

为了解当前数据库中的用户会话信息,保证数据库的安全运行,Oracle 提供了一系列相关的数据字典对用户会话进行监视。在需要的时候,数据库管理员可以即时终止用户的会话。

1）监视用户会话信息

通过 V$SESSION 动态视图，可以查询所有 Oracle 用户会话信息。

2）终止用户会话

数据库管理员可以在需要时使用 ALTER SYSTEM 语句终止用户的会话。通过分组，可统计不同的用户或主机打开的 Oracle 用户会话的总数：

SQL> select username,machine,count（*）from v$Session group by username, machine;

再根据 SID 和 SERIAL#选择需要终止的用户会话。

10.5.3　Oracle 数据安全特性

数据库的安全问题是 DBA 最关心的问题。Oracle 11 新的安全特性主要集中在数据加密、压缩和重复数据删除方面。下面介绍 Oracle 11 透明数据加密安全特性。

大对象（Large Object，LOB）存储能力升级的关键是 Oracle 11 中数据安全需求越来越高，Oracle ll 数据库进一步增强了安全性，进一步增强了 Oracle 透明数据加密功能，将这种功能扩展到了卷级加密之外。Oracle 数据库还具有表空间加密功能，用来加密整个表、索引和所存储的其他数据。存储在数据库中的大型对象也可以加密。

1．开启透明数据加密

在开始使用透明数据加密特性之前，需要在数据库中进行相应设置，在 Oracle 11 数据库中此设置非常简单明了，因为现在只需要在数据库的网络配置文件中添加合适的配置目录，在之前的 Oracle 版本中，最简单的方法就是通过 Oracle Wallet Manager utility 设置 wallet 文件。

首先需要修改 SQLNET.ORA 网络配置文件并添加相应内容，以便在指定的目录中创建默认的 TDE PKI 密钥文件 ewallet.p12，然后使用 ALTER SYSTEM SET ENCRYPTION KEY 命令打开这个 wallet 并开启加密特性。

2．控制 SecureFile 加密

完成 TDE 设置后，再开启 SecureFile LOB 加密就相对简单了，和在 Oracle 表中开启其他类型的加密类似，ENCRYPT 告诉 Oracle 在现有 SecureFile LOB 上应用 TDE 加密，也可以通过 DECRYPT 告诉 Oracle 从 SecureFile LOB 上移除加密特性。

3．改变 SecureFile 加密算法或加密密钥

和其他 Oracle 数据类型一样，ALTER TABLE REKEY 命令可以用来修改当前的加密算法，如将默认的加密算法 AES192 改为 AES256，若 TDE PKI 密钥发生变化，则 REKEY 命令可以用于重新加密现有的 SecureFile LOB，Oracle 将在块级进行加密，确保重新加密执行得更有效。

注意：在相同的分区下对应的 SecureFile LOB 段只能够被修改为启用或禁用加密，如 LOB 段不能被 REKEY，这是因为 Oracle 11g 在相同的 LOB 分区内对所有 SecureFile LOB 使用了相同的加密算法。

4．加密表空间

Oracle11 可以加密整个表空间。表空间加密仍然是在块级实现的，但遗憾的是它不能在现有的表空间上执行，因此 Oracle DBA 必须在开始创建表空间的时候就启用加密，此后 Oracle DBA 就可以使用 ALTER TABLE MOVE 命令将表移动到加密表空间中。与此类似，已有的索引也可以通过重新创建命令 ALTER INDEX REBUILD ONLINE，直接迁移到加密表空间中。

和加密列一样，在创建加密表空间之前，数据库加密 wallet 必须先打开，通过 CREATE

TABLESPACE 命令中新的 ENCRYPTION 指令,新的表空间将会自动应用指定的加密算法到所有存储在其内部的对象上。默认采用的是 AES 128 位加密算法,但可以应用任意一个标准的加密算法(3DES 168、AES 128、AES 192 和 AES 256 之一),如果不出问题,一个加密表空间就可以传输到不同的 Oracle 11 数据库中,只要源和目标数据库服务器使用了相同的 endianness,并共享了相同的加密 wallet 即可。

注意:临时表空间和 UNDO 表空间不能使用这类加密算法,同样,扩展表源数据和扩展 LOB(如 BFILE)也不能加密。由于加密密钥是在表级应用的,因此无法为加密表空间内的加密对象执行全局 REKEY,但在初始化加密表空间时可以使用这个方法来执行一次 REKEY 操作。

10.5.4 Oracle 授权机制

Oracle 的权限包括系统权限和数据库对象的权限两类,DBA 负责授予和回收系统权限,用户负责授予和回收自己创建的数据库对象的权限。Oracle 允许重复授权和无效回收。

1. 系统权限

Oracle 提供了 80 多种系统权限,如创建会话、创建表、创建视图、创建用户等。DBA 在创建一个用户时需要将其中的一些权限授予该用户。Oracle 支持角色的概念,即一组系统权限的集合,以简化权限管理。Oracle 允许 DBA 定义角色和预定义角色,如 CONNECT, RE-SOURCE 和 DBA。

具有 CONNECT 角色的用户可以登录数据库,执行数据查询和操纵,即可执行 ALTER TABLE, CREATE VIEW, CREATE INDEX, DROP TABLE, DROP VIEW, DROP INDEX, CRANT, REVOKE, INSERT, SELECT, UPDATE, DELETE, AUDIT, NOAUDIT 等操作。

RESOURCE 角色可以创建表,即执行 CREATE TABLE 操作。创建表的用户将拥有对该表的所有权限。

DBA 角色可执行某些授权命令、创建表、对任何表的数据进行操纵。它涵盖了前 4 种角色,还可以执行一些管理操作,DBA 角色拥有最高级别的权限。

2. 数据库对象的权限

在 Oracle 中,可以授权的数据库对象包括基本表、视图、序列、同义词、存储过程、函数等,其中最重要的是基本表。

对于基本表,Oracle 支持 3 个级别的安全性:表级、行级和列级。其中,表、行、列三级对象自上而下构成一个层次结构,其中上一级对象的权限制约下一级对象的权限。

Oracle 所有权限信息记录在数据字典中,当用户进行数据库操作时,Oracle 首先根据数据字典中的权限信息,检查操作的合法性。在 Oracle 中,安全性检查是任何数据库操作的第一步。

10.5.5 Oracle 审计技术

在 Oracle 中,审计分为用户级审计和系统级审计。用户级审计是任何 Oracle 都用户可设置的审计,主要是用户针对自己创建的数据库表或视图进行审计,记录所有用户对这些表或视图的一切成功或不成功的访问要求,以及各种类型的 SQL 操作。

系统级审计只能由 DBA 设置,用以监测成功或失败的登录要求,监测 GRANT 和 REVOKE 操作以及其他数据库级权限下的操作。Oracle 的审计功能很灵活,是否使用审计、对哪些表进行审计、对哪些操作进行审计都可以由用户选择。为此,Oracle 提供了 AUDIT 语句设置审计功能,NOAUDIT 语句取消审计功能。设置审计时,可以详细指定对哪些 SQL 操作进行审计。Oracle 的审计设置以及审计内容均存放在数据字典中。其中,审计设置记录在数据字典表 SYS.TABLES 中,审计内容记录在数据字典表 SYS.AUDIT_TRAIL 中。

综上所述，Oracle 提供了多种安全性措施，提供了多级安全性检查，其安全性机制与操作系统的安全机制彼此独立，数据字典在 Oracle 的安全性授权和检查及审计技术中起着重要的作用。

10.6 SQL Server 安全机制

绝大多数数据库管理系统是运行在某一特定操作系统平台下的应用程序，SQL Server 也是如此。SQL Server 的整个安全体系结构从顺序上可以分为验证和授权两部分，其安全机制主要包括 5 个层次：客户机安全机制、网络传输的安全机制、实例级别的安全机制、数据库级别的安全机制、对象级别的安全机制。

本章主要对用户身份验证及安全配置两个方面进行详细讲解。

10.6.1 SQL Server 身份验证

用户连接到 SQL Server 账户称为 SQL Server 登录。为了实现 SQL Server 服务器的安全性，SQL Server 会对用户的登录访问进行如下两个阶段的检验。

（1）身份验证阶段：用户在 SQL Server 上获得对任何数据库的访问权限之前，必须登录到 SQL Server 上，并且被认为是合法的。SQL Server 或者 Windows 对用户进行身份验证，如果身份验证通过，用户就可以连接到 SQL Server 上；否则，服务器将拒绝用户登录，从而保证系统安全。

（2）许可确认阶段：用户身份验证通过后，登录到 SQL Server 上，系统会检查用户是否有访问服务器数据的权限。

在安装过程中，必须为数据库引擎选择身份验证模式。可供选择的模式有 Windows 身份验证模式和混合模式（Windows 身份验证或 SQL Server 身份验证）两种。Windows 身份验证模式会启用 Windows 身份验证，禁用 SQL Server 身份验证。混合模式会同时启用 Windows 身份验证和 SQL Server 身份验证。Windows 身份验证始终可用，并且无法禁用。

1. 通过 Windows 身份验证进行连接

当用户通过 Windows 用户账户连接时，SQL Server 使用操作系统中的 Windows 主体标记验证账户名和密码。也就是说，用户身份由 Windows 进行确认，SQL Server 不要求提供密码，也不执行身份验证。Windows 身份验证是默认的身份验证模式，并且比 SQL Server 身份验证更为安全，它使用 Kerberos 安全协议（一种网络身份验证协议），提供有关强密码复杂性验证的密码策略强制，还提供账户锁定支持，并且支持密码过期。通过 Windows 身份验证完成的连接有时也称为可信连接，这是因为 SQL Server 信任由 Windows 提供的凭据。

在 Windows 身份验证模式中，每个客户机/服务器连接开始时都会进行身份验证。客户机和服务器依次执行一系列操作，这些操作用于向连接一端的一方确认另一端的一方是真实的。如果身份验证成功，则会话设置完成，从而建立一个安全的客户机/服务器会话。

2. 通过 SQL Server 身份验证进行连接

当使用 SQL Server 身份验证时，在 SQL Server 中创建的登录名并不基于 Windows 用户账户，用户名和密码均使用 SQL Server 创建并存储在 SQL Server 中。通过 SQL Server 身份验证进行连接的用户每次连接时提供其凭据（登录名和密码）。当使用 SQL Server 身份验证时必须为所有 SQL Server 账户设置强密码。

10.6.2 SQL Server 安全配置

在进行操作系统安全配置，保证操作系统处于安全状态之后，对要使用的数据库管理系统和应用系统进行必要的安全配置，如对 ASP、PHP 等脚本，过滤"，；@/"等敏感字符，安装最新补丁，防止病毒和 SQL 注入攻击，要加强内部的安全控制和管理员的安全培训。

1．系统登录

更改数据库系统的默认超级账户名或密码。更改账号给系统开发带来了不便，因此一般在数据库应用系统发布后部署使用时进行。

SQL Server 的验证模式有 Windows 身份验证和混合身份验证两种。最好删除系统账号 BUILTIN/Administrators，不要通过操作系统验证登录。SQL Server 数据库还使用企业管理器管理登录。

更改 sa 账号或密码，其他账号建议密码是数字字母的组合并且长度在 9 位以上。超级用户 sa 的密码不能写于应用程序或者脚本中，并使用强壮的密码。

对于 Oracle，在 spfile 中设置 REMOTE_LOGIN_PASSWORDFILE=NONE 来禁止 SYSDBA 用户从远程登录，在 sqlnet.ora 中设置 SQLNET.AUTHENTICATION_SERVICES= NONE 来禁用 SYSDBA 角色的自动登录。设置用户登录失败尝试次数，如 5 次。

删除或锁定无关账号：

```
alter user username lock;
drop user username cascade;
```

2．管理存储过程

对于 SQL Server，有些系统的存储过程能很容易地被人利用起来提升权限或进行破坏，如，账号 sp_addlogin,sp_password、sp_helplogins 和 sp_droplogin 等，应限制这类存储过程的使用。

扩展存储过程 Xp_cmdshell 是可以进入操作系统的一个后门，一般使用语句 sp_dropextendedproc 'Xp_cmdshell'去掉此扩展存储过程。

如果不需要，请卸载 OLE 自动存储过程，如 Sp_OACreate、Sp_OADestroy、Sp_OAGetErrorInfo、Sp_OAGetProperty、Sp_OAMethod、Sp_OASetProperty 和 Sp_OAStop。

注册表存储过程甚至能够读出操作系统管理员的密码，因此去掉不需要的注册表访问的存储过程，如 Xp_regaddmultistring、Xp_regenumvalues、Xp_regread 和 Xp_regwrite 等。

检查其他的扩展存储过程，避免造成对数据库或应用程序的伤害。

3．数据库端口保护

不要让人随便探测到 DBMS 的 TCP/IP 端口。默认情况下，SQL Server 使用 1433 端口监听，配置改变该端口。在实例属性中选择 TCP/IP 协议的属性，隐藏 SQL Server 实例。在 IPSec 过滤拒绝 1434 端口的 UDP 通信，可以尽可能地隐藏 SQL Server。

4．使用协议加密网络传输

SQL Server 使用 Tabular Data Stream 协议进行网络数据交换，Oracle 使用高级安全选项加密客户端与数据库之间或中间件与数据库之间的网络传输数据。最好使用 SSL 来加密协议（需要证书来支持）。

5．对网络连接进行 IP 限制

只有信任的 IP 地址才能通过监听器访问数据库。SQL Server 一般使用操作系统的 IPSec 实现

IP 数据包的安全性，对 IP 连接进行限制。对于 Oracle，只需在服务器上的文件 $ ORACLE_HOME/network/admin/sqlnet.ora 中设置以下行：

```
tcp.invited_node={ip1,ip2}
```

6．启用数据库字典保护

只有 SYSDBA 用户才能访问数据字典基础表。Oracle 通过设置下面的初始化参数来限制只有 SYSDBA 权限的用户才能访问数据字典。

```
07_DICTIONARY_ACCESSIBILITY=FALSE
```

10.7 网络数据备份技术

人们在使用计算机及网络系统处理日常业务提高工作效率的同时，系统安全、数据安全的问题也越来越突出。一旦系统崩溃或数据丢失，企业就会陷入困境。客户资料、技术文件、财务账目等数据可能被破坏得面目全非，严重时会导致系统和数据无法恢复，其结果是危害极大的。备份的主要目的是一旦系统崩溃或数据丢失，就能用备份的系统和数据进行及时恢复，使损失减少到最小。现代备份技术涉及的备份对象有操作系统、应用软件及其数据。

对计算机系统进行全面的备份，并不只是简单地进行文件复制。一个完整的系统备份方案，应由备份硬件、备份软件、日常备份制度和灾难恢复措施 4 个部分组成。选择了备份硬件和软件后，还需要根据本单位的具体情况制定日常备份制度和灾难恢复措施，并由系统管理人员切实执行备份制度。

10.7.1 网络数据库备份的类别

网络数据库的备份种类繁多，根据不同需求可以选择相应的最佳备份方法。常用备份方法有以下几种。

1．物理备份与逻辑备份

物理备份是将实际组成数据库的操作系统文件从一处复制到另一处的备份过程，通常是从磁盘到磁带。可以使用 Oracle 的恢复管理器（Recovery Manager，RMAN）或操作系统命令进行数据库的物理备份。物理备份包括冷备份（脱机备份）和热备份（联机备份）。逻辑备份是利用 SQL 从数据库中抽取数据并存于二进制文件的过程，具体指利用 EXPORT 和 IMPORT 命令对数据库对象（如用户、表、存储过程等）进行导出和导入的工作。业务数据库采用逻辑备份方法，此方法不需要数据库运行在归档模式下，操作简单，不需要额外的存储设备。Oracle 提供的逻辑备份工具是 EXP。数据库逻辑备份是物理备份的补充。

2．一致性备份和不一致性备份

根据在物理备份时数据库的状态，可以将备份分为一致性备份和不一致性备份两种。

一致性备份是指备份过程中没有数据被修改。数据库的所有可读写的数据库文件和控制文件具有相同的系统改变号，并且数据文件不包含当前 SCN 之外的任何改变。在做数据库检查时，Oracle 使所有的控制文件和数据文件一致。对于只读表空间和脱机的表空间，Oracle 也认为它们是一致的。使数据库处于一致状态的唯一方法是数据库正常关闭（用 Shutdown normal 或 Shutdown immediate 命令关闭）。

不一致备份是指备份过程中仍有数据被修改，并且保存在归档与重做日志文件中。

对于一个 7×24 工作的数据库来说，由于不可能关机，而数据库数据是不断改变的，因此只能进行不一致备份。在 SCN 不一致的条件下，数据库必须通过应用重做日志使 SCN 一致后才能启动。因此，如果进行不一致备份，数据库必须设为归档状态，重做日志归档才有意义。

在以下条件下的备份是不一致性备份：数据库处于打开状态，数据库处于关闭状态，但是用非正常手段关闭的。例如，数据库是通过 shutdown abort 或机器掉电等等方法关闭的。

3．全数据库备份和部分数据库备份

全数据库备份是将数据库内的控制文件和所有数据文件备份。全数据库备份不要求数据库必须工作在归档模式下，在归档和非归档模式下都可以进行全数据库备份，只是方法不同。而归档模式下的全数据库备份又分为两种：一致备份和不一致备份。全数据库备份一般适用于对数据非常重要的场合，如银行需经常进行全数据库备份，甚至是异地多点全数据库备份。

部分数据库备份是指备份数据库的一部分，如表空间、数据文件、控制文件等。其中对表空间的备份就是对其包含的数据文件的备份。部分数据库备份有时也称为增量备份和累积备份，只备份更新部分的内容，这样大大减少了备份的存储空间和时间。

4．联机备份和脱机备份

联机备份（Online Backup）指在数据库打开状态下进行的备份，只能运行在归档模式下。使用联机备份时要避免出现数据裂块。数据裂块是指当联机备份数据库时，Oracle 可能正在更新某个数据库块中的数据，此时有可能导致该数据块中一部分是旧数据，一部分是新数据。

脱机备份（Offline Backup）是指在数据文件或表空间脱机后进行的备份。

5．不同工具的备份

按照备份时采用的工具，可以分为 EXP/IMP 备份、OS 备份、RMAN 和第三方工具备份等。

10.7.2 网络数据物理备份与恢复

物理备份又分冷备份和热备份两种。它涉及组成数据库的文件，但不考虑其逻辑内容。物理备份与逻辑备份有本质区别。逻辑备份是提取数据库中的数据进行备份，而物理备份是复制整个数据文件进行备份。

1．冷备份与恢复

冷备份又称脱机备份，是将数据库正常关闭的情况下，备份数据库中所有的关键文件，包括数据文件、控制文件、联机重做日志文件，将它们复制到其他位置。此时，系统会提供给用户一个完整的数据库。

1) 冷备份的内容

冷备份时可以将数据库使用的每个文件都备份下来，这些文件包括：

① 所有控制文件（文件扩展名为.ctl，默认路径为 Oracle\oradata\oradb）；
② 所有数据文件（文件扩展名为.dbf，默认路径为 Oracle\oradata\oradb）；
③ 所有联机 REDO LOG 日志文件（文件形式为 REDO*.*，默认路径为 Oracle\oradat\oradb）；
④ 初始化文件（可选，默认路径为 Oracle\admin\oradb\spfile）。

2) 冷备份的特点

（1）冷备份的优点：对于备份 Oracle 信息而言，冷备份是最快和最安全的方法。其主要优点如下。

① 只复制物理文件，是非常快速的备份方法。

② 恢复操作简单，简单复制即可，容易恢复到某个时间点上。
③ 与数据库归档模式相结合可以使数据库恢复得更好。
④ 维护量少，而且安全性高。

（2）冷备份的缺点：冷备份也有其不足之处，主要体现在以下几方面。
① 必须在数据库关闭状态下才能进行，在冷备份过程中，数据库必须备份而不能做其他工作。
② 单独使用冷备份，只能提供到"某一时间点上"的恢复。
③ 若磁盘空间有限，冷备份只能将备份数据复制到磁带等其他外部存储设备上，速度会很慢。
④ 冷备份不能按表或按用户恢复。

3）冷备份与恢复的方法

① 使用操作系统命令。在 Oracle 数据库中，通过 RMAN 工具可以直接使用操作系统命令 COPY 将数据备份到磁盘或磁带上，当需要时，可以通过 RMAN 的 RESTORE 命令将备份的文件进行恢复。

② 使用 SQL*Plus 命令。也可以在 SQL*Plus 中进行冷备份，相应语句如下。

备份（关闭数据库后）：

> SQLDBA>! cp 或 SQLDBA>! Tar cvf /dev /rmd/0/wwwdg/oracle;

恢复（启动数据库后）：

> SQLDBA>! recover datafile "D:\d1\Oradata\backup1.dbf

2. 热备份与恢复

热备份又称联机备份，是在数据库打开的状态下进行的备份操作。执行热备份的前提是，数据库运行在可归档日志模式。该操作必须以 DBA 角色重启数据库并进入 MOUNT 状态，然后执行 ALTER DATABASE 命令修改数据库的归档模式。其适用于 7×24 不间断运行的关键应用系统。热备份不必备份联机日志，必须在归档方式下操作。由于热备份需要消耗较多的系统资源，如大量的存储空间，因此 DBA 应安排在数据库不使用或使用率较低的情况下进行。

1）热备份的特点
① 备份时数据库可以是打开的。
② 热备份可以用来进行点恢复。
③ 初始化参数文件、归档日志在数据库正常运行时是关闭的，可用操作系统命令复制。
④ 可以对几乎所有的数据库实体进行恢复。
⑤ 恢复速度快，大多数情况下在数据库工作时就可以完成恢复。

2）热备份缺点
① 不能出错，否则后果严重。
② 若热备份不成功，所得结果不可用于时间点的恢复。
③ 难于维护，必须仔细、小心，不允许失败。

3. 热备份的使用方法

可以使用 SQL*Plus 程序和 OEM 中的备份向导进行热备份。在进行热备份之前，应将数据库置为归档模式。该操作必须以 DBA 的角色重启数据库并进入 MOUNT 状态，然后执行 ALTER DATABASE 命令修改数据库的归档模式。在设置完数据库归档模式后，再将数据库打开，将数据库置为备份模式，这样数据库文件头在备份期间不会改变。

4. 热备份的恢复方法

（1）使出现问题的表空间处于脱机状态。

（2）将原先备份的表空间文件复制到其原来所在的目录，并覆盖原有文件。
（3）使用 RECOVER 命令进行介质恢复，恢复 test 表空间。
（4）将表空间恢复为联机状态。

至此，表空间数据库恢复完成。

10.7.3 逻辑备份与恢复

逻辑备份与恢复又称为导出/导入，导出是数据库的逻辑备份，导入是数据库的逻辑恢复。可以将 Oracle 中的数据移出/移入数据库。这些数据的读取与其物理位置无关。导出文件为二进制文件，导入时先读取导出的转储二进制文件，再恢复数据库。

与物理备份相比，虽然逻辑备份不够全面，但是对于 DBA 来说，很多情况下，往往较多地使用逻辑备份用来恢复一个表，在模式之间转移数据和对象或通过移植将数据库升级。

1．逻辑备份与恢复的概念

导入/导出是 Oracle 最古老的两个命令行工具，其实 EXP/IMP 不是一种好的备份方式，EXP/IMP 只是一个好的转储工具，特别是在小型数据库的转储、表空间的迁移、表的抽取、检测逻辑和物理冲突等方面有不小的优势。当然，也可以把它作为小型数据库的物理备份后的一个逻辑辅助备份。

对于越来越大的数据库，特别是 TB 级数据库和越来越多的数据仓库的出现，EXP/IMP 越来越不适用，此时数据库的备份都转向了 RMAN 和第三方工具。

2．数据泵

Oracle 10 开始引入了最新的数据泵技术来支持逻辑备份和恢复，使用数据泵中的数据泵导出应用程序，使 DBA 或开发人员可以对数据和数据库元数据执行不同形式的逻辑备份。这些实用程序包括数据泵导出程序和数据库导入程序。

数据泵的作用如下：实现逻辑备份和逻辑恢复；在数据库用户之间移动对象；在数据库之间移动对象；实现表空间搬移。

3．实现备份与恢复的软件结构

在任何系统中，软件的功能和作用都是核心所在，备份系统也不例外。磁带设备等硬件提供了备份系统的基础，而具体的备份策略的制定、备份介质的管理以及一些扩展功能的实现，都是由备份软件来最终完成的。

（1）磁带驱动器的管理。一般磁带驱动器的厂商并不提供设备的驱动程序，对磁带驱动器的管理和控制工作完全是备份软件的任务。磁带的卷动、吞吐磁带等机械动作，都要靠备份软件的控制来完成。所以，备份软件和磁带机之间存在一个兼容性的问题，两者必须互相支持，备份系统才能正常工作。

（2）磁带库的管理。与磁带驱动器一样，磁带库的厂商也不提供任何驱动程序，机械动作的管理和控制也全权交由备份软件负责。与磁带驱动器的区别是，磁带库具有更复杂的内部结构，备份软件的管理相应的也更复杂。例如，机械手的动作和位置、磁带仓的槽位等。这些管理工作的复杂程度比单一磁带驱动器高出很多，所以几乎所有的备份软件都免费支持单一磁带机的管理，而对磁带库的管理则要收取一定的费用。

（3）备份数据的管理。作为全自动的系统，备份软件必须对备份的数据进行统一管理和维护。在简单的情况下，备份软件只需要记住数据存放的位置即可，这一般是依靠建立一个索引来完成的。然而，随着技术的进步，备份系统的数据保存方式也越来越复杂。例如，一些备份软件允许多个文件同时写入一盘磁带，此时备份数据的管理就不再像传统方式下那么简单了，往往需要建立多重索引才能定位数据。

（4）数据格式的管理。就像磁盘有不同的文件系统格式一样，磁带的组织也有不同的格式。一般备份软件会支持若干种磁带格式，以保证自己的开放性和兼容性，但是使用通用的磁带格式也会损失一部分性能。所以，大型备份软件还是偏爱某种特殊的格式。这些专用的格式一般具有高容量、高备份性能的优势，但是需要注意的是，特殊格式对恢复工作来说是小小的隐患。

（5）备份策略制定。需要备份的数据都存在 2/8 原则，即 20%的数据被更新的概率是 80%。这个原则告诉我们，每次备份都完整地复制所有数据是一种非常不合理的做法。事实上，真实环境中的备份工作往往是基于一次完整备份之后的增量或差量备份。那么完整备份与增量备份和差量备份之间如何组合，才能最有效地实现备份保护是备份策略所关心的问题。根据预前制定的规则和策略，备份工作何时启动，对哪些数据进行备份，以及工作过程中意外情况的处理，这些都是备份软件不可推卸的责任。这其中包括了与数据库应用的配合接口，也包括了一些备份软件自身的特殊功能。例如，很多情况下需要对打开的文件进行备份，这就需要备份软件能够在保证数据完整性的情况下，对打开的文件进行操作。另外，由于备份工作一般是在无人看管的环境下进行的，一旦出现意外，正常工作无法继续时，备份软件必须能够具有一定的意外处理能力。

（6）数据恢复工作。数据备份的目的是恢复，所以这部分功能也是备份软件的重要部分。很多备份软件对数据恢复过程给出了相当强大的技术支持和保证。一些中低端备份软件支持智能灾难恢复技术，即用户几乎无需干预数据恢复过程，只要利用备份数据介质，就可以迅速自动地恢复数据。而一些高端的备份软件在恢复时，支持多种恢复机制，用户可以灵活地选择恢复程度和恢复方式，极大地方便了用户。

本 章 小 结

本章主要探讨了网络数据库的安全需求和多种安全机制，强调了无论哪种安全技术都是相互支持的，重点介绍了网络数据库的 3 种安全机制；最后重申了网络数据库备份的重要性，介绍了备份技术的软硬件应用方法。

习题与思考题

10.1　试述数据库安全的重要性，说明数据库安全所面临的威胁。
10.2　数据库采用了哪些安全技术？
10.3　数据库安全策略有哪些？
10.4　数据库的加密有哪些要求？加密方式有哪些种类？
10.5　Oracle 数据库安全备份有几种方式？
10.6　SQL Server 数据库的日志记录有何作用？

第 11 章　信息隐藏与数字水印技术

本 章 提 要

本章讨论了信息隐藏和数字水印两方面的技术,对信息隐藏和数字水印进行了区分性的学习,讨论了两种技术的实现方案、简单模型、分类、经典算法思想等。

本章重要内容如下。
(1) 信息隐藏的基本概念。
(2) 信息隐藏的基本模型和原理。
(3) 经典信息隐藏算法的基本思想。
(4) 数字水印的基本概念。
(5) 经典数字水印算法的基本思想。
(6) 数字水印的应用和发展方向。

11.1　信息隐藏技术

随着科技的发展,数字化世界的应用越来越广泛,数字化世界的应用给人们带来便捷的同时,也带来了各种各样的安全隐患,黑客入侵、图片盗用、版权侵犯等现象已经屡见不鲜。数字化信息的使用如何排除或者尽量降低其安全隐患是当前人们亟待解决的问题。传统加解密技术的使用,让黑客等可以明显地发现当前通信信道正在传输私密信息,虽然中间的监听者无法完全提取出正在通信的私密信息所对应的明文信息,但由于已经知道正在传输私密信息,这就已经让中间人产生了一定的防备。那么,是否有一种通信手段可以让中间人"看得见"当前通信双方正在通信的内容,而在这种看得见的载体信息中隐藏了一些私密信息,中间人却无法察觉出来呢?答案是肯定的,信息隐藏技术就可以满足这一要求。

11.1.1　信息隐藏的基本概念

信息隐藏是一种多个学科理论与技术相结合而发展起来的新兴技术,其主要思想是利用载体信息,如文字、图像、音频、视频等多媒体信息的存储或传输过程中在时间和空间上具有的冗余性,将一些私密信息(如公司图标、著作权信息、合法权益人等)隐藏到载体信息中,进而得到隐藏了私密信息的载体对象的过程。将有用信息隐藏到载体信息中后,非法人员无法确认某一个载体信息中是否隐藏了私密信息或者即使知道有私密信息却无法确认私密信息是什么,无法或者很难提取/擦除载体信息中的隐藏信息,含有私密信息的载体本身只是发生了微小变化,这种微小变化也是第三方不易察觉的,隐藏了私密信息的载体在感官上不会引起怀疑,这样可以达到保护著作权、实现私密信息交流等目的。

信息隐藏技术主要可以分为隐写术、数字水印、隐藏信道、信息分存等分支。

假定通信双方分别为 Alice 和 Bob，Alice 想要给 Bob 发送一些私密信息，Alice 可以选择使用不会被第三方怀疑的常见传输信息作为将要传输私密信息的载体，显然，在通信信道上公开传输载体 c 一般不会引起怀疑。在信息的发送方，Alice 将所需传输的私密信息 m 隐藏到载体 c 中，称现在已经隐藏了私密信息 m 的载体为含有私密信息的载体对象 c'。原始不含有私密信息的载体对象 c 和现在已经隐藏了私密信息 m 的载体对象 c' 在视觉感官上无法区分，一般认为，将私密信息 m 隐藏到载体对象 c 中后，含有私密信息的载体对象 c' 在视听效果或者一般的计算机进行统计分析时看来，与原来没有隐藏私密信息 m 的载体对象 c 没有什么区别，如图 11.1 所示。因此，Alice 可以将 c' 通过公共通信信道传输给接收方 Bob 而不会引起怀疑，达到了信息的隐蔽性传送，借用载体来欺骗第三方，从而达到私密信息安全通信的目的。当然，将私密信息隐藏到载体对象的过程，有可能用到密钥，只是这里用到的密钥与密码技术密钥的功能有所差异。

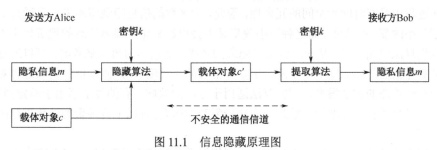

图 11.1　信息隐藏原理图

11.1.2　密码技术和信息隐藏技术的关系

密码技术是一种让第三方看不懂传输信息的技术。密码技术是通过加解密算法将通信信息进行特定的编码方式转换为密文，得到具有不可识别性的乱码，然后用密文进行通信，让第三方无法理解或难以理解这种乱码，接收方收到明文后进行解密，得到原始的明文信息的过程。其中，在传输信道中监听到的信息是原始明文通过一定算法转换之后而形成的密文，这种密文与原始的明文具有一定的对应关系，第三方知道至少可能存在私密信息（当然，为了具有迷惑性，也可能发送看似加密了的信息，实际对应的明文信息却没有任何实际意义）。

信息隐藏技术是一种让第三方看不见传输私密信息的技术。信息隐藏技术利用载体信息（一般是某种公开使用的信息）在时间和空间上的冗余特性，把一些有特定含义的私密信息隐藏到载体信息中，从而得到含有私密信息的载体信息。其中，载体信息可以是文本信息、图片信息、音频信息或者视频信息等。通过信息隐藏技术实现的私密信息传输，在监听者看来，其传输过程中传输的仍然是没有任何私密信息的载体信息，这种含有私密信息的载体信息表现出来的内容和特征与原始公开的载体信息并无不同，有公开信息作为掩护，在第三方就会看不见私密信息的存在。

11.1.3　信息隐藏系统的模型

1. 信息隐藏的分类

从技术说上，信息隐藏大致可以分为 3 类：无密钥的信息隐藏、公钥信息隐藏和私钥信息隐藏。

1) 无密钥信息隐藏

无密钥信息隐藏指的是无需事先约定密钥的信息隐藏方案。可以将信息隐藏描述为一个映射过程 $E: C \times M \to C'$，其中，C 指的是所有载体信息的集合，C' 指的是所有可能的已经隐藏信息后的载体信息的集合，M 指的是所有可能由发送方隐藏到载体信息 C 中并由接收方从含有私密信息的载体信息 C' 中提取出来的私密消息的集合。字母 E 表示一个将私密信息 m 隐藏到载体信息 C 中并得到含有私密信息的载体信息 C' 的函数映射，在密码学中是 Encryption 的简写，表示"加密"。同理，接收方将隐藏的信息从含有私密信息的载体信息 C' 中提取出来的过程也可以表示为一个映射 $D: C' \to M$ 的形式。信息的发送方和信息的接收方预先应该约定好私密信息隐藏和提取的算法并保密。于是，可以将一个无密钥的信息隐藏定义为一个五元组的集合 $\Sigma=<C, M, C', D, E>$，其中，C 是载体信息的集合，M 是私密信息的集合，C' 是含有私密信息的载体信息的集合。$E: C \times M \to C'$ 是私密信息隐藏的映射函数，$D: C' \to M$ 是私密信息提取的映射函数，如果 $\forall: m \in M, c \in C$，有 $D(E<c,m>)=m$，则称这样的五元组集合为一个无密钥的信息隐藏系统。

在实际的应用中，载体信息 C 应该选择一些不容易被第三方察觉或者认为可能包含了私密信息的通信信息，如载体信息可以选择为一些常见的文本信息、常见的生活图片、音频、视频等文件，这些多媒体信息作为载体信息在一定程度上具有很强的干扰性，因为一般的多媒体信息在生活中是非常多的，常见的多媒体信息传输一般是不会引起第三方怀疑的。由于常见的多媒体信息在信息的存储和传输过程中具有时间和空间的冗余性，因此，大多数的信息隐藏将私密信息通过对常见多媒体信息进行微小改变来隐藏，而这种微小改变又不会引起常见多媒体信息的视听效果以及被一些简单的计算机算法检测出来，从而达到信息隐藏的效果。从数学的角度来考虑，可以通过隐藏私密信息前后的载体信息的相似度来衡量两个多媒体信息的相似度，以此衡量信息隐藏过程对载体信息的变量。相似性检测的方法很多，有的算法适用于专门的领域，有的算法适用于特定类型的数据，如何选择一个良好的相似性度量函数是一个比较复杂的问题。有以下两种聚类函数来刻画聚类样本之间的亲密度。

（1）相似系数函数：两个样本点越相似，则相似系数越接近于数值 1，否则越接近于数值 0。设 X 是一个非空集合，函数 sim：$X^2 \to (-\infty, 1)$，如 x、y 属于 X，且满足 $x=y$ 时 sim$(x,y)=1$，$x \neq y$ 时 sim$(x,y)<1$，则 sim(x,y) 为定义域 X 上的相似性函数。

（2）距离函数：将每个样本点看作一个高维度空间上的一点，使用一种距离度量算法来表征样本点之间的相似性，距离比较近的样本点之间的相似性是比较高的，反之相似性较低。定义一个距离函数 $d(x,y)$ 需要满足以下几个准则。

$d(x,x)=0$，即到自己的距离为零；

$d(x,y)>0$，即距离是非负数值；

$d(x,y)=d(y,x)$，即应该满足对称性，P 到 Q 的距离为 d，则 Q 到 P 的距离也一定为 d；

$d(x,y)+d(y,z)>d(x,z)$，即满足三角形法则。

满足这几个条件的距离函数非常多，比较常见的有平面直线距离、范数和欧拉距离、余弦函数等。

可以在私密信息隐藏到载体信息之前先用密码技术进行加密，再将私密信息隐藏到载体信息中，这样的安全性将会更高，即实现了信息的双重安全性保障。此外，在选择载体信息时最好选用没有使用过的载体，这对于第三方来说更加不容易检测出有私密信息的存在或者无法探测出私密信息是什么。

2）公钥信息隐藏

在密码学领域中，有一个公认的密码系统设计准则，即密码设计者应该考虑第三方如黑客已经知道了数据的加密算法，一个好的加密系统的安全性不应该仅仅依赖于一个好的算法，而应该依赖于密钥的安全性。同理，信息隐藏也应该尽可能满足这一要求。

公钥信息隐藏系统与密码体系结构的公钥密码体系结构相似，需要使用至少一个私钥和一个公钥。与公钥密码体系一样，通信的双方需要产生各自的公钥和私钥，私钥保留为自己使用而且只有自己才能使用，公钥保存到可信的第三方公开数据库中以便通信需要时随时调用。将公钥密码体制的思想用于基于公钥的信息隐藏，可以用公钥进行信息的隐藏，用私钥进行信息的提取，这样对任何一个隐藏的私密消息，只有拥有私钥的用户才能提取私密消息，提供了信息的保密性。利用最简单的模型，假定通信的信息发送和接收方分别为 Alice 和 Bob，前面已经知道了在公钥密码体制里面，私钥永远是留给"自己"使用的，而在公钥密码体制中，通信双方的公私密钥必须成对出现才能发挥其效果，因此，发送方对消息进行加密，应该要用到接收方的公钥而不是自己的私钥。如果用自己的私钥进行加密，那么，接收者和其他人（包含第三方监听者）都可以利用发送方存放在公共数据库中信息发送者的公钥而进行消息的解密操作。综合考虑，发送方应该用接收方的公钥进行消息的加密操作，接收方用自己的私钥进行消息的解密操作，接收方的私钥只有接收方自己才会有，这就可以保证消息的安全性。如前所述，信息隐藏的原理就利用了多媒体信息的存储和传输具有噪声的特点，利用噪声相对于正常信息而言具有冗余性，可以考虑用私密信息代替多媒体信息中的噪声信息来进行信息的隐藏，当然，用私密信息代替了噪声信息后，原来的噪声信息所在的信息位置的现存信息应该也几乎具有原来噪声拥有的一些性质，如无序性等，这样可以尽最大可能让隐藏后的消息具有随机性，使消息具有更好的隐蔽性。根据公钥密码体制的思想，还应该假设信息的加密算法和私密消息的隐藏函数是公开的，即除了发送方，其他任何人都可以得到该信息并进行相应的操作，在这种思想的算法里，系统的安全性最终依赖于选择的公钥密码体制的安全性。

3）私钥信息隐藏

这里所说的私钥信息隐藏，在密码学体制中，即指私钥密码体制，一般使用术语为对称密码体制。在密码学中有对称密码体制和非对称密码体制之分，对称密码体制是指信息的发送方和信息的接收方使用的密钥是相同的，即使用了同一个密钥进行信息的加密和解密操作，该密钥称为对称密钥，对称密钥是只有通信双方才能拥有的密钥，任何第三方都不能拥有这一密钥，密码系统的安全性是由这一密钥的安全性来保证的。非对称密码体制，与对称密码体制对应，就是指通信双方进行信息的加密和解密操作所使用的密钥是不相同的，其中，非对称密码体制又称为公钥密码体制，因为非对称密码体制中的公钥是公开存放在第三方可信数据库中的，只要有人需要使用该密钥，就可以从该数据库中申请读取。在非对称密码体制中，通信双方（如果有多个通信对象同理）都会产生属于自己的公钥和私钥，并且将自己的公钥存放在可信第三方的数据库中以便其他人主动发起与自己的通信时使用。

公钥密码体制的应用较为广泛，由于通信双方都会产生公私钥对，因此，非对称密码体制中，密钥到底该如何使用呢？大家都知道信息的发送方要对信息进行加密操作，接收方需要对消息进行解密，而且加解密需要密钥成对出现，确定了发送方使用的钥匙，就可以确定接收方使用的钥匙了，那么，消息加密的时候到底是使用的发送方的公钥、发送方的私钥、接收方的公钥还是接收方的私钥呢？由前面所述的一条原则：私钥永远是留给"自己"使用的，因此，在发送方进行消息加密操作所使用的钥匙排除了使用发送方自己的私钥和接收方私钥的可能了。

一般而言，如果用公钥密码体制进行信息的加解密操作，则使用信息的接收方所产生的公钥进行信息的加密操作，因为使用这种加密信息的方式，只有信息接收者拥有与该公钥所对应的构成密钥对的私钥，也就只有信息的合法接收者可以对该消息进行解密操作。其他任何人看到的都是密文，由于没有与信息加密时所使用的公钥对应的私钥，也就没办法对消息进行解密操作。

假设通信双方的信息发送方为 Alice，信息接收方为 Bob，二者都产生了公私密钥对 K_u 和 K_r。设 Alice 产生的公钥为 K_{ua}，私钥为 K_{ra}，Bob 产生的公钥为 K_{ub}，私钥为 K_{rb}，则用公钥密码体制进行信息加解密操作时，信息的发送方 Alice 用接收方 Bob 产生的公钥 K_{ub} 进行消息加密，将明文 m 转换为密文 m'，密文就可以安全地在不安全的通信信道上传输了。接收方 Bob 收到消息后，用自己的私钥 K_{rb} 解密密文，得到与密文对应的明文 m，该明文与发送方 Alice 加密和发送之前的明文是一致的，如图 11.2 所示。

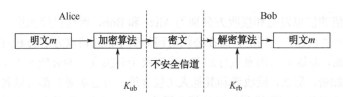

图 11.2　公钥密码体制加解密图例

如果用公钥密码体制进行身份验证和数字签名操作，则使用信息发送方的私钥进行消息的签名操作，因为这种方式下，只有信息的发送方拥有私钥，也就只有发送方可以进行数字签名，任何人都可以用发送方的公钥验证签名来源与所声称来源的一致性，其他任何人都没有这里所说的发送方用来签名的私钥，也就没有任何人可以伪造签名这一过程了。

与图 11.2 同理，用公钥密码体制进行身份验证和数字签名时，信息的发送方 Alice 用自己产生的私钥进行消息的加密操作，将明文 m 转换文密文 m'，密文可以在不安全的通信信道上传输。接收方 Bob 收到消息后，用发送方 Alice 产生的公钥进行解密操作，得到正确的签名明文信息 m。详细图例如图 11.3 所示。

图 11.3　公钥密码体制签名图例

与私钥密码体制一样，在私钥信息隐藏中，发送方 Alice 需要选择某个载体对象 c 并用只有该通信的发送方和接收方才拥有的密钥 k 将私密信息隐藏到载体对象 c 中。接收方用该钥匙将隐藏在载体信息 c 中的私密信息 m 提取出来。

设计一个良好的信息隐藏算法也是一样的，应该考虑信息隐藏的算法对任何人都是公开的，信息隐藏系统的安全性应该依赖于密钥的安全性而不是算法的安全性。第三方可以任意分析不安全信道上传输的一切信息，由于不安全信道上传输的是密文消息，而第三方又没有可以解密该密文的密钥，因此，即使第三方拥有再多的密文消息或者甚至已经拥有了解密算法，仍然是没有效果的。私钥信息隐藏系统的设计与私钥密码体制的设计思想类似，信息发送方需要有载体对象，使用密钥将隐私信息隐藏到载体信息中并形成含有隐私信息的载体信息 c'，其中，通信双方使用的密钥是一样的，即对称密钥，消息的接收者可以和同发送方加密时使用的密钥相同的密钥进行信息的解密操作，得到明文。信息的解密操作只在通信的双方进行，其他任何人都没有该密钥，没办法进行解密操作。

在密码学中，公钥密码体制和对称密码体制可以混合使用，以达到更好的效果。此外，根据具体情况，有的时候还需要有原始没有隐藏任何私密信息的载体对象起到辅助提取隐藏信息的作用。当然，这种情况应该是比较少见的，因为需要传输原始未隐藏任何信息的载体对象，这在一定程度上增加了系统的风险性，不是大多数用户所能接受的，而且一个好的系统，在设计之初就应该尽量降低系统的风险，提高安全性。

从方法上，信息隐藏一般可以分为时间/空间域、变换域的信息隐藏。

时间/空间域上的隐藏是将私密信息隐藏在载体信息的不重要部分，即噪声部分。一般的多媒体文件等在存储和传输的过程中除了普通的视听效果等基础部分外，还存在一定的噪声信息，时空域上的信息隐藏就是用私密信息转换后的信号替换多媒体信息中量化后的噪声信号，替换后也显示出和噪声信号差不多的无序信号，进而达到信息隐藏的目的。这类信息隐藏的缺陷就是对普通的压缩攻击、滤波攻击等的处理能力较弱。而在变换域的信息隐藏则拥有良好的抗攻击能力，如小波变换可以抵抗剪切攻击，傅里叶变换可以抵抗几何攻击等，此外，相比时空域上的方法来说，变换域的信息隐藏方式中隐藏信息具有更好的不可见性，鉴于此，当前的大多数信息隐藏方案都采用变换域的方式。

2. 信息隐藏的通信模型

在一般的通信系统中，通信系统由发送、传输和接收部分组成。其中，发送部分一般有信号的转换，如将计算机内的数字信号转换为通信线路的模拟信号或者光信号（调制）等；接收部分则将通信线路中的模拟信号或者光信号转换为计算机内的数字信号（解调）等。信息隐藏系统则有信息隐藏、通信信道上的传输以及信息提取等几个部分。如果将普通的通信系统与信息隐藏系统进行对比，信息隐藏操作可以看作在普通通信系统中进行信号的调制操作，即将某种格式的信号转换为另外一种格式的信号。在普通的通信系统中，可能将计算机内高低电平的数字信号转换为传输线路中连续的模拟信号或者光信号等，而在信息隐藏系统中，信息隐藏操作就是将明文消息隐藏到载体中，相当于将明文消息转换为部分载体信息。普通的通信系统中信号在传输信道上传输，而信息隐藏系统中，看起来信号也是在传输信道上传输的，但真正有意义的消息已经隐藏到载体信息中去了，因此，可以将含有私密信息的载体对象看作消息的载体，即将含有私密信息的载体对象看作消息的通信信道。普通的通信系统中信号的接收方可能将传输线路中的连续的模拟信号或者光信号转换为计算机内高低电平的数字信号，而在信息隐藏系统中，信息的提取操作就是将隐藏在含有私密信息的载体对象中的信息提取出来，相当于将含有私密信息的载体对象中的一部分信息提取并转换为有意义的明文消息。

这两种系统有其相同的地方，也有各自的特点，但信息隐藏系统的安全性要求更高。一般认为，普通的通信系统只是简单的通信，没有太高的安全性要求，系统通常只会受到传输介质以及传输介质所处的环境等的干扰，而信息隐藏系统除了面临这些常见的干扰外，还面临着第三方恶意破坏或者主动攻击行为等。在普通的通信信道中，有各种方式对通信信道的良好程度进行测评，如通信带宽、通信正确率等，信息隐藏系统中，也有一些评价标准，如信息隐藏的容量、速度性能、算法复杂度等。其中，信息隐藏的容量是研究信息隐藏的基础之一，某个给定的载体信息能够容纳的最大的隐藏信息量以及实现这种大容量信息隐藏的算法是什么。当然，不同的载体对象或者不同规格的载体，其信息的隐藏最大容量也是不相同的，大家已经知道，信息隐藏一般需要满足隐藏信息具有不可见性和原始载体信息的视听效果等"不变"性，如果选用一幅图片作为载体对象，图片中几乎每个像素点的像素值分量都相等，取一种极限情况，图片中所有像素点都是白色的，则图片中某些少数像素点的微小像素变化就有可能引起视觉效果的差异，因此，平滑性图像中隐藏信息的容量较小。相反，如果图像中有很多颜色的变化，而且变化得非常突出，像素点的像素值微小改变很难引起视觉效果的差异，因此其隐藏信息的容量就会较大。

3. 信息隐藏的安全性

一个好的信息隐藏系统应该具有良好的安全性和健壮性。从安全性角度考虑，一个系统需要从算法到可能遭遇的黑客攻击等方面保证其安全性。从信息隐藏分析学的角度考虑，要分析并攻击一个信息隐藏系统，需要通过统计分析、差分统计等方法探索载体信息中有隐藏信息的存在，通过一定的方式提出隐藏在载体对象中的私密信息，甚至通过剪切攻击、滤波攻击等攻击手段破坏掉隐藏的信息以达到攻击信息隐藏系统的目的。从信息隐藏系统设计者的角度考虑，只要分析人员或者信息隐藏系统的攻击人员能够分析出某个载体对象中含有私密信息的存在，则这样的信息隐藏算法或者信息隐藏系统就已经不安全了。在高科技迅速发展的今天，信息隐藏算法和系统的设计人员应该假定攻击者拥有足够快的攻击计算速度和足够大的存储空间等，一个良好的信息隐藏算法和信息隐藏系统应该尽可能抵抗各种各样的攻击类型，只有通过各种方式都没有检测出载体对象中有隐私信息的存在，这样的信息隐藏算法和信息隐藏系统才是安全的并为广大用户所欢迎的。

信息隐藏是将私密信息通过一定的算法或者转换方式隐藏到载体对象中，起到私密信息不可见的效果，达到信息隐藏并可以在不安全的通信信道上进行私密通信的目的；隐写分析是一门对信息隐藏算法和系统进行分析并试图破解或破坏算法和信息隐藏系统的一门学科。信息隐藏和隐写分析的发展是相辅相成、螺旋式上升，虽然在有的资料中给出了绝对安全的信息隐藏系统，但在实际的算法设计和系统设计的时候，总会遇到各种各样的限制因素，从而导致绝对安全的信息隐藏算法和系统在实践中有一定的难度。在隐写分析学中，有许多方式可能检测出私密消息的存在。当然，在隐写分析学中，私密消息检测也有可能出错，即将没有私密消息的载体对象判定为拥有私密消息的载体对象或者将拥有私密消息的载体对象判定为没有私密消息的载体对象。一个良好的信息隐藏算法和系统应该尽可能让攻击者将一个实际上拥有私密消息的载体对象判定为没有私密消息的普通载体对象，完全理想化的信息隐藏算法和信息隐藏系统是让攻击者无论如何都检测不出载体对象中有私密消息的存在，即百分之百判定所有载体对象都是没有任何私密消息的普通对象，这样的信息隐藏具有良好的迷惑性，达到了信息隐藏安全性的要求。

除了信息隐藏算法和信息隐藏系统的安全性外，还应该考虑系统的健壮性或者稳定性。如果攻击者并不是从载体对象提取私密消息，而是利用密码学中的重放攻击方式，截获载体对象后对载体对象进行修改，然后将载体对象重新放到通信信道上传输，接收方收到载体对象后是否还能够提取出全部或者提取大多数的私密信息进而推断出全部的私密信息是一个重要的标准。一般的攻击者认为，通过对载体对象的修改，破坏了隐私信息在载体对象中的排列，从而导致私密信息的不可用或者难以利用，达到破坏私密消息传递的目的。压缩攻击、剪切攻击、篡改攻击等都是黑客可能实的重放攻击类型，一个良好的信息隐藏算法和信息隐藏系统应该尽可能抵抗类似的攻击行为。

在密码学中，比较古老的密码学设计者考虑用字母替换的方式实现明文消息到密文消息的转换，通过网络传输密文消息，在接收方通过替换表解密得到原始的明文消息。这种替换密码的方式得到的密文，可以考虑用反向替换，通过长期统计分析出某些字母在语言中使用的频率等来猜想、推断出反向的替换表，从而进行密文的解密操作。如今，如果有人设计通过多个替换表替换的方式来实现明文到密文的转换，针对这种方式，如果用统计分析和多次替换的方式还是可能解密的。任何一种密码技术，只有经过各种各样的算法分析和攻击方式，得出安全性评估分析得知利用现有的技术无法解密，才认为是一个有安全性和较好可用性的密码技术。隐写分析在实际的应用中是十分必要的；一方面，广泛的应用需要利用到信息隐藏技术，而隐写分析是与信息隐藏对立的方面，只有对隐写分析有足够的了解，才能设计和实现更好的信息隐藏算法以及信息隐藏系统，提升以前的算法和系统的安全性，设计一个良好的信息隐藏算法和系统应该不能让黑客分析出或者很难分析出载体对象中有隐私信息的存在；另一方面，信息隐藏技术可以应用于版权保护等目的，但也可能被不法分子应用于国家机密信息泄露、公司或团体信息的泄密、个人私密信息泄露等违法犯罪活动，不法分子利用信息隐藏技术就有可能逍遥法外，因此，隐写分析的研究就显得非常有必要了，如果有良好的隐写分析方法，就可以分析出不法分子通过信息隐藏方式进行的私密通信，进而保护集体和个人的人身、财产安全等。

隐写分析或者信息隐藏分析可以分为以下几个步骤：发现隐藏的私密信息、提取隐藏的私密信息和破坏隐藏的私密信息。

发现隐藏的私密信息是通过对载体对象进行各种分析，判定载体对象中是否含有私密信息的过程。信息隐藏技术主要分为时空域替换技术、变换域技术、扩频技术以及统计分析技术等，针对时空域替换技术,主要分析载体存储噪声或者通信信道噪声等方式来探索隐藏信息的存在。针对变换域的信息隐藏,其分析是非常复杂的,变换域的信息隐藏技术是将私密信息隐藏在变换域的变换系数中的,如小波变换系数中信息的隐藏等。此外,还有针对基于文本文件、音频文件或者视频文件等的信息隐藏分析方法,这里不再一一详述。

提取隐藏信息是将私密信息从载体对象中提取出来,在不知道信息隐藏方式的前提下,提取隐藏的信息是非常困难的。对黑客或者隐写分析的人员来说,信息的隐藏有诸多的不确定因素,这些因素都会增加提取隐藏信息的难度,如信息隐藏的算法、信息隐藏使用的密钥、在载体对象的哪些位置进行信息隐藏以及进行信息隐藏之前是否通过密码技术处理或加密过等,种种迹象表明,成功提取隐藏信息的难度非常之大。针对一些比较简单的信息隐藏方法,有一些可能的提取方案。针对最低比特位替换方式的信息隐藏,可以将载体对象的最低比特位按序号提取出来,看能否显示出明文,如果不能,考虑用一些经典的混沌算法等尝试进行恢复。当然,除了最低位替换的信息隐藏,如果是24位位图文件,则还应该考虑低四位的某个位平面或者某几个位平面可能构成信息隐藏的位平面,进行各种情况的分析并尝试提取隐藏信息是应该考虑的方案之一。此外,还有小波变换小波系数的改变,考虑提取小波系统的某些值是否会提取出私密信息也是提起隐藏信息的方案之一。

破坏隐藏信息是载体对象在传输的过程中,第三方用一定方式对载体对象上可能隐藏私密信息的位置进行数据修改,达到破坏私密消息完整性或者完全破坏私密消息而让接收方无法得到正确明文消息的目的。破坏隐藏信息的方式可以应用于军事或者警察截堵犯罪分子通过信息隐藏方式进行的通信等。对于最低比特位的替换技术实现的信息隐藏,可以采用相应的替换技术替换最低位平面等方式来破坏私密消息在载体对象中的存在。当然,对隐藏信息进行破坏活动一般是一些国家和社会治安方面的机构进行信息监控才采用的方法或者作为学习研究之用,不提倡用于监听国家或个人的安全通信等非法活动。

4. 信息隐藏分析的分类

通过常见的信息隐藏算法分析,可以将信息隐藏分析分为基于空域的隐写分析和基于频域的隐写分析。最低比特位的信息隐藏方式就是基于空域的信息隐藏方式,通过分析载体对象的最低比特位,可以有效提取出这类信息隐藏方案隐藏的私密消息,如果进行信息隐藏时利用了混沌算法或者加密操作,则提取出来的最低比特位数据流还是一堆乱码,就不太好解决了。频域信息隐藏,也就是变换域的信息隐藏,方案非常多,分析起来复杂性也千变万化。常见的频域包含小波变换、快速小波变换、离散余弦变换、傅里叶变换、快速傅里叶变换、平均值预测等。此外,也有按照分析方法来分类的做法,通过信息隐藏的原理,可以将隐写分析分为视听效果分析(又叫感官分析)、统计分析以及特征值分析等。

信息隐藏一般要求隐藏了私密消息之后不会引起原始载体信息在视听等感官效果上的差异,因此,如果在感官上就发现了载体消息存在差异性,就应该考虑该载体对象是否是通过隐藏一些私密消息而引起的感官效果差异。当然,感官分析的方法只有含有私密消息的载体对象是不够的,一般需要有原始不含隐私消息的载体对象,进行对比才更加容易地判断出所检测的载体对象与原始载体对象之间的差异。统计分析的方法主要是应用数学上的方法对载体对象进行各种数据统计并分析其存在私密消息的可能性等。与常见病毒具有所谓的病毒特征一样,某些信息隐藏方案可能在设计之初就不是很完善,通过一些特征值的分析就可以判定所检测的载体对象中是否有私密消息的存在。

11.1.4 信息隐藏技术的分析与应用

1. 信息隐藏技术分析

信息隐藏技术的分类方式较多,按照经典的信息隐藏算法,一般可以分为基于时/空域的信息隐藏、基于变换域的信息隐藏和其他的信息隐藏。

1) 时空域信息隐藏

在载体中进行信息隐藏的方法非常多，最低位或者最低几位的位平面替换技术是最简单和最直观的一种信息隐藏方法，针对多媒体信息经过扫描等操作之后进行存储和传输过程中可能产生的噪声以及人们的视听等对噪声具有不可感知性，可以考虑用隐私信息代替这些多媒体信息的噪声信号部分，而且代替之后多媒体的噪声信息还是和代替之前的杂乱无章的信息是差不多的，即不太会引起第三方的注意，进而实现安全传输私密信息的目的，满足信息隐藏的要求。

假定有一幅 512×512 像素点的位图文件，按照计算机中常见的画图程序默认的存储方式，每个像素点需要用 24 位二进制位来存储，即构成 24 位的彩色位图文件，而且是以 RGB 格式存储的。其中，RGB 的 R 为 Red，表示红色，G 为 Green，表示绿色，B 为 Blue，表示蓝色，R、G、B 表示在 24 位位图格式的文件中某个像素点的三个像素分量，即任何一幅这种格式的数字图像都由这三个分量组成，每个分量用一个经典字节的空间存储，即每个分量分别需要用 8 个二进制位表示。由于数字图像中每个像素点的三个分量都是由 8 个二进制位组成的，如果选择每个像素点的每个分量的同一个二进制位，则这些位就构成了一个位平面。显然，按照这种方式表示位平面，则数字图像应该由 8 个位平面组成，而且每个位平面在实际表示像素值的时候其权重是不一样的，越是排在高位的位平面，其权值越大，反之越小，每个像素点的三个像素分量值变化范围都是 0~255。按照上述规则，一幅 24 位位图格式的图像文件，如果知道其尺寸，就可以计算出该图像所占用的存储空间。如假设这种格式的图像尺寸为 512×512 像素，则该图像的像素点数量为 512×512 个，每个像素点又包含 3 个像素分量，每个像素分量又需要用 8 个二进制位表示，因此，该图像的容量为 512×512×3×8=768.1KB，其中，这里的 8bit（位）=1B（字节），1024=1K（表示容量则用该规则），如图 11.4 所示。

图 11.4　24 位彩色位图容量示例

其中，该图为 24 位彩色位图，是用计算机 Windows 7 附带的画图软件截取的图形。

以下是关于每个位平面权重的实例说明。原始图像以及各个平面组合如图 11.5～图 11.15 所示。

图 11.5　第 1~8 位平面

图 11.6　第 8 位平面

图 11.7　第 7 和 8 位平面

图 11.8　第 6~8 位平面

图 11.9　第 5~8 位平面

图 11.10　第 4~8 位平面

图 11.11　第 3～8 位平面

图 11.12　第 2～8 位平面

图 11.13　第 1～7 位平面

图 11.14　第 2～6 位平面

图 11.15　第 2～5 位平面

其中，第1个位平面表示最低位构成的位平面，以此推算，第8个位平面为最高位构成的位平面，所有图形的测试效果均在 Visual Studio 2013 环境下用 C#语言实现。

图中显示，只有第8个位平面的时候，图像已经比较清晰可见了，而拥有即使4个比较低的平面，如第2~5个位平面的图形，只有非常浅的轮廓，图像近乎全部黑色。通过以上的图形显示的效果分析可知，第1个位平面的权值最小，即第1个位平面对整个图像的贡献最小；第2个位平面稍大些；以此类推，第8个位平面对图像的贡献最大。依照24位位图的这种特征，就可以考虑在权值比较小的几个位平面内隐藏私密信息，这样修改了这些位平面中比特位的值，对整个像素分量值的影响也比较小，对图像的影响较小，不太容易被发现，因此，可以达到信息隐藏的目的。

基于时域的信息隐藏几乎都是将隐私信息隐藏在载体中最不重要的或者载体中有随机噪声的位置，因为这样的信息隐藏最不易让别人怀疑，隐藏后的数据与原始未隐藏私密信息的数据在视听等效果和数据分析上没多大差别，达到私密信息在不安全通信信道上安全的传输的目的。但是，这样的信息隐藏也带来一定的弊端，如基于时域的信息隐藏健壮性一般不强，容易受到剪切攻击、压缩攻击、滤波攻击等的影响。

（1）基于最低比特顺序位的信息隐藏。

在24位位图中，每个像素点用3个像素分量24个比特位表示，每个像素分量用8个比特位表示，每个比特位的权值都不相同，利用在权值较小的比特位隐藏私密信息的方式，可以达到信息隐藏的效果。基于最低比特位的信息隐藏就是将待隐藏的私密消息转换为二进制位后，用转换后的私密消息按序或者按照一定的混沌效应替换掉载体对象的最低比特位平面所在的比特值。

信息的隐藏过程如下：在信息的发送方，设私密消息转换为二进制比特位后的信息为 $M=\{m1,m2,m3,\cdots,mn\}$，其中 mi 表示第 i 个二进制比特位。设载体对象为 $A\times B$ 规格，每个像素点包含3个最低比特位，一共可以有 $3\times A\times B$ 个比特位可供替换，即这样一幅图像的信息隐藏容量为 $3\times A\times B$ 比特。信息的发送方从载体对象的第一个像素点开始依次获取每个像素点的像素值，取出三个分量的值并用待隐藏信息流的比特位分别替换三个分量的最低比特位。示例效果如图 11.6 所示。

图 11.16 示例效果

其中，界面中的图片为彩色图像，考虑到彩色图像具有更大的信息隐藏容量，下面的信息隐藏和提取过程都用彩色图像实现。图中"嵌入"按钮表示按下此按钮可以将私密信息隐藏到左边的图像中，"提取"按钮表示按下此按钮可以将含有隐私信息的载体图像中的隐私信息提取出来，"切换窗体"的功能是按下此按钮可以显示一个新的窗体,该窗体显示的是一个原始的没有隐藏任何私密信息的载体图像,可以在计算机上将其拖动到适当的位置,与本图中的已经隐藏和私密信息的载体图像形成对比,两图具有视觉上的不可区分性是衡量一个信息隐藏算法和系统性能的指标之一。"退出"按钮的功能是退出当前信息隐藏系统。图中左边的多行文本框是待隐藏的私密消息,可以更改,信息隐藏过程就是将该文本框中的内容转换为二进制信息并隐藏到图像中。图中右边的多行文本框是从含有隐私信息的载体对象中提取出来的隐私信息显示框,靠近下方的单行文本框是用来显示当前系统状态的文本框,可以显示当前信息隐藏是否成功以及信息提取是否成功等。

全局变量声明:

Stopwatch sw = new Stopwatch();

Bitmap bitmap;

Bitmap newbitmap;

bool embedding = false;

需要在声明全局变量之前包含 Diagnostics 文件,声明的全局变量 bitmap 为全局 Bitmap 类型的位图变量,newbitmap 为用来进行像素读取、隐藏信息和回写像素值的全局 Bitmap 类型的位图变量。布尔变量 embedding 用来判定当前系统是否已经隐藏信息,如果没有隐藏信息,则不能从载体对象中提取私密信息。

基于最低比特顺序位的信息隐藏源代码如下:

```
01. private void button1_Click（object sender, EventArgs e）
02. {
03.     textBoxNote.Text = "";
04.     String s = textBoxEmbed.Text;
05.     byte[] y = Encoding.Default.GetBytes（s）;
06.     int[] bin = new int[y.Length * 8 + 1]; int ijk = 0;
07.     foreach（byte b in y）
08.     {
09.         int bb = b;
10.         for（int m=0;m<8;m++）
11.         {
12.             bin[ijk++] = b % 2;
13.             bb /= 2;
14.         }
15.     }
16.     bitmap = new Bitmap（"C：\\Users\\Administrator\\Desktop\\123.bmp"）;
17.     newbitmap = bitmap.Clone()as Bitmap;
18.     sw.Reset();
19.     sw.Restart();
20.     Color Pixel;
21.     int k = 0;
22.     for （int i = 0; i < pictureBox1.Height; i++)
23.         for （int j = 0; j < pictureBox1.Width;j++ ）
24.         {
25.             Pixel = newbitmap.GetPixel（i, j）;
```

```
26.             if （k < y.Length*8）
27.             {
28.                 int R = （Pixel.R - （Pixel.R % 2）+ bin[k]）;
29.                 k++;
30.                 int G = （Pixel.G - （Pixel.G % 2）+ bin[k]）;
31.                 k++;
32.                 int B = （Pixel.B - （Pixel.B % 2）+ bin[k]）;
33.                 k++;
34.                 newbitmap.SetPixel（i, j, Color.FromArgb（R, G, B））;
35.             }
36.         }
37.     sw.Stop();
38.     pictureBox1.Image = newbitmap.Clone()as Image;
39.     embedding = true;
40.     textBoxNote.Text = "信息隐藏成功！";
41. }
```

第一步：将提示消息的文本框 textBoxNote 中的内容清空，再声明字符串 s 和待隐藏的私密消息文本框 textBoxEmbed 中的文本取出来赋予字符串 s，将其转换为字节数组类型以及二进制数组类型以便将 0、1 二进制数值隐藏到载体对象中，其中，将字节类型转换为二进制数值是从字节数组中取一个字节的数据并转换为十进制数值类型，按照十进制到二进制的转换规则进行转换。每个英文字符在计算机中占用一个字节的存储空间，每个汉字在计算机中占用两个字节的空间，先将文本框中的内容转换为字节类型有助于转换为二进制，因为一个字节占用 8 个二进制位，因此，可以简单地将一个字节转换为 8 个二进制位。按照十进制到二进制的转换，整数部分除 2 取余，小数部分乘 2 取整，显然，这里只有整数部分。最终，二进制数组是只含有 0 和 1 的二进制数值。

第二步：将待隐藏的私密消息准备好后，就应该准备载体对象了，这里采用的是从计算机桌面上调取图片的方式，并将图片在计算机系统内转换为位图格式为后面的信息隐藏做好准备。

第三步：这是最重要的体现核心思想的一步，遍历图片中的每一个像素点并进行信息的隐藏操作。由图片的宽度和高度，遍历图像中的每一个像素点，取出每个像素点的像素值，并读取每个像素值的三个分量值的大小。由前面的知识可知，图像中每个像素点的像素分量值变化范围是 0~255，而待隐藏的私密消息已经转换为只含有 0 和 1 的二进制信息，因此，这里的信息隐藏可以不用将像素分量转换为二进制后再进行信息的隐藏，直接将像素分量的值所对应的二进制最低位替换为待隐藏消息的 0 或 1 值，等价于直接将像素分量的数值改为不大于数值本身的最大的偶数再加上待隐藏的消息 0 或 1。代码 R=（Pixel.R-（Pixel.R%2）+bin[k]），是将某个像素点的红色分量 R 的值除 2 取余，用像素分量 R 减去这个余数，等同于将像素分量 R 的值改为不大于本身的最大的偶数，加上 bin[k]就是加上待隐藏的消息 0 或 1。例如，某个像素点的红色像素分量 Pixel.R=125，则 Pixel.R%2=1，Pixel.R-Pixel.R%2=125-1=124，将 R 的值 125 改为了不大于本身的最大的偶数 124，如果带隐藏的私密消息下一个对应的二进制数组中的值为 0，则最终 R=124，否则为 1，R=125。这样，提取消息的时候只需要读取 R 分量的值并除 2 取余即可知道隐藏的数值是多少了。像素分量修改完成后还需要用函数 SetPixel()将修改后的像素分量回写到图像中，这样就实现了信息的隐藏操作。

第四步：含有私密信息的载体图像的显示以及其他辅助信息的显示等。

基于最低比特顺序位的信息提取源代码如下:

```
01. private void button1_Click_1 (object sender, EventArgs e)
02. {
03.     if (embedding == false)
04.     {
05.         textBoxNote.Text = "当前并没有执行水印的嵌入操作,即将退出!!! ";
06.         this.Close();
07.     }
08.     String s = textBoxEmbed.Text;
09.     byte[] y = Encoding.Default.GetBytes(s);
10.     int[] bin = new int[y.Length * 8 + 1];
11.     int max = y.Length * 8;
12.     Color Pixel;
13.     int k = 0; int i = 0; int j = 0;
14.     for (; i < pictureBox1.Height; i++)
15.     {
16.         for (; j < pictureBox1.Width; j++)
17.         {
18.             Pixel = bitmap.GetPixel(i,j);//读取像素值并初始化数组 bin[]
19.             if (k < y.Length * 8)
20.             {
21.                 bin[k++] = Pixel.R % 2;
22.                 bin[k++] = Pixel.G % 2;
23.                 bin[k++] = Pixel.B % 2;
24.             }
25.         }
26.     }
27.     k = 0;
28.     int mm = 0;
29.     for (int ii = 0; ii < k/8; ii++)
30.     {
31.         for (int jj = 0; jj < 8; jj++)
32.         {
33.             mm += jj == 0 ? bin[k] : jj == 1 ? bin[k] * 2 :
                    jj == 2 ? bin[k] * 4 : jj == 3 ? bin[k] * 8 :
                    jj == 4 ? bin[k] * 16 : jj == 5 ? bin[k] * 32 :
                    jj == 6 ? bin[k] * 64 : jj == 7 ? bin[k] * 128 : 0;
34.             k++;
35.         }
36.         y[ii] = Convert.ToByte(mm);
37.     }
38.     String sss = Encoding.Default.GetString(y, 0, y.Length);
```

```
39.        textBoxExtract.Text = sss;
40.        textBoxNote.Text = "信息提取成功！";
41.  }
```

第一步：通过布尔变量判定当前是否已经隐藏了私密信息，如果没有，则提示没有必要进行隐私消息的提取，如果有，就读取已经隐藏的信息的长度或者容量，为了简便，这里是直接读取的长度值。当然，实际的应用中，为了提高安全性和系统的可用性，建议直接将是否有私密信息隐藏到载体对象中的判定一并隐藏到对象中或者通过其他方式告知是否隐藏有私密信息，进行相应的判定即可，如果载体对象中含有隐私信息，则隐私信息的长度值也应该一并隐藏到图像中。如果图像规格为 512×512 像素，则可以用三个字节来存储隐私信息的长度值，并将这三个字节的数值添加在隐私信息的前面，一并隐藏到载体对象中，提取消息的时候先提取隐私信息的长度值，再以此提取相应长度的数据的隐私消息，由于篇幅限制，这里不再赘述。

第二步：由图片的宽度和高度，遍历图像中的每一个像素点，取出每个像素点的像素值，并读取每个像素值的三个分量值的大小。根据信息隐藏过程，取出每个像素分量值的二进制数值的最低位，用除 2 取余的方式即可得到，这一过程对应于源代码 bin[k++]= Pixel.R%2 等，将得到的只含有 0 和 1 的数值存放到上一步准备好的二进制数组中，为下一步将得到的二进制序列转换为字符以及最终得到字符串做好准备，即最终要提取出来的隐私消息。

第三步：利用两次 for 循环，将得到的二进制数组转换为整数类型。代码的第 27 行定义并初始化的 k 表示已经从二进制数组中获取了多少个字节的数据，内层循环每跳出一次，外层循环的 k 就增加了 8，因此，外层循环可以根据二进制数组的长度自行增长而不会提前跳出循环体。代码的第 33 行用来对每个取出的二进制数组进行加权操作，一个字节长度的二进制数值转换为十进制数据的过程，是按位权值展开得到的，因此，每个二进制数值的权值是不一样的。这一步到目前为止得到的结果是整数数值，最后需要将得到的整数转换为字节类型并存放在字节数组 y[] 中，为后面转换为字符串做好准备。

第四步：将上一步得到的字节数组转换为字符串类型后赋值给新声明的字符串变量，然后将字符串变量赋值给显示提取消息的文本框 textBoxExtract 并在系统提示框中显示成功提取的消息。

第五步：综合分析该方案，该信息隐藏方案能够有效地将信息隐藏到载体图像的最低比特位上，并且按照上述源代码的实现，可以完整获取原始隐藏的私密信息。但是这种信息隐藏方案不能够有效抵抗滤波攻击、椒盐攻击、压缩攻击等。

（2）基于伪随机替换的信息隐藏。

上述最低比特位的替换规则是依照遍历图像中每一个像素点的方式以及依次对 R、G、B 三个分量进行信息隐藏的，这种方式的信息隐藏在一定程度上具有不安全性、不稳定性。如果第三方人员也依次对每个像素点的最低位的三个分量进行拼接和数据分析，就可以得到通信双方所传递的隐私消息了。此外，这种按序的规则具有不稳定性，也就几乎不具有健壮性，不能抵抗剪切攻击、压缩攻击等。为了提高系统的安全性，可以考虑用伪随机替换的方式进行信息的隐藏。

伪随机替换的信息隐藏是将私密消息随机地隐藏到图像中的一些像素点中。第三方人员或者黑客得到含有隐私信息的载体对象后，可能会对载体对象的每个像素点的最低位进行拼接和分析，但是，依照前面所说的按序拼接和数据分析，就不会得到真正的隐私信息。第三方不知道信息隐藏过程使用的是什么方式，选择哪个二进制隐藏到图像中的哪个像素点中，也就没有办法通过对像素点最低位比特数据进行拼接后分析出真正的隐私信息，这样的系统实现起来虽然比上一种情况稍微复杂些，但其安全性在一定程度上得到了大幅度的提升。

利用上述基于最低比特顺序位的信息隐藏系统，改进信息隐藏和信息提取过程，可以实现这里所说的安全性更高的信息隐藏算法和系统。

利用混沌效应的公式选取一些随机的像素点进行信息的隐藏，如经典的混沌函数：

$$X(n+1) = A*\sin(X(n)-B)*\sin(X(n)-B) \quad (11.1)$$

当 $A=4$，$B=2.5$ 的时候，该函数所产生的混沌效应非常好。为了测试这种情况下该函数的混沌效应，可以利用实际的例子进行验证。实验演示效果如图 11.17 所示，其源代码如下。

图 11.17　混沌效应测试图

其中，图中白色点的设置为 500。

混沌效应测试源代码如下：

```
01.    private void button1_Click_2（object sender, EventArgs e）
02.    {
03.      for（int i = 0;i < pictureBox1.Height;i++）
04.        for（int j = 0;j < pictureBox1.Width;j++）
05.        {
06.          newbitmap.SetPixel（i, j, Color.FromArgb（0, 0, 0））;
07.        }
08.      String s = textBoxNote.Text;
09.      int x = Convert.ToInt32（s）;
10.      do
11.      {
12.        x--;
13.        x_n = AA * Math.Sin（x_n - BB）* Math.Sin（x_n - BB）;
14.        while （x_n < 512）x_n *= 512;
15.        int tmp_x = Convert.ToInt32（x_n）% 512;
16.        x_n = AA * Math.Sin（x_n - BB）* Math.Sin（x_n - BB）;
17.        while （x_n < 512）x_n *= 512;
18.        int tmp_y = Convert.ToInt32（x_n）% 512;
19.        newbitmap.SetPixel（tmp_x, tmp_y, Color.FromArgb（255, 255, 255））;
20.      } while （x > 0）;
21.      pictureBox1.Image = newbitmap.Clone()as Image;
```

```
22.        int xx = 0;
23.        Color pix_xx;
24.        for （int i = 0; i < pictureBox1.Height; i++）
25.            for （int j = 0; j < pictureBox1.Width; j++）
26.            {
27.                pix_xx = newbitmap.GetPixel（i, j）;
28.                if （pix_xx.R == 255）xx++;
29.            }
30.        textBox1.Text = Convert.ToString（xx）;
31. }
```

首先，遍历图像中的每一个像素点，并将每个像素点的像素分量值初始化为 0，R、G、B 三个分量都为 0 的颜色为纯黑色，考虑检验混沌效果的时候将三个分量的值都设置成 255，则图中会出现许多白色的点。读取 textBoxNote 中的内容并转换为整数类型，该整数标记了测试的时候期望出现白色点的数量，取 X（0）=512（取其他任何有意义的值同理）。进入 do...while 循环体，首先应该将白色点的数量减一，while 循环条件是如果还有白色点没有显示出来则继续执行。代码第 13 行执行的是式（11.1）的运算，考虑到 x_n 的值可能比较小以及当前图像的尺寸为 512×512 像素，第 14 行代码将 x_n 按照图像规格进行放大，代码的第 15 行表示当前得到的数据除以图像的宽度取余数，该余数一定不大于图像的宽度。同理，代码的第 16~18 行，得到的数值一定不大于图像的高度。最终，通过这两个余数可以确定一个点，而且经过这种方式得到的点具有极强的混沌效应。代码的第 19 行则将三个分量值都为 255 的数值写入到所选择的像素点中，代码的第 21 行用于显示测试效果。代码的第 22~30 行用来测试该混沌效应的重复率，即经过大量的运算之后，可能某次选择的点已经与前面选择的某个点是重复的。表 11.1 是一些关于重复率的实验数据。

表 11.1 实验数据

初始设置白色点数量	检测到白色点数量	白色点重复率
100	100	0
300	300	0
500	500	0
1000	999	0.1
2000	1986	0.7
5000	4916	1.68
10000	9708	2.92
25000	23475	6.10
100000	79939	20.061

其中，图像规格为 512×512 像素，x_n 的初始值为 512。从表中可以看出，在初始设置的数据量比较小的情况下，几乎都是没有重复点的。

图 11.18 中各个小图分别是与这些实验数据对应的效果图。

从图 11.19 中可以看出，不论初始设置的数据量大小是多少，最终形成的效果图中白色点都是无规律的点，都是近乎随机分布的。

其中，横坐标表示初始设置的白色点数量，纵坐标表示未检测到的白色点数量与初始设置白色点数量的比值（已经乘以 100%），即白色点重复率。从走向图中可以看出，初始设置白色点数量较小的时候，几乎没有出现重复点的问题，数据量越大，出现重复点的几率也就越大。当然，最大也只能达到 512×512≈260000。

综合上述图、表的统计数据及分析可知，当隐私信息量不是很大的时候，可以采用这种方式进行信息隐藏。下面是基于伪随机替换的信息隐藏源代码及其示例分析过程。

图 11.18　不同初值下的混沌检测效果图

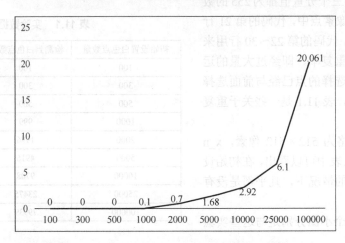

图 11.19　不同初值下的混沌检测重复率走向图

基于伪随机替换的信息隐藏源代码如下：

```
01. private void button4_Click（object sender, EventArgs e）
02. {
03.     textBoxNote.Text = "";
04.     String s = textBoxEmbed.Text;
05.     byte[] y = Encoding.Default.GetBytes（s）;
06.     int[] bin = new int[y.Length * 8 + 1]; int ijk = 0;
07.     foreach　（byte b in y）
```

```
08.        {
09.            int bb = b;
10.            for （int m = 0; m < 8; m++）
11.            {
12.                bin[ijk++] = b % 2;
13.                bb /= 2;
14.            }
15.        }
16.        bitmap = new Bitmap（"C：\\Users\\Administrator\\Desktop\\123.bmp"）;
17.        newbitmap = bitmap.Clone()as Bitmap;
18.        sw.Reset();
19.        sw.Restart();
20.        Color Pixel;
21.        int k = 0;
22.        do
23.        {
24.            x_n = AA * Math.Sin（x_n - BB）* Math.Sin（x_n - BB）;
25.            while （x_n < 512）x_n *= 512;
26.            int tmp_x = Convert.ToInt32（x_n）% 512;
27.            x_n = AA * Math.Sin（x_n - BB）* Math.Sin（x_n - BB）;
28.            while （x_n < 512）x_n *= 512;
29.            int tmp_y = Convert.ToInt32（x_n）% 512;
30.            Pixel = newbitmap.GetPixel（tmp_x, tmp_y）;
31.            int R = （Pixel.R - （Pixel.R % 2）+ bin[k]）;
32.            k++;
33.            int G = （Pixel.G - （Pixel.G % 2）+ bin[k]）;
34.            k++;
35.            int B = （Pixel.B - （Pixel.B % 2）+ bin[k]）;
36.            k++;
37.            newbitmap.SetPixel（tmp_x, tmp_y, Color.FromArgb（R, G, B））;
38.        } while （k < y.Length * 8）;
39.        pictureBox1.Image = newbitmap.Clone()as Image;
40.        embedding = true;
41.        textBoxNote.Text = "信息隐藏成功！";
42. }
```

从上述源代码可以看出，基于伪随机替换的信息隐藏方法与基于最低比特顺序位的信息隐藏的最大不同之处在于 do...while 循环体，也正是这个循环体中的功能导致了基于伪随机替换的信息隐藏比基于最低比特顺序位的信息隐藏有更高的安全性。代码的第 24～26 行首先执行了式（11.1）的操作，然后判定当前 x_n 是否大于图像的宽度值 512，因为如果小于这个数值太多，可能许多数都是小于 1 的数了，肯定会出现重复点，而且依照式（11.1），后面会找不到有效的点。如果 x_n 大于图像的宽度，则用 x_n 除图像的宽度值取余数并将结果作为本轮循环所求得的横坐标 tmp_x。同理，第 27～29 行代码首先判定当前的 x_n 是否大于图像的高度值 512，再求本轮循环所求得的纵坐标 tmp_y。第 30 行及以后的代码与基于最低比特顺序位的信息隐藏实现方式大致一样。信息提取的代码与基于最低比特顺序位的信息隐藏差别不大，可以参考上述基于伪随机替换的信息隐藏源代码编写出来，这留给读者完成。

除了以上基于混沌的伪随机替换信息隐藏方式之外，还可以考虑用伪随机数发生器产生随机序列，随机地将隐私信息隐藏到较低的四个位平面中的一个位平面中，而不是前面所说的仅仅隐藏到最低的位平面中，上述基于伪随机替换的信息隐藏利用混沌函数选择随机替换的像素点，但其替换方法仍然是选择像素点的最低位平面进行替换，以达到信息隐藏的目的。除此之外，还可以考虑用伪随机数发生器以及密钥共同决定将信息隐藏到最低四个位平面中的哪一个平面中，而且隐藏到哪个像素点也可以由相应的算法来决定，这样，信息隐藏系统的安全性会更高，稳定性会更好，但是其实现起来的难度也要大一些。

（3）基于奇偶校验位的信息隐藏。

把载体对象划分成一些相互之间没有交集的子区间，每个区间中都有多个像素点，信息隐藏的时，在每个区间隐藏一比特的数据。一般而言，其具体做法是首先将载体对象划分区间，每个区间由空间上连续的多个像素点构成，求出每个区间所有像素点最低位平面二进制数值的和，再用该数值进行模 2 运算，并将结果存储在该区间指定的用来存放该奇偶校验值的位上，得到的结果与待隐藏的转换为二进制之后的隐私比特数据做比较，如果相同，则无需任何操作，如果相反，则将该区间所有最低位平面的二进制数值取反，这样做的结果就是最终求得的奇偶校验值一定与待隐藏的比特数据相同。通信双方用相同的密钥和算法构造载体对象的子区间，接收方利用收到的载体对象划分子区间后经过计算即可通过重构的方式得到通信双方通信的私密消息。

为了使算法和系统的实现比较简单，一般选择的点集区间是邻近区域，为了提高通信的安全性，还可以设计算法，选择区间中的点在整个图像中的分布也具有一定的随机性。此外，可以隐藏信息的位平面也不一定要选择最低比特位的位平面，还可以利用前面提到的使用相关算法随机选择最低四个位平面中的一个进行信息的隐藏。综合多种随机选择，信息隐藏的安全性和系统的稳定性将会更好，这里只简单叙述各种方案的原理，不再对其源代码一一详述。

（4）基于二值图像的信息隐藏。

所谓的二值图像，就是只由黑色点阵和白色点阵构成的图像，黑白色都是纯黑色或者纯白色，并非灰度图像，如条形码图像、二维码图像、数字化的传真图像等都是二值图像。基于二值图像的信息隐藏就没有普通的灰度图像或者彩色图像的信息隐藏那么方便了，二值图像只由白色和黑色的点阵构成，隐藏信息后的二值图像应该还是只由黑色和白色的点阵组成的，只要改变其中的任何一个像素点，都有可能被发现，因为二值图像从视觉上就已经很容易判定其差异性了。二值图像相对于灰度图像或者彩色图像而言，信息隐藏的健壮性较弱。

在二值图像中进行信息隐藏，一般是依据指定图像某些区域中黑白像素的个数来进行私密信息的隐藏的。例如，先把二值图像按照一定的规则分割成若干个区域，某一个区域中，如果黑色像素个数大于等于 50%，则嵌入比特 0，否则嵌入比特 1。如果当前要嵌入到图像中的比特数据为 0，而区域内黑色像素比例大于 50，则应该修改一部分像素点的像素值并且尽量不引起视觉上与原图像有差异直到黑色像素的比例小于 50%，这样就可以嵌入比特 0 了，反之亦然。然而，这种方式可能带来的后果是有较大一部分像素点修改了数据，引起图像有较多的修改，容易察觉到有隐私信息的存在。可以考虑使用设置阈值的方式来控制像素点修改的量，如每个区域允许修改的像素不超过总的像素点个数的 10%，只要超过 10%，就不进行修改，在信息提取的时候，检测到超过 10%，就可以认为没有隐藏任何消息。或者在系统中设置超过 10%的时候用反向嵌入的方式，如当前需要嵌入比特 0，而检测到当前区域的黑色像素点占总数的比值为 35%，则不需要任何改变，认为这种情况下就是嵌入的比特 0。

如果不是用黑色或者白色像素点的比例值大小来判定的,而是依照黑色或者白色像素点的个数是奇数还是偶数或者黑白色像素点占的比例是单数还是双数来判定当前嵌入比特 0 还是比特 1,则效果会更好,因为这种情况下,每个区域内最多只需要修改一个像素点的像素值即可,而前面那种方法可能有的区域有多个像素点都需要修改像素值。因此,按照奇偶数或者比例的单双数方式来判定当前是嵌入比特 0 还是比特 1 的方式修改的像素点的个数一般会更少,含有隐私消息的载体对象更加不容易引起第三方的怀疑,视觉效果上不容易区分开来,含有隐私消息的载体图像与原始不含有隐私消息的载体图像的相似度更高,效果也就会更好。

2)变换域信息隐藏

为了克服基于时域的信息隐藏健壮性不强,容易受到剪切攻击、椒盐攻击、压缩攻击、滤波攻击等的影响,人们提出了基于变换域的信息隐藏。目前比较常用的基于变换域的信息隐藏有:基于 DCT(离散余弦变换)的信息隐藏、基于 DWT(离散小波变换)的信息隐藏、基于 FWT(快速小波变换)的信息隐藏、基于 DFT(离散傅里叶变换)的信息隐藏和基于 FFT(快速傅里叶变换)的信息隐藏等。

(1)基于 DCT 的信息隐藏。

离散余弦变换是应用最为广泛的 JPEG 图像压缩所采用的变换方式,因此,如果采用基于 DCT 的信息隐藏,就能有效抵抗 JPEG 图像压缩攻击。DCT 变换首先是将图像分割成 8×8 大小的像素块,然后进行 DCT 变换,得到每个像素块的变换系数,系数是按照"之"字形从直流信号、低频信号到高频信号的顺序排列而成的。最左上角是直流系数,其余所有的均为交流系数,其中,靠近最上方的为低频系数,中间部分为中频系数,靠近右下方的为高频系数。高频系数表示像素与像素之间的差异性变化较大且极易受到滤波攻击等的影响,而低频系数表示像素与像素之间的缓慢变化。高频系数属于图像中不重要的部分,如噪声等,只包含了少部分能量,中低频系数属于图像中的重要部分,包含了绝大多数能量。为了保证隐藏的信息具有不可见性,尽量将隐私信息隐藏在载体对象的最不重要的部分,如中高频系数中;为了保证信息隐藏能有效抵抗滤波攻击、有损压缩攻击等,需要尽量将私密信息隐藏在载体对象的重要部分,如中低频系数中。因此,DCT 考虑将私密信息隐藏在变换的中频系数中。

进行离散余弦变换之后,选择一些中频系数来将私密信息隐藏到这些中频系数中。中频系数的选择方式多种多样,可以选择所有的中频系数,也可以选择部分中频系数,还可以选择一些具有某些特征的中频系数。选好中频系数后,对隐私消息转换后的数据进行操作,将隐私消息隐藏到中频系数中。设某个中频系数为 $\delta(i,j)$,当前待隐藏的私密消息比特为 m,变换之后的中频系数为 $\delta'(i,j)$,则 $\delta'(i,j)=\delta(i,j)+\beta m$。其中 β 为调控参数,用来控制所隐藏的信息强度。提取消息时,将含有隐私信息的载体信息与不含有隐私信息的载体信息做相同的离散余弦变换,得到的变换系数相减然后除以 β,即可得到隐私信息 m 的序列。这里基于 DCT 的信息隐藏只是简单思想的介绍,在实际的应用中有很多优秀的算法,这里不再一一赘述。

(2)基于 DWT/FWT 的信息隐藏。

在许多应用中,一般要将小波变换离散化,即不再使用连续的小波变换。对连续的小波变换进行离散化操作,可以通过修改连续小波变换中的尺度参数 a 与伸缩参数 b 来实现,当 $a=2, b=1$ 时,得到的为二进离散小波变换,其小波方程为

$$\psi_{j,k}(t) = 2^{-\frac{j}{2}} \psi(2^{-j}t - k), \quad k \in \mathbf{Z} \tag{11.2}$$

得到 $f(t)$ 的离散小波变换公式:

$$W_f(j,k) = \int_{-\infty}^{+\infty} f(t) \overline{\psi_{j,k}(t)} \mathrm{d}t \tag{11.3}$$

以及对应的逆向离散小波变换公式：

$$f(t) = \sum_{j,k} W_f(j,k)\psi_{j,k}(t) \quad (11.4)$$

不过，上述得到的只是一维的小波变换，对数字图像来说，需要将一维离散小波变换扩展到二维。这里不再一一赘述。

小波变换是一种同时拥有时空域和频域分析能力的变换方法，具有许多优点，如多分辨率的分析能力、较好的时域和频域定位能力、自适应能力、符合人类视觉系统的感知结果以及对局部和全局空间的支持等。此外，二维图像的小波变换是将二维图像变换到不同的频率部分后单独进行变换和操作，每个分解过程相互独立，最终又还原图像，满足小波能量守恒定律，即小波变换的图像没有能量增减。

要进行小波变换，小波基的选择是非常重要的一个环节，有许多经典的小波基可供选择，如 Haar 小波基、Morlet 小波基、Gauss 小波基、Marr 小波基以及 Meyer 小波基等。其中，Haar 小波基是最常用的一种，能快速实现，算法复杂度低，但 Haar 小波因为仅有一阶消失矩而在应用中受到了一定的限制。面对不同的应用与特定环境，需要选择不同的小波基。显然，选择不同的小波基进行小波变换得到的处理结果是有差异的。

基于图像的信息隐藏，需要将图像进行二维小波分解和重构。可以将待分解的图像看作二维矩阵，每经过一次分解，就可以得到 4 个子频带区域，分别为 LL、HL、LH 和 HH，其中，LL 为变换后 4 个子频带区域的左上角部分，保存了原始图像的大部分能量；HL 为右上角部分，保存了原始图像在水平方向上的边缘信息；LH 为左下角部分，保存了原始图像在垂直方向上的边缘信息；HH 为右下角部分，保存了原始图像对角线上的高频信息。如果还需要进行下一次小波分解，则对这里的 LL 部分进行小波分解，其他三部分不变，但也有少数情况下会采用小波完全分解，即第一次小波分解后进行第二次小波分解是对所有子频带进行的，而不只是针对 LL 子频带。

图 11.20 所示的一幅图像经过一次小波变换后得到了四个子图，其中，左上方为低频部分，左下方为垂直方向上的细节信息，右上方为水平方向上的细节信息，右下方为对角线方向上的细节信息。从图中各个子图的清晰度可知，图像的主要能量集中在左上方的低频信息部分。在实际的基于小波变换的信息隐藏中，可能还需要进行二次小波变换、三次小波变换等。一般做多次的小波变换都是在如图 11.20 所示的左上方低频信息部分继续进行小波变换，逐层递进。

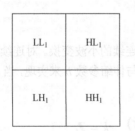

图 11.20 灰度图像离散小波变换效果图

与上述基于 DCT 的信息隐藏一样，为了能有效抵抗滤波攻击、压缩攻击等，以及尽量减小对图像的修改，基于 DWT/FWT 的信息隐藏一般是将隐私信息隐藏到经过小波变换后的垂直和水平细节上，即图 11.20 中的右上角部分和左下角部分的系数中。图像最左上角得到的最终低频近似部分一般不用来隐藏私密信息，因为左上角部分是小波变换后的低频近似部分，属于图像变换之后系数的高能量部分，对这部分进行系数的修改会引起小波还原后图像的较大修改，因此不建议在这部分系数上隐藏信息。图像最右下角得到的低频部分一般也不用来隐藏私密信息，因为右下角得到的是小波变换后的高频部分，属于图像变换之后系数的低能量部分，对这部分进行系数的修改不会引起小波还原后图像的较大变化，但将私密信息隐藏到高频系数中，私密信息很容易受到压缩攻击、滤波攻击等的影响，不利于私密信息在载体上的一直存在并随着载体在各种通信信道上进行传输。

（3）基于 DFT/FFT 的信息隐藏。

傅里叶变换/快速傅里叶变换与小波变换有区别，傅里叶变换得到的系数部分有实数部分和虚数部分。基于傅里叶变换的信息隐藏应该考虑是在实数部分还是虚数部分隐藏信息，或者在幅度值、相位等部分隐藏信息，在实际的信息隐藏中还需要根据不同的环境选择不同的信息隐藏方案。如果是基于傅里叶变换的图像信息隐藏，则可以选择将信息隐藏到傅里叶变换的系数中；如果是基于傅里叶变换的音频信息隐藏，则可以选择将信息隐藏到傅里叶变换的相位中。

3）其他信息隐藏

除了上述提及的基于时空域和变换域的信息隐藏之外，还有许多的信息隐藏方案，如统计方法的信息隐藏、扩展频谱技术的信息隐藏、平均值预测的信息隐藏、变形技术的信息隐藏、文件格式的信息隐藏和基于彩色图像的可逆信息隐藏等。在实际的应用中，可以根据具体要求或者环境选择不同的信息隐藏方案。

基于统计方法的信息隐藏是对载体对象的一些统计特征进行修改，进行某种修改表示隐藏了比特 0，进行另一种修改又表示隐藏了比特 1，第三方不知道这种隐藏比特信息的规则，而且隐藏了私密信息后载体对象没有明显的变化，可以达到信息隐藏的目的。在信息的接收方，需要在没有原始载体对象的情况下，判断出哪些部分有修改，哪些部分没有修改，如果修改了，是如何修改的，以及什么样的修改表示隐藏的比特是 0 还是 1 等。

基于扩展频谱技术的信息隐藏考虑的是利用多个相互之间不相同的、相互正交的扩频码在通信信道内同时传输，多路信号之间由于是相互正交的，不会产生干扰，进而将隐私信息隐藏到某个频率的编码甚至扩展到所有频率的编码中，以达到隐蔽通信的目的。这种方式进行信息隐藏的载体是通信频段的扩展，可以应用到伪装通信系统中，如果是将隐私消息隐藏到了所有的频段编码中，则很难察觉到，即使察觉到了也难以删除全部的隐私信息，基于扩展频谱技术的信息隐藏具有良好的稳定性和对攻击的健壮性。

基于平均值预测的信息隐藏考虑的是二维灰度图像或者彩色图像中相邻像素点之间的像素值变化不是很大，任何一个像素点的值可以考虑用这个像素点周围的几个像素点的平均值来预测，通过这种平均值预测的方式将隐私消息隐藏到图像中，达到信息隐藏的目的。

基于变形技术的信息隐藏考虑的是利用对载体对象进行修改的方式来隐藏私密信息，提取的时候用原始未修改的载体对象与修改过的载体对象进行匹配，对比得出隐藏的私密信息。例如，对于一个文本对象来说，修改其中的字符间距、行间距以及增删空格等是可以用来隐藏信息的，只要这种增删和修改方式只有通信双方能读懂且有相应的约定即可，通过增加行间距隐藏比特 0 还是 1 以及加大字符间距表示隐藏比特 0 还是 1 等可以由双方事先约定好。

基于彩色图像的可逆信息隐藏不仅需要考虑隐藏信息能否提取出来，还应该考虑到载体对象提取信息后能否还原为没有隐藏任何消息的时候载体对象的状态。经常所说的信息隐藏一般是指隐藏的信息可以提取出来，而没有考虑到图像受损的问题，是否有一些方案，可以让私密信息隐藏到图像中，在信息的接收方提取消息后又能够完整还原载体对象呢？答案是肯定的。针对灰度图像的信息隐藏研究其可逆性就没有多大价值了，首先，灰度图像的信息隐藏容量相对彩色图像而言较小；

其次，许多灰度图像的三个像素分量都是相同的，因此，改变其中某个分量的值，其他分量也需要随之改变，否则很容易被发现该载体对象中含有隐私信息的存在，甚至可以通过不同像素分量之间的比对进行隐私信息的分析和提取。

2. 信息隐藏技术的应用

在高科技迅速发展的今天，各种隐蔽通信以及信息保护的需求不断增加，信息隐藏技术的应用占有越来越重要的地位。首先，信息隐藏可以用于数字化信息的版权保护，如图像的版权、音频和视频的版权保护等，可以看到，网络上很多的图像加了标记或者有相应的文字对版权的声明，网络上也有不少人利用别人的图片或者音视频来满足自己的需求，我们不但不要去利用侵犯别人版权或者隐私权的内容，还应该有自己的方式保护个人版权或隐私权，如采用信息隐藏的方式将个人信息隐藏到图像、音视频等多媒体文件中。

网络上聊天内容也需要受到保护，在科技如此发达的今天，许多人喜欢使用免费的 Wi-Fi 等无线通信来上网，许多的免费 Wi-Fi 在终端都可能有相应的处理，让通过这个 Wi-Fi 上网的所有通信以明文的形式显示出来，这是非常恐怖的事情，时刻面临着个人隐私信息的泄露、财产安全，甚至生命安全等。

匿名举报或者匿名选举也可以用到信息隐藏技术。在很多时候，如果有人要去举报别人，一般不希望其他人知道自己是谁，甚至让收到举报信息的部门也不知道是谁，这种情况下就可以考虑用信息隐藏的方式举报，将自己的个人信息隐藏起来，只把举报信息发送出去。

此外，生活和工作步伐日益加快的今天，许多人不愿意让别人知道自己的健康状况、工资信息、年龄信息等属于个人的私密信息。例如，医院的住院信息可能导致病人的病情、年龄等信息被泄露，此时可以用信息隐藏的方式，将个人信息数字化，只有对应的医生才看得见且其他人都看不见这种信息，这样，没有采用纸质的方式记录信息，就不会有人随手乱扔并导致个人信息泄露。

11.2 数字水印技术

数字水印技术是将可识别的水印信息永久地嵌入到宿主对象中而不影响原始宿主对象可用性的技术。数字水印一般具有安全性、不可感知性、健壮性和可证明性。数字水印技术是信息隐藏技术的一个分支，数字水印技术可以应用于为数字化的多媒体对象提供版权保护等。

11.2.1 数字水印主要应用的领域

相信大家都见过水印，如纸币上用来防伪的可见水印、网络图片中的可见版权水印、有些文档中的可见水印，以及各种票据的标识和防伪水印等。在网络通信和科技发展迅速的今天，在各种各样的多媒体文件的传播，如数字化书籍、图像以及音视频等，为人们的生活和工作带来了便利的同时，也引起了不少的版权之争，有的盗版者利用个人工作之便等大肆进行非法买卖活动，造成对原有版权者的侵害和利益损失。为了解决这类问题，可利用密码技术对多媒体对象进行加密操作，只有付费后拥有合法的密钥才能正确打开和利用多媒体对象，这种方式在一定程度上降低了非法利用的出现，但还是可能有一些合法用户为了金钱等而非法利用这些本身是通过合法手段得到的多媒体对象，这样还是会造成侵权等问题的出现。采用数字水印的方式就会好得多，多媒体文件中的数字水印在设置的时候一般要求具有不可或者难以擦除的性质。数字水印属于信息隐藏的一个分支，但又与常说的信息隐藏有所区分，信息隐藏需要强调的是信息隐藏在载体对象中后还能够将隐藏的私密信息完整无误地提取出来，而数字水印强调的是水印信息嵌入到多媒体对象中后能够通过一定的技术验证该水印，数字水印并没有说需要完整无误地将嵌入的信息提取出来，而是只需要证明载体中存在特定的水印即可，强调的是水印的存在性。

11.2.2 数字水印技术的分类和基本特征

1. 数字水印技术的分类

可以从不同的角度对数字水印技术进行分类，不同的水印算法有各自的优点。可以从外观、载体以及加载或检测方式等方面对数字水印进行分类。

从外观上，数字水印可以分为可见水印和不可见水印。可见水印是指可以从外观上察觉出来的水印，如纸币上的水印信息、票据中的水印信息以及部分文档或图像中的可见水印等，主要用于防伪造等；不可见水印是指不能从外观上察觉或者辨认出来的水印，具有不可见性，一般用于版权保护等。

从载体对象上，数字水印可以依据所依附的多媒体信息的不同分为静态图像水印、音频水印、视频水印和文件水印等。静态图像水印是讨论最多、应用最广的一种水印，静态图像是网络上使用最广泛、也最容易引起版权纠纷的多媒体载体对象。静态图像的水印主要利用数字图像的存储和传输过程中信息的冗余性以及人类视觉系统特征进行信息嵌入，此外，也有部分静态图像的水印是嵌入到变换域的一些系数中的。音频水印可以用来保护或者验证某些音频文件是否正版等，其实现的主要原理是依赖于音频对象的冗余性以及人类听觉系统特征进行信息嵌入，音频水印的嵌入方式也非常多，如最低比特位嵌入、相位嵌入、变换域嵌入以及扩展频谱嵌入等。视频水印可以看作由许多静态图像组成的，这样，视频的水印就可以用静态图像水印的方式来实现，嵌入水印后将这些静态图像按照视频的规则还原为动态的视频即可。文件水印利用了文档的一些特征，如文档编排中需要有字符之间的间距、行间距、段落间距以及字体、字号等特征，可以利用这些特征的改变表示水印信息的嵌入。

从加载形式上，主要可以分为基于空间域的数字水印和基于变换域的数字水印。其中，基于空间域的数字水印算法是直接将隐私信息放到载体对象的一些不重要的位置，一般采用替换法，如最低位平面的替换法就是直接将载体对象的每个单元的最低存储位用隐私信息转换之后的二进制数值替换，这种方式实现起来非常简单，但也很容易受到滤波攻击、压缩攻击等的影响；基于变换域的数字水印算法是将水印信息转换为二进制比特后添加到基于变换域的变换系数中，然后利用反向变换方式将载体对象还原，这样就得到了含有隐私信息的载体对象，如小波变换、离散余弦变换、傅里叶变换等，基于变换域的数字水印拥有较好的健壮性，一般能抵抗滤波攻击、压缩攻击等。

此外，还可以从水印的检测方式、水印的使用目的、水印的来源等进行数字水印的分类。

2. 数字水印的基本特征

一般而言，数字水印具有安全性、冗余性、不可感知性、健壮性和可证明性。

安全性指的是数字水印在宿主对象中是安全的，不能或者很难被察觉、擦除、修改等。当然，数字水印还应该有比较低的虚警率。所谓虚警，指的是在检测数字媒体信息时，本来数字媒体中没有包含任何水印，检测结果却告知存在水印信息，这是一种错误的报警行为，称为虚警。虚警率则指发生虚警的检测对象占全部检测对象的比值。

冗余性指的是为了保证水印的健壮性，一般需要将水印信息离散地分布在载体对象的各个分散的位置，如像素块、物理线条位置等，将水印信息离散化还不够，因为水印信息应该能够抵抗许多攻击方式，即需要将水印信息嵌入多次，多次水印信息的嵌入就造成了水印信息在载体对象中的存在具有较大的冗余性。在实际的水印检测或恢复过程中，可能只需要其中较小的一部分即可验证水印信息的完整性或正确性。

不可感知性指的是水印信息在载体对象中从视听等感官上和数据统计上是不能被感知的。

健壮性指的是水印嵌入算法能够抵抗一些常见的攻击行为,并且受到攻击后水印信息不会或者少有失真。例如,滤波攻击、压缩攻击会导致一些高频信息丢失,那么,水印嵌入的时候就需要考虑到不要将水印信息嵌入到高频信号中。此外,水印算法应该能抵抗一些擦除或者重写规则,水印的嵌入不能太有规律,否则可能面临着水印信息的擦除和修改攻击,导致原来的水印不可用。

可证明性指的是水印算法能够准确地说服几乎任何人,向大家证明算法的正确性、完备性,保证从数字媒体中提取水印的方案可以得到所有人的认可。

11.2.3 数字水印模型及基本原理

1. 模型

数字水印的算法多种多样,针对不同的水印算法,有不同的数字水印模型,但大多数的数字水印系统有一些模型的共同版块,这些版块可以比较完整地概括常见的数字水印系统方案。数字水印系统由水印嵌入过程和水印提取过程组成,比较经典的模型是基于数字图像的水印算法模型,如图 11.21 所示。

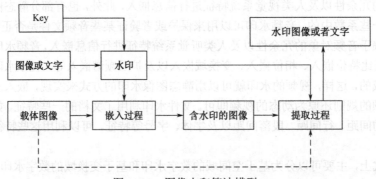

图 11.21 图像水印算法模型

将水印信息如图像、文字等作为待嵌入对象,将水印信息转换为计算机能识别的二进制水印信息,用密钥将水印信息加密或者选择嵌入点后将二进制的水印信息嵌入到图像中。在嵌入水印信息之前,宿主图像可能会执行一些变换操作,如小波变换、离散余弦变换、傅里叶变换等,这样做的目的是将水印信息嵌入到图像中以后使得含有水印的宿主图像与原始不含有水印的图像相比具有更好的相似度。水印从宿主图像中提取出来的过程是嵌入过程的逆向操作,该操作将水印信息从含有水印的宿主图像中提取出来。

在上述图像水印算法模型中,主线为水印→嵌入过程→含水印的图像→提取过程。数字图像的水印中,可以将图像或者文字信息等作为待嵌入的水印信息,将其转化为水印的过程中可能还会用到密钥,有了可以嵌入到图像中的水印信息后,需要有载体图像,也就是水印信息的宿主对象,将水印信息经过嵌入算法等必备条件嵌入到宿主图像中,完成之后就得到了含有水印的宿主图像。在水印的提取阶段,可能会用到原始没有嵌入水印信息的宿主图像和执行嵌入操作之前的水印信息。通过水印的提取算法后,得到的是水印图像或者水印文字信息。当然,在数字图像水印系统中得到的结果还可能是一种判定结果,如宿主对象中是否含有水印信息,如果含有水印信息应该和嵌入的水印信息相同还是不同等。

2. 原理

借助于人类视觉系统的对比灵敏度、视觉分辨率、视觉马赫效应、视觉适应性以及视觉暂留性等特征,用图像水印技术进行私密通信或者将私密信息嵌入到图像中的水印技术一般是将私密信息嵌入到图像中的某些部位上，如具有冗余信息的部位，尽量不让攻击者或者第三方发现，以达到私密通信或者版权保护的目的。将水印信息嵌入到图像中的什么位置以及如何嵌入等是数字图像水印技术应该考虑的问题。当前，有许许多多的嵌入水印信息的方法，从最初的替换到后来的 LSB，再到后来的傅里叶变换系数中嵌入信息、离散余弦变换系数中嵌入信息以及小波变换的系数中嵌入信息等，之后又出现了许多算法和技术，如 Hadamard 变换、Arnold 置换、Fibonacci 置换、粒子群、EA、M-Band 等。但是，在人们对版权要求和隐私信息保护的要求提高的同时，科技的发展带来了黑客的威胁，各种入侵、盗版等频频出现，提出更好的数字媒体水印算法迫在眉睫。

3. 性能评价

图像水印算法的性能评估一般至少包含但不局限于以下几个方面。

① 嵌入容量（或嵌入率）：嵌入容量指的是在给定的载体对象中嵌入了多少信息，嵌入率指的是在单位载体对象上嵌入信息的数据量。在数字化发达的今天，人们不断追求更高的嵌入率，以使嵌入更加有效。

② 鲁棒性：鲁棒性与嵌入容量可以说是相互矛盾的，一般而言，相同算法的条件下，嵌入容量越大，图像的鲁棒性就越差，在实际的应用中，不能只顾嵌入信息到宿主对象中而不顾图像的质量问题，因此，图像的鲁棒性也是不可忽视的。为了对图像水印的鲁棒性进行量化，可以将含有水印信息的图像与原始图像进行匹配，以计算出其相似度，如利用归一化来计算。

③ 峰值信噪比（Peak Signal to Noise Ratio，PSNR）：相对而言，PSNR 是最重要的定量测量含水印图像的视觉质量的方法之一。当然，除了 PSNR，还有一些其他的对图像中水印的不可见性的分析方法，如平均绝对差、均方差、信噪比以及图像保真度等。

④ 安全性与透明性：安全性指的是含有水印信息的宿主对象在受到一定的外界攻击时能够保证嵌入信息的完整性；透明性指的是嵌入水印后宿主对象与未嵌入水印的宿主对象的相似度非常高，肉眼无法察觉出水印信息的存在或者发现宿主与原数字媒体对象之间有不同之处，这是对不可见水印而言的。

11.2.4 数字水印的典型算法

根据数字水印框架，大多数的算法是在嵌入算法上做文章，也有些是在嵌入算法之前有预处理的过程。由此，可以将水印算法分为空间域数字水印和变换域数字水印，其中，空间域水印有 LSB 替换、伪随机替换等，变换域数字水印有离散余弦变换、傅里叶变换、小波变换等。此外，还有很多水印的嵌入算法，各种算法的单独与结合使用，使得数字水印算法数量成千上万。数字水印的提取算法一般是根据数字水印系统中嵌入算法设计进行设计的，有些数字水印提取算法可能会用到原始未嵌入水印的载体信息。数字水印提取算法只是要求尽可能多地获取原始的水印信息，这一点同信息隐藏相比，要求低得多。

1. 基于空间域的数字水印

1）LSB

上一节提出的基于最低有效位替换的信息隐藏方案不能有效抵抗滤波攻击、椒盐攻击、压缩攻击等，考虑用 LSB 替换方案实现数字水印是一个不错的选择，LSB 替换方案实现起来非常简单，即使是不懂或者懂得很少关于编程方面的知识的人，在上一节源代码的基础之上，也能够比较有效地修改源代码来实现基于 LSB 的数字水印算法。

信息隐藏考虑的是信息的提取需要或者必须尽量达到能够从含有隐私消息的载体对象中获取全部的隐藏消息，因此，用文本作为私密信息是一个不错的选择，只要一个比特错误，文本信息的变化就显而易见了。而数字水印考虑的是信息的提取只要能够验证水印的存在即可，因此，选用文本作为水印一般不太容易检测出来，如果选用图片作为水印信息，如一个公司或部门的 LOGO，效果将会更加直观。

如果选用基于 LSB 的方式嵌入水印信息并能够从系统中提取和辨认水印信息，则最好选择一种混沌算法，将图片水印随机地嵌入到宿主图像中，这样才能更好地抵抗剪切攻击。此外，基于 LSB 的方式嵌入水印，可以抵抗一部分滤波攻击，如中值滤波攻击。

选用二值图像作为水印信息，灰度图像或者彩色图像均可以作为嵌入水印用的宿主图像。图 11.22 所示分别为宿主图像和水印图像。

图 11.22　基于 LSB 嵌入水印的宿主图像和水印图像

其中，宿主图像为 512×512 像素的彩色图像，水印图像为 64×64 像素的二值图像，水印图像特意加了一个边框，以方便阅读。

（1）嵌入过程：

第一步：水印信息的准备。读取水印图像 W，这里选择图中字样为水印的"水"字的二值图像。顺序扫描水印图像，读取图中每个像素点的像素值，并按照式（11.1）将二值图像置乱，得到置乱后的水印信息 $W1$。将该水印信息转换为重复 m（m 为正整数）次的二进制比特流数组 ArrB[n] 形式，这里的 m 值可以在水印系统中自行设置。重复多次将水印信息嵌入到宿主图像中的原因是，宿主图像可能遭受多种形式的攻击，提取水印信息的时候可以按照水印规格划分提取出来的信息，得到多个水印信息，选取最好的一个作为结果即可。

第二步：在宿主图像中选择水印信息的嵌入点。利用初始选定的密钥或者系统中给定的一个初始值，利用式（11.1）在规格为 $M×N$ 的图像中随机选择水印信息的嵌入点 (x,y)，显然应该满足 $0 \leq x \leq M$ 和 $0 \leq y \leq N$，而且每次选择的嵌入点应该与以前所有选择的嵌入点不重复，如果重复，则继续执行选择算法直到没有重复点为止。经验证，利用式（11.1），选择一个随机地正整数为初始值，不会让重复点一直循环下去而找不到新的未重复过的点。

第三步：将水印信息的二进制数据嵌入到图像的像素点中。读取上一步选择得到像素点的像素值，获取三个分量的值，分别记为 $R(x,y)$、$G(x,y)$、$B(x,y)$，取出数组 ArrB[n]中的一个数值 ArrB[i]（$0 \leq i \leq n-1$），显然 ArrB[i]=0 或者 ArrB[i]=1，用 ArrB[i]的值代替 $R(x,y)$ 的最低位，即有

$$R(x,y) = R(x,y) - R(x,y)\%2 + \text{ArrB}[i] \tag{11.2}$$

上述公式中，$R(x,y) - R(x,y)\%2$ 得到的是不大于 $R(x,y)$ 本身的最大偶数，表示将 $R(x,y)$

对应的二进制数值的最低位清零后还原为十进制数得到的数值，用该数值加上 ArrB[i]即表示将 ArrB[i]中的值添加到 $R(x,y)$ 对应二进制数值最低位清零后的最低位位置。以此方式对其他像素分量也进行计算，使全部像素点都嵌入水印信息。这里考虑的是如果选中了嵌入点，则嵌入点的三个像素分量都嵌入水印信息，在实际的应用中，可能需要根据具体情况，随机选择其中一个或多个分量来嵌入信息等。

第四步：还原宿主图像的像素点。将上一步得到的三个像素分量的结果写回到图像中，便得到了指定像素点已经嵌入水印信息的宿主图像。以此方式将 ArrB[i]中的数据完全嵌入到图像中后，即可得到水印嵌入完成后的含水印的宿主图像。

（2）提取过程。

第一步：找到嵌入点。按照嵌入算法的相同步骤，找到隐私信息的嵌入点。

第二步：读取像素分量，获取嵌入信息。读取像素点的像素值并获取三个像素分量的值 $R(x,y)$、$G(x,y)$、$B(x,y)$。提取每个像素分量的最低位并存放到二进制数组中：

$$\text{ArrB}[i]=R(x,y)\%2 \tag{11.3}$$

这样就把当前像素点的 R 分量对应 r 二进制数值的最低比特位存放到了二进制数组 ArrB[n]中了，以此方式将另外两个像素分量的对应二进制数值的最低比特位也存放到数组 ArrB[n]中。到此，就完成了一个像素点中水印信息的提取。

第三步：拼接嵌入信息，转换为图像。按照第二步的方式，将嵌入了水印信息的像素点的最低比特位都提取出来，得到二进制数组 ArrB[n]。按 ArrB[n]中每个二进制的值对应二值图像中的一个像素值以及水印图像的规格方式，将数组中的值转换为二值图像。需要注意的是，在实际的算法中，可以考虑用 8 位二进制数值表示每个二值图像的像素值，嵌入的时候每个像素点是嵌入 8 个"0"或者 8 个"1"，提取水印信息的时候，如果提取出来的每个像素点的二进制数值中大于等于 4 个"1"，就将当前像素点的二进制数值改为 8 个 1，否则改为 8 个"0"，采用这种方式，水印算法将更具有健壮性。

第四步：恢复二值图像。第三步提取出来的水印图像还是混乱的形式，将提取出来的水印按照嵌入水印前反向的方式进行水印的还原，得到还原的水印后即可与执行嵌入算法之前的水印进行比较、验证水印的正确性等。

2）拼凑算法

事实上，上述基于 LSB 的水印嵌入和提取算法已经有一部分拼凑算法的思想了。拼凑算法嵌入水印过程的基本思想如下。

水印嵌入之前，选择一个密钥 K，利用混沌算法或者其他具有随机性的算法和密钥 K 相互作用，在规格为 $M \times N$ 的宿主灰度图像中随机选取 m 个像素对，再对每个像素对中像素的亮度值进行修改。灰度图像可以看作彩色图像的三个分量值完全相等，每个像素点只用一个 8 位二进制数值存储即可，因此，每个像素点看作 0～255 的像素亮度值。设选择到像素对的亮度值为 (ai,bi)，其中，ai 表示选择的第 i 个像素对中第一个像素点的像素亮度值，bi 表示选择的第 i 个像素对中第二个像素点的像素亮度值。水印信息得到的数据为二进制数组 arr[n]，如果当前像素对的两个像素亮度值都为[1,254]，则将得到的像素对的像素亮度值进行如下变换：

$$ai=ai+1, \ bi=bi-1 \tag{11.4}$$

对每个像素对的第一个像素亮度值做"加法操作"，第二个像素亮度值做"减法操作"，否则，跳过该像素对，继续寻找下一个像素对，直到找到 m 个像素对为止。

利用同样的变换规则进行水印的嵌入，但嵌入水印的像素点不得与之前 m 个用来判定水印存在性的点重复。水印嵌入公式如下变换：

$$ai = ai + \text{arr}[2i], \ bi = bi - \text{arr}[2i+1] \tag{11.5}$$

其中，水印嵌入算法还是考虑用像素对的方式，但像素亮度值的修改是依据水印信息进行的，而不再是一定会加1或减1。

在水印的验证方，可以利用嵌入 m 个像素对其中嵌入的值来判定当前图像中是否含有水印，再提取水印信息。通过计算和判定水印存在性：

$$s = \sum_{i=1}^{n}(ai - bi) \tag{11.6}$$

如果宿主图像含有水印，预测 s 的值应该约为 $2m$，否则约为 0。

2. 变换域的数字水印

1）基于小波变换的数字水印算法

小波变换的基本思想是将基于空间和时间的数字信号在不同分辨率的情况下进行分解，然后进行信息的处理，处理完成后进行数字信号的重组。这里介绍了一种基于整数 Haar 小波变换的数字水印算法。

在数字图像的整数 Haar 小波变换中，相邻像素点对（a_n, a_{n+1}），平均值（又称低频系数）和差值（又称高频系数）分别为

$$\begin{cases} l = (a_n + a_{n+1})/2, \\ h = a_n - a_{n+1}. \end{cases} \tag{11.7}$$

其中，n 为水平或者垂直方向上的坐标，其逆向变换为

$$\begin{cases} a_n = l + (h+1)/2, \ a_{n+1} = l - h/2. | h \geqslant 0, \\ a_n = l + h/2, \ a_{n+1} = l - (h-1)/2. | h < 0, \end{cases} \tag{11.8}$$

这个可逆的变换过程就是整数 Haar 小波变换。小波变换的中高频系数中嵌入数据不会对视觉效果产生明显影响，低频系数中嵌入数据会有明显的视觉影响，此外，高频系数中嵌入的数据很容易受到滤波攻击、压缩攻击等的影响。这里采用中频系数中嵌入水印信息的方式实现数字水印的嵌入和提取算法。

水印嵌入过程如下。

第一步：利用密钥 K，对水印图像 W 进行置乱操作，得到置乱后的水印图像 $W(1)$，并把 $W(1)$ 存放到一个二进制数组中，准备嵌入水印信息。

第二步：对宿主图像 I 进行一级整数 Haar 小波变换，得到 $I(1)$。

第三步：修改宿主图像的一级小波系数 LH1，并在 HL1 中嵌入水印信息。如果当前从水印信息中取出的比特为1，则将小波系数 β 修改为与 β 最接近的奇数，否则改为偶数。

第四步：对修改后的系数作逆向整数 Haar 小波变换，得到含有水印信息的宿主图像。

水印提取过程如下。

第一步：对含有水印的宿主图像做一级整数 Haar 小波变换。

第二步：从宿主图像的小波系数 LH1 和 HL1 中提取水印信息，如果对应位置的小波系数为奇数，则说明此处嵌入了比特1，否则嵌入的是比特0。完成后进行拼接，得到置乱的水印 $W(1)$。

第三步：用密钥 K 对 $W(1)$ 做逆向置乱变换得到水印信息 W。

2）离散傅里叶变换

离散傅里叶变换或快速傅里叶变换作为信息处理使用最为广泛的变换方式之一，可以在数字水印方面得到较好的应用。离散傅里叶变换是将空域上的数字信号转换为频域上的数字信号，这样，数字信号就有了频谱和相位的信息，而傅里叶变换可以比较有效地控制变换过程中这些信息的分布，因此，可以利用傅里叶变换的这一性质，将数字水印信息嵌入到宿主图像中经过傅里叶变换的合理

部位。

3) 离散余弦变换

离散余弦变换属于变换域方式的一种，一般来说，基于 DCT 的数字水印方案都是将水印嵌入到 DCT 变换的中频系数中,基于 DCT 变换的数字水印方案非常多,每种方案都有不同的应用场合。数字图像是二维的，因此，在基于 DCT 的数字水印方案中，要对数字图像进行 DCT 变换，就需要将一维的 DCT 扩展为二维的 DCT 变换。二维 DCT 变换也是目前用于数字水印的变换域的核心方案之一，也是许多图像压缩（如 JPEG 压缩）算法的核心思想，一部分 JPEG 压缩会将图像分割成 8×8 的像素块，对每个分块单独进行 DCT 变换。变换过程中，DCT 系数需要量化，然后将图像上二维的系数转换为一维序列，这种变换方法一般依据如图 11.23 所示的 "之" 字形方式进行扫描。

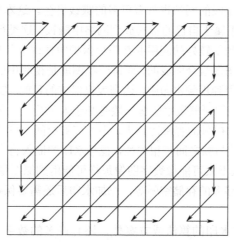

图 11.23　离散余弦变换扫描形状图

其中，图像中先扫描的部分其信号的频率较低，代表了原始图像的基础信息部分，即高能量部分，最后扫描的为能量较低的高频系数，最左上角方格中的数据为直流系数。对图像而言，直流系数和低频系数部分的能量较大，对图像的视觉效果印象非常大；高频系数的数值一般比较小，改变高频系数一般不容易引起视觉上的变化，但如果将水印信息嵌入到高频部分中，则不能有效抵抗压缩攻击、部分滤波攻击等，因此，一般应将水印信息嵌入到 DCT 变换的中频系数中。

3. 其他数字水印

1) 脆弱性数字水印

脆弱性数字水印是指在保证多媒体信息感知质量的前提下，将水印信息如文字、图像、编码等嵌入到多媒体宿主对象中，当多媒体信息受到质疑的时候，可以使用与嵌入水印对应的水印提取方式将水印信息从多媒体宿主中提取出来，以达到辨别真伪的目的。脆弱性的数字水印中最基本的功能是具有检测篡改的能力甚至篡改恢复能力,脆弱性数字水印系统具有较小的误检测率和漏检测率，这是评价脆弱性数字水印系统重要的性能指标之一。此外，脆弱性数字水印还有健壮性和脆弱性、可感知性与不可感知性等。

由脆弱性水印检测篡改的能力，一般可以将其分为完全脆弱水印、半脆弱水印、自嵌入水印和图像可视内容鉴别等；由脆弱性水印的实现方式来看，一般又可以分为空域方法和变换域方法。

2) 音频数字水印

同静态的图像相比，音频水印大多是依靠自身的特性来实现的。音频信号中嵌入水印信息一般要比静态图像中嵌入水印信息少很多，因为音频主要是依靠信号的采样来完成存储的，而音频的采样频率一般比较少。另外,人类听觉系统比人类视觉系统灵敏得多,从听觉上极容易判断出两种信号的差异性,而从视觉上不太容易判断两个相似信号的差异性;音频信号有特殊的攻击形式,如回声攻击等。因此,相比较而言,音频数字水印实现起来更加有难度。音频水印也有时间域数字水印和变换域数字水印两种方式,此外,音频还有压缩域数字水印。基于时间域的音频数字水印有回声法、LSB方法、信号幅值法等;基于变换域的音频数字水印有傅里叶变换、离散余弦变换、小波变换等方法;基于压缩域音频数字水印则有原始音频直接嵌入法、音频编码器嵌入法、一级音频压缩码嵌入法等。

3) 视频数字水印

在高校学习的学生或者一些工作岗位上工作的工作人员中许多追剧的。当然,有追剧人员,就有人借此机会赚钱,许多网站都是在第一时间播出新的电视剧或者电影,这样才能获得更高的网络点击量并打出更多的广告,相应的网站也就有更多的赚钱机会。这本来是商业上的一些竞争问题,但现实社会中,有的人将并不属于自己的资料放到网络中赚钱,这类行为就应该加以限制了。视频的数字水印也在此过程中得到了较好的应用并在版权保护中体现了其自身的价值。

可以将视频看作由很多图像组合而成的,而每一幅图就是视频中的一帧,因此可以考虑将基于静止图像的数字水印算法应用到视频水印中,达到版权保护的目的。实际上,视频水印与静态的数字图像水印还是不相同的。人们研究数字图像一般是基于人类视觉系统进行的,将此方案应用到视频中却不是一件容易的事情,视频的容量比较大,为了节省空间,许多视频都是经过压缩后再存储的;结构较为复杂,视频的帧与帧之间有相关性,视频水印的嵌入将会更加复杂,这样才能有效抵抗各种攻击;视频的水印提取不太可能像数字图像那样可能用到原图像来进行匹配,视频容量太大,利用起来非常麻烦,需要足够多的存储空间等;添加水印后还需要保持原始视频的流码率等。

4) 更多的数字水印

除了前面几种关于数字水印的算法或方案外,还有许多的数字水印方案,如基于扩展频谱的数字水印、基于相位调制的数字水印、基于振幅调制的数字水印、文档数字水印、软件数字水印等。

11.2.5 基于置乱自适应图像数字水印方案实例

1. 基于最佳置乱的自适应图像数字水印算法

1) 置乱变换

图像的置乱变换,就是按照一定的规则,将图像中的像素点所在的位置或者像素值、亮度值等变成一幅看起来毫无规律的杂乱的图像,进而达到无法辨认原图的目的。目前,有很多的图像置乱变换方法,如常见的 Arnold 置乱、Gray 码变换、混沌序列等。在数字图像水印中,衡量一个置乱操作是否良好应该考虑置乱的效果、置乱耗时以及还原置乱的耗时等。Arnold 置乱算法比较简单而且置乱效果良好,因而在多方面都得到了应用。

Arnold 置乱变换是一种传统的混沌系统,定义为

$$\begin{pmatrix} x' \\ y' \end{pmatrix} = \begin{pmatrix} 1 & 1 \\ 1 & 2 \end{pmatrix} \begin{pmatrix} x \\ y \end{pmatrix} (\mod N), x,y \in \{0,1,2,\cdots,N-1\} \tag{11.9}$$

其中,(x,y) 表示像素点在原始图像中的坐标,(x',y') 表示像素点在变换后新图像中的坐标,N 为数字图像的矩阵阶数,即图像尺寸。

对一幅二维图像进行 Arnold 置乱就是按照该公式进行像素点位置的移动,完成后将得到相对原图来说混乱的图像。一般而言,对图像做一次变换是不够的,一次变换的结果还不够混乱,一个较好的算法需要多次运用置乱算法,让原图中的像素点达到非常杂乱的效果才可以。

2）水印的嵌入算法

嵌入算法的流程如图 11.24 所示。

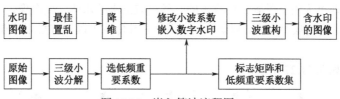

图 11.24　嵌入算法流程图

第一步：给大小为 $8M_x \times 8M_y$ 的载体图像进行三级小波分解，得到各个分辨率下的细节子图分别为 $HL_i, LH_i, HH_i (i=1,2,3)$ 和近似子图 LL_3。

第二步：获取大小为 $N_x \times N_y$（$M_x \times M_y \geqslant N_x \times N_y$）的水印图像的像素值，计算出达到最佳置乱度时的置乱次数 t 并对水印图像进行 t 次置乱操作。按序读取置乱后水印的各个像素点的像素值并放入一维的二进制数组 $B = \{b_i\}(0 \leqslant i \leqslant K, K = N_x \times N_y)$。

第三步：在小波变换的低频系数中选取前 K 个重要系数 $LL_3(x_i, y_i)(0 \leqslant i \leqslant K)$。

第四步：根据公式 $LL'_3(i,j) = LL_3(i,j) + \alpha_{i,j} \times \beta_{i,j} \times w(i,j)$，在低频的重要系数中嵌入水印信息。嵌入水印完成后，对宿主图像进行三级小波重构操作。

3）水印的提取算法

提取算法的流程如图 11.25 所示。

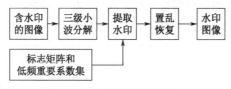

图 11.25　提取算法流程图

第一步：对含水印的宿主图像进行三级小波分解，得到各个细节子图 HL'_i、LH'_i、$HH'_i (i=1,2,3)$ 和近似图 LL'_3。

第二步：获取重要低频系数集合 $LL'_3(x_i, y_i)$ $(0 \leqslant i < K)$ 并同 $LL_3(x_i, y_i)$ 相减便得到水印序列。

第三步：用得到的水印序列恢复置乱矩阵，并用逆向置乱恢复得到的水印图像。

4）实验评估

宿主图像为 512×512 像素的灰度图，水印为 64×64 像素的二值图像，分别如图 11.26 所示。

图 11.26　宿主灰度图像和水印二值图像嵌入与提取效果图

其中，为了查看方便，这里的二值图像保留了超过 64×64 像素的边框。第一个图为嵌入水印之前宿主灰度图像，第二个为待嵌入的水印二值图像，第三个为嵌入水印之后没有受到任何攻击的宿主灰度图像，第四个为没有受到任何攻击的时候提取出来的水印二值图像。

利用滤波攻击、均值噪声攻击、剪切攻击、模糊和钝化攻击以及有损压缩攻击等测试水印的鲁棒性。

剪切攻击效果如图 11.27 所示。

图 11.27　剪切攻击效果图

其中，从前往后分别是左上角 1/4 剪切攻击、右上角 1/4 剪切攻击、左下角 1/2 剪切攻击、右边 1/2 剪切攻击和下方 1/2 剪切攻击的水印效果。

压缩攻击效果如图 11.28 所示。

图 11.28　压缩攻击效果图

其中，从前往后的压缩保留比分别为 80%、60%、40%、20%。

水印嵌入前后宿主图像像素直方图对比如图 11.29 所示。

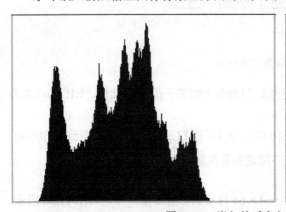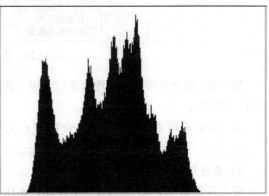

图 11.29　嵌入前后宿主图像像素直方图对比

实验表明，该算法具有较好的抗攻击能力，水印的检测无需原始图像和原始水印的参与，实用性较强。

2. 其他基于置乱自适应图像数字水印的方案实例

四川大学学者提出了基于混沌置乱的 DCT 域彩色图像自适应水印算法，利用 Logistics 映射 $x_{n+1} = \mu x(1-x_n)$ 的动力系统等形成图像的置乱工具，完成图像的置乱操作，将水印信息自适应地嵌入到彩色图像的离散余弦变换域系数中，较好的水印不可见性与稳健性之间的平衡。

安徽经济管理学院学者提出了基于小波变换和置乱技术的自适应二值水印算法,将二值图像进行 Arnold 置乱并将其嵌入到经过小波分解后图像的低频系数中，利用算子计算思想进行计算并对小波块分类，调整小波因子，进行水印的嵌入和提取，具有较好的不可见性和鲁棒性。

华南师范大学学者提出了基于 Arnold 置乱的图像数字水印算法研究，河南大学学者提出了基于图像融合的自适应数字水印算法等。许多基于置乱的自适应图像数字水印方案都具有良好的性能，在实际中得到了广泛应用。

11.2.6 数字水印研究状况与展望

数字水印的提出，最初是为了版权保护。随着科技的进步和数字水印技术的不断发展，数字水印还有许多其他方面的应用，而且很多的应用以及应用到这些方面所带来的价值都是始料未及的。一般认为，数字水印技术的应用可以分为保护版权、验证完整性、数字指纹、内容识别、隐藏标识、内容保护、私密通信等。

数字水印技术可以说是一门学术界的前沿科研领域，还处于迅速发展的阶段，因此，了解数字水印技术的基本方法和发展前沿，对数字水印等安全技术的研究有非常重要的意义。以后，数字水印技术的发展将侧重于在实际网络中加以应用，建立有关标准或协议等，建立和完善数字水印的基本理论，提高数字水印算法的安全性、健壮性等，并最终为人类服务。在理论研究方面，首先，数字水印奇数的研究包含建立合理的评价机制，对数字水印算法进行评价，提升算法在现有评价机制如安全性、健壮性、抵抗攻击等方面的地位；其次，要促进数字水印技术在现实生活中的利用，用理论指导实践，将有关安全方面的产品更多地投入到市场上，用市场来增加有关理论研究成果在人们心目中的话语权。只有经过实践检验的理论研究才会往前走得更快、更稳健，也只有经过实践检验的理论才是真实可信的，同时，数字水印等安全产品在市场上的应用将会加速信息安全产业的发展，加快社会的进步。数字水印技术与现实市场的需求相辅相成，有了市场的需求才有理论研究的必要，才能推动理论研究，也只有将理论研究应用于市场，才会让理论研究更有价值，更有向前发展的可能。

在以后的发展过程中，数字水印技术在以下几个方面的发展是一些新的方向和指导：网络环境下，建立基于数字水印技术的自动验证方案，即实现网络验证的人工智能化；建立和健全基于数字水印技术的一些评价机制、职能部门，增强相关软件的兼容性等；基于 DNA、量子计算、生物进化等新技术，应用数字水印技术将是很不错的方向之一，目前，已经有人提出采用基于量子计算的纸币防伪技术。

数字水印技术的发展对数字产品起到了极其重要的保护作用，但需要认识到，数字水印技术目前来说还不是万能的，大多数的安全应用还需要结合密码学、数字签名、身份验证技术等一起使用才能更好地保障网络信息的安全。

本 章 小 结

本章主要介绍了信息隐藏、数字水印的基本概念、原理、经典算法、应用和发展方向。

本章需要重点掌握信息隐藏和数字水印的基本概念、原理，熟悉经典的算法，对信息隐藏和数字水印的应用方向以及发展动向有较为详细的了解。另外，如果需要深入学习本章所涉及的内容，最好把所有涉及的源代码自行实现一遍，然后利用自己的编程知识，实现剩余的只有理论说明的一些经典算法和课后习题等。

习题与思考题

1. 名词解释：信息隐藏，数字水印，载体对象。
2. 数字水印的基本特征有哪些？
3. 论述密码技术、信息隐藏和数字水印三者之间的关系。
4. 假设一幅 24 位彩色位图规格为 1024×2048 像素，利用时域信息隐藏有关预备知识，求该图在计算机上存储所占容量大小。
5. 什么是整数 Haar 小波变换？基于 Haar 小波变换的数字水印应该将水印信息嵌入到什么系数中？

*6. 本章的信息隐藏部分，信息提取源代码下面的说明中给出了一种在实际的系统中更加实用的信息隐藏方案。考虑信息的提取过程，也许提取信息的时候不知道实际隐藏的信息的长度，就不太方便提取信息，如果能够将隐藏到载体对象中的长度值也作为隐私信息一并隐藏到载体对象中，提取隐私信息的时候先提取长度值，再依据长度值提取隐私信息就方便多了。试根据本章信息隐藏部分的知识和已有的源代码，更改或设计一个可行的方案，编码实现该功能。

第12章 网络安全测试工具及其应用

> **本章提要**
>
> 本章主要介绍了网络安全的测试工具及其应用并对其中涉及的一些技术原理做了详细分析。网络扫描技术的基本原理是掌握网络扫描测试工具必须了解的知识,需要对网络扫描技术的分类有简单了解,了解常见的计算机病毒防范工具,深入学习防火墙的有关基本概念、原理及其应用方法,并能够将理论知识应用到实际学习、生活和工作中。对入侵检测和入侵防御也需要有比较深入的了解。
>
> 本章重要内容如下。
> (1) 网络扫描技术的概念及基本原理。
> (2) 防火墙概念、原理、应用实例。
> (3) 入侵检测技术和入侵防御技术的基本概念、差异对比。
>
> 网络安全是指网络中硬件、软件系统以及各个系统中相关的数据受到保护,各个系统可以连续、可靠运行并且不会因为一些意外事件受到损坏或导致消息泄露等。

12.1 网络扫描测试工具

网络在人们的生活中占据着越来越重要的地位,网络的出现,给人们的生活、工作等带来了极大的方便,但同时也有一些潜在的或者已经带来了一些安全威胁。作为一个普通的网络用户,自己的计算机是否安全;作为网络管理员,所管辖的网络是否安全,这些问题应该如何去解决,是及时更新系统的安全补丁还是使用别的办法呢?最好的办法就是从专业人员的角度出发,全面审视网络的安全性,对网络进行扫描、测试网络的安全性并在可能出现的安全问题上进行提前修补等工作。

网络扫描非常复杂,根据用户的不同,扫描会有所差异,如普通用户和网络管理人员关心的扫描内容是不相同的,因此,不同的扫描所采用的原理也有差异。网络扫描工具并不是网络出现的时候就有的,而是等到网络发展到一定阶段后,各种人员根据需求设计而产生的。

12.1.1 网络扫描技术

1. 网络扫描的概念

网络扫描是一种根据网络通信双方采用的协议而在自己的系统中对另外一方的协议等进行读取、验证等并将返回的结果作为判定安全性指标的行为。网络扫描的主动方几乎都是客户机的程序,因此,扫描的对象一般作为服务的一方。扫描操作一般需要有相应的扫描工具或者专业人员的参与,没有扫描软件或者专业人员的参与的计算机是没有扫描功能的。

网络扫描技术与防火墙技术、入侵检测技术等一起使用,能够发挥更好的网络安全效应。通过网络扫描,管理人员能够了解到当前所管理的计算机和网络安全配置情况,以及各种应用服务的安全性,能够尽早发现问题,对网络存在的风险进行评估并以此添加一些可行的防御措施。事实上,网络扫描是网络安全的主动防范措施之一，能够屏蔽一些黑客的违法行为，做到网络安全上的未雨绸缪。

2. 网络扫描原理及目的

一个客户端的主机通过某个端口向服务器请求服务，如果服务器方有该服务，则向客户端响应服务，否则，无论如何都没有应答。客户端向服务器端发出服务请求的过程如图 12.1 所示。

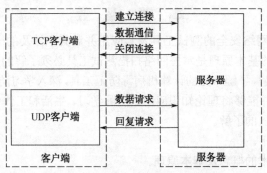

图 12.1　TCP/UDP 网络扫描示例图

如果客户端机器对所有的熟知端口号或者自行选择的一些端口号都请求服务器方的服务并对服务器给客户机的响应进行记录，则可以知道服务器方总共有哪些服务，这个请求服务并记录服务响应和统计分析的过程称为端口扫描，执行这一过程的软件或程序称为端口扫描软件。

不同的扫描有不同的最终要求，有的扫描只需要知道当前端口是否打开，而有的扫描不仅需要知道当前的端口是否打开，还需要知道通过这个端口是否有客户端所需要请求的服务，也有些扫描需要同时检测多个端口是否是同时打开的。扫描的目的一般有：数据采集、属性验证、寻找漏洞、获取各种状态等。一般而言，可以将扫描人员分为三类：普通用户、网络管理员和黑客人员。此外，还有一些作为学习之用的网络扫描，这毕竟是少部分的扫描，而且一般只作为数据测试之用。不同的扫描人员的关注焦点不相同：普通的用户进行扫描是去发现网络中的资源，查看某个或者某些服务主机是否打开以及其内部的服务是否为可用状态；网络管理人员一般是扫描端口，发现可能存在的系统漏洞，判断是否有非法的操作并进行相应的修改，提升系统的安全性等；黑客人员主要是利用扫描功能采集一些数据，寻找系统中可能存在的漏洞，为后面可能执行的黑客攻击做好准备工作。

扫描算法在扫描系统中起着非常重要的作用，依据不同的扫描要求，其扫描算法也不相同，有的扫描算法增加了扫描的速度但跳过了一些数据的扫描，是以牺牲扫描内容而获取扫描速度提升的一种做法。扫描算法非常多，如顺序扫描、非顺序扫描、快速扫描、漏洞扫描、手工扫描、被动扫描、间接扫描等。

3. 网络扫描的分类

扫描工具的发展经历了从人工识别、手工扫描到通用扫描软件和专用扫描软件几个阶段。一个完整的网络攻击过程分为信息收集、侦察、突破、隐身和推进几个阶段，网络扫描事实上只是信息收集的一个来源。进行网络扫描的扫描软件可以依照不同的规则划分成不同的类别。有根据扫描软件运行环境进行划分的，有根据扫描的端口号数量进行划分的，也有根据扫描的结果是判断端口开关还是判断端口中服务性质等进行划分的，以及根据采用的技术进行划分等。

可以将网络扫描划分为主机扫描、端口扫描、漏洞扫描和操作系统指纹扫描几类。

主机扫描可以分为传统主机扫描和现代的高级主机扫描，传统的主机扫描如 ICMP 回显请求/应答、PING Sweep、广播 ICMP 以及非回显 ICMP 等，高级主机扫描如异常的 IP 数据包首部、IP

首部设置无效字段值、基于超长包的内部路由探测、反向映射探测等。

计算机端口是计算机与外界通信的通道，也有可能是危险信息的进出口，扫描远程计算机的端口，可以分析出许多有价值的内容，如可以分析出当前计算机系统给其他机器提供了哪些服务等。端口扫描技术包含开放扫描、半开放扫描、私密扫描。开放扫描指的是主动扫描的一方需要通过三次握手操作同目的机器建立完整的 TCP 对话，这种方式需要大量的审计工作，极易被发现；半开放扫描指的是扫描方不需要建立完整的 TCP 对话就可以完成扫描工作的一种方式；私密扫描指的是扫描过程中可以不需要 TCP 三次握手操作的任何部分即可完成扫描工作的方式，这种方式具有较好的隐蔽性，但比较容易丢失网络传输的数据。

其中，开放扫描有基本的 TCP Connect()扫描、Reverse-ident 扫描等，半开放扫描有 SYN 标记扫描、IP ID Header dump 扫描等，私密扫描有 XMAS 扫描、FIN 标记扫描、ACK 标记、NULL 标记、SYN|ACK 标记、TCP 碎片等，还有 UDP 回显、TCP 回显、ICMP 回显、TCP SYN、TCP ACK、UDP/ICMP 不可达错误、FTP 反弹等。TCP Connect()扫描是 TCP 扫描中最基本的一种，操作系统中 Connect()方法同每个可能感兴趣的计算机端口进行通信，如果端口为监听状态，则建立连接，否则，端口为不可用状态，不提供任何服务。SYN 扫描是依照 TCP 连接需要建立三次握手操作来实现的一种半开放的扫描，这里的 SYN 和 TCP 连接三次握手的同步信号 SYN 为同一信号，这里发送端只需要在发送了 SYN 和 ACK 后，收到对方的 SYN 和 ACK 信号即可，并不需要三次握手都完成，这样就不会在计算机上留下扫描的记录。FIN 扫描同 SYN 差不多，只是 SYN 可能始终处于被监听的状态，即使 SYN 的两次握手操作没有留下通信的记录，也可能已经被监听到了，而 FIN 数据包可以不遇到任何麻烦就通过，FIN 用来释放连接，没有任何监听是针对 FIN 的，大大增加了 FIN 的通过率。IP 扫描是将数据包分成较小的 IP 段，一个 TCP 被分割成了几个 IP 段，很难被过滤器检测到，但这种方式在数据处理的时候会因为 IP 段较小而导致一些新的问题出现。

漏洞扫描中的漏洞通常指的是数据库的漏洞，漏洞扫描指对远程或者本地系统进行扫描并进行脆弱性检测和分析的扫描检测或攻击行为，通过这种行为可以找到一些可能被利用的漏洞。如果是对本地计算机进行扫描，则查找当前计算机是否存在漏洞；如果存在，则需要立即修复。漏洞的扫描一般是先依靠系统内的漏洞知识库对可疑对象加以怀疑并进行分析，再通过与黑客类似的攻击方式，对目的机器进行攻击性漏洞扫描，如果这种假象攻击成功，则说明所测试的计算机存在相应的漏洞。基于网络漏洞知识库的扫描方式，是将扫描的结果同漏洞知识库中的知识进行比较进而得到漏洞信息；有些网络扫描方式并不是基于漏洞知识库匹配的方式进行的，这类方式的扫描利用模拟黑客的攻击方式进行攻击以达到测试目标主机是否含有某种漏洞的目的。

操作系统指纹扫描是利用 TCP/IP 协议栈的实现原理及其特征来辨别操作系统的方式，即利用栈指纹技术进行识别。其常用工具有 Nmap、Checkos、Queso 等。其实现原理一般是找到不同的操作系统之间对网络数据包进行处理时的各种差异，通过足够多的差异统计分析，便能比较精准地识别某一款操作系统。例如，发送 FIN 数据包，部分操作系统会有响应，其他的操作系统没有响应或者给出一些错误的数据，如序列号后等待主机回送响应等。

此外，扫描软件都有一些缺陷，目前为止，没有任何扫描软件是万能的、全面的，扫描软件还需要根据日益增长的需求进行增加、修改及废弃等。当前，网络中出现的比较常见的一些系统漏洞有：拒绝服务攻击、分布式拒绝服务攻击、缓冲区溢出、明文传输或简单密码攻击以及 SQL 注入攻击等。

12.1.2 常用的网络扫描测试工具

扫描的方式非常多，如 TCP/UDP 端口扫描、NetBIOS 扫描、SNMP 扫描、ICMP 扫描、漏洞扫描、命名管道扫描、基于协议的服务扫描、基于应用的服务扫描等。常见的网络扫描测试工具大致可以分为网络扫描工具、网络测试工具以及与之相关的一些工具等。事实上，网络扫描工具和网络测试工具之间没有明显的界限，它们是相互交叉的，有的系统同时包含了这两种工具的功能。

1. 网络扫描工具

1）Nessus

Nessus 工具是一种基于 Windows、Linux、UNIX 等操作系统或者网络操作系统且开放源代码的网络安全扫描工具。其比较旧的版本在中国市场上是免费的，比较新的版本在中国市场上已经取消了免费使用权。该网络安全扫描工具是对特定的网络进行安全评估并查看网络是否有某些漏洞容易引起黑客等的攻击。Nessus 工具最初的设计是基于 C/S 模式的，客户端进行各种配置管理，服务器端用来进行安全性检查。但目前已经不是 C/S 模式了，为了简化客户端的负载和方便用户的使用，使用的已经是完完全全的浏览器/服务器模式。Nessus 有一个称为知识库的共享信息接口，知识库中保存了所有以前已经检查过的记录及结果，拥有了知识库，以后的检查都先对知识库中的结果进行匹配，长期来看，这种方式有助于加快检查速度。另外，知识库中的检查结果还能以文本文件或者网页文件等格式导出到指定的位置。目前，Nessus 的检查速度非常快，而且耗费网络资源较少，系统采用了集群技术来提升检查的效率。Nessus 的扫描尽量完整化，使用了多种扫描技术来扫描各种各样的安全漏洞，可扩展性良好，对一般的用户来说容易上手，功能非常强大。Nessus 是目前世界上作为漏洞扫描与分析工具使用的用户最多的软件之一，超过 10 万个机构在使用该软件为机构内部的计算机安全服务。

由 Nessus 的组成可知，传统的基于 C/S 的 Nessus 安装分为服务器的安装和客户端的安装。可以在 http://www.nessus.org 找到需要下载的资源。其中，服务器一般有试验版本和稳定版本之分，试验版本主要是在该试验版本之前的文本版本基础之上增加了一些新的功能，但不能保证各方面的稳定性。而客户端一般有基于 C 的版本和基于 Java 的版本，如果是在 Windows 中运行，则需要下载 C 版本，因为 Windows 操作系统大都安装的是 C 和 C++运行库；基于 Java 版本的客户端一般可以在多种平台中正确运行。Nessus 中的全部扫描工作都是由官网下载并安装的一些插件完成的，如果出现了新的攻击方式或者漏洞，则将会有对应的安全插件推出，只有及时推出了这些安全插件，才能尽最大可能保障扫描机器的安全性。可以对 Nessus 进行一些默认配置，使其在后台自动工作，为计算机服务。现在的 B/S 模式在中国市场上属于收费版，目前支撑的操作系统非常多，如 Microsoft Windows、Mac OS X、Linux、Free BSD、Solaris、Mobile Apps 等，在 Windows 操作系统环境下安装 Linux 版本可以用 Ubuntu 等虚拟机的方式实现。

2）X-Scan

X-Scan 是国内最有名的一种无需安装、免费拥有的中英文版、图形界面与命令行操作兼有并支持多种 Windows 操作系统的安全漏洞扫描软件。它最初是由黑客发起研究的，目前已经有许多人进行了修改并在网络管理等方面加以利用。该软件采用的是基于多线程方式对每个指定的 IP 地址进行检测并对漏洞加以评估，并提供漏洞相关的代码，为用户的使用提供多方面支持，扫描的内容一般包括：远程端 OS 的类型、端口状态、SNMP 信息、各种经典漏洞、后门程序、服务状态及弱口令用户等，扫描的结果可以以文件的形式导出。X-Scan 支持的操作系统：Windows 9X、Windows NT（理论上可行）、Windows 2000、Windows XP、Windows 2003 等，一般推荐用于 Windows 2000 及以上的 Windows 服务器操作系统上。

X-Scan 软件的文件夹下的文件较多，如 Xscan_gui.exe 为可运行文件，运行该文件将会进入 X-Scan 图形界面的主界面；checkhost.dat 为插件调度的主程序，软件的扫描功能都是由插件实现的，如何将多个插件进行调度就是该程序应该做的事情；update.exe 则是负责在线升级的主程序，在主界面中有相应的功能按钮，单击该按钮后可以根据界面的提示升级到最新版本；/plugins 用来存放所有的插件，插件扩展名为.xpn；/dat/*.dic 是用户名和密码的字典文件，用来检测哪些用户是弱口令用户等。

双击打开 Xscan_gui.exe 即可进入主界面，如图 12.2 所示。

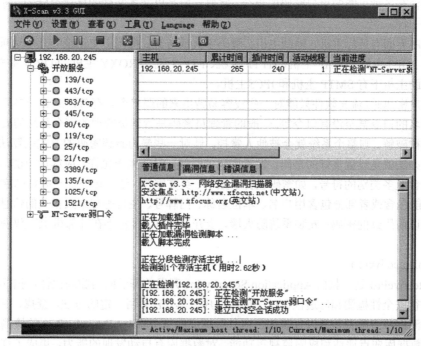

图 12.2　扫描安全漏洞主界面

使用 X-Scan，首先是选择扫描参数的选项，在弹出的对话框中填写需要扫描的 IP 地址范围，并发扫描需要设置并发主机数量和每个主机并发线程的数量。其次是选择系统中的扫描模块以及其他设置，扫描模块指示本次扫描需要加载哪些扫描插件，一般有开放服务、NetBIOS 信息、SNMP 信息、远程操作系统、IIS 编码/解码漏洞、漏洞检测脚本以及软件列出的十几种弱口令等，扫描插件的选择一般是根据具体的要求选定的，并不是每次都必须选择所有的插件。再次是进行网络设置和扫描操作并得到扫描报告，需要选择合适的网络适配器，如果没有合适的网络适配器，则需要重新安装相应的驱动程序，由于扫描量比较大，因此，扫描时间一般都比较长，扫描完成后会自动生成相应的扫描报告，报告有文本格式或者网页格式等。

3）Nmap

Nmap 是很出名的一款端口扫描器。Nmap 能够检测出远程操作系统的版本号，使用 Namp 软件可以查看网络中有哪些计算机，每个计算机分别运行了哪些种类的服务等，可以提供多种扫描，如 TCP Connect()、TCP SYN ICMP、FIN、ACK sweep、SYN sweep 等，Nmap 还能识别远程计算机的操作系统类型、进行分布式扫描、端口过滤检测、主机欺骗扫描以及对端口进行描述等。

Nmap 是运行在命令模式下的，一般的操作需要以命令的形式执行，但如果选项组合数量繁多，则对用户来说可操作性不强，对习惯使用基于界面化 Windows 操作系统的用户不友好。NampFE 软件可以完成从 Namp 核心功能到用户界面的转化，NampFE 采用的是用户容易接受的图形化界面显示功能，后台与 Namp 在命令模式下能够完成功能的对接。

4）流光

流光（Fluxay）是一个最初由黑客开发的漏洞扫描工具，具有极强的攻击性，是许多黑客非常喜欢的扫描工具之一，功能强大、使用方便，可以利用安全漏洞对网络上的一些远程计算机进行密码暴力破解，用这款软件进行黑客活动较容易，即使对关于网络的知识比较有限也能对许多网络上的计算机进行一些简单的攻击。流光的工作原理是采用字典攻击的形式进行暴力解密，以暴力的形式，在能够进行密码验证的端口反复尝试，直到找到正确的密码或者超出了字典范围为止，这里的字典指的是含有各种可能的用户密码的集合，字典一般是以文本文件的格式存储的，每种密码占用字典文件的一行。

流光程序界面有目标主机、辅助主机、解码字典或方案、探测历史记录等几个选项。其中，目标主机下有 POP3 主机、IMAP 主机、HTTP 主机、FTP 主机、PROXY 主机、FORM 主机和 MSSQL 主机等，辅助主机下有 SMTP 主机和 IPC$主机。

破解用户密码时，流光软件只能对一些较容易猜出来的弱口令才有效，如"123123"、"abc123"、与用户名同名的口令甚至没有口令等。一般的管理员密码是管理员管理的整个系统的安全保障之一，管理员密码被破解，则整个系统就会被他人掌控，针对一些暴力破解密码的方式或算法，用户防范这类攻击的办法就是设置良好的密码。设置密码的时候，只要系统允许，应尽量让密码更长；密码尽量同时包含更多类别的符号，如密码包含了数字、英文字符，还应该添加一些特殊字符并打乱排序；密码不能包含或者部分包含用户名、单位名称、门牌号、生日等与个人相关的信息；定期修改且不得重复以前用过的密码；安装系统防火墙，少开启共享，尽量不在计算机上存放密码相关的内容等。

5）AppDetectivePro

AppDetectivePro 是一款由 Application Security Inc 开发的基于网络脆弱性评估扫描数据库的、对数据库进行安全性检测和渗透性测试的应用程序工具。它采用一定的方法，查找、审核并修补计算机程序的漏洞或者配置信息以保障部门内外数据库的安全。AppDetectivePro 的检测主要包含数据库发现、数据库弱点评估和权限监视等功能，对数据库有自动发现的能力，集成了许多业界数据库漏洞的知识库等。如果通过人工方式对大型数据库或者较多的小型数据库进行全方位安全状态评估和测控，将是一项非常浩大的工程，而且需要相应的专业人才，这样的方式进行数据库安全评估耗费的人力、物力都很大，不划算，况且依靠人力去解决这些问题，其风险性非常高，难以保证任务的圆满完成。AppDetectivePro 的使用，使这些问题迎刃而解了，该软件的应用，使得相应的评估和审计人员即便没有那么专业也能够胜任，AppDetectivePro 对数据库信息的收集、脆弱性分析以及系统配置问题进行排查，对数据库进行全方位评估，以较小的代价保障了数据库的安全。

作为非人工进行的工作，大都需要智能化，在时间空间的安全审计和评估阶段，很重要的一步便是确定即将要测试的目标存在的位置。AppDetectivePro 有数据库的发现模块，该模块有所有数据库的可视化界面，只要将计算机连接到网络上并运行 AppDetectivePro，不需要其他任何操作便可以扫描出网络中的数据库并对数据库进行一些基础属性的识别。

数据库的安全审查与脆弱性分析过程主要包含安全审查和渗透性测试。AppDetectivePro 的审计扫描功能能够进行漏洞透视图，以及全方位的数据库配置信息的测评，审查可以包含一些渗透性测试，能识别可能会被他人利用的漏洞以及提供一些滥用职权的内部用户的详细信息等。AppDetectivePro 的渗透性测试主要是找到能够被非内部人员利用的一些漏洞信息并在这些漏洞被发现之前发出警报。

数据库访问权限审查需要考虑的是指定的系统有哪些用户是可以正常访问的，这些用户可以访问哪些数据库或者哪些功能模块以及这些用户的这些权限是基于用户的业务需求还是其他原因，如果是其他原因产生了这些访问权限，则应考虑使用某些手段对这样的权限加以限制，以防这些用户对不是因业务需求而拥有的权限滥用，造成不必要的损失等。一般要求 IT 审核人员定期对数据库的安全性和访问权限等进行审查，这样做可以进一步提高系统的安全性，保障集体利益。AppDetectivePro 通过对用户的权限进行扫描，可以自动确认每个用户的当前权限，最好的解决办法是能够在系统中自行设置某些权限类别，某些用户如果具有超过这类的权限，则发出警告或者自动将权限降级并进行标注，以等待管理员对权限进行重新分配或者对用户进行重新分组。

6）SuperScan

SuperScan 是一款无需安装的绿色端口扫描软件。SuperScan 可以扫描单个计算机，也可以扫描一批计算机，扫描单个计算机的时候需要指定所扫描计算机的 IP 地址，扫描一批计算机的时候需要指定 IP 地址的范围。不论是扫描单个计算机还是扫描一批计算机，扫描完成之后，都可以以网页的形式查看扫描报告，报告的项目一般有扫描计算机的主机名、IP 地址、NetBIOS 名、计算机所在的工作组或者域名、物理地址、端口号等。

7）IPBook

IPBook 是一款超级网络邻居软件，能够自动读取已经连接上的计算机的相关属性，如计算机名称、IP 地址、计算机所属的工作组以及物理网卡地址等。IPBook 扫描一个网段也会对该网段上能够连接上的所有计算机的这些属性都一一列举处理。此外，IPBook 除了搜索当前计算机所在网段的其他计算机外，还能搜索与本网段相邻的其他网段中计算机的一些属性等。扫描完成后，IPBook 能够直接获取如"共享文件夹"、"隐藏共享"、"HTTP 服务"等共享资源，甚至获取远程计算机某些磁盘的资源等。IPBook 扫描完成后，得到的扫描记录或扫描结果可以保存起来，方便以后的查看和分析。IPBook 还有许多其他功能：可以利用网络中的特定的 IP 地址定向发送短信，也可以利用网段进行短信的群发等；可以向指定 IP 地址的主机发送测试数据包，以检测某个主机是否开机并允许这种方式的通信；了解指定 IP 地址的计算机中某个指定的端口是否打开了等。

8）Burp Suite

Burp Suite 有帮助渗透测试和黑客的一些工具。该软件有两个应用是比较常用的：一个是 Spider，可以检测 cookie、初始化 Web 应用连接，并绘制网站页面和响应的参数信息；另一个是 Intruder，能够自动运行 Web 应用的攻击。

9）OWASP Zed

Zed 代理攻击（ZAP）是最流行的 OWASP 项目之一，是一款网络漏洞扫描器，而 OWASP 是学习 Web 应用安全方面的一个指导手册，ZAP 可以提供自动扫描并且可以发掘一些关于网络安全漏洞的工具等。

10）其他网络扫描工具

除了上述比较常见的网络扫描工具之外，还有许多非常经典的网络扫描工具。

Acunetix——很受追捧的一款实用型网络漏洞的自动扫描器；

SAINT——一款基于 UNIX 平台的网络安全扫描工具；

SSS——一款在俄罗斯非常流行、应用非常广泛的安全漏洞扫描软件；

ISS（ISS Internet Scanner，安氏网络扫描器）——一款已经形成业界标准的安全扫描器；

Hscan——一款同时拥有命令行和图形化用户界面的漏洞扫描工具；

U-Scan——一款采用 UNICode 的漏洞扫描工具；

RpcScan——一款从 135 端口攻击远程主机的 RFC 连接信息的工具；

SHED——一款扫描共享漏洞的机器的工具；

DSScan——一款远程缓冲区溢出漏洞扫描工具；

WebDAVScan——一款漏洞扫描工具；

Socks Proxy Finder——一款端口扫描器；

SQLScan——一款猜解 1433 端口的主机密码工具；

RPC 漏洞扫描器——针对 RPC 漏洞的扫描工具；

自动攻击探测机——基于 Windows NT/2000 等进行自动攻击的探测器；

4899空口令探测——一种能够快速扫描被安装了radmin服务端4899端口的空口令IP的扫描工具。

此外，还有一些其他的用于安全漏洞扫描或者密码破解等的工具，如：N-stealth、IBM Rational Appscan、SATAN、Strobe、Portscan、Pinger、X-way、Dotpot PortReady等等。

2. 网络测试工具

1) ping

学过计算机的人几乎都对"ping"这个命令有所了解。ping命令是一个用于TCP/IP协议的测试工具，ping命令用于查看网络上某个主机是否在工作，即查看两台计算机之间是否是连通的，ping命令通过向目的主机发送ICMP回显请求报文来测试主机之间的连通性。不论是在学校，还是走向了工作岗位，如果主机之间不能进行通信，首选的建议是用ping命令测试网络的连通性。ping命令通过主机向另外一台计算机发送请求数据包，正常情况下，目的主机收到请求后，会给源主机以响应，这样，源主机就可以依照信息的发送和响应这些数据来判断当前主机之间的可达状态以及网络的性能等。如果ping不成功，则可能是源主机或目的主机的网络适配器配置不正确或者物理损坏、网线故障、IP地址错误等；如果ping成功，还不能正常上网，如某些时候能够登录聊天软件却不能通过浏览器浏览网页等，则很可能是系统中某些软件的配置出现了错误。

（1）ping命令格式。

ping命令的格式比较复杂，其可选择的参数比较多，不同参数取值不同又会有不同的功能。ping命令的完整格式如下。

> ping [-t] [-a] [-n count] [-l length] [-f] [-i ttl] [-v tos] [-r count] [-s count] [[-j Host-list] | [-k Host-list]] [-w timeout] destination-list

-t：选择该参数时，系统会一直执行命令直到用户按Ctrl+C组合键强制结束。

-a：该参数用来解析主机的NetBIOS名，如果要在命令返回的结果中显示主机名，则需要加上该参数。

-n count：该参数用来选择命令应该发送的测试包的数量，其默认值为4，带有这个参数的命令可以自己确定希望发送多少个测试数据包，可以用来对网络速度等进行测量，如利用发送100个数据包的往返平均时间、最快和最慢时间分别是多少来评估网络的性能等。

-l length：该参数用来定义发送方缓冲区中数据包的大小，其默认值为32字节。从Windows操作系统内部相关代码字段占用空间分析可知，该参数取值的上限为65535字节。

-f：该参数表示数据包在发送过程中不会被中间的路由器做分割处理。

-i ttl：该参数表示TTL在对方系统中的暂停时间。

-v tos：该参数用来设置服务类型为"tos"。

-r count：表示在记录路由的相应字段中记录往返经过的路由，最大值为9。

-s count：表示指定跃点数的时间戳，最大值为4。

-j host-list：表示指定计算机列表的路由数据包，可以被中间网关分割的最大值为9。

-k host-list：同-j host-list类似，前面是允许分割，这里是不允许分割。

-w timeout：超时间隔，超过指定时间还没收到响应则直接显示超时，单位为ms。

destination-list：测试的主机IP地址或者主机名称。

（2）ping应用。

ping命令可以获取远程主机的IP地址。一般而言，局域网是利用动态主机配置协议来自动给局域网中的每台计算机分配IP地址的，如果知道要ping的主机的NetBIOS名，使用ping命令ping主机的时候，不是写目的主机的IP地址而是写目的主机的计算机名，如果ping成功，则返回信息就会显示目的主机的 IP 地址。

此外，ping 命令还可以测试网络是否畅通，检测网络与网络之间的连通性或者某个主机是否与网络连通等。

ping 命令不但可以较好地应用于局域网中测试网络的连通性等，还可以在互联网中得到广泛应用，如检测远程网络的连通性。当无浏览某个服务器网页的时候，可以用 ping 命令检测目的网络是否可达。

2）ipconfig/winipcfg

用 ipconfig 和 winipcfg 命令可以查看并修改网络中的 TCP/IP 等协议的配置情况，其中，ipconfig 是以命令行的形式显示的，winipcfg 则是以图形化界面显示的，winipcfg 的格式不再详细说明。ipconfig 命令格式如下。

> ipconfig[/all][/batch file][/renew all][/release all][/renew n] [/release n]

/all：展示所有与 TCP/IP 协议有关的细节信息，如主机名称、IP 地址、子网掩码等。
/batch file：把测试的结果放到指定文件"file"中，如果省略，则存入默认文件"winipcfg"中。
/renew all：更新适配器的配置信息并重新测试。
/release all：释放适配器的配置信息。
/renew n：更新编号为 n 的适配器的配置信息并重新测试。
/release n：释放编号为 n 的适配器的配置信息。

ipconfig 命令可以显示 IP 以及一些相关的信息，该命令可以用于网络探测，特别是当前的局域网是利用动态主机配置协议自动分配 IP 地址的时候，该命令能够比较方便地获取计算机的实际配置情况。该命令加上"/all"参数，可以检测到比 ping 命令更加详细的有关网络适配器的情况，不过，该命令只能用于本机的测试而不能像 ping 命令那样用于网络测试。

3）Netstat

Netstat 命令主要用来显示有关统计的一些信息以及当前网络连接的详细情况，显示的结果非常详细。Netstat 命令的格式如下。

> netstat [-a] [-e] [-n] [-s] [-p protocol] [-r] [interval]

-a：该参数用来展示本地计算机与外部的连接状况以及当前远程连接的系统，获取本地系统的一些端口，可以检测系统中是否有木马等。
-e：该参数用来显示静态的统计信息，一般与"-s"可选项配合使用。
-s：该参数用来展示计算机默认的各个协议配置情况。
-n：该参数用来检测当前计算机的 IP 或者用数字的形式展示计算机名。
-p protocol：该参数用来展示特定的协议配置情况。
-r：该参数用来展示路由分配表。
interval：该参数表示每隔"interval"的时间就展示协议的配置信息，直到收到中断信息为止。

4）Nbtstat

Nbtstat 命令可以用来查看 TCP/IP 的连接状态，以及获取远程或本地计算机的工作组名称与计算机名称等。对于一个比较大的局域网，在每台计算机上利用 ipconfig 命令查看计算机的网卡地址是非常耗时的，如果采用 Nbtstat 命令，就可以很方便地查看每台计算机的网卡地址。Nbtstat 命令的格式如下。

> Nbtstat [[-a RemoteName] [-A IP address] [-c] [-n] [-r] [-R] [-RR] [-s] [-S] [interval]]

-a RemoteName：该参数用来说明远程计算机的名称并在名称列表中显示出来。
-A IP address：该参数用来显示远程计算机的 IP 地址并在地址列表中显示出来。
-c：该参数用来列举远程计算机的名称以及每个名称对应的 IP 地址。

-n：该参数用来列举本地计算机的 NetBIOS 名称。
-r：该参数用来列出基于 Windows 网络名称解析得到的统计结果。
-R：该参数用来清理缓存中的 NetBIOS 名称并重装。
-RR：该参数用来释放在 Windows 上注册的名称并刷新注册。
-s：该参数用来展示客户端与服务器端的会话并将网络地址转换为 NetBIOS 名。
-S：该参数表示客户端、服务器端的会话，只显示远程的网络地址。
interval：该参数表示每隔"interval"时间就重新显示所选择的统计信息直到遇到强制结束的信息为止。

5）Tracert

Tracert 命令主要用来获取数据包从源主机到目的主机所经过的路径以及达到每个节点的时间。与 ping 命令相比，该命令更加详细，可以显示数据包走过的所有路径，而 ping 命令最多只能保留 9 个节点的信息，因此，ping 命令主要应用于比较小的网络，如局域网中，而 Tracert 命令可以应用于比较大型的网络。Tracert 命令的格式为如下。

tracert IP地址或主机名[-d][-h maximumhops][-j host_list][-w timeout]

-d：表示不会对目的主机的名进行解析。
-h maximumhops：表示到目的地的最大跳数。
-j host_list：表示根据列表的地址释放源端路由。
-w timeout：表示超过指定时间的间隔，默认单位为秒。

6）THC Hydra

THC Hydra 一般用作网络登录的攻击，是一款非常流行的密码破解工具，攻击采用的是字典攻击和暴力破解，支持一系列的常见协议，如 SSH、POP3、IMAP 等。

7）Wireshark

同 Nmap 一样，Wireshark 也非常受欢迎，它是一款手动抓包并进行数据分析的、可以跨平台使用的开源工具，可以用来排查、分析和进行网络入侵行为等。

8）WebRavor

WebRavor 是一款与流光非常相似的用于 Web 深度扫描、验证、安全审计、渗透并生成相应报告的工具。WebRavor 能够对一些复杂的网络应用进行弱点检测和评估。

9）Metasploit

Metasploit 是一款受到大众好评的渗透测试与攻击的软件，是可以用于网络安全研究的专业人员测试和众多黑客的首选方案之一。Metasploit 是一个给用户提供安全漏洞的网络安全架构，可以实现指定的渗透测试、IDS 监听和测试等。

10）Maltego

Maltego 与其他取证工具不同，Maltego 在数字取证的范围内工作，Maltego 是用来将构成网络威胁的图片发送给单位或者进行取证的组织部门的一个平台。Maltego 具有非常独特的视角，提供了基于现实生活中的实体网络和源端信息，结合了整个网络的信息，不论用户在全球的哪个位置，都是可以定位的。

11）Aircrack-ng

Wi-Fi 密码的破解依靠的就是 Aircrack 组件，该组件用来破解密码非常有效，Aircrack-ng 是一个基于 802.11 WEP 和 WPA-PAK 的密钥破解工具，可以在捕捉到足够多的数据包时将密钥恢复。

12）John The Ripper

这是一款非常流行的密码破解和渗透测试的工具，大多用于字典攻击的场合，将字符串作为样本，采用与加密过程相同的方式来进行破解工作，然后对加密字符串的输出进行对比，进而得到密钥。

13）其他网络工具

除了上述比较常见的一些网络测试工具之外，还有许多非常经典的网络测试工具。

Immunity CANVAS——安全漏洞检测工具；

CoreImpact——自动化、全面的风险评估测试工具；

Reaver——一款非常受欢迎的黑客工具；

Qcheck——吞吐率测试工具；

Mcast——组播流测试工具；

McastTest——超限组播测试工具；

IxChariot——测量无线网带宽工具；

"后羿"——网络渗透测试，国测中心研制的渗透测试工具；

网络安全行为分析工具——监控网络数据包，发现可疑的木马。

此外，还有许多其他相关网络测试、口令破解和网络渗透及其相关的工具。

口令破解工具：Pwdump6、Nutcracker、Snadboy Revelation、Boson GetPass、RainbowCrack、WinSSLMiM、Cain & Abel 等。

无线网络渗透工具：NetStumbler、StumbVerter、DStumbler、Kismet、AiroPeek NX、AirSnort、WEPCrack 等。

Windows 平台下的一些 Sniffer 工具：Buttsniffer、NetMon、NetXRay、WinDump（TCPDump 的 Windows 版本）、Analyzer、SnifferPro 等。

UNIX/Linux 平台下的一些 Sniffer 工具：dsniff、linux-sniffer、Snort、TCPDump、sniffit 等。

会话劫持软件：Juggernaut、Hunt、TTY-Watcher、T-Sight 等。

其他工具：SolarWinds、Libpcap、BPF 等。

12.2 计算机病毒防范工具

12.2.1 瑞星杀毒软件

1. 软件概述

瑞星杀毒软件是一款基于虚拟机脱壳引擎、多层次主动防御技术开发出来的信息安全产品。瑞星杀毒软件体系是由多个子系统相互关联构成的，如远程查杀、漏洞扫描、瑞星助手、防火墙、IE 历史记录等子系统，每个子系统又包含不同的模块，不同模块之间相互通信，协同完成整个软件的病毒防护工作等。与其他网络软件产品一样，瑞星杀毒软件的最新版也有许多版本，如企业版、企业专用版、高级企业版、高级企业专用版、教育专用版及中小企业版等。

客户端和服务器端安装在硬件上要求磁盘空间在 600MB 以上，升级代理需要 1GB 以上，CPU 工作频率在 800MHz 以上，内存容量 512MB 以上。软件环境主要包含微软的 Windows 产品系列、主流 UNIX 操作系统。其中，客户端安装主要支撑系统有 Windows 2000 专业版、Windows XP 专业版、Windows XP 家庭版、Windows 7、Windows 8、Solaris、AIX 系列以及红帽子 Linux 和红旗 Linux 等；服务器端的安装主要支撑系统则有 Windows Server 2000/2003（R2）/2008（R2）以及较新的浏览器等。

瑞星杀毒软件由系统中心、服务器端、客户端、多级中心、超级中心和管理控制台等构成。系统中心是各种命令的发布、信息的存储、安全分析等的中心机构，能够实时记录防护系统中每台计算机的杀毒状态、漏洞信息、安全情况等,为超级管理员的工作提供支撑,系统中心可以分为单级、多级和超级的系统中心。

瑞星杀毒软件的服务器端是特为作为网络服务器的操作系统而设计的子系统。客户端是特为客户机设计的子系统,能够从各方面对计算机进行防御、分析、处理并形成日志和处理结果等,为普通计算机的安全提供了保障。管理控制台是用来管理网络上所有安装有瑞星杀毒软件客户端的计算机管理工具,通过管理控制台系统,可以实时发现网络上处于管辖范围的计算机的网络安全状态,如果出现病毒或者报警信息等,就会将信息放到管理控制台中进行数据的汇总,以便对网络中安装有该软件的所有计算机进行安全护航。此外,管理控制台还能定期和实时地查杀网络上管理的计算机,并进行统一的升级管理等。一般人认为,加入到网络中的计算机越多,整个网络就越不安全,因为计算机的增加意味着不安全因素来源地点的增加。事实上,现在的网络安全体系分析数据能力已经很强了,可以认为,如果每台计算机都有相应的杀毒软件等安全防护,则加入到网络中的计算机越多,整个网络就会越安全,更多的计算机安装安全产品并加入到网络中就会让整个网络形成一整套强大的网络病毒防护系统。

多级中心和超级中心是杀毒软件为了在很大的网络中实行良好管理而设计的管理方案。多级中心是让当前级别的系统向本级系统的中心、邻近的系统中心以及下属客户端进行管理和调度,实现上级管理下级、实时管理的结构,所有的管理中心最终都由超级管理中心进行调度,这样产品就能够在较大的网络上有序运行起来。

2. 软件安装

由瑞星杀毒软件产品的基本组成可知,软件的安装也应该有中心的安装、服务器的安装、客户端以及管理控制台的安装等。一般是先安装系统中心、服务器等,最后才安装客户端程序,这里仅介绍服务器端和客户端的安装及卸载。

服务器端和客户端的软件安装与卸载又分为本地安装、客户端远程、Web 安装、登录脚本安装和通过安装包定制安装程序进行安装。本地安装是直接利用安装程序在本地进行安装的方式,服务器端和客户端都可以采用这种方法,本地安装一般是基于对话框向导的安装,不需要有资源的下载、更新等,在安装的过程中,需要填写一些参数,以便网络中的管理中心对该计算机的安全进行管理等。客户端的远程安装可以由系统管理员通过管理控制台实现,如一个机房所有机器都需要安装同一款软件,这种方式就是一个不错的选择,客户端远程安装利用了 Windows 等操作系统提供的简单文件共享的功能。

Web 安装指的是用户通过浏览网页中的内容并进行相应的操作完成杀毒软件安装的过程。Web 安装的前提条件就是安装产品的计算机上有 IIS 组件,而且版本在 6.0 及以上。

登录脚本安装与基于文件共享的本地客户端安装原理很相似,但登录脚本安装是一种更加智能化的安装方法,而本地客户端的安装是傻瓜式的安装,然而,登录脚本安装的条件比较苛刻。登录脚本安装指的是利用服务器操作系统域的启动服务概念,在服务器操作系统中配置好登录脚本,只要具有安装权限的用户登录到该域中,就会自动运行网络版的安装程序。

通过客户端安装包定制安装程序进行安装的方法利用的是系统中心的安装文件,这种基于安装包定制程序安装的方式具有自动升级的功能。另外,服务器和客户端的瑞星杀毒软件可以借助于操作系统自带的软件管理工具进行卸载,也可以进行远程卸载。

3. 管理功能

管理功能指对全网范围内所安装有瑞星杀毒软件的计算机进行网络安全监测、策略配置、升级以及日志管理等。管理功能主要包含管理控制台、远程管理、配置管理、分组管理、升级管理和授权计数管理等。

管理控制台是对网络上安装有瑞星杀毒软件的计算机进行集中管理的工具,管理控制台通过管理整个网络中所有安装有瑞星杀毒软件的计算机,实时监控和分析计算机的安全状态、杀毒情况等,为整个网络的安全体系添加防护层。

瑞星杀毒软件的远程管理指的是网络管理员对下级系统、远程客户端和当前的系统中心进行病毒查杀、漏洞扫描、开关实时监控和远程诊断等进行管理操作。远程管理的功能包含病毒查杀、漏洞扫描、发送广播信息、开关实时监控、开关主动防御、开关自我保护、开关防火墙和远程诊断客户端信息等。

配置指的是管理员利用管理控制台对网络中的中心和客户端机器进行各种安全策略的设置,客户端的设置主要有防病毒策略、主动防御策略、客户端选项等。瑞星杀毒软件安全管理功能的配置主要包含设置防护策略、客户端选项、防火墙策略、系统中心设置等。其中,设置防护策略有实时监控的页面设置、文件监控、邮件监控、嵌入式杀毒、办公软件及浏览器、查杀页面、任务定制、开机查杀与定时查杀等设置;设置客户端选项包含基本设置、日志上报设置、报告防火墙事件设置、定时升级与升级代理、下载中心与漏洞扫描设置、主动防御与应用程序防御设置、木马行为防御与入侵和自我保护等;设置防火墙策略由 IP 规则和功能选项组成;系统中心设置包含系统总体设置、网络设置、升级设置、黑名单与白名单设置、漏洞扫描设置、扫描端口设置和报警插件设置等。

分组管理主要是作为服务器的网络操作系统的功能,包含增删和重命名组、客户端分组、管理员管理与职责分类、添加管理员并分配客户端等。

管理工具为用户提供了全方位的管理,包括的工具有序列号管理、通信代理管理、日志管理、日志查询、漏洞管理、升级管理、客户端配置、白名单管理、搜索管理、数据备份管理等。

4. 本地杀毒

客户端病毒查杀功能对大众用户来说非常重要,客户端杀毒软件主要包含查杀病毒及相关设置、实时监控及相关设置、主动防御及相关设置、杀毒工具、网络监控及其他功能等。每种本地杀毒的功能都非常强大:查杀病毒及相关设置有手动查杀、空闲时段查杀、开机查杀、嵌入式查杀及各种查杀的相关设置等功能;实时监控及相关设置有文件监控、邮件监控及监控的相关设置等功能;主动防御及相关设置有智能化主动防御、系统加固、应用程序防御、木马行为防御、入侵拦截、黑白名单与自我保护,以及各种防御的设置等,其中,黑白名单主要是采用病毒隔离的思想实现的,病毒隔离是指对传染文件进行保存并安全隔离开来以便用户在需要的时候可以将其恢复的过程,病毒隔离功能的出现,是为了防止一些异常或错误的判定某些文件并给用户造成文件损失而提供的一个关于病毒文件的管理机制;杀毒工具有瑞星助手、隔离区、进程监控、网络连接监控及其他嵌入式杀毒等功能;实时监控主要有各种选项、黑白名单规则、端口与 IP 规则、可信区域黑白网站名单、攻击防御与拦截及各种访问控制的规则等;其他工具包含云安检、可疑对象报告、备份与恢复等。

12.2.2 江民杀毒软件

江民科技是北京江民新科技术有限公司的简称,属于以研发反病毒软件为特长的软件公司,主营产品都与信息安全相关,包括单机和网络反病毒软件、单机和网络黑客防火墙、在线杀毒、专网安全防护以及服务器中的邮件防毒软件等。

1. 江民杀毒软件的安装与卸载

1) 环境要求

硬件要求:硬盘空间 500MB 以上,处理器工作频率 800MHz 以上,内存容量 512MB 以上,较高分辨率的显示器，以及网络适配器和光驱等辅助硬件要求。

操作系统：支持 32 位和 64 位的计算机，支持微软的桌面化个人的 Windows XP 及以上的操作系统，微软服务器操作系统支持 Windows Server 2003 及以上版本，还支持蓝点 Linux、红旗 Linux、红帽子 Linux 等操作系统版本。

2）安装与卸载

安装江民杀毒软件之前，一般需要将计算机的基础驱动器安装完成，可以用光驱安装江民杀毒软件，也可以直接在网络上下载软件进行安装，利用安装程序的向导就可以安装完成。安装完成后，需要输入通行证或者安全序列号来获取授权，否则，只能免费试用三个月。从计算机的"开始"菜单中可以进行软件的卸载，卸载杀毒软件之后，如果再次安装，则之前的所有关于江民软件的数据库信息都已经丢失了，以前用过的设置信息都会失效。

江民杀毒软件可以选择具有不同模式和功能的平台，方便了用户的使用。计算机的"开始"菜单可以启动杀毒软件、实时监控软件、智能升级以及卸载该软件；软件安装完成后，计算机的桌面上会有一个该软件的快捷方式，双击便可启动该杀毒软件；托盘操作平台指的是该软件在计算机桌面的右下角系统托盘区域显示的图标，用户可以从这里启动杀毒软件并使用各种监控设置或退出杀毒软件等；普通操作平台可以使用的功能包含扫描或全盘扫描、监控、病毒库、云加速、云鉴定、网银专防、文件恢复区、历史记录、正版授权、信任程序管理与阻止程序管理、网站名片等。

2. 功能与操作

江民杀毒软件的功能非常强大，主要有病毒查杀、监控中心、云鉴定和云加速、网银专访与江民防骗墙、文件恢复、历史病毒记录查看、进程管理的信任与阻止、网络名片、重装系统备份、进程查看器、升级相关操作及问题反馈等。

病毒查杀是许多杀毒软件都有的重要功能之一。选择江民杀毒软件主界面的"扫描"功能，会进入杀毒软件的扫描界面，该界面可以进行快速扫描、全盘扫描和自定义扫描等扫描目标的选择，也有扫描选项和扫描结果等一系列的操作。其中，快速扫描可以直接对内存、当前的开机启动项目、操作系统的系统文件夹和上网临时文件夹等进行扫描；全盘扫描是针对整个计算机的扫描，用户可以设置全盘扫描周期；自定义扫描中，用户可以为了节省时间选择需要扫描的文件夹以及扫描的文件类型，还可以将想要扫描的文件或文件夹直接拖动到扫描界面上进行自定义扫描。

监控中心的主要功能是负责对用户的计算机进行实时监控，防止计算机感染病毒。

云鉴定主要是对未知文件或网页进行鉴定，但基于服务器方面考虑数据流量的问题，目前只能鉴定容量较小的文件。云加速利用了预处理规则对用户的文件进行预扫描操作，计算机连接在网络上后，将预扫描结果与服务器端进行匹配，起到提升扫描速度的作用。

网银专访用来检测当前与网银相关的系统及文件等的安全性，如检测键盘记录、浏览器界面记录、盗号木马等。网银防骗墙提供虚假网站的拦截与部分号码防骗等功能，有的网站的网址和页面均与正规官方网址非常相似，等用户登录后，就截获了账号和密码等私密信息。

文件恢复为用户提供加入白名单的功能，具有某些病毒特征的文件一般会被杀毒软件直接当作病毒而拉入隔离区，发出信号并等待用户对文件去留的取舍。此外，有的病毒在计算机上会删除正常使用的文件或文件夹，如果用江民杀毒软件的文件恢复功能，将会使已经删除的文件恢复正常。

进程查看器与计算机的操作系统提供的任务管理器非常相似，但功能更加强大。

升级操作可以升级江民杀毒软件，还能更新软件收集到的最新病毒库，为了计算机的安全，建议每天进行病毒库的更新。为了解决部分机器升级后可能导致软件不可用问题，升级功能还添加了升级回滚机制,可以将杀毒软件回滚到最近一次升级之前的状态,保证用户继续使用产品等。

3. 应用实例

1) 小型局域网应用

由江民杀毒软件的各种版本,可以在局域网中安装客户端能搜索到的控制中心,管理员在控制中心或任何客户机上可以很方便地控制和管理局域网内的计算机。结构图如图 12.3 所示。

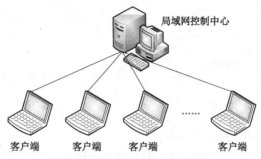

图 12.3　小型局域网应用图示

2) 大中型网络应用

先安装中控中心和主控制台,一般安装在大城市里,如果应用于中型网络,则安装在中小型城市中也是可以的。再为每个子网段安装子控中心,然后通过因特网或者虚拟专用网连接到主控中心上。其中,某些子网可以通过子控中心与其他子网络的子控中心连接起来而不需要所有的子控中心都必须与主控中心连接起来,这样服务都是从主控中心开始的,一级一级往下走,每一个控制中心都由自己的上级控制中心管理,最终,所有的控制中心都由主控中心管理着。每个控制中心都管辖着一些客户端计算机,客户端计算机的安全问题都由客户端自身的杀毒和直接相连的控制中心负责。

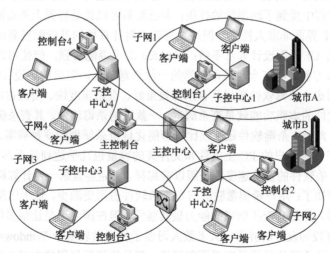

图 12.4　大中型网络应用图示

3) 移动网络办公

除了有用户端与子控中心直接相连之外,还有客户端通过无线网络等与子控中心,甚至直接与主控中心进行通信移动网络办公,如图 12.5 所示。

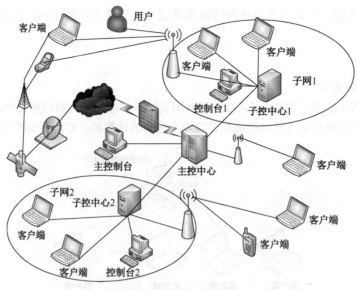

图 12.5 移动网络办公图示

12.2.3 其他杀毒软件与病毒防范

除了瑞星杀毒软件、江民杀毒软件之外,还有很多非常有名的杀毒软件,如金山毒霸、360杀毒、微点、趋势科技网络安全专家、卡巴斯基、小红伞、ESET NOD32、诺顿、McAfee、Avast、AVG Anti-Virus 等。许多的杀毒软件看似免费或者期限内免费,但很多软件绑定了其他软件或者插件。

金山毒霸为国产杀毒软件,杀毒能力强、防火墙功能较好,金山毒霸相对其他查杀病毒的工具来说,其安装包非常小巧,但与国外的杀毒软件相比还有一定的不足之处;360杀毒软件依靠引用世界最强杀毒软件的病毒库而使得查毒能力极强,但其杀毒能力一般;微点杀毒软件的病毒防范能力很强,但在发展过程中受到了瑞星等的打压;卡巴斯基可以说是世界上杀毒能力最强的软件,木马拦截能力突出,UI 界面非常人性化,但该杀毒软件对计算机的基础配置要求比较高,容易出现死机等问题;诺顿的 UI 界面设计非常不错;McAfee 的杀毒能力强,但使用之前需要各种配置操作,使用起来不是很方便;小红伞也是很不错的一款杀毒软件,但目前还没有出现汉化版。

从用户的角度考虑,杀毒软件最好具有杀毒效果好、查杀速度快、资源占用少、界面友好、无插件等特点。杀毒软件的本职功能就是查杀病毒,一款好的杀毒软件,其查杀病毒的能力应该非常强悍而且误报率低。此外,杀毒软件还应该比较智能化地查杀新型的变种病毒、加壳病毒等;处于大数据时代的今天,许多用户的 PC 上文件和文件夹的容量也几乎达到几百吉字节,甚至到达 TB 级别了,如果病毒查杀软件的查杀速度还是跟以前那样,要完整查杀一台计算机上的全部文件和文件夹,耗时就可想而知了;用户希望常驻的病毒查杀软件占用资源少,像卡巴斯基这类占用大量计算机资源的杀毒软件,虽然其查杀病毒的能力极其强悍,但在国内还是让很多用户避而远之;病毒查杀软件还应该拥有较为友好的界面,大多数人习惯了使用微软基于 Windows 的可视化操作系统及常见软件,如果某款杀毒软件不具有界面友好性,都是依靠写代码的方式来查杀病毒的,估计很多用户不会选择它。

一般的用户在使用计算机的过程中,很容易受到计算机病毒的危害,许多公共场合如网吧、打印店、图书馆、机房等的计算机都带有病毒,使用一些公共计算机的时候,都不要轻易使用 USB 设备,以防受到病毒的入侵,有的病毒是杀毒软件都没办法解决的,为了个人信息、财产等安全,尽量少使用公共计算机,少使用免费无线通信方式上网。一般的病毒有一些大家熟知的特性,可以从这方面了解病毒，清除计算机上感染的计算机病毒。病毒经常隐藏的地方，如计算机的"开始"菜单，"开始"菜单是计算机启动的时候自行启动的，因此，许多病毒也利用这个原理进行开机自启动。有的病毒放在系统的 win.ini 或 system.ini 等文件中，一旦对这两个文件进行了不恰当的修改，计算机可能面临着崩溃的危险。注册表也是病毒喜欢的"藏身所"，如 Run 键、RunOnce 键、RunServiceOnce 键、RunServices 键、Load 键、Winlogon 键等。

12.3 防 火 墙

12.3.1 防火墙概述

1. 概念

防火墙是位于不同网络之间或者网络安全域之间，隔离网络并按照一定安全规则进行通信的软硬件的集合。它通过访问控制机制确定哪些服务可供访问以及哪些外部请求是允许的。防火墙系统可以由一台计算机、一组计算机或者一台路由器等构成，一般处于网络的进出口，内部数据流出或者外部数据流入都需要经过防火墙，只有满足条件的数据才认为是安全的。

2. 基本原理与功能

最初的防火墙采用的是包过滤技术，后来采用了电路层防火墙、应用层防火墙及动态的包过滤技术的防火墙等。由工作方式来看，防火墙可以分为基于包过滤和基于应用网关的防火墙。其中，包过滤防火墙一般在网络操作系统或者路由器中，工作在网络层，利用包过滤规则检查端口数据包或者首部来决策数据能否通过，包过滤防火墙速度较快，仅处理较少的数据，对用户具有不可见性；基于应用的网关也叫作代理服务器，是针对特定网络协议进行数据分析过滤的，比纯粹的包过滤防火墙的可靠性更强，它借助了代理服务器，因此不能直接访问网络。

ARP 防火墙是局域网用户抵制 ARP 欺骗的有效工具之一，ARP 木马只需要在局域网中成功感染一台计算机就可能导致整个局域网无法与因特网连通，甚至让网络处于瘫痪状态。ARP 防火墙采用的原理就是不断向网关发送本计算机的网络地址和硬件地址，使得该计算机能被路由器识别并为此计算机提供路由服务。但是，ARP 防火墙并不能完全防止 ARP 欺骗，ARP 欺骗还是可以通过伪造网关的方式来控制计算机，如果要完全防止 ARP 欺骗，则应该添加一些其他技术。

防火墙的功能比较多。首先，防火墙是网络安全的保障，是用户发送病毒、木马等到网络上或从网络上传输病毒、木马等到用户计算机上的屏障。防火墙过滤一些不安全的数据，一般而言，拥有防火墙的局域网，外部的攻击不能或者很难攻击到局域网内部。其次，防火墙可以对网络存取和访问进行监视，外网对内部计算机的通信都通过防火墙进行传输，防火墙可以通过审计和日志的形式记录数据的安全信息，分析网络的威胁，对局域网形成保护。再次，防火墙可以防止局域网中信息的外泄，强化网络安全决策以及提供强大的 NAT 功能。

3. 分类

现在的防火墙主要可以分为包过滤防火墙、代理服务器防火墙、复合型防火墙、双宿主机防火墙、主机过滤机加密路由防火墙等。

包过滤防火墙又称基于访问控制列表的选择和过滤规则，依照系统提供的过滤规则，对收到的数据包通过对源地址、源端口号、目的地址、目的端口号等进行分析和过滤，包过滤防火墙安装在路由器上，工作在网络层。其中，还有静态包过滤类型的防火墙、动态包过滤类型的防火墙之分。包过滤技术有两种基本类型，即有状态检测和无状态检测的包过滤，有状态检测的包过滤是通过记忆防火墙全部通信状态和数据包本身来过滤通信流的。但包过滤技术还存在一定的缺陷，如特洛伊木马使用网络地址转换功能就可以让防火墙的包过滤器功能无效，大于熟知端口号的 Socket 可以通过包过滤防火墙等。

分组过滤技术实现的成本比较低，能以较低的代价实现过滤数据包的效果进而实现防火墙的功能，大多数的路由器有分组路由的功能，采用分组过滤的方式，在一定程度上使得路由器的工作更加有效，因此，路由器上安装的基于分组过滤的防火墙性能较好。包过滤依靠的是完全基于网络层的安全防护技术，只能由数据包的来源、目的地等信息判断数据包，判定条件不够详细，可能会带来一些潜在的危险。

应用代理防火墙是将大量的工作交给了代理服务器来完成的，工作在代理服务器的应用层，代理服务器监听来自网络内部的服务请求并对其合法性进行检查，合法之后才会向真正的服务器发送请求，否则直接丢弃。如今，已经诞生了具有自适应性的代理服务器，在自适应代理和动态的包过滤之间有控制通道，进行防火墙的配置时，只需要一些简单的操作即可，由自适应代理服务器来决定代理服务器的操作应该是从网络层转发数据包还是从应用层代理用户请求。

从表现形式上来看，防火墙主要可以分为硬件防火墙和软件防火墙。

硬件防火墙是将防火墙应该有的功能对应的程序集成到硬件芯片之中，芯片出厂时就已经编制完成，由硬件来完成防火墙的功能，这种防火墙能减轻 CPU 的负担，路由器的路由功能将会更加稳固。在硬件防火墙的设备中，软件和硬件一般要求单独设计，采用专用的防火墙芯片、专用的防火墙操作系统和其他软件来处理各自的数据包。硬件防火墙一般应用于企业，其价格较贵，功能比较强大。

软件防火墙实际上就是一款软件，一般需要在计算机上安装并进行防火墙相应的配置之后才能正常使用。不过，软件防火墙功能没有硬件防火墙的功能那么强大。

此外，还可以根据防火墙路由器与主机配置等将防火墙分为双宿主机防火墙、主机过滤防火墙等。

4. 技术展望

基于包过滤的防火墙技术对用户的验证进行了扩展，增加了用户的安全决策，用户身份验证功能越强的防火墙其安全性就越高，但用户验证特别是基于加密的身份验证具有一定的时间延迟。目前，考虑用多级过滤的方式实现包过滤的防火墙，在应用层、传输层、网络层等都进行相应的"包过滤"功能实现，达到多级验证、增强防火墙安全性的目的。

在防火墙系统结构与防火墙的管理方面，要求防火墙对用户数据进行处理的时间延迟更短，未来可能考虑用高性能的芯片代替部分软件来实现更高处理性能的防火墙软件体系。防火墙的管理方面考虑用集中式管理，分布式防火墙和分层结构的防火墙是未来发展的趋势，也是技术的要求，利用分层和分布式防火墙的思想，安装了某种防火墙的用户越多，整个网络就会越安全，所有用户系统也就越安全。

12.3.2 Linux 系统下的 IPtables 防火墙

1. Linux 防火墙

IPtables 是一个免费的包过滤防火墙，从发展历程上看，用来实现包过滤规则，依次采用了 ipfw、ipfwadm、ipchains 和 iptables，IPtables 只是防火墙和用户之间的接口，真正起作用的是 Linux 内核中的 netfilter，Linux 平台的包过滤是由 netfilter 和 IPtables 共同完成的。从操作系统的角度看，IPtables 工作在用户态，用户可以直接访问，netfilter 工作在核心态，用户不能直接访问，但操作系统可以直接访问，因此，要实现 Linux 下的包过滤，需要通过 IPtables 间接访问 netfilter 以实现用户想要的功能。IPtables 是用来制定 netfilter 规则并对内核的包过滤进行管理的工具，用户在此基础上可以新建、删除或插入链以及在链中操作过滤规则等，IPtables 是一个包过滤工具，真正的过滤规则还需要 netfilter 及其他工具来完成。netfilter 是 Linux 内核中低层的一个框架，该框架提供 3 个表，分别为 NAT、mangle 和 filter，其默认情况下使用的是 filter 表，每个表中还有若干链，每条链中又可以由一条或者多条过滤规则，规则负责详细说明包的特征以及如何处理等。Linux 防火墙的安装、启动等操作与基于 Windows 平台的防火墙有所区别。IPtables 防火墙内置在红帽子操作系统中，因此，安装红帽子操作系统会自动安装 IPtable。

2. IPtables

规则是指预先定义的一些条件，规则一般是说明如何封装数据包才是符合条件的，规则指定了源地址、目的地址、服务类型和传输协议等，数据与规则相匹配时，IPtables 就会按照所定义的方式来处理这些数据并形成决策，如通过、拒绝或丢弃等；链是指数据包传输过程经过的路径。显然，每一条链中，可能只有一条规则，也可能有多条规则，数据到达链时，IPtables 就会对规则进行逐条检查找到符合规则的条件，如果找到，就用规则处理数据包，否则继续找下一条，全部都不符合则启用默认决策机制；表是指用户实现包过滤、重构以及地址转换等功能的 IPtables 内置的表，即 NAT、mangle、raw 和 filter。其中，NAT 主要用于网络地址转换工作，包含了预路由、输出和完成路由链；mangle 用于修改指定传输特性；raw 负责数据的跟踪处理；filter 用来根据预定义的规则过滤符合条件的包，但无法修改。IPtables 使用了表和链的分层结构，其逻辑关系如图 12.6 所示。

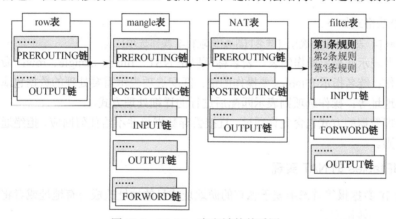

图 12.6 IPtables 表和链的关系图

其中，规则表 filter 的三个链为 INPUT、FORWORD 和 OUTPUT，用来过滤数据包，对应的内核模块为 iptable_filter；规则表 NAT 的三个链为 PREROUTING、POSTROUTING 和 OUTPUT，用来对网络地址进行转换，对应的内核模块为 iptable_nat；规则表 mangle 的五个链为 PREROUTING、POSTROUTING、INPUT、OUTPUT 和 FORWORD，用来配置路由和修改服务类型等，对应的内核模块为 iptable_mangle；规则表 row 的两个链为 OUTPUT 和 PREROUTING，用来决策是否处理数据包，对应的内核模块为 iptable_row。规则链 PREROUTING 表示选择路由之前将规则应用于数据包，规则链 POSTROUTING 表示选择路由之后将规则应用于数据包，规则链 INPUT 表示应用此处的决策到进入的数据包，规则链 OUTPUT 表示应用此处的决策到出去的数据包，规则链 FORWORD 表示应用此处的决策到转发数据包。另外，规则表之间的优先级为 row>mangle>Nat>filter，规则链之间的优先级比较复杂，请读者自行查阅，这里不再一一叙述。

IPtables 数据包的传输过程如图 12.7 所示。

当数据包进入网卡时，首先进入 PREROUTING 链，内核由其 IP 判定是否传输出去；如果目的 IP 是本机，则继续下行到 INPUT 链，任何进程都可以接收，本机程序发送该数据包到 OUTPUT 链，最后到达 POSTROUTING 链并最终输出；如果目的 IP 不是本机的而是经过本机转发的，则右行到 FORWORD 链，到达 POSTROUTING 链并最终输出。

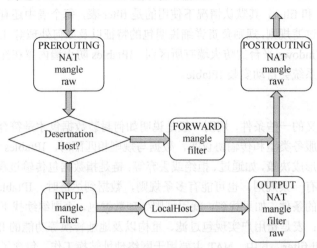

图 12.7　IPtables 数据包的传输过程图

3. IPtables 的使用

IPtables 语法格式如下。

```
iptables [-t 表名] 命令选项 [链名] [匹配选项] [-j 操作选项]
```

其中，表名表示选择要操作的表，表名称可以是 NAT、filter、mangle、row；命令选项表示对规则或链的操作；链名指示 IPtables 要操作的链；匹配选项表示需要处理的数据包满足的条件，如源地址、目的地址等；操作选项则表示匹配后进行的详细处理方式。

防火墙处理数据的方式包含允许通过、直接丢弃数据包并不给任何回应、拒绝通过和记录日志并传递下一规则。

4. 基于 IPtables 的 NAT 实现

NAT 是将 IP 数据报等首部中属于私有的源地址或目的地址改成公有地址或者将公有地址转换为私有地址的一种转换方式。

NAT 的工作原理如图 12.8 所示。假设客户机的 IP 地址为 192.168.1.2，Web 服务器的 IP 地址为 202.202.160.11，NAT 0 口的 IP 地址为 192.168.1.1，NAT 1 口的 IP 地址为 202.202.160.2。客户机访问公共网络上的 Web 服务器，客户机会选择一个大于 1024 的端口（具体原因在计算机网络课程中学习过）与服务器的 80 端口建立连接，设客户端选择的端口号为 1234。客户端发出的数据有源 socket（IP 地址+端口号）为 192.168.1.2:1234，目的 socket 为 202.202.160.11:80。数据从 Eth0 口进入 NAT，NAT 将源 socket 的源 IP 修改为 Eth1 口的 IP 地址，如果源端口号在 NAT 中未被占用，则源端口不变并形成发送端 socket；若源端口号在 NAT 中已经被占用，则替换为其他端口号后再形成发送端 socket，并在 NAT 表中记录替换关系。此时，从 NAT 发出来到 Web 服务器的数据包源 socket 为 202.202.160.2:1234（如果端口未被替换），目的 socket 不变，该数据包的源 socket 为公网 IP，此时即可以浏览 Web 服务器了。同理，Web 服务器收到返回的相应数据包源 socket 为 202.202.160.11:80，目的 socket 为 202.202.160.2:1234，NAT 收到并按照映射表替换后，源 socket 不变，目的 socket 为 192.168.1.2:1234，Web 服务器的数据即可传送到客户机了。至此，客户端请求的服务得到了响应。

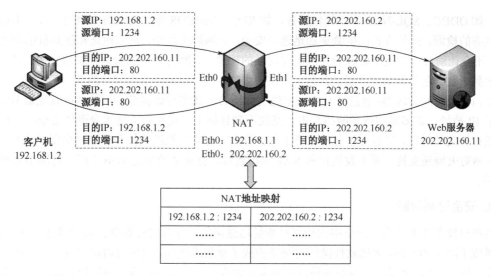

图 12.8　NAT 工作原理

NAT 分为静态 SNAT、动态 NAT 和反向 NAT，其中静态 NAT 是指替换过程中使用的是静态的 IP 地址映射表对源 IP 或端口号进行替换；动态 NAT 是指使用动态 IP 地址映射表对源 IP 或端口号进行替换；反向 NAT 是指把外部访问 IP 转换成内部 IP，把内部服务映射到公有 IP 和端口。此外，利用 IPtables 可以实现 SNAT 服务、DNAT 服务等，详细例子这里不再列举。

5. IPtables 应用实例

IPtables 的应用非常广泛且实用：利用 IPtables 可以禁止访问网络上不健康的内容，如禁止访问某些网站等，禁止某些用户的上网行为（可以是指定的某个 IP 地址，也可以是一类连续的 IP 地址），禁止用户对部分服务的使用，禁止使用 ICMP 协议，利用字符串匹配的方式过滤视频网站以及拥有定时器的功能等。

12.3.3　天网防火墙

1. 简介

天网防火墙是广州众达天网技术有限公司安全实验室采用软硬件一体化的方式研发的网络安全工具。天网防火墙个人版提供了强大的访问控制、信息过滤、身份验证、VPN、NAT、流量控制等功能，可以抵抗网络入侵或攻击，防止个人信息的泄露，保证计算机的网络安全。天网防火墙在设计之初就考虑了用户的类别，因此，天网防火墙有基本类型、企业级别和电信级别三类。

2. 基本特征

天网防火墙采用的是基于 Web 风格页面的管理界面，界面友好，客户端与服务器端之间的通信都采用了加密的形式进行信息交换。天网防火墙的安全性能很好，采用了专用硬件和专用的操作系统，支持多种网络协议的过滤功能，具有防止 IP 欺骗的功能等。

天网防火墙具有高性能的系统内核，其操作系统也是专为防火墙而定制的，从最底层就开始考虑防火墙的安全问题，对防火墙在一些攻击行为下的稳步运行提供了保障；天网防火墙支持各种各样的网络通信协议与服务，作为一款防火墙，其设计考虑了网络通信的问题，天网防火墙的 NAT 支持多种网络通信协议，如 TCP、UDP、ICMP、IGMP 等，支持的服务非常多，如常用服务 HTTP、FTP、DNS、POP3、SMTP 等，多媒体服务，如 Internet Phone、Microsoft Netmeeting 等，数据库服务，如 ODBC、SQL-NET 等，其他服务，如 RPC、NetBIOS 等。天网防火墙的包过滤考虑的是基于状态的检测，这种方式的检测更加迅速和安全；天网防火墙中，网络地址和计算机的物理地址绑定，不会让局域网中地址资源的使用出现混乱的现象；天网防火墙的访问控制较完善，其安全规则考虑到了数据包的源地址和目的地址、协议的类型、数据包的源端口和目的端口、数据包通过的网络接口以及时间管理等；包过滤功能采用透明网桥的模式实现数据链路层的功能且无需 IP 地址，没有了 IP 地址，许多黑客或者网络攻击者就找不到目标了，使得防火墙本身更加安全，利用透明网桥进行桥接的时候，还进行了包的过滤工作；防火墙有实时系统监控和反映网络状况的功能。此外，天网防火墙还支持巨量并发连接和 NAT 连接数目，有加密的中文 Web 页面，对网络数据进行记录等。

3. 安全控制功能

网络规模在不断变大，网络中的计算机数量迅速增加，导致进行数据传输的网络有些不够用，路由器成了网络的瓶颈，大量软件滥用对网络构成了威胁或破坏，大量的病毒爆发等都导致了网络的不安全性。天网防火墙针对当前各种网络安全问题提出了一系列的安全应用控制功能并在系统中得到了应用。

天网防火墙具有基于单个 IP 地址或者 IP 组为对象的管理，具有管理大量 IP 的能力，防止带宽被恶意占用并对带宽进行实时动态调节；防火墙还能防御大量数据包攻击行为、过滤大量 IP 的防火墙机制、域名信息缓冲和用户上网的验证等。

4. 应用实例

1）中小企业应用

中小企业应用框架如图 12.9 所示。

中小型企业或者部门一般有一个局域网，通过共享拨号连接的方式连接互联网，无需提供对外网络服务，将防火墙放在了拨号联网外，保障了企业内部用户的网络安全。

2）大型企业应用

大型企业应用框架如图 12.10 所示。

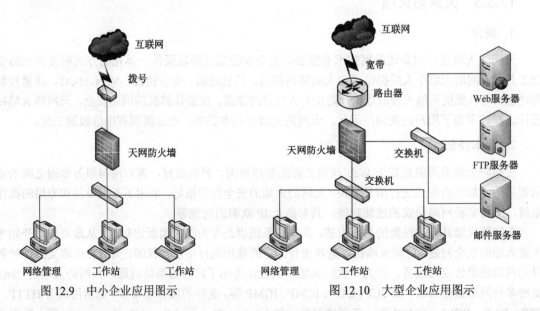

图 12.9 中小企业应用图示　　　　图 12.10 大型企业应用图示

大型企业或政府行政部门，都有大型的局域网，局域网通过宽带访问因特网并提供对外的网络服务，以分布式保护对外的网络服务安全与内部局域网系统自身的安全。

3）ICP 应用

ICP 应用框架如图 12.11 所示。

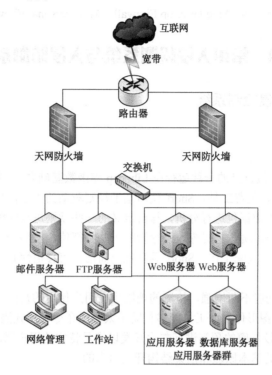

图 12.11　ICP 应用图示

该方案提供了基于电商、聊天软件网址等服务网络流量较大的情况下的解决方案，通过双热机备份技术的负载均衡以及各种服务器分工的方式，提供了高效带宽和可靠的服务。

12.3.4　其他的防火墙产品

防火墙产品数量庞大，目前比较经典和出名的防火墙就有几十种。

费尔防火墙是一款功能强大、个性化设计的个人使用的网络安全工具。软件完全免费，其源码能以较低的价格买到。该软件引入了"流量示波器"检测网络流量，让网络流量的显示更加直观生动，对网上邻居进行掌控，让局域网变得更加安全，其界面友好、源代码规范。

冰盾抗 DDoS 防火墙简称冰盾防火墙，是一款具备入侵检测功能的专业抗 DDoS 的防火墙，其研究由美国硅谷的华人留学生开始，采用生物基因鉴别技术识别各种 DDoS 攻击与黑客的入侵行为等。

金山网镖用来保障个人上网的安全，可以通过设置一些应用程序的权限以及安全级别的设置来满足不同保护要求的实现，能阻止冰河、网络神偷等木马的危害。

Kaspersky Anti-Hacker（卡巴斯基防火墙，KAH）是一款非常出色的安全防火墙，与著名的 AVP 属于同一家公司，能够抵抗内部网络中或者国际网络的一些黑客攻击等。

诺顿网络安全特警（中文版）可防止未授权的用户访问因特网上的私有计算机和网络，也可防止网络上未授权的计算机或黑客对用户的计算机进行访问，几乎不需要占用通信资源。

此外，其他防火墙也非常不错，如思科防火墙、ZoneAlarm（ZA）、华为防火墙、360 防火墙、腾讯电脑管家、傲盾（KFW）、BlackICE、Agnitum Outpost Firewall（AOFW）、Xelios Personal Firewall（XFW）、LockDown Millennium（LDM）、Intruder ALART 99、The Cleaner、Kerio Personal Firewall（KFW）、Sygate Personal Firewall（SFW）、瑞友 RSA 防火墙、反黑精英（Trojan Ender）、PestPatrol Corporate Edition、F-Secure、McAfee Desktop Firewall、Tiny Personal Firewall 等。

12.4 常用入侵检测系统与入侵防御系统

12.4.1 Snort 入侵检测系统

1. Snort 基本介绍

1）概述

Snort 是 Linux 平台中最常见的一种运行在 Libpcap 库函数基础之上、基于 GUN/GPL 的入侵检测系统和数据抓包的开源、免费工具。Snort 使用基于规则驱动的语言，代码简洁、可移植性非常好。用户利用 Snort 对网络数据包进行分析，与自定义的一些规则进行匹配并做出响应的过程就是 Snort 入侵检测系统的工作本质。它提炼入侵行为的一些特征值，按照一定方式做成检测规则并形成规则库以方便系统以后的匹配工作。Snort 具有代码简洁、可移植性好、功能强大、扩展性强和多用途等特点。

Snort 的更新较快，功能不断增强，检测的规则也在用户使用的帮助下变得更加完善，目前，已经有功能不是很完善的图形化界面工具能够帮助不太会以命令行形式操作的用户。Snort 作为开源软件，用户可以以一个较低廉的预算进行二次开发以满足特定的用户需求，目前市面上有的入侵检测软件就是借助 Snort 的基本原理和框架结构开发出来的。

2）命令行

Snort 有嗅探器、数据包记录器和网络入侵检测系统 3 种工作模式。Snort 命令的格式如下：

snort [-options] <filter options>

其中，"-options" 比较多，如 "-a" 表示显示 ARP 包、"-b" 表示以 TCPDump 的格式记录登录信息包等，这里不再一一详述。

2. Snort 结构

Snort 系统工作流程如图 12.12 所示。

Snort 的内部工作主要包含包解码、数据包处理、输出与日志。该系统包含主模块、命令行解析模块、数据包获取模块、数据包解析模块、规则解析、规则匹配引擎以及输出模块。主模块负责命令行参数的解析、标识符的设置、系统初始化、构建规则链表等；命令行解析模块负责对系统进行配置，即对 PV 结构的对应字段进行赋值操作，一般调用 Parsecmdline()完成命令行解析的所有功能；数据包获取模块负责获取网络上传输的数据包，利用 Libpcap 库函数来采集数据；数据包解析模块主要是分析获取到数据包的网络协议格式并存入 Packet；规则模块负责规则库的解析，按照入侵行为的种类对相应的插件进行分类，规则可以分为预处理规则、常规规则、高级规则和输出规则；规则匹配引擎将获取的数据包特征和规则库进行匹配，判定当前有无入侵行为并做出相应的响应；输出模块则给出最终的报警或日志形式的响应。

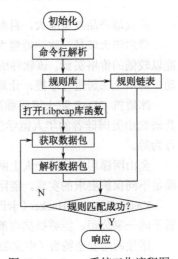

图 12.12 Snort 系统工作流程图

3. Snort 规则

Snort 使用一种较为简单的、轻量级、灵活性强的语言对规则进行描述。在命令行模式下书写 Snort 的规则时，所有的内容都要在一行代码中书写或者在行尾加入换行符"\"进行多行书写。文件 snort.conf 为 Snort 的配置文件，该文件中定义的变量都可以在规则中使用，其中最常用的变量就是 HOME_NET（定义本地子网）和 EXTERNAL_NET（定义其他网段）。一条 Snort 规则由规则头和规则选项组成。

规则头定义了 3 个 W（who、where、what）和一个 H（how）信息，其中 how 定义了满足规则时如何响应的问题。规则选项是入侵检测实现的核心所在，选项和选项的值用冒号分隔开，规则选项与规则选项之间用分号分隔开。

Snort 规则就是进行简单的匹配，将获取的数据与自身规则库中的数据进行匹配，如果匹配成功，则形成报警信息或者日志记录信息，否则丢弃。匹配类型主要有：协议匹配、大小写匹配或长度值匹配、字符串匹配。其中，协议匹配通过协议分析模块将数据包按照分析结果对协议的对应部分进行检测，如协议异常或标志位等；大小写匹配或长度值匹配主要用来限制缓冲区溢出的出现；字符串匹配是最常见的一种匹配规则，也是最经典的匹配方式，字符串匹配依据获取到攻击数据包或者攻击原因后，提取数据包或者攻击原因产生数据的字符串特征值，并与规则库中的规则字符串值进行匹配的过程。

Snort 的规则采用的是简单匹配技术，它存在一些弊端，如某些网络入侵的时候并没有采用简单的匹配规则所拥有的一般病毒而采用的特征字符，而采用了其他技术，进行多方面、复杂的入侵。检测病毒的时候，也许检测一下可执行文件的格式或者特征码即可做出判定，但网络入侵行为非常复杂，各种操作系统进行攻击采用的方式也千差万别，利用病毒防范的措施来防范网络入侵是不可取的。

Snort 开源代码中有一些规则库，用户还可以自行编写属于自己的专用规则，用户编写规则需要考虑到规则的速度、效率以及对已有规则的优化等。

12.4.2 主机入侵防御系统 Malware Defender

1. 简介

Malware Defender 是一款主机入侵防御系统软件，用户可以自行编写规则来防范病毒和木马的侵害，Malware Defender 与 Mamutu、ThrearFrie 等智能的 HIPS 不同，Malware Defender 是手动的 HIPS，匹配规则需要自己介入，操作起来不是很方便，但其安全性很高。该软件的监控范围广泛，可对应用程序、文件、注册表和网络等进行全方位监控；资源占用少，占用 CPU 和内存资源少，对系统的整体性能影响较小；辅助工具全面，对计算机的管理提供了全面的工具，如对进程、文件、注册表、网络接口和自动运行程序等的管理。Malware Defender 的主要功能有实时保护系统、自动运行程序管理器、进程管理器、文件浏览器、内核模块管理器、注册表编辑器和钩子检测器。其中，实时保护系统对进程、文件和注册表等进行监控并查看是否有可疑操作的出现，监控网络的访问，对已知的和未知的恶意软件进行检测，有学习和安静两种模式，具有较高的性能等；自动运行程序管理器检测系统中的新增和隐藏的自动运行程序，搜索已知的自动运行程序等；进程管理器负责隐藏进程和线程的检测、没有通过签名验证的进程或模块的检测、结束/挂起/恢复进程和线程卸载进程模块等；文件浏览器用来检测隐藏文件和文件夹，显示或删除 NTFS 数据流以及使用中的文件等；内核模块管理器主要负责检测内核模块和内核线程、没有通过签名的内核模块等；注册表编辑器主要用来检测隐藏的注册表目录并进行注册表条目的编辑；钩子检测器则负责检测并恢复各种钩子、例程等。此外，Malware Defender 支持的操作系统有 Windows 2000 及以上版本的 Windows 桌面操作系统，但只能支持 32 位处理器的机器。

2. Malware Defender 的规则

Malware Defender 使用规则来决定检测到可疑的操作或对象时该如何进行处理。规则有"已启用"、"已禁用"和"临时的"3 种状态，临时规则将会在进程退出操作系统的时候自动删除，可以通过启用或者禁用临时规则将临时规则变成永久规则。每个规则都有读权限、创建权限、删除权限、修改权限和执行权限。每种权限又有"允许"、"阻止"、"阻止并结束"和"询问"四种可选项。Malware Defender 对每个规则都赋予一个权限，新添加的规则将会得到同一类型中 Malware Defender 赋予的最高权限，所有的规则优先级都可以借助菜单或鼠标拖动进行调整。系统的内置规则显示了特殊的颜色，内置规则不允许删除和禁用。规则中还可以使用通配符"？"和"*"，？表示任意的单个字符，*表示零个或多个字符。规则中可以使用环境变量，即临时使用的变量。规则中还可以在许多规则和应用程序中使用相对路径。

12.4.3 入侵防御系统 Comodo

1. 简介

Comodo 被许多国内的游戏玩家称为"毛豆"。Comodo 提供了防火墙、入侵防御和反病毒的功能，一般使用其入侵防御功能，Comodo 将自己的 HIPS 称为 Defense+，简称 D+。Comodo 的主界面有概要、防火墙、defense+和其他选项卡。Defense+即本小节的入侵防御功能。Comodo 的设置功能包含基本设置和高级设置，Defense+基本设置功能如图 12.13 所示。

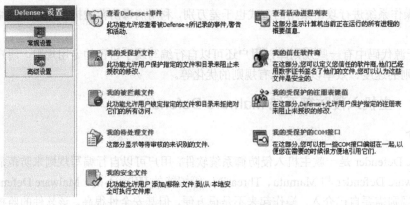

图 12.13　Defense+基本设置功能图示

其中，图 12.13 的 Defense+事件可以查看防火墙、入侵检测和反病毒系统的日志，用户的相关设置信息也会在里面；受保护文件又称文件保险箱，重要的文件、资料等都可以放在里面以得到该系统的保护；被拦截文件即拒绝访问的文件或文件夹；待处理文件是系统对新的文件或可执行程序进行检测，若得知检查的文件或可执行程序是不安全的，则将其放入到该列表中；安全文件是当未知进程访问新的文件时，系统发出警告后，若用户点击了信任软件，就会将所访问的文件标记为安全文件；查看活动进程列表显示系统中正在运行的进程、线程及其父对象；信任软件商是通过数字方式签名了第三方软件并得到验证的公司列表；受保护注册表键值则是 Comodo 自动保护的注册表的关键条目，以防被没有授权的人员篡改；受保护的 COM 端口是 Comodo 自动保护的 COM 端口，防止被篡改或者劫持等。

Defense+高级设置功能如图 12.14 所示。

图 12.14　Defense+高级设置功能图示

高级设置部分，计算机安全规则指关于 Defense+规则的高级用户可以在这里进行 Defense+规则的管理，以便更好地利用 Defense+引擎；预定义安全规则是指用户可以为当前的计算机的一个用户或者一个以上用户的应用程序创建相同的 Defense+规则；可执行镜像控制设置是 Defense+引擎的重要组成部分，负责验证每个装入内存的可执行镜像；Defense+设置表示其他方面的选项设置可能会影响到防御机制的实现，从这里便可以很方便地修改这些选项，使 Defense+的操作更能满足用户的需求等。

2. Comodo 规则

打开受保护文件的按钮，即可得到相应的受保护文件各个目录下的规则条目，路径下面存放的是需要进行保护的文件，文件受到这里的保护后，可以阻止没有得到授权的用户的访问。该界面的右边有"添加"、"编辑"、"移除"、"清理"和"组"几个选项卡。

选择"添加"选项卡，可以选择"文件组"、"正在运行的程序"和"浏览"这三个选项中的任何一个。

"编辑"选项指的是用户选中列表中的任意规则后，单击该按钮，就可以随意更改规则的内容。

"移除"选项指的是用户自定义规则的时候，如果安装或卸载文件等失败，则可以借助于此功能继续清理选项。

选择"组"选项卡后，弹出新的对话框，其中有文件组列表和一些功能按钮，如"添加"、"编辑"、"移除"和"清理"按钮。单击"添加"就可以添加一个新的组到列表中。

按照这种方式，可以很方便地查看 comodo 的 Defense+中全部的规则，并且可以很轻松地完成对规则的修改。

12.4.4　其他入侵防御系统

1. 常用 HIPS

基于主机的入侵防御系统非常多，除了前面介绍的入侵防御系统之外，常用的经典 HIPS 还有Tiny、Winpooch、SNS、PG、GSS、SS、SQSecure、Parador File Protection PE 和 Viguard 等。

Tiny 是一款同时拥有应用程序防御体系、注册表防御体系和文件防御体系的基于主机的入侵防御系统。此外，它还有防火墙的功能，具有很好的兼容性和稳定性，功能也非常齐全。

Winpooch 的运行不太稳定，容易造成系统卡顿，功能较少。

SNS（SafeNSec Personal）是同时拥有应用程序防御体系、注册表防御体系和文件防御体系的一款基于主机的入侵防御系统，该系统建立在行为分析的基础之上，有很先进的预先侦察系统，可以防止病毒渗透到计算机中破坏信息，其界面十分友好。

SSM（System Safety Monitor）同时拥有应用程序防御体系、注册表防御体系和文件防御体系，免费版支持应用程序和注册表的防御体系，商业版还支持文件防御体系。目前，该产品的商业版也已经免费了。

PG（ProcessGuard & Port Explorer）支持应用程序防御体系和注册表防御体系，实现简单，稳定性好。

GSS（Ghost Security Suite）拥有应用程序防御体系和注册表防御体系，其稳定性不是很好，但其安全性非常高。

SS（SafeSystem 2006）只支持文件防御体系，规则较完善，该软件对可疑文件的操作都是在已经处理完成后才会发送警告消息给用户的。

EQSecure（国产的 E 盾）是一款同时支持应用程序防御体系、注册表防御体系和文件防御体系的入侵检测软件，用户可以自定义规则来实现对系统的控制。应用程序防御体系包括对应用程序的运行、库文件的加载、驱动的加载、物理内存访问与读写等动作的控制，注册表防御体系包括对注册表的表项及其表项的值进行创建、修改和删除等操作，文件防御体系包括对文件或文件夹的创建、修改、删除及属性修改等。此外，EQSecure 还加入了沙盘的功能，使该系统的功能和安全性进一步得到了提升。

Parador File Protection PE 只有文件防御体系，对操作系统的开机有影响，文件防御的功能不是很全面。

2. 4D HIPS

所谓 4D 是指应用程序防御（Application Defend，AD）、注册表防御（Registry Defend，RD）、文件防御（File Defend，FD）和网络防御（Network Defend，ND）。

中网 S3 是一款拥有 4D 的主机系统安全工具，功能包含网络控制、应用控制和系统监控。网络控制是基于 Windows 的状态监测包过滤双路多用防火墙，应用控制是在 Windows 上增加了系统自主访问控制和基于规则的强制访问控制，系统监控主要是进行主机系统安全的监控、检测以及审计等功能。中网 S3 可以解决网络攻击、入侵、蠕虫病毒、间谍木马等问题，是一个基于 Windows 集防火墙、入侵检测与防御系统、蠕虫病毒免疫系统等于一体的软件系统。

3. 智能 HIPS

智能 HIPS 是不需要手工制定或者很少需要手工制定便能够实施系统保护的 HIPS，其判断法则和处理规则都集成到了软件中，对一些危险的情况能够智能化地完成判定和处理，如沙盘 HIPS。沙盘 HIPS 是一款可以将程序放入其中运行起来，程序创建、修改和删除的所有文件和注册表都会被虚拟化重定向的软件。此软件事实上的操作都是虚拟的，真正的文件或注册表是没有被改动过的，以这样的方式保证病毒不会对系统的关键位置进行破坏等。目前，主要有两大类沙盘 HIPS，一类是采用虚拟化技术的传统沙盘，另一类是采用策略限制的沙盘。采用虚拟化技术沙盘的典型代表之一就是 Sandboxie。此外，还有其他的沙盘 HIPS，如 Sandboxie, defensewall, safespace, bufferzone, geswall 等。

Sandboxie 的作用是修改程序或者文档等写入数据的位置，不让数据写到硬盘中，而是写入由 Sandboxie 创建的一个虚拟区域。Sandboxie 的虚拟存储区域在读取数据的时候，数据由硬盘到 Sandboxie，再由 Sandboxie 到达程序，这个过程与从硬盘到程序的效果是一样的，但是，程序写入数据的时候，并不是从程序到硬盘，也不是程序到 Sandboxie，再从 Sandboxie 到硬盘，而是直接由程序到 Sandboxie 指定的虚拟区域中。程序在 Sandboxie 的虚拟区域运行并不会受到影响，但是，这种变化也只是暂时的，不会对系统做出永久的实质性的修改，程序的所有数据也只是在 Sandboxie 中有效。从 Sandboxie 的基本原理可知，Sandboxie 可以用来保护系统的安全、保护隐私、清理垃圾以及支持一些游戏玩家的软件功能等。如果有一个病毒文件在 Sandboxie 中运行，该病毒软件只会在 Sandboxie 中，Sandboxie 不会允许该软件写数据或者修改数据到 Sandboxie 的虚拟空间以外的地方。因此，病毒的危害犹如"笼中困兽"，无法展示出本身想要的效果，使用 Sandboxie 可以测试任意不安全的软件。

还有其他的智能化 HIPS，如 DSA GKR 内核加固免疫系统、Mamutu、Norton AntiBot（NAB）、Prevx、Threatfire（TF）、SpyShelter 等。

12.5 其他的网络安全工具

除了本章前面涉及网络安全工具之外，还有许多其他网络安全工具，如 Sniffer、Mind_manager、LC5、pwdump、Metasplif、Gain、PGP、Pangolin、APwebinspect、、Antisniffer、Appscan、Filemon、Session wall、MBSA、Regmon、PCshare、Angry ip scanner、Win_ping_propack 等。这里不再对每个工具都进行介绍，只对在国内应用非常广泛的两款软件进行介绍。

12.5.1 360 安全卫士

1. 简介

360 安全卫士是由奇虎 360 公司推出的一款功能强大、效果好、受用户欢迎的杀毒软件。该软件功能非常强大，有查杀木马、清理垃圾、清理痕迹、清理插件、修复漏洞、电脑专家、电脑体检、电脑救援等功能，能够全面、智能化地查杀各种木马，为用户安全上网保驾护航。

2. 基本功能

电脑体检：对个人计算机进行详细的检查。

查杀修复：利用 360 云引擎、启发式引擎、小红伞本地引擎和 QVM 四种引擎进行杀毒，与漏洞修复和常规修复一起，形成安全修复模块。

电脑清理：清理计算机中的插件、垃圾、使用痕迹及注册表等。

优化加速：加速计算机的开启，整理磁盘碎片。

电脑门诊：解决电脑中的其他问题。

软件管家：提供各种可供下载的小软件、小工具等。具有小工具或软件的分析功能，对各种软件的安装情况进行云端备份，安装数据库等信息在云端的备份增加了系统的安全性、用户使用的方便性和快捷性。除了各种小工具或软件外，还支持各种游戏的查询和下载链接，采用先进的 P2SP 技术下载数据，加强了服务器功能，使普通用户可以免费享受一些会员才拥有的功能。

功能大全：提供了几十种功能的插件等。

3. 最新功能

云查杀功能针对最新的 3G 通信、4G 通信等通信技术进行了的优化处理，降低了流量的使用。木马云查杀对安卓手机的恶意程序也有效，扫描的时候就会分析响应的应用程序包，恶意程序还没有使用起来就已经被删除了，增强了系统的安全性。可以利用"360 工程师"插件对恶意程序进行分析，找到那些可能会危害系统的软件或插件并对其进行处理等。

木马防火墙可以拦截利用热键和系统消息进行攻击的木马等。其有网络安全的防护，在计算机与外界网络连接的最外层，即网关处，节点的网络层建立防御措施，加固计算机所在局域网的安全性，隔离了木马病毒与恶意软件。木马防火墙具有较高的过滤性能，几乎不会影响网络流量或带宽的使用，也不需要对计算机网络相关的基础知识有所了解就可以很直观地查看到网络的安全性，还有基于远程服务器云端的智能化规则的同步功能，无需网络中间规则也可以查杀木马等。木马防火墙可以拦截后门木马程序，拦截进行一些销售推广的木马以及木马下载器等。此外，它还有键盘防护功能，保护键盘的输入，拦截对键盘进行记忆的软件操作，从键盘的输入到数据传输出计算机都有相应的防御系统在起作用，还能保障计算机上经常用的网银、游戏空间和账号密码等的安全性。

360 云恢复可以在计算机出现各种意外的时候进行数据或操作系统的恢复等，意外事件如计算机磁盘损坏、系统崩溃等都可能导致系统重装，重装之后可能导致原来在计算机上存储的个人账号、密码等信息丢失，360 云恢复技术可以定期对个人系统配置情况以及一些重要信息进行云备份，在需要的时候直接从云端恢复出来即可，避免了隐私信息的泄露和财产的损失等。

网速测试器能够实时监测各种应用软件传输的数据流量等信息。

木马云查杀界面采用了 InstantSense 界面的风格，有良好的视觉效果，木马云查杀采用了 DragonForce 查杀引擎，能够抵抗各种顽强的木马并提供重要文件的修复，智能化恢复被篡改的系统内容与常用文件等。木马云查杀的扫描速度快，有扫描完成后自动关机选项，用户使用起来更加便捷，扫描计算机的时候能够查看计算机的一些基础信息，如 CPU 利用率、内存占用情况等，并在扫描完成后可以利用扫描日志查看扫描的情况记录。

功能大全中有"电脑门诊"一类的便捷工具，垃圾信息和扫描信息的清理可以选择一键清理和自动清理方式，也可以在计算机处于空闲状态的时候才扫描，提高了计算机的使用效率，其中的密码安全性鉴定功能可以对用户设计的各种账号对应的密码进行安全性分析，得到密码的强弱结果，提醒用户使用更好的密码而不是一些记忆方便的弱密码。

下载保镖是为用户在繁杂的网络环境中提供下载安全保障的有效工具。有的网页写着可以下载用户想要的资源，但点击进去并单击下载按钮之后下载的内容却是一些奇怪的可执行文件，下载保镖可以在用户进入这种网站之前就发出警告或者对下载下来的数据进行分析，从打开网页开始到下载完成并安装等过程中都有相应的保护，提高了用户对安全卫士的认可度。

它提供了支持 64 位操作系统的安全卫士，采用了驱动级虚拟技术隔离沙箱。

手机助手支持安卓版，方便用户管理手机中的各种资源，有手机通信录和短信的云备份功能，支持多种小型手机软件的浏览、下载和安装，以及桌面图片和音视频资源的浏览等，监控手机的用电情况并在合适的时候给用户显示提醒消息。

4. 360 其他产品

360 杀毒是一款永久免费的杀毒软件，其创新性整合了 BitDefender 病毒查杀引擎、360QVD 人工智能引擎、360 主动防御引擎和云查杀引擎，查杀能力突出，对一些新出现的木马或病毒能较好地防御；360 网盾是一款免费的上网保护软件，目前已经将该软件嵌入到了安全卫士中；360 网购保镖能够在用户进行网购的时候对各种敏感信息进行保护，并在完成网购之后清理掉这些信息。

360 安全浏览器拥有许多恶意网址的库，用户在浏览到恶意网址的时候浏览器会自动提醒用户当前网页的安全性，该浏览器采用独创的沙箱技术，在隔离模式下面，即使是访问了木马网站也不会让计算机感染木马；360 系统急救箱具有强大的木马和病毒查杀功能，可以强制清除木马或者可疑的程序文件，修复感染的系统文件、重要的用户文件；还有 360 安全桌面、360 手机卫士、360 游戏保险箱等有用的工具。

12.5.2 瑞星卡卡上网助手

1. 简介

瑞星卡卡上网助手是由瑞星公司出品的一款基于互联网设计的反木马软件，具有拦截木马下载、木马行为分析与拦截、在线诊断等反木马功能。

2. 功能

瑞星卡卡具有木马下载拦截、木马行为分析与拦截和在线诊断的基本功能，强力修复系统、强大的进程与启动项目管理功能、漏洞扫描功能、各种高级工具集和几大监控保护等增强功能，也具有扫描流氓软件、查杀常见木马、漏洞扫描与恢复和在线诊断等附加功能。

3. 应用举例

瑞星卡卡上网助手可以利用反病毒查杀流氓软件，对一些能进行自我保护、自我隐藏的顽强的流氓软件，瑞星卡卡可以轻松解决；rootkits 是一种病毒编写技术，具有自身和指定文件的保护机制，带有 rootkits 的流氓软件有很强的保护伞，各种杀毒软件在其面前都无济于事，瑞星采用了"碎甲"技术并通过 Windows 驱动程序加载进行拦截， rootkits 外壳就不再起作用了；对于未知病毒的查杀，瑞星卡卡采用特征匹配的方式对内存进行扫描便可迅速地将未知的变种病毒清除；瑞星卡卡有插件的管理和免疫，对正规的插件进行有序管理，对垃圾插件进行清除或隔离操作。此外，瑞星卡卡还有 IE 修复和系统修复的功能。

本 章 小 结

本章主要介绍了网络扫描测试工具、计算机病毒防范工具、典型的防火墙技术、入侵检测与入侵防御技术以及其他网络安全工具。

本章还给出了 360 安全卫士和瑞星卡卡等网络安全工具的使用。

本章最重要的知识点是网络扫描技术、防火墙技术的基本原理和应用、入侵防御与入侵检测的对比。

习题与思考题

12.1　什么是网络扫描？网络扫描的基本原理是什么？

12.2　什么是防火墙？防火墙可以分成哪几类？

12.3　什么是入侵检测技术和入侵防御技术？试从多方面对入侵检测技术和入侵防御技术进行比较。

12.4　基于 IPtables 的 NAT 实现在本章中给出了 NAT 的基本原理，试依照这种原理，画出图 12.15 所示的地址转换列表和每段传输链路中的源 Socket 信息、目的 Socket 信息。

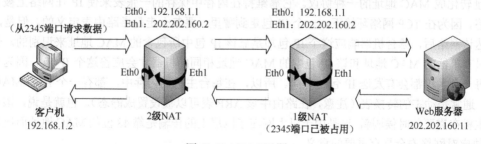

图 12.15　NAT 习题

*12.5　比较说明入侵和网络扫描之间的关系，防火墙与入侵检测、入侵防御之间的关系。

第 13 章 网络信息安全实验及实训指导

本 章 提 要

要学习好网络空间信息安全技术，必须注重理论与实践相结合。本章在实验原理的阐述、内容设计和实验方案的实现等方面都充分考虑了这一点。针对本书前面各章的相关内容，列出各章有关的实验以及实验目的、实验原理、实验环境、实验内容与步骤、实验思考，将技术原理与实现方法融合在一起，完成对某一特定技术的讨论与实践，以指导读者或学生进行有效的实验训练。本章主要介绍 12 个实验：网络 ARP 病毒分析与防治，网络蠕虫病毒及防范，网络端口扫描，网络加密与解密，数字签名算法，Windows 平台中 SSL 协议的配置方法，熟悉 SET 协议的交易过程，安全架设无线网络，天网防火墙基本配置，入侵检测系统 Snort 的安装配置与使用，网络数据库安全，信息隐藏。

13.1 网络 ARP 病毒分析与防治

1. 实验目的

通过实验来理解与掌握网络 ARP 欺骗木马病毒的原理、感染方式与危害形式，以及预防与查杀该病毒的方法。

2. 实验原理

1) ARP

在局域网中，实际传输的是"帧"，帧中是有目标主机的 MAC 地址的。所谓"地址解析"就是主机在发送帧前将目标 IP 地址转换成目标 MAC 地址的过程。ARP 协议的基本功能就是通过目标设备的 IP 地址，查询目标设备的 MAC 地址，以保证通信的顺利进行。

ARP 是一种将 IP 转化成以 IP 对应的网卡的物理地址的一种协议，或者说 ARP 协议是一种将 IP 地址转化成 MAC 地址的一种协议。它靠维持在内存中保存的一张表来使 IP 在网络上被目标机器应答。因为在 TCP 网络环境下，一个 IP 包走到哪里，要怎么走是靠路由表定义的。但是，当 IP 包到达该网络后，哪台机器响应这个 IP 包却是靠该 IP 包中所包含的 MAC 地址来识别的。也就是说，只有机器的 MAC 地址和该 IP 包中的 MAC 地址相同的机器才会应答这个 IP 包。因为在网络中，每一台主机都会有发送 IP 包的时候。所以，在每台主机的内存中，都有一个 ARP-MAC 的转换表，通常是动态的转换表（注意，在路由中该 ARP 表可以被设置成静态）。也就是说，该对应表会被主机在需要的时候刷新。这是由于以太网在子网层上的传输是靠 48 位的 MAC 地址而决定的。ARP 协定对网络安全具有重要的意义。

2) ARP 病毒工作原理

网络 ARP 病毒属于木马程式/蠕虫类病毒；Windows 平台网络计算机系统将受到病毒攻击，攻击的方式从影响网络连接畅通来看有两种，对路由器的 ARP 表的进行欺骗和对内网 PC 网关进行欺骗。前者是先截获网关数据，再将一系列的错误的内网 MAC 信息不停地发送给路由器，使路由器发出的也是错误的 MAC 位址，造成正常 PC 无法收到信息。后者是对内网的 PC 进行攻击，它先建立一个假网关，让被它欺骗的 PC 向假网关发送数据，使内网 PC 机 ARP 表混乱，由于在局域网中，通过 ARP 协议来完成 IP 地址转换为第二层物理地址（即 MAC 地址）的操作。通过伪造 IP 地址和 MAC 地址实现 ARP 欺骗，能够在网络中产生大量的 ARP 通信量使网络阻塞。进行 ARP 重定向和嗅探攻击，用伪造源 MAC 地址发送 ARP 回应包，对 ARP 缓冲内存机制造成攻击，而不是通过正常的路由器途径上网。在 PC 看来，就是网络掉线了。

例如，正常情况下主机在发送一个 IP 包之前，要到该转换表中寻找和 IP 包对应的 MAC 地址。如果没有找到，该主机就发送一个 ARP 广播包：

"我是主机 sx020（假设），MAC 是 xx-xx-xx-xx-xx-xx，IP 为 yyy.yyy.yyy.yyy 的主机请告之你的 MAC 地址。"

IP 为 yyy.yyy.yyy.yyy 的主机响应这个广播，应答 ARP 广播如下：

"我是 yyy.yyy.yyy.yyy，我的 MAC 为 xx-xx-xx-xx-xx-x1。"

于是，主机刷新自己的 ARP 缓存，然后发出该 IP 包，即可成功上网。

如果一个入侵者想非法进入某台主机，其知道这台主机的防火墙只对 172.16.90.40（假设）这个 IP 地址开放 23 口（Telnet），而其必须要使用 Telnet 来进入这台主机，所以其会这样做：

① 先研究 172.16.90.40 这台主机，发现这台的机器使用 OOB 即可使它死机。

② 它送一个洪水包给 172.16.90.40 的 139 口，使该机器应包而死机。

③ 主机发到 172.16.90.40 的 IP 包将无法被机器应答，系统开始更新自己的 ARP 对应表，将 172.16.90.40 的项目清除。

④ 在这段时间里，入侵者把自己的 IP 改成 172.16.90.40。

⑤ 它发送 ping（icmp 0）给主机，要求主机更新主机的 ARP 转换表。

⑥ 主机找到该 IP，然后在 ARP 表中加入新的 IP-MAC 对应关系。

⑦ 防火墙失效，入侵的 IP 变成合法的 MAC 地址，即可进行 Telnet 了。对 PC 使用 ARP-a 命令来检查 ARP 表的时候发现路由器的 IP 和 MAC 被修改了，这就是 ARP 病毒攻击的典型症状。

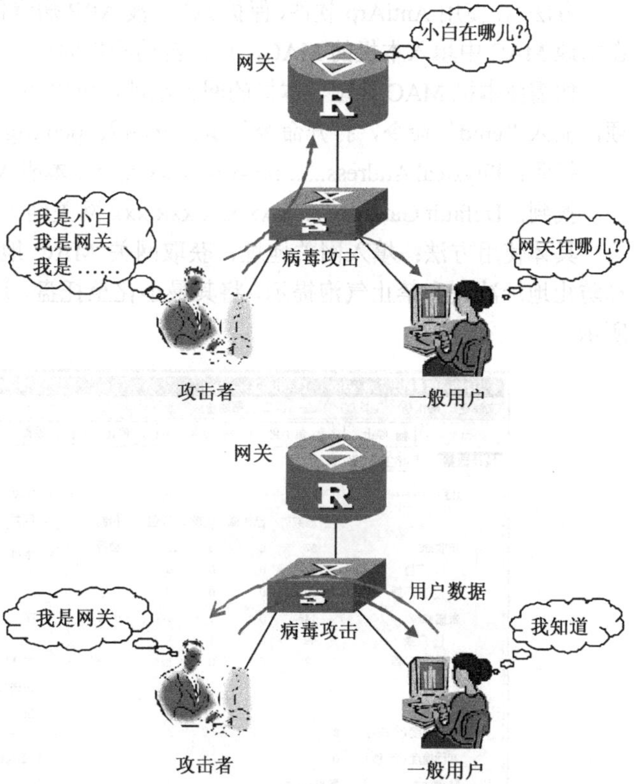

图 13.1 ARP 病毒攻击的模型

3．实验环境

运行 Windows 2000 及以上版本操作系统的计算机和互联网的环境。

4. 实验内容与步骤

ARP 病毒的防治

方法一：弥补系统漏洞并及时升级防病毒软件、杀毒。

方法二：当发现不能上网时，右击计算机右下角的本地连接，选择"修复"选项，观察是否可以联网。如果仍然不行，可以右击"网上邻居"，选择"属性"选项，右击"本地连接"，选择"停用"选择，再重复以上操作，选择"启用"选项。这样可以实现短时间上网，因为网络中的 ARP 病毒仍然存在。

方法三：选择"开始"→选择"运行"选项，输入命令"arp-d"，单击"确定"按钮，然后重新尝试上网，如果能恢复正常，则说明此次掉线可能是受 ARP 欺骗所致。注意：arp-d 命令用于清除并重建本机 ARP 表。arp-d 命令并不能抵御 ARP 欺骗，执行后仍有可能再次遭受 ARP 攻击。

方法四：当发现网速突然减慢时，对 PC 使用 arp-a 命令，检查 ARP 表，发现 IP 和 MAC 地址都不是本机的，即被修改了，受到了 ARP 病毒的攻击，病毒源可能是 ARP 表中所列的 IP 中的一个，可及时通知网络管理中心，对病毒源的计算机进行断网杀毒，逐步清除所在网段的 ARP 病毒。

方法五：同时按"Ctrl+Alt+Delete"键，打开"任务管理器"窗口，选择"进程"选项卡。查看其中是否有一个名为"MIR0.dat"的进程。如果有，则说明已经中毒。右击此进程后选择"结束进程"选项，再尽快使用带最新病毒库的杀毒软件进行杀毒。

方法六：使用 AntiArp 软件，保护 PC 不被 ARP 病毒侵蚀。在本机上安装 AntiArp 软件并运行，在本地 MAC 中填入本机的 MAC，进行自动防护即可。

如需要本机 MAC 地址、本机的网关地址，可以用以下方式获取：选择"开始"→"运行"选项，输入"cmd"命令，打开命令行窗口→输入 ipconfig/all 并按 Enter 键。

找到：Physical Address.......:xx-xx-xx-xx-xx-xx 本机 MAC。

找到：Default Gateway......:xxx.xxx.xxx.xxx 网关地址。

具体使用方法：填入网关地址，获取网关 MAC 地址，进行自动保护；填入本机 MAC，选择防止地址冲突和禁止气泡提示，将其最小化至托盘，这样即可免受 ARP 欺骗攻击了，如图 13.2 所示。

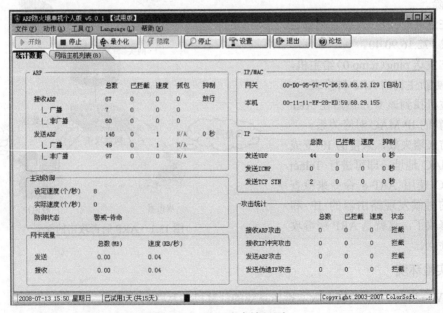

图 13.2 ARP 防火墙界面

5. 实验思考

（1）目前已遇到哪些计算机病毒？给我们带来了什么样的危害？

（2）计算机系统中，如果没有杀毒工具或软件，如何手工来清除计算机系统中的病毒？

（3）如今病毒层出不穷，其主要原因是目前正在使用的 IP 协议在设计时没有考虑安全因素，结合以上内容对于 IPv6 环境下是否可能存在各类病毒进行思考。

13.2 网络蠕虫病毒及防范

1. 实验目的

通过实验了解网络蠕虫病毒的概念，加深对其危害的认识，了解"冲击波"病毒的特征和运行原理，找到合理的防范措施。

2. 实验原理

网络蠕虫病毒一般不利用插入文件的方法进行传播，它不把文件作为宿主，而是通过监测并利用网络空间中主机系统的漏洞进行自我复制和传播。它一般以独立程序存在，采取主动攻击和自动入侵技术，感染网络空间中的计算机系统。由于蠕虫病毒程序较小，自动入侵程序一般针对某种特定的系统漏洞，采用某种特定的模式进行，没有很强的智能性。

"冲击波"病毒利用 Windows 操作系统的 RPC 漏洞进行传播和感染，攻击者利用这些漏洞以本地计算机的系统权限在远程计算机中执行任意操作，如复制和删除数据、创建管理员账户等。

3. 实验环境

预装好现在的 Windows 计算机系统，操作系统不要安装相关补丁，以再现病毒感染过程。

4. 实验内容与步骤

（1）在实验环境中带有"冲击波"邮件附件，以感染病毒，观察"冲击波"病毒的特征。

在实验环境中单击带有"冲击波"病毒的邮件附件，以感染病毒，系统会出现下面的中毒症状。

① 计算机莫名其妙地死机或频繁地重新启动；IE 浏览器不能正常地打开链接；不能复制、粘贴。

② 网速变慢，用 netstat 命令查看网络连接发现 SYN_SENT 的大量 TCP 连接请求。

③ 在任务管理器中可以查到 msblast.exe 进程在运行。

④ 在 HKEY_LOCAL_MACHINE\SOFTWARE\Microsoft\Windows\CurrentVersion\Run 子键下增加了"windows auto update"="msblast.exe"键值，使病毒可以在系统启动时自动运行。

⑤ 如果当前系统日期在 8 月份或 15 号以后，它试图对 windowsupdate.com 发起 DoS 攻击，以使计算机系统失去更新补丁程序的功能。

（2）"冲击波"病毒的清除。

可以通过防病毒软件进行全面的检测以清除"冲击波"病毒。此外，也可以采用手动清除步骤清除病毒，具体步骤如下。

① 启动"任务管理器"，在其中查找 msblast.exe 进程，找到后在进程上右击，选择"结束进程"选项，单击"是"按钮。

② 检查系统的%systemroot%\System32 目录下（Windows 2000 一般是 C:\WINNT\System32）是否存在 msblast.exe 文件，如果有，应删除它（必须先结束 msblast.exe 在系统中的进程才可以顺利地删除此文件）。

③ 运行 regedit，启动注册表编辑器，找到 HKEY-LOCAL-MACHINE\SOFIWARE\Microsoft\

Windows\CurrentVersion\Ru 子键,删除其下的"windows auto update"="msblast.exe"键值。

(3)"冲击波"病毒的预防。

"冲击波"病毒通过微软的 RPC 漏洞进行传播,用户应到以下网址下载并安装 RPC 补丁:http://www.microsoft.com/technet/treeview/default.asp?url =/technet/security/bulletin/MS03026.asp。

由于"冲击波"病毒主要是利用 TCP 的 135 端口和 4444 端口,以及 UDP 的 69 端口进行攻击的,因此可以使用防火墙软件将这些端口禁止,或者利用 Windows 操作系统中"TCP/IP 筛选"功能禁止这些端口,以防止端口被攻击,达到预防的目的。

5. 实验思考

(1)网络蠕虫病毒一般有哪些主要特点?
(2)"冲击波"病毒有哪些主要特征?

13.3 网络空间端口扫描

1. 实验目的

通过实验掌握端口扫描技术的基本原理,加深理解端口扫描技术在网络攻防中的作用。通过上机实验,熟练地掌握目前最为常用的网络扫描工具的使用方法,并增强学生在网络安全方面的防护意识。

2. 实验原理

服务器上所开放的端口就是潜在的通信信道,也就是一个入侵通道。对目标计算机进行端口扫描,能得到许多有用的信息,进行端口扫描的方法很多,可以用手工扫描,也可以用端口扫描软件。

端口扫描就是通过连接到目标系统的 TCP 或 UDP 端口,来确定什么服务正在运行。一般来说,端口扫描有以下 3 个用途。

(1)识别目标系统上正在运行的 TCP 和 UDP 服务。
(2)识别目标系统的操作系统类型(Windows 或 UNIX 等)。
(3)识别某个应用程序或某个特定服务的版本号。

目前,端口扫描技术主要取自下面 3 种方式。
(1)全扫描。
(2)半开扫描。
(3)秘密扫描。

1)TCP Connect 扫描

TCP Connect 扫描属于全扫描中最为常见的一种。TCP 连接是长期以来 TCP 端口扫描的基础。扫描主机尝试(使用三次握手)与目的主机指定端口建立正规的连接。连接由系统调用 Connect()开始。对于每一个监听端口,Connect()会获得成功,否则返回-1,表示端口不可访问。由于通常情况下,这不需要什么特权,所以几乎所有的用户(包括多用户环境下)都可以通过 Connect 来实现这个技术。这种扫描方法的最大缺点是很容易检测出来(在日志文件中会有大量密集的连接和错误记录)。Courtney、Gabriel 和 TCP Wrapper 监测程序都可以用来进行监测。另外,TCP Wrapper 可以对连接请求进行控制,所以它可以用来阻止来自不明主机的全连接扫描。

2)TCP SYN 扫描

TCP SYN 扫描是半开扫描中的一种。术语"半开"指的是连接的一方在三次握手完成前终止连接。在这种技术中,扫描主机向目标主机的选择端口发送 SYN 数据段。如果应答是 RST,那么说明端口是关闭的,按照设定应探听其他端口;如果应答中包含 SYN 和 ACK,说明目标端口处于监听状态。由于所有的扫描主机都需要知道这个信息，因此应传送一个 RST 给目标机从而停止建立连接。由于在 SYN 扫描时，全连接尚未建立，所以这种技术通常被称为半打开扫描。

SYN 扫描的优点在于即使日志中对扫描有所记录，但是尝试进行连接的记录也比全扫描少得多。其缺点是在大部分操作系统下，发送主机需要构造适用于这种扫描的 IP 包，通常情况下，构造 SYN 数据包需要超级用户或者授权用户访问专门的系统调用。这种方法向目标端口发送一个 SYN 分组，如果目标端口返回 SYN/ACK，那么可以肯定该端口处于监听状态；否则，返回的是 RST/ACK。

3）秘密扫描

由于这种技术不包含标准的 TCP 三次握手协议的任何部分，所以无法被记录下来，因而比 SYN 扫描隐蔽得多。另外，FIN 数据包能够通过只监测 SYN 包的包过滤器。秘密扫描技术使用 FIN 数据包来探听端口。当一个 FIN 数据包到达一个关闭的端口时，数据包会被丢掉，并且返回一个 RST 数据包。当一个 FIN 数据包到达一个打开的端口时，数据包只是简单的丢掉（不返回 RST）。

秘密扫描通常适用于 UNIX 目的主机，除了少量的应当丢弃数据包却发送 Reset 信号的操作系统（包括 Cisco，BSDI，HP/UX，MVS 和 IRIX）之外。在 Windows 95/NT 环境下，该方法无效，因为不论目标端口是否打开，操作系统都发送 RST。同 SYN 扫描类似，秘密扫描也需要自己构造 IP 包。

4）PING 扫描

如果需要扫描一个主机上甚至整个子网上的成千上万个端口，首先应判断一个主机是否开机。这就是 PING 扫描器的目的。其主要由两种方法来实现 PING 扫描。

① ICMP 扫描：如发送 ICMP 请求包给目标 IP 地址，表示主机开机。

② TCP Ping：如发送特殊的 TCP 包给通常打开且没有过滤的端口（如 80 端口）。对于没有 root 权限的扫描者，使用标准的 connect 来实现；否则，ACK 数据包发送给每一个需要探测的主机 IP。每一个返回的 RST 表明相应主机开机了。另外，一种类似于 SYN 扫描端口 80（或者类似的）也被经常使用。

5）UDP 端口扫描

这种方法向目标端口发送一个 UDP 分组。如果目标端口以"ICMP port unreachable"消息响应，那么说明该端口是关闭的；如果没有收到"ICMP port unreachable"响应消息，则可以肯定该端口是打开的。由于 UDP 协议是面向无连接的协议，因此这种扫描技术的精确性高度依赖于网络性能和系统资源。另外，如果目标系统采用了大量分组过滤技术，那么 UDP 扫描过程会变得非常慢。例如，大部分操作系统采纳了 RFC1812 的建议，限定了 ICMP 差错分组的发送速率，如 Linux 系统只允许 4s 最多发送 80 个目的地不可达消息，而 Solaris 每秒只允许发送 2 个此消息。然而，微软仍保留了其一贯做法，忽略了 RFC1812 中的建议，没有对速率进行任何限制，因此，在很短的时间内可以扫描完 Windows 机器上的所有 UDP 的 64 端口。

Nmap 的基本功能有三个：一是探测一组主机是否在线；二是扫描主机端口嗅探所提供的网络服务；三是推断主机所用的操作系统。Nmap 可用于扫描仅有两个节点的 LAN，直至 500 个节点以上的网络。Nmap 还允许用户定制扫描技巧，支持丰富、灵活的命令行参数，具体内容请参见 Nmap 使用手册。

3．实验环境

具有 Nmap 扫描系统与局域网环境，装有 Windows 平台的 PC 若干台。

4．实验内容与步骤

利用现有的网络扫描工具 Nmap 实现以上介绍的几种扫描方式。要求在上机的过程中具体分析扫描的整个过程，利用嗅探器（TCPDump 或 commview 等）记录并分析扫描时进出网卡的数据包，尽可能详尽地分析、讨论实验结果。

1) PING 扫描

分别利用 ICMP、TCP 协议对局域网内的机器进行 PING 扫描，由于-sP 参数在默认情况下并行地使用 ICMP 回应请求和 TCP 的 ACK 扫描技术，因此需要组合-P0 参数。记录一次完整的扫描过程，并比较两种方式的不同点。

2) TCP Connect 扫描

对网关或服务器使用-sT 参数进行端口扫描，记录并分析扫描结果。

3) 秘密扫描

分别利用-sF、-sX 和-sN 选项实现秘密扫描过程，记录并分析扫描结果。

4) UDP 扫描

试着利用-sU 参数扫描网关或服务器的 UDP 端口，记录并分析扫描结果。

5. 实验思考

（1）如何检测 Nmap 的扫描？

（2）Nmap 的-sI 参数还提供了 IDLE 扫描（即以其他机器为跳板对目标主机进行端口扫描）功能，利用此参数对网关或服务器进行端口扫描，记录并分析扫描结果。

（3）使用实验验证 Nmap 实验参数，并分析各自的技术原理和优缺点。

13.4 网络信息加密与解密

1. 实验目的

通过实验，使学生掌握古典密码、对称密码体制、非对称密码体制等密码算法的特点和密钥管理的原理，能够使用数据加密技术解决相关的实际应用问题，理解密码分析的特点；并能够编程实现 DES、AES、RSA 等加密算法。

2. 实验原理

密码技术是实现网络空间信息安全的核心技术，是保护数据最重要的工具之一。密码技术在保护信息安全方面所起的作用体现如下：保证网络空间信息的机密性、数据完整性、验证实体的身份和数字签名的抗否认性。DES 是一种由 IBM 开发并在 1977 年成为美国的密钥密码体制的算法。近 40 年来，它一直活跃在国际保密通信的舞台上，扮演了十分重要的角色。DES 是一个分组加密算法，分组长度和密钥长度均为 64 位，但因为含有 8 个奇偶校验位，所以实际密钥长度为 56 位。随着计算能力的发展，DES 算法的密钥长度已经不够安全了，所以目前 DES 的常见应用方式是 DES_EDE2，即三重 DES，采用加密-解密-加密三重操作完成加密，加密操作采用同一密钥，解密操作采用另一密钥，有效密钥长度为 112 位。

RSA 算法是第一个既能用于数据加密也能用于数字签名的非对称算法，是最为流行的公钥加密算法之一。RSA 算法是基于大数分解这个数论难题上的，它很少直接用于加密海量数据或通信信息，而是将其用在数字签名、密钥分配和数字信封等领域。RSA 算法的关键运算是大数的模指数运算，最常用的实现方法是采用 Montgomery 模乘算法来实现模指数运算。

3. 实验环境

在 Windows 平台环境下，安装有密码编码实验软件包和 Java 运行环境 JRE 1.5 的 PC。

4. 实验内容与步骤

1) Rijndael 加、解密操作步骤

(1) 运行密码学实验演示软件包,单击对话框中的"运行程序"按钮,即弹出"Rijndael 算法"演示程序对话框,如图 13.3 所示。

图 13.3 "Rijndael 算法"演示程序

(2) 在"输入消息"文本框中输入明文,如 An important factor in a market-oriented economy is the mechanism by which consumer demands can be expressed and responded to by producers。

(3) 单击"生成密钥"按钮,系统将自动产生 128 位的随机加密密钥。

(4) 单击"加密"按钮,即可得到加密后的密文。

(5) 单击"解密"按钮,即可得到解密后的明文。

附:Rijndael 加、解密算法源代码(下面示例程序仅供参考)。

加密算法代码如下:

```
/*获取密钥*/
String rs=keyPanel.getText();
/*若密钥长度小于32位,则自动填充到32位*/
/*若密钥长度不等于32、48、64位,则自动截取前32位*/
If(rs.length()<32)
{
JOptionPane.showMessageDialog(this,"密钥长度不合要求,把输入密钥随机填充到128位!");
char[] charset={'1', '2', '3', '4', '5', '6', '7', '8', '9', 'A', 'B', 'C', 'D', 'E', 'F'};
while(rs.length()<32)
{
char ch=charset[(int)(Math.random()*16)];
rs+=ch;
}
keyPanel.setText(rs);
```

```
         }
         else if（rs.length()!=32）
         {
         JOptionPane.showMessageDialog（this,"密钥长度不合要求，截取输入数据前128位作为密钥！"）;
         rs=rs.substring（0，32）;
         keyPanel.setText（rs）;
         }
         BigInteger big=new BigInteger（keyPanel.getText()，16）;
         /*获取明文*/
         rs=inputPanel.getText();
         /*AES加密*/
         SecretKeySpec   key=new
         SecretKeySpec（Tool.string2bytes（big.toString（2）），"AES"）;
         Cipher cipher=Cipher.getInstance（"AES"）;
         cipher.init（Cipher.ENCRYPT_MODE，key）;
         byte[] result=cipher.doFinal（st.getBytes()）;
         rs=" ";
         for（int i=0；i<result.length；i++）
         {
         rs+=Tool.dec2hex（result[i]）;
         }
         ta.setText（rs）;
```

解密算法代码如下：

```
         /*获取密钥*/
         String rs=keyPanel.getText();
         /*若密钥长度小于32，则自动填充到32位*/
         /*若密钥长度不等于32、48、64，则自动截取前32位*/
         if（rs.length()<32）
         {
         JOptionPane.showMessageDialog（this,"密钥长度不合要求，把输入密钥随机填充到128位！"）;
         char[] charset={'1','2','3','4','5','6','7','8','9','A','B','C','D','E','F'};
         while（rs.length()<32）
         {
         char ch=charset[（int）（Math.random()*16）];
         rs+=ch;
         }
         keyPanel.setText（rs）;
         }
         else if（rs.length()!=32&& rs.length()!=48&& rs.length()!=64）
         {
         JOptionPane.showMessageDialog（this,"密钥长度不合要求，截取输入数据前128位作为密钥！"）;
         rs=rs.substring（0，32）;
```

```
keyPanel.setText（rs）;
}
BigInteger big=new BigInteger（keyPanel.getText()，16）;
/*获取密文*/
rs=encodePanel.getText();
while（rs.length()%2>0）
{
rs+="0";
}
byte[] data=new byte[st.length()/2];
for（int i=0; i<st.length()/2; i++）
{
data[i]=Tool.hex2dec（rs.charAt（i*2），st.charAt（i*2+1））;
}
/*AES解密*/
SecretKeySpec  key=new
SecretKeySpec（Tool.string2bytes（big.toString（2）），"AES"）;
Cipher cipher=Cipher.getInstance（"AES"）;
cipher.init（Cipher.DECRYPT_MODE，key）;
byte[] result=cipher.doFinal（data）;
rs=new String（result）;
ta.setText（rs）;
```

2）RSA 加、解密操作步骤

（1）运行密码学实验演示软件包，单击对话框中的"运行程序"按钮，即弹出"RSA 算法"演示程序对话框，如图 13.4 所示。

图 13.4　"RSA 算法"演示程序

（2）单击"生成密钥对"按钮，弹出如图 13.5 所示的"设置密钥长度"对话框，输入 P 的比特位数（如 768），单击"确定"按钮后，即弹出如图 13.6 所示的对话框，输入 Q 的比特位数（如 512），单击"确定"按钮。

图 13.5 设置大素数 P 的长度

图 13.6 设置大素数 Q 的长度

（3）在"输入消息"文本框中输入明文，如 An important factor in a market-oriented economy is the mechanism by which consumer demands can be expressed and responded to by producers.

（4）单击"加密"按钮，即可得到加密后的密文。

（5）单击"解密"按钮，即可得到解密后的明文。

附：RSA 加、解密算法代码（下面示例程序仅供参考）。

加密算法代码如下：

```
BigInteger pm,cm,n, e;
/*获取明文*/
String plain=inputPanel.getText();
String rs,result=" ";
/*获取RSA参数*/
n=keyPanel.getN();
e=keyPanel.getE();
/*填充明文*/
int ln=（n.bitLength()+3）/4,l=（ n.bitLength()-1）/8;
while（plain.length()%1>0）
{
plain=（char）(0) +plain;
}
/*RSA加密*/
for（int i=0； i<plain.length()/1； i++）
{
pm=Tool.string2big（plain.substring（i*1,i*1+1));
cm=pm.modPow（e,n);
rs=cm.toString（16);
while（rs.length()<ln）
{
 rs="0"+rs;
}
result+=rs;
}
ta.setText（result);
```

解密算法代码如下：

```
BigInteger pm,cm,n，e;
/*获取密文*/
String cipher=encodePanel.getText();
String rs,result="";
/*获取RSA参数*/
n=keyPanel.getN();
e=keyPanel.getE();
/*填充密文*/
int ln=（n.bitLength()+3）/4;
while（cipher.length()%ln>0）
{
cipher+="0";
}
/*RSA解密*/
for（int i=0；i<cipher.length()/ln；i++）
{
rs=cipher.substring（i*ln,i*ln+ln);
cm=new BigInteger（rs,16);
pm=cm.modPow（d,n);
rs=Tool.big2string（pm);
result+=rs;
}
while（result.charAt（0）==（char）（0))
{
result=result.substring（1);
}
ta.setText（result);
```

5. 实验思考

（1）对称加密算法和非对称加密算法在理论和应用上有哪些区别？

（2）在现代网络空间中，一般的数据加密可在数据通信的哪几个层次上实现？

（3）编码实现 AES-256 的加、解密算法，并以 capability 为密钥，对明文进行加密，并列出每一轮的结果。

13.5 数字签名算法

1．实验目的

通过对数字签名的实际操作，了解数字签名基本原理与算法思想，掌握编程实现 RSA 与 DSA 等典型数字签名算法的技术。

2. 实验原理

在传统的以书面文件为基础的事务处理中，采用了书面签名的形式，如手签、印章、手印等。书面签名得到司法部门的支持，具有一定的法律效力。在以计算机电子文件为基础的现代事务处理中，应采用电子形式的签名，即数字签名。随着计算机网络与通信技术的飞速发展，电子商务、电子政务、电子金融等系统得到了广泛应用，数字签名问题显得更加突出与重要，在这些网络空间系统中，数字签名问题不解决是不能实际应用的。

数字签名系统包含两个部分，即签名算法和验证算法。签名者对消息 m 的签名过程如下。

（1）签名者选择秘密随机数 $k \in \mathbf{Z}_q$。

（2）计算 $r = (g^k \bmod p) \bmod q$ 和 $s = [k^{-1}(h(m)) + xr] \bmod q$。

(s, r) 是签名者对消息 m 的数字签名。其中，h 为 Hash 函数，DSS 标准指定了 Hash 算法为安全散列算法 SHA；p, q 和 g 是公开的参数，x 是用户的私钥，y 是用户的公钥。

签名接收者对接收到消息 m 的签名 (s, r) 后，执行如下数字签名验证过程。

（1）签名接收者计算 $w = s^{-1} \bmod q$，$u_1 = [h(m)w] \bmod q$，$u_2 = rw \bmod q$ 和 $v = [(g^{u_1} y^{u_2}) \bmod p] \bmod q$。

（2）验证 v 是否等于 r。若等式成立，则数字签名有效；否则，数字签名无效。

3. 实验环境

安装有 Windows 平台，密码编码实验软件包和 Java，运行 JRE1.5 的计算机系统环境。

4. 实验内容与步骤

（1）运行密码编码实验软件包，进入密码编码实验程序主界面。

（2）选择"DSA 算法"，单击"运行程序"按钮，进入"DSA 算法"演示程序界面。

（3）在"密钥设置"中单击"生成"按钮，弹出"设置密钥长度"对话框。输入 768，并单击"确定"按钮。

（4）在"输入消息"文本框中输入明文，如 This text is for test。

（5）在"消息的数字签名"对话框中单击"字签名"按钮，得到所输入消息的 SHA 数字签名值。

（6）在"字签名验证"对话框中单击"签名验证"按钮，得到验证结果。

5. 实验思考

（1）在 DSS 标准中，若 k 值被泄露，将对安全性造成怎样的影响？

（2）数字签名算法的主要流程有哪些？

（3）假定用户 A 想给用户 B 发送一个消息 m，用户 B 的公钥为 Y_B，加密算法为 E，签名算法为 S，要求 A 对消息 m 签名并秘密地将 m 送给用户 B，那么 A 是先签名再加密好还是先加密再签名好？请说明理由。

13.6 Windows 平台中 SSL 协议的配置方法

1. 实验目的

熟悉并掌握 Windows 平台中网络 SSL 协议的配置方法，增强网络安全意识。

2. 实验原理

SSL 协议是由 Netscape 公司设计开发的，是一个保证计算机通信安全的协议，对通信对话过程进行安全保护；其主要目的是提供因特网上的安全通信服务，提高应用程序之间的数据的安全系数。例如，一台客户机与一台主机连接了，首先要初始化握手协议，然后建立一个 SSL 对话时段。直到对话结束，SSL 协议都会对整个通信过程加密，并且检查其完整性。这样一个对话时段就是一次握手。而 HTTP 协议中的每一次连接就是一次握手，因此，与 HTTP 相比，SSL 协议的通信效率会高一些。SSL 协议的执行过程可分为如下 6 个阶段。

（1）接通阶段：此阶段用于协商保密和验证算法，客户通过网络向服务商打招呼，服务商做出回应。

（2）密码交换阶段：客户与服务器之间交换双方认可的密码，一般选用 RSA 密码算法，也有的选用 Diffie-Hellmanf 和 Fortezza-KEA 密码算法。

（3）会话密码阶段：客户与服务商间产生彼此交换的会话密码。

（4）服务器检验阶段：服务器检验服务商取得的密码，只有在使用密钥交换 RSA 时，这一阶段才被执行。

（5）客户验证阶段：验证客户的可信度。

（6）结束阶段：客户与服务商之间相互交换结束的信息。

当上述动作完成之后，两者的资料传送就会加密，另外一方收到资料后，再将编码资料还原。即使盗窃者在网络上取得编码后的资料，没有原先编制的密码算法，也不可能获得可读的有用资料。

发送时信息用对称密钥加密，对称密钥用非对称算法加密，再把两个包绑在一起传送过去。接收的过程与发送过程正好相反，先打开有对称密钥的加密包，再用对称密钥解密。

3．实验环境

安装了 Windows 平台的计算机系统，并能登录到 Internet 的环境。

4．实验内容与步骤

（1）在 Windows 平台中选择"开始"→"程序"→"管理工具"→"Internet 服务管理器"选项，进入 IIS 管理界面。

（2）选中主机名下的"默认 Web 站点"选项并右击，在弹出的快捷菜单中选择"属性"选项，并在弹出的对话框中选择"目录安全性"选项卡。

（3）单击"安全通信"中的"服务器证书"按钮，弹出 Web 服务器证书向导对话框，显示目前 Web 服务器证书的状态，并指导用户安装或删除证书，单击"下一步"按钮。

（4）在弹出的对话框中要求用户选择 Web 服务器证书的产生方式，选择"创建一个新证书"选项，单击"下一步"按钮继续。

（5）选择立刻发送到在线 CA，单击"下一步"按钮。

（6）对话框中要求输入新证书的名称和密钥长度，对服务器证书而言一般选择 1024 位或以上长度，选择好后单击"下一步"按钮。

（7）在弹出的对话框中输入证书中要求的组织信息，如组织名称和组织部门，单击"下一步"按钮。

（8）在对话框中输入用户拥有此证书的 Web 站点的公用名称，它必须是合法的域名名称，单击"下一步"按钮；在对话框中输入证书中要求的地理信息，如国家名、省名和市名，输入完毕后，单击"下一步"按钮。

（9）系统弹出证书信息总结对话框，单击"下一步"按钮，则 CA 系统处理证书请求，并产生用户要求的 Web 服务器证书，单击"完成"按钮，即可完成 Web 服务器证书的申请。

5. 实验思考

(1) SSL 协议由哪几个协议组成？
(2) SSL 协议支持哪几个加密算法？
(3) 分析 Windows 平台中 SSL 协议的配置过程，并写出实验报告。

13.7 熟悉 SET 协议的交易过程

1. 实验目的

通过实验来了解网络中安全电子支付基本原理与算法思想，熟悉 SET 交易的全过程。

2. 实验原理

在开放的因特网上处理电子商务，如何保证买卖双方传输数据的安全成为电子商务能否普及的最重要的问题。为了克服 SSL 协议的缺点，两大信用卡组织——VISA 和 MasterCard 联合开发了 SET 协议。SET 是一种应用在 Internet 上、以信用卡为基础的电子付款系统规范，目的是保证网络交易的安全。SET 妥善地解决了信用卡在电子商务交易中的交易协议、信息保密、资料完整及身份验证等问题。

1) SET 支付系统的组成

SET 支付系统主要由持卡人、商家、发卡行、收单行、支付网关、验证中心等六个部分组成。对应的，基于 SET 协议的网上购物系统至少包括电子钱包软件、商家软件、支付网关软件和签发证书软件。

2) SET 协议的工作流程

① 消费者利用自己的 PC 通过因特网选定所要购买的物品，并在计算机上输入订货单、订货单上需包括在线商店、购买物品名称及数量、交货时间及地点等相关信息。

② 通过电子商务服务器与有关在线商店联系，在线商店做出应答，告诉消费者所填订货单的货物单价、应付款数、交货方式等信息是否准确，是否有变化。

③ 消费者选择付款方式，确认订单签发付款指令。此时，SET 开始介入。

④ 在 SET 中，消费者必须对订单和付款指令进行数字签名，同时利用双重签名技术保证商家看不到消费者的账号信息。

⑤ 在线商店接受订单后，向消费者所在银行请求支付认可。信息通过支付网关到收单银行，再到电子货币发行公司确认。银行批准交易后，返回确认信息给在线商店。

⑥ 在线商店发送订单确认信息给消费者。消费端软件可记录交易日志，以备将来查询。

⑦ 在线商店发送货物或提供服务并通知收单银行将钱从消费者的账号转移到商店账号，或通知发卡银行请求支付。在验证操作和支付操作中一般会有一个时间间隔，例如，在每天的下班前请求银行结清某一天的账单。

前两步与 SET 无关，从步骤③开始 SET 起作用了，一直到步骤⑥，在处理过程中通信协议、请求信息的格式、数据类型的定义等 SET 都有明确的规定。在操作的每一步，消费者、在线商店、支付网关都通过 CA 来验证通信主体的身份，以确保通信的对方不是冒名顶替的，所以，也可以简单地认为 SET 规格充分发挥了验证中心的作用，以维护在任何开放网络上的电子商务参与者所提供信息的真实性和保密性。

3. 实验环境

能够联网的计算机系统一台，并且具有电子支付与交易模拟环境。

4．实验内容与步骤

（1）打开 IE，进入网址 http://www.google.com，输入搜索关键字"电子支付安全"，选择按网站开始搜索。

（2）根据搜索结果，进入相关网站查看内容。

（3）从众多的网站中，选择自己认为比较权威或内容较丰富的 5 个网站，记录它们的网址。

（4）打开 IE，进入 http://www.google.com，输入搜索关键字"SSL"，选择按网站开始搜索。

（5）根据搜索结果，进入相关网站查看内容。

（6）从众多的网站中，选择自己认为比较权威或内容较丰富的一个网站，按照网站的要求进行一次交易，交易过程记录下来，最后的交易实现不执行。

（7）打开 IE，进入 http://www.google.com，输入搜索关键字"SET"，选择按网站开始搜索。

（8）根据搜索结果，进入相关网站查看内容。

（9）从众多的网站中，选择自己认为比较权威或内容较丰富的一个网站，按照网站的要求进行一次交易，交易过程记录下来，最后的交易实现不执行。

（10）将保存的电子交易的过程的网页保存到以学生姓名或客户姓名命名的文件夹中。

5．实验思考

（1）在网络空间中 SET 支付系统由哪几部分组成？

（2）SET 协议运行要达到哪些主要目标？

（3）以模拟 SET 协议的全过程为例，简述 SET 交易的过程。

13.8 安全架设无线网络

1．实验目的

认识无线网络设备，通过无线路由器实现无线上网，了解无线网络工作原理及安全运行方法。

2．实现原理

通过无线路由器架设无线网络时，通过无线电波，而不是有线网络，将数据从一个点传输到另一个点。正确安装无线网卡的计算机系统，可以与另一台配置了类似的计算机系统或其他无线设备通信，如装有无线打印适配器的打印机。无线技术具有与传统有线网络相差不太多的速度和安全性，而且消除了线缆及其局限性。

3．实验环境

RG-WSG108R 宽带路由器一台，具有 108Mb/s 的无线网卡的计算机系统以及无线上网软件环境。

4．实验内容与步骤

（1）在一台 PC 上安装无线网卡驱动程序。在 108Mb/s 无线网卡插入前装好网卡驱动。安装过程比较简单，这里不再叙述。可能出现如图 13.7 所示的情况，一定要单击"仍然继续"按钮，否则会安装不成功。

（2）按拓扑图连接好无线路由器硬件连线。连接校园网的接口要连接到无线路由器的 WAN 接口上。

（3）通过无线连接，登录无线路由器，对路由器进行配置。

登录路由器：在 IE 地址栏中输入本地路由器的地址 192.168.1.1，如图 14.8 所示。

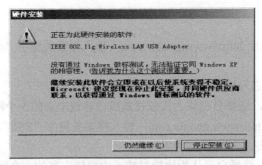

图 13.7　无线网卡安装

图 13.8　输入路由器的地址

在弹出的对话框中输入用户名和密码，用户名和密码的默认设置都是 admin。随后进入主菜单界面，如图 13.9 所示。

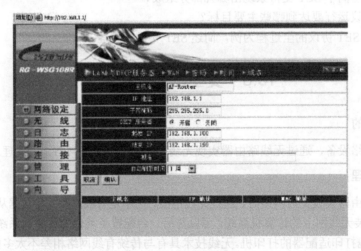

图 13.9　主菜单界面

可以按向导进行无线设置，也可以直接设置。下面只介绍几个重点设置。

主机名：在文本框中输入主机名称，默认主机名称为"AP-Router"。

IP 地址：无线路由器的 IP 地址，默认 IP 地址为 192.168.1.1。

子网掩码：在文本框中输入子网掩码，默认子网掩码为 255.255.255.0。

DHCP 服务器：启用 DHCP 服务器功能后，无线路由器可对接入的设备自动分配 IP 地址，默认设置为启用 DHCP 功能。所有 DHCP 客户端计算机将罗列于窗口下方的表格中并显示主机名称、IP 地址及 MAC 地址等信息。

起始 IP：输入 IP 地址集的起始 IP 地址，DHCP 服务器将按此地址顺序对连接至无线路由器的所有网络设备自动分配 IP 地址。

结束 IP：输入 IP 地址集的结束 IP 地址，DHCP 服务器将按此地址控制对连接至无线路由器的网络设备的 IP 地址分配。

域名：在文本框中输入本地网络的域名，此项为可选项目。
连接类型：在下拉列表中选择连接类型，如 DHCP 客户端、固定 IP 或 PPPoE。
WAN IP：可以选择手动指定 IP 地址或由 DHCP 服务器自动分配 IP 地址，当选择手动指定 IP 地址后可在文本框中输入 IP 地址范围、子网掩码及默认网关。也可以从 ISP 处获得相关信息。
DNS 1/2/3：可在文本框中输入 3 个 DNS 地址，也可从 ISP 处获得相关信息。
MAC 地址：在文本框中输入 WAN 接口的 MAC 地址。
SSID：在文本框中输入 SSID 名称。为保证无线设备通过无线路由器正确访问局域网络，应确保无线设备的 SSID 与文本框中输入的 SSID 一致。
频道：选择用于无线连接的传输频道。为保证无线设备通过无线路由器正确访问局域网络，无线设备的频道必须与在此处所选择的频道匹配。

（4）保存设置并体验无线上网。

5．实验思考

（1）无线局域网中的 MAC 协议中的 SIFS、PIFS 和 DFS 的作用是什么？
（2）无线网技术中有哪几个安全性级别？

13.9 天网防火墙的基本配置

1．实验目的

（1）学习防火墙的路由功能和 IP 伪装功能的原理及实现技术。
（2）熟悉网络数据包的数据格式和状态位。
（3）理解防火墙的网桥功能。
（4）深入理解 TCP/IP 协议和网络数据包的数据格式。

2．实验原理

防火墙技术是建立在现代通信网络技术和信息安全技术基础之上的应用性安全技术。防火墙的出现，有效地限制了数据在网络内外的自由流动，它通常是运行在单独计算机上的一个特别服务软件，可以识别并屏蔽非法请求。防火墙的最大作用就在于使网络规划清晰明了，从而有效防止跨越权限的数据访问。防火墙系统也能够对正常的网络使用情况做出统计。通过对统计结果的分析，可以使网络资源得到更好的利用。还能根据企业组织的特殊要求设计出带数据加解密和安全技术等功能的安全防火墙。它应该具有以下特性：其一，所有进出网络的数据流，都必须经过防火墙；其二，只有授权的数据流，才允许通过；其三，防火墙自身对入侵是免疫的。

天网防火墙的特点如下。

1）严密的实时监控

对所有来自外部机器的访问请求进行过滤，发现非授权的访问请求后立即拒绝，随时保护用户系统的信息安全。

2）灵活的安全规则

设置了一系列安全规则，允许特定主机的相应服务，拒绝其他主机的访问要求。用户还可根据自己的实际情况，添加、删除、修改安全规则，保护本机安全。

3）应用程序规则设置

2008 版的天网防火墙增加了对应用程序数据包进行底层分析拦截的功能，它可以控制应用程序发送和接收数据包的类型、通信端口，并且决定拦截还是通过，这是目前其他很多软件防火墙不具有的功能。

4）详细的访问记录

显示所有被拦截的访问记录，包括访问的时间、来源、类型、代码等都详细地记录下来，用户可以清楚地看到是否有入侵者想连接到自己的计算机，从而制定更有效的防护规则。

5）完善的报警系统

2008 版天网个人版防火墙设置了完善的声音报警系统，当出现异常情况的时候，系统会发出告警信号，从而让用户做好防御措施。

6）独创的"扩展"级别

根据当前网络安全环境，针对新出现的蠕虫病毒和木马，制定相应的防御规则库并快速更新，让用户无需自己配置即可使用最新的安全规则。

3．实验环境

装有 Windows 平台系统、能联网和装有天网个人版防火墙的 PC 一台。

4．实验内容与步骤

图 13.10　天网防火墙个人版

（1）运行天网防火墙个人版，如图 13.10 所示。此时，可以根据自己的安全需求设置天网防火墙个人版，天网防火墙个人版提供了应用程序规则设置、自定义 IP 规则设置、系统设置、安全级别设置等功能。

（2）应用程序规则设置。

在天网防火墙个人版打开的情况下，启动的任何应用程序只要有通信数据包发送和接收的存在，都会先被天网个人版防火墙截获分析，并弹出信息，如图 13.11 所示。

如果选中"该程序以后都按照这次的操作运行"复选框，该程序将自动加入到应用程序列表中，天网防火墙个人版将默认不会再拦截该程序发送和接收的数据包，但可以通过应用程序来设置更复杂的数据包过滤方式。否则天网防火墙在以后会继续截获该应用程序数据包，并弹出警告信息。应用程序规则设置界面如图 13.12 所示。

图 13.11　天网防火墙警告信息

图 13.12　应用程序规则设置

单击面板中每一个程序的选项按钮即可设置应用程序的数据通过规则,如图 13.13 所示。

可以设置该应用程序禁止使用 TCP 或者 UDP 协议传输,以及设置端口过滤,使应用程序只能通过固定几个通信端口或者一个通信端口范围接收和传输数据,当做这些设置时,可以选择询问和禁止操作。

对应用程序发送数据包的监察可以使自己了解到系统中有哪些程序正在进行通信,如现在有一些共享软件会在运行的时候从设定好的服务器提取一些广告,还有一些恶意的程序会把个人隐私信息发送出去,通过天网防火墙可以禁止这些程序数据通信操作。

另外,木马也是一样的,天网防火墙可以觉察到攻击者对木马的控制通信,这也是新版天网防火墙个人版添加的最令人惊喜的强大功能之一。

(3) IP 规则设置。程序规则设置是针对每一个应用程序的,而 IP 规则设置是针对整个系统的数据包监测,IP 规则设置的界面如图 13.14 所示。

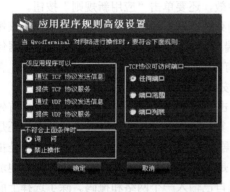

图 13.13　应用程序规则高级设置

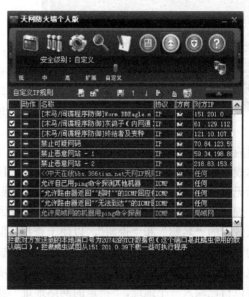

图 13.14　IP 规则设置

各项设置的具体意义如下。

防御 ICMP 攻击:选择时,别人无法用 PING 的方法来确定自己的存在,但不影响自己去 PING 别人。ICMP 协议现在也被用来作为蓝屏攻击的一种手段,而且该协议对于普通用户来说是很少使用到的。IGMP 是用于传播的一种协议,对于 Windows 的用户是没有什么用途的,但现在也被用来作为蓝屏攻击的一种方法,建议选择此设置,不会对用户造成影响。

TCP 数据包监视:选择时,可以监视机器上所有的 TCP 端口服务。这是一种对付特洛伊木马客户端程序的有效方法,因为这些程序也是一种服务程序,如果关闭了 TCP 端口的服务功能,外部几乎不可能与这些程序进行通信。对于普通用户来说,在互联网上只是进行 WWW 浏览,关闭此功能不会影响用户的操作。但要注意,如果机器要执行一些服务程序,如 FTP Server,HTTP Server,一定不要关闭此功能,如果你用 ICQ 来接收文件,也一定要启用该功能,否则将无法收到别人的文件。另外,选择监视 TCP 数据包,也可以防止许多端口扫描程序的扫描。

UDP 数据包监视:选择时,可以监视机器上所有的 UDP 服务功能。但通过 UDP 方式来进行蓝屏攻击比较少见,有可能会被用来激活特洛伊木马的客户端程序。注意,如果使用了采用 UDP 数据包发送的 ICQ 和 OICQ,则不可以选择阻止该项目,否则,将无法收到别人的 ICQ 信息。

对于规则的条目,我们也可以进行排序、删除、修改等操作,修改操作的按钮是图 13.14 中左起第 2 个按钮，操作的界面如图 13.15 所示。

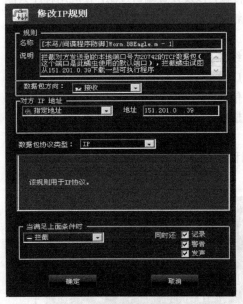

图 13.15　修改操作

安全规则的设置是系统最重要，也是最复杂的地方。如果不熟悉网络，最好不要调整它，可以直接使用系统设计的规则。如果熟悉网络，就可以非常灵活地设计合适自己使用的规则了。

简单地说，规则是一系列的比较条件和一个对数据包的操作，就是根据数据包的每一个部分来与设置的条件比较，当符合条件时，就可以确定对该包放行或者阻挡。通过合理地设置规则就可以把有害的数据包挡在 PC 之外。

该页面由 3 个部分组成：

工具条： 可以单击上面的按钮来导入、增加、修改、删除规则。由于规则判断是由上而下的，还可以通过"规则上下移动"按钮调整规则的顺序（注意，只有相同协议的规则才可以调整顺序），当调整好顺序后，可保存修改。当规则增加或修改后，为了让这些规则生效，还要单击"应用新规则"按钮。

规则列表： 这里列出了所有规则的名称，该规则所对应的数据包的方向、该规则所控制的协议、本机端口、对方地址和对方端口，以及当数据包满足本规则时所采取的策略。列表的左边为该规则是否有效的标志，如果选中表示该规则有效，否则表示无效。当改变这些标志后，应注意单击"保存"按钮。

规则说明： 单击"增加"按钮或选择一条规则后单击"修改"按钮，就会激活编辑窗口。首先，输入规则的"名称"和"说明"，以便于查找和阅读。其次，选择该规则是对进入的数据包还是输出的数据包有效。"对方的 IP 地址"用于确定选择数据包从哪里来或去哪里，"任何地址"是指数据包从任何地方来，都适合本规则，"局域网网络地址"是指数据包来自和发向局域网，"指定地址"指可以自己输入一个地址，"指定的网络地址"指可以自己输入一个网络和掩码。除了选择上面内容，还要录入该规则所对应的协议，其中，"IP 协议"不用填写内容。注意，如果录入了 IP 协议的规则，一定要保证 IP 协议规则的最后一条的内容是对方地址（任何地址）和动作（继续下一规则）。"TCP 协议"要填入本机的端口范围和对方的端口范围，如果只是指定一个端口，那么可以在起始端口处录入该端口，在结束处录入 0。如果不想指定任何端口，只要在起始端口录入 0 即可。如果不选择任何标志，那么将不会对标志做检查。

"ICMP"规则要填入类型和代码。如果输入 255，则表示任何类型和代码都符合本规则。"IGMP"不用填写内容。当一个数据包满足上面的条件时，就可以对该包采取行动：

（1）"通行"指让该数据包畅通无阻地进入或出去。

（2）"拦截"指让该数据包无法进入或出去。

（3）"继续下一规则"指不对该数据包做任何处理，由该规则的下一条规则来确定对该包的处理。

在执行这些规则的同时，还可以定义是否记录这次规则的处理和这次规则的处理的数据包的主要内容，并用右下角"天网防火墙个人版"图标是否闪烁来"警告"，或发出声音提示。

（4）系统设置。天网防火墙个人版的系统设置界面如图 13.16 所示。

选中"开机后自动启动防火墙"复选框，天网防火墙个人版将在操作系统启动的时候自动启动，否则天网防火墙需要手工启动。

防火墙自定义规则重置：单击该按钮，防火墙将弹出对话框，如图 13.17 所示。

图 13.16　天网防火墙系统设置界面

图 13.17　天网防火墙提示信息

如果确定，天网防火墙将会把防火墙的安全规则全部恢复为初始设置，对安全规则的修改和加入的规则将会全部被清除。

局域网地址：重新设置在局域网内的地址。

报警声音：设置报警声音，可以选择一个声音文件作为天网防火墙预警的声音。初始状态是没有设置报警声音的，单击"重置"按钮将采用天网防火墙默认的报警声音。

（5）安全级别设置。天网防火墙个人版安全级别分为高、中、低三级，默认的安全等级为中，其中各自的安全设置如下。

低：所有应用程序初次访问网络时都将询问，已经被认可的程序则按照设置的相应规则运作。计算机将完全信任局域网，允许局域网内部的机器访问自己提供的各种服务（文件、打印机共享服务），但禁止互联网上的机器访问这些服务。

中：所有应用程序初次访问网络时都将询问，已经被认可的程序则按照设置的相应规则运作。禁止局域网内部和互联网的机器访问自己提供的网络共享服务（文件、打印机共享服务），局域网和互联网上的机器将无法看到本机器。

高：所有应用程序初次访问网络时都将询问，已经被认可的程序则按照设置的相应规则运作。禁止局域网内部和互联网的机器访问自己提供的网络共享服务（文件、打印机共享服务），局域网和互联网上的机器将无法看到本机器。除了是由已经被认可的程序打开的端口，系统会屏蔽向外部开放的所有端口。

（6）断开/接通网络。如果单击"断开/接通网络"按钮，那么机会将完全与网络断开，就好像拔下网线一样。没有任何人可以访问此机器，此机器也不能访问网络。这是在遇到频繁攻击的时候最有效的应对方法。

（7）日志查看。天网防火墙个人版将会把所有不合规则的数据包拦截并且记录下来，如果选择了监视 TCP 和 UDP 数据包，那么发送和接收的每个数据包都将被记录下来。每条记录从左到右分别是发送/接收时间、发送 IP 地址、数据包类型、本机通信端口、对方通信端口、标志位，如图 13.18 所示。

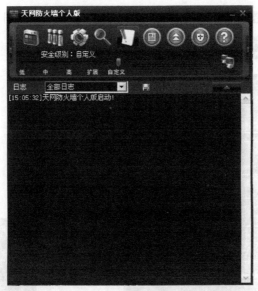

图 13.18　日志查看

5. 实验思考

（1）如果防火墙规则链中有两条规则是互相矛盾的，如前一条是禁止某类数据通过，后一条是放行这类数据，那么会出现什么情况？

（2）设置防火墙规则对象，并在过滤中使用，利用局域网内的 PC 测试防火墙规则是否已经生效？

（3）考虑怎样实现其他常见的网络功能，如 FTP、远程控制、QQ 服务等的实现？

（4）考虑如何阻止网桥外部接口接收具有内部地址的数据包？

13.10　入侵检测系统 Snort 的安装配置与使用

1. 实验目的

通过使用 Snort 来理解入侵检测的原理与作用，掌握 Windows 操作系统下 Snort 的安装、配置和使用方法。

2. 实验原理

入侵检测是防火墙的补充，帮助系统对付网络攻击，提高了系统的安全性能。在不影响网络性能的情况下，入侵检测系统能对网络进行监测，从而对攻击进行实时监控。

误用检测和异常监测是入侵检测技术的两大技术，误用检测是建立在对已知攻击进行描述的基础上的，而异常检测是建立一个"正常活动"的系统并进行检测，凡偏离正常活动的活动都将列为入侵，误用检测精度高，但无法检测新的攻击。异常检测可以检测到新的攻击，但误报率比较高。

Snort 是一个强大的基于误用检测的轻量级入侵检测系统，可以用作嗅探器、包记录器以及网络入侵检测系统，能够对攻击进行实时报警。

3. 实验环境

安装了 Windows 平台的服务器，必须从网上下载以下软件。

（1）Snort 2.8.2.1（或者最新版本），网址为 www.snort.org。

（2）Snort Rules（建议下载最新版本）。网址为 www.snort.org/pub-bin/downloads.cgi。
（3）WinPcap 4.1，网址为 www.winpcap.org。
（4）SQL 的安装。

4．实验内容与步骤

1）安装 Snort 2.8.2.1 入侵检测系统

① 双击下载的 Snort.exe，进入安装界面，如图 13.19 所示。

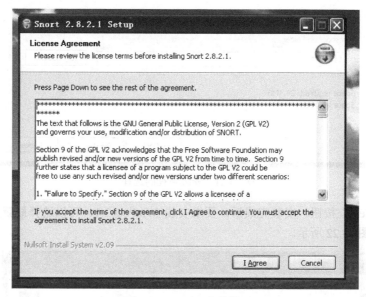

图 13.19 Snort 安装的

② 单击"I Agree"按钮后，选择日志文件的存放方式，为了简单起见，建议不需要数据库支持或 Snort 默认的 MySQL 和 ODBC 数据库支持方式，即选中第一个单选按钮，如图 13.20 所示。

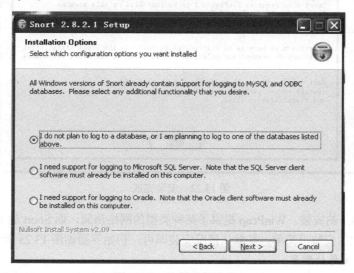

图 13.20 选择安装选项

③ 单击"Next"按钮，选择默认情况，选择安装路径选项，可以根据自己的情况进行路径选择，或者按默认情况安装，如图 13.21 所示。

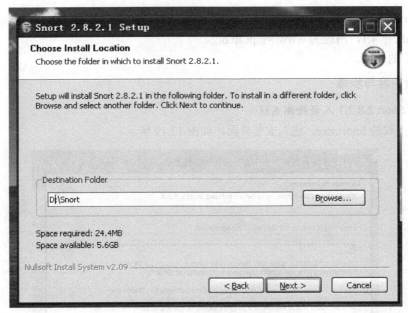

图 13.21　安装路径的选择

④ 单击"Next"按钮，安装完成后，要求安装 WinPcap3.1，可以选择最新版本，这里选择 WinPcap4.1。如图 13.22 所示。

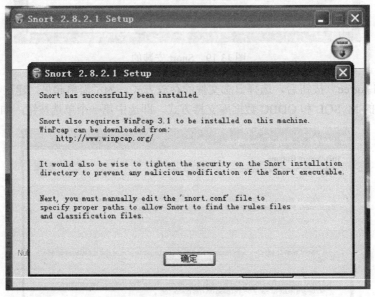

图 13.22　安装完成

⑤ WinPcap 4.1 的安装。WinPcap 提供了某种类型的网络访问，而 Snort 的 IDS 和包嗅探功能需要这些访问。它的安装很简单，按默认情况安装即可。初始界面如图 13.23 所示。

2）snort.conf 文件的配置

snort.conf 是 Snort 安装的主要部分，是 Snort 配置的首要进入点。在文件中需要配置 IP 地址的监控范围，启用预处理以及采用规则等。这里重点介绍网络变量的设置和规则库命令的设置，其他配置可以查看 Snort 手册。

（1）设置网络变量。

网络变量是一组选项，它们使 Snort 了解受监控网络的一些基本信息。首先打开安装路径下的 etc 文件夹中的 snort.conf 文件，本实验路径为 D：\Snort\etc\snort.conf。对文件内容里的内部网络和外部网络进行如下设置。

  # Set up network addresses you are protecting.　A simple start might be RFC1918
  var HOME_NET 59.68.29.128/26
  # Set up the external network addresses as well.　A good start may be "any"
  var EXTERNAL_NET any

var HOME_NET 59.68.29.128/26 可设置成 var HOME_NET any，其中设置为 any 时，将会监控所有内部 IP 地址。给定一个网络号使传感器只对一个较小的地址范围进行监控。

var EXTERNAL_NET any，设置需要监控入侵的外部地址范围。可以将 any 改为!$HOME_NET，这意味着监控除了内部地址外的所有地址，如果 HOME_NET 设置为 any，则什么也不监控。

var SMTP_SERVERS $HOME_NET 监控 SMTP 服务器。如果在定义 SMTP 变量时遗漏了一个 SMTP 服务器地址，将会导致漏报。但如果定义了确切的 SMTP 服务器地址，则会错过一些试探性的攻击。所以最好设置成$HOME_NET，如图 13.24 所示。

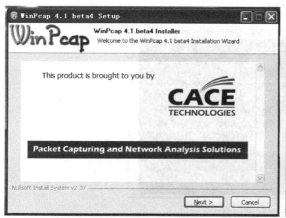 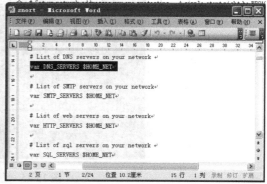

图 13.23　WinPcap 4.1 安装初始界面　　图 13.24　snort.conf 文件 DNS_SERVES 等变量的设置

  var HTTP_SERVERS $HOME_NET
  var SQL_SERVERS $HOME_NET
  var TELNET_SERVERS $HOME_NET
  var SNMP_SERVERS $HOME_NET

（2）启用文档连接和警报优先级。

两个补充文件用于区分警报优先级和将外部文档连接到 Snort 的规则。classification.config 文件用于对警报分类并划分优先级，reference.config 文件用于定义外部文档 URL 连接。启用时包含以下两行命令即可。

  include classification.config
  include reference.config

（3）规则库设置。

规则库的设置是 snort.conf 文件比较重要的一步，它会配置将要使用的规则。先要配置好规则库路径，使用如下命令：

  var RULE_PATH D：\Snort\rules

为了保证最小漏报原则，应该启用整个规则库。可以通过启用每个规则来实现，使用如下命令

即可:

```
include $RULE_PATH/web-cgi.rules
include $RULE_PATH/web-coldfusion.rules
include $RULE_PATH/web-iis.rules
include $RULE_PATH/web-frontpage.rules
include $RULE_PATH/web-misc.rules
include $RULE_PATH/web-client.rules
include $RULE_PATH/web-php.rules
……
```

配置完 snort.conf 文件后,即可开始 Snort 入侵检测系统的使用。

3) Snort 入侵检测系统的使用方法。

(1) 验证是否安装成功

在命令行环境的安装路径下输入 snort －w 命令即可查看是否安装成功。查看命令如下:

```
D: \Snort\bin>snort －W
```

如果安装成功,系统将显示如图 13.25 所示信息。

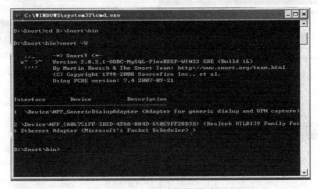

图 13.25　查看网卡信息

(2) 使用 Snort 进行嗅探。

嗅探模式简单地读取网络中的数据包,并以连续的数据流显示在控制台上。在命令行中输入 snort－v 命令,可显示 TCP/UDP/ICMP 头信息,如图 13.26 所示。

为了增加效果,启用 PING 命令,如安装 Snort 机器的 IP 地址为 59.68.29.151。现在在本机上 PING 机器 59.68.29.152 的同时,运行 snort 的嗅探功能,结果如图 13.27～图 13.29 所示。

图 13.26　Snort 嗅探信息　　　　　图 13.27　使用 PING 命令后捕获的信息(一)

图 13.28 使用 PING 命令后捕获的信息（二）

图 13.29 Snort 检测结果

Snort 能够配置成三种模式运行：嗅探器，包记录器和网络入侵检测系统。嗅探模式读取网络中的数据包，并以连续的数据流显示在控制台上。包记录模式把捕获的数据包记录在磁盘上。网络入侵检测模式是最复杂的、有机的配置，在此模式下，Snort 分析网络中的数据，并通过使用用户自定义的规则集进行模式匹配，并根据匹配的结果执行多种操作。

5．实验思考

（1）Snort 的实验原理是什么？入侵检测技术可分为哪几种？详细比较它们的优缺点。
（2）入侵检测系统常用的检测方法有哪几种？
（3）认真分析并完成实验，查看 Snort 命令手册及相关资料，完成包记录模式实验。

13.11 网络数据库系统安全性管理

1．实验目的

（1）理解网络数据库安全性的概念。
（2）在理解用户及相关概念的基础上掌握自主存取控制机制。
（3）熟悉 SQL Server 的安全性技术。

2．实验原理

数据库的安全性是指保护数据库，防止不合法的使用所造成的数据泄露和破坏。数据库系统中保证数据安全性的主要措施是进行存取控制，即规定不同用户对于不同数据对象所允许执行的操作，并控制各用户只能存取其有权（操作权力）存取的数据。存取控制机制分为自主存取控制（DAC）与强制存取控制（MAC），主要包括两部分内容：一是定义用户权限，并将用户权限登记到数据字典中；二是合法权限检查。

3．实验环境

能运行 Windows 平台与 SQL Server 2000 软件的计算机系统以及互联网络的环境。

4．实验内容和步骤

1）SQL Server 安全性控制技术

详细信息参阅 "联机丛书"中"管理 SQL Server"的"安全管理"的相关内容。

SQL Server 的安全性建立在验证和访问许可两种机制上，即用户要经过两个安全性阶段：身份验证和授权（权限验证）。身份验证阶段使用登录账户标识用户并只验证用户连接 SQL Server 实例的能力。如果身份验证成功，用户即可连接到 SQL Server 实例。用户需要访问服务器上数据库的权限，为此需授予每个数据库中映射到用户登录的账户访问权限。权限验证阶段控制用户在 SQL Server 数据库中所允许进行的活动。

SQL Server 的安全模式中包括登录、数据库用户、权限、角色等。用户与登录是两个不同的概念，其中所有的数据库用户必须与某一登录相匹配。SQL Server 身份验证在两种安全验证模式之一下进行工作。

① Windows 身份验证模式（Windows 身份验证）：Windows 身份验证模式使用户得以通过 Microsoft Windows NT 4.0 或 Windows 2000 用户账户进行连接。

② 混合模式（Windows 身份验证和 SQL Server 身份验证）：混合模式使用户得以使用 Windows 身份验证或 SQL Server 身份验证与 SQL Server 实例连接。

为了灵活起见，一般采用混合模式。设置 SQL Server 验证模式时可以用"企业管理器"选择服务器，右击服务器，选择"属性"选项，如图 13.30 所示。

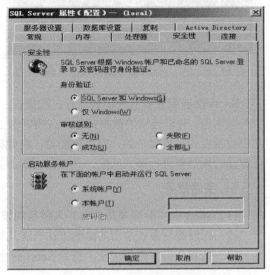

图 13.30 "安全性"选项

2）**定义登录与用户**

方法一：图形界面。通过"企业管理器"，在选择服务器的"安全性"→"登录"并右击，选择"添加新登录"选项，输入登录名称 logqixin，选择 SQL Server 身份验证，如图 13.31 所示。

选择"数据库访问"选项卡，注意允许访问数据库"test"，如图 13.32 所示。

图 13.31 添加新登录

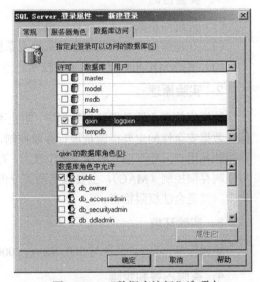

图 13.32 "数据库访问"选项卡

此时，企业管理器会自动在数据库 qixin 的"用户"中添加一个与登录同名的用户 logqixin。这样，登录 logqixin 与同名用户 logqixin（访问数据库 qixin）就建立起来了。

如果单独创建某个数据库（如 qixin）用户，可在"企业管理器"的服务器中选中"数据库"→"用户"并右击选择"新建数据库用户"选项，如图 13.33 所示。注意，在此之前必须先建立一个登录，然后新建用户与此登录进行关联。

图 13.33　新建数据库用户

方法二：通过系统存储过程

① 添加登录，如图 13.34 所示。
② 添加用户，如图 13.35 所示。

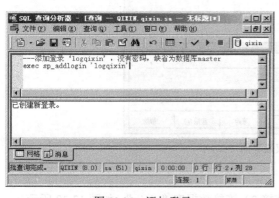

图 13.34　添加登录

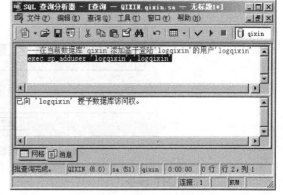

图 13.35　添加用户

3）完成授权/撤销权限

观察授权前后的变化（以表"部门"与用户"logqixin"为例）。

（1）授权。

方法一：图形界面，通过"企业管理器"中的服务器中选择"数据库"→"用户"→"logqixin"选项并右击，选择"所有任务"→"管理权限"选项，如图 13.36 和图 13.37 所示。

图 13.36　管理权限界面（一）

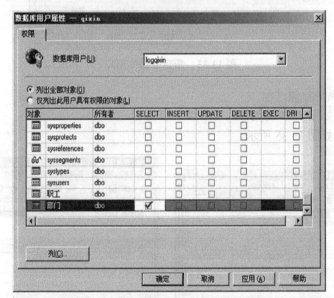

图 13.37　管理权限界面（二）

方法二：GRANT 命令。

① 分别以登录"sa"（连接 1）、"logtest"（连接 2）连接数据库"qixin"，如图 13.38 所示。

图 13.38　连接数据库"qixin"

② 在连接 2 上执行查询，如图 13.39 所示。

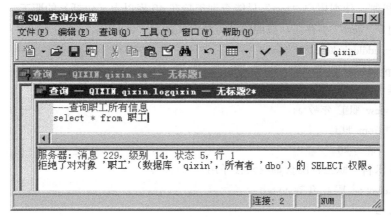

图 13.39　执行查询

③ 在连接 1 上执行授权，如图 13.40 所示。

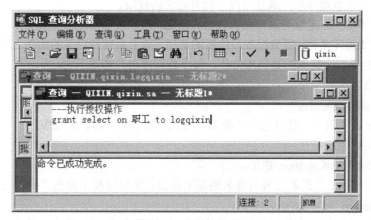

图 13.40　执行授权

④ 在连接 2 上执行查询，结果显示会不同，如图 13.41 所示。

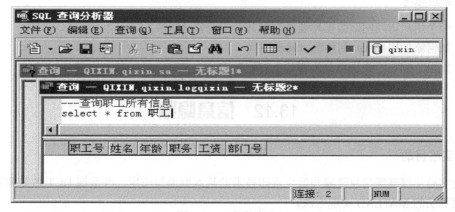

图 13.41　查询结果

⑤ 在连接 1 上撤销授予的权限，再执行查询，其结果如图 13.39 所示。

4）设计安全机制

设计安全机制，使得用户"test"只能查询年龄在 40 岁以上（包括）的职工。

① 如果用户"test"不存在，按照前述方法定义用户"test"。

```
exec sp_addlogin 'test', '', 'qixin'
exec sp_adduser 'test', 'test'
```

② 创建基于表"职工"、年龄在 40 岁以上（包括）的职工视图。

```
create view 职工_年龄 as
select * from 职工
where 年龄>=40
```

③ 将"技术科"职工视图查询权限授予用户"test"。

```
grant select on 职工_年龄 to test
```

5）设计角色

设计角色"student"，可以查看"职工"的职工号与姓名。

角色：一组权限的集合。数据库管理员将数据库的权限赋予角色，将角色再赋予给数据库用户或登录账户，从而使数据库用户或登录账户拥有相应的权限。

SQL Server 提供了固定服务器角色和数据库角色，用户可以修改固定数据库角色的权限，也可以自己创建新的数据库角色，再分配权限给新的角色。除了系统预定义的角色之外，也可以自定义角色。public 角色是一个特殊的数据库角色，每个数据库用户都属于它。

① 定义角色"学生"。

```
exec sp_addrole 'student'
```

② 创建基于表"职工"且只包含"职工"的职工号与姓名的职工视图。

```
create view 职工_角色 as
select 职工号，姓名 from 职工
```

③ 将只包含"职工"的职工号与姓名的职工视图查询权限授予角色"student"。

```
grant select on 职工_角色 to student
```

④ 将用户"test"作为成员加入角色"学生"，这样用户"test"只能查看"职工"的职工号与姓名。

5．实验思考

（1）一个用户访问网络数据库要经过哪几个安全验证阶段？

（2）如何添加用户 test 到角色 student 中？

（3）权限分配与回收操作分为哪几个过程？

13.12　信息隐藏

1．实验目的

通过实验加深理解信息隐藏与数字水印技术的基本原理与作用，并掌握 DCT 域隐藏算法以及信息隐藏算法的 MATLAB 实现方法。

2．实验原理

信息隐藏把一个有意义的信息隐藏在另一个称为载体的信息中，非法者不知道这个普通信息中是否隐藏了其他的信息，而且即使知道也难以提取或去除隐藏的信息，从而达到隐藏传递目的的技

术。所用的载体可以是文字、图像、声音及视频等。为增加攻击的难度,也可以把加密与信息隐藏技术结合起来。

图 13.42 所示为信息隐藏的基本原理图。图中左边为发送方,右边为接收方。发送方准备将秘密信息传递给接收方,为了不引起注意,将秘密信息通过信息嵌入算法嵌入到一个可公开传播的载体信息中,形成一个伪装信息,伪装后的信息和载体信息在感官上是不可区分的。伪装后的信息通过公开的信道传递给接收方,接收方知道发送方使用的是嵌入式算法,利用信息提取算法可将隐藏在伪装信息中的秘密信息提取出来。秘密信息嵌入的过程可能需要密钥,如果发送方的嵌入过程需要密钥,则接收方的信息提取过程也需要密钥。

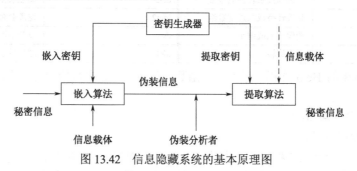

图 13.42 信息隐藏系统的基本原理图

信息隐藏技术不同于传统的密码学技术。密码技术主要研究如何将信息进行特殊的编码,以形成不可识别的密码形式并进行传递,而信息隐藏技术则主要研究将某一机密信息秘密隐藏于另一公开的信息中,然后通过公开信息的传输来传递机密信息。对加密通信而言,可能的检测者或者非法的拦截者可以通过截取密文,并对其进行破译,或将密文进行破坏后再发送,从而影响信息的安全;但对于信息隐藏而言,可能的监测者或非法拦截者难以从公开信息中判断信息是否存在,难以截获机密信息,从而能保证信息的安全。信息隐藏技术可以根据采用信息载体的不同,分为图像中的信息隐藏、视频中的信息隐藏、语音中的信息隐藏和文本中的信息隐藏等。在不同的信息载体中,信息隐藏的方法有所不同,需要根据信息载体的特征采用合适的隐藏算法。现在的信息隐藏技术,主要以数字媒体作为载体,如数字图像、视频和声音等。

在当今已经提出的信息隐藏算法中,常用的是时域技术和变换域技术。时域技术的原理是用秘密信息替换掉数字多媒体信息中的随机噪声,因为任何获取数字多媒体信息的过程中都会产生物理随机噪声,而人对这种随机噪声不敏感,随机噪声被替换为秘密信息后不会被人轻易察觉。在下面的实验中,我们将以 DCT 变换域为例介绍变换域技术。变换域技术是在载体的显著区域隐藏信息,它的有效抵抗攻击能力强,还保持了对人的不易察觉的特性。现在使用的变换域隐藏方法有很多,如频域隐藏、时/频域隐藏和时间/尺度域隐藏,它们分别是在 DCT 变换域、时/频变换域和小波变换域上进行变换从而隐藏信息的。

数字水印技术是信息隐藏最重要的分支之一,也是目前学术界的一个前沿热门方向,主要用于各种数字媒体的版权保护。它也是在数字多媒体载体中隐藏一些信息,包括数字作品的版权所有者、发行者、序列号等。但其目的不是秘密传递这些信息,而是在检查盗版时,可以从载体中提取出有关信息,用以证明数字产品的版权。

3. 实验环境

能运行 Windows 操作系统的 PC,并且安装了 MATLAB 以上软件和有关数字水印软件。

4. 实验内容和步骤

下面以 DCT 为例介绍变换域隐藏技术的有关方法。

1) **熟悉 MATLAB 图像处理命令**

MATLAB 图像处理命令如表 13.1 所示。

表 13.1　MATLAB 图像处理命令表

函数名称	基本功能	函数名称	基本功能
imread	读入图像文件	wiener2	维纳滤波
imwrite	写入图像文件	imcrop	图像剪切
Im2double	将 I1 型数据转换为 I2 型	imnoise	噪声产生
bin2dec	二进制数组转换成整数	dct2	离散余弦变换
dec2bun	整数转换成二进制数组	idct2	逆离散余弦变换
imresize	图像放大或缩小	dwt2	离散小波变换
imrotate	图像旋转	idct2	逆离散小波变换

结合 MATLAB 的 Help 文档，学习以上函数的具体用法、参数的含义，为读懂示例程序和独立的程序编写做好准备。

2) **变换域隐藏算法 DCT**

（1）图像的数据表示。

二值图像的每一个像素值将取两个离散值（0 或 1）中的一个，0 表示黑，1 表示白；由于其一黑一白视觉反差极大，因此每一个像素都是具有特定含义的信息载体，在修改一个像素嵌入信息时，必须考虑该像素的各个邻域像素的情况，否则对其做任何不当的改动，即使很细小的改动都很容易引起明显的修改痕迹，甚至破坏图像所要表达信息的正确性。对于一个 8×8 共 64 个像素点的图像，每一个像素点的灰度值量化时可取值为 0～255，如果转换为二进制，则可以用 8 位的"0"、"1"二进制串来表示。这样，一个分辨率为 $m×n$ 数字图像文件可以用 $m×n×8$ 的三维矩阵存储了。

（2）DCT 基础知识。

DCT 是 JPEG 所采用的核心技术。DCT 变换首先把图像分为 8×8 的像素块，然后进行二维 DCT 变换，得到 8×8 的 DCT 系数。这些 DCT 系统从低频到高频按照 zig-zag 次序排列，左上角第一个值为直流系数，其余为交流系数。在 DCT 系数中，直流系数和低频系数集中在左上角，而高频系数集中在右下角，中间区域为中频系数。低频代表图像像素之间的慢变化，高频代表像素之间的快变化。直流部分和低频部分包含了图像的主要能量，即对人的视觉最重要的信息都集中在图像的中低频，因而它对改动比较敏感；高频部分代表图像中的噪声部分，人们对它的改变不易引起察觉，但是又容易在压缩中被去掉。基于健壮性和隐蔽性的权衡考虑，应把信息隐藏在中频部分，这样既不会引起视觉变化，又不会轻易被破坏。

文本、图像等多利用了图像特征修改法，T. Amano 等提出了该方法的具体实现过程。首先，分析字体图像的笔画连接，根据分析结果将笔画分块后，再分为 4 个子块；然后，用游程来计算每个笔画的平均宽度；最后，将 4 个子块分成两组，通过将一组笔画变粗（嵌入 1），一组笔画变细（嵌入 0）来完成水印信息的嵌入。提取时同样将图像按前面的方法分块，比较笔画粗细就可以提取出水印信息。该方法具有较好的视觉效果，能够经受一定的二次量化的攻击。

（3）DCT 域信息隐藏算法描述。

Arnold 变换是 V. J. Arnold 在遍历理论中的研究中提出的。将其应用在数字图像上，可以通过像素坐标的改变而转移图像灰度值的布局。把数字图像看作一个矩阵，反复使用这种变换，会使矩阵中的元素排列"混乱不堪"；若将变换作用于数字图像，则会使该图像变得"面目全非"。然而，这种"混乱"局面并不会永久地维持下去，只要不断地迭代下去。必然会出现一幅与原图相同的图像，也就是说，对于数字图像来说，这一迭代过程一定呈周期现象。而这种周期现象所遵循的规律、周期大小可借助计算机编程来验证。

这种变换，是一种传统的混沌系统，其定义如下：

$$\begin{pmatrix} x' \\ y' \end{pmatrix} = \begin{pmatrix} 1 & 1 \\ 1 & 2 \end{pmatrix} \begin{pmatrix} x \\ y \end{pmatrix} (\bmod N) \quad x,y \in \{0,1,\cdots,N-1\} \quad (13.1)$$

其中，(x,y) 是像素在原图像中的坐标，(x',y') 是变换后该像素在新图像中的坐标，N 是数字图像矩阵的阶数，即图像的大小，一般考虑正方形图像，即矩阵。

当对一个图像进行 Arnold 变换时，就是把图像的像素点位置按上述公式进行移动，得到一个相对原图像混乱的图像。对一幅图像进行一次 Arnold 变换，就相当于对该图像进行了一次置乱，通常这一过程需要迭代多次才能达到满意的效果。

利用 Arnold 变换对图像进行置乱，使有意义的数字图像变成像白噪声一样的无意义图像，实现了信息的初步隐藏，并且置乱次数可以为水印系统提供密钥，从而增强系统的安全性和保密性。

Arnold变换可以看作裁剪和拼接的过程，通过这一过程将数字图像矩阵中的像素重新排列，达到置乱的目的。离散数字图像是有限点集，对图像反复进行Arnold变换，迭代到一定步数时，必然会恢复原图，即Arnold变换具有周期性。F. J. Dyson和H. Falk给出了对于任意$N>2$，Arnold变换的周期$T_N \leqslant N^2/2$的结论，这虽然是比较粗略的估计，但也许是迄今为止最好的结果。

现在给出了一种计算周期的方法，对于给定的自然数 $N>2$，Arnold 变换的周期 m 是使下式成立的最小自然数 n：

$$\begin{pmatrix} 1 & 1 \\ 1 & 2 \end{pmatrix}^n (\bmod N) = \begin{pmatrix} 1 & 0 \\ 0 & 1 \end{pmatrix} \quad (13.2)$$

通过按上述公式计算周期 m 可以很方便地在 MATLAB 中通过编程来实现(下列程序仅供参考)。具体程序如下：

```
function Period=ArnoldPeriod（N）
if （ N<2 ）
Period=0;
return;
end
%初始位置
n=1;
x=1;
y=1;
%通过循环寻找周期
while （n~=0）
xn=x+y;
yn=x+2*y;
%再次回到原来的位置，完成一次的周期
if （ mod（xn, N）==1 & mod（yn, N）==1 ）
Period=n;
return;
end
x=mod（xn, N）;
y=mod（yn, N）;
n=n+1;
```

end

下面对水印进行的置乱变换就是通过式（13.1）进行的，使用 MATLAB 编程实现（下列程序仅供参考）如下。

```
function M = Arnold（Q，Frequency,crypt）
M = Q;
Size_Q = size（Q）;
n = 0;
K = Size_Q（1）;
M1_t = Q;
M2_t = Q;
%解密
if crypt==1
%通过周期减去迭代的次数，用此数据作为新的迭代次数，可以达到解密的目的
Frequency=ArnoldPeriod（Size_Q（1））-Frequency;
end
%以下间隔使用M1_t，M2_t作为临时的存储空间
%以下是加密算法
for s = 1: Frequency
n = n + 1;
if （mod（n,2）== 0）
for i = 1: K
for j = 1: K
 c = M2_t（i,j）;
 M1_t（mod（i+j-2，K）+1,mod（i+2*j-3，K）+1）= c;
end
end
else
for i = 1: K
for j = 1: K
 c = M1_t（i,j）;
 M2_t（mod（i+j-2，K）+1,mod（i+2*j-3，K）+1）= c;
end
end
end
end
%根据迭代的次数，确定此时的图像信息
if （mod（Frequency,2）== 0）
M = M1_t;
else
M = M2_t;
end
```

现在选用的水印图像是 32×32 的具有"W"标识的二值图像。所以 N=32，对水印置乱的次数

k=6,如图 13.43 所示,k 可作为密钥,可明显看出置乱 6 次的效果比置乱 3 次的好,置乱度更强。通过上面的程序可以算出 N=32 时,周期 m=24。所以开始如果对水印置乱了 6 次,那么在水印提取出来以后只要对水印再置乱 24-6=18 次,即可得到原来的水印图像。如图 13.43 所示。

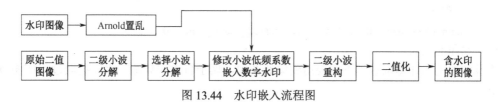

（a）原始水印　　　（b）置乱 3 次后的水印　　　（d）置乱 6 次后的水印　　　（e）恢复后的水印

图 13.43　水印图像的 Arnold 置乱效果示意图

3）DCT 域信息隐藏实验步骤

根据 DCT 的实现原理,进行 DCT 算法编程,以了解变换域隐藏技术,具体内容如下。

（1）数字水印的嵌入。

现在采用的嵌入算法是基于小波域的,在嵌入水印之前先对水印图像进行 Arnold 置乱处理,同时对读入的原始二值图像进行二级 Haar 小波分解,选择逼近子图系数 c_{A2},对其修改嵌入水印信息,最后进行二级小波重构并二值化后得到含水印的二值图像,完成水印的嵌入。水印嵌入过程如图 13.44 所示。

图 13.44　水印嵌入流程图

具体步骤如下。

① 将原始图像 I(Mc×Nc)进行二级小波分解,得到不同分辨率级别下的细节子图 HL_j、LH_j、HH_j(j =1,2) 和一个逼近子图 LL_2,其低频近似系数为 c_{A2}。

② 读取二值水印图像的各个像素值,记录水印图像的尺寸 $M_m×N_m$（本实验中为 32×32）,构成水印图像矩阵,并通过调用 Arnold（I, 6, 0）函数来获得置乱 6 次后的图像。顺序读取置乱预处理后的图像矩阵的各像素值,得到二维序列 W。

③ 选择小波变换后的低频子图中的系数 c_{A2},对逼近子图系数修改进行水印嵌入处理,并生成与水印相关的二值逻辑表 key（i,j）。先用叠加的方法将水印嵌入逼近子图小波系数 c_{A2} 中,具体公式为 $c_{A2} = c_{A2} +αW$,其中 $α$ 为水印嵌入强度,本文取值为 0.1。为了使得嵌入的水印有较好的鲁棒性和不可见性,根据低频逼近子图系数的大小,量化系数 d 的取值范围为 0<d≤0.5,考虑到鲁棒性和不可见性,这里量化系数取值为 0.25。经过水印嵌入处理和量化处理后的逼近子图系数为 c_{A2}'（i,j）。保存 key（i,j）可将 key（i,j）作为密钥向第三方申请,以获得原作品的版权。完成修改小波低频系数并嵌入数字水印。

④ 对嵌入后的图像进行二级 Haar 小波重构。由于对近似系数做了修改,小波逆变换后的系数可能不再是整数,为此,使用 round 函数取整,生成嵌入水印后的图像 I'。

⑤ 把嵌入水印后的灰度图像 I' 二值化,得到含水印的二值图像 X,本算法选用较易实现的全局阈值法,选取的阈值为 0.4。

主要源代码如下（下列程序仅供参考）：

```
%对原始图像I进行二级Haar小波分解
[cA1,cH1,cV1,cD1] = dwt2（cover_image, 'haar'）;
[cA2,cH2,cV2,cD2] = dwt2（cA1, 'haar'）;
```

```
%修改低频系数cA2,并生成与水印相关的二值逻辑表key(i, j)
for i = 1: Mm
   for j = 1: Nm
      cA2(i,j) = cA2(i,j) +0.1*W(i,j);
      cA2(i,j) = round(cA2(i,j)/0.25);
      cA2(i,j) = cA2(i,j)*0.25;
      kk(i,j) = mod(cA2(i,j), 2);
      key(i,j) = xor(kk(i,j), W(i,j));
   end
end
save('key');
%二级Haar小波重构
cA1 = idwt2(cA2,cH2,cV2,cD2, 'haar', [Mc/2, Nc/2]);
watermarked_image = idwt2(cA1,cH1,cV1,cD1,'haar', [Mc,Nc]);
watermarked_image_round = round(watermarked_image);
%二值化
watermarked_image_B = im2bw(watermarked_image_round, 0.4);
```

（2）水印的提取。

本算法中的水印提取过程不需要用到原始图像，属于盲水印算法。水印提取过程如图 13.45 所示。

图 13.45　水印提取流程图

具体步骤如下。

① 对含有水印的二值图像 X 进行二级小波分解，得到不同分辨率级别下的细节子图和逼近子图，设逼近子图为 LL_2'，其低频近似系数为 c_{A2}'。

② 根据嵌入水印时生成的逻辑表 key(i, j) 和含水印信息的逼近子图系数，求出嵌入置乱后的相应水印 $W(i,j)$。水印的提取不需要原始二值图像，这有利于保护原始二值图像的安全。

③ 利用 Arnold 变换迭代 T-t 次，完成水印图像的恢复。其中，t 为嵌入时的 Arnold 变换迭代次数，T 为 Arnold 变换的周期。本实验中水印都选择置乱 6 次，故对提取出的信息置乱 18 次即可恢复为原水印图像。

主要源代码如下（下列程序仅供参考）：

```
%对待检测图像进行二级Haar小波分解并提取出嵌入水印时保存的二值逻辑表key(i, j)
load('key');
[cA1,cH1,cV1,cD1] = dwt2(watermarked_image,'haar');
[cA2,cH2,cV2,cD2] = dwt2(cA1,'haar');
%水印图像大小为32×32
for i = 1:32
   for j = 1:32
      cA2(i,j)= round(cA2(i,j)/0.25);
      cA2(i,j)= cA2(i,j)*0.25;
```

```
kk(i,j)= mod(cA2(i,j),2);
W(i,j)= xor(kk(i,j),key(i,j));
end
end
%逆置乱
w=reshape(W,32,32);
jiemi_image = Arnold(w,6,1);
```

5. 实验思考

（1）现代的信息隐藏算法常采用哪些技术？各有什么特点？
（2）DCT 域信息隐藏数字水印嵌入过程具体分为哪几个步骤？
（3）DCT 域信息隐藏数字水印提取过程具体分为哪几个步骤？

本 章 小 结

　　网络空间信息安全技术是指致力于解决诸如如何有效进行访问控制，以及如何保证数据传输的安全性的技术手段，主要包括病毒防治、远程控制与黑客入侵、网络密码与加解密、数字签名与验证、网络安全协议、无线网络安全机制、访问控制、防火墙、入侵检测、数据库安全与备份、信息隐藏与数字水印等。要学好这些技术，必须注重理论与实践相结合这一特点。本章在实验原理的阐述、内容设计和实验方案的实现等方面都充分考虑了这一特点。本章包括 12 个独立实验，每个实验由实验目的、实验原理、实验环境、实验内容与步骤、实验思考构成，将技术原理与实现方法融合在一起，共同完成了对某一特定技术的讨论与实践。

附录 英文缩略词英汉对照表

AAA	Authentication, Authorization and Accounting	验证、授权和账户
ACCLS	Access Control Capabilities Lists	访问控制能力表
ACLS	Access Control Lists	访问控制列表
ACI	Access Control Information	接入控制信息（访问控制信息）
ACM	Access Control Module	访问控制模块
ACM	Association for Computing Machinery	[美]计算机协会
ACSE	Association Control Service Element	联合控制业务单元（关联控制服务元素）
ACSLLS	Access Control Security Labels Lists	访问控制标签列表
ADC	ADF combination	ADF 组件
ADF	Access Control Decision Function	访问控制判决功能
ADI	Access Control Decision Information	访问控制判决信息
AEC	AEF combination	AEF 组件
AEF	Access Control Enforcement Function	访问控制执行功能
AES	Advanced Encryption Standard	高级加密标准（先进加密标准）
AH	Authentication Header	验证头（鉴别头）
AI	Authentication Information	鉴别信息
ARP	Address Resolution Protocol	地址解析协议
ATM	Asynchronous Transfer Mode	异步转移模式（异步传输模式）
AUP	Acceptable Use Policy	可接受使用策略
BSD	Berkeley Software Distribution	伯克利软件分发
CA	Certificate Authority	验证中心（证书机构）
CCP	Compression Control Protocol	压缩控制协议
CGI	Common Gateway Interface	公用网关接口
CERT	Computer Emergency Response Team	计算机应急反应组
CHAP	Challenge Handshake Authentication Protocol	挑战握手验证协议（质询握手鉴别协议）
CHTAC	Computer Investigation and Infrastructure Threat Assessment Center	[美]设施威胁评估中心
CIDF	Common Instructure Detection Framework	通用入侵检测框架
CMIS	Common Management Information Service	公共管理信息服务
CMIP	Common Management Interface Protocol	公共管理接口协议（公共管理信息协议）
CMISE	Common Management Information Service Element	公共管理信息业务单元（公共管理服务元素）
CMOL	Common Management Information protocol Over Logical link layer	逻辑链路控制上的公共管理信息协议
CMOS	Complementary Metal Oxide Semiconductor	互补型金属氧化物半导体（器件）
CMOT	Common Management Information Service & Protocol Over TCP/IP	基于 TCP/IP 的公共管理信息协议（运行在 TCP/IP 的公共管理信息协议）
CNISTEC	China National Information Security Testing Evaluation and Certification center	中国国家信息安全测评验证中心
CNNIC	China National Network Information Center	中国互联网信息中心
DAC	Decoder Audio Clock	解码器音频时钟
DARPA	Defense Advanced Research Project Agency	[美]国防高级研究规划署
DBA	DataBase Administrator	数据库管理程序

DBMS	DataBase Management System	数据库管理系统
DC	Data Compression	数据压缩
DES	Data Encryption Standard	数据加密标准（美国加密标准）
DESE	DES Encryption	微软加密协议
DH	Diffie-Hellman Diffie-Hellman	公开密码算法
DHCP	Dynamic Host Configuration Protocol	动态主机配置协议
DLL	Dynamic Linked Library	动态链接程序库
DNS	Domain Name Service	域名服务
DMZ	Demilitarized Zone	停火区域
DOC	Drop Out Compensation	失落补偿
DOI	Domain Of Interpretation	解释域
DS	Digital Signature	数字签名
DSS	Digital Signature Standard	数字签名标准
DSSS	Direct Sequence Spread Spectrum	直接序列扩频（直接序列扩展频谱）
ECP	Encryption Control Protocol	加密控制协议
EDI	Electronic Data Interchange	电子数据交换
ESP	Encapsulation Security Payload	压缩安全有效载荷（封装安全载荷）
ETR	Evaluation Technology Report	评估技术报告
FDDI	Fiber Distributing Data Interface	光纤分布式数据接口
FHSS	Frequency Hopping Spread Spectrum	跳频扩频（跳频扩展频谱）
FIPS	Federal Information Processing Standard	联邦信息处理标准
FR	Frame Relay	帧中继
FRAD	Frame Relay Access Devices	帧延迟访问设备（帧中继装/拆设备）
FTP	File Transfer Protocol	文件传输协议
GBACP	Group-based Access Control Policies	基于组的策略
GIIC	Global Information Infrastructure Committee	全球信息基础设施委员会
GRE	Generic Routing Encapsulation	一般路由封装（通用路由封装）
GUI	Graphical User Interface	图形用户界面
HCI	Hiding Confidentiality Information	隐藏机密信息
HDLC	High-level Data Link Control	高级数据链路控制
HGW	Home Gate Way	总部网关
HIDS	Host-based IDS	基于主机的IDS
HTTP	HyperText Transfer Protocol	超文本传输协议
IANA	Internet Assigned Number Authority	因特网分址机构（Internet 编号分配机构）
ICMP	Internet Control Message Protocol	因特网控制报文协议
ICV	Integrity Check Value	完整性检查值
ID	Intrusion Detection	入侵检测
IDBACP	Identification-based Access Control Policies	基于身份的安全策略
IDLBACP	Individual-based Access Control Polices	基于个人的策略
IDES	Intrusion Detection Expert System	入侵检测专家系统
IDS	Intrusion Detection System	入侵检测系统
IDWG	Intrusion Detection Working Group	入侵检测工程组
IEEE	Institute of Electrical & Electronics Engineers	[美]电气及电子工程师协会
IETF	Internet Engineering Task Force	因特网工程任务组
IFIP	International Federation for Information Processing	国际信息处理联合会

IKE	Internet Key Exchange	因特网密钥交换
InterNIC	Inter Network Information Center	Internet 信息中心
IP	Internet Protocol	因特网协议
IPCP	IP Control Protocol	IP 控制协议
IPOA	IP Over ATM	ATM 网络承载 IP（在 ATM 的 IP）
IPP	Internet Printing Protocol	Internet 打印协议
IPsec	IP security protocol	IP 安全协议
ISAKMP	Internet Security Association and Key Management Protocol	Internet 安全关联和密钥管理协议
ISO	International Standards Organization	国际标准化组织
ISP	Internet Content Provider	因特网信息提供商
IT	Information Technology	信息技术
ITSEC	Information Technology Security Evaluation Criteria	信息技术安全评估准则
KDC	Key Distribution Center	密钥分配中心（密钥分发中心）
KTC	Key Translation Center	密钥转移中心
L2F	Layer 2 Forwarding	第二层转发协议
L2TP	Layer 2 Tunneling Protocol	第二层隧道协议（第二层封装协议）
LAC	L2TP Access Concentrator	L2TP 访问集中器
LAN	Lacal Area Network	局域网
LAP-D	Link Access Protocol-D	数字信道链路接入协议
LCP	Link Control Protocol	链路控制协议
LLC	Logical Link Control	逻辑链路控制
LMMP	LAN Man Management Protocol	局域网人工管理协议
LSA	Local Security Authority	本地安全授权机构
LP	Login Process	登录过程
MAC	Medium Access Control	介质访问控制
MDII	Modification Detection Integrity Information	变换检测完整性信息
MIB	Management Information Base	管理信息库
MP	Multi-link Protocol	多链接协议
MPOA	MultiProtocol Over ATM	通过 ATM（实现）多协议（传输）
MPPE	Microsoft Point to Point Encryption	微软点到点加密（协议）
MTU	Maximum Transmission Unit	最大传输单元
NAS	Network Access Server	网络访问服务器
NAT	Network Address Translation	网络地址转换
NCP	Network Control Protocol	网络控制协议
NCSA	National Computer Security Association	[美]计算机安全协会
NCSC	National Computer Security Center	[美]计算机安全中心
NIDS	Network-based IDS	网络入侵检测系统
NII	National Information Infrastructure	[美]国家信息基础设施
NIPC	National Infrastructure Protection Center	[美]国家设施保护中心
NIST	National Institute of Standards and Technology	[美]国家标准与技术协会
NNTP	Network News Transport Protocol	网络新闻传输协议
NOS	Network Operating System	网络操作系统
NR-TTP	Non-Repudiation-TTP	抗抵赖可信第三方
NSA	National Security Agency	[美]国家安全局
NSF	National Science Foundation	[美]国家科学基金会

ODP	Open Distributed Processing	开放分布式处理
OID	Object Identifier	对象标识符
OS	Operation System	操作系统
OSI	Open System Interconnection	开放式系统互连
OSI/RM	OSI Reference Model	OSI 参考模型
PCI	Protocol Control Information	协议控制信息
PDU	Protocol Data Unit	协议控制单元
PEM	Privacy Enhanced Mail	增强保密邮件
PGP	Pretty Good Privacy	PGP 加密软件
PKI	Public Key Infrastructure	公钥基础设施
PKIX	Public Key Infrastructure on X.509	X.509 公钥基础设施
POP	Post Office Protocol	互联网电子邮件协议标准
POP3	Post Office Protocol version 3	第三代邮局协议（第三版电子邮局协议）
QoS	Quality of Service	服务质量
RADIUS	Remote Authentication Dial In User Service	一种标准的安全验证协议（远程鉴别拨入用户服务）
RCI	Revealing Confidentiality Information	显现机密性的信息
RPC	Remote Procedure Call	远程过程调用
RSA	Ronald Rivest，Adi Shamir，Leonard Adlemen	Rivest-Shamir-Adleman 加密算法
SA	Security Association	安全关联，也称安全联盟
SADB	SA DataBase	SA 数据库
SAID	SA IDentifier	SA 标识符
SAM	Secure Account Manager	安全账号管理
SDA	Security Domain Authority	安全域机构
SDNS	Secure Data Network System	安全数据网系统
SDU	Service Data Unit	业务数据单元（服务数据单元）
SET	Secure Electronics Transactions	安全电子商务
SID	Service Identifier	服务识别码
SI	Security Information	安全信息
SII	Shielded Integrity Information	屏蔽的完整性信息
SMTP	Simple Mail Transfer Protocol	Internet 上传输 E-mail 的标准协议（简单电子邮件传输协议）
SNMP	Simple Network Management Protocol	简单网络管理协议
SPD	Security Policy Database	安全策略数据库
SPI	Security Parameter Index	安全参数索引
SSH	Secure Shell	安全外壳
SSL	Secure Sockets Layer	安全套接层（协议）
SRM	Security Reference Monitor	安全引用监视器
STDM	Statistical Time Division Multiplexing	统计时分多路复用（技术）
STM	Synchronous Transfer Mode	同步传输模式
SWAP	Shared Wireless Access Protocol	共享无线应用协议
TCSEC	TrustedComputer System Evaluation Criteria	可信计算机系统评估准则
TCP	Transmission Control Protocol	传输控制协议
TCP/IP	Transmission Control Protocol / Internet Protocol	传输控制协议/互联网协议
TNG	Trusted Network Guideline	可信网络指南
TTL	Time To Live	生存时间（存活时间）
TTP	Trusted Third Party	可信第三方

UDP	User Data Protocol	用户数据协议
UII	Unshielded Integrity Information	去屏蔽的完整性信息
UNI	User Network Interface	用户网络接口
UPS	Uninterruptable Power Supply	不间断电源供应
URL	Universal Resource Locator	统一资源定位
VPN	Virtual Private Network	虚拟专用网络
WAIS	Wide Area Information Server	广域信息服务
WebDAV	web-based Distributed Authoring and versioning	基于 Web 的分布式创作与翻译
WLAN	Wireless Local Area Network	无线局域网
XML	eXtensible Markup Language	可扩展标记语言
ZIP	Zone Information Protocol	区域信息协议

参考文献

[1] 蒋天发. 网络信息安全[M]. 北京：电子工业出版社，2009.
[2] 蒋天发. 数字水印技术及其应用[M]. 北京：科学出版社，2015.
[3] 陈震. 网络安全[M]. 北京：清华大学出版社，2015.
[4] 段宁华. 网络应用与安全[M]. 长春：吉林大学出版社，吉林音像出版社，2005.
[5] 闫宏生，王雪莉，杨军. 计算机网络安全与防护[M]. 北京：电子工业出版社，2007.
[6] 蔡皖东. 网络信息安全技术[M]. 北京：清华大学出版社，2015.
[7] 沈鑫剡. 计算机网络安全[M]. 北京：人民邮电出版社，2011.
[8] 陈忠平，李旎，刘青凤，等. 网络安全[M]. 北京：清华大学出版社，2011.
[9] 刘远生. 网络安全实用教程[M]. 北京：人民邮电出版社，2011.
[10] 张素娟，吴涛，朱骏东. 网络安全与管理[M]. 北京：清华大学出版社，2012.
[11] 雷渭侣，王兰波. 计算机网络安全技术与应用[M]. 北京：清华大学出版社，2010.
[12] 沈鑫剡. 计算机网络安全[M]. 北京：清华大学出版社，2009.
[13] 俞研，付安明，魏松杰. 网络安全理论与应用[M]. 北京：人民邮电出版社，2016.
[14] 武传坤. 物联网安全基础[M]. 北京：科学出版社，2013.
[15] 郭亚军，宋建华，李莉. 信息安全原理与技术[M]. 北京：清华大学出版社，2008.
[16] 国家计算机网络应急技术处理协调中心. 2014年中国互联网网络安全报告[M]. 北京：人民邮电出版社，2014.
[17] 徐勇军，刘禹，王峰. 物联网关键技术[M]. 北京：电子工业出版社，2012.
[18] 李联宁. 物联网安全导论[M]. 北京：清华大学出版社，2013.
[19] 易平. 无线网络攻防教程[M]. 北京：清华大学出版社，2015.
[20] 陈越，寇红召，费晓飞，等. 数据库安全[M]. 北京：国防工业出版社，2011.
[21] 方巍，文学志. Oracle数据库应用与实践[M]. 北京：清华大学出版社，2014.
[22] 李章兵. 计算机系统安全[M]. 北京：清华大学出版社，2014.
[23] 李春葆，曾平，喻丹丹. SQL Server 2012数据库应用与开发教程[M]. 北京：清华大学出版社，2015.
[24] 钮心忻. 信息隐藏与数字水印[M]. 北京：北京邮电大学出版社，2004.
[25] Stefan K，Fabien A P P，吴秋新，钮心忻译. 信息隐藏技术：隐写术与数字水印[M]. 北京：人民邮电出版社，2001.
[26] 李匀. 网络渗透测试：保护网络安全的技术、工具和过程[M]. 北京：电子工业出版社，2008.
[27] 李瑞民. 网络扫描技术解密：原理、实践与扫描器的实现[M]. 北京：机械工业出版社，2012.
[28] 何淼. 基于最佳置乱的自适应图像数字水印算法[D]. 武汉：中南民族大学硕士学位论文，2007.
[29] 徐林峰. 入侵检测系统与SNORT规则库研究[D]. 成都：电子科技大学，2006.
[30] 魏葆雅. 基于SNORT的入侵检测系统的研究与应用[D]. 福州：厦门大学，2009.
[31] 谢少春. Snort入侵检测系统的研究及其性能改进[D]. 西安：西安理工大学，2008.
[32] 任毅，彭智勇，唐祖锴，等. 隐私数据库：概念、发展和挑战[J]. 小型微型计算机系统，2008，8（29）：1467—1474.
[33] 朱勤，韩忠明，乐嘉锦. 基于推理控制的数据库隐私保护[J]. 南通大学学报（自然科学版），2006，5（3）：65—71.

[34] 蒋天发，雷建云. 一种向量形 RSA 密码体制的研究及其算法的实现[J]. 计算机工程与应用，2001，24（18）：87—89.

[35] 熊志勇，王江晴. 基于互补嵌入的彩色图像可逆数据隐藏[J]. 光电子•激光，2011，7（22）：1085—1090.

[36] 蒋天发. 基于 Intranet 向量形 RSA 加密体制研究[J]. 武汉理工大学学报（信息与管理工程版），2001，23（2）：16—19.

[37] 熊志勇，李延. 基于直方图平移和定向嵌入的可逆数据隐藏[J]. 中南民族大学学报（自然科学版），2013，3（33）：82—89.

[38] 唐世福，苏理云，马洪，等. 基于混沌置乱的 DCT 域彩色图像自适应水印算法[J]. 四川大学学报（自然科学版），2004，2（41）：260—265.

[39] 蒋天发. 网络信息安全及数字水印技术的研究[J]. 武汉理工大学学报（交通科学与工程版），2003，27（6）：826—828.

[40] 蒋天发，周熠，何秉娇，等. 基于感知数字水印对音频信息稳键性影响的研究[J]. 武汉大学学报（工学版），2004，37（6）：93—96.

[41] 姜婷，何鲲. 基于小波变换和置乱技术的自适应二值水印新算法[J]. 安徽大学学报（自然科学版），2009，4（33）：41—44.

[42] 宁启智，王涛，张文才. 基于 Arnold 置乱的图像数字水印算法研究[J]. 软件导刊，2012，11（1）：90—91.

[43] 蒋天发. 内联网络安全的研究与探讨[J]. 青海师范大学学报（自然科学版），2003（1）：41—43.

[44] 王世伟. 论信息安全、网络安全、网络空间安全[J]. 中国图书馆学报，2015，41（02）：72—84.

[45] 蒋天发. Intranet 无线局域网扩频技术的应用[J]. 计算机系统应用，2001（9）：31—34.

[46] 蒋天发，陆际光. Intranet 安全技术的研究[J]. 武汉理工大学学报（交通科学与工程版），2002，26（6）：716—719.

[47] 宁永刚，陈文海. 浅谈当前我国网络空间安全面临的威胁[J]. 才智•政法精英，2013（3）：233.

[48] 蒋天发，郑崇伟. 基于 Intranet 无线局域网络扩频技术的研究及实现[J]. 武汉理工大学学报（信息与管理工程版），2002，24（5）：16—19.

[49] 郑崇伟，蒋天发. 基于智能型防火墙 Intranet 网络安全技术的研究[J]. 计算机工程与应用，2003，26（2）：156—158.

[50] 蒋天发，郑崇伟. 基于 Intranet 多媒体 ICAI 的研究与探讨[J]. 计算机工程与应用，2004，40（1）：62—164.

[51] 郑克忠，蒋天发. 对与时间和日期有关的计算机病毒的分析与防范[J]. 武汉理工大学学报（交通科学与工程版），2003，27（5）：718—721.

[52] 蒋天发. INTRANET 关键技术及其信息安全新方案的研究[J]. 武汉理工大学学报（交通科学与工程版），2004，28（5）：713—716.

[53] 蒋天发. 基于网络控制系统安全与检测技术的分析[J]. 华北电力大学学报，2004（5）：66—69.

[54] 崔巍，蒋天发. 建立空间信息语义网格[J]. 武汉理工大学学报（交通科学与工程版），2005，29（3）：421—424.

[55] 蒋天发，祝颂，熊志勇，等. 利用 FPGA 实现图像数字水印鉴别数码相机硬件设计与探讨[J]. 青海师范大学学报（自然科学版），2006（1）：46—49.

[56] 雷建云，蒋天发. 工作流管理系统中一种访问控制策略的研究与实现[J]. 武汉理工大学学报，2006，28（2）：61—64.

[57] 柳晶，蒋天发. 基于 Intranet 入侵检测的研究[J]. 中民族大学学报（自然科学版），2006，25（1）：88—90.

[58] 柳春华，蒋天发. 基于移动 Agent 的分布式入侵检测系统的开发研究[J]. 武汉大学学报（工学版），2006，39（2）：97—108.

[59] 雷建云，蒋天发. 工作流管理系统的安全访问控制策略实现[J]. 武汉理工大学学报，2006，28（2）：61—64.

[60] 何淼，蒋天发. 一种基于网络拥塞状态的 SYN Flooding 攻击检测方法[J]. 武汉理工大学学报（交通科学与工程版），2007，31（2）：321—834.

[61] 王强，蒋天发. 分布式入侵检测系统模型研究[J]. 计算机工程，2007，33（8）：154—156.

[62] 帖军，蒋天发. 线程同步中的条件变量控制应用[J]. 武汉理工大学学报（交通科学与工程版），2007，31（3）：540—543.

[63] 张继华，蒋天发. 基于信息安全保障的网络入侵检测系统自防御技术研究[J]. 武汉理工大学学报（交通科学与工程版），2007，31（6）：1102—1105.

[64] 王理，蒋天发. 数字媒体中增加可见水印的 VLSI 可行性模型[J]. 武汉大学学报（工学版），2007，40（4）：130—133.

[65] 帖军，蒋天发. 银行家算法中的安全序列分析[J]. 武汉理工大学学报，2007，29（6）：114—117.

[66] 张宏伟，李彤明，蒋天发. 基于校园网的蓝牙语音室开发设计[J]. 武汉大学学报（工学版），2007，40（4）：153—156.

[67] 柳春华，蒋天发. 移动 Agent 在 DIDS 中应用的关键技术[J]. 现代电子技术，2007，30（21）：17—21.

[68] 宋明胜，蒋天发. FP_tree 算法在入侵检测系统中的应用[J]. 中南民族大学学报（自然科学版），2007，26（4）：81—83.

[69] 熊志勇，蒋天发. 基于块的数字图像验证与重建水印算法[J]. 现代电子技术，2007，30（21）：65—67.

[70] 彭川，蒋天发. 一种基于三维小波变换的视频水印算法[J]. 武汉大学学报（工学版），2007，40（6）：135—138.

[71] 黄芳，蒋天发. 用于防止图像非法传播的验证水印技术[J]. 武汉理工大学学报（交通科学与工程版），2008，32（1）：164—167.

[72] 彭川，蒋天发. 一种基于 DCT 的图像水印算法[J]. 现代电子技术，2008，31（3）：20—21.

[73] 雷建云，蒋天发. 基于 PKI 与 PMI 的办公自动化系统访问控制[J]. 武汉大学学报（工学版），2008，41（6）：118—120—124.

[74] 蒋巍，蒋天发. 基于分布式数据安全入侵检测系统中误用检测算法研究[J]. 信息网络安全，2009（06）：27—30.

[75] 蒋天发，王理，蒋巍，等. 基于小波的二值图像盲数字水印系统的研究[J]. 信息网络安全，2009（07）：24—27.

[76] 蒋天发，蒋巍，滕召荣. 网络信息安全保障建设的思考与建议[J]. 信息网络安全，2009（08）：20—22.

[77] 蒋天发，刘永奎. 基于嵌入式微处理器 LPC2294 中断系统分析及其应用[J]. 中南民族大学学报（自然科学版），2010，29（1）：96—99.

[78] 熊志勇，蒋天发. 基于预测误差差值扩展的彩色图像无损数据隐藏[J]. 计算机应用，2010，30（1）：186—189.

[79] 熊志勇，蒋天发. 基于双分量差值扩展的彩色图像可擦除水印[J]. 计算机应用研究，2010，27（1）：220—222.

[80] 蒋天发，蒋巍，王维虎，等. 基于转换键值的非对称数字水印算法[J]. 信息安全与技术，2010（8）：44—46.

[81] 蒋天发，滕召荣，蒋巍. 高速网络下基于负载均衡的协议分析的异常检测算法的设计[J]. 中南民族大学学报（自然科学版），2011，30（1）：92—95.

[82] 蒋天发，王维虎，蒋巍. 基于 TCP/IP 应用层密码验证协议的研究[J]. 信息网络安全，2011，（5）：8—10.

[83] 蒋巍，熊祥光，蒋天发. 奇异值分解视频水印嵌入与检测及安全性测试[J]. 信息网络安全，2011，（12）：43—45.

[84] 颜浩，蒋巍，蒋天发．SQL_I 和 XSS 漏洞检测与防御技术研究[J]．信息网络安全，2011，（12）：51—53．

[85] 郑园，蒋天发．个人云计算安全框架的研究[J]．信息网络安全，2011，（12）：72—75．

[86] 王鑫，蒋巍，蒋天发．基于 CACTI 与飞信的网络实时报警平台[J]．武汉理工大学学报，2011，33（12）：131—134．

[87] 帖军，王小荣，蒋天发．移动实时环境下一种改进的广播调度算法[J]．计算机科学，2012，39（5）：147—150．

[88] 柯赟，蒋天发．基于离散余弦和 Contourlet 混合变换域的图像水印方案[J]．武汉大学学报（工学版），2012，45（2）：797—800．

[89] 张宝哲，帖军，蒋天发．基于信号量机制的理发师模型在复杂语义下的研究[J]．计算机科学，2012，39（6A）：113—116—128．

[90] 安玉，蒋天发，吴有林．一种基于量子保密通信及信息隐藏协议方案[J]．武汉大学学报（工学版）2012，45（3）：397—398．

[91] 蒋天发，李珊珊．基于 TD SCDMA 的实时智能家居安防系统的设计[J]．中南民族大学学报（自然科学版），2012，31（4）：108—112．

[92] 刘良，蒋天发，蒋巍，一种基于 Zigzag 变换的彩色图像置乱算法[J]．计算机工程与科学，2013，(5)：106—110．

[93] 蒋天发，牟群刚，周爽．基于完全互补码与量子进化算法的数字水印方案[J]．中南民族大学学报（自然科学版），2014，33（1）：95—99．

[94] 熊祥光，蒋天发，蒋巍．基于整数小波变换和的视频水印算法[J]．计算机工程与应用，2014，50（1）：78—82—194．

[95] 蒋天发，文莹莹，杨红，等．基于物联网的智能家居安防监控系统软件开发[J]．中南民族大学学报（自然科学版），2014，33（3）：105—109．

[96] 邓桂兵，周爽，李珊珊，等．基于压缩感知的数字图像验证算法[J]．华中师范大学学报（自然科学版），2014，48（4）：487—491—5．

[97] 蒋天发，牟群刚．基于改进量子进化算法的图像水印算法[J]．中南民族大学学报（自然科学版），2015，34（2）：112—116．

[98] 牟群刚，蒋天发，刘晶．基于量子 Haar 小波变换的图像水印算法[J]．信息网络安全，2015，（06）：55—60．

[99] 白檄文．流氓恶霸，"卡卡"两下除：图解例说瑞星卡卡上网安全助手（续）[J]．电脑爱好者[普及版]，2007（04）：34—35．

[100] 北京瑞星信息技术有限公司．瑞星杀毒软件网络版使用手册[Z]，2012．

[101] 江民新科技术有限公司．江民杀毒软件 KV 网络版技术白皮书[Z]，2012．

[102] 广州众达天网技术有限公司．天网防火墙技术白皮书[Z]，2010．

[103] txgc_wm. Linux 下防火墙 iptables 原理及使用．ChinaUnix 博客．https://www.baidu.com/，2012．

[104] 方滨兴．网络空间安全包括四个层面的安全．2015 年世界互联网大会"网络安全"论坛．腾讯科技．http://tech.qq.com/a/20151216/051549.htm，2016．

[105] 王小瑞．网络空间信息安全的七大趋势．虎嗅网．http://www.huxiu.com，2016．

[106] 李广伟．计算机网络远程控制技术的应用与发展．亲宝文章网．http://www.qb5200.com/content/016-04-04/1772776.html，2016．

[107] 安全管理网．网络及网站安全防范措施．安全管理网．http://www.safehoo.com，2016．

[108] A. Westin. Privacy and Freedom[M]. Boston:Atheneum Press, 1967.

[109] Z.Chen, Y. Wen, W. Zheng, etc. A survey of Bitmap Index compression algorithms for Big Data[J]. Tsinghua

Science and Technology, 2015, 20(1):100—115.

[110] J. Xu, Y. Yu, Z. Chen, etc. Mobsafe: cloud computing based forensic analysis for massive mobile applicatins[J]. Tsinghua Science and Technology, 2013,18(4):418—427.

[111] T. Hinker. Inference Aggregation Detection in Database Management Systems[C].Proc IEEE Symp Research in Security and Privacy. Oakland,CA,New York,1988.

[112] G. Ma,Z. Guo, X. Li, etc. BreadZip: a combination of network traffic data and bitmap index encoding algorithm[M]. SMC 2014.

[113] F.Fusco, M.Vlachos, X.Dimitropoulos. RasterZip: Compressing Network Monitoring Data with support for partial Decompression[M]. IMC',2012.

[114] T. Su G. Ozsoyoglu. Controlling FD and MVD inferences in multilevel relational database system[C].IEEE Transactions on Knowledge and Data Engineering,1991,3(4):474—485.

[115] C. Gentry. Fully Homomorphic Encryption without Bootstrapping[J]. Eprint.iacr. Org,2011,18(18):169—178.

[116] C.Gentry.FullyHomomorphic Encryption without Squashing Using Depth-3 ArithmeticCircuits.Eprint[J]. Iacr. Org,2011,47(10):107—109.

[117] M. Dijk. Fully Homomorphic Encryption over the Integers[J]. Crypto,2010,42(4):24—43.

[118] C. Gentry, S. Halevi. Implementing Gentry's Fully-Homomorphic Encryption Scheme[M]. EuroCrypt, 2010: 129—148.

[119] V. S. Verykios, E. Bertino, I. N. Fovino I N.State-of-the-art in privacy preserving data mining[J]. SIGMOD Record,2004,33(1):50—57.

[120] C. Gentry. Toward Basing Fully Homomorphic Encryption on Worst-Case Hardness[J]. Crypto,2010, 6223:116—137.

[121] Marten van Dijkk and id Craig Gentry and Shai Halevi and Vinod Vaikuntanathan. FullyHomomorphic Encryption over the Integers[J]. Eurocrypt,2010,42(4):24—43.

[122] N. P. Smart, F. Vercauteren. Fully Homomorphic Encryption with Relatively Small Keyand Ciphertext Sizes[J]. PKC,2009:420—443.

[123] T. F. iang, W. Jiang. A Performance Analysis on the Co-operation based INTRANET[J]. JOURNAL OF WUHAN UNIVERSITY OF TECHNOLOGY (Transportation Science & Engineering), 2005:319—322.

[124] D. Stehle, R. Steinfeld. Faster Fully Homomorphic Encryption[C]. Asiacrypt,2010,6477:377—394.

[125] NIST Computer Security Division's(CSD)Security Technology Group(STG)(2013). Blockcipher modes[J]. Cryptographic Toolkit. NIST. Retrieved ApriI 12,2013.

[126] Boldyreva, Alexandra, Nathan Chenette, etc. Order-preserving encryptionrevisited: Improved security analysis and alternative soIutions[J]. Advances in CryptologY-CRYPT0 2011. Springer Berlin Heidelberg,2011.

[127] Q T. F. Wang Qiang, Jiang. STUDY ON WATERMARKING IN JPEG2000 DOMAIN[J]. JOURNAL OF WUHAN UNIVERSITY OF TECHNOLOGY (Transportation Science & Engineering), 2004:795—798.

[128] Boldyreva,Alexandra,Nathan Chenette,etc. Order-preservingsymmetric encryption[J]. In Advances in Cryptology-EUROCRYPT 2009,224—241.

[129] P. Mahajan,S. Setty,S. Lee,etc. Depot:Cloud storage with minimal trust[J]. Proceedings of the 9th Symposium on Operating SystemsDesign and Implementation, Vancouver, Canada, October 2010,29(4):398—402.

反侵权盗版声明

电子工业出版社依法对本作品享有专有出版权。任何未经权利人书面许可，复制、销售或通过信息网络传播本作品的行为；歪曲、篡改、剽窃本作品的行为，均违反《中华人民共和国著作权法》，其行为人应承担相应的民事责任和行政责任，构成犯罪的，将被依法追究刑事责任。

为了维护市场秩序，保护权利人的合法权益，我社将依法查处和打击侵权盗版的单位和个人。欢迎社会各界人士积极举报侵权盗版行为，本社将奖励举报有功人员，并保证举报人的信息不被泄露。

举报电话：（010）88254396；（010）88258888
传　　真：（010）88254397
E-mail：dbqq@phei.com.cn
通信地址：北京市万寿路 173 信箱
　　　　　电子工业出版社总编办公室
邮　　编：100036